国家林业和草原局普通高等教育"十三五"规划教材
高等院校草业科学专业系列教材

牧草及草坪草育种学

徐庆国　主编

中国林业出版社

内容简介

本教材为草业科学类专业编写的通用教材。教材综合借鉴国内外各种版本植物类育种学教材的优点，广泛吸收了国内外牧草及草坪草育种学的最新成果与先进经验，突出反映了学科发展的新知识、新成果和新技术；强调结构的完整性和系统性，以共性为中心，将不同类型的牧草及草坪草揉为一体，实现实质性融合。同时，兼顾不同类型牧草及草坪草（一年生与多年生、有性繁殖与无性繁殖、草本与灌木以及不同用途）的特点和个性，处理好常规育种技术与现代生物育种技术的关系，全面系统介绍牧草及草坪草育种学的基本规律和知识体系，又使育种学在分子、细胞与组织器官水平，个体与群体水平各个层次得以全面体现。内容全面、系统、新颖，基础理论与应用技术有机相结合，具有较高的理论水平和实际应用价值。

本教材可为全国高等农林院校与综合性大学草业科学、园林、园艺等专业及高尔夫等相关专业教科书，还可供草坪、运动场与高尔夫球场管理、园林、环境保护、植物资源利用与管理、城市规划与建设、旅游、物业管理、生态等科技工作者、生产管理与经营销售相关人员参考。

图书在版编目（CIP）数据

牧草及草坪草育种学/徐庆国主编. —北京：中国林业出版社，2020.12
国家林业和草原局普通高等教育"十三五"规划教材
ISBN 978-7-5219-0940-1

Ⅰ.①牧⋯ Ⅱ.①徐⋯ Ⅲ.①牧草-育种方法-高等学校-教材 ②草坪草-育种方法-高等学校-教材 Ⅳ.①S540.41 ②S688.403.6

中国版本图书馆 CIP 数据核字（2020）第 252816 号

中国林业出版社教育分社

策划编辑：肖基浒　　　　　　　　　　责任编辑：丰　帆
电　　话：(010) 83143555　83143558　传　　真：(010) 83143516

出版发行	中国林业出版社（100009　北京市西城区德内大街刘海胡同7号） E-mail: jiaocaipublic@163.com　电话：(010) 83223120 http://www.forestry.gov.cn/lycb.html
经　销	新华书店
印　刷	北京中科印刷有限公司
版　次	2020年12月第1版
印　次	2020年12月第1次印刷
开　本	850mm×1168mm　1/16
印　张	28.75
字　数	714千字
定　价	75.00元

未经许可，不得以任何方式复制或抄袭本书之部分或全部内容。

版权所有　侵权必究

《牧草及草坪草育种学》
编写人员

主　　编：徐庆国

副主编：娄燕宏　李双铭　姜　华

编　　委：(以姓氏笔画为序)
　　　　　毛友纯（湖南农业大学）
　　　　　石秀兰（仲凯农业工程学院）
　　　　　刘红梅（湖南农业大学）
　　　　　许立新（北京林业大学）
　　　　　杜丽霞（山西农业大学）
　　　　　杨　烈（安徽农业大学）
　　　　　杨秀云（山西农业大学）
　　　　　李　州（四川农业大学）
　　　　　李双铭（湖南涉外经济学院）
　　　　　陈　良（中国科学院武汉植物园）
　　　　　赵　岩（山东农业大学）
　　　　　赵　娜（湖南涉外经济学院）
　　　　　姜　华（云南农业大学）
　　　　　娄燕宏（山东农业大学）
　　　　　晁跃辉（北京林业大学）
　　　　　徐庆国（湖南农业大学）
　　　　　席杰军（西北农林科技大学）
　　　　　斯日古楞（内蒙古民族大学）

前 言

牧草及草坪草育种学是以现代遗传学、生态学、生物进化论为主要理论基础，综合应用多学科的相关理论与技术，进行牧草及草坪草新品种选育和种子生产原理与方法研究的一门科学。牧草及草坪草育种学是草业科学等专业的主干课程。以往的该课程教材按《牧草及饲料作物育种学》与《草坪草育种学》分别编写，尚没有一本适用于草业科学专业通用的《牧草及草坪草育种学》教材，给该课程教材选择及教学带来不便。为此，借全国高等院校草业科学专业"十三五"系列教材编写之际，经过中国林业出版社集中申报、专家审核等程序，最终确定为选题目录，由我们长期从事牧草及草坪草育种学教学与科研的教授、学者，在深入分析国内外优秀育种学教材的基础上，作了适应新时代教育教学改革的一次尝试。

2016年9月，我们在接受《牧草及草坪草育种学》教材编写任务后，广泛征求了参加编写各位专家和一些长期从事牧草及草坪草育种的老一辈专家的意见和建议，对我们申报的《牧草及草坪草育种学》编写大纲进行了补充、修改，并通过反复的深入研讨与交流，统一了编写体系与编写基本原则，然后组织了分工编写与审稿及统稿工作。本书由11所本科院校草业科学专业和1所科研单位的18位老师集体编写完成，编写具体分工如下：绪论（徐庆国）；育种目标（娄燕宏、李双铭）；种质资源（杨烈）；繁殖方式与育种（姜华、刘红梅）；引种（刘红梅、姜华）；选择育种（徐庆国）；轮回选择与综合品种育种（徐庆国、赵岩）；杂交育种（杜丽霞、赵娜）；杂种优势利用（杨秀云）；远缘杂交育种（席杰军）；诱变育种（陈良）；倍性育种（晁跃辉、毛友纯）；抗病虫育种（赵岩）；抗逆育种（李州）；牧草品质育种（斯日古楞）；生物技术育种（许立新）；品种审定（登记）与良种繁育（石秀兰）；燕麦与冰草育种（赵娜、杜丽霞）；苜蓿育种（徐庆国、赵岩）；三叶草育种（娄燕宏、徐庆国）；黑麦草与高羊茅育种（毛友纯、晁跃辉）；早熟禾育种（娄燕宏、李双铭）；狗牙根与结缕草育种（杨烈、许立新）；柱花草与狼尾草育种（李双铭、徐庆国）。编写人员对本书各章内容进行了互换校阅与一审工作。而后由主编徐庆国，副主编娄燕宏、李双铭、姜华分工对各章内容进行了二审工作。最后由徐庆国对全书进行统稿。

在本教材的编写过程中，广泛汲取国内外植物育种学教学体系的成功经验，综合借鉴国内外各种版本植物类育种学教材的优点，突出教材内容的先进性和实用性、文字表达的准确性和可读性，强调结构的完整性和系统性，是在综合国内外牧草及草坪草育种学最新研究成果基础上编写而成。本教材采用基础理论与实际应用技术有机相结合的编写方法，既从牧草及草坪草育种学基础理论体系系统地介绍了牧草及草坪草育种学的育种目标、种质资源、繁殖方式与育种的关系、引种、选择育种、轮回选择与综合品种育种、杂交育种、杂种优势利用、远缘杂交育种、诱变育种、倍性育种、抗病虫育种、抗逆育种、牧草品质育种、生物技术育种、品种审定（登记）与良种繁育的基础理论、应用技术和实用方法等内容，又重点介绍了燕麦与冰草育种、苜蓿育种、三叶草育种、黑麦草与高羊茅育种、早熟禾育种、狗牙根与结缕草育种、柱花草与狼尾草育种等重要牧草及草坪草的国内外育种概况、种质资源、育种目标及育种方法等内容。同时,又按照高等院校教材书编写规律,采用条理清晰、章节分明、重点突出、图文并茂、概念明确,各章节配有相应思考练习题与参考文献,方便教学与自学等教材编写手法。总之,本教材概念准确,内容丰富、系统、新颖,资料翔实,信息量大,具有较高的理论水平和实际应用价值。本书既可用作高等院校教科书,还可供草坪、运动场与高尔夫球场管理、园林、环境保护、植物资源利用与管理、城市规划与建设、旅游、物业管理、生态等科技工作者、生产管理与经营销售相关人员参考。

本书编写过程中,全体编写人员以科学求真的态度及奋发向上的团队协作精神,保质保量按期完成了教材的编写任务。在编写过程中,参阅了大量国内外文献资料,对文献作者致以真诚的感谢,对付出辛勤劳动的编写人员以及出版社相关人员的支持和帮助表示衷心感谢!

由于编者学识水平有限,编写时间较紧,本书的错误与不足之处在所难免,恳请读者批评指正。

徐庆国

2019.7

目 录

前 言

第0章 绪 论 (1)
0.1 牧草及草坪草育种学的研究内容及其特点 (1)
  0.1.1 牧草及草坪草育种学的概念与主要研究内容 (1)
  0.1.2 牧草及草坪草育种学的特点及其与其他学科的关系 (2)
0.2 品种的概念与良种的作用 (4)
  0.2.1 品种的概念 (4)
  0.2.2 品种的特点 (4)
  0.2.3 优良品种在草业生产中的作用 (5)
0.3 中国牧草及草坪草育种的回顾与展望 (7)
  0.3.1 中国牧草及草坪草育种的发展阶段与取得的成就 (7)
  0.3.2 中国牧草及草坪草育种存在的问题 (11)
  0.3.3 中国牧草及草坪草育种的展望 (13)

第一篇 总 论

第1章 育种目标 (17)
1.1 制定育种目标的意义和原则 (17)
  1.1.1 牧草及草坪草育种目标的特点与意义 (17)
  1.1.2 制定牧草及草坪草育种目标的原则 (18)
1.2 牧草及草坪草的主要育种目标 (19)
  1.2.1 牧草的一般育种目标 (20)
  1.2.2 草坪草的一般育种目标 (22)
  1.2.3 牧草及草坪草的特殊育种目标 (26)

第2章 种质资源 (28)
2.1 牧草及草坪草种质资源的重要性与类别 (28)
  2.1.1 种质资源的重要性 (28)
  2.1.2 种质资源的类别及特点 (30)
2.2 作物起源中心学说及其发展 (32)
  2.2.1 作物起源中心学说的形成 (32)
  2.2.2 作物起源中心学说的理论 (33)
  2.2.3 作物起源中心学说的发展及其意义 (34)
2.3 中国牧草及草坪草种质资源的特点 (36)
  2.3.1 野生牧草及草坪草资源丰富,草种类组成复杂 (36)

2.3.2　优良牧草及草坪草种分布广泛 …………………………………………… (36)
　　2.3.3　地方品种与特有种较多 ………………………………………………… (36)
　　2.3.4　生态类型丰富 …………………………………………………………… (37)
2.4　牧草及草坪草种质资源的收集、鉴定、保存与利用 …………………………… (37)
　　2.4.1　种质资源收集、鉴定与保存的目的 …………………………………… (37)
　　2.4.2　牧草及草坪草种质资源的收集 ………………………………………… (38)
　　2.4.3　种质资源的鉴定与评价 ………………………………………………… (39)
　　2.4.4　种质资源的保存 ………………………………………………………… (40)
　　2.4.5　种质资源的创新与利用 ………………………………………………… (42)

第3章　繁殖方式与育种 …………………………………………………………… (44)
3.1　牧草及草坪草的繁殖方式 ………………………………………………………… (44)
　　3.1.1　有性繁殖 ………………………………………………………………… (44)
　　3.1.2　无性繁殖 ………………………………………………………………… (46)
3.2　不同繁殖方式牧草及草坪草的遗传育种特点 …………………………………… (48)
　　3.2.1　自花授粉植物 …………………………………………………………… (48)
　　3.2.2　异花授粉植物 …………………………………………………………… (49)
　　3.2.3　常异花授粉植物 ………………………………………………………… (51)
　　3.2.4　无性繁殖植物 …………………………………………………………… (51)

第4章　引　种 ……………………………………………………………………… (55)
4.1　引种概述 …………………………………………………………………………… (55)
　　4.1.1　引种的概念及其重要性 ………………………………………………… (55)
　　4.1.2　国内外牧草及草坪草引种概况 ………………………………………… (57)
4.2　引种的理论基础 …………………………………………………………………… (60)
　　4.2.1　引种的遗传学原理 ……………………………………………………… (60)
　　4.2.2　气候相似论 ……………………………………………………………… (62)
　　4.2.3　达尔文学说与米丘林学说 ……………………………………………… (62)
　　4.2.4　引种的生态学原理 ……………………………………………………… (63)
4.3　引种的原则和方法 ………………………………………………………………… (67)
　　4.3.1　引种的原则 ……………………………………………………………… (67)
　　4.3.2　简单引种的方法 ………………………………………………………… (68)
　　4.3.3　驯化引种的方法 ………………………………………………………… (69)

第5章　选择育种 …………………………………………………………………… (71)
5.1　选择育种的作用及其原理 ………………………………………………………… (71)
　　5.1.1　选择育种的概述及其作用 ……………………………………………… (71)
　　5.1.2　选择育种的原理及其特点 ……………………………………………… (72)
5.2　选择和选择育种的方法及程序 …………………………………………………… (75)
　　5.2.1　单株选择（育种）法 …………………………………………………… (75)
　　5.2.2　混合选择（育种）法 …………………………………………………… (76)
　　5.2.3　衍生其他选择（育种）法 ……………………………………………… (77)

5.2.4　选择育种的基本原则 …………………………………………………………(77)
　　　5.2.5　提高选择育种效率的措施 …………………………………………………(79)
　5.3　育种鉴定方法 ……………………………………………………………………………(81)
　　　5.3.1　鉴定的作用与鉴定方法的类型 ……………………………………………(81)
　　　5.3.2　鉴定的一般原则 ……………………………………………………………(82)

第6章　轮回选择与综合品种育种 …………………………………………………………(84)
　6.1　轮回选择 …………………………………………………………………………………(84)
　　　6.1.1　轮回选择的意义和特点 ……………………………………………………(84)
　　　6.1.2　轮回选择的基本程序与关键技术 …………………………………………(86)
　　　6.1.3　轮回选择的方法 ……………………………………………………………(88)
　6.2　综合品种育种 ……………………………………………………………………………(90)
　　　6.2.1　综合品种的特点与其在牧草及草坪草育种中的重要作用 ………………(90)
　　　6.2.2　综合品种育种的遗传学基础 ………………………………………………(93)
　　　6.2.3　综合品种的育种程序 ………………………………………………………(94)

第7章　杂交育种 ……………………………………………………………………………(98)
　7.1　杂交育种概述 ……………………………………………………………………………(98)
　　　7.1.1　杂交育种的分类及其与选择育种的区别 …………………………………(98)
　　　7.1.2　杂交育种的意义 ……………………………………………………………(99)
　　　7.1.3　国内外牧草及草坪草杂交育种概况 ………………………………………(100)
　　　7.1.4　杂交育种的原理 ……………………………………………………………(102)
　7.2　杂交亲本的选择与选配 …………………………………………………………………(102)
　　　7.2.1　亲本的选择原则 ……………………………………………………………(103)
　　　7.2.2　亲本的选配原则 ……………………………………………………………(103)
　7.3　杂交组合方式与技术 ……………………………………………………………………(105)
　　　7.3.1　杂交组合方式 ………………………………………………………………(105)
　　　7.3.2　杂交技术 ……………………………………………………………………(108)
　7.4　杂种后代的选育和杂交育种程序 ………………………………………………………(111)
　　　7.4.1　杂种后代的培育 ……………………………………………………………(111)
　　　7.4.2　杂种后代的选择方法 ………………………………………………………(112)
　　　7.4.3　杂交育种程序 ………………………………………………………………(115)

第8章　杂种优势利用 ………………………………………………………………………(118)
　8.1　植物杂种优势研究及其利用概述 ………………………………………………………(118)
　　　8.1.1　国外植物杂种优势研究及其利用概况 ……………………………………(118)
　　　8.1.2　中国植物杂种优势研究及其利用概况 ……………………………………(118)
　　　8.1.3　国内外牧草及草坪草杂种优势研究与利用概况 …………………………(119)
　8.2　杂种优势的特点 …………………………………………………………………………(119)
　　　8.2.1　杂种优势的普遍性及其分类 ………………………………………………(119)
　　　8.2.2　杂种优势的度量 ……………………………………………………………(120)
　　　8.2.3　杂种优势表现的特点 ………………………………………………………(121)

8.2.4　不同繁殖方式植物杂种优势利用的特点及杂交种的类别 …………（122）
　　8.2.5　杂种优势利用与杂交育种的比较 ……………………………………（124）
8.3　杂种优势的遗传理论 ……………………………………………………………（125）
　　8.3.1　显性假说 ……………………………………………………………………（125）
　　8.3.2　超显性假说 …………………………………………………………………（126）
　　8.3.3　对现有杂种优势遗传理论的评价 ………………………………………（127）
8.4　利用杂种优势的途径与技术 …………………………………………………（128）
　　8.4.1　杂种优势利用的基本条件 ………………………………………………（128）
　　8.4.2　杂种优势利用的途径 ……………………………………………………（128）
　　8.4.3　杂交制种技术 ………………………………………………………………（130）
8.5　雄性不育系的选育及利用 ……………………………………………………（131）
　　8.5.1　植物雄性不育的特征与遗传 ……………………………………………（131）
　　8.5.2　三系的选育方法 ……………………………………………………………（134）
　　8.5.3　利用雄性不育系制种的程序和方法 ……………………………………（136）

第9章　远缘杂交育种 ………………………………………………………………（138）
9.1　远缘杂交育种概述 ………………………………………………………………（138）
　　9.1.1　远缘杂交育种的概念及特点 ……………………………………………（138）
　　9.1.2　远缘杂交在育种中的作用 ………………………………………………（139）
　　9.1.3　牧草及草坪草远缘杂交育种的优势 ……………………………………（142）
　　9.1.4　国内外远缘杂交育种研究概况 …………………………………………（142）
9.2　远缘杂交的困难及其克服方法 ………………………………………………（143）
　　9.2.1　远缘杂交不可交配性的原因及其克服方法 …………………………（143）
　　9.2.2　远缘杂种夭亡、不育的原因及其克服方法 …………………………（148）
9.3　远缘杂种后代的分离特点及其育种技术 ……………………………………（150）
　　9.3.1　远缘杂种后代的性状分离特点与控制 …………………………………（150）
　　9.3.2　远缘杂交育种技术 …………………………………………………………（151）

第10章　诱变育种 ……………………………………………………………………（153）
10.1　诱变育种概述 ……………………………………………………………………（153）
　　10.1.1　诱变育种的概况 …………………………………………………………（153）
　　10.1.2　诱变育种的特点 …………………………………………………………（154）
10.2　物理诱变剂及其处理方法 ……………………………………………………（156）
　　10.2.1　物理诱变剂的种类和特点 ………………………………………………（156）
　　10.2.2　物理诱变剂处理的方法 …………………………………………………（159）
10.3　化学诱变剂及其处理方法 ……………………………………………………（164）
　　10.3.1　化学诱变剂的种类和特点 ………………………………………………（164）
　　10.3.2　化学诱变剂处理的方法 …………………………………………………（165）
10.4　诱变育种程序 ……………………………………………………………………（167）
　　10.4.1　诱变处理因子的选择 ……………………………………………………（167）
　　10.4.2　诱变材料的鉴定 …………………………………………………………（169）

10.4.3　诱变后代种植和选择方法 …………………………………………………… (170)
　　10.4.4　提高诱变育种效率的途径 …………………………………………………… (171)

第 11 章　倍性育种 ……………………………………………………………………………… (174)
　11.1　单倍体育种 ………………………………………………………………………………… (174)
　　11.1.1　单倍体育种概述 ………………………………………………………………… (174)
　　11.1.2　单倍体育种的特点 ……………………………………………………………… (176)
　　11.1.3　单倍体育种程序 ………………………………………………………………… (177)
　11.2　多倍体育种 ………………………………………………………………………………… (181)
　　11.2.1　多倍体育种概述 ………………………………………………………………… (181)
　　11.2.2　多倍体育种的特点与作用 ……………………………………………………… (185)
　　11.2.3　多倍体育种的方法 ……………………………………………………………… (187)

第 12 章　抗病虫育种 …………………………………………………………………………… (193)
　12.1　抗病虫育种的作用与特点 ………………………………………………………………… (193)
　　12.1.1　抗病虫育种的作用及其概况 …………………………………………………… (193)
　　12.1.2　抗病虫育种的特点 ……………………………………………………………… (195)
　12.2　病原物的致病性、害虫的致害性与植物抗病虫性的类别及机制 ……………………… (196)
　　12.2.1　致病性与致害性及其遗传变异 ………………………………………………… (197)
　　12.2.2　抗病虫性的类别 ………………………………………………………………… (200)
　　12.2.3　抗病虫性的机制 ………………………………………………………………… (202)
　12.3　抗病虫性的遗传及其理论 ………………………………………………………………… (204)
　　12.3.1　抗病虫性遗传 …………………………………………………………………… (204)
　　12.3.2　基因对基因学说 ………………………………………………………………… (205)
　12.4　抗病虫育种的技术与方法 ………………………………………………………………… (206)
　　12.4.1　抗病虫种质的搜集和筛选 ……………………………………………………… (206)
　　12.4.2　抗病虫性鉴定 …………………………………………………………………… (207)
　　12.4.3　抗病虫品种的选育方法 ………………………………………………………… (210)
　　12.4.4　抗病虫品种的利用与育种策略 ………………………………………………… (212)

第 13 章　抗逆育种 ……………………………………………………………………………… (215)
　13.1　抗逆育种概述 ……………………………………………………………………………… (215)
　　13.1.1　植物逆境的类别与抗逆育种的作用 …………………………………………… (215)
　　13.1.2　抗逆育种的特点及基本方法 …………………………………………………… (216)
　13.2　抗寒育种 …………………………………………………………………………………… (218)
　　13.2.1　低温伤害与抗寒性 ……………………………………………………………… (218)
　　13.2.2　牧草及草坪草抗寒育种的意义与成就 ………………………………………… (218)
　　13.2.3　抗寒性的鉴定 …………………………………………………………………… (220)
　　13.2.4　抗寒育种方法 …………………………………………………………………… (222)
　13.3　抗旱育种 …………………………………………………………………………………… (223)
　　13.3.1　抗旱育种概述 …………………………………………………………………… (223)
　　13.3.2　抗旱性鉴定技术和指标 ………………………………………………………… (224)

13.3.3　抗旱育种方法 …………………………………………………………… (226)
　13.4　抗盐碱育种 …………………………………………………………………………… (227)
　　　13.4.1　盐害与植物耐盐性 ……………………………………………………… (227)
　　　13.4.2　植物的耐盐机制 ………………………………………………………… (229)
　　　13.4.3　植物耐盐性鉴定方法与指标 …………………………………………… (231)
　　　13.4.4　抗盐碱育种方法 ………………………………………………………… (232)

第14章　牧草品质育种 ………………………………………………………………………… (234)
　14.1　牧草品质育种的意义及其进展 ……………………………………………………… (234)
　　　14.1.1　牧草品质育种的意义 …………………………………………………… (234)
　　　14.1.2　牧草品质育种的国内外研究概况 ……………………………………… (235)
　14.2　牧草品质育种的内容及特点 ………………………………………………………… (236)
　　　14.2.1　牧草品质的主要评价指标及其影响因素 ……………………………… (236)
　　　14.2.2　牧草品质育种主要目标性状的特点 …………………………………… (241)
　14.3　牧草品质的评定与育种方法 ………………………………………………………… (244)
　　　14.3.1　牧草品质评定的意义与方法 …………………………………………… (244)
　　　14.3.2　牧草品质育种方法 ……………………………………………………… (247)

第15章　生物技术育种 ………………………………………………………………………… (249)
　15.1　生物技术育种概述 …………………………………………………………………… (249)
　　　15.1.1　生物技术育种的特点及其与常规育种的关系 ………………………… (249)
　　　15.1.2　牧草及草坪草生物技术育种研究概况 ………………………………… (250)
　15.2　细胞工程育种 ………………………………………………………………………… (251)
　　　15.2.1　细胞和组织培养概述 …………………………………………………… (251)
　　　15.2.2　组织培养的类别 ………………………………………………………… (254)
　　　15.2.3　体细胞无性系变异及其育种利用 ……………………………………… (258)
　15.3　原生质体培养和体细胞杂交 ………………………………………………………… (260)
　　　15.3.1　原生质体培养 …………………………………………………………… (260)
　　　15.3.2　体细胞杂交 ……………………………………………………………… (262)
　15.4　基因工程育种 ………………………………………………………………………… (264)
　　　15.4.1　牧草及草坪草基因工程育种研究概况 ………………………………… (264)
　　　15.4.2　转基因育种的程序 ……………………………………………………… (265)
　15.5　分子标记与牧草及草坪草育种 ……………………………………………………… (273)
　　　15.5.1　分子标记的优点及类型 ………………………………………………… (273)
　　　15.5.2　分子标记在牧草及草坪草育种的应用 ………………………………… (274)
　　　15.5.3　分子标记辅助选择育种方法与技术 …………………………………… (277)

第16章　品种审定（登记）与良种繁育 ……………………………………………………… (281)
　16.1　品种审定（登记） …………………………………………………………………… (281)
　　　16.1.1　品种审定（登记）的任务与意义 ……………………………………… (281)
　　　16.1.2　品种审定（登记）制度及内容 ………………………………………… (282)
　　　16.1.3　品种审定（登记）的程序 ……………………………………………… (283)

16.1.4　植物新品种保护 …… (287)
16.2　良种繁育 …… (289)
　16.2.1　良种繁育的任务与体系 …… (289)
　16.2.2　品种混杂退化及其防止措施 …… (291)
　16.2.3　良种繁育程序 …… (293)

第二篇　各　论

第17章　燕麦与冰草育种 …… (299)
17.1　燕麦育种 …… (299)
　17.1.1　燕麦种质资源 …… (299)
　17.1.2　燕麦特性及育种目标 …… (302)
　17.1.3　燕麦育种方法 …… (304)
17.2　冰草育种 …… (307)
　17.2.1　冰草育种概况 …… (307)
　17.2.2　冰草种质资源 …… (308)
　17.2.3　冰草特性及育种目标 …… (310)
　17.2.4　冰草育种方法 …… (312)

第18章　苜蓿育种 …… (315)
18.1　苜蓿育种概况 …… (316)
　18.1.1　中国苜蓿育种概况 …… (316)
　18.1.2　国外苜蓿育种概况 …… (316)
18.2　苜蓿种质资源 …… (317)
　18.2.1　苜蓿的类型 …… (317)
　18.2.2　苜蓿品种资源 …… (320)
18.3　苜蓿育种目标及其遗传特点 …… (323)
　18.3.1　苜蓿育种目标 …… (323)
　18.3.2　苜蓿遗传特点 …… (328)
18.4　苜蓿育种方法 …… (329)
　18.4.1　引种与选择育种 …… (329)
　18.4.2　杂交育种 …… (331)
　18.4.3　杂种优势利用及综合品种育种 …… (335)
　18.4.4　倍性育种与诱变育种 …… (336)
　18.4.5　生物技术育种 …… (338)

第19章　三叶草育种 …… (340)
19.1　三叶草育种概况 …… (340)
　19.1.1　国外三叶草育种概况 …… (340)
　19.1.2　中国三叶草育种概况 …… (342)
19.2　三叶草特性及种质资源 …… (342)
　19.2.1　三叶草特性及类型 …… (343)

  19.2.2　三叶草品种资源 …………………………………………………………（345）
 19.3　三叶草育种目标及遗传特点 ………………………………………………………（346）
  19.3.1　三叶草育种目标 …………………………………………………………（346）
  19.3.2　三叶草遗传特点 …………………………………………………………（347）
 19.4　三叶草育种方法 ……………………………………………………………………（349）
  19.4.1　引种与选择育种 …………………………………………………………（349）
  19.4.2　杂交育种 …………………………………………………………………（351）
  19.4.3　杂种优势利用及综合品种育种 …………………………………………（354）
  19.4.4　多倍体育种 ………………………………………………………………（355）
  19.4.5　其他育种 …………………………………………………………………（356）

第20章　黑麦草与高羊茅育种 ……………………………………………………………（358）
 20.1　黑麦草育种 …………………………………………………………………………（358）
  20.1.1　黑麦草育种概况 …………………………………………………………（358）
  20.1.2　黑麦草种质资源 …………………………………………………………（362）
  20.1.3　黑麦草特性及育种目标 …………………………………………………（365）
  20.1.4　黑麦草育种方法 …………………………………………………………（368）
 20.2　高羊茅育种 …………………………………………………………………………（372）
  20.2.1　高羊茅育种概况 …………………………………………………………（372）
  20.2.2　高羊茅种质资源 …………………………………………………………（375）
  20.2.3　高羊茅育种目标 …………………………………………………………（378）
  20.2.4　高羊茅的育种方法 ………………………………………………………（380）

第21章　早熟禾育种 ………………………………………………………………………（383）
 21.1　早熟禾育种概况 ……………………………………………………………………（383）
  21.1.1　国外早熟禾育种概况 ……………………………………………………（383）
  21.1.2　中国早熟禾育种概况 ……………………………………………………（384）
 21.2　早熟禾种质资源 ……………………………………………………………………（385）
  21.2.1　早熟禾类型 ………………………………………………………………（385）
  21.2.2　早熟禾品种资源 …………………………………………………………（388）
 21.3　早熟禾育种目标及其遗传特点 ……………………………………………………（389）
  21.3.1　早熟禾育种目标 …………………………………………………………（389）
  21.3.2　早熟禾遗传特点 …………………………………………………………（390）
 21.4　早熟禾育种方法 ……………………………………………………………………（392）
  21.4.1　引种与选择育种 …………………………………………………………（392）
  21.4.2　杂交育种 …………………………………………………………………（393）
  21.4.3　无融合生殖育种与综合品种育种 ………………………………………（395）
  21.4.4　诱变育种 …………………………………………………………………（397）
  21.4.5　生物技术育种 ……………………………………………………………（397）

第22章　狗牙根与结缕草育种 ……………………………………………………………（399）
 22.1　狗牙根育种 …………………………………………………………………………（399）

22.1.1　狗牙根育种概况 …………………………………………………………（399）
　　22.1.2　狗牙根种质资源 …………………………………………………………（401）
　　22.1.3　狗牙根育种目标 …………………………………………………………（404）
　　22.1.4　狗牙根育种方法 …………………………………………………………（406）
　22.2　结缕草育种 ……………………………………………………………………（410）
　　22.2.1　结缕草育种概况 …………………………………………………………（410）
　　22.2.2　结缕草种质资源 …………………………………………………………（411）
　　22.2.3　结缕草育种目标 …………………………………………………………（415）
　　22.2.4　结缕草育种方法 …………………………………………………………（418）
第23章　柱花草与狼尾草育种 …………………………………………………………（422）
　23.1　柱花草育种 ……………………………………………………………………（422）
　　23.1.1　柱花草育种概况 …………………………………………………………（422）
　　23.1.2　柱花草种质资源 …………………………………………………………（424）
　　23.1.3　柱花草育种目标 …………………………………………………………（428）
　　23.1.4　柱花草育种方法 …………………………………………………………（430）
　23.2　狼尾草育种 ……………………………………………………………………（433）
　　23.2.1　狼尾草育种概况 …………………………………………………………（433）
　　23.2.2　狼尾草种质资源 …………………………………………………………（434）
　　23.2.3　狼尾草育种目标 …………………………………………………………（437）
　　23.2.4　狼尾草育种方法 …………………………………………………………（438）
参考文献 …………………………………………………………………………………（441）

第 0 章 绪 论

草业是伴随人类起源并在 20 世纪末期迅速崛起，逐渐发展形成的系统产业工程。它不仅是知识密集型产业，还具有生产与生态双重功能。发展与提高草业水平，是事关国计民生的大事。牧草及草坪草新品种选育及其良种繁育是草业生产的基本途径和产业发展基础，是牧草及草坪草育种学的主要研究内容。牧草及草坪草育种学是草业生产的核心，是现代农业科学发展的前沿科学之一，是促进农业生产可持续性发展、提高劳动生产率与生态效益的重要理论和技术基础。

0.1 牧草及草坪草育种学的研究内容及其特点

0.1.1 牧草及草坪草育种学的概念与主要研究内容

0.1.1.1 牧草及草坪草育种学的概念

牧草及草坪草育种学（forage and turfgrass breeding）是指研究牧草及草坪草品种选育、繁育理论和方法的科学。它是以遗传学为主要基础的综合性应用科学，即利用其他各学科的最新手段和技术改良牧草及草坪草品种、创造新物种的一门人工进化的生物工程科学。

牧草及草坪草良种繁育学则是牧草及草坪草育种学的重要组成部分。它是研究牧草及草坪草新品种的繁育和推广体系、繁殖技术及其在繁育过程中的技术规程等方面的科学。创造新品种和良种繁育是牧草及草坪草育种过程中的两个连续阶段。只有按计划开展牧草及草坪草良种繁育工作，才能保证良种的及时供应，促进牧草及草坪草育种工作的开展。

0.1.1.2 牧草及草坪草育种学的基本任务

牧草及草坪草育种学的基本任务如下：

一是在研究和掌握牧草及草坪草性状遗传变异规律的基础上，发掘、研究和利用各相关种质资源。

二是根据各地区的育种目标和原有品种基础，采用适当的育种途径和方法，选育高产、稳产、优质、病虫害等生物胁迫及非生物胁迫抗性强，生育期适宜、适应性广的优良品种及新类型，创造符合人类要求的牧草及草坪草优良品种。

三是通过良种繁育，繁殖数量多、质量好、成本低的牧草及草坪草生产用种，充分发挥优良品种的作用，促进高产、优质、高效与可持续草业的发展。

总之，牧草及草坪草育种学的基本任务是根据草业生产发展的需要，综合应用遗传学及其他自然科学的理论和技术，研究和利用牧草及草坪草种质资源，采用适当的育种途径和方法，改良牧草及草坪草的遗传特性，创造符合人类需求的新品种，并通过良种繁育，为草业生产提供大量优质牧草及草坪草良种，充分发挥优良品种的作用。

0.1.1.3 牧草及草坪草育种学的主要研究内容

牧草及草坪草育种学的主要研究内容如下：牧草及草坪草育种对象的选择，育种目标的制定及实现育种目标的相应策略；牧草及草坪草种质资源的收集、保存、研究评价、利用及创新；牧草及草坪草育种选择的原理与方法；牧草及草坪草的人工创造新变异的途径、方法及技术；牧草及草坪草杂种优势利用的途径与方法；牧草及草坪草育种性状的遗传研究鉴定及选育方法；牧草及草坪草育种不同阶段的田间及实验室试验技术；牧草及草坪草新品种的审定（登记）、繁育和推广。

0.1.2 牧草及草坪草育种学的特点及其与其他学科的关系

0.1.2.1 牧草及草坪草育种学的特点

牧草及草坪草育种学是植物育种学的分支，它可以利用和借鉴作物育种学的理论和方法。与作物育种学相比较，牧草及草坪草育种学有如下特点。

（1）研究对象种类繁多

牧草及草坪草种类繁多。既有一年生，又有越年生与多年生；既有草本，又有灌木、半灌木；既有种子繁殖，又有营养繁殖。世界上人类粮食的90%都来源于约20种植物，其中75%由小麦、水稻、玉米、马铃薯、大麦、甘薯和木薯7种植物提供。因此，相比大田作物育种，牧草及草坪草育种更具有复杂性。

（2）良种繁育技术不同

相比大田作物育种，目前牧草及草坪草生产应用的品种多为综合品种，其遗传基础较为复杂。此外，大多数牧草及草坪草的良种繁育可利用其无性繁殖特性，固定其茎叶杂种优势；还可利用其多年生特性，不必年年制种，从而节省人力和物力及土地耕作费用。因此，牧草及草坪草的良种繁育技术与大田作物的有所不同。

（3）育种目标侧重点不同

牧草及草坪草育种对新品种的要求除需要繁殖种子外，主要是要求营养体（茎叶部分）的产量和质量；而大田作物新品种的主要要求则是种子及果实的产量与质量。因此，制定牧草及草坪草育种目标时，大多不需要求提高其种子或果实产量。并且，时常为了保证草坪质量，还要求尽可能保持草坪草生长期间不会开花结籽。

（4）育种方法与程序有所不同

大多数牧草及草坪草为多年生异花授粉；一部分具有自交不亲和性；还有的可进行无融合生殖，因此，牧草及草坪草的育种方法、程序与大田作物有所不同，其育成品种中有相当比例的综合品种和自由授粉群体品种。此外，有些牧草及草坪草兼具有性生殖与无性繁殖特性，因此，可先利用其有性繁殖特性获得杂种 F_1 种子，然后再利用其无性繁殖特性进行杂种优势固定。

（5）育种周期长

因为多数牧草及草坪草具多年生特性，育种世代交替慢，新品种选育周期长。因此，其新品种的培育将需投入更多的时间和资金。

0.1.2.2 牧草及草坪草育种学与其他学科的关系

牧草及草坪草育种学是综合性应用科学，它与许多学科存在密不可分的关系（图0-1）。

(1) 牧草及草坪草育种学与生物进化论及遗传学的关系

生物进化论是育种学的基础理论，生物进化的三大要素——变异、遗传和选择是育种工作中创造、稳定、选择优良变异的主要理论依据，牧草及草坪草育种学即牧草及草坪草的人工进化过程。

遗传学是牧草及草坪草育种学的重要基础理论，牧草及草坪草新品种选育过程中，必须依据遗传学原理，采用各种育种方法创造变异，同时，根据性状遗传规律，采用各种遗传育种手段与方法，加速性状稳定。并且，通过各种育种选择方法选择人类有益的可遗传变异，最终培育成新的品种。遗传学来源于育种和良种繁育的实践，其理论又指导和促进育种和良种繁育工作的发展，从而提高育种工作的科学性和预见性。

(2) 牧草及草坪草育种学与其他基础学科的关系

在牧草及草坪草品种选育和良种繁育过程中，首先需要制定育种目标，确定创造变异的类型。然后，还要采用各种鉴定方法鉴定对人类有用的变异类型。这些均需要应用和涉及植物学、草地生态学、草地植物分类学、高等数学及概率论与统计学、物理学、植物生理学、生物化学、无机及分析化学、有机化学、农林经济学、农业气象学等基础学科知识。

(3) 牧草及草坪草育种学与其他专业科学的关系

通过牧草及草坪草育种选育的新品种需要繁育足够的优良种子，还要采用最佳的牧草及草坪草栽培与加工技术，达成良种良法同时推广应用，从而充分发挥优良品种的最大潜力。因此，牧草及草坪草育种学不仅涉及草地保护学、土壤肥料学、家畜饲养学、生物统计与田

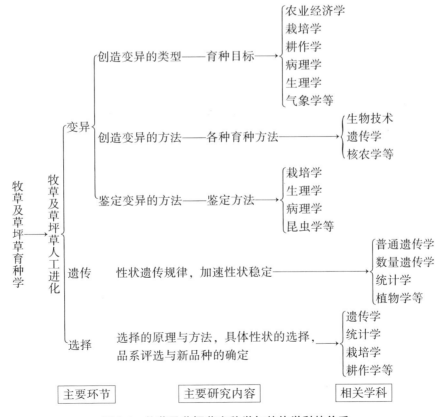

图 0-1　牧草及草坪草育种学与其他学科的关系

间试验等专业基础课内容。而且，牧草及草坪草育种学与牧草及草坪草种子学、牧草及草坪草栽培学（草坪学）、草产品加工学为人工草业生产学科不可缺少的4个支柱学科，因此，这4个学科相互之间存在更加密切的联系。

(4) 牧草及草坪草育种学与现代生物新技术的关系

由于现代牧草及草坪草育种学已从传统组织器官水平进入到细胞及分子水平，因此该学科还会涉及细胞生物学、分子生物学、显微技术、组织细胞培养技术、农业计算机应用技术等现代学科知识。

0.2 品种的概念与良种的作用

牧草及草坪草育种学的主要研究对象是其品种，因此需要明确品种的概念。

0.2.1 品种的概念

品种（cultivar），即栽培品种（cultivated variety）的合成术语。过去品种英文述语 variety 因兼具变种和品种的意义，因而现在不用该述语表示品种。品种是指人类在一定的生态和经济条件下，根据人类的需要，经选择和培育而创造的某种植物的一种群体；这种群体具有相对稳定的遗传特性，在生物学、形态学及经济性状上具有相对一致性，而与同一植物的其他群体在特征、特性上有所区别；这种群体在一定地区和一定的栽培耕作条件下种植，在产量、抗性、品质等方面都能符合生产发展的需要。

品种具有3个属性，即特异性（distinctness，具在一个或多个不同于其他品种的性状）、一致性（uniformity，品种内植株性状整齐一致）和稳定性（stability，品种特异性和一致性保持不变），简称DUS。目前牧草及草坪草品种区域试验与申请植物新品种保护均需对新品种进行DUS测试，即对新品种特异性、一致性和稳定性的栽培鉴定试验或室内分析测试的过程，根据DUS的试验结果，可判定测试品种是否属于新品种，为品种区域试验和植物新品种保护提供可靠的判定依据。

0.2.2 品种的特点

(1) 品种是经济上的类别

牧草及草坪草品种不是植物分类学上的类别，是人工进化、人工选择的育种产物，为人类劳动的产物。任何栽培植物都起源于野生植物，野生植物中有种（species）、变种（variety）和类型（form）的区别，它是自然进化和自然选择的类别，没有品种之分，而只有当人类将野生植物引入栽培（栽培的植物称作物），经过长期的培育和自然及人工选择，使其遗传性向着人类需要的方向变异，才创造出生产上栽培的品种。

(2) 品种是重要的草业生产资料

牧草及草坪草品种属于草业生产资料，需要具有草业生产所需求的特点，否则它没有应用价值。牧草及草坪草种子还是特殊商品，其生产与经营除需符合一般商品生产经营要求外，还需符合《中华人民共和国种子法》《中华人民共和国草原法》等有关专门法律法规要求。

(3) 品种具有一定的地区性

每个品种都是在一定的生态栽培条件下选育成功的，它都具有一定的适应地区和适宜的生态栽培条件。不同品种的地区适应性有所不同,不同牧草及草坪草品种推广种植要做到因地制宜,良种良法配套。

(4)品种的利用具有时间性

任何一个品种在生产上的利用年限与其生命一样都具有一定的时效性,随着品种应用地区生态栽培条件和经济社会的发展及品种本身的遗传变异,原有品种将会逐渐失去其利用价值,需要不断进行品种更新换代和选育新的品种。

(5)品种具有相对稳定性和一致的遗传性

品种具有相对稳定性和一致的遗传性,不同牧草及草坪草品种之间可以相互鉴别。而且,品种的一致性关系到牧草及草坪草的产量和质量,有利于草地与草坪管理。

此外,根据牧草及草坪草的繁殖方式、商品种子生产方法、遗传基础、育种特点和利用形式等,可将其品种区分为自交系品种(pure line cultivar)、杂交种品种(hybrid cultivar)、群体品种(population cultivar)、自花授粉的多系品种(multi-line cultivars)与无性系品种(clonal cultivar)等5种类型。而全国草品种审定委员会根据牧草及草坪草品种培育程度的差异,将通过审定登记的草品种分为育成品种、地方品种、野生品种和引进品种4种类型。

0.2.3 优良品种在草业生产中的作用

(1)提高单位面积牧草产量

优良品种一般均具有较大的增产潜力和较强的栽培生态环境适应能力,在相同的生态、生产条件下,选用优良品种,均可获得较高产量和效益。据报道,中国选育的优良苜蓿品种,其干草和种子产量比普通品种增产20%~40%。如江西省畜牧技术推广站从伯克(Birca)多花黑麦草中优选单株,用秋水仙碱使其染色体加倍后,又经^{60}Co-γ射线辐射种子,选育出的四倍体赣选1号多花黑麦草品种、上海农学院以美国俄勒冈多花黑麦草和28号多花黑麦草为原始材料,通过辐射诱变,在重盐圃中采用群体改良方法育成了上农四倍体多花黑麦草品种等两个品种都具有植株高大、茎秆粗壮、叶片宽厚、叶色浓绿、叶量大、品质优良、适口性好、鲜草产量高等优点。

(2)改善牧草及草坪草的产品品质

牧草及草坪草品种间的产品品质也有优劣之分。优良品种的产品品质明显较优,通过品种改良,可使牧草及草坪草的产品品质,均在不同程度上有所改进和提高。如皖草2号高粱苏丹草杂交种(高粱雄性不育系TX623A×苏丹草恢复系722选)是中国第一个通过审定登记的高粱苏丹草(高丹草)杂交种,不仅兼具高粱的丰产和苏丹草再生性强的特点,而且,其茎叶氰氢酸含量低,适宜鲜喂。以获取高蛋白为目标,中国成功培育出的世界上第1个饲料专用苎麻品种'中饲苎1号',其生长速率快、耐割性强,茎叶含粗蛋白质含量高达22%,赖氨酸1.02%,钙4.07%,目前已经开始在湖南、四川和湖北等南方省份推广应用。

(3)增强抗逆性和适应性

草业生产过程中,各种不良的生物胁迫(病、虫害等)和非生物胁迫(旱害、寒害等)是牧草及草坪草种植生产的重要障碍。优良品种对常发的病虫害和环境胁迫具有较强的抗、耐性,可提高和稳定其产量和品质,在生产中可减轻或避免产量的损失和品质的变劣;少用或不用农药,减少环境污染,维护生态环境安全,降低生产成本;还可扩大种植面积和栽培区域。如苜蓿霜霉病是苜蓿主要叶病之一,据中国农业科学院兰州畜牧研究所调查,该所育成的'中兰1号'抗霜霉病苜蓿新品种高抗霜霉病，无病枝率达95%~100%，中抗褐斑病和锈病，从而使其产草量比对照地方品种'陇中'苜蓿提高22.4%~39.9%。如湖北省农业科学院畜牧兽医研究所用白三叶品种瑞加(Regal)为原始材料，选育而成的'鄂牧1号'白三叶抗旱耐热新品种，其越夏率比原品种提高15%，使其产草量提高11%。

由于优良品种的抗逆性和适应性增加，还可扩大其种植面积和栽培区域。如我国北方高纬度、高海拔地区，过去的紫花苜蓿品种的抗寒性差、越冬率低或因早春冻害死亡而影响种植推广。内蒙古农牧学院及黑龙江省畜牧研究所分别利用抗寒、抗旱性非常强的野生黄花苜蓿(*Medicago falcata*)和扁蓿豆(*Melissitus ruthenica*)与紫花苜蓿进行种间或属间杂交，育成草原1号和草原2号苜蓿及龙牧801和龙牧803苜蓿，为内蒙古苜蓿北移及黑龙江省苜蓿向西部和北部扩大栽培地区提供了相适应的品种。草原1号和2号苜蓿在冬季极端低温达-43℃的地区越冬率达90%以上。龙牧801号和803号苜蓿在冬季少雪-35℃和冬季有雪-45℃以下能安全越冬，气候不正常年份越冬率仍可达78.3%~82%。又如，中国沙漠、沙地面积较大，而适用于沙地环境种植的牧草却很少。塔落岩黄芪(*Hedysarum laeve* Maxim.)和细枝岩黄芪(*Hedysarum scoparium* Fisch. et Mey.)是防风固沙的先锋植物，但其野生种群生产力较低。中国农业科学院草原研究所从毛乌素沙漠大面积塔落岩黄芪及细枝岩黄芪野生灌木林中选择植株高大繁茂的单株为原始材料，育成中草1号塔落岩黄芪与中草2号细枝岩黄芪新品种。该2个新品种保持了原有野生群体优良的抗逆性和顽强的生命力，其生物产量则比原野生群体提高20%。适宜我国华北、西北荒漠草原中固定沙丘、半流动沙丘和黄土丘陵浅覆沙地种植，兼有防风固沙、饲用、蜜源和灌木花卉等用途。

(4) 有利耕作制度改革，提高复种指数

选育不同生育期、不同特性并兼具其他优良性状的牧草及草坪草品种，有利于提高复种指数，即培育生育期短的牧草品种可将过去单季牧草种植区改为双季牧草种植区。同时，还能缓解牧草之间争季节、争劳力、争水肥、争阳光的矛盾，极大地促进耕作制度改革。如沙打旺(*Astragalus adsurgens* Pall.)原产河北、河南黄河故道一带，将其引种到东北、内蒙古、宁夏、甘肃等地栽培时，由于积温不够，种子不能正常成熟，种子产量极低。辽宁省农业科学院土壤肥料研究所通过辐射育种选育了早熟沙打旺新品种，开花期提前20 d，种子产量第一年比原品种提高178.6%，第二年提高79.2%。内蒙古、宁夏、甘肃、黑龙江等省(自治区)均用类似方法育成早熟沙打旺新品种，解决了沙打旺北移后种子生产上存在的问题。又如，牧草苦荬菜(*Ixeris denticulata*)原产于中国长江流域，北移到吉林、黑龙江和内蒙古等省(自治区)，不能正常结实，在引种栽培过程中，人工选择开花早、成熟早的单株，经多代混合选择，育成早熟品种，可比原品种早熟20 d，种子产量达220~300 kg/hm²。

(5) 有利发展机械化生产和提高劳动生产率

现代草业生产越来越多地采用机械化生产，因此也迫切需要与机械化生产相适应的牧草及草坪草品种。同时，适应机械化生产的优良品种选育，不仅促进了机械化的发展，而且也提高了劳动生产率。如牧草品种的成熟期一致，则有利于机械收获牧草及其种子。

(6) 其他作用

优良牧草及草坪草品种可防风固沙、保持水土、净化和美化环境，改良沙化、退化草地。如我国$1\times10^8 hm^2$耕地中约有$700\times10^4 hm^2$盐碱地，选育耐盐性更强的苜蓿品种，对进一步开发利用盐碱地和扩大苜蓿生产都有重要意义。中国农业科学院畜牧研究所以保定苜蓿、秘鲁苜蓿、南皮苜蓿、RS 苜蓿为原始材料，选育了中苜 1 号耐盐苜蓿新品种，其耐盐性较强，在含盐量 0.3%的盐碱地上比一般栽培品种增产 10%。吉林省农业科学院畜牧分院以国外引进的根蘖型苜蓿为原始材料，育成公农 3 号耐牧根蘖型苜蓿新品种，具大量水平根，根蘖株率达 30%以上，抗寒、耐旱、耐牧，在与羊草混播放牧的条件下比公农 1 号苜蓿增产 13%。甘肃农业大学以类似的方法育成甘农 2 号杂花苜蓿，其开放传粉后代根蘖株率为 20%以上，有水平根的株率为 70%以上，扦插并隔离繁殖后代的根蘖株率为 50%~80%，水平根蘖株率为 95%。由于根系强大，扩展性强，适宜在黄土高原地区用作水土保持、防风固沙、护坡固土。

此外，有一些草种如高羊茅、早熟禾、黑麦草，既可用作牧草，也是优良的草坪草。而牧草与草坪草品种分别要求具有不同的特征特性，如牧草要求草产量高，即要求植株高大，叶量丰富，鲜草产量高，整个生育期生长迅速；草坪草则除要求其播种出苗与成坪期的生长速度快，有利于成坪防除杂草外，成坪后则要求植株低矮、茎叶纤细、分蘖多和生长缓慢，从而有利于提升草坪质量与减少修剪，节省草坪养护成本。因此，这些草种分别具有牧草型与草坪型 2 种类型的不同品种。因此，选育优良草坪草品种还可促进体育事业的发展。目前，中国适宜不同生态区的优良草坪草品种较为缺乏，已经在不同程度上影响了中国草坪体育运动场事业的发展。

0.3 中国牧草及草坪草育种的回顾与展望

0.3.1 中国牧草及草坪草育种的发展阶段与取得的成就

0.3.1.1 中国牧草育种的发展阶段

中国古代牧草应用历史悠久，早在汉代，张骞出使西域，就从波斯帝国（今伊朗）带回很多花草种子，'牧草之王'紫花苜蓿和'牧草皇后'红豆草，被汉武帝在禁宫中列为御用花草，但有意识的现代牧草育种工作只是在近现代才起步发展。

（1）引种阶段（20 世纪 30~50 年代）

我国牧草育种始于 20 世纪 40 年代初，甘肃天水水土保持试验站叶培忠、莫世熬、阎文光等首先通过引种筛选育成了'叶氏'狼尾草[*Pennisetum alopecuroides* (L.) Spreng. 'Yeshi']和'天水白花'草木犀（*Melilotus albus* Dear. 'Tianshui'）和'天水黄花'草木犀（*Melilotus officinalis* Dear. 'Tianshui'）等牧草新品种。

（2）育种初级阶段（20 世纪 50~70 年代末）

20 世纪 50~70 年代末我国牧草育种侧重于野生牧草的栽培、驯化和地方品种的整理。1976 年编《全国牧草及饲料作物品种资源名录》，收编品种 100 属、1438 个编号。同时，本阶段我国的牧草育种已经起步发展，如 1955 年吉林省农业科学院畜牧研究所通过选择育种，培育出高产、抗寒、适应性广的'公农 1 号'（*Medicago sativa* L. 'Gongnong No. 1'）、'公农 2 号'（*Medicago sativa* L. 'Gongnong No. 2'）两个苜蓿新品种。20 世纪 70 年代末，内蒙古农牧学院采用杂交育种方法，培育出'草原 1 号'（*M. varia* Martin. 'Caoyuan No. 1'）、'草原 2 号'（*M. varia* Martin. 'Caoyuan No. 2'）两个杂花苜蓿品种。

(3)育种全面发展阶段(20世纪80年代初至今)

中国广泛开展牧草育种工作,始于20世纪80年代初。1980年中国草原学会成立。1981年末召开全国牧草育种、引种、良种繁育学术会议。并且,为适应牧草育种工作发展的需要,1986年筹备成立全国牧草育种委员会和全国牧草、饲料作物品种审定委员会,着手进行牧草品种的审定登记和注册工作。1987年成立全国牧草品种审定委员会,开始草类品种审定工作。这些举措,极大地促进了我国牧草品种的选育,育成品种逐年增多,地方良种的整理,国外优良牧草品种的引进以及野生牧草的驯化工作,取得了一批重要成果。

0.3.1.2 中国草坪草育种的发展阶段

中国草坪的应用起源很早,在中国最古老的一部诗歌总集《诗经》中就有关于草坪的描述。然而,作为社会发展标志的草坪业只是在第二次世界大战的后期才在美国诞生,而中国在20世纪80年代以前一直是草坪萌芽与缓慢发展期,直至1978年改革开放以后才使草坪业开始兴起,同时也使中国的草坪草育种工作逐渐步入正常发展阶段。

(1)宫廷游园利用阶段

中国草坪草育种的宫廷游园利用阶段指中国尧舜时期经周朝至清朝时期,即指1840年以前的中国古代草坪草育种发展阶段。中国尧舜时期,国家已开始设"虞"(音yú)官来管理山林,中国有关园林的最早资料和各种文字记载,约可追溯到公元前12世纪,周朝君主陆续建造了大量华丽的园林,林园中有各种花草树木。《史记》中记载,公元前1150年,周文王建造了面积为375hm^{2}的陵园,其中长满了树木和植物。周朝还把种草列入农政管理范围。早在春秋时代,《诗经》中"绿草茵茵,芳草萋萋"诗句,就有对草地的描述。

公元前195年,汉文帝建造了一座面积达3000hm^{2}的宏大苑林,内有建筑和花草。汉朝司马相如《上林赋》中写道"布结缕,攒戾莎",表明在汉武帝的林苑中,已开始铺设以结缕草为主的草坪。5世纪末年,据《南史东昏侯本纪》:"帝为芳乐苑,划取细草,来植阶庭,烈日之中,便至焦躁",明确记载了草坪的栽植。13世纪中叶,元朝忽必烈为了不忘蒙古的草地,在宫殿内院种植草坪。

18世纪,草坪草在园林中的应用已具相当的水平和规模。举世闻名的热河避暑山庄,当时有500余亩的疏林草地(即万树园),系由羊胡子草(卵穗薹草,莎草科)形成的大片绿毯草坪。中国以"满铺草坯"的技术路线为主,移植天然草坪成为"人工草坪",面积越来越大。至清乾隆二十九年(1764)和三十九年(1774),在北京北海北岸和东南海瀛台土石相间的山坡"奉旨……将新堆土山满铺草坯(约2.8×10^{4}m^2)","满铺草坯"之法沿用至今。

综上所述,早在中国秦汉时代,草坪利用已具雏形,完成了草坪萌芽阶段,南北朝至盛唐成熟完善,并开始传播至日本。

(2)公园、运动场、游憩草坪等多途径利用阶段

中国草坪草育种的公园、运动场、游憩草坪等多途径利用阶段为1840年鸦片战争后至1949年的中国近代草坪业发展阶段。1840年鸦片战争后,中国门户被迫开放,世界列强纷纷涌入中国。同时,输入欧式草坪。在上海、广州、青岛、南京、汉口、成都、北京、天津等城市发展了有限面积的草坪。随着人类对草坪草的认识和社会经济的发展,草原的功用不断丰富,将草原从放牧打猎逐渐拓展到游憩观赏、户外运动、娱乐休闲等,成为近代草坪的主要特点。

此外,这时期运动场草坪中的高尔夫产业也逐渐发展起来。1896年,上海高尔夫俱乐

部的成立，随后在上海、北京、汉口、天津、大连等地都曾经建设过高尔夫球场，主要为在华的西方侨民提供服务。

(3) 观赏性或装饰性利用阶段

中国草坪草育种的观赏性或装饰性利用阶段指1949年至20世纪70年代末，此段时期，我国的草坪主要作为文化休憩公园运用，为中国现代草坪业发展第一阶段。中华人民共和国成立后不久，过去"遗留"下来的草坪地绝大多数被改造为儿童乐园或居民活动场所，土地收归国有，高尔夫球场全部改为他用。

20世纪50年代，中国园林研究系统在设立草坪或地被组的基础上，开展了大量草坪草引种、建坪、养护管理的研究工作。中国科学院植物研究所就开始了比较系统的草坪研究工作。1956年，北京植物园胡叔良先生从甘肃天水市搜集到野牛草（*Buchloe dactyloides* St. Louis.），发现其具有抗逆性强、质地细密、生长缓慢、耐践踏等优良特性，开始在北京作为草坪使用，后使之广布长城内外，使优良草坪草野牛草几乎遍及大半个中国，并和园林单位开展了大量的草坪草引种试验及草坪建植养护技术研究，对草坪发展起了推动作用。

但是，相继而来的1960—1962年三年自然灾害和从1966年开始的"文化大革命"期间，花、草、鸟、鱼等统统被视为"四旧"而扫地出门，迫使草坪草的科研及其草坪草育种工作处于停顿、徘徊不前状态。

(4) 引种与育种相结合阶段

中国草坪草育种工作的引种与育种相结合阶段是指从20世纪70年代末至今，为中国现代草坪业发展第二阶段——迅速崛起和快速发展期。1978年改革开放不仅为我国草坪业的发展注入了新的活力，而且，经济实力的增强也为草坪草育种的发展提供了强劲的动力。

20世纪80年代后期至今，中国许多草坪草科研与应用单位广泛开展了草坪草品种的引种和示范推广试验。相继从美国、加拿大、丹麦等国家引种了大量草坪草品种进行生长性能评价，引种和筛选驯化许多适合中国种植的草坪草品种。如目前广泛应用的"Tif"杂交狗牙根系列品种等。与此同时，中国各草坪草科研教学单位与企业也开展了草坪草的选择育种、杂交育种与诱变育种等育种研究工作，选育了许多优良草坪草新品种。如'青岛'结缕草（*Z. japonica* Steud. 'Qingdao'）是由中国牧工商总公司的董佩华和山东省胶州市知青场的董令善于1984年，利用山东半岛的(中华)结缕草资源，合作完成了中国第一批结缕草种子的出口业务，首创了现代我国草坪草种子出口历史，并于1990年由山东青岛市草坪公司董令善等申报通过全国草品种审定登记。

0.3.1.3 中国牧草及草坪草育种取得的成就

(1) 优良牧草及草坪草种质资源的收集、保存和评价研究

牧草及草坪草种质资源是选育新品种的物质基础。中国是世界上牧草种质资源最丰富的国家之一，从20世纪50年代初起，中国就先后数十次组织国家级和省级规模的草地勘察和植物资源调查活动，初步查明了全国与各地区的牧草及草坪草种质资源状况，先后制定了《牧草与草坪草种苗评定规程》（NY/T 1238—2006）、《农作物种质资源鉴定技术规程 豆科牧草》（NY/T 1310—2007）、《牧草种质资源田间评价技术规程》（NY/T 2127—2012）、《豆科牧草种质资源描述规范》（NY/T 2946—2016）等行业标准，进一步规范了中国牧草及草坪草种质资源研究工作。还分别从原苏联与俄罗斯、匈牙利、英国、荷兰、美国、澳大利亚、新西兰、丹麦等10多个国家引进牧草及草坪草种质资源。并且，在全国不同气候生态区建立

起 5 个多年生牧草资源圃和 8 个草地类自然保护区及 10 个生态区域技术协作组；在北京，吉林公主岭，江苏南京，湖北武汉，四川新津，云南寻甸，甘肃武威和天祝，青海西宁、同德、海晏，新疆乌鲁木齐、呼图壁、察布查尔，内蒙古呼和浩特、和林，海南儋州建立了 17 个种质资源鉴定评价圃。建成以国家长期库(北京中国农业科学院作物品种资源长期库)、中期库(北京全国畜牧兽医总站国家草种质资源中心库、呼和浩特中国农业科学院草原研究所国家草种质保存中期库、儋州中国热带农业科学院热带草种质中期库)为核心，以种质资源圃为网络的保存体系。至今共保存各类牧草及草坪草种质资源近 6 万份，完成了近 2 万份种质资源的农艺性状评价鉴定，为各科研单位与学者提供了牧草及草坪草种质资源研究和交流服务。

(2) 创建并完善了牧草及草坪草新品种审定、区试及其法规体系

中国牧草及草坪草品种审定登记工作起步于 20 世纪 80 年代。1981 年成立了全国农作物品种审定委员会，并颁布了《全国农作物品种审定试行条例》，开始了国家级品种审定工作。1983 年，国家农牧渔业部开始筹备成立国家级草品种审定机构。1987 年 7 月 23 日"全国牧草品种审定委员会"正式成立，并正式开始受理牧草、草坪草、饲料作物和绿肥新品种的申报。至今，全国及各省(自治区、直辖市)草品种审定委员会的成立和相关工作的开展，使中国牧草及草坪草品种审定工作进入正常轨道，有力地推动了新品种的育种与引种工作。

2006 年，全国草品种审定委员会牵头编写制定并由农业部并颁发了农业行业标准《草品种审定技术规程》(NY/T 1091—2006)，2013 年，该行业标准提升为国家标准(GB/T 30395—2013)。2011 年 7 月农业部发布实施了《草品种审定管理规定》。2013 年，《草品种命名原则》(GB/T 30394—2013)和《区域试验技术规程 禾本科牧草》(NY/T 2322—2013)两项标准相继出台。这些技术标准与法规出台，进一步健全了牧草及草坪草品种审定工作制度，确保了我国品种审定工作的科学性、公平性和公正性。

2008 年，中国建立了统一管理的国家草品种区域试验网。截至 2015 年 7 月，国家草品种区域试验参试材料共 231 份，其中育成品种共 83 个，引进品种 79 个，野生栽培品种 56 个，地方品种 13 个。全国 28 个省(自治区、直辖市)已设置 55 个国家区域试验站(点)，基本涵盖了中国主要生态区域，满足了品种区域试验基本要求。中国已有国家及各省(自治区、直辖市)的区域试验成为品种审定工作的主要依据和技术支撑，大大促进了中国牧草与草坪草新品种选育工作。

(3) 育成和推广应用了一批优良牧草及草坪草品种

中国从 20 世纪 30 年代开始从国外引入大量牧草及草坪草品种，并成功筛选与推广应用了许多国外优良品种。从 20 世纪 50 年代初开始，中国开始应用各种育种方法自主选育牧草及草坪草品种，1987 年正式开展全国草品种审定登记工作。至今已经育成一批优良品种。据统计，1987—2018 年，全国草品种审定委员会共审定登记的品种已达 533 个，其中育成品种 196 个，引进品种 163 个，野生栽培品种 116 个，地方品种 58 个。此外，还育成了一批通过省级农作物或草品种审定(登记)的牧草及草坪草品种。

随着近年生态文明建设和园林绿化、运动场草坪产业发展及"退耕还草""牧草种子工程""草原生态补偿奖励机制""三江源治理""京津风沙源治理""振兴奶业苜蓿发展行动""粮经二元种植结构变粮经饲统筹的三元种植结构"等工作的有效开展，中国育成的牧草及草坪草新品种的推广和应用工作成效显著，取得巨大的经济效益和生态及社会效益。

(4) 育种基础理论研究进一步加强，育种方法和技术更加提高

中国牧草及草坪草的育种技术运用，在 20 世纪 80 年代以前的育成品种多采用选择育种与杂交育种技术，进入 20 世纪 80 年代，中国牧草及草坪草育种在加强自主牧草及草坪草新品种选育工作的同时，进一步加强了牧草及草坪草育种基础理论研究。开展了牧草及草坪草辐射与诱变剂量及效应、空间诱变育种技术、苜蓿等雄性不育系杂种优势利用技术、早熟禾无融合生殖机制、多倍体诱导及鉴定方法、逆境胁迫抗性鉴定指标、牧草及草坪草基因克隆与转基因方法、远缘杂交与组织培养技术、原生质体培养与体细胞杂交技术、苜蓿等牧草及草坪草的遗传图谱构建及分子育种技术、品种 DUS 测试技术等系列育种基础理论研究，生物新技术的研究日趋增多并取得了许多新进展。

0.3.2　中国牧草及草坪草育种存在的问题

中国牧草及草坪草育种工作虽然已取得了很大成就，但其总体水平还较低，远远不能满足草业发展的需求，与发达国家相比较还有较大差距，主要表现存在如下问题。

(1) 牧草及草坪草种质资源研究不足

中国牧草及草坪草种质资源较丰富。据统计，中国牧草饲用植物资源组成复杂，种类丰富，在植物界中可饲喂家畜的植物有 5 门 246 科 1545 属 6704 种（包括 29 亚种，296 变种，13 变型）。尽管中国牧草及草坪草种质资源的保护利用也取得了一定的成绩，但仍存在一定问题。一是牧草及草坪草种质资源的有效保护力度不够。仍有大量野生、濒危、特有的种质资源还未得到有效的保护，如中国的饲用植物特有种近 89% 没有保存，另外种质资源保护正常运转经费不足，还有大量的稀有濒危植物的种子没有保存，致使潜在的资源优势有流失他国及濒危灭绝的危险。二是种质资源研究深度不够。中国种质资源评价与利用研究，不仅落后于世界先进国家，也落后于国内农作物种质资源的研究。基因和分子水平的遗传多样性分析还没有广泛开展，核心种质的建立和利用工作才刚刚起步，种质资源整体开发利用水平落后。三是中国牧草及草坪草的种质网络资源收集保存的种质较少，遗传面太窄，种质评价不能与育种的具体目标相结合，因此不能及时地为育种者提供急需和更多、更好的育种材料。

(2) 育种成果整体水平不高

中国牧草及草坪草育种与国外和国内其他大田作物育种相比较起步较晚，育种整体水平不高，仍不能满足产业发展需要。截至 2017 年年底，经全国草品种审定委员会审定登记的牧草及草坪草品种仅有 533 个，除 163 个引进品种外，中国具有自主知识产权的品种只有 370 个。并且，育成品种只有 196 个，占总数的 36.77%，而地方品种、引进品种和野生栽培品种相对较多。而澳大利亚至 1990 年审定登记的牧草品种已达 290 个。从 1963—2004 年的 40 余年间，美国登记的苜蓿品种就达到了 1198 个，仅 2015 年登记的苜蓿品种数就约 192 个；中国 1987—2017 年共审定登记 92 个苜蓿品种，其中育成品种 44 个，引进品种 23 个，地方品种 20 个，野生驯化品种 5 个。因此，美国 2015 年一年登记的苜蓿品种数量不仅远远超过我国 30 年所育成的苜蓿品种数量，而且，与中国 1987—2018 年所有育成牧草及草坪草品种数量（196 个）相当。

中国牧草及草坪草育种不仅育成品种的比例较低，且新品种生产能力、抗逆性与国外品种相比并不突出，部分品种还出现了重度退化，品种性能显著降低，很多品种已经使用数十

年，如公农一、二号苜蓿品种已有 60 多年的历史。已审定通过的各类牧草及草坪草品种，除野生栽培种外，其余推广面积较小，据估算应用审定登记品种约占人工草地总数的 16.6%。美国每年进行生产的牧草品种豆科约为 4000 种、禾本科约为 1500 种，以美国和欧洲国家为主的经济合作与发展组织，在 2013 年 7 月，其成员国互认的登记牧草品种达到 5000 多个。而中国牧草及草坪草育种的品种数量、质量均不能满足多样的地理气候和经济发展需求。

(3) 育种基础理论研究和方法及技术手段有待提高

中国牧草及草坪草育种基础研究相对薄弱，尤其是中国特有牧草及草坪草种的性状遗传、群体遗传和无融合生殖等，近年来虽有不少研究，但在该领域的研究远远落后于生产实践，育种方法和育种手段有待进一步提高。目前中国的现代生物技术的育种应用仍处于起步阶段，绝大部分牧草及草坪草种还没有基因组序列信息。而国外育种家们十分重视分子生物学在牧草及草坪草育种技术中应用的一些关键问题，如基因克隆、高效表达载体的构建、可选择的分子标记等，并在牧草及草坪草抗旱、抗除草剂、抗虫以及延缓植株木质化等，以基因工程提高牧草及草坪草品质育种，取得很大的进展，澳大利亚育成的转基因高含硫氨基酸苜蓿新品种则已投放市场；美国国际苜蓿遗传公司等单位合作将 *Epsps* 基因转入苜蓿，育成抗 Roundup 除草剂的苜蓿新品种，已在 2004 年开始推广应用。但是，中国至今没有转基因牧草品种商品化推广；中国传统的常规育种技术和方法仍是育种的主流，耗时长、效率低、品种更新换代周期长，无法适应当前育种项目"短平快"的节奏。且牧草及草坪草种类繁多，有限的育种技术力量比较分散，难以形成草种育种联合攻关科研梯队。

(4) 良种繁育体系不健全

中国牧草及草坪草良种繁育体系尚不健全，新育成的品种扩繁缓慢，良种繁殖规模化程度小，种子生产落后与加工不足，种子质量优劣混杂，市场供应严重不足，种子国外依存度较高，牧草及草坪草品种总体产业化经营程度不高。而由于社会经济的快速发展，中国牧草及草坪草需求量急剧增长，在国内供低于求情况下，干草和牧草及草坪草种进口量将继续保持高位。近 10 年的种子平均进口量为 1.8×10^4t，出口量仅为 0.47×10^4t，近 40% 依赖国外市场，而且，草坪草种子除暖季型草坪草结缕草等少量自产外，其余几乎全部依赖进口。并且，中国进口的牧草及草坪草种子，50% 以上都来自美国，较低的自给率和高度集中的市场结构，使中国牧草及草坪草产业面临较高的市场风险，迫切需要提高国内牧草及草坪草种子的供给能力。

(5) 制度规范尚待落实

中国已制定了一些涉及植物新品种保护的法律、法规、规章制度，但不够全面具体，且缺少专门法律。1997 年 3 月 20 日国务院发布的《中华人民共和国植物新品种保护条例》属于行政法规，对新品种的保护强度明显不足。主要问题是保护范围小，期限短，数量少，品种权审查体系不完善。1999 年 4 月 23 日中国正式加入国际植物新品种保护联盟（UPOV），苜蓿、草地早熟禾和酸模 3 个种（属）被列入实行新品种保护名录。截至 2013 年 4 月，中国申请牧草新品种保护不足 39 个品种。

目前，中国已公布了红三叶、白三叶、鹰嘴豆、黄芪、无芒雀麦、鸭茅、燕麦、草地早熟禾、狗牙根、稗、小黑麦、高羊茅、草地羊茅、籽粒苋、冰草属、黑麦草属、披碱草属、结缕草属、狼尾草属、酸模属等 20 个属（种）的植物新品种 DUS 测试指南，但以上种属

(种)的 DNA 指纹图谱库尚未建立,加上目前 SSR 分子标记技术作为植物新品种 DUS 测试的指纹图谱辅助或快速鉴定手段还比较落后,造成目前还不能有效、准确、快速进行牧草及草坪草(品)种的检测鉴定。并且,由于中国牧草及草坪种子生产基地零星分布,大多为兼用种子田生产,市场规模小、产量低、质量欠佳、效益低,种子质量标准不健全,因此,造成目前中国牧草及草坪草种子市场监管相对缺失。

0.3.3 中国牧草及草坪草育种的展望

中国的牧草及草坪草育种应重点开展如下工作:

(1)进一步加强种质资源的保护与利用工作

中国牧草及草坪草种质资源的研究应借鉴国外成功经验,保证投资的连续性及各项政策规划的长远性;继续进行种质资源的收集和保存工作,重点收集珍稀和濒危种质、有栽培利用和育种潜力的种质、具有特殊用途的种质以及中、长期库的种质和国外种质;加强种质资源生物多样性研究,尤其是遗传多样性的研究;进行现有种质资源的开发利用与创新研究,将常规方法与现代生物技术结合,不断提高种质鉴定、检测技术水平,加快有益基因源的提供、基因转导及种质创新;建立全国牧草及草坪草种质资源多样性信息网络,向国内外提供信息服务,加速信息交流,与国际接轨。

(2)努力育成具有独特地方特色的牧草及草坪草品种

中国牧草及草坪草栽培区域广阔,生态条件复杂。因此,应根据各地方特点,选育出独特的牧草及草坪草品种。特别是中国西部地区应从野生品种中培育防风固沙、抗旱、抗寒、抗热能力强的野生牧草及草坪草品种。中国南方丘陵面积大,其红壤特征为酸、瘦、板结,主要气候特点是春雨、夏涝、秋旱、冬干,降水很不均匀。因此,培育抗旱耐瘠的多年生、高产、优质、多熟期牧草及草坪草品种,既可免除年年翻耕播种之劳,还能起到绿化荒山、荒坡、塘埂、防止水土流失,解决林牧矛盾,保护生态环境的作用。

(3)改进牧草及草坪草育种的方法和途径,加强品种管理和利用

中国牧草及草坪草育种应充分收集育种原始材料,进一步加强育种基础理论研究,以常规育种技术为主,积极与生物技术育种相结合,努力改进育种方法与技术,大力拓展育种途径。为了确保中国登记牧草及草坪草品种的质量,必须进一步健全国家全国性的草品种区域试验网络,确定评价牧草及草坪草品种特性的合适对照品种,完善新品种的 DUS 测试,确保新品种的科学公正评价。同时,加快育、繁、推一体化牧草及草坪草种子产业集团建设的进程,加强良种繁育体系与种子生产工作,由牧草及草坪草种子过度依赖的输入型转向自给型,逐步过渡到输出型。还要进一步强化牧草及草坪草种子市场管理,建立规范的标准与法律法规,实施种子生产经营许可证制度和种子质量级别认证制度。

总之,中国牧草及草坪草育种工作从收集和鉴定原始材料开始到选育、生产示范直至推广,是一项周期长、难度大的系统工程,涉及遗传学、育种学、栽培学、分类学、生理学、解剖学、分子生物学等多门学科。因此,必须聚集各学科的理论技术,才能选育出高质量的优良品种。不同学科与不同国家及地区应该协作攻关,互通情报、交流信息、集思广益,从而使我国的牧草及草坪草育种工作推向一个新的高度。

思考题

1. 简述牧草及草坪草育种学的定义；简述牧草及草坪草育种学的主要研究内容及特点。
2. 论述品种的概念及其特点。
3. 论述牧草及草坪草优良品种的作用。
4. 论述牧草及草坪草育种的发展阶段。
5. 论述中国牧草及草坪草育种工作已经取得的成就。
6. 分析目前中国牧草及草坪草育种存在的问题及其今后的发展对策。

第一篇 总论

第 1 章 育种目标

育种目标(breeding objective)是关系到育种成败的关键。虽然不同牧草及草坪草良种具有共同的高产、优质、持久性等育种目标属性,但不同草种、不同地区的育种目标存在许多差异性和特殊性。

1.1 制定育种目标的意义和原则

1.1.1 牧草及草坪草育种目标的特点与意义

育种目标即对育种品种(新品种)的具体要求。也就是在一定地区的自然、耕作栽培及经济条件下所要培育的新品种应该具备的一系列优良特征特性的具体指标。例如,牧草的丰产性能(包括产草量、种子产量等),牧草及草坪草的抗逆性能(包括病虫抗性、抗寒性、抗旱性等)、品质(包括牧草的营养成分、适口性等;草坪草的绿期、质地等)。育种目标是选育新品种的工程设计蓝图,为了正确制定育种目标,必须掌握育种目标的特点和意义。

1.1.1.1 育种目标的特点

(1)育种目标的多样性

虽然牧草及草坪草与大田农作物的育种目标都具有高产、优质、抗逆性强等特点,但是,因为草种与地域不同,其育种目标也有所不同。即使相同草种与相同地域,其育种目标有时也不尽相同。如为了适应相同地域不同的耕作制度,往往需要选育相同牧草种不同生育期的品种。

不同牧草及草坪草种和品种的育种目标千差万别,其育种目标性状多样化。凡是能通过育种得到改良的性状均可列为育种目标性状,根据牧草及草坪草的生长特性及应用区域差异,对其育种目标的制定也应遵循因种、因地而异的原则。如冷季型牧草及草坪草在气候过渡地带种植推广,要求具有良好的耐热性;而暖季型牧草及草坪草在中国北方地区种植推广,则要求具有较好的耐寒性。此外,在盐碱地域种植推广的草种及其品种,其最重要的育种目标之一则是要求具有良好的耐盐性。

(2)育种目标的动态性

育种目标具有动态性。随着牧草及草坪草种植推广地区生态环境的变化,社会经济的发展以及种植制度的改革等都要求育种目标不断变化以与之相适应。并且,每个特定品种对生态环境条件的适应范围是有限的,育种目标应该随生态环境条件的改变而改变。此外,育种目标由多种性状指标和因素所构成,不同性状和因素间相互制约、相互促进、相互包含。以禾本科牧草本为例,其产量指标是由单位面积株数、每株穗数、每穗实粒数和粒重所构成。

再者，其产量的形成又是牧草种及品种的各种遗传特性与环境条件共同作用的结果，其产量结构与品种、土壤、气候、栽培管理等密切相关。因此，要求获得育种目标的高产，选育的禾本科牧草种及品种具有多穗、穗大（粒多）、粒重的遗传特性，但是，禾本科多穗品种往往粒数较少或者粒重较小。因此，过去禾本科牧草产量水平较低时，若制定高产的育种目标，往往选择高秆即生物产量较高的品种，高秆品种可以选择粒数较多与粒重较大的类型，而其穗数则可能较少即分蘖能力较弱。而随着栽培、施肥与产量水平的提高，禾本科牧草育种目标的制定也相应发生了变化，为了防止高秆品种容易倒伏影响产量，现代牧草育种目标大多要求选育适当株高并且穗数较多的品种。

(3) 育种目标的相对稳定性

如上所述，育种目标具有多样性与动态性。但是，在一定时期内，牧草及草坪草在种植推广地区的育种目标则是相对稳定的，它体现了育种工作在一定时期的方向和任务。而且，一个新品种选育成功少则也要三五年，多则需要十至数十年。因此，育种工作者必须坚定育种目标信念，锲而不舍，才可能创制新品种。如果时常变换育种目标，不仅可能浪费巨大人力物力，而且也可能难以到达理想的彼岸。

1.1.1.2 制定育种目标的意义

育种目标犹如工程设计的蓝图，是牧草及草坪草育种工作的前提、依据和指南。只有明确具体的育种目标，才能把握主攻方向，有目的地搜集和选用种质资源；确定品种改良的对象和目标性状及正确有效的育种方法；也才能有计划地选择亲本和配制组合，确定选择标准，采用合适的鉴定方法和培育条件等，以便尽快完成育种工作任务，提高育种成效。反之，育种目标体系不明确，或性状指标不具体，往往会导致育种工作无的放矢，事倍功半，甚至造成人力物力资源的损失浪费。总之，只有确定了育种目标，才可进行定向选育。

育种目标是育种工作中首先需要加以考虑的问题，制定育种目标是任何一项育种计划都要首先解决的头等大事，育种目标适当与否是决定育种工作成败的关键因素。牧草与草坪草育种是发展草业生产的基础，而育种目标是牧草与草坪草育种的方向，是牧草与草坪草育种的首要任务，是决定育种工作成败和效益高低的关键。

总之，正确制订育种目标是牧草与草坪草育种过程的第一个步骤。根据制定的正确育种目标，可恰当地选择亲本、供体与受体等原始材料；合理运用各种育种技术手段创造变异；严格进行定向选择杂种与变异后代；精细地进行田间试验与加速开展良种繁育工作，使选择品种及其性状能够稳定遗传，从而有效完成整个育种过程。

1.1.2 制定牧草及草坪草育种目标的原则

一般制定育种目标都要掌握以下几项基本原则。

(1) 实用性原则

育种目标应立足当前自然、社会及生产的客观要求，必须反映当地生产发展的要求，即符合国民经济需要。育成的新品种应该比当地现有优良品种的优点多而缺点少。因此，要求育种工作者必须首先熟悉所在地区的实际情况，调查分析当地的气候、土壤、自然灾害、耕作制度、品种的特征、特性、利用状况和主要的优缺点等，做到了如指掌。育种目标要根据不同地区的具体情况制定，必须反映当地生产发展的需求。在育种目标的制定中要尽量保留现有品种的优点、改良其缺点。

(2) 具体性原则

牧草及草坪草育种目标应该把握主攻方向，突出重点，分清主次。草业生产和市场上对品种的要求往往是多方面的，但是在制定牧草及草坪草育种目标时，对诸多需要改良的性状不能面面俱到，十全十美，而是要在综合性状都符合一定要求的基础之上，改良一两个主要限制性状。尤其是基于不同地区的特点，抓住主要矛盾，将育种目标的制定着眼于实际应用。如果牧草种植推广地区春季苗期霜冻、夏秋干旱等灾害时有发生，影响牧草稳产性，则育种目标就必须要求选育苗期抗寒、成株期抗旱的高产、稳产品种。因此，抗寒性和抗旱性就成为该地牧草主要的育种目标。又如，不同地域的草坪草育种目标也有所不同。中国北方亚寒带与温带地区，暖季型草坪草育种目标的重要选育指标之一是抗寒性要强，以便保证草坪草能顺利越冬；而热带暖季型草坪草育种目标的主要指标便是要求根系发达并且抗病虫等。

牧草及草坪草育种目标必须考虑当地现有品种有待提高和改进的主要性状，做到有的放矢。并且育种目标要求明确具体，同时应具有可行性。制定育种目标不能仅仅笼统一般化地将高产、稳产、优质、多抗等作为重点改良育种目标，还必须对这些有关的性状进行深化分析，确定改良的具体性状和要达到的具体指标要求。只有将育种目标具体化，才能真正做到育种工作心中有数，育种目标有标准可依。

(3) 科学性原则

牧草及草坪草育种目标必须注意不同类型的品种合理搭配，以适应不同地区与不同耕作制度的要求。并且，牧草及草坪草的育种目标也有所不同。如有些植株变异如生长势降低，表现植株低矮、生长缓慢等，这类变异在牧草育种中为不利性状，但在草坪草育种中则可以根据育种目标进行选择和利用。草业生产对于牧草及草坪草品种的要求是多方面的，不同地区、不同栽培与养护水平、不同利用方式、不同建植需求、不同土壤类型以及不同耕作制度等都要求不同的品种，因此，要选育出一个完全满足要求的品种可能比较困难，甚至不可能实现。所以，育种目标制定应多元化，选育出不同类型的品种，以便在生产中进行不同品种的合理搭配，实现草业生产的整体效益提升。如选育要求不同水肥条件的品种，以满足不同栽培与养护水平的需求；选育不同成熟期的品种，以适应不同耕作制度的要求；选育不同绿期的品种，以实现对草坪四季常绿的要求等。

(4) 前瞻性原则

育成一个新品种至少需要 3~5 年，多则 10 多年甚至数十年。育种周期长的特点，决定了育种目标制定必须遵循前瞻性原则。育种目标必须预见农业社会发展的前景，反映当地经济和生产的发展趋势，做到有预见性。如为了节省人力成本和降低人体劳动强度，草业生产普遍要求实现全程机械化作业，为便于机械化收获，必须要求牧草新品种的生长发育期一致，并且，要求新品种的抗倒伏性强。尤其收获种子的牧草新品种，要极其重视选育矮秆抗倒并且种子成熟期一致的新品种。

1.2 牧草及草坪草的主要育种目标

育种目标可分为一般目标和特殊目标。牧草及草坪草的一般育种目标又称共同目标，包括生产力高、抗逆性强、应用市场广阔、栽培养护管理方便等。牧草及草坪草的特殊育种目标指某一具体牧草或草坪草为达到生产力高、优质、高效益所应具备的目标性状。

1.2.1 牧草的一般育种目标

牧草的一般育种目标要求新品种草产量高、品质优良、抗逆性强。

1.2.1.1 产量性状

(1) 干草与鲜草产量

干草与鲜草产量是牧草产量性状中最重要的育种目标性状。由于不同牧草鲜草的含水量差异很大，难以进行相互比较，因此采用干草产量更为合理。但是，干草仍然含有一定量的水分，同一种干草的含水量在不同地区或因空气湿度不同而有所不同。因此，也可用单位面积牧草的干物质量表示牧草产量，其结果更为准确。

(2) 种子产量

单位面积的种子产量是生产牧草种子的最重要育种目标，也是以籽实作为饲草精料的饲草作物的主要育种目标。不同牧草种及品种的种子产量差异极大。而像一些青饲玉米和以无性繁殖为主要方式的牧草，也有种子产量极低甚至在生产种植地不能开花结实的种及品种，对于这一类牧草的种子产量可以用单位面积种苗生产量或无性种苗繁殖系数表示其种子(苗)产量。

(3) 再生性(regeneration)和多刈性(multiple cutting)

再生性是指牧草在刈割后恢复生长的能力。再生性好的牧草种及品种，短期内即可恢复生长，其多刈性往往也表现好。多刈性是指在一个生长季内牧草可以刈割并形成经济产量的次数。有的牧草再生性差，刈割后很难恢复生长，每年只能刈割一次或两次；有的则在刈割后再生迅速，可多次刈割。如苜蓿在中国西北地区可年刈2～3茬，在高水肥条件下也有年刈6～8次的，均可形成品质良好的牧草产品。并且，多刈或少刈对牧草全年的干草总产量的影响并不大。

(4) 密度和分枝能力

牧草的草产量、种子产量与单位面积的牧草植株数，即与其植株密度和单株的分枝(蘖)能力密切相关。单位面积牧草种植的植株数及其单株的分枝(蘖)数共同构成的密度是关系牧草丰产的重要目标性状。密度不足时可降低牧草的草产量和种子产量；而密度过稠时也往往引起倒伏严重而降低草产量和种子产量，并要导致牧草质量降低。因此，牧草的分枝(蘖)能力是牧草种及品种的重要育种目标特性之一。

(5) 株型

株型是指牧草植株的茎、叶、花序等器官组织彼此间的协调程度及其空间分布状况。一般认为牧草紧凑型株型，即茎秆直立，矮秆，叶片短、窄、厚，无叶舌，叶片上举、与茎的夹角小、不折垂、穗子直立的株型适于密植，可减少阳光的遮拦，被认为是一种高光效的株型，其草产量和种子产量较高。

1.2.1.2 品质性状

牧草品质性状的优劣不仅影响草食动物的生长发育，还影响草食畜牧产品的产量和质量。牧草新品种要求营养价值高，适口性好，采食量与消化率高，有毒有害物质无或含量低。

(1) 营养价值(nutrient value)

营养价值是评定牧草品质的重要指标，它指牧草可食部分如干(鲜)草、籽实、块根、块茎等所含营养物质的组分和含量及其均衡程度，包括常规的粗蛋白质、粗脂肪、粗纤维、无氮浸出物和钙、磷及其他常量或微量元素的含量；蛋白质中各类氨基酸特别是各种必需氨基酸的组成及其含量；重要维生素的组成及含量等。其中粗蛋白质和粗纤维含量是牧草营养价值的两项重要指标，在现代草食畜牧业生产中，提高牧草粗蛋白质含量、降低其粗纤维含量已经成为越来越重要的牧草育种目标。

(2) 适口性(palatability)

适口性是指畜禽采食牧草时所表现的喜好程度。适口性好的牧草，畜禽采食量大，采食率高，有利于畜禽生长发育。牧草适口性是牧草种及其品种的遗传特性，往往与其可食部分的粗纤维、糖分、某些芳香烃等物质的含量以及牧草质地、颜色、气味等性状有关，同时还与牧草恰当的调制技术有关。如青饲玉米品种加工为青贮玉米草产品后，因其颜色鲜绿、细碎多汁、气味醇香，其适口性比普通籽粒玉米秸秆饲料好，家畜喜食，牧草品质优良。

(3) 采食量(feed intake)与消化率(digestibility rate)

采食量是指牲畜摄入的牧草量；消化率是指牲畜摄取的饲料被利用的程度，即牲畜可消化营养物质占食入营养物质的百分比。牧草可消化营养物质指牧草中被畜禽消化吸收的营养物质。牧草可消化营养物质总量(TDN)被认为是较科学的牧草消化率评定指标，其中，可消化蛋白质含量(digestible protein)是十分重要的消化率评定单项指标。因此，有时也用牧草可消化蛋白质含量表示牧草的消化率。

同样重量的不同干草有时虽然营养物质含量大体相近，但由于其消化率不相同，往往被畜禽采食后所具有的营养价值则具有很大的差异。因此，牧草消化率的高低影响牲畜对营养物质的吸收，提高牧草所含营养物质的消化率，也就提高了牧草单位干物质中的可消化营养成分含量，表明其营养价值高。牧草不同种及品种、牧草不同器官与组织生化成分及结构、牧草不同成熟度的采食量和消化率不相同。

(4) 有毒有害物质(poisonous and harmful substance)

牧草有毒有害物质泛指牲畜采食后能造成健康损害的某些成分，如在牲畜采食苜蓿后可引起急性鼓胀病的皂素；可导致牛羊不愿采食草木犀的香豆素；可导致牛羊跛足病和脱毛的羊茅属中的吡咯灵；红三叶、白三叶含有的雌性激素；高羊茅与草芦含有的多种生物碱；银合欢含有的含羞草素；多变小冠花含有的硝基丙酸类有毒物质；饲用高粱含有的氢氰酸、氰糖苷、生物碱、单宁等。牧草中的这些有毒有害物质或败质化合物可影响牧草的适口性，或直接对牲畜产生毒害作用，如被家畜大量采食就会出现不同程度的中毒反应，甚至造成家畜死亡。牧草有毒有害成分尽管对牧草本身没有毒害作用，但它们由于对牲畜有毒有害，是人们不希望产生的物质。因此，牧草品质育种目标要求尽量降低牧草有毒有害物质的含量。

1.2.1.3 抗性性状

(1) 抗病性

抗病性是牧草育种目标中必不可少与最重要的性状之一。抗病性受牧草种及品种的遗传特性和栽培种植环境条件的共同作用。牧草新品种如果抗病性弱，则往往不能通过审定登记和被推广应用。如苜蓿霜霉病、褐斑病；沙打旺白粉病等已经在生产中造成重大损失，选育抗病品种已经刻不容缓。

(2) 抗虫性

虫害对牧草的危害有目共睹，日趋严重。苜蓿籽蜂、蓟马、叶蝉，麦类线虫、蚜虫，瓜菜类的金针虫等都严重危害牧草生产。因此，牧草育种目标要求应当根据当地主要发生的虫害及危害程度，选育牧草抗虫新品种，如增加牧草害虫不喜食的某些物质含量，增加其茎叶表面附属物的害虫防御结构，如毛、针、刺等，增强牧草生产的害虫抵抗能力。

（3）耐寒性、耐热性与耐旱性

牧草不管是在中国北方还是在南方种植推广，其耐寒性、耐热性与耐旱性强弱均是影响其能否生存与发展的首要条件，也是牧草向生境更严酷地区种植推广的重要育种目标性状。以苜蓿为例，中国目前已通过审定登记注册的大多数苜蓿品种的达成育种目标都具有较强的耐寒性和越冬性。如黑龙江省畜牧研究所利用抗寒、抗旱性非常强的野生二倍体扁蓿豆与地方良种四倍体肇东苜蓿进行属间远缘杂交，经多代选育成功的龙牧 801 号、803 号和 806 号苜蓿在冬季少雪$-35\ ℃$和冬季有雪$-45\ ℃$以下能安全越冬，气候不正常年份越冬率仍可达 78.3%~82.0%。而对于中国东北及内蒙古、甘肃等干旱地区的苜蓿育种目标，除要求抗寒性较强外，其抗旱性也不容忽视。只有选育抗寒又抗旱的苜蓿新品种，才能使苜蓿向更寒冷和干旱的地区推广。与之相对应的是中国南方牧草育种目标则要求较强的耐热性和耐旱性。

（4）耐盐碱性（salt alkali tolerance）和耐酸性（acid tolerance）

耐盐碱性是指植物对盐碱害的耐性。耐酸性是指植物对 pH6.5 以下的酸性土壤的承受能力。中国沿海及西北内陆地区有大面积盐碱地，其开发利用迫在眉睫。因此，在这些地区选育耐盐碱的牧草种及品种具有重要意义。如中国农业科学院畜牧研究所在开展耐盐苜蓿品种鉴定和筛选的基础上，以保定苜蓿、秘鲁苜蓿、南皮苜蓿、RS 苜蓿及细胞耐盐筛选的优株为原始材料，种植在含盐量为 0.4% 的盐碱地上，开放授粉，经田间混合选择 4 代，培育成中苜 1 号耐盐苜蓿新品种。该品种耐盐性较强，在含盐量 0.3% 的盐碱地上比一般栽培品种增产 10% 以上。而由于在中国广大南方地区的土壤偏酸，因此，其牧草育种目标则要求牧草新品种的耐酸性较强。

（5）耐牧性（grazing tolerance）

耐牧性是指牧草对牲畜持久放牧的一种耐受能力。牧草的耐牧性是天然或人工放牧地的重要育种目标性状。牧草的根系发育发展情况、扩散能力等与其耐牧性密切相关。如根蘖型苜蓿具有大量水平生长的匍匐根，在一定的条件下匍匐根可萌发根蘖，根蘖出土即可成为新株，扩大其覆盖面积，这种类型的苜蓿具有较强的耐牧性。如吉林省农业科学院畜牧分院以国外引进的根蘖型苜蓿为原始材料，育成的'公农 3 号'苜蓿新品种具有大量水平根，根蘖株率达 30% 以上，抗寒、耐旱、耐牧，在与羊草混播放牧的条件下比'公农 1 号'苜蓿增产 13%。甘肃农业大学用类似方法育成的'甘农 2 号'杂花苜蓿，其开放传粉后代根蘖株率在 20% 以上，有水平根株率在 70% 以上，扦插并隔离繁殖后代的根蘖株率在 50%~80%，水平根株率在 95%。由于根系强大，扩展性强，适宜在黄土高原地区用作水土保持、防风固沙、护坡固土。

1.2.2 草坪草的一般育种目标

草坪草的一般育种目标要求草坪外观质量、生态质量与使用质量等优良。

1.2.2.1 草坪外观与生态质量性状

草坪外观质量是草坪在人们视觉中的好恶反映。草坪生态质量是指草坪植物间以及草坪植物与环境之间相互作用所表现的特性。草坪外观质量性状主要包括草坪均一性、盖度、密度、质地、颜色、高度等。草坪生态质量性状包括草坪植物组成、草坪草分枝类型与抗逆性、草坪绿期与草坪植物生物量等。

(1) 草坪均一性

草坪均一性是指草坪外观均匀一致的程度，也称草坪均一度或均匀性。它是对草坪草颜色、高度、密度、组成成分、长势、质地等项目整齐度的总体评价。它既是草坪草种及品种的遗传特性，受草坪群体特征与草坪表面平坦性两个因素影响，还受草坪修剪高度、草坪质地、密度等因素影响。但是，草坪均一性主要由草坪草种及品种的遗传因子决定，因此，草坪草育种目标的首要性状是提高草坪均一性。

高质量草坪要求其草坪草高度均一，无裸露地、杂草、病虫害斑块，生育型一致。草坪均一性是衡量草坪草种及品种群体内个体差异大小的指标，个体间大小、叶色、生长速度等差异越小，其均一性越高，所形成的草坪质量就越好。一般而言，以营养体繁殖的草坪草种及品种因其良种繁育不受机械混杂影响，其均一性的保持比种子繁殖的草坪草种及品种的要容易。在草坪草良种繁育系统中，草坪均一性一般依自交系→常异交系→异交系方向递减。

(2) 草坪盖度与密度

草坪盖度是草坪草覆盖地面的程度。草坪密度是指单位面积上草坪草个体或枝条的数量。草坪盖度与密度密切相关，但密度不能完全反映个体分布状况，而盖度可以表示植物所占有的空间范围。草坪盖度与密度越大，草坪质量越好。草坪密度主要由草坪草种及品种遗传特性所决定，但也受到自然环境条件、草坪种植方式及播种密度、一年中的时期以及养护措施的影响。草坪草育种目标的基本要求之一是优良草坪草种及品种能形成密集毯状草坪。不同草坪草种及品种间或种及品种内的草坪密度均存在广泛的变异。一方面具有发达匍匐茎和根状茎的草坪草种及品种的草坪密度较高，具有形成整齐致密草坪的潜力；另一方面，对于直立型生长的草坪草种及品种而言，还应以耐密植性作为其必要的育种目标性状。

(3) 草坪质地

草坪质地是指草坪叶片的细腻程度，主要是对草坪草叶片宽窄与触感的量度，是人们对草坪草叶片喜爱程度的指标，取决于叶片宽度、触感、光滑度及硬度。一般认为宽叶草坪草触感硬、粗糙；而细叶草坪草质地柔软。因此，草坪草叶片越窄，草坪质地及品质越好。不同草坪草种及品种的叶宽主要由其遗传特性决定，但是，草坪修剪、施肥、表层覆沙等养护管理措施也会影响草坪草的质地。据 Wofford 等(1985)报道，狗牙根的叶片宽度具有较高的遗传力，通过人工选择，可能选出质地细腻、景观宜人的狗牙根品种。

(4) 草坪颜色

草坪颜色是指草坪草反射日光后对人眼的色彩感觉。它是草坪草的重要观赏质量性状，但其衡量标准因人的爱好和审美习惯不同而各异。如中国大多数人喜欢深绿色草坪；而日本人喜好淡绿色草坪；英国人则喜欢草坪黄绿色。此外，在越来越强调草坪个性化的现代草坪产业，草坪特色也是人们所关注的育种目标。如有的结缕草品系，在深秋呈红色、紫色，使其草坪颜色别具一格，也可吸引人们的眼球。同时，现代园林造景中对作为园林风景底色的草坪草颜色需求也逐渐呈现多元化趋势。草坪草种及品种的叶色即草坪颜色主要由其遗传特性决定，因此，可根据草坪生产需求制定相应的育种目标，选育不同草坪颜色的草坪草新品种。

(5) 草坪高度

草坪高度是指草坪自然状态下，草坪草顶端及修剪后的草层平面至坪床地表的垂直距离。草坪高度受草坪草生长速度及草坪修剪高度影响。草坪草生长速度及其植株高度主要受草坪种及品种的遗传特性决定，同时还受氮肥施用、草坪修剪等草坪养护管理措施与草坪生态环境条件的影响。草坪草对生长速度的育种目标，要求植株低矮、生长速度缓慢。因为生长速度缓慢的草坪草种及品种不仅可以减少草坪修剪次数，节约人力和养护管理费用；还可减少由于频繁修剪造成的草坪真菌及病原体的侵入，降低草坪草抗性。如黑麦草新品种"全明星"的垂直生长速度就很慢。

此外，为了防除草坪杂草，草坪草育种目标还要求草坪草种子萌发成坪期即生长前期的生长速度迅速，从而能够有效增强草坪对杂草侵入的竞争力。

(6) 草坪绿期

草坪绿期是指草坪草所形成的草坪群落中50%的植株返青之日至呈现枯黄之日的持续日数。草坪绿期长的草坪草种及品种的草坪质量为佳。草坪绿期主要由草坪草种及品种的遗传特性所决定，它是草坪草起源地长期气候及生物相互作用的结果。但是，草坪绿期也受建坪地气候生态环境条件与养护管理水平等因素的影响。如暖季型草坪草在热带地区建植可全年青绿；而在温带地区建植的青绿期不足200 d。例如，中国科学院武汉植物园筛选出的耐热早熟禾品种，精细养护管理条件下可在武汉地区实现四季常绿，但在养护管理相对粗放的条件下，该耐热早熟禾品种夏季仍会发生枯黄。此外，20世纪90年代初英国威尔士草地环境研究所发现一种基因突变的"常绿草"草坪草，它一年四季常绿。因此，随着现代育种技术手段的日新月异，今后可望采用转基因育种技术培育出一年四季常绿的草坪草品种。

1.2.2.2 草坪草抗逆性

草坪草抗逆性是其对寒冷、干旱、高温、水涝、盐碱及病虫害等不良环境胁迫的抵抗能力；对践踏、修剪、遮阴、杂草及除草剂、瘠薄土壤等的耐受能力和草坪利用持久性。

(1) 抗寒性、抗旱性与耐热性

抗寒性是草坪草最为重要的抗逆育种目标性状之一，它直接影响草坪的绿期、返青率及草坪寿命；它也是中国北方地区能否建成优良草坪的先决条件。而草坪草的抗寒性主要由草坪草种及品种的遗传特性决定，不易通过养护栽培措施进行改善。草坪草种及品种的抗寒性均存在广泛的变异。一般冷季型草坪草的抗寒性要比暖季型草坪草的强；冷季型草坪草中，匍匐翦股颖的抗寒性比较优异；而在暖季型草坪草中，野牛草可在积雪覆盖与-34℃条件下能安全越冬。此外，草坪草不同的生育阶段其抗寒性也不相同，一般草坪草幼龄期的抗寒性明显弱于其成熟期的抗寒性。

由于降水量的时空分布不均匀性，对于不具备灌溉条件的地方，草坪草的抗旱性是非常重要的抗性育种目标性状指标。尤其是在当今全球水资源紧缺的背景下，节水与环保意识不断增强，培育节水抗旱的草坪草种及品种已经成为最重要的育种目标之一。草坪草的抗旱性主要由其遗传因子确定，不同草坪草种及品种的抗旱性差异较大。一般暖季型草坪草的抗旱性比冷季型草坪草的强；杂交狗牙根(*Cynodon dactylon* × *C. transvadlensis*)和高羊茅(*Festuca arundinacea*)分别为暖季型和冷季型草坪草中抗旱性最强的草坪草种；而假俭草(*Eremochloa ophiuroides* Munro)和匍匐翦股颖则是该两类草坪草中抗旱性较差的草坪草种。研究表明，根系的分布深度、根重以及根系在浅土层的分枝能力的遗传差异是结缕草属不同种的抗旱性不相同的原因之一。此外，还可利用冠层抗性、叶面积、蒸腾强度等植株地上部性状作为节水抗旱草坪草种及品种的选育性状指标参数。

与抗寒性类似，耐热性也是草坪草育种目标的一个很重要抗逆性性状指标，尤其对于冷季型草坪草，因其本身耐热性较弱的遗传特性，增强其耐热性则是增强其广泛适应性的重要育种目标。不同草坪草种及品种的耐热性不相同。如高羊茅是冷季型草坪草中最耐热的草坪草种，其中'Arid 3'（爱瑞 3 号）、'Hountdog 5'（猎狗 5 号）等又是较耐热的高羊茅品种。例如，南京农业大学以品质优良的黑麦草品种'Manawa'（$2n=14$）为母本，以抗旱耐热性强的苇状羊茅品种'K31'（$2n=42$）为父本进行属间远缘杂交育种，育成了'南农 1 号'羊茅黑麦草新品种，该品种不仅抗旱性与抗热性较强，而且还耐寒、耐湿、耐盐碱。

(2) 耐湿性（moisture tolerance）与耐盐碱性

耐湿性是指在土壤渍水条件下，草坪草植物根部受到缺氧和其他因素的胁迫而具有减免受害的能力。湿害则是指由于土壤中水分过剩，造成土壤中的空气不足而引起草坪草植物生育障碍的现象。中国华南地区春夏雨季常出现水涝灾害的低洼地区，要求合理制定草坪草育种目标，选育推广适宜的耐淹品种，以便将经济损失减少到最低程度。

草坪草植物对盐碱害的耐性称为耐盐碱性，简称为耐盐性（salt tolerance）。中国西北内陆与沿海地区拥有大面积的盐碱地，其开发利用程度较低，随着人们生态意识的逐步增强，盐碱地的绿化需求不断增大，耐盐碱性则成为草坪草的重要育种目标。不同草坪草种及品种的耐盐性差异极大。如匍匐翦股颖和高羊茅是耐盐性较强的冷季型草坪草种；狗牙根、结缕草及钝叶草是非常耐盐碱的暖季型草坪草种，其中'Tifton 86'较'Tifton 10'又是更为耐盐杂交狗牙根品种。

(3) 抗病虫性

草坪草作为以绿化观赏为主要用途的植物，病虫害的发生会严重影响其景观效果。因此，抗病虫性一直是必不可少的育种目标性状之一。抗病性是草坪草种及品种遗传因子和外在环境条件共同作用的结果。不同草坪草种及品种对病原危害的抗性不相同。如狗牙根易感染枯萎病；锈病是多年生黑麦草（*Lolium perenne*）、鸭茅（*Dactylis glomerata*）、结缕草的严重病害；扁穗钝叶草（*Stenotaphrum secundatum*）受病毒的危害极大；高羊茅在草坪过渡带易感染褐斑病。

害虫对草坪草的危害有目共睹，日益严重。如蛴螬等害虫严重影响草坪质量。草坪草育种要根据当地发生的主要虫害及其严重程度，制定适宜的抗虫育种目标。近年来将内生真菌引入一些冷季型草坪草品种，以助其改善抗虫性，成效显著。内生真菌还可增加宿主对各种其他生物如病原细菌和真菌的抗性、增加宿主对环境胁迫的抗性，保护宿主免受伤害。如高羊茅'猎狗 5 号'和黑麦草'高帽'都是内生菌含量高、抗性强的品种。

(4) 耐践踏性与耐低修剪性

育种目标一般要求草坪草具有一定的耐践踏性，以便草坪为人们提供休憩、游玩的场所。尤其是运动场草坪草种及品种，其耐践踏性更为重要。草坪草耐践踏性是一个综合指标，是其耐磨性和再生性的综合体现。耐践踏性由草坪草遗传因子决定，不同草坪草种及品种的耐践踏性不相同，其耐践踏的作用机理也不相同。如狗牙根和结缕草均较耐践踏，但前者是因具有很强的再生性；而后者是因具有很强的耐磨性。因此，草坪草育种过程中，应从其根系发育情况、扩散能力、繁殖方式等综合考虑，以便制定出具体的耐践踏性育种目标。

育种目标还要求草坪草种及品种具有优异的耐低修剪性。不同草坪草种及品种所耐受的最低修剪高度不同。如翦股颖所能耐受的最低修剪高度要远远低于高羊茅与草地早熟禾的，而草坪草种及品种的耐低修剪性差异在很大程度上也决定了它们的草坪使用范围差异。

(5) 耐阴性

草坪草建植应用过程中，尤其被用作园林绿化草坪时，常常与其他灌木及乔木绿化植物共同搭配使用。因此，耐阴性是草坪草富有特色且比较重要的抗性育种目标指标之一。草坪草的耐阴性主要由其遗传因子决定，不同草坪草种及品种的耐阴性不相同。如冷季型草坪草比暖季型草坪草更为耐阴。而暖季型草坪草中，钝叶草、地毯草（*Axonopus compressus*）均比较耐阴；狗牙根的耐阴性最差。结缕草个别品种的耐阴性也很强，在遮阴比较严重的地方也能生长良好。

(6) 杂草入侵抗性与除草剂抗性

草坪杂草防除是草坪养护的重要目标，因此，提高草坪草种及品种的杂草入侵抗性也成为重要的草坪草育种目标。一般萌发出苗早、成坪速度快的草坪草可有效减少草坪草苗期杂草的危害，可为优质草坪的建植奠定基础。因此，草坪草的成坪速度，即迅速出苗并覆盖裸露地表的能力就成为了草坪草的重要育种目标性状指标不同草坪草种及品种的成坪速度不相同。如草地早熟禾和多年生黑麦草均具有较快的成坪速度，使其成为中国北方地区主要的草坪混播种。尤其是草地早熟禾品种'蓝星'（'Bluestar'）、'抢手股'（'Bluechip'）和多年生黑麦草品种'爱神特'（'Accent'）的出苗速度特别快。

此外，随着科技发展的日新月异，尤其是草坪产业集约化生产中，人工除草日益被高效低毒的除草剂所代替。因此，选育抗除草剂草坪草品种是大势所趋。抗除草剂草坪草品种的培育对于草坪杂草的高效防除具有重要的意义，可有效降低草坪养护管理的人工成本。

(7) 耐瘠薄性

一般养护优质草坪需要较高的施肥水平。但是，施肥不仅可增加草坪养护管理成本，并且，肥料的频繁施用还会增加生态环境污染。因此，培育耐瘠薄性强、需肥量低的草坪草品种是草坪草育种目标的重要方向。

(8) 草坪利用持久性

不同草坪草种及品种的草坪利用年限即草坪利用持久性存在较大差异，它主要取决于草坪草种及品种的生育型。一般具有发达匍匐茎或地下茎的草坪草利用年限远远超过丛生型的草坪草利用年限。据报道，上海存在建植超过150年的假俭草草坪；南京存在建植130年以上的中华结缕草和结缕草的混合草坪，且生长良好。而丛生型草坪草种如多年生黑麦草、高羊茅等的利用年限较短，寿命只有3~5年。不过值得注意的是良种需良法，草坪利用年限与草坪养护水平也密切相关，即使是狗牙根草坪，如果只用不管，其利用年限也会大打折扣，也可能3~5年便会退化。

1.2.3 牧草及草坪草的特殊育种目标

(1) 适合于粮草轮作的牧草

中国种植业结构面临进一步的优化调整，逐渐从粮食与经济作物的二元结构转变为粮食—经济作物—饲料作物的三元结构。因此，今后牧草育种目标急需培育兼具优良饲用价值和良好固氮作用，能提高土壤肥力的粮草轮作或间、套作的牧草新品种。

(2) 适合改良沙化、退化草地的牧草

现代育种目标要求针对不同类型沙化与退化草地，因地制宜，培育与改良具有较强适应性和抗性、发芽与生长迅速、竞争力较强等特性的牧草新品种，以满足现代畜牧业发展与生态恢复的需求。

(3) 适合水土保持的草坪草

随着人们生态环保意识的逐步增强，现代草坪草育种目标制定过程中，如何培育具有强大根系、繁茂枝叶、在水土流失地区能良好护坡固土的草坪草品种显得十分重要。如紫羊茅的根系非常细韧致密，能与土壤固合在一起，很难把根系中的土壤分离，因此其保土能力强，适宜在陡坡地和径流下泄通道上建植以保持水土。苇状羊茅、高羊茅、草地早熟禾等草坪草种的水土保持能力也很强。

(4) 适于机械化作业的牧草

现代牧草生产规模化要求依据牧草育种目标选育的新品种出苗与生长发育及成熟整齐、株高整齐一致、便于机械化作业。由于许多牧草作物通过野生植物驯化栽培的历史较短，一些野生植物性状如种子休眠期长短不一，萌发出苗与成熟期不一致、边熟边落粒等都给现代牧草机械化作业生产带来困难。因此，需要牧草育种目标制定选育适于机械化作业的牧草新品种，以适应现代牧草产业集约化生产的迫切需求。

(5) 种子产量高的牧草及草坪草

中国目前的牧草及草坪草种子对外依存度较高，而保证及时充足有效的国产种子供应是我国草业可持续健康发展的关键。但是，目前我国牧草及草坪草品种的种子生产常遇到种子结实率低、落粒性强、育性差等问题，提高牧草及草坪草品种的种子产量已经成为重要育种目标，从而实现牧草及草坪草种子生产从兼业生产走向专业生产。

(6) 兼用作饲草的草坪草

草坪草多为优质牧草，为家畜所喜食。而草坪定期修剪产生的草坪草草屑作为垃圾处理非常浪费，如果能将草坪修剪草屑收集起来作为饲料利用，将草坪业与都市畜牧业结合发展，这在国外已有成功案例，但国内以往开展的相关研究较少。因此，今后的草坪草育种目标要适时进行兼用作饲草的草坪草新品种选育方向调整。

(7) 专门运动场草坪的草坪草

草坪草用途多种多样，草坪使用质量主要表现为用作运动场草坪使用时所表现的特性。草坪使用质量性状包括草坪弹性与回弹性、球滚动距离、草坪摩擦力、强度、硬度、刚性、草坪草恢复能力等。运动场草坪的草坪草种及品种一般要求具有发达的根系和地下根茎，草坪耐践踏性强；具有发达的匍匐茎或较强的分蘖能力，草坪密度好；生长点低，生长速度较快，耐低修剪性强；草坪绿期长，可增加草坪使用量；抗逆性强，适应性强，可降低养护管理难度和成本。因此，草坪草育种目标必须根据运动场草坪草种及品种的要求，努力选育开发专门的运动场草坪新品种，为提升我国草坪体育运动水平奠定一定基础。

思考题

1. 简述育种目标的定义及特点。
2. 科学合理制定育种目标有什么意义？
3. 如何正确制定切实可行的牧草及草坪草育种目标？
4. 基于你家乡的气候、土壤特点，拟定一种草坪草或牧草的育种目标，并阐明其理由。

第 2 章 种质资源

种质(germplasm)是指决定生物遗传性状，并将遗传信息从亲代传递给子代的遗传物质。携带种质的载体包括动植物的个体或具有遗传全能性的器官、组织、细胞，甚至是染色体或控制生物遗传性状的基因。具有种质并能繁殖的生物体，统称为种质资源(germplasm resource)或遗传资源(genetic resource)、基因资源(gene resources)。过去也称之为育种原始材料或品种资源。

2.1 牧草及草坪草种质资源的重要性与类别

2.1.1 种质资源的重要性

2.1.1.1 种质资源是牧草及草坪草育种的重要物质基础

种质资源是改良和培育牧草及草坪草新品种不可缺少的遗传物质基础，也是其他作物抗性育种最有利用潜力的遗传资源。相对大田作物而言，牧草及草坪草种质资源极其丰富，特别是一些野生优良牧草及草坪草种质资源，不仅在牧草及草坪草品种改良和新品种选育中具有重要价值，而且在许多大田作物品种改良中有着十分珍贵的现实和潜在应用价值。如冰草，是小麦族禾本科牧草育种和小麦品种改良十分珍贵的育种材料，冰草属内种间和冰草与小麦的属间杂交已获得了可育后代，建立了小麦-冰草异附加系和异源衍生系，在改良品种抗逆性和生态建设用草的品种选育中具有极为广阔的应用前景。

牧草及草坪草育种中，不同类型、品种和野生种质资源均是重要的育种材料。任何种质资源均是由于自然演化和人工创造而形成的一种重要的自然资源和宝贵财富，它积累了自然和人工引起的、极其丰富的遗传变异，蕴藏着各种性状的遗传基因。正是由于已有种质资源具有不同育种目标所需要的多样化基因，才使得人类的不同育种目标得以实现。掌握种质资源，就可以创造新物种、培育新品种、造福人类。缺少种质资源，如同"巧妇难为无米之炊"，新品种难以育成。广泛搜集、充分研究和有效利用各种优良种质资源也是决定育种成效的主要条件，更是衡量育种水平的重要标志。因此，草业发达国家均十分重视牧草及草坪草种质资源的搜集、保存、评价和利用。如美国是一个植物种质资源相对贫乏的国家，很多植物的原产地不在美国。但从 19 世纪早期美国开始引进有使用价值的植物材料，并建成了目前世界上最大的植物种质资源保存库，仅仅美国国家种质资源中心就保藏了约 2.5 万份牧草及草坪草种质资源；俄罗斯瓦维洛夫植物研究所搜集保藏了约 2.8 万份；新西兰保藏了约 2.5 万份；澳大利亚昆士兰州布里斯班市的热带作物与草地研究所保藏了约 2 万份，南澳大利亚州阿德雷德市帕拉菲尔德植物引种中心保藏了约 1.2 万份；位于哥伦比亚卡利市的国际热带农业中心(CIAT)搜集保存的热带牧草种质资源有 1.8 万份。

2.1.1.2 种质资源对新的育种目标常起关键性的作用

种质资源与人类生存及生活关系非常密切，拥有尽量多的种质资源，对扩大育种原始材料的遗传变异，创造新的变异类型，扩大新品种的遗传基础和选育新品种均有极为重要的作用。牧草及草坪草的大量育种实践表明，新品种的选育，都是依靠现有种质资源中关键性基因的发掘、研究和利用才获得突破的，没有好的种质资源，就不可能育成好的品种。突破性的育种成就取决于关键性基因的发现和利用。所以，育种工作者拥有种质资源的数量和质量，以及对其研究的深度和广度是决定育种成效的关键，是衡量育种工作发展水平的重要标志。例如，中国杂交苜蓿品种'草原1号''草原2号''甘农1号'等杂花苜蓿品种的选育，关键是发现和利用了中国内蒙古天然草地上野生黄花苜蓿的优良抗寒、耐旱基因，通过紫花苜蓿和黄花苜蓿杂交选育而成，使中国苜蓿种植区域大大向北推移。如美国、加拿大等许多畜牧业发达国家，利用黄花苜蓿种质资源水平根发达、根蘖性状突出和耐牧性强等特性，培育了许多放牧型等苜蓿新品种。美国推出的假俭草品种的部分原始材料采自中国云南省；美国育成狗牙根品种'Tifton 10'则是 1974 年采自中国上海的一份狗牙根材料，经评价后登记而成。美国育种学家 Glenn Barton 利用从肯尼亚引进的一个狗牙根品种"肯尼亚-58"作为亲本之一，培育出了著名的'岸杂一号狗牙根'('Coastcross-1')品种，较其亲本含有更高的可消化干物质和消化率，是美国最重要的牧草品种之一。美国杜威博士几乎收集了全世界小麦族的全部材料，经过系统研究并进一步通过种间杂交选育出如加拿大披碱草×黎巴嫩冰草、蓝茎冰草×厚穗冰草等多个牧草杂交种。美国 200 多年前才从北欧引进燕麦，过去的燕麦品种由于亲本的遗传背景较狭窄而比较低，而艾奥瓦州试验站研究了美国搜集的 2000 多份燕麦种质资源，并进行栽培种与野生种杂交，使新的燕麦品种的鲜草产量提高了 15%～30%，还通过与原产地中海沿岸的一个野生燕麦种(*Avena sterillis*)的回交，获得了抗冠锈病的栽培类型和高蛋白品系。

野生牧草及草坪草种质资源具有遗传多样往，尽管其生物与种子产量常常比当家栽培品种的低，但大多具备一些优异特性如抗逆性、营养性、多叶性等而成为具有育种价值的种质。如 1986 年四川农业大学杜逸等将广西和重庆两地采集的匍匐型野生扁穗牛鞭草种质资源，经过无性系重复选育，育成了直立、耐刈型的'广益'与'重高'两个牛鞭草品种，已在中国南方 10 多个省份推广应用。例如，苏联是许多饲用植物的原产地，集中了抗寒、耐热、抗旱、耐盐碱、长寿、耐淹等多种类型的种质资源，其已查明并建议在不同生态条件下进行栽培试验的野生禾本科牧草有 175 种以上；被列为可栽培的 20 多个野生种，在盐渍土、半荒漠、荒野土地上可提高产草量 3～5 倍；在选育高叶量的猫尾草品种时就利用了具有矮生型基因的高山猫尾草(*Phloutn alpinium*)的种间杂种。

2.1.1.3 种质资源是有关生物学理论研究的重要基础材料

牧草及草坪草种质资源是研究物种起源、演化、分类、亲缘关系的重要实验材料，是促进生物技术发展和应用不可缺少的生物资源。种质资源特性研究是进行牧草及草坪草分类的前提，是牧草及草坪草育种的基础，是开发和利用牧草及草坪草种质资源的保障。深入研究和了解牧草及草坪草种质资源的特性，有助于阐明牧草及草坪草的起源、演变、分类、形态、生理生化、遗传与生态等生物学基础理论，为其育种提供依据，从而克服盲目性，提高育种成效。此外，研究植物起源与演化，必须以大量的植物种质资源为基础，如果不具备足够的种质资源材料，可能得出不完整或不正确的结论；植物分类学、生理学、生物化学和遗传学等理论研究和发展也依赖于大量包括牧草及草坪草在内的植物种质资源研究。瓦维洛夫栽培植物起源中心学说的基础和依据是对世界60多个国家25万份植物种质资源的搜集和研究。

2.1.1.4 种质资源是有生命的财富，亟待保护

据估计，400年前，地球每3年消失一个物种；20世纪以来，每8个月消失一个物种。随着人类的发展，其生存需要逐步改变了地球的生态环境，甚至在很大程度上破坏了自然生态系统，导致物种灭绝的速度加快。物种灭绝是不可再生的，随之带来的是生态环境系统的日益脆弱，直接威胁到人类的生存和发展。对种质资源进行科学研究，不但可以对濒危、稀有植物及时拯救，而且还可以防止其他生物的灭亡，保持生态平衡。许多重要牧草及草坪草均来自于野生种质资源，有的还是主要农作物的近缘野生种，具有丰富的抗性基因，对其种质资源进行深入研究，能为农作物改良提供有益的基因源。并且，许多牧草及草坪草种质资源在植物资源利用、药品与食品等产业生产及科学研究中发挥着极其重要的作用。

2.1.2 种质资源的类别及特点

2.1.2.1 按来源分类

（1）本地种质资源

本地种质资源主要包括来源当地的地方品种和适应当前推广的改良品种。地方品种是指在当地自然或栽培条件下，经过长期生长和种植形成的类型或品种，是起源古老、特征独特尚未进行改良的栽培植物。为了区别当地的地方品种与改良品种，一般仅仅把在当地种植历史较长（至少30年以上），具有较强适应性的品种才称为地方品种。

本地种质资源对当地的自然生态环境和栽培利用方式具有很好的适应性。地方品种除一些无性系品种外，是一个混杂的群体品种，其个体遗传类型较丰富，蕴含稀有的有用基因资源，如对某种病虫害抗性强、特别的生态环境适应性、极好的品质性状以及一些当前看来尚不重要但以后可能有重要价值的特殊性状。但是，地方品种的一致性较差，有的还具有产量低、不耐肥抗倒、成熟期不一致等明显不能满足生产需求的缺点。因此，地方品种通常可经过选择育种审定登记后直接应用于生产或作为杂交育种亲本利用。如中国科学院综合考察委员会刘玉红等，从重庆市巫溪县本地种质资源中，选育了'巫溪'红三叶新品种，1994年通过全国牧草品种审定委员会审定，登记为地方品种。牧草及草坪草的地方品种中，应用成功的突出实例还有意大利的紫花苜蓿、挪威的梯牧草以及瑞士的红三叶等。

（2）外地种质资源

外地种质资源是指从世界各国和国内各地引种收集来的种、品种或类型。外地种质资源来自全世界各国及国内其他地方，反映了各原产地的生态和栽培特点，还具有多种多样的生物学特性和优良的农艺性状，往往表现产量高、品质优等。但是，外地种质资源引种新的环境后，可表现出不同的适应能力，未进行试验前，不宜在新推广区大面积推广。如果外地种质资源的引种区与原产地的生态环境条件差异不大，则经过小面积试种和鉴定和审定登记后直接应用于生产。如果外地种质资源的引种区与原产地的生态环境条件差异较大，则往往表现对本地生态环境条件的适应性较差，外地种质资源可作为杂交亲本与当地品种进行杂交育种，使双亲性状互补，从而可选育综合性状优良新品种。

(3) 野生种质资源

野生种质资源是指育种工作中应用的各种作物的近缘野生种和有价值的野生植物。它们是在某一地区特定的自然条件下，经长期自然选择形成的，往往具有一般栽培品种所缺少的某些重要性状。如常携带各种抗逆性优良基因，能顽强地适应恶劣环境；有的还具有优良的品质性状。但是，野生种质资源也常常带有一些不利人工种植的野生特性，如落粒性强、种子产量低、种子硬实率高、休眠期长、种子发芽出苗不一致等，造成人工栽培较困难。牧草及草坪草野生种质资源可以通过鉴定、筛选，通过审定登记为野生栽培品种后推广利用；还可通过长时间的栽培、驯化、选择和改良，转化为育成品种；或者把野生种质资源作为育种亲本，将其有益性状转入栽培品种，选育优良改良品种。

(4) 人工创造的种质资源

人工创造的种质资源是指人们通过各种育种途径，如杂交或诱变等，产生的各种突变体或育种后代的中间材料。它们多具有某些缺点而不能成为新品种，但其具有一些明显的优良性状，因此，可用作育种亲本。并且，人工创造的种质资源具有人类的育种目标性状，其育种方向可人为控制。

2.1.2.2 按育种应用价值分类

(1) 地方品种

地方品种又称农家品种、传统品种、地区性品种，是本地种质资源的一种类型，是指那些在局部地区内栽培的品种。它们大多未经过现代育种技术的遗传修饰，其育种特点与利用方式如以上"本地种质资源"所述。

(2) 主栽品种

主栽品种是指那些经现代育种技术改良过的品种，包括自育成或引进的品种。它们具有较好的丰产性和较广的适应性，一般被用作育种的基本材料。

(3) 原始栽培类型

原始栽培类型是指具有原始农业性状的类型，大多为现代栽培作物的原始种或参与种。它们具有原始农业性状，常与作物的杂草和野生种共生，多有一技之长，可用作育种亲本。但是，它们往往要在人们不容易到达的地区才能收集到，其一些野生不良性状的遗传率高，其优良性状转入栽培品种较难。

(4) 野生近缘种

野生近缘种是指作物的近缘野生种和有价值的野生植物，包括与作物近缘的杂草、介于栽培类型与野生类型之间的过渡类型。野生近缘种是不同于栽培种，但与其亲缘关系相近的物种单元。因牧草及草坪草作为作物的历史相对较短，其栽培种内的遗传变异依然较大。因此，野生近缘种在牧草及草坪草育种中作用有限。但是，在白三叶和紫花苜蓿等某些异源多倍体物种中，从其野生祖先种中逐步引入特定性状还是可行的育种途径。

(5) 人工创造的种质资源

人工创造的种质资源又称育种材料或中间材料，包括杂交后代、突变体、远缘杂种及其后代、合成种等。其育种特点与利用方式如上所述。

2.1.2.3 按亲缘关系分类

Harlan 和 Dewet(1971)按亲缘关系(即按彼此间的可交配性与转移基因的难易程度)将种质资源分为下述4级基因库。

(1) 初级基因库(Gene pool 1，GP-1)

初级基因库相当于传统的生物种的概念。初级基因库同一个基因库内的各资源材料间能相互杂交，正常结实，无生殖隔离，杂种可育，染色体配对正常，基因转移容易。例如，紫花苜蓿($2n=2X=16$)的初级基因库由 *Medicago sativa* ssp. *sativa* 栽培种、驯化种和野生种构成，包括现代品种、古老淘汰品种及生态型。另外，*M. sativa* ssp. *falcata*，*M. sativa* nssp. *varia*，*M. sativa* ssp. *glutinosa*，*M. sativa* nssp. *tunetana*，*M. sativa* ssp. *coerulea* ($2n=2X=16$)，以及 *M. sativa* ssp. *glomerata* 能很容易和 *M. sativa* ssp. *sativa* 杂交，形成正常二价体，偶尔出现四价体细胞，这是异源四倍体的典型特征。三叶草的初级基因库根据他们对人类的价值可以分为5个亚类。

(2) 次级基因库(Gene pool 2，GP-2)

次级基因库的各资源材料相互间的基因转移是可能的，但存在一定的生殖隔离，杂交不实或杂种不育，必须借助特殊的育种手段如胚胎培养拯救等技术，或者选用 F_1 杂种具有一定育性的生物种以及近似的种群作为杂交亲本，从而克服物种间生殖隔离的障碍，才能实现基因转移。苜蓿、冰草、三叶草等牧草及草坪草的次级基因库已鉴定清楚，但狗牙根、百脉根、黑麦草等牧草及草坪草的次级基因库还有待完善。

(3) 三级基因库(Gene pool 3，GP-3)

三级基因库是亲缘关系更远的类型，它的各资源材料间有可能杂交，但彼此间杂交不实，杂种不正常，表现为致死或完全不育；基因转移采用一般育种技术难以做到，必须采取种胚离体培养、染色体加倍、嫁接或组织培养等特殊方法才有可能进行基因转移。目前有些牧草及草坪草开发了三级基因库。如紫花苜蓿的三级基因库包括36个与其亲缘关系相近的一年生苜蓿属物种；但是，它们之间杂交没有产生可育杂种。鉴定臂形草的三级基因库时，其倍性水平、杂交不亲和性以及孤雌生殖作用表现极其明显。三叶草属则至少已鉴定了13个三级基因库物种。

(4) 四级基因库(Gene pool 4，GP-4)

四级基因库的各资源材料与亲缘种是不相容的，基因转移需要采用原生质融合和转基因等分子生物技术的介入才能产生 F_1 杂种。如三叶草的四级基因库包括所有三叶草属中非近缘物种和非栽培物种，其染色体数目从 $2n=10$ 到 $2n=180$ 不等。目前利用原生质体融合技术，获得了百脉根与大豆、水稻和紫花苜蓿的原生质融合体。

2.2 作物起源中心学说及其发展

原苏联植物学家瓦维洛夫(Николай Иванович Вавилов)经过长期的考察和大量研究，提出了作物起源中心学说(theory of origin center of crops)。

2.2.1 作物起源中心学说的形成

作物起源问题早为人们所注目。但近代用科学方法探讨作物起源，则始于瑞士—法国植物学家德堪多(A. P. De Candollo)，他用植物自然分类学和植物地理学的观点研究作物的亲缘关系、区系的历史和分布地域，应用考古学研究出土的植物遗体和洞穴中的植物绘图形象，又应用古生物学、历史学和语言学的知识验证作物起源的地点，首先提出人类最初驯化植物的地区可能在中国、亚洲西南部和埃及至热带非洲等 3 处，并在 1883 年发表了著名的《栽培植物起源》著作。限于当时条件，虽然该著作的资料还不够充分且缺少细胞遗传学的基础，但对于研究作物起源问题仍有重大参考价值。

瓦维洛夫在德堪多的影响下，1923—1933 年组织了一支规模庞大的全球植物考察队，先后到过 60 多个国家，在生态环境各不相同的地区进行了 180 多次考察，采集到 30 余万份作物及其近缘亲属的标本和种子。在随后进行的系统整理和分析研究中，他除了应用林奈命名法进行分类外，还选择一些重要作物，通过形态学、细胞学、遗传学、免疫学的研究和对环境适应能力的测定，鉴别一些作物的新亚种和新变种。在此基础上他又应用地理区分法从地图上观察这些种类和变种的分布情况，从而发现物种变异多样性分布的不平衡性，由此形成了作物起源中心概念，提出了作物起源中心学说。

2.2.2 作物起源中心学说的理论

2.2.2.1 作物起源中心学说的主要内容

瓦维洛夫的作物起源中心学说认为，植物物种及其变异多样性在地球上的分布是不平衡的，所有物种都是由数量不等的遗传类型所组成的，它们的起源是与一定的环境条件和地区相联系的，凡具有多样性遗传类型而且比较集中、具有地区特有变种性状和近亲野生或栽培类型的地区，即为作物起源中心。根据变异类型特点及近缘野生种情况又可把作物起源中心分为原生中心和次生中心。作物起源中心学说的主要内容及其观点如下。

(1) 提出了作物起源中心概念及其主要特征

作物起源中心有 2 个主要特征，即基因的多样性和显性基因的频率较高，所以，又可把起源中心称为基因中心或变异多样化中心（center of diversity）。而现代的作物起源中心则是指野生植物最先被人类栽培利用或产生大量栽培变异类型的较独立的农业地理中心。

(2) 提出了原生起源中心和次生起源中心概念及其主要标志

作物原生起源中心（primary origin center）是指作物最初始的起源地，现在一般称为初生中心。原生起源中心一般具有 4 个标志：①有野生祖先；②有原始特有类型；③有明显的遗传多样性；④有大量的显性基因。

与原生起源中心相对应，又提出了次生起源中心（secondary origin center）或次生基因中心概念。它是指作物由原生起源中心地向外扩散到一定范围时，在边缘地点又会因作物本身的自交和自然隔离而形成新的隐性基因控制的多样化地区。次生起源中心具有如下 4 个特点：①无野生祖先；②有新的特有类型；③有大量的变异；④有大量的隐性基因。

(3) 总结了作物遗传变异性的同源系列规律

作物遗传变异性的同源系列规律即作物遗传性状上存在相似平行现象，是指一定的生态环境中，一年生草本作物间在遗传性状上存在一种相似的平行现象。例如，地中海地区的禾本科及豆科作物均表现植株繁茂，穗大粒多，粒色淡，高产抗病；而中国的禾本科作物则表现生育期短，植株较矮，穗粒小，后期灌浆快，多为无芒或勾芒。

(4) 把作物依据驯化的来源分为两类

根据驯化的来源，作物分为原生作物与次生作物两种类型。人类有目的驯化的植物，如小麦、大麦、玉米、棉花等，称为原生作物；而与原生作物伴生的杂草，当其被传播到不适宜于原生作物而对杂草生长有利的环境时，被人类分离而成为栽培的主体作物，如燕麦、黑麦、粟、千穗谷(*Amaranthus hypochondriacus*)等，称为次生作物。

2.2.2.2 作物起源中心的分布

瓦维洛夫1935年提出了8个作物起源中心。他认为该8个中心在古代由于山岳或沙漠或海洋等地理障碍的阻隔，其农业都是独立发展的，所用的农具、耕畜、栽培方法等均不尽相同。该8个起源中心为600多个物种的起源地，其中，有400多个起源于亚洲南部，主要位于地球北纬20°~45°之间的地区。

(1) 中国—东亚中心

本中心包括中国中部、西部山区及毗邻的低地，是栽培植物最早和最大的独立起源中心，有极其多样的温带和亚热带植物。主要起源作物为黍、粟、高粱、荞麦、燕麦、大豆、白菜、葱、莴笋、茼蒿、芍药、牡丹、菊花、杏、银杏、茶、苎麻等136个物种。

(2) 印度中心

该中心包括缅甸和印度东部的阿萨姆地区、马里亚纳群岛、菲律宾和中南半岛。主要起源作物为水稻、绿豆、豇豆、甘蔗、芝麻、红麻、香蕉、柑橘、丝瓜、茄子等117个物种。

(3) 中亚西亚中心

该中心包括印度西北部、克什米尔、阿富汗、塔吉克斯坦和乌兹别克斯坦及中国天山西部。主要起源作物为普通小麦、密穗小麦、印度圆粒小麦、豌豆、蚕豆、草棉、绿豆、胡萝卜、蒜、菠菜、芫荽、枣、葡萄、苹果等42个物种。

(4) 西亚中心

该中心即西部亚洲地区，包括小亚细亚、外高加索、伊朗和土库曼高地。主要起源作物为一粒小麦、二粒小麦、黑麦、苜蓿、红豆草、甜瓜、南瓜、甘蓝、罂粟等83个物种。

(5) 地中海中心

该中心包括叙利亚、巴基斯坦、小亚细亚南部、希腊、意大利和非洲东北部。主要起源作物为甜菜、豌豆、蚕豆、芹菜、茴香等蔬菜作物、许多古老的牧草作物等84个物种。该中心也是小麦、粒用豆类的次生起源地。

(6) 埃塞俄比亚中心

该中心包括埃塞俄比亚、厄立特立亚、索马里等高地山区。主要起源作物为为亚麻、豇豆、西瓜、咖啡、黄秋葵等38个物种。

(7) 南美(墨西哥南部)和中美中心

该中心包括安的列斯群岛。主要起源作物为陆地棉、菜豆、刀豆、仙人掌、龙舌兰、番茄、甘薯、凤梨等49个物种。

(8) 南美(秘鲁—厄瓜多尔—玻利维亚)中心

该中心包括秘鲁、厄瓜多尔和玻利维亚。主要起源作物为马铃薯、木薯、花生、可可、橡胶、烟草等62个物种。

2.2.3 作物起源中心学说的发展及其意义

2.2.3.1 作物起源中心学说的补充与发展

瓦维洛夫的作物起源中心学说发表后，许多学者对其进行了补充、修正与发展。如荷兰的齐文(A. C. Zeven，1970)和苏联的茹考夫斯基(1975)根据研究结果，将瓦维洛夫起源提出的8个起源中心所包括的地区范围加以扩大，增加了澳大利亚、非洲、欧洲—西伯利亚和北美4个起源中心,形成12个作物起源中心,使之能包括所有已发现的作物种类。齐文(1982)又称这些中心为变异多样化区域。此外,哈伦(J. R. Harlan,1951)的研究发现,遗传多样性中心不一定就是起源中心;起源中心不一定是多样性的基因中心,次生中心有时比初生中心具有更多样的特异物种;有些物种的起源中心至今还无法确定,有的作物可能起源于几个不同的地区。主张用遗传多样性中心代替起源中心;或用扩散中心代替起源中心。提出了中心和非中心体系(center and non-center system)。认为农业是分别独立地开始于近东、中国和中美洲等3个地区,存在着由一个中心和一个非中心组成的一个体系;在一个非中心内,当农业传入后,土生的许多植物物种才被栽培化,在非中心栽培化的一些主要作物可能在某些情况下传播到它的中心。哈伦认为作物的起源与变异要从空间和时间两方面进行论证,根据作物扩散面积的远近和大小,把作物分为土生型、半土生型、单一中心、有次生中心和无中心等5个类型,提出了如下3个中心—非中心体系:A_1 近东⇌A_2 非洲;B_1 中国⇌B_2 东南亚;C_1 中美⇌C_2 南美。哈伦的中心是农业起源中心,它不同于瓦维洛夫的作物起源中心,他是从人类文明进程和作物进化进程在时间和空间上的同步和非同步角度上来说明作物起源的。

哈伦于1975年又对其中心和非中心体系进行了修正,提出了地理学连续统一体学说(geographical continuum)。该学说认为任何有过或有着农业的地方,都发生过或正在发生着植物驯化和作物进化,每种作物的地理学历史都是独特的,但作物的驯化、进化活动是一个连续统一体,不是互不相关的中心。其依据如下:很难把作物起源中心说成是相对小的范围、明确的区域,进化的开始阶段似乎就已散布到较大或很大的地区,作物随人类迁移而迁移,并在移动中进化。不存在具有突出进化活力的8个或12个作物起源中心地区,东西两半球都是发展农业的一个地理学连续统一体。野生祖先源、驯化地区、进化多样性地区三者间无必然联系,有的只是两者或三者间的巧合而已。

2.2.3.2 作物起源中心学说在作物育种上的意义

(1)指导特异种质资源的收集

作物起源中心存在着各种基因,并且在一定条件下趋于平衡,与复杂的生态环境建立了平衡生态系统,各种基因并存、并进,从而使物种不至于毁灭,因此,在起源中心能找到育种工作所需要的材料,各国主要都是在作物起源中心进行考察而搜集到特异的种质材料。如目前的主流牧草及草坪草种及其品种主要起源于欧洲(冷季型)或亚洲和非洲(暖季型)的少数草原。但是,为了满足不同需求和观念的更多要求,预计今后各种用途的牧草及草坪草种及其品种将会不断增加,也迫切需开发和利用更多的特异牧草及草坪草种质资源。

(2)指导抗性材料和恢复基因的收集

作物起源中心与抗源中心一致,不育基因与恢复基因并存于起源中心,因此,可在作物起源中心得到抗性材料与恢复基因。所有牧草及草坪草都起源于野生种,并且,牧草及草坪草作为栽培植物的历史比大田农作物的历史较短,对特定严重的生境胁迫耐性基因型的筛选能鉴别先前未知的抗(耐)源。如小糠草具有种子活力高、草坪建植速度快、耐盐、耐重金属,能混合种植用于除去受污染地区的污染物和有毒物质。

(3)指导引种,避免毁灭性灾害

育种工作中,来自作物起源中心地区的种质资源中往往蕴藏着育种新目标所需要的基因资源。因此,注重作物起源中心种质资源的收集、鉴定、利用与保护,可有效避免因自然灾害或人类活动对种质资源的毁灭性破坏。

2.3 中国牧草及草坪草种质资源的特点

2.3.1 野生牧草及草坪草资源丰富，草种类组成复杂

中国地域辽阔，气候、地形复杂，生物多样性极为丰富。据统计，我国有高等植物 34 984 种，仅次于马来西亚和巴西，居世界第三位。被子植物中有 51% 为中国特有种。中国还是世界上第二草地大国，拥有天然草地约 $4 \times 10^8 \text{ hm}^2$，占中国陆地总面积的 41.7%。丰富的草地资源、辽阔的地域与地带分布、多样的草地类型及复杂的草地生态地理条件等，造就出中国牧草及草坪草种质资源的多样性，特别是优良栽培牧草和草坪草的野生类型和野生近缘种非常丰富，不同气候带、不同生活型及不同利用价值的牧草及草坪草种应有尽有。

中国饲用牧草种类多达 6000 余种，野生牧草资源有 127 科 879 属 4215 种，其中种类多、栽培和育种潜力大的禾本科有 173 属 972 种，豆科有 81 属 646 种。有栽培价值和育种潜力的牧草种质 29 科 204 属 771 种，共 7389 份材料。从 31 个国家收集到 21 科 123 属 306 种，共 4093 份材料。

中国有着丰富的草坪草种质资源，世界禾本科冷、暖季型草坪草共计 22 属 59 种，中国分布的有 32 种，占总数的 55.29%；全世界 10 属 26 种（变种）主要暖季型草坪草中，中国有 7 属 12 种，占 26.20%。目前在世界范围内广泛使用的草坪草种，绝大部分在中国都有其野生种的分布。其中有些是区域性分布的物种，如结缕草属植物分布于亚洲东部，包括中国东部，日本列岛和朝鲜半岛，而中国结缕草属植物有 5 种，2 变种，1 变型。

2.3.2 优良牧草及草坪草种分布广泛

中国拥有丰富的狗牙根属、假俭草属、结缕草属、翦股颖属、羊茅属、三叶草属、苜蓿属、披碱草属、鹅观草属、偃麦草属、簇毛麦属、黑麦属和䅟草属等多年生属草种质资源，它们中的多数物种为草原和草甸的组成成分，许多种又是优良的牧草及草坪草，饲用价值和坪用价值极高。这些草种质资源种类组成比较复杂，为了适应不同的自然条件，在长期自然选择和演化下蕴藏着丰富的遗传基因，具有遗传多样性，野生性状明显。同时，也具有侵占性强、抗逆性强，如抗旱性、抗寒性、抗风沙性、耐盐性、耐瘠薄性以及抗病性强等优点。

中国各气候带都有适应当地自然条件的优良牧草及草坪草种，其遗传类型丰富多彩。其中温带的优良草种最丰富，品质优良，如羊草；亚热带优良草种较丰富，如鸡眼草；热带的优良草种也很多，如扁穗牛鞭草；青藏高原也有独特的优良草种，如固沙草。

2.3.3 地方品种与特有种较多

中国牧草及草坪草种植历史悠久，种质资源蕴藏着丰富的遗传基因，在世界上占有十分重要的地位，具有很大的利用潜力和十分明显的潜在种质资源优势，形成了许多适应当地的古老地方品种。截至 2017 年 6 月，我国已通过全国草品种审定委员会审定登记的 533 个草

品种中，有地方品种58个，占10.88%；紫花苜蓿的地方品系有100多个，在审定登记92个苜蓿品种中，有地方品种20个，占21.74%。

中国特有草坪及牧草种也很丰富，特有牧草种约占牧草种类总数的0.5%~1%；假俭草、中华结缕草等草坪草也是中国独有。中国牧草种质资源中，豆科与禾本科牧草不仅种类多，优良牧草占的比例大，分布范围广，而且饲用价值和经济价值最大，是牧草种质资源研究的重点，在饲草生产和畜牧业中占有重要地位。并且，由于中国地域辽阔、生态地理条件复杂而多样，受第四纪冰期影响较小，因此特有种较多，主要分布在云贵与青藏高原、横断山脉、海南岛以及干旱荒漠区。另外，优良栽培牧草的野生种及近缘野生种在我国的分布也较多。

2.3.4 生态类型丰富

中国的自然条件极其复杂，牧草及草坪草种内存在广泛的生态型变异，不仅存在于多个群落内，也跨越生境梯度，形成了同一草种的多种不同生态类型和多种多样的珍稀草种，存在潜在的资源优势。

2.4 牧草及草坪草种质资源的收集、鉴定、保存与利用

2.4.1 种质资源收集、鉴定与保存的目的

(1) 实现新的育种目标必须有更丰富的种质资源才能完成

随着经济社会发展与人们生活需求的不断提高，牧草及草坪草育种目标也不断改变，对其良种也不断提出了越来越高的要求。新育种目标能否实现取决于育种者所拥有的种质资源，要完成日新月异的育种目标和选育符合要求的品种，迫切需要更多、更好的种质资源。

(2) 不少宝贵资源大量流失，急待发掘保护

20世纪以来，随着新品种的大量推广、人口增长、环境变化、滥伐森林和耕地沙漠化，以及经济建设发展等原因，植物遗传资源多样性不断遭到破坏或丧失，而且数量巨大。物竞天择和生态环境的改变及现代人类活动加快了种质资源的流失。而种质资源一旦从地球上消灭，就难以用任何现代技术重新创造出来，为子孙后代造福必须采取紧急有效措施，发掘、收集和保存现有的种质资源。

(3) 为了避免新品种遗传基础贫乏，必须利用更多的种质资源

种质资源还是不断发展新作物的主要来源。地球上有记载植物30万种，其中陆生植物8万种，然而只有150余种被利用为大面积种植。而世界上人类粮食的90%来源于约20种植物，其中75%由小麦、稻、玉米、马铃薯、大麦、甘薯、木薯7种植物提供。因此，必须充分发掘更多更新的种质资源用于发展新作物，从而满足人口增长和生产发展需要。

此外，目前作物遗传多样性的大幅度减少和现代品种单一化程度的提高必然会增加对病虫害抵抗能力的遗传脆弱性，甚至可能会造成病虫害等自然灾害的暴发和大流行，从而对作物生产造成极大损失甚至毁灭其整个产业。如19世纪40年代马铃薯晚疫病流行，成为爱尔兰"大饥荒"的生物致因。

2.4.2 牧草及草坪草种质资源的收集

2.4.2.1 直接考察收集

直接考察收集是指到野外实地考察收集，多用于收集野生近缘种、原始栽培类型和地方品种，是种质资源收集的最基本的方法。它常用的方法为有计划地组织国内外的考察收集，可分为国内和国外的考察收集。可派科学家赴种质资源丰富的国家或地区进行实地考察搜集，或参加国内外组织的考察以直接带回国内外种质资源；科学家出国或出差和科研合作，进行访问考察收集种质资源；可在驻外使馆或办事处人员中，设专员负责了解所在国或地区的种质资源情报资料与情况，并执行考察收集种质资源任务。

牧草及草坪草直接考察收集工作的目的如下：首先，尽量全面地、完整地获得草地植物的遗传变异材料，搜集、繁殖入库，长期保存种质，保护遗传多样性，防止种质基因的遗失。其次，鉴定和筛选优良种质资源材料，扩大遗传基础和变异，培育或改良新品种。第三，进一步分离有益基因，用于饲草、粮食、食品、工业加工、环境保护、城乡建设和医药等产业。最后，在遵守国家有关法律的基础上，与各地、各国进行种质交换，给国内育种单位(者)提供育种原始材料。

牧草及草坪草种质资源直接考察收集的重点地区如下：牧草及草坪草初生起源中心和次生起源中心；牧草及草坪草最大多样性地区，包括野生近缘种众多的地区；尚未进行牧草及草坪草种质资源调查和考察的地区；牧草及草坪草种质资源损失威胁最大的地区。此外，为了尽可能全面地收集到客观存在的遗传多样性类型，在考察路线的选择上还要注意：①牧草及草坪草本身表现不同的地方，如成熟期早晚、病虫害抗性强弱等。②地理生态环境不同的地方，如地形、地势和气候、土壤类型等。③农业技术条件不同的地方，如耕作制度、建植与养护管理、灌溉与施肥、收获与加工等习惯不同。④社会条件不同的地方，如定居农耕和游牧、粗放与精细养护等。此外，为了能充分代表收集地的遗传变异性，收集的资源样本要求有一定的群体。如自交草本植物至少要从 50 株上采取 100 粒种子；而异交的草本植物至少要从 200~300 株上各取几粒种子。收集的样本应包括植株、种子和无性繁殖器官。采集样本时，必须详细记录品种或类型名称，产地的自然、耕作、栽培条件，样本的来源(如荒野、农田、农村庭院、乡镇集市等)，主要形态特征、生物学特性和经济性状、采集的地点、时间等。

种质资源直接考察收集的步骤如下：①种质资源考察收集的准备工作。首先确定考察收集的具体方案与计划，明确收集目的，了解有关野生牧草及草坪草群体内的变异及其影响因素，有效代表群体大小及种群遗传特征。其次，做好考察收集的准备工作，除做好周密的计划外，还要做好组织直接考察队和充分的资料及物质装备准备。其中考察物质装备包括交通工具、采集样本的用品、生活用品和其他用品等。②考察收集方法。通过查阅资料基本了解考察地区的植被类型与地貌、主要牧草及草坪草种类与大概分布情况等。野外考察主要沿公路进行，对同种牧草及草坪草在不同的生境与海拔下采集；对被采集到的牧草及草坪草，通过访问当地农牧民的方法，了解其适口性、坪用价值与利用方式等，并对采集到的每一份种子贴签封袋，同时进行名录登记，严防混杂；采集到的种子及时进行晒干处理，防鼠、鸟危害与防止发霉腐烂。考察收集的工作方法要依靠当地领导，与群众相结合，坚持实地考察，进行仔细观察，全面采集；记好工作日志；了解情况要详细全面，搜集方式应灵活；经常小结，为下一步工作提供经验。样本采集的总原则要求具有全面性、完整性、代表性。收集到的种质资源，应及时整理，先将样本对照现场记录，进行初步整理、归类，将同种异名合并；将同名异种予以订正，并给以科学地登记和编号。填写采集原始记录卡片，对某些采集样本和主要采集点，应及时摄影。③考察收集总结。考察收集总结报告应包括考察依据和目的、所考察植物的生地环境、样本特性等。

2.4.2.2 征集

征集是指通过通信方式向外地或外国有偿或无偿索求所需要的种质资源。它是获取种质资源花费最少、见效最快的途径。征集方法如下：①通过行政机构发通知征集。即通过国际或国内农业行政和研究机构及其合作关系，向不同国家或地区、单位发通知或公函，由当地人员收集种质资源并送往主持单位，由行政机构印发统一表格，提出具体要求，如收集种子量、标本数等，从世界各地或全国各地征集种质资源。②发函通讯征集。种质资源工作者为及时地了解育成的新品种（类型）和发现的新材料，从而有目的地发函或通信联系，向有关单位或个人征集。在征集资源样本时，最好将其特征特性等资料一并得到。

征集种质资源首先要有一个明确的计划，如征集的种类、数量和有关资料，拟征集的地区和单位等。此外，目前主要作物的种质资源已不同程度地被各级种质资源研究机构或育种单位征集和保存，因此，往往将这些机构或单位作为种质资源的征集对象。而对育成品种的征集以向品种育种单位征集更为可靠，且便于弄清它们的系谱来源及收集有关资料。

2.4.2.3 交换与转引

交换是指育种工作者彼此互通各自所需的种质资源。可建立国内外交换关系，经常交换种质资源；还可通过科技协定相互交换。转引一般指通过第三者获取所需要的种质资源，如中国饲料玉米的不育系、小麦 T 型不育系都是通过转引方式获得的。

总之，由于各个国家、地区或育种者的情况不同，其收集种质资源的途径和着重点也有差异。如美国原产的牧草及草坪草种质资源很少，所以从一开始美国就把国外引种作为主要途径；苏联则一向重视广泛地开展国内外种质资源的考察收集和引种交换工作；中国的牧草及草坪草种质资源十分丰富，所以，目前和今后相当一段时间内，主要着重于收集本国的种质资源，同时，也注意发展对外的种质资源交流，加强国外引种。

2.4.3 种质资源的鉴定与评价

种质资源的鉴定与评价是对育种材料做出客观的科学评价。收集到的种质资源必须通过研究鉴定与评价，才能正确认识并能有效地利用。鉴定与评价的项目是根据利用的需要确定的，因而各种种质资源鉴定的内容不完全相同。鉴定与评价记载标准，应采用国际上通用的或全国统一制定的标准。

种质资源鉴定与评价的内容包括形态学研究（植物学性状的观测、描述、分析和评价；农艺性状和生物学特性鉴定与评价）；病虫抗性鉴定与评价；抗逆性鉴定与评价（如抗寒性、抗旱性、抗盐碱性等）；品质鉴定与评价（营养成分分析；适口性评价；坪用价值及其他实用价值等）；细胞学研究；生物化学研究；DNA 分子标记研究及遗传性状的评价；进行物种的起源、进化和分类等。

种质资源鉴定与评价的方法可分为直接鉴定和间接鉴定，有关内容可参照本书"5.3 育种鉴定方法"相关内容。种质资源及其鉴定与评价的结果应及时整理，建立档案，以便长期保存。建立的档案分为资料档案与实物档案。资料档案包括登记簿、检索卡(名称、编号、产地、优异性状)、资料档案卡(各年鉴定结果)、目录、照片等，目前大多用计算机贮存资料档案；实物档案一般是种质资源的种子与穗粒或植株标本。

2.4.4 种质资源的保存

收集的种质资源经过鉴定与评价及整理归类后，必须妥善保存，其目的是维持样本的一定数量与保持各样本的生活力及原有的遗传变异性，以及时供研究与利用。它是种质资源研究工作的重要环节。如果没有好的保存措施，费尽辛苦收集到的种质资源就有可能得而复失。例如，中国在20世纪50年代征集到的作物种质资源，到20世纪70年代只剩下大约其中的2/3。美国也曾因缺乏保存措施而使收集到的大豆种质资源损失了95%；燕麦损失了80%；三叶草损失了98%。

种质资源保存的材料类型包括种子、植株、花粉、细胞、组织和分生组织培养物、菌株、植物营养器官等。还可建立基因文库保存DNA片断。种质资源保存的范围主要包括：有关遗传育种应用和基础研究的种质资源。有可能灭绝稀有种和已经濒危种质资源，特别是栽培种的野生种。具有经济利用潜力而尚未被发现利用的种质资源。在科普教育上有用的种质资源，包括不同作物种、类型、野生近缘种。种质资源保存的主要方式有4种。

2.4.4.1 种植保存

种植保存即种质资源每隔一定时间(1~5年)播种一次，繁殖种子或无性繁殖器官，保持其生活力，并不断补充其数量。分为原生境地就地种植保存与非生境地迁地种植保存。原生境地就地种植保存是指在植物原来所处自然生态系统种植保存；生境地迁地种植保存是指植物迁出其自然生长地，种植保存在植物园、种质圃中。

国内外主要由负责种质资源或育种单位进行种质资源种植保存工作。种质资源种植保存应注意如下事项：①对部分野生种也可以采用就地种植保存方式，即建立自然保护区在自然生态群落中保存。例如，多年生与无性繁殖牧草及草坪草，还可以建立多年生种质圃或种植园保存，其设置地应当结合保存种质材料的生物学要求确定。②种植保存的种植条件应尽可能与种质资源的原产地相似，以减少由于生态条件的改变而引起的变异和自然选择的影响。在种植过程中应可能避免或减少天然杂交和人为混杂的机会，以保存原品种或类型的遗传特点和群体结构。如紫花苜蓿、狗牙根、白三叶或苏丹草、高丹草等异花授粉或常异花授粉牧草及草坪草，在种植保存时，应采取隔离种植或自交、典型姐妹交等方式，进行控制授粉，以便有效防止生物学混杂。

2.4.4.2 贮藏保存

面对数目众多且还在不断增长的种质资源，如果每年都要种植保存，不仅需要极大的人力、物力及土地负担，而且还往往由于人为失误、天然杂交、生态自然条件改变或灾害及种质资源的世代交替等原因，都容易引起种质资源的遗传变异或导致其某些基因的丢失。因此，国内外均对种质资源的贮藏保存极其重视。贮藏保存主要是控制种质库的温、湿度和种子含水量以及采用氮气密封贮藏、液氮超低温贮藏等方法，贮藏种子、营养体或花粉等，以达到保持种质资源生活力和延长其寿命的方法。由于诸多可供保存种质资源材料中，种子是最主要和最普遍采用的材料，绝大多数植物都可以用种子贮存。而且，不同植物营养体或花粉贮存的条件不相同，难以操作；种子贮存方法简便、费用最低。因此，种质资源的贮藏保存材料大多为种子。而种子寿命的长短取决于植物种类、种子成熟状态及其含水量与贮藏保存的环境条件等因素。一般种子贮藏保存的基本要求是低温、干燥、缺氧，它是抑制种子呼吸作用和延长种子寿命的有效措施。

种质资源贮藏保存的方法有简易贮藏法与种质库贮藏法两种。简易贮藏法可采用酒罐与干燥器或普通冰箱或普通种子库贮藏保存，一般可保存种质资源3~5年，使其种子发芽率保持85%左右，用于育种者或单位的少量与短期的种质资源贮藏保存；种质库贮藏法则是于20世纪50年代末至60年代初开始采用的现代化种质库贮藏保存，用于国家及地方政府大量与长期的种质资源贮藏保存，其目的是延长种质寿命，保持种质活力，维持种质的遗传完整性，使种质携带的全部信息在后代能正确、完善地传递，减少因为世代推进造成的基因漂移，减轻由于频繁更新种子所消耗的大量人力物力。种质库分为如下3种：①短期库。可保持种子生活力2~5年，温度10~20℃，相对湿度45%。可用纸袋分别贮存不同种质资源的种子。短期库主要用于交换种质，因而又称工作库。②中期库。可保持种子生活力10~25年，温度0~5℃，种子含水量10%以下，相对湿度40%~50%。存放种子的容器是金属或玻璃罐(瓶)，容器口密封。③长期库。可保持种子生活力75年，温度-18~-10℃，相对湿度30%~35%，种子含水量5%，存放种子的容器是金属或玻璃罐(瓶)，容器口密封。

中国农业科学院作物研究所(北京)建成了第一座作物品种资源长期库，同时承担牧草及草坪草种质资源长期贮藏保存任务。1990年在中国农业科学院草原研究所(呼和浩特)建成国家草种质保存中期库(又称温带草种质备份库)；1997年在全国畜牧兽医总站(北京)建成国家第二座草种质保存中期库(又称中心库、全国畜禽和牧草种质资源保存库)；2007年中国热带农业科学院(海南省儋州)建成热带草种质中期库(又称热带草种质备份库)，形成了中国牧草及草坪草种质资源贮藏保存的完整体系。

种质资源的贮藏保存工作包括库内贮存和田间种植、繁种更新两个环节。种质库的日常工作如下：①保存。它是牧草及草坪草种质资源保存的核心工作，包括种质的接纳登记、清选、干燥、消毒与包装、入库、贮存、种子及其他种质材料标本制作等。②监测。为了及时了解和保持种质库种质资源的生活力，应定期对种质材料含水量和生活力、种质库温度和湿度等情况进行测定，并根据测定结果及时采取相应对策，确保种质资源安全。③供种。中期库有供种和分发的任务，它的任务包括不断向长期库提供种质材料；接收长期库的繁殖更新任务；直接为种质利用者服务。④繁殖更新。长期库中种子发芽率下降到一定限度(65%~85%)，或种子量下降到可接受的最低程度，就需要进行繁殖更新。繁殖更新时，不能把每份保存的种子全部取出种植，以免发生意外而丢失遗传资源。然而必须种植足够数量的植株，方能保证材料的代表性，使一份种质的全部遗传信息都保留在群体中。当繁殖的种子合格时，则将原有的种子更换掉。繁殖更新中其注意事项与种子繁殖相同。

2.4.4.3 离体保存

离体保存种质资源是指用试管保存种质细胞或组织培养物的方法。离体保存的原理是植物细胞的遗传全能性。目前离体保存种质资源的细胞或组织培养物有愈伤组织、悬浮细胞、幼芽生长点、花粉、花药、体细胞、原生质体、幼胚、组织块等。如花粉集中地携带着种质的遗传信息，可采用花粉离体保存种质资源。但是，花粉离体保存的最适条件因植物种类不同而变化很大。如扁桃花粉在0℃以下可保持生命力2年多；苹果花粉在-20℃以下可贮存9年。而利用液态氮进行花粉的超低温贮存，在很多植物中已获得成功，如紫花苜蓿等。离体保存种质资源具有如下优点：可以解决用常规种子贮藏法所不易保存的某些种质资源材料，如具有高度杂合性的、不能产生种子的多倍体材料和无性繁殖植物等。可以大大缩小种质资源保存的空间，节省土地和劳力。离体保存的种质资源，可以避免病虫的危害，繁殖速度也快。

对种质资源的细胞和组织培养物采用一般的试管离体保存时，需要保持一个细胞系，还必须作定期的继代培养和重复转移，这不仅增加了工作量，而且会产生无性系变异。因此，近年来发展了培养物的超低温（-196℃）长期保存法。在超低温下，细胞处于代谢不活动状态，从而可防止、延缓细胞的老化。并且，由于不需多次继代培养，细胞分裂和DNA的合成基本停止，因而可保证种质资源材料的遗传稳定性。对于那些寿命短的植物，组织培养体细胞无性系，遗传工程的基因无性系，抗病毒的植物材料以及濒临灭绝的野生植物、组织培养体细胞无性系、遗传工程的基因无性系、抗病毒的植物材料以及濒临灭绝的野生植物等，超低温保存是很好的离体保存方法。

2.4.4.4　基因文库技术（gene library technology）保存

基因文库技术保存种质资源的程序如下：提取种质DNA→目的DNA片段→克隆化→大肠杆菌→大量繁殖→产生大量的生物体中的单拷贝基因→保存。由于自然界每年都有大量珍贵的动植物死亡灭绝，遗传资源日趋枯竭，因此，基因文库技术的建立和发展，对抢救和安全保存种质资源有重要意义。同时，建立某一物种的基因文库，不仅可以长期保存该物种遗传资源，而且还可以通过反复的培养繁殖筛选，获得各种目的基因。

上述各种种质资源的保存工作还应当包括保存种质资源的各种资料，每一份种质资源应有一份档案。档案记录编号、名称、来源、研究鉴定年度和结果；按材料永久编号顺序存放，并随时将有关该材料试验结果及文献资料登记档案中；档案资料存入计算机，建立数据库。

2.4.5　种质资源的创新与利用

2.4.5.1　种质资源的创新

种质资源创新具有通过不同育种方法创造新物种、新品种（系）和新遗传材料，自然突变和天然杂交产生新类型和新物种，通过种质资源的研究发掘新的物种、新品种（系）和新材料的3种途径。

种质资源创新也是种质资源工作的永恒主题，是新种质资源的来源。它包括短期行动和长期行动。短期行动通常采用需创新的种质资源与优异种质资源间的杂交和回交或测交，进一步测试未经改变的种质资源的产量、品质与抗逆性等性状。其杂交或测交后代能混合构成复合种群或复合基因库。Williams用这种技术在新西兰育成了几个白三叶品种。Barnes等建议构建区域性基因库来拓宽美国紫花苜蓿的遗传基础；Charmet和Balfourier等则构建了法国多年生黑麦草区域性基因库。牧草及草坪草种质资源创新的长期行动的一个范例是多国合作的北欧梯牧草遗传资源保护利用项目，为收集入库的种质资源使用者提供更新的表型和基因型数据，提升了北欧梯牧草种质的价值。

2.4.5.2　种质资源的利用

种质资源的利用分直接利用与间接利用。直接利用即把种质资源通过引种方式，成功应用于生产。引种作为一种育种方法，本书后续将有专门章节介绍。间接利用即把种质资源作为育种亲本利用。最主要的是提供育种者所需的基因或基因型，以便育成新的品种；其次是用已有种质资源通过杂交、诱变及其他手段创造新的种质资源；再次是利用雄性不育系、聚合杂交、综合品种育种法以及理化诱变等手段，不断地拓展种质基因库。

思考题

1. 名词解释

种质资源　核心种质　作物起源中心　作物起源初生中心　作物起源次生中心　遗传多样性中心　初级基因库　次级基因库　三级基因库

2. 种质资源在牧草及草坪草育种中具有哪些作用？
3. 简述种质资源按其来源、育种应用价值与亲缘关系可分为哪些类型。
4. 简述地方品种的特点及其利用价值。
5. 论述瓦维洛夫(Vavilov)作物起源中心学说的主要内容及其在育种中的作用。
6. 如何划分作物起源的初生中心与次生中心？
7. 试述种质资源收集工作的主要内容与方法。
8. 试述种质资源保存工作的主要内容与方法。
9. 试述种质资源鉴定与创新利用工作的主要内容与方法。
10. 论述发掘、收集、保存与利用牧草及草坪草种质资源的必要性与意义。

第 3 章 繁殖方式与育种

植物在长期的进化过程中,由于自然选择和人工选择的作用,形成了不同繁殖方式。牧草及草坪草的繁殖方式与其遗传组成紧密联系和相互影响,不仅决定了牧草及草坪草的遗传特点,而且,它还与其育种及其良种繁育工作关系密切,在很大程度上还决定了牧草及草坪草的育种方法、良种繁育体系与制种技术。

3.1 牧草及草坪草的繁殖方式

3.1.1 有性繁殖

有性繁殖(sexual reproduction)是植物繁殖的基本方式,又称种子繁殖。它是指植物通过有性过程产生的雌、雄配子的结合,经过受精,最后形成种子繁衍后代的繁殖类型。

3.1.1.1 确定有性繁殖植物授粉方式的方法

植物有性繁殖主要依据其授粉方式的类型进行分类。为了有效确定植物的授粉方式,可采用以下 3 种判断方法。

(1)外观形态观察法

为了确定植物的授粉方式,首先可根据植物的花器构造、开花习性、传粉方式、花粉萌发与雌蕊柱头的关系以及胚囊中卵细胞的受精情况等进行初步的分析判断。如花器构造为两性花,又称完全花、雌雄同花;花瓣多无鲜艳色彩,也少有特殊香味。开花习性上,雌雄同期成熟,有的植物在花冠未开放时就已经散粉受精(称闭花受精);花开放时间较短,花器保护严密,外来花粉不易侵入;花粉不多,不利于风媒传粉;多在夜间或清晨开花,不易引诱昆虫传粉;雌雄蕊的长度相仿或雄蕊较长,雌蕊较短,或雄蕊紧密围绕雌蕊,花药开裂部位紧靠柱头。上述花器构造与开花习性特点均有利于自花授粉,具备这些特征的植物可判断为自花授粉方式。如牧草扁穗雀稗(*Bromus catharticus* Vahl.)具有高度闭颖受精特点,为其提供了自花授粉的可靠证据。

如花器构造为单性花,又称不完全花,有雄花和雌花之分,包括雌雄异株、雌雄同株异花;有些植物虽然具有完全花,但雌雄异长,或者花器有蜜腺或有香气,能引诱昆虫传粉;有的花粉粒轻小,寿命长,易借助风力传播;有的自交不亲和或雄性不育。开花习性上,有些植物在花冠张开后才散粉;有的雌、雄蕊成熟期不一致;有的开花时间长或开张角度大。上述花器构造与开花习性特点均有利于异花授粉,具备这些特征的植物可判断为异花或常异花授粉方式。如冰草、鸭茅等牧草具有自交不亲和特性,为异花授粉植物。

(2) 单株隔离自交法

为了确定植物的授粉方式，可采用隔离植物单株的方法强迫其自交，观察其结实是否正常，从而判断其授粉方式。隔离方法有空间或时间隔离、套袋隔离、纱罩隔离等。植株在隔离条件下若不能正常结实，表明其基本上是异花授粉方式。但有不少异花授粉植物如玉米，在套袋自交条件下也容易结实。对此类植物则可进一步根据隔离单株的近亲繁殖效果判断其授粉方式。如果其近亲繁殖后代出现明显的退化现象，生长势减弱，甚至出现畸形个体等不良效应，则可能判断是异花授粉植物；否则应判断为自花授粉植物。

(3) 遗传试验测定法

植物的授粉方式最终要根据其自然异交率的高低而确定。自然异交主要是与人工杂交相对而言，其含意之一是指同一群体(或品种)内不同个体间发生的自然异交；二是指不同群体(或品种)间发生的自然异交。此外，一般所谓的自然异交是指品种间的自然杂交。确定植物授粉方式的自然异交率可采用遗传试验测定。简单而有效的方法是选择具有简单遗传性状的一对基因，它控制某种标志性状或指示性状(如茎秆与叶片颜色、种子颜色等)。选用的相对性状最好为胚乳直感，或苗期易于分辨又能处理大量试验材料的质量性状。进行自然异交率测定时，用具有隐性性状的品种(种质材料)作母本；而采用另一具有显性标志性状的品种(种质)作父本，父、母本相间种植或父本种植在母本的周围，任其自由授粉。将从隐性亲本(即母本)植株上收获的 F_1 种子，翌季播种后，从其 F_1 植株或其植株产生的 F_2 种子中统计其显性性状个体出现的比率，即为其自然异交率。自然异交率(%)= F_1 植株或 F_2 种子中具有显性性状数目/F_1 植株或 F_2 种子总数 × 100。进行自然异交率测定时，必须考虑植株种植密度(株行距)、种植方式、花期相遇和昆虫传粉情况、光照、风向、温度、湿度以及这些因素的相互作用对自然异交率的影响。最好需要进行不同年份和不同地区的系统研究，才能准确测定植物的自然异交率及其授粉方式，并可全面了解环境条件对植物自然异交率的影响，有利于其育种及良种繁育工作。

3.1.1.2 有性繁殖的类型

(1) 自花授粉植物

自花授粉植物(self pollinated plant)是指由同一朵花的花粉传到同一朵花的柱头上，或同株的花粉传到同株的柱头上，雌、雄配子结合而繁殖后代的植物，其自然异交率一般不超过4%，简称自交植物。如牧草及草坪草的禾本科有燕麦、扁穗雀稗、一年生雀稗、加拿大披碱草、弯叶画眉草(*Eragrostis currvula*)、蓝披碱草(*Elymus glacucus*)、毛花雀稗(*Paspalum dilatatum*)等；豆科有地三叶草、普通山黧豆(*Lathyrus sativus*)、箭筈豌豆(*Vicia sativa*)、朝鲜胡枝子(*Lespedeza stipulacea*)、印度草木犀(*Melilolus indica*)、南苜蓿(*Medicago hispida*)、草莓三叶草(*Trifolium fragiferum*)、波斯三叶草(*T. resupinatum*)、天蓝苜蓿(*Medicago lupulina*)等。自花授粉植物的花器构造和开花习性的基本特点已在授粉方式的外观形态观察法中叙述。

(2) 异花授粉植物

异花授粉植物(cross pollinated plant)是指通过不同植株花朵的花粉进行传粉，雌、雄配子结合而繁殖后代的植物，其自然异交率高于50%，甚至高达95%或100%，简称异交植物。如牧草及草坪草的禾本科有鸭茅、狗牙根、多花黑麦草、高羊茅、青贮玉米(*Zea mays*)、冰草(*Agropyron cristatum*)、无芒雀麦(*Bromus inermis*)、多年生黑麦草(*Lolium pe-*

renne)、羊草(*Leymus chinensis*)、小糠草(*Agrostis alba*)、猫尾草(*Uraria crinita*)、高燕麦草(*Arrhetherum elatitus*)、藨草(*Phalaris arundincea*)、偃麦草(*Elytrigia repens*)等；豆科有紫花苜蓿、黄花苜蓿、红豆草(*Onobrychis viciaefolia*)、红三叶(*Trifolium pratense*)、白三叶(*T. repens*)、杂三叶(*Trifolium hybridum*)、白花草木犀(*Melilotus albus*)、黄花草木犀(*M. officinalis*)、百脉根(*Lotus corniculatus*)等。

异花授粉主要借助风、昆虫、水、鸟、蚂蚁等作为传粉媒介完成。这类植物又可分为以下3种情况：①雌雄异株，即植株有雌雄之分，雌株和雄株着生于不同植株上，如野牛草属的某些种，其自然异交率为100%，为完全的异花授粉植物。②雌雄同株异花，如玉米和蓖麻等，其自然异交率在95%以上。玉米的雄花序着生于植株的顶端，雌花序着生于植株中部叶腋处。蓖麻雌雄花着生于同一花序上，但分别着生于不同部位，雄花在下，雌花在上。③雌雄同花，但雌雄蕊异熟或花柱异型，如葱、洋葱、芹菜、荞麦等；或具有自交不亲和性(self incompatibility)，即自花花粉落在柱头上，不能发芽或发芽后不能受精，如紫花苜蓿、黄花苜蓿、红豆草、红三叶等。

(3) 常异花授粉植物

常异花授粉植物(often cross pollinated plant)是指一种植物同时依靠自花授粉和异花授粉两种方式繁殖后代的植物。如牧草及草坪草有高丹草、苏丹草、饲用蚕豆、细齿草木犀(*Melilotus suaveolens*)、鹰嘴豆(*Cicer arietinum*)等。

常异花授粉植物通常以自花授粉为主，也进行异花授粉，其自然异交率比自花授粉植物的高，但比异花授粉植物的低，为4%~50%，是自花授粉植物与异花授粉植物的中间类型。该类植物花器构造和开花习性的基本特点是雌雄同花，其他特点也已在授粉方式的外观形态观察法中叙述。通常其自然异交率比自花授粉植物的高，但一般仍以自花授粉占优势。强迫自交时，大多不表现明显的自交不亲和现象。

此外，还有两种特殊的有性繁殖方式：一是自交不亲和性，它是异花授粉植物一种特有的有性繁殖方式；二是雄性不育性(male sterility)，它是指植株雌蕊正常而花粉败育，不产生有功能的雄配子的有性繁殖方式。该两种特殊的有性繁殖方式对牧草及草坪草育种特别是在杂种优势利用中具有重要作用。

3.1.2 无性繁殖

无性繁殖(asexual reproduction)主要指营养繁殖，也包括无融合生殖。

3.1.2.1 营养体繁殖

营养体繁殖(vegetative propagation)是指利用植物营养器官的再生能力，使其长成新的植物体，简称营养繁殖。如利用块茎、块根、接穗、根茎、匍匐茎、枝条、分蘖、根蘖、鳞茎、球根等进行繁殖。这类植物可分为如下两种类型。

(1) 专性无性繁殖

即在一般条件不通过两性细胞的结合产生后代，但在适宜发育的自然或人工控制条件下，如增加或减少光照时间，仍可进行有性繁殖，如马铃薯、甘薯、木薯、菊芋、甘蔗、王草、聚合草等。它们进行有性繁殖时，也有自花授粉和异花授粉的区别，如马铃薯为典型的自花授粉植物；甘薯为典型的异花授粉植物。

（2）兼性无性繁殖

即在生产实践中既可利用有性繁殖，也可利用无性繁殖。如无芒雀麦、羊草、根茎偃麦草、白三叶、狗牙根、结缕草、东非狼尾草、狗尾草、早熟禾、黑麦草、根蘖型苜蓿等牧草及草坪草，生产上既可利用其种子进行有性繁殖，也可利用其茎段、根茎、分枝进行无性繁殖。豆科植物的兼性无性繁殖通常采用扦插法，即插枝条。扦插时用刀片将植株茎秆切成斜口小段，每段茎插条必须携带一个腋芽，并留一片叶子，下端插入土壤 3~4cm，压实，浇水，保湿，后期要适当浇水保湿、通风。如紫花苜蓿扦插枝条一般在 20~40 d 发根，发根时间长短主要取决于所取枝条的生育期阶段、湿度、地温等因素。禾本科多年生草坪草的兼性无性繁殖通常是采用分株（蘖）繁殖。

3.1.2.2 无融合生殖

无融合生殖（apornixis）是指植物的雌、雄配子甚至雌配子体内的某些单倍体细胞、二倍体细胞，不经过正常受精和两性配子的融合过程而直接形成种子繁衍后代的生殖方式。由于无融合生殖与有性繁殖方式同样产生种子，不通过营养器官繁殖。因此，它也可以被认为是有性生殖的一种特殊方式或变态。但是，由于它与有性繁殖不同，不经过受精过程产生种子。因而一般将无融合生殖归属无性繁殖范畴。

无融合生殖现象首次在山麻杆属（Alchornea）植物中发现，目前被子植物中已发现了 434 个物种具有无融合生殖特性，其中禾本科中数量最多，已经鉴定共有 42 属 166 种。在以禾本科、豆科植物为主的牧草及草坪草中，早熟禾属（Poa）是最早发现无融合生殖的属，其 200 多个物种约 43% 的植物存在无融合生殖。此外，雀稗属（Paspalum）、狼尾草属（Pennisetum）、臂形草属（Brachiaria）、李氏禾属（Leersia）、黍属（Panicum）、孔颖草属（Bothroiochloa）、双花草属（Dichanthium）、山柳菊属（Hieracium）、委陵菜属（Potentilla）、拂子茅属（Calamagrostis）、冰草属（Agropyron）、披碱草属（Elymus）、大麦属（Hordeum）、画眉草属（Eragrostis）、虎尾草属（Chloris）等都是典型的无融合生殖植物。无融合生殖具有如下多种类型：

（1）单倍体配子体的无融合生殖（haploid gamemphyte apomixis）

单倍体配子体的无融合生殖是指雌雄配子体不经过正常受精而产生单倍体胚（n）的一种生殖方式，简称为单性生殖（parthenogenesis），它包括：①无配子生殖（apogamy）：是指由胚囊中卵细胞以外的细胞如助细胞、反足细胞不经受精发育产生胚。②孤雌生殖（parthenogenesis）：是指在胚囊中的卵细胞未和精核结合，直接形成单倍体胚。该种无融合生殖的卵细胞本身虽没有受精而发育成单倍体的胚，但是它的极核细胞却必须经过受精才能发育成胚乳。因此，在大多数植物的孤雌生殖过程中授粉仍是必要的条件。在这种生殖类型中，也有因为精子进入卵细胞后未与卵核融合即发生退化、解体，因而卵细胞单独发育成单倍体的胚，这称为雌核发育，远缘杂交时往往会出现这种现象。③孤雄生殖（androgenesis）：是指进入胚囊的精核未与卵细胞融合，直接形成单倍体胚。孤雄生殖的精子进入卵子后尚未与卵核融合，而卵核即发生退化、解体，雄核取代了卵核地位，在卵细胞质内发育成仅具有父本染色体的胚。近年通过花药或花粉的离体培养，利用植物花粉发育潜在的全能性而诱导产生单倍体植株，也就是人为创造孤雄生殖的一种方式。以上无融合生殖均可产生单倍体的后代，加倍后可产生纯合的二倍体。

(2) 二倍体配子体的无融合生殖(diploid gametophyte apomixis)

二倍体配子体的无融合生殖是指从二倍体的配子体发育而成孢子体的那些无融合生殖类型。它的胚囊是由造孢细胞形成或者由邻近的珠心细胞形成，由于没有经过减数分裂，故胚囊里所有核都是二倍体($2n$)，又称为不减数的单性生殖。它包括：①无孢子生殖(apospory)。因大孢子母细胞或幼胚囊败育，由胚珠体细胞进行有丝分裂直接形成二倍体胚囊，称无孢子体生殖。②二倍体孢子生殖(diplospory)。由大孢子母细胞不经过减数分裂而进行有丝分裂，直接产生二倍体的胚囊，最后形成种子，称二倍体孢子生殖。

(3) 不定胚生殖(adventitious embryony)

不定胚生殖是指由胚珠或子房壁的二倍体细胞经过有丝分裂而形成胚，同时由正常胚囊中的极核发育成胚乳而形成种子。不定胚生殖往往是与其正常受精发育的配子融合同时发生。如柑橘类中常出现多胚现象，其中一个胚就是正常受精发育而成的，其余的胚则是珠心组织的二倍体的体细胞进入胚囊发育的不定胚。

单倍体配子体、二倍体配子体与不定胚生殖3种无融合生殖方式均可产生种子，可统称无融合结子的无融合生殖。此外，单性结实(parthenocary)也可认为是一种无融合生殖。它是指在卵细胞没有受精，但在花粉的刺激下，果实也能正常发育的现象。如葡萄和柑橘的一些品系常有自然发生的单性结实。利用生长素代替花粉的刺激也可能诱导单性结实。如番茄、烟草和辣椒等植物均可诱导单性结实。

3.2 不同繁殖方式牧草及草坪草的遗传育种特点

3.2.1 自花授粉植物

3.2.1.1 自花授粉植物的遗传特点

(1) 基因型和表现型相对一致

自花授粉植物是由同一朵花内的雌雄配子结合，即自交。自交的主要遗传效应之一是使纯合基因型保持不变。自花授粉植物由于长期的自花授粉和自交繁殖，加上定向选择，自花授粉植物品种群体内的遗传基础相同，基因型是纯合的，而且个体间的基因型是同质的，其表现型也是整齐一致的，属于同质纯合群体。因此，自花授粉植物的遗传特点是其基因型和表现型具有相对一致性。

(2) 自交使杂合的基因型逐渐趋向纯合

自交的主要遗传效应之一是如果人工或自然杂交或基因发生突变，基因型处于杂合状态的情况下，经过连续多代自交，初始的杂合基因型将逐渐趋向于若干遗传不同的纯合基因型。以一对杂合基因型 Aa 为例，其自交使群体中同时出现 AA、Aa、aa 3种基因型，其表现型性状发生了分离。如果对 Aa 基因型不加选择，只连续进行自交，则每自交一代，自交后代群体中杂合基因型的个体数递减1/2；纯合基因型的个体数则递增1/2。如果某性状是由 n 对独立基因控制，那么该性状成为纯合基因型个体的频率，可按下式计算：$X_n = (1 - 1/2^r)^n$，式中，X_n 为自交纯合基因型个体比例，r 为自交次数，n 为与某性状有关的基因对数自交代数。依该式计算，如在一对基因杂合的情况下，自交1代的后代群体中的纯合基因型比例为50%；而连续自交6代的后代群体中的纯合基因型比例可达98.4375%。

(3) 自交可引起杂合基因型的后代发生性状分离

自花授粉植物的纯合也是相对的，自花授粉植物也有一定的自然异交率，通过自然异交可产生基因重组或由于环境条件的显著改变发生基因突变，以及在长期进化过程中由微小变异发展而成的显著变异，均可使自花授粉植物品种中产生杂合基因型个体。而自交则可引起杂合基因型的后代发生性状分离。

(4) 自交会引起杂合基因型的后代生活力衰退

自花授粉植物在长期自交和自然选择、人工选择的作用下，对严重影响植物生长的致死、半致死基因已淘汰殆尽，因此继续自交也不会出现明显的自交衰退(inbreeding depression)。但是，自交可引起其已经发生机械和生物学混杂的杂合基因型群体或异交植物杂合基因型的后代生活力衰退。

3.2.1.2 自花授粉植物的育种特点

(1) 良种繁育相对较容易

由于自花授粉植物的基因型和表现型相对一致。所以，通过单株选择或连续自交所产生的后代，一般称为纯系(pure line)。纯系品种是对突变体或杂合基因型经过连续多代的自交加选择而得到的同质纯合群体。自花授粉植物纯系品种的遗传基本稳定，可以在一定时间内和一定条件下长期保持其品种纯度，在生长上可连续使用一定年限，通常称其为常规品种。因此，自花授粉植物的良种繁育相对较简单，只需采用纯系品种群体自交繁育即可，一般不需专门设置隔离条件，其种子纯度保持也相对较容易。

(2) 纯系品种选育是其常用育种方法

由于自花授粉植物也具有一定的自然异交率，因此，其良种繁育也应注意防杂保纯。还可利用其在自然条件下产生的自然变异进行选择育种，且采用一次单株选择便能奏效；或者通过不同自花授粉植物品种间的杂交进行杂交育种；或者采用理化因素等进行人工诱变进行诱变育种等各种育种方法，最终选育纯系品种是自花授粉植物品种选育的有效途径。其中，通过不同基因型的亲本进行有性杂交获得杂种，继而在自交分离后代中选择纯系品种的杂交育种是目前自花授粉植物最有效的育种方法。

(3) 可利用杂种优势培育杂交种品种

自花授粉植物中生态类型差异较大的品种间杂交存在可利用的杂种优势。虽然自花授粉植物的花器构造和开花习性有利于自交，但也可以利用雄性不育性或采用化学杀雄等途径实现异交，为利用杂种优势、培育杂交种品种带来方便，使自花授粉植物的 F_1 代杂种优势利用成为现实。例如，水稻是迄今为止自花授粉植物中利用杂种优势最为成功的植物，而我国的水稻杂种优势利用研究处于世界领先水平。

3.2.2 异花授粉植物

3.2.2.1 异花授粉植物的遗传特点

(1) 基因型杂合，基因型与表现型不一致

异花授粉植物主要是通过异株异花授粉进行繁殖，即以异交为主。在长期自由授粉的条件下，异花授粉植物的群体是来源不同、遗传性不同的两性细胞结合而产生杂合子所繁衍的后代，因此，其群体内各个体的基因型是杂合的，各个体间的基因型是异质的，几乎没有基因型完全相同的个体，属于异质杂合群体。即异花授粉植物具有个体内基因型杂合、个体间基因型与表现型不一致的特点。

(2) 异交使优良性状难以稳定遗传

由于异花授粉植物的复杂异质性,所以从群体中选择的优良个体,其后代总是出现性状分离,表现出多样性,其优良性状难以稳定遗传下去。为了获得较稳定的纯合后代,必须在适当控制授粉条件下(如进行自交或近亲繁殖)进行多次选择,才能获得性状相对稳定一致的自交系品种,但是,自交系的生活力普遍显著衰退。

(3) 异交增强后代的生活力

异花授粉植物不耐自交,自交可导致其生活力衰退。但是,异花授粉植物主要的异交可使其后代的生活力增强,主要表现为生长势、繁殖力、抗逆性等性状的增强和产量的提高,具有显著的杂种优势。

3.2.2.2 异花授粉植物的育种特点

(1) 良种繁育必须严格隔离

由于异花授粉植物的基因型杂合、基因型与表现型不一致,异花授粉植物品种的遗传不稳定,不能长期保持其品种纯度,通常利用其杂交种品种,需要年年制种。因此,异花授粉植物的良种繁育中,为了保持品种或自交系的纯度与杂交种的质量,必须严格进行隔离,防止串粉异交混杂。

(2) 杂种优势利用是其主要育种途径

异花授粉植物去雄比较容易,杂交制种比较方便,利用 F_1 杂交种的杂种优势是目前异花授粉植物的主要育种途径。为了获得强优势的杂交种品种,则要求杂交制种的亲本基因型纯合、表现型要整齐一致。而异花授粉植物的自由授粉品种是异质杂合型群体,用其作为亲本,不能满足选配强优势杂交种的要求。所以,连续多代控制授粉(自交或近亲交)选择纯合自交系,再进行优良自交系间的杂交,得到强优势的杂种,从而利用其杂种优势,这是异花授粉植物的主要育种途径。此外,为了更方便配制杂交种品种,异花授粉植物也采用雄性不育系与恢复系配制杂交种品种。如牧草紫花苜蓿的杂交种品种已经在美国成功进行商业化利用,中国也在紫花苜蓿等牧草及草坪草的雄性不育系及其杂种优势利用研究取得了一定成果。

(3) 通常采用群体改良方法选育群体品种和综合品种

在异花授粉植物群体中进行选择时,主要根据母本的表现型,而不知其父本来源;再加上单株本身遗传上的异质性,所以其后代总是出现性状分离,表现出多样性,优良性状难以稳定遗传。而且自交或近交会出现衰退,因此不能像自花授粉植物那样采用单株选择法选育在生产上使用的基因型同质纯合的纯系品种,而是采用群体改良方法,采用多次混合选择法,选育群体品种或综合品种。

异花授粉植物群体品种的基本特点是遗传基础比较复杂,群体内的植株基因型是不一致的。其综合品种是由一组经过挑选的自交系采用人工控制授粉和在隔离区多代随机授粉组成的遗传平衡群体;也可挑选多个无性系组成遗传平衡群体,群体的个体基因型杂合,个体间基因型异质,但有一个或多个代表本品种特征的共同性状。苜蓿、冰草、鸭茅、多年生黑麦草、高羊茅等牧草及草坪草中综合品种所占比重较大,并在生产中发挥了重要的作用。但是,综合品种在良种繁殖时,也要严格隔离,并且要尽可能让其在较大群体中自由随机授粉,以保持群体的遗传平衡,避免遗传漂移和削弱遗传基础。

此外,选择育种、杂交育种、辐射育种、倍性育种等育种方法对改良异花授粉植物亲本或自交系品种也具有一定的作用。

3.2.3 常异花授粉植物

3.2.3.1 常异花授粉植物的遗传特点

（1）群体大部分基因型纯合同质

常异花授粉植物以自花授粉为主，其品种的基本群体是自交产生的后代，其大部分基因型是纯合的，也是同质的，代表品种的基本性状。

（2）群体少部分基因型杂合异质

常异花授粉植物的花器构造和传粉方式比较易于接受异花花粉，具有一定比例自然异交率，因此另有少部分个体的基因型是杂合异质的，其遗传基础比较复杂。一般常异花授粉植物品种群体至少包含品种基本群体的纯合同质基因型、杂合异质基因型和由天然异交形成的杂合基因型在自交后又发生基因型分离，形成的非基本群体的纯合同质基因型等3类基因型，它们出现的比例因其自然异交率的高低而不同。

（3）自交不会引起后代生活力显著退化

由于常异花授粉植物的自花授粉占优势，如在人工控制条件下进行连续自交，虽然后代出现程度不同的生活力衰退，但一般不会出现显著的退化现象。

3.2.3.2 常异花授粉植物的育种特点

（1）良种繁育难易因其自然异交率高低而不同

常异花授粉植物的良种繁育难易，随其自然异交率的高低而不同。如自然异交率低，较易隔离，良种繁育较易；如自然异交率高，则要求严格的隔离条件，特别注意防止生物学混杂，才能保持其品种纯度和优良品种特性。

（2）育种方法与自花授粉植物的基本相同

常异花授粉植物的育种方法基本上与自花授粉植物的相同，采用选择育种、杂交育种、诱变育种、倍性育种等基本育种方法选育纯系品种是有效的。由于其品种群体中有部分个体处于异质结合状态，因此，进行杂交育种时，应对其亲本进行必要的自交纯化和选择，进行多次选择，同时控制其异交，以提高其杂交育种的成效。此外，大多数牧草及草坪草是常异花授粉植物，通常自交不亲和，很适于采用选择育种方法，既可采用开花前除去劣株再混合留种选择方法；也可采用个别优良单株、单繁留种选择方法。

（3）杂种优势利用是其重要育种途径

杂种优势利用也是常异花授粉植物的重要育种途径，与其杂交育种相同，配制其杂交种前也应对其亲本进行多次自交纯化和选择，以提纯亲本和淘汰不良基因。

3.2.4 无性繁殖植物

3.2.4.1 无性繁殖植物的遗传特点

（1）后代表现型完全与母体相似

无性繁殖植物由同一植株经过无性繁殖形成的后代群体称为无性系（clone，克隆），又称为营养系。无性系是由母体细胞经有丝分裂繁衍而来，没有经过两性细胞的受精融合过程。因此，一个无性内的所有植株的基因型是相同的，都具有母体的特性，而且不论母体遗传基础的纯杂，其后代的基因型和表现型都与母体完全相似，没有分离现象。因此，无性繁殖植物的品种群体通常是一个同质型群体。

但是，无性系也存在退化现象，这主要是由于无性繁殖植物易感染病毒所致。无性繁殖植物很容易通过一代代无性繁殖，将母体细胞携带的病毒传给下一代，并且日趋严重，最后造成无性繁殖系生产力下降，品质劣化，出现无性衰退现象。当这种情况发生时，需要经常采用脱毒微繁技术培育植物无病（毒）苗木替换生产上已经感染病毒的种苗。

（2）品种群体的遗传杂合程度非常高

自然情况下，植物形成纯合基因主要依靠连续多代的自交，而无性繁殖植物品种大多是杂交后代或其亲代是异花授粉，其后代一般采用营养器官进行无性繁殖，没有经过连续多代的自交纯化。因此，无性繁殖植物品种群体在遗传上的杂合程度一般非常高，是同质杂合型群体。其种性可以通过无性繁殖稳定保持，而用实生种子繁殖将发生复杂的植株性状分离和变异。

3.2.4.2 营养体繁殖植物的育种特点

（1）良种繁育方法简单

由一个无性系经过营养器官繁殖而成的品种称为无性系品种（clonal cultivar）。它的基因型由母体决定，表现型也和母体相同。它通过营养体繁殖可保持品种内个体间高度一致，如果采用种子繁殖就会出现分离。因此，无性繁殖植物必须采用营养繁殖的方法保持其种性，其良种繁殖比较简单，不需要设置隔离区，无需担心种子繁殖过程中的机械与生物学混杂或采用种子（有性）繁殖出现的后代性状分离。此外，由于营养体繁殖的牧草及草坪草对种子生产没有要求，故可选出少结实或不结实的优系繁育，以提高牧草产草量和草坪景观效果，降低草坪养护成本。

（2）可采用芽变选种

营养体繁殖植物可采用与自花授粉植物相类似的育种方法。目前许多冷季型牧草及草坪草品种都是采用选择育种育成。如匍匐翦股颖（*Agrostis stolonifera*）的 Arlingto、Cohansey 及 Congressional 等优良营养繁殖品种都是从高尔夫果岭选择优良单株，经过选择育种选育而成。而且，营养体繁殖植物经常发生芽变（bud mutation），即体细胞突变，如出现有利芽变，即可选留，采用营养繁殖将芽变性状迅速稳定，其育种方法与程序比有性繁殖植物的简便得多。还可以采用理化因素诱变处理提高突变率。选择有利芽的分蘖或根茎或茎枝等建立无性系，通过系统的鉴定和比较，即可扩大繁殖，培育成优良无性系品种或组配综合种。

（3）可采用有性杂交与无性繁殖相结合的杂交育种及杂种优势利用方法

营养体繁殖植物一般不能开花或开花不结实，但在适宜自然条件或人为控制条件下，也可进行有性繁殖，从而可进行有性杂交及其育种。无性繁殖植物进行有性杂交时，由于其杂交亲本一般是遗传基础非常复杂的杂合基因型，杂种 F_1 代经历了复杂的基因重组，F_1 代基因型可产生很大的分离，可以说其每一粒 F_1 杂交种子（即实生种子）都代表不同的基因型。经过基因重组，不仅能够获得结合亲本优良性状于一体的新类型，而且由于基因的可能超亲分离，尤其是那些与经济性状有关的微效基因的分离和累积，在 F_1 代群体中还可能出现性状超过任一亲本表现杂种优势，或通过基因互作产生亲本所不具备的新性状类型。并且，无性繁殖植物有性杂交后，对其 F_1 实生种子播种出苗后再进行无性繁殖，就得到一个无性系，这样就可以把 F_1 代优良个体的优良性状及杂种优势通过无性繁殖稳定、固定下来，即相当于获得了固定杂种优势的 F_1 代杂交种,可长期采用无性繁殖利用其杂种优势,而不必像有性繁殖植物杂种优势利用那样,需要年年制种。因此,在先诱导营养体繁殖植物开花进行有性杂交获得的一个个 F_1 代无性系,再在其杂种一代通过比较、鉴定和选择,可选择出具有明显杂种优势的优良无性系,然后采用营养繁殖固定其杂种优势,从而培育成新的无性系品种。所以采用有性杂交和无性繁殖相结合的方法是改良无性繁殖植物的有效途径,这也是比其他类型植物杂交育种所需年限较短的主要原因。

此外,在营养体繁殖植物的无性系杂交育种中,如使用其自交系亲本,则可在淘汰不良基因的基础上,利用其自交系间杂交将可获得更大的杂交。但无性繁殖植物可能出现自交不亲和及自交严重退化的现象。为此,可进行 1~3 次的株系内近交,选出优良的近交系,再进行不同近交系间或与其他亲本间的杂交。

3.2.4.3 无融合生殖植物的育种特点

(1) 良种繁育技术可获得改善

无融合生殖植物以无融合生殖的无性种子繁殖代替营养器官繁殖,不仅能够避免病虫的传播,便于运输和贮藏,而且可以大幅度提高繁殖系数,节省人力物力。此外,植物生长环境改变或恶化,特别是其开花受精阶段和减数分裂期受害,会造成有性繁殖植物的种子产量减产,而无融合生殖不会因为大孢子母细胞未进行减数分裂或卵细胞未受精造成生殖过程受制,因此可减轻因花期受害造成的减产。

(2) 育种程序可简化

正常的有性繁殖植物通过有性生殖产生的后代会产生基因分离,而无融合生殖植物后代含有母本的单倍体基因,或者就是母本基因型的复制。只要将无融合生殖性状基因通过杂交选育或克隆到有性生殖作物,就可以得到母本的优良基因型。二倍体配子体的无融合生殖不发生不同配子的结合而进行受精过程,所以其后代也不发生分离,可用于固定杂种优势。因此,利用无融合生殖特性可极大地缩短育种时间并简化育种程序,而不需要重复选择多次才能得到优势物种。

兼性无融合生殖植物可以产生有性后代,其中会出现一些优良的变异,对这些变异进行选择可以实现对品种进行改良的目的。例如,肯塔基早熟禾属于兼性无融合生殖植物,大多数植株会产生与母本特征不同的有性后代。因此,对后代单株或株系进行选优是有效的。也可以利用诱变的方法创造变异的有性后代,进而培育成新品种。此外,对兼性无融合植物采用诱变剂进行诱变育种可能更为有效。如 Hanson 和 Juska(1962) 用热中子处理兼性无融合生殖的草坪草肯塔基早熟禾品种 'Merion' 的种子,其畸变频率增加了 11 倍。虽然其大多数变异劣于其亲本,但也出现了少数坪用性状优良的变异,而且这些变异在 M_3 多呈无融合生殖状态。

专性无融合生殖植物一般不产生有性后代,其后代的表现与母本相同,如四倍体巴哈雀稗是专性无融合生殖,其子代群体与母本特征相同,在其子代中选择优良株系是无效的。专性无融合生殖植物产生变异的途径有:自然突变、体细胞突变和诱发突变,但专性无融合生殖植物的自然变异率低于其他繁殖方式的植物,选出优异自然变异的机会较少。因此,有性杂交是改良这类植物的最好途径,即用无融合生殖的材料作杂交的父本,用有性生殖的材料作杂交的母本,所获杂种遗传组成的一半来自父本,另一半来自母本。杂种后代性状出现分离,其中可能分离出一些无融合生殖植株,通过鉴定,选择优良的无融合变异植株,稳定进而培育成新品种。无融合生殖植物的品种其后代群体高度一致,因此可选育牧草及草坪草的优良品种。

(3)有利于抗性品种的选育

植物的生长环境并不是一成不变的,许多病虫害会因为环境的改变对育种工作可造成巨大损失。而无融合生殖植物则会因为环境的改变而自发地改变不同生殖方式的比率,使其优势基因得以保留,从而有利于其抗性品种的选育。

目前牧草及草坪草无融合生殖育种利用比较成功的事例有:以珍珠粟(*Pennisetum glauucum*,$2n=4X=28$)作母本,狼尾草(*Pennisetum squamulatum*,$2n=6X=54$)作父本杂交得到$2n=41$的杂种,表现高度无融合生殖,而且花粉高度可育。以珍珠粟为母本,杂种为父本回交,在第3代将1条狼尾草染色体转移到珍珠粟,使其高效表达无融合生殖特性。以六倍体普通小麦与原产澳大利亚和新西兰的披碱草(*Elymus retisetus*,$2n=6X=42$)杂交获得F_1,表现高度无融合生殖特性。

但是,无融合生殖方式也存在弊端。因其失去有性生殖过程精卵结合产生杂合体的机会,导致其进化受阻。精卵结合是基因分离与基因重组的过程,往往能产生新个体,或产生基因重组,更好地适应环境。如果是专性无融合生殖植物可能因环境的改变,造成该物种的灭绝。

思考题
1. 简述牧草及草坪草的繁殖方式的类型及其定义。
2. 有性繁殖植物根据其授粉方式分为哪几种?阐述各类有性繁殖植物的花器结构与开花习性特点。
3. 植物自然异交率测定可采用哪些方法?阐明各种测定方法的具体步骤。
4. 简述不同有性繁殖方式牧草及草坪草的遗传育种特点。
5. 简述不同无性繁殖方式牧草及草坪草的遗传育种特点。

第 4 章 引　种

牧草及草坪草引种(introduction)是人类为了满足自己的需要，把外地的牧草或草坪草种及品种引入到新的地区，扩大其分布范围的实践活动。引种是人类利用自然和改造植物的重要手段，它不仅是古老农业中不可缺少的组成部分，对草业生产的发展和栽培牧草及草坪草的进化都起到了重大作用，而且在发展现代草业中仍然是潜力极大的育种途径。

4.1 引种概述

4.1.1 引种的概念及其重要性

4.1.1.1 引种的概念

广义的植物引种泛指从外国或外地区引进新植物、新品种以及为育种和有关理论研究所需要的各种种质资源材料。作为育种途径之一的引种，是指从外国或外地区将新植物、新品种等种质资源引入本地，通过试验证明适合本地栽培的品种，直接在生产上推广应用，或者作为育种原始材料，利用它们的某些优良性状培育新品种或种质，间接地加以利用。引种的材料可以是植物的繁殖器官、营养器官或染色体片段或含有目的基因的质粒等。

植物引入新地区后，对新的生态环境条件会产生不同的反应，会出现两种情况：一种是引种植物的原分布地与引种地的自然环境差异较小，或者植物本身的适应范围较广泛，不需要特殊处理及选育过程，只要通过一定的栽培措施就能正常生长发育，开花结实或可通过无性繁殖，繁衍后代，即不改变植物原来的遗传性，就能适应新环境，称简单引种或直接引种；另一种是引种植物的原分布区与引种地区之间的自然环境差异较大，或引种植物的适应范围较窄，需要通过驯化(domestication)使之适应于新环境，称驯化引种或间接引种。

驯化是人类对植物适应新的地理环境能力的利用和改造，它是指选择培育成本地推广植物的措施和过程。引种和驯化既有联系，又有区别，是一个过程的两个不同阶段。引种是驯化的前提，没有引种，便无所谓驯化；驯化是引种的进一步发展，是引种的特殊环节。驯化引种强调以气候、土壤、生物等生态因子及人为对植物本性的改造作用使植物获得对新环境的适应能力。因此，引种是初级阶段，驯化是在引种基础上的深化和改造阶段，两者统一在一个过程之中。习惯上将两者联系在一起，叫"引种驯化"。即植物引种驯化是指通过搜集、引进种质资源，在人类的选择培育下，使野生植物成为栽培植物，使外地的作物和品种成为本地的作物和品种的措施和过程。

4.1.1.2 牧草及草坪草引种的重要性

（1）直接应用于生产，促进草业发展

牧草及草坪草引种是人类有着明确经济目的的技术经济生产活动。通过引种，能迅速应用外地的优良品种满足人们物质生活与草业生产日益增长的需要，提高牧草产量和品质，改善草坪外观、生态和使用质量。引种虽然不创造新品种，但却是解决草业生产发展上迫切需要新品种的迅速有效的途径。如1814年，在中国湖北恩施由比利时传教士从国外带来了红三叶种子，在传教的山路两旁撒种，供其骑乘马匹饲用。此后，红三叶遍布鄂西山区11个县。1990年，经湖北省有关单位整理研究定名巴东红三叶，并通过全国牧草品种审定登记为地方品种。例如，1937年中国抗日战争爆发，当时的军政部广东惠阳种马场迁至甘肃省岷县本直寺，改名为岷山军马场。猫尾草和红三叶种子与莫尔根种马一起从美国引入并在岷县种植，成为当地主要的饲草。1988年和1990年，岷山红三叶和岷山猫尾草分别通过全国牧草品种审定登记为地方品种。如1992—1995年，中国黄土丘陵区引进国内外44种200余份牧草材料，经试验观察，初步筛选出20余种（品种）表现优良的牧草，在当地人工草地建设中发挥了很大作用。又如美国于1916年由梅尔（Frank N. Meyer）从中国南方引入假俭草，称之为"中国草"或"中国草坪草"（Chinese lawn grass），之后对其生理、生化、育种、草坪建植等展开了广泛研究，现已广泛分布美国，从德克萨斯州到卡罗莱纳州东海岸，甚至到达阿肯色州北部。因此，虽然假俭草主要起源于中国中部和南部，然而，真正得到广泛应用的地区是美国东南部（Hanna，1995）。

（2）充实种质资源，选育新品种

通过引入当地没有的牧草及草坪草新种类和新品种，可以丰富当地的牧草及草坪草种质资源，扩大育种的物质基础，从而满足各种育种工作的需要。据统计，到1985年，在澳大利亚被广泛采用的290种牧草品种中，有200个品种是直接通过引种选育而成的。1987—2017年全国草品种审定委员会共召开了30次审定会议，中国审定登记的533个牧草及草坪草新品种中，引进品种为163个，占30.58%。其中，'热研2号'柱花草和'热研4号'王草、'赣选1号'黑麦草，分别成为我国推广面积最大的豆科和禾本科热带牧草品种。

引进的牧草及草坪草品种等种质资源，在本地栽培条件下，往往出现许多有利的变异，成为选择选种的宝贵材料。因此，可正确制定育种目标，从中选育适应当地条件的有利变异育成新的品种，使中国牧草及草坪草品种资源更加丰富。如20世纪50年代初，吉林省农业科学院畜牧研究所吴青年等，从美国引进的推广品种'Grimm（格林）'杂花苜蓿等原始群体中，育成了高产、抗寒、适应性广的'公农1号'和'公农2号'等2个紫花苜蓿新品种，并于1987年通过全国牧草品种审定委员会审定，至今仍在生产上应用。又如，结缕草品种'兰引Ⅲ号'系甘肃省草原生态研究所张巨明等，1988年从美国引进的所内编号为'兰太3号'的结缕草杂交品种中，通过多年选择育种而成的优良运动型草坪草品种，于1994年10月通过全国牧草品种审定委员会审定，现已推广到广东、湖南、福建、江苏、四川等地。

（3）利用异地种植，提高产量和品质

通过引种可以使某些种或品种在新的地区得到比原产地更好的发展，表现更为突出。例如，我国先后从引进的热带牧草种质资源中选育出了'热研1号'银合欢、'热研2号'柱花草、'热研3号'俯仰臂形草、'热研4号'王草、'热研5号'柱花草、'热研6号'栅状臂形草、'热研7号'柱花草、'热研8号'坚尼草、'热研9号'坚尼草、'热研10号'柱花草、

'西卡'柱花草等一批具有重要生产利用价值并通过国家草品种审定委员会审定的优良牧草新品种,为中国热带与亚热带草食畜牧业发展奠定了物质基础。

由于牧草及草坪草主要注重茎叶等营养器官的产量及品质,因此,常利用牧草及草坪草品种"南种北引"或"北种南引",使其只能进行营养生长,而不能开花结实,从而可以提高牧草品种草产量或者改善草坪草品种外观品质。如结缕草品种'兰引Ⅲ号'在海南等中国南部可进行种子繁殖,而在湖南、江西等地区则不能开花结籽,引种在这些地区种植可明显改良其草坪外观品质。此外,相同种及品种的牧草及草坪草长期在一个地区种植,可能逐步丧失对当地病菌生理小种或害虫生物型的抗性,因此,可从外地引种同一种及品种的牧草及草坪草,进行"异地换种",也可能提高牧草及草坪草的产量和品质。

4.1.2 国内外牧草及草坪草引种概况

4.1.2.1 国内牧草及草坪草引种概况

中国是从国外引种牧草最早的国家之一。据《史记》记载,早在公元前139—前126年汉使张骞3次出使西域,从大宛国(现代的中亚费尔干纳盆地附近)带回紫花苜蓿、红豆草等牧草种子,大受汉武帝赞赏而成为御用花草被种植在长安(今陕西咸阳附近)禁宫中,距今已有2100多年的历史,使苜蓿和红豆草成为我国栽培历史最悠久、分布面积最广的优良豆科牧草,对我国的畜牧业发展做出了重要贡献。而我国现有许多草坪草种及品种的来源已不易查考,但我国草坪草的利用最早可追溯到公元前140年左右,汉朝司马相如《上林苑》中描写"布结缕,攒戾莎",表明汉朝汉武帝时期(公元前141年—前87年)在上林苑中已经人工建植结缕草为主的草坪。

20世纪三四十年代,华东地区从美国引入100余份豆科和禾本科牧草及草坪草种子,主要有:紫花苜蓿、红三叶(*Trifolium pratense*)、杂三叶(*T. hybridum*)、绛三叶(*T. incarnatum*)、百脉根(*Lotus corniculatus*)、二色胡枝子(*Lespedeza bicolor*)、各种箭舌豌豆(*Vicia* spp.)、多花黑麦草(*Lolium multiflorum*)、多年生黑麦草(*L. perenne*)和苏丹草(*Sorghum sudanense*)等。中华人民共和国成立后曾在南京试种,1952年分出82种给新疆八一农学院牧草室,在乌鲁木齐试种,1952年原中央农业实验室全部牧草种子转给兰州西北畜牧兽医科学研究所试种。

1934—1935年,新疆从苏联引进猫尾草(*Phleum pratense*)、红三叶、紫花苜蓿等牧草种子,分别在乌鲁木齐南山种羊场、伊犁、塔城及布尔津阿留滩地区试种,迄今还有少量逸生种。1940年,由王栋教授从英国带回的红豆草(*Onobrychis viciaefolia*),经甘肃试种成功后,现已在甘肃河西、宁夏固原一带大面积推广栽培,深受农民的欢迎。1943—1948年,叶培忠主持农林部甘肃天水水土保持实验区牧草试验研究,先后引种国内外草种539份,计300多种。如1944年引种的二年生白花草木樨和黄花草木樨在天水地区推广应用,对解决山区肥料、燃料、饲料、改良土壤、增产粮食有显著的效果。在1956年全国第二次水土保持会议上,该草被誉为西北地区"宝贝草"。1990年,由水利部黄河水利委员会天水水土保持站申报,经全国牧草品种审定通过,天水白花草木樨和天水黄花草木樨为地方品种。日本凭借在日俄战争中夺取的中国中东铁路特权,在吉林省公主岭建立了南满铁路株式会社产业试验场,后改为农业试验场,从1914—1925年开展了有关牧草的试验。从美国、加拿大等国引入数十份禾本科和豆科牧草。包括1922年从美国引进的格林(Grimm)苜蓿、蒙大拿普通苜蓿、特普 28 号苜蓿和加拿大普通苜蓿等。

1949 年中华人民共和国成立后，中国农业科学院畜牧研究所陆续收集国内牧草良种，分别在青海、内蒙古、甘肃、吉林、新疆等省（自治区）试种、繁殖和保存，数量达 1000 余份。1956 年，中国科学院北京植物研究所胡叔良等，将原产美国的野牛草（*Buchloë dactyloides*）从甘肃（20 世纪 40 年代甘肃天水水土保持实验区将野牛草作为水土保持草种从美国引种）引种北京作为草坪草种栽植获得成功。20 世纪 60 年代又陆续从美国、加拿大、英国、联邦德国、民主德国、罗马尼亚、匈牙利、丹麦、瑞典、新西兰、澳大利亚、埃塞俄比亚、朝鲜和日本等国家引进了多种牧草及草坪草品种，分给各地试种，其中试种成功并大面积推广繁殖的聚合草（*Symphytum peregrinum*）是从朝鲜、日本和澳大利亚引进的。从英国引进的 1341 豌豆在北京、青海、新疆均获得高产。从澳大利亚引进新疆的猎人河（hunter river）和德米特（Demeter）苜蓿品种、苇状羊茅在伊犁河谷试种成功，其中苇状羊茅已大面积推广种植。

1978 年以后，匍匐翦股颖品种 Penncross、Seaside、L-93、Pen-A1、Pen-A4 等，细叶结缕草（*Zoysia tenuifolia*）、沟叶结缕草（*Z. matrella*）及杂交狗牙根（*C. dactylon*×*C. tronsvaalensis*）品种 Tifgreen、Tifdwarf、Tifway 等国外育成品种相继引入国内，主要在长江流域及以南地区得到较大发展。1980 年中国农业科学院畜牧研究所李敏等从美国 Jackling 公司引种的草地早熟禾品种瓦巴斯（*Poa pratensis* cv. Wabash）于 1989 年通过全国牧草品种审定委员会审定登记。该品种耐寒性强，且较耐热、耐旱、耐修剪，草质柔软，在北京、大连、兰州、上海等市用于草坪建植，是一种优良的草坪草。20 世纪 80 年代，内蒙古农业大学先后从美国引进小麦族广义冰草属多年生牧草材料 1199 份，其中包括冰草属（*Agropyron*）、披碱草属（*Elymus*）、偃麦草属（*Elytrigia*）、新麦草属（*Psathyrostachys*）、薄冰草属（*Thinopyrum*）、大麦草属（*Hordeum*）等一些重要物种，丰富了我国禾本科牧草种质资源。其中，在我国北方干旱、半干旱地区种植利用较多的诺丹沙生冰草和蒙农杂种冰草就是从这批引种材料中经引种试验或选育后通过审定登记的冰草引进或育成品种。甘肃农业大学曹致中等、贾笃敬等经多年的引种栽培试验，分别于 1993 年通过了全国草品种审定登记的国外引进草地早熟禾品种菲尔金（Fylking）及肯塔基（Kentucky）。甘肃省草原生态研究所张巨明等从泰国引种狗牙根（*Cynodon dactylon*）试验，于 1994 年通过全国牧草品种审定登记为'兰引 1 号'草坪型狗牙根引进品种。该品种侵占性强、耐低剪、耐践踏、耐高温，是高尔夫球场果岭和高档草坪的理想草种。此外，目前中国国内生产上使用的冷季型草坪草基本都依靠从北美洲和欧洲等国家引种，每年从国外引种品种高达 30 个左右。

2000 年以来，苜蓿引种数量尤为可观，据不完全统计，截至 2015 年年底，中国从国外引种的苜蓿品种至少有 150 个，如三得利（Sanditi）、赛特（Sitel）、德宝（Derby）、皇后（Queen）、苜蓿王（Alfaking）、阿尔冈金（Algonquin）、以及 CW 和 WL 系列品种等。其中引进的紫花苜蓿品种"三得利""阿尔冈金""WL 系列"在中国苜蓿栽培中占有很大比重。

中国的野生牧草及草坪草的引种驯化工作也取得了一定的进展。山东省青岛市草坪建设公司董令善等从山东胶州湾一带采集野生结缕草（*Zoysia japonica*）种子，经栽培驯化，于 1990 年育成了通过全国牧草品种审定登记的青岛结缕草品种，不仅在国内适宜地区推广种植了较大面积，并且，其种子已出口日本等国家，实现了中国草坪草种子出口的突破。内蒙古畜牧科学院草原研究所额木和等采集当地野生草地早熟禾的种子，经多年的栽培驯化，育成了大青山草地早熟禾品种，于1994年通过全国牧草品种审定登记为野生栽培品种。该品种在当地有优异的适应性，抗寒、耐旱性强，是一种坪用和饲用兼用型草种。

中国省（自治区）之间互相引种成功的事例很多。例如，内蒙古农业大学在20世纪70年代曾从新疆、河北、陕西、山西等地及东北地区引入20余份苜蓿材料在呼和浩特地区进行了试种评价，其中从吉林公主岭引入的公农1号、公农2号苜蓿，从黑龙江引入的肇东苜蓿均能安全越冬，从新疆引入的大叶苜蓿、沙湾苜蓿不仅能安全越冬，还有较高的牧草产量。新疆农业大学1974年从内蒙古农业大学引进的草原1号和草原2号苜蓿品种，经在天山北坡海拔1620 m的草原试验点栽培，小区试验测定结果以草原2号产量最高。甘肃农业大学草原系1966年前后从新疆引进和田苜蓿，在武威黄羊镇试种，三茬产草达75 000 kg/hm^2。甘肃祁连山一带野生老芒麦（*Elymus sibiricus*）、垂穗披碱草（*E. nutans*）经山丹军马场大面积试种多年后，引至西北各省（自治区）扩大种植，适应性强，产草量高。中国农业科学院畜牧研究所育成的中苜1号和中苜2号品种，因具有耐盐碱、适应性好、生长迅速等特点，现已被引种到土壤次生盐碱化危害较为严重的河北、山东、山西、内蒙古等地，大面积推广种植。

4.1.2.2 国外牧草及草坪草引种概况

美国，英国等欧洲国家，以及澳大利亚、新西兰等草业发达国家均十分重视牧草及草坪草种质资源的收集、鉴定研究与开发利用，优良牧草及草坪草的引种工作取得了显著成就。

美国本土牧草及草坪草种质资源不太丰富，主要依靠从国外引种，十分重视从世界各地广泛搜集的优良牧草及草坪草种质资源，为美国草业持续稳定发展奠定了基础，使美国成为现代草业发达国家。美国1736年从欧洲引种紫花苜蓿，1747年从欧洲引种猫尾草，1751年从非洲引种狗牙根，1884年从中国东北引种无芒雀麦，1900年从俄国、伊朗引种各种冰草，1909年从非洲引种苏丹草，1950年美国从英国引种红三叶，现均在美国大面积推广种植。美国在1935年建立植物引种中心20个，在各州的农业试验站或其附近进行引种材料的适应性试验。到20世纪90年代初期，仅美国西部就有近万份牧草种质资源，广泛或局部地区种植的牧草种有150多种，其中豆科的70种中有57种是从国外引种的；禾本科的80种中有60种是从国外引种的。美国大约从17世纪开始草坪草引种工作，随着美国的移民潮和农业的西进，更加促进了美国草坪业的蓬勃发展。美国早期引进的草坪草品种多用于水土保持（Burton et al., 1977）。20世纪初，美国掀起了一股收集、引种草坪草新品种的热潮，在一些非洲农业机构还专门组成了收集当地野生种的部门，加强了美国草坪业的飞速发展。20世纪60年代，美国俄克拉荷马州立大学专门从非洲、东南亚、澳大利亚等地收集了大量的草坪草活体材料，并对其形态学、细胞学进行了研究，为其草坪草新品种的培育奠定了有力的基础。

欧洲国家，特别是西欧一些发达国家，种植业历史悠久，生产力水平较高，由此也带动了草地畜牧业的迅速发展，而草地畜牧业的兴起与发展在一定程度上又依赖于国外牧草种质资源的引种与开发利用。这些国家有史料记载的最早的牧草引种实践可以追溯到14世纪，当时的法兰西帝国为了军马的养殖，从波斯地区引进了紫花苜蓿。2个世纪后，绛三叶及野豌豆又被引种欧洲大陆广泛种植。俄罗斯及中亚各国公元5世纪已开始引种紫花苜蓿。17世纪引种猫尾草和红三叶，在其北方大面积种植。19世纪英国引进了红三叶，极大地发展了草地畜牧业，使其从传统农业向现代农业跨越。由于地域相连，气候相似，欧洲各国之间牧草的相互引种十分便利和频繁，如原产于英国的多年生黑麦草（*Lolium perenne*）和原产于意大利的多花黑麦草(*Lolium multiflorum*)现已被几乎全部的欧洲国家作为草坪草或牧草广泛种植利用;野生分布于东欧地区的羽扇豆(*Lupinus* ssp.)经法国等国引种驯化现已被作为青饲、放牧、青贮牧草或绿肥或地被或蜜源和观赏作物加以推广。

19世纪以来,作为旧大陆的欧洲与新大陆的美洲开始了包括牧草在内的植物种质资源交流与研究的全方位合作,欧洲国家不仅从美洲引进了许多优良性状的野生牧草种质资源,如草地早熟禾的一些无性系,同时也将一些重要的牧草引种到欧洲以外的其他地区推广应用,如野生分布于地中海沿岸的一种高羊茅(*Festuca arundinactia*)现已被引种到美国、南美各国、南非、新西兰和澳大利亚。20世纪70年代,为了进一步摸清黑麦草的遗传多样性,并尽可能搜集到和鉴定出全部的代表性种群材料,欧洲国家曾进行过一次较大规模的合作研究,在意大利、南斯拉夫、土耳其、罗马尼亚、波兰、民主德国、苏联等地对采自不同地区的黑麦草种群材料进行了集中评价和鉴定分析。此后,在英国威尔士草地研究所有重点地对采自法国、意大利、西班牙、民主德国、奥地利、英国威尔士、北欧诸国及瑞士等西欧一些国家或地区的黑麦草种群材料进行了遗传多样性及农艺性状的全面评价。

澳大利亚在引入牧草品种中,以多年生黑麦草、多花黑麦草、鸭茅、红三叶、白三叶、苜蓿为主,他们引入时,都要在检疫圃种植三年,经过对病虫害的检查,适应性和经济价值鉴定后,才分发各站进一步试验。澳大利亚和新西兰被誉为羊背上的国家,草地畜牧业发达,是国民经济的支柱产业。但因其本土优质牧草种质资源缺乏,故支撑其草地建植的主要牧草种,如白三叶、红三叶、百脉根、黑麦草、高羊茅、鸭茅等都是从美国或欧洲引种的。澳大利亚、新西兰在20世纪初才从美国和西欧国家大量引种牧草,在引入的16 000种植物中,有8000种具有饲用价值高的牧草。

日本第二次世界大战后,为大力发展草地畜牧业,大量引种国外牧草种及品种,在20世纪60年代每年平均进口牧草种子量高达500 t,主要是引进多花黑麦草、红三叶和鸭茅等牧草种子。而到20世纪70年代,日本已成为牧草种子出口国之一。此外,日本草坪草开发较迟,也主要依靠引种成为现代草坪产业发达国家。

4.2　引种的理论基础

4.2.1　引种的遗传学原理

4.2.1.1　遗传基础与遗传适应性范围

植物种及其品种的遗传基础(genetic basis)也称遗传背景(genetic background),是指决定种及其品种特定性状的基因组的DNA组成。植物种及其品种总是在一定的生态因素所组成的生态环境条件中生长发育,并表现生长发育正常,称为生态适应。植物的生态适应能力是与其遗传基础有关的。一般把一个植物种及其品种所代表的基因型在地区适应性方面的适应范围称为种或品种的遗传适应性范围(genetic adaptation range)。

引种既可以将引种材料在其遗传适应性范围内迁移,也可以将引种材料向其原有遗传适应性范围以外的区域迁移。植物种及品种可迁移范围大小反映其遗传适应性强弱。由于自然界环境条件极其复杂多样,实际上不可能完全用试验方法测定某植物种及其品种或基因型的全部遗传适应性范围。但是,引种前的严格的室内与田间试验是引种成功的基本保证。相同牧草及草坪草种的不同品种，由于其遗传适应性范围的差异，其引种也就有不同适应性表现。例如，多年生黑麦草分布范围很广，在中国南到海南、福建，北到甘肃、新疆都可用于建植草坪。但是，不同地区引种的多年生黑麦草品种具有一定差异，中国北方地区主要引种多年生黑麦草的抗寒抗旱品种，而中国南方地区主要引种其抗热耐湿品种。

4.2.1.2 遗传适应性范围的差异及其驯化

不同植物种及其品种间的遗传适应性范围具有很大的差异，这种差异与其基因型的差异有关。如普通狗牙根与钝叶草同属暖季型草坪草种，但是，普通狗牙根的遗传适应性范围极其广泛，现广泛分布于全世界各地，我国的华北、西北、西南及长江中下游等地均被广泛应用；而钝叶草的遗传适应性范围比普通狗牙根的狭窄得多，它仅在我国的海南、台湾、广东、广西等纬度靠近赤道的地区才有分布。

在自然界广泛分布的植物种及其品种的遗传适应性范围宽，容易进行引种，常是自体调节能力较强的类型，表现为对异常外界条件的影响常有某种缓冲作用。据 K. Mather(1942)研究，这种自体调节能力和品种基因型的杂合性程度有关。杂合程度较高的类型有较高的合成能力和较低的特殊要求，表现为数量性状变异范围的缩小，以及在生存上具有重要作用的性状较为稳定。目前牧草及草坪草生产应用品种多为综合品种，其遗传基础比较复杂，也增大了品种的遗传适应性范围，从而有利于牧草及草坪草引种。

驯化是植物引种后由原来的野生状态变为人工栽培的过程，也是其遗传适应性由最初的不适应或不太适应变为完全适合的过程，更是人类积极地对外来物种进行选择和育种以获得较高遗传增益的过程。人类在长期的大量实践中证明，改变植物的遗传适应性范围，把它们引种到原来不能适应的地区不仅是必要的，而且是完全可能的。如冷季型草坪草高羊茅一直被认为抗寒抗旱，适应中国华北、东北及西北干旱而气温较低地区。经过长期的选择和培育，目前高羊茅已经有了适应中国南方高温、多湿环境的品种。而且，将有利用价值的野生坪用植物种及其品种改造为栽培品种，是目前草坪草育种的重要品种来源。

驯化的遗传机理，可能一方面是遗传基因在表达上的调节，是植物对新环境在生理生化上的适应，以适应新环境或人类的经济需求；另一方面则是人类从含有多种基因型的植物群体中选择了适应新环境或人类经济需求的基因型。其原因首先，是植物的一些类群或品种本身遗传背景是一个包含多种基因型的异质型群体，为人类选择提供了丰富的遗传基础。其次，是植物的一些类型或品种表现型似乎为同质性群体，因其在原产地的某些基因在当地没有表达或在当地环境条件下没有表现出来所致，其实质上是一个异质性群体。但当其被引种到新的地区或新的环境条件下，其在原产地没有表达的某些基因可能会表达从而产生表现型的变化和分离，或者在新环境条件下可能诱变产生新的遗传变异，从而使人类可能进行定向选择。再者，人类选择适宜的环境和采用适当的栽培技术，充分满足一些植物类型或品种的生态需求条件，也可以扩大其遗传适应性范围。例如，冷季型草坪草匍匐翦股颖的质地优良，但在中国南方地区一般夏季不能正常越夏，但是，如果采用优良的草坪养护措施，在中国海南省的夏季，也可建植采用匍匐翦股颖的高档运动场草坪。此外，通过种子进行世代驯化是扩大牧草及草坪草遗传适应性范围或选育新品种较为有效的方法。因为每一个驯化过程都是新的环境条件对大量基因重组类型的严格选择，而有性过程可以形成复杂多样的基因重组类型，进而增强牧草及草坪草对异常环境条件反应的缓冲能力，减少其特殊需要。另外，有人提出处于幼龄阶段的个体具有较大的遗传适应性范围的可塑性，易于接受外界培养条件的影响，从而定向地改变其遗传适应性范围，但在较短的时期，如 1~2 个世代这种定向选择能产生多大的作用还没有有力的论证。

总之，人类可通过对植物种及其品种进行逐步的引种驯化和不断地选择培育，使植物性状逐渐适应新环境和人类生活及生产需求方向发展，成为适应不同地区、不同要求的各具特色作物栽培新品种。

4.2.2 气候相似论

气候相似论(theory of climatic analogues)是 20 世纪初的 1906 年和 1909 年，德国著名林学家、慕尼黑大学教授迈尔(H. Mayr)发表《欧洲外地园林树木》和《自然历史基础上的林木培育》两部著作的基础上提出的。其基本要点是："地区之间，在影响作物生产的主要气候因素上，应相似到足以保证作物品种互相引用成功时，引种才有成功的可能性。"即认为只有原产地和引到新栽培区气候条件相似时，引种才有最大的成功可能性。迈尔把北半球划分为 6 个"引种带"，带与带之间相互引种应该没有什么困难。该理论是引种工作中被广泛接受的基本理论之一。

气候相似论的实质是在引种时应注意引种地区的气候和土壤条件是否接近于原产地，只有相似的气候、土壤等条件，才有引种成功的可能。这样就引导着人们从植物地理学、植物生态学的角度去研究植物引种，对选择引种对象与确定适宜的引种地区起到了很大的作用。美国生态学家 M. Y. Nattonson 在 20 世纪 40~60 年代，分别绘制了苏联的乌克兰、巴勒斯坦及约旦与美国一些地区的气候相似图，标明地处西半球的美国一些地区与东半球几个国家地区在气候上的相似性，以此作为引种的参考依据。苏联的农业生态学家戈利茨别尔格根据苏联主要作物的农业气候指标，编制了世界气候相似图集，对苏联农业发展起到了积极作用。

气候相似论尽管对作物的引种具有一定的指导意义，但也有如下不足之处：①忽视了被引种植物在系统发育过程中新形成的潜在适应能力，容易使人们仅限于气候相似地区引种，不去注意和不相似地区引种成功的可能性。②只强调气候条件(主要是温度、光照等)对植物生长发育有很大影响，而忽视了植物生境中其他因子对被引种植物的综合作用。③只考虑了植物遗传特性一面，强调了作物对环境条件反应不变的一面，低估了植物本身对环境条件的适应性和利用植物可塑性来驯化和改造植物的能力。

4.2.3 达尔文学说与米丘林学说

4.2.3.1 达尔文学说

19 世纪中叶，英国生物学家达尔文在《物种起源》一书中阐述了其进化理论，认为生物通过适应性而生存下来，物种又在不断演化之中，一切生物类型都是由过去的生物进化而来的。他的著作《动物和植物在家养下的突变》阐述了各种家养动、植物与野生种类的关系和人工选择的理论，并论述了动物与植物变异、遗传、杂交的原因和规律。他对于植物引种驯化的观点可归纳为如下几点。

(1) 植物在自然条件下有适应环境的能力。在植物自然迁移时，往往抑制它和其他有机体的竞争，而首先适应新的环境条件。驯化是在长期的进化中进行的。

(2) 有机体的地理分布不仅决定于现代因子，还决定于历史因子。引种时要研究植物的历史及其生物学特性形成的历史。

(3)在自然和栽培条件下通过自然选择和人工选择保持新的变异能促进植物驯化。因此，无论在自然界还是在栽培条件下都能发生植物的驯化。有机体的遗传性不管如何巨大，都能够在改变了的条件下产生变异，不断出现新的性状。

(4)当植物的各个个体在不同的生存条件下发育时就能产生变异，进而形成变种，再用选择的手段就能获得新类型的植物。驯化是植物本身适应于新环境条件和改变生存条件要求的过程，选择是人类驯化活动的基础。

4.2.3.2 米丘林学说

米丘林的引种驯化理论是建立在达尔文的进化论观点之上的，并得到了创造性的发展，把植物引种驯化事业推向到一个新的发展阶段。该理论的基础是有机体与环境是矛盾的统一体，通过改变环境和遗传育种两条途径能够改造植物的本性，创造新的类型，以满足人类的需要。米丘林学说主要是依据他在果树园艺方面的引种驯化经验，所创造的一套研究方法和他所揭示的一系列规律，对于各类植物的引种驯化工作都具有普遍的理论指导意义。例如，他确定的实生苗法、斯巴达式锻炼法、定向培育法、逐级驯化法、亲本选择法、远缘杂交法（包括营养体接近法、混合花粉授粉法、媒介法、杂种培育法及蒙导法）等都是我们现在还在应用的方法。对于植物驯化的定义，米丘林始终认为，驯化必须与改造植物的本性联系在一起。同时，米丘林提出的有关植物引种驯化的许多观点，至今在引种中仍是重要的参考。

4.2.4 引种的生态学原理

4.2.4.1 综合生态因子对引种的影响

牧草及草坪草生长发育需要一定的生态环境条件。在这个生态环境中，对牧草及草坪草生长发育具有明显影响和直接作用的因素称为生态因素(ecological factor)。生态因素通过生态环境整个复合体对牧草及草坪草起作用，但各个生态因素的作用不相等，其中自然生态因素的气候因素的温度、光照和水分等则是牧草及草坪草生存和发育的最基本因素。各种牧草及草坪草随着其起源地区和演变地区的生态因素的不同，形成了要求一定生态条件和对一定生态条件反应的特性。生态型(ecotype)是指植物在特定环境的长期影响下，形成对某些生态因子的特定需要或适应能力，表现为植物类型在生物学特性、形态特征和解剖结构上与当地主要生态条件相适应。生态型一般可分为如下3类：①气候生态型，是在光照、温度、湿度、雨量等条件影响下形成的；②土壤生态型，是在土壤的物理化学特性，即土壤含水量、含盐量、pH以及多种土壤微生物影响下形成的；③共栖型，是在植物与其他生物（病菌、害虫等）不同的共栖关系影响下形成的，如在生产上某些病虫害经常发生的地区，就有较抗病或耐病的类型存在，这是自然选择与人工选择的结果。

同一生态型的不同品种，多数是在相似的自然环境和栽培条件下形成的，在生育期、抗逆性和适应性等常具有相似的特点，因此，同一生态型或类似生态型的品种相互引种容易成功。如大青山草地早熟禾是在中国内蒙古大青山和蛮汉山地区冬季寒冷且干燥、夏季高温少雨条件下，经过长期自然选择和人工驯化形成的生态型，将其引种到中国西北相似生态条件地区的成功可能性大。

大量研究证明，属于同一生态型的不同产地的品种在气候适应性上具有较多的共性，相互引种比从不同生态型地区引种成功的可能性较大。如地中海沿岸，包括西班牙南部、法国、意大利、小亚细亚沿海地区及非洲北部的沿海地区，是很多重要牧草及草坪草种、品种的主要产地。该地属于夏干气候带，其气候特点是夏季(4~10月)高温干燥；冬季(11~2月)比较湿润，但气温不太低，1月平均气温6~9℃。年降水量400~830mm，其中夏季90~270mm。目前该地区有许多牧草及草坪草育种机构，如位于法国图鲁滋的Barenbrug草坪草育种研究所，拥有从中国和亚洲东部引种的草坪草品种资源，如结缕草、狗牙根、早熟禾、高羊茅等，育出的草坪草品种又销往中国及其相应生态条件的地区。

美国以加利福尼亚州为中心，包括俄勒冈州南部一带，其生态型划分也属于夏干气候带。从地中海沿岸引种到该地区的草坪草种及品种几乎都能正常生长发育和在生产中应用。中国西北和华北的部分地区夏季接近地中海沿岸的气候，但冬季不如那里温暖湿润，从上述地中海沿岸或美国加州地区引种需选择其抗寒性最强的种类、品种，适当注意防寒。再如，中国长江流域地区和朝鲜南部、日本南部的沿海地区、美国东南部(包括佛罗里达、佐治亚、阿拉巴马、密西西比、得克萨斯等州)同属于夏湿气候带，在这些地区相互引种远较从夏干气候带引种成功的可能性大。

草原或草地类型是依据不同生态条件特征进行划分的，因此在相同草原或草地类型之间相互引种牧草或草坪草也易成功。例如，中国东北湿润草原类型上生长的野生优良牧草——羊草，引种内蒙古东部相同草原类型上种植，生长良好；若引种内蒙古西部和新疆荒漠、荒漠草原类型上种植，则生长很差，干草产量低。

此外，苏联植物学家库列亚索夫于1953年提出了植物引种的生态历史分析方法。该理论认为一些植物现代分布区不一定是它们的最适生长区。生态历史分析法以植物区系为总体单位，通过分析植物区系中植物成分的起源，来揭示这些成分的生态历史。若发现其中有外来成分，再把它们引回原来生存过的生态条件下，可望获得较好结果。古植物学研究证明地质史上的冰川期植物被迫南迁，冰川期后有些植物又从南向北移动，许多植物的现代分布是被迫形成的，不一定是它们最适宜生长的区域。将这些植物引种到历史上曾分布过的一些地区，其长势良好。通过孢粉分析和运用其他资料研究各地区原始植被的成分，可为引种驯化提供试验材料的名单，以逐步恢复业已消失(主要是由于人类破坏造成)的植物群落。

在研究牧草及草坪草生态型和引种的关系时，既要考虑各种生态因子的综合作用，也要注意各生态因子并不是具有同等的作用。在一定时间和地点，或牧草及草坪草生长发育的某一阶段，总是某一生态因子起决定性作用。因此，需要进行个别生态因子分析，找到影响牧草及草坪草适应性的主导因子。

4.2.4.2 各生态因子对引种的影响

(1)温度

温度条件对牧草及草坪草引种的影响如下：

①不同牧草及草坪草种(品种)对温度的要求是不相同。不同种或品种在各生育时期要求的最适温度也不相同。临界温度是牧草及草坪草能忍受的最高与最低温度的极限温度，超越临界温度会造成牧草及草坪草严重伤害或死亡。尤其是冬季极限低温是中国南方牧草及草坪草向北方引种成败的关键，如狗牙根(*Cynodon dactylon*)的临界低温为$-3 \sim -2$℃，在中国西北兰州地区的冬季不能安全越冬。高温是牧草及草坪草从中国北方向南方引种的主要限制因素。一般如果冷季型草坪草生长期气温高达30~35℃时，其生理过程会受到严重抑制。特别在水分供应不足的高温情况下常可造成其早衰，甚至因其表皮受热不均造成局部受伤，需

要通过灌水降温等人为措施加以调节。而高温同时多雨高湿常可造成冷季型草坪草某些病害蔓延，严重限制其北种南引。如高羊茅从中国北方引种到南方长江流域的成败关键是其对多雨高湿引起病害的抗性强弱。因此，北草南引时必须注重牧草及草坪草对某些严重病害的品种间抗性差异。

②温度因纬度、海拔、地形等条件不同而异。一般来说，在北半球的纬度越高，夏季日照时间越长，冬季温度越低，高纬度地区的温度比低纬度地区的温度低（0.5℃/度或100km/0.4℃）。此外，高海拔地区的温度比低海拔地区的温度低（0.5~0.7℃/100m）。因此，从温度上考虑，海拔每升高100 m，就相当于纬度增加1°。纬度、海拔与引种的关系如下：首先，相同纬度、海拔大致相近的地区，日照和温度等影响引种能否成功的主要因素大致相近，不同牧草及草坪草种（品种）的生育期和性状差异不大，相互引种较易成功。如中国内蒙古锡勒盟种畜场从同纬度的东北各省引入的紫花苜蓿（'公农1号'、'佳木斯'、'熊岳'等品种）其越冬率、结实性等都表现较好。也就是纬度相近的东西地区之间比经度相近的南北之间的引种有较大的成功可能性。其次，纬度相同但海拔高度不同的地区之间，由于地理环境不同，其气候和土壤等因素差异较大，相互引种时需要认真分析和比较。其一般规律表现为：从山区向平原引种，生育期缩短；而从平原向山区引种，生育期延长，甚至不能开花结籽，或者种子不能成熟。因此，相同纬度的高海拔地区与平原地区之间相互引种，不易成功。而纬度偏低的高海拔地区与纬度偏高的平原地区的相互引种，成功的可能性较大。再者，如果牧草及草坪草引种仅以提高牧草及草坪草的产量和质量为目的，而不需考虑种子产量时，则在纬度相差很大的地区之间互相引种易获得成功。另外，对温度、光照不敏感的牧草及草坪草在纬度相差较大的地区间相互引种也容易获得成功。

③一般来说，高温促牧草及草坪草生长发育，可使其提早成熟；反之，延长生育期。但是，通常牧草及草坪草生产主要目标为提高茎叶产量和质量，并不需要其开花结籽，因此，适当的低温有利于提高牧草的产量，提高草坪质量。如原产于亚热带的沟叶结缕草，引种到温带的中国天津市，其坪用性状表现优异；原产于亚热带季风性湿润气候带的杂交狗牙根品种在暖温带的中国洛阳也表现良好。牧草及草坪草引种如果仅仅根据其生长发育的极限温度进行引种比较方便，但是，许多牧草及草坪草的越冬或越夏除了与极限低温或高温有关外，还与致害低温或高温的持续时间、降温和升温的速度，以及越冬或越夏前的牧草及草坪草生长发育状况等因素相关。如晚霜是一种可对牧草及草坪草造成较为严重伤害的低温胁迫。牧草及草坪草对霜害的适应性常表现为：一是晚霜等低温胁迫持续时间短，并未伤害牧草及草坪草的生长点，仍可以再生生长；二是晚霜等低温胁迫发生时，还未进入开花期的牧草及草坪草品种可躲过晚霜的危害，对其种子产量也影响较小。

④某些牧草及草坪草需经过低温过程（春化处理）才满足其生长发育条件，否则阻碍其生长发育，不能萌发出苗或开花结籽或延迟成熟。如把没有通过正常低温过程的牧草及草坪草进行北种南引，即使在中国南方引种地具备了其营养生长所需的外界条件也不能正常萌发出苗生长，表现为发芽出苗不整齐，枝条呈莲座状，生长与开花不正常，花芽大量脱落等。

(2) 光照

光照对牧草及草坪草引种的影响因子大致包括日照长度、辐射量和光周期。光照条件对牧草及草坪草引种的影响如下：

①一般而言，光照充足，有利牧草及草坪草生长。在中国"南草北引"时，生长季内日

照加长常造成生长期延长，营养体繁茂，但减少牧草及草坪草植株体内养分积累，妨碍越冬前保护物质的形成，降低其抗寒性；"北草南引"时，由于生长季内日照缩短，加上温度较高，造成牧草及草坪草早期营养体生长繁茂，当炎热多湿气候来临时，往往表现出不适应。

②不同牧草及草坪草种或品种的发育对光照的反应不相同。有的对光照长短和强弱反应较敏感；有的则较迟钝。根据牧草及草坪草对光照要求的不同，可分为长日照和短日照牧草及草坪草两种类型。长日照牧草及草坪草需经过长日照过程才能满足发育要求和开花结籽，完成种子成熟。否则阻碍其发育，不能开花结籽或延迟成熟。如燕麦、高羊茅、紫羊茅、多年生黑麦草、白三叶等。它们一般长期在高纬度地区生存和起源，因此，大多为冷季型牧草及草坪草，其生活周期主要集中在冬至→夏至，又称为低温长日照植物。短日照牧草及草坪草需经过短日照过程才能满足发育要求和开花结籽，完成种子成熟。否则阻碍其发育，不能开花结籽或延迟成熟。例如，菊芋、盖氏须芒草($Andropogon\ gayanus$)、草地早熟禾($Poa\ pratensis$)、糖蜜草($Melinis\ minutiflora$)等。它们一般长期在低纬度地区生存和起源，因此，大多为暖季型牧草及草坪草，其生活周期主要集中在夏至→冬至，又称为高温短日照植物。总之，光周期具有极其重要的生态效应，它能刺激牧草及草坪草在不利气候来临之前开花并完成结实。长日照草牧草及坪草在进入秋季短日照情况下失去花芽分化能力，从而可度过冬季严寒的不利气候；短日牧草及照草坪草在长日照来临时失去花芽分化能力，从而可度过干旱或热带雨季。光周期还关系到牧草及草坪草营养物质的积累和转化，影响牧草及草坪草种子或根(茎)进入休眠期的早晚和是否完成越冬准备。

③日照长度因纬度和季节不同而发生变化。并且，南北各地在同一天内的日照长度差别也很大。如春分→秋分，中国北方(高纬度地区)的日照长度比南方(低纬度地区)的长。不同纬度之间引种的一般规律是：短日照牧草及草坪草从纬度低的中国南方向纬度高的北方引种，或长日照牧草及草坪草从纬度高的地区向纬度低的地区引种，一般会延长生育期，超过一定限度，就不能开花结籽，停留在营养生长阶段。相反，短日照牧草及草坪草从纬度高的中国北方地区向纬度低的南方地区引种，或长日照牧草及草坪草从纬度低的地区向纬度高的地区引种，一般会缩短生育期，提早开花结籽，但其植株、穗、粒变小，易遭受冻害。

④有些牧草及草坪草对自然条件要求并不严格。例如，聚合草、菊芋等牧草，在纬度相差很大的地区，互相引种也易获得成功。又如，苏丹草是原产非洲热带的短日照牧草，引至高纬度、日照长的中国内蒙古和新疆温暖地区，生育正常，籽实和茎叶产量都很高。该类牧草及草坪草具有广泛的适应性，可能是感光性、感温性均不敏感所致。此外，由于牧草及草坪草大多为多年生植物，功能部位一般是营养器官，因此引种时主要考虑引进品种到引种地区营养器官的表现，其引种限制也较其他农作物的少。

(3) 降水

年降水量及其降水在一年不同时段的分布对牧草及草坪草生长发育具有极大影响。中国是淡水资源较为贫乏国家，在引种时尤其应考虑引种牧草及草坪草对水的需求及其耐旱性。不同牧草及草坪草种对水分的需求不同。常见草坪草抗旱性强弱排序为：紫羊茅＞高羊茅＞草地早熟禾＞多年生黑麦草＞细弱翦股颖＞匍匐翦股颖，狗牙根＞结缕草＞巴哈雀稗＞钝叶草＞假俭草＞地毯草。其耐淹性强弱排序为：高羊茅＞紫羊茅＞细弱翦股颖＞匍匐翦股颖＞草地早熟禾＞多年生黑麦草，地毯草＞假俭草＞狗牙根＞结缕草＞钝叶草＞巴哈雀稗。所以引种时应考虑不同牧草及草坪草水分胁迫抗性的种间差异。

相同牧草及草坪草种的不同品种对水分的需求也有明显差异。如草地早熟禾种的不同品种抗旱性差异较大，草地早熟禾品种'巴润'('Baron')、'巴林'('Balin')、'爱伦'('Aaron')、'瓦巴斯'('Wabash')等具有顽强的抗旱性；而新港(Newport)的抗旱性较差，需水量较多。

此外，对于一年降水不同时段的分布要求也因牧草及草坪草种及其品种的生态型不同而异。如中国渤海湾地区气候接近于夏干气候带，因此，引种美国的草坪草种及其品种较易适应，而引种夏湿带英国西南部的草坪草种及其品种则不易适应。

(4) 土壤

土壤的持水力、通气性、盐分含量、pH 以及地下水位的高低都会影响牧草及草坪草种及其品种的分布。草业生产中可以采用适当的人为措施，合理调节改造土壤特性，以满足牧草及草坪草的需求。但是，由于草地分布面积较大，要人工改善土壤条件常有一定限度。因此，牧草及草坪草引种时必须重视土壤生态因子的影响。牧草及草坪草引种成败的主要影响因素是土壤酸碱度和盐分含量。通常年降水量在 500mm 以下的干燥地带，由于蒸发量大于降水量，使土壤盐碱不能很好地流失，逐渐蓄积，常形成碱性土的分布。如中国华北、西北地区有较多的碱土带，而华南的红壤山地则主要是酸性土；沿海涝洼地带多为含盐量高的盐碱土或盐渍土。牧草及草坪草不同种及其品种对土壤酸碱度的适应性有较大差异。一般来说，暖季型牧草及草坪草种大多适于酸性和微酸性土壤；冷季型牧草及草坪草则适于中性和微碱性土壤。常见草坪草耐盐碱性强弱排序为：匍匐翦股颖>高羊茅>多年生黑麦草>紫羊茅>草地早熟禾>细弱翦股颖，狗牙根>结缕草>钝叶草>巴哈雀稗>地毯草>假俭草。其耐酸性强弱排序为：高羊茅>紫羊茅>细弱翦股颖>匍匐翦股颖>草地早熟禾>多年生黑麦草，钝叶草>结缕草>假俭草>地毯草>巴哈雀稗>狗牙根。

4.3 引种的原则和方法

4.3.1 引种的原则

(1) 原产地与引种地生态环境应尽可能相近

由于一般纬度和海拔相近地区，其气温和日照长度等相差不大，其他生态条件也相近。所以，在引种时应尽可能选择纬度和海拔相近的地区间进行，这样才能增大引种成功的概率。

(2) 逐步迁移种植

如果原产地与引种地的生态环境有较大差异，但确有好的品种或种质需要引种时，应当遵循逐渐迁移种植的原则，也就是逐步适应。按一定距离逐步向引种地迁徙，让其不断适应当地生态环境，千万不能一步到位，以免引种失败。同时，引种还应尽量选择那些对日照、温度等主要生态因子反应迟钝的品种，才能增加引种成功概率。

(3) 满足人们需求

引种既要积极又要慎重，切忌毫无目的盲目引种。引种工作要紧密结合人们在生产和生活中迫切需要解决的问题，以及完成育种目标的特定需求，有计划、有重点地进行。如在当地缺少某个优质、专用的种质资源或品种等，就会驱使人们到外地进行引种，来实现这一需求目标。

总之,牧草及草坪草引种成功与否的判定标准较为一致:①能适应当地生态环境条件,不需采取保护措施,即能正常生长。②不降低原有的经济价值。③能够采用该品种固有的繁殖方式进行繁殖。

4.3.2 简单引种的方法

如果引种的生态类型相似,又在相同气候带内或两地气候条件相似地区间引种。或者,引入牧草及草坪草种及其品种的适应能力较强,可以通过形态生理上的变化来缓解与新环境的矛盾,从而正常地生长、发育,则可进行简单引种(直接引种),其程序与方法如下。

4.3.2.1 引种方案的制订

(1)应根据当地生产发展需要,确定引种目标

可结合当地自然、经济条件和现有牧草及草坪草草种或品种存在的问题等确定引种目标。如弄清是需要冷季型牧草及草坪草还是需要暖季型草坪草?是需要观赏草坪草还是运动草坪草品种,或是水土保持草坪草品种?是需要低水平养护的草坪草还是高水平养护的草坪草品种?

(2)根据引种目标,开展调查研究

根据引种目的确定候选的牧草及草坪草种及其品种,并对候选草种及其品种的背景材料,如选育历史、遗传特性、适应范围及需要栽培与养护管理水平等加以详细了解,以确定需要引种的品种。调查研究项目包括:①原分布区或原产地的地理位置、地形地势、气候、土壤、耕作制度、植被类型、植物区系等。②被引种地的分布情况、栽培历史、主要习性与栽培特点、经济性状与利用价值。③引种地区的自然条件、各种生态因子、栽培植物资源状况与分布。

(3)在调查研究的基础上,制订引种规划与具体实施方案

首先,应对调查资料进行比较分析,确定适宜的引种地区和牧草及草坪草种及品种。如苏加楷(1990)经过对牧草气候指标的分析研究,提出中国牧草及草坪草引种的适宜区域:①澳大利亚北部热带地区的热带牧草或草坪草种及品种可引种中国的广东、广西与海南。②新西兰、英国、丹麦、荷兰及澳大利亚南部温带地区的牧草及草坪草,如多年生黑麦草引种中国长江流域以南的亚热带高海拔山区和云贵高原地区十分适宜。③美国西北、中北部和加拿大西部干旱半干旱地区的牧草及草坪草,如扁穗冰草等可引种中国西北、华北和东北干旱、半干旱地区栽培。④俄罗斯、东欧的抗寒牧草及草坪草可引种中国华北、西北和东北地区。⑤一些适应性广的种类,如墨西哥玉米属短日照植物,在中国北京种植表现茎秆产量高,但其种子难以成熟,可用作青贮饲料。这类草种除了可在中国南方引种栽培外,也可以北种南繁。例如,串叶松香草(*Silphium perfoliatum*)原产于北美,适应性广,作为一种有价值的多年生青贮牧草,在中国的东北、西北、华北、华中及华东都可引种;苏丹草对光周期不敏感,适应性也很广泛,在中国南、北方均可成功引种。

然后,在上述调查分析的基础之上,制订引种规划与具体实施方案。引种规划应根据引种目标,提出引种试验、生产推广的规模与范围、土地、设备及各种条件、人员组织、完成年限与取得社会经济效益的预测等。并按规划要求制订分年度实施方案,包括引种的种及品种、数量、时间及引种地点,繁殖材料的收集、繁殖技术与试验内容、观察记载项目,特别要制订出引种牧草及草坪草种及其品种的生态安全试验方案,并做出详细计划。在引种方案

中还要对土地、劳力、技术措施、物资设备等进行周密安排。

4.3.2.2 引种材料的搜集

搜集引种材料时，必须掌握有关引种材料的情况，包括选育历史、生态类型、遗传特性和原产地的生态环境及生产水平等。如果需引种现有栽培品种，则引种特性接近的材料；如引种特定的遗传种质，则可不考虑生态条件的相近和气候的地区界限。通过比较分析，估计哪些材料有适应被引种地区生态环境和生产要求的可能性，最后确定搜集材料。根据需要和条件，可以到产地现场进行考察搜集，也可以向产地征集或向有关单位转引，但必须附带有关引种材料的资料。每个引种材料的种子数量以满足初步试验研究为度。

4.3.2.3 引种材料的检验与检疫

引种是传播病虫害和杂草的一个重要途径，国内外在这方面都有许多深刻的教训，如亚热带地区危害性杂草紫茎泽兰、飞机草等均是中国通过引种传入的外来入侵种。为了避免随引种传入病虫害和杂草等有害生物，从外地区，特别是从国外引种材料应该进行严格的检疫、检验和监督，对有检疫对象的材料应及时加以药剂处理或及时销毁。到原产地直接收集引种材料时，要注意就地取舍和检疫处理，使引种材料中不夹带原产地的病菌和害虫及杂草。

为了确保引种安全，对于新引种的材料除进行严格检验与检疫外，还需要通过特设的生态安全检验圃，隔离种植，鉴定新引种材料。如鉴定中发现有新的危险性病虫和杂草，或引种材料具有强的侵占或传播能力，就需要采取根除或严格隔离措施，以防止生态入侵。只有通过鉴定的引种材料才能进入引种试验。

4.3.2.4 引种试验

引种的基本理论和规律只能对引种工作起一般性指导作用，引种材料的实际利用价值还需要根据在本地区引种试验的具体表现进行评定。引种试验应以当地具有代表性的良种为对照，进行系统地比较观察鉴定。试验田地的土壤肥力需要均匀一致，耕作水平适当偏高，管理措施力求一致，使引种材料得到公平客观的评价。引种试验一般采用简单观察试验或品种比较和区域试验及栽培试验。

4.3.2.5 引种材料的选择

牧草及草坪草品种引种新地区后，由于生态条件的改变，往往会加速其变异，为了保持原品种种性，应该对引种材料进行选择，根据育种目标要求，在变异类型中按选择育种方法，选择优良单株进而育成新品种。一是去杂去劣，将杂株和不良变异的植株全部淘汰，保持引种品种的典型性和一致性。二是混合选择，将典型而优良的植株混合脱粒、繁殖、参加进一步的育种试验。三是单株选择，选出突出优良的少数植株作为育种原始材料。

4.3.3 驯化引种的方法

牧草及草坪草引种品种如果不适应新的生态环境，则必须采用特殊的栽培措施进行驯化，或者进行人工培育，进行驯化引种或过渡引种。驯化引种的方法大体可归纳如下。

4.3.3.1 依据引种牧草及草坪草的系统发育特性进行驯化引种

牧草及草坪草系统发育历史长短不一，其群体的遗传变异程度和遗传可塑性也存在差异。一般栽培种比野生种的系统发育历史短，其群体的遗传变异和可塑性较大；同是栽培种，一般古老的地方品种的遗传变异和可塑性较小，而新育成品种的较大；同是育成品种，则纯系品种的遗传变异和可塑性小于群体品种或杂交种的。遗传变异和可塑性较大的引种品种，易于在自然选择下通过选择育种方法，选育具有一定适应性的新品种。

4.3.3.2 依据引种牧草及草坪草个体发育特性进行驯化引种

一般牧草及草坪草个体发育的早期阶段即幼龄状态，具有更大的遗传可塑性，因此，引种种子或幼苗比成株易于驯化。多年生牧草及草坪草大多以无性繁殖方式繁殖种苗，所以其后代往往个体基因型杂合、群体表现型同质。而用播种方法繁殖的实生苗，不仅实生苗个体基因型杂合，而且其群体表现型也是异质，其个体往往具有较大的遗传变异潜力。因此，采用引种杂交种或群体品种的种子繁殖的实生苗群体，通过选择育种方法易于选育出有一定适应性的种质或新品种。

4.3.3.3 采用逐步迁移的方法进行驯化引种

各牧草及草坪草种(品种)均具有一定的生态环境适应范围，引种中可采用分阶段、逐步迁移到所要引种地区的方法，逐级进行驯化，使驯化牧草及草坪草对引种地新环境有一个逐步适应的过程，从而易于驯化引种成功。否则，驯化引种地区间的生态环境条件差异过大，往往可能造成引种失败。

4.3.3.4 采用适当的栽培与选择方法进行驯化引种

牧草及草坪草的驯化引种过程中，可采用一些特殊的栽培措施解决引种新品种不能适应新环境条件的问题。如在关键生育时期对引种牧草及草坪草进行保护，对北种南引的冷季型牧草及草坪草在南方夏季进行遮阳、浇水降温；通过合适的播种期、种植密度、肥水管理、光照与防寒处理、种子处理等项措施，改变牧草及草坪草的生长节奏和体态结构。从而使引种品种适应新环境，能够正常生长发育。

为了提高引种驯化的成效，还要采用适当的选择方法培育适应新环境的新品种。如选用遗传可塑性大的引种驯化材料；采用嫁接技术选育新品种；对种子繁殖实生苗采用多代选择培育适应性强的新品种等。

总之，牧草及草坪草引种必须注意如下事项：①要有明确的引种目标，要考虑牧草及草坪草引种品种的产量、品质和适应性等主要特性，是否符合当时当地的要求。②要先试后引，引种要先经过试验、试种，避免盲目大调大运。③要注意引种品种的特性及其栽培技术，实行良种良法配套推广。④要注意引种与选择育种及良种繁育工作相结合，做好引种材料的选种及良种繁育。⑤要严格遵守引种材料的检验与检疫制度等。

思考题

1. 简述引种与驯化的概念及其相互关系。
2. 论述引种的意义与重要性。
3. 简答引种的遗传学原理。
4. 简述引种的气候相似论的基本论点与育种意义及不足之处。
5. 根据引种驯化的生态学原理，简述低温长日照和高温短日照牧草及草坪草的引种规律。
6. 简述简单引种与驯化引种的方法。
7. 论述野生牧草及草坪草驯化的注意事项。

第 5 章 选择育种

选择育种是最基础的育种手段，它既可作为独立的育种途径创造新品种，同时也是其他育种手段的基础。各种育种途径都必须通过相应的选择方法才能选育出优良的新品种，因此，选择育种在选育优良品种与改良现有品种中具有重要意义。

5.1 选择育种的作用及其原理

5.1.1 选择育种的概述及其作用

5.1.1.1 选择育种的概念

选择育种(breeding by selection)是指直接从现有品种群体中选择出现的自然变异进行性状鉴定，并通过品系比较试验、区域试验和生产试验培育植物新品种的育种途径。选择育种主要是通过优良变异个体(单株、单穗、单铃、单茎、单枝等)选择及其后代试验，选优去劣，育成新品种。这样的品种是由自然变异的一个个体发展成为一个系统而来的，又称系统育种(pedigree breeding)。而对于典型自花授粉植物的选择育种则可称为纯系育种(pure line breeding)。

5.1.1.2 选择育种的发展历史

(1) 国内外选择育种的早期理论研究与应用概况

选择育种作为一种基本育种方法，其理论研究与实际应用具有极其悠久的历史。中国汉朝著名农学家氾胜之编著《氾胜之书》(公元前 1 世纪)记载，"取麦种，候熟可获，择穗大强者……取禾种，择高大者……"。中国后魏杰出农学家贾思勰所著《齐民要术》(公元 533—544 年)不仅总结归纳了现代已经失传的《氾胜之书》的农业技术，还有记载，"粟、黍……常岁岁别收，选好穗纯色者……"。这些中国古代农书均有选择育种思想的记述。英国育种家 P. Shirref(1819)采用选择育种方法改良小麦和燕麦品种。法国的 L. de. Vilmorin (1856) 提出对所选植物单株进行后裔鉴定原则。19 世纪末澳大利亚的 W. Farrer、加拿大 W. Saunders 和瑞典的 N. H. Nilsson 对选择育种的理论研究与应用均作出了贡献。20 世纪初，丹麦植物学家约翰逊(W. L. Johannsen)发表了选择育种的理论"纯系学说"。

(2) 国内外牧草及草坪草的选择育种概况

选择育种目前仍然是牧草及草坪草育种的重要途径。国内外牧草及草坪草育种工作者采用选择育种方法选育了许多新品种。如日本爱知县农业综合试验场作物研究所是日本农林水产省的牧草指定试验地，从 1965 年开始利用 5 个苜蓿品种：法国高产品种 Du Puits、美国持续性好的品种'Williamsburg'、暖地型品种'Moapa'、遗传组成广泛的品种'Flamande'和'Common'为基础材料，经过4个世代的集团选择，于1973年育成了在日本温暖地区季节性生产性能好、再生力强、耐刈割的紫花苜蓿新品种'夏若叶'（Natsuwakaba），它也是日本育成的第一个紫花苜蓿新品种。日本以四倍体多花黑麦草品种 Grent 为材料，通过选择育种，育成了高产多年生黑麦草新品种'二春'（futaharu）。'Taranna''Bunderra'则是澳大利亚首批采用选择育种利用自然变异选育的须芒草品种。'Arlington'、'Cohansey'、'Congressional'等匍匐翦股颖品种则都是美国育种家在栽培草坪上通过选择育种选育的品种。

中国牧草及草坪草育种首先利用选择育种法获得成功。如1950—1955年吉林省农业科学院选育的中国最早的苜蓿品种'公农1号'与'公农2号'就是采用选择育种方法育成。'公农1号'是由从美国引进的'格林（Grimn）'杂花苜蓿品种原始群体中采用选择育种选育而成；'公农2号'是由从美国和加拿大引进的加拿大普通苜蓿、蒙大拿、特普28号、格林和格林19号等5个杂花苜蓿品种群体经混合选择育种而来。此后，'公农3号'根蘖型苜蓿，'新牧1号'苜蓿、'新牧2号'苜蓿和'新牧3号'苜蓿、'草原3号'苜蓿、'中苜2号'与'中苜4号'紫花苜蓿与'甘农2号'苜蓿等品种及直立型扁蓿豆（*Melilotoides ruthenicus* cv. Zhilixing）都是采用选择育种方法选育而成。如内蒙古农业大学乌云飞等从加拿大引进的红豆草品种"麦罗斯"，采用选择育种法经过多年多次越冬自然淘汰混合选择，育成抗寒红豆草品种"蒙农红豆草"。又如，新疆农业大学阿不来提等在对新疆狗牙根资源调查、驯化、筛选、培育的基础上，采用选择育种经多年多次混合选择，选育出草坪—放牧型牧草兼用狗牙根品种'新农1号'、'新农2号'、'新农3号'，分别于2001年、2005年、2010年通过全国品种审定。

此外，中国对牧草及草坪草的地方品种与野生栽培品种通过选择育种，也相继育成了许多牧草及草坪草新品种。至2017年已通过全国草品种审定登记的牧草及草坪草品种533个，其中，地方品种58个，野生栽培品种116个，分别占通过审定登记总品种数的10.9%与21.8%。

5.1.1.3 选择育种的作用

（1）选择育种可作为独立的育种途径创造新品种

选择育种的实质是实现优中选优和连续选优，不断改良作物品种。它是自花授粉植物、常异花授粉植物和无性繁殖植物常用的育种方法。它方法简单、快速和有效。

（2）任何一种育种方法都必须通过相应的选择方法，才能选育出优良的作物新品种

牧草及草坪草育种无论是利用自然变异的选择育种，还是采用杂交、诱变等创造人工变异的各种育种方法，都需要通过不断地选择，去伪存真，去劣保优，才能选育符合人类育种目标的新品种。因此，选择育种是整个育种过程中不可缺少的环节，在创造新品种和改良现有品种中均具有极为重要的意义。

5.1.2　选择育种的原理及其特点

5.1.2.1　选择的类别及与进化的关系

（1）选择的类别

选择可分为自然选择（natural selection）与人工选择（artificial selection）2种类型。

①自然选择　自然选择是指在自然环境条件下，植物群体内能够适应自然界环境变化的

变异个体，得以生存并繁衍下去；不适应于自然界的个体，则死亡而被淘汰的过程。自然选择条件下的生物变异主要方向如下：a. 趋同：不同物种和品种在相同条件下向着同一方向发生变异和发展累积变异。如在某种病害作用下，只有抗病的个体生存，最终形成能抗同一种病的类型与群体。b. 趋异：同一物种或品种的生物，在不同的环境条件下向不同的方向发展，以致最终形成性状上完全不同的类型。如苜蓿在不同条件下发展为秋眠性不同的苜蓿类型。c. 平行：不同物种和品种的生物在不同的环境条件下又向着不同的方向发展，以致最终形成性状分歧(character divergence)，彼此间产生了变异，然后在相同的生境下又向着同一方向发展而形成平行发展关系，即先趋异后趋同的变异发展过程。如黑麦草等在不同选择压力下趋异而形成牧草型和草坪型两种类型，它们又在寒冷条件下共同向着耐寒的方向发展。

②人工选择　人工选择是指在人为作用下，选择具有符合人类需要的有利性状或变异类型；淘汰那些不利变异类型的过程。人工选择又可分为无意识选择和有意识选择两类。无意识选择是指人类无预定目标地保存植物优良个体，淘汰没有价值个体，在该过程中完全没有考虑到改良品种遗传性问题。如古代人把大穗多荚(粒)的禾本科或豆科牧草留种。有意识选择是指根据遗传原理，有计划、有明确育种目标、应用完善鉴定方法的选择。现代牧草及草坪草育种选择技术均属于有意识选择。

(2) 选择与进化的关系

遗传、变异、选择是生物进化的 3 个基本要素。首先，各种生物性状的遗传形成了形形色色的生物类型。现在地球上包括牧草及草坪草在内各种作物都是由过去的野生类型通过人类栽培驯化而成。其次，变异则是生物进化的基础。现有各种作物类型及其品种都是在不断变异的基础上通过自然选择与人工选择培育而成。再者，选择的基础是遗传的变异。选择能育成作物新类型和新品种，其根本原因在于，无论何种植物类型及其品种，在自然条件下总会不断产生变异，而且，有些对人类有利的变异又能遗传。通过选择可以把这种遗传的变异保存和巩固下来成为新的作物类型及品种。因此，现有作物类型及品种都是通过长期自然与人工选择而进化的结果，选择也是生物进化的原动力和结果。

5.1.2.2 选择育种的原理

(1) 纯系学说(pure line theory)

丹麦植物学家约翰逊根据自花授粉作物菜豆品种'公主'籽粒粒重连续 6 个世代的选择试验结果，于 1903 年首次提出了选择育种的理论——纯系学说，其主要论点如下：①自花授粉植物的原始品种群体内，个体选择是有效的。约翰逊认为，在自花授粉植物原始品种群体中，通过单株选择，可以分离出一些不同的纯系。纯系是指从一个基因型纯合个体自交产生的后代，其后代群体的基因型也是纯一的。植物原始品种为各个纯系混合群体，通过个体选择从中分离出各种纯系，这样的选择是有效的。选择育种的最大效能在于分离纯系，但分离最优基因型对品种的改良是有限的。②同一纯系内不同个体的基因型是相同的，继续选择无效。约翰逊认为，因为同一纯系各个体的基因型是相同的，同一纯系内受环境因素影响的性状变异，不影响生殖细胞，是不能遗传的。

纯系学说不仅是自花授粉与常异花授粉作物纯系育种的理论基础。并且，它对于异花授粉作物的自交系选育及多个品种混合群体的混合选择育种法同样具有指导作用。因此，纯系学说至今仍是指导选择育种的基础理论。但是，纯系学说也存在其不足。这是因为作物品种的纯度是相对的,不是绝对的。不仅在异花授粉植物中,不能获得纯系;就是在自花授粉的植物品种中,它们的纯度也是相对的。其选择育种过程中,人们观察到的性状一致的表现型,其基因型也并不一定都为同质结合,其有些微效基因所产生的效应可能极小,很难为人们从表现型察觉,往往错误地认为其为同质结合,其实仍存在微小的分离现象。

(2) 选择的基础是遗传的变异

选择及其选择育种的基础是遗传的变异。这是因为只有作物产生了自然变异,才有可能通过选择将其遗传下去,固定成为作物新品种。而作物品种产生自然变异的原因如下:①自然界不存在绝对自花传粉植物,自然异交可引起基因重组。自花授粉植物有1%~4%天然异交率,常异花和异花授粉作物的异交率更高。自然异交可引起基因重组,从而出现新的遗传变异。②基因突变是作物品种发生变异的一个重要原因。植物品种在种植过程中,因为环境条件的作用,在某些基因位点上可发生频率很低和有价值的突变或芽变。③新育成或引进品种群体本身存在剩余变异。新育成的品种有的性状并未达到真正的纯合,推广后仍然出现分离现象,也可能因为环境变化等原因也可能引起新的变异。而引进的新品种,时常由于环境条件的变化可产生可遗传的变异。总之,植物品种的自然变异长期存在,其中有价值的遗传变异就是选择育种的基础材料,就有可能选择作物新类型及新品种。

5.1.2.3 选择育种的特点

(1) 优点

①优中选优,简便有效 选择育种一般利用生产上正在应用推广的品种群体,立足于选择自然变异材料,省去了人工创造变异的环节,所选择的优系一般只是比原始品种群体在个别性状上有所改进和提高,其他综合整体性状常保持原品种优点。因此,选择育种的试验鉴定年限可以缩短,而且育成的品种容易为原品种应用地区及农牧民所熟悉和接受,推广利用快。此外,选择育种比其他育种方法工作环节少,过程简单,不需复杂仪器设施,易于开展群众性育种工作。中国许多推广应用的牧草及草坪草品种均是采用选择育种方法育成。

②连续选优,纯合快速 一个优良的品种在长期推广种植过程中,可产生新的自然变异,通过选择育种育成新品种;新品种在继续推广过程中又可继续产生新的有利变异,从而又可为进一步的选择育种提供新的选种材料,从而可实现连续选优,不断改良品种综合特性。如'公农1号'是吉林省农业科学院畜牧研究所1955年从美国引进的'格林'杂花苜蓿品种原始群体中采用选择育种方法育成的紫花苜蓿优良品种,至今仍然在生产上推广应用。而'公农3号'根蘖型苜蓿则是吉林省农业科学院畜牧分院于1999年通过全国草品种审定登记的紫花苜蓿优良品种。该'公农3号'则是从'公农1号'、艾尔古奎恩、海恩里奇思、兰吉兰德、斯普里德等5个苜蓿品种混合群体中,通过混合选择育种法育成的。此外,选择育种利用的自然变异大多为个别基因位点突变,变异个体同质纯合速度快,可加快选择育种的育种进程。

(2) 不足

①不能有目的创造新的基因型,具有局限性 选择育种利用自然变异,而自然变异是随机的。因此,选择育种不能事先根据育种目标,通过选配亲本组合及诱变方式方法,做到有针对性地改良农作物品种。

②有利变异的频率低,选择率不高 一般认为植物的自然突变率约为 $10^{-8} \sim 10^{-5}$。而且,

植物的大多数自然突变对人类或植物并不是有益突变。因此，利用自然突变的选择育种的选择效率较低。

③育成品种的综合经济性状难有较大的突破　同理，由于选择育种利用的自然突变大多为基因点突变，因而通过选择育种方法育成的品种综合性状也就不可能得到较大的突破。

5.2　选择和选择育种的方法及程序

5.2.1　单株选择(育种)法

5.2.1.1　单株选择(育种)法的概念

单株选择(individual selection)法是将当选的优良个体分别脱粒、保存，翌年分别各种一区(行)，根据小区植株的表现来鉴定上年当选个体的优劣，并据此将不良个体的后裔全部清除淘汰。又称个体选择(individual selection)法。而采用单株选择的选择育种方法则称为单株选择育种法。单株选择(育种)法适用于自花授粉与常异花授粉牧草及草坪草。

5.2.1.2　单株选择育种法程序

单株选择育种法又称纯系育种法或系统育种法，其育种程序分为选单株、株系比较试验、品比试验、区域试验和品种审定推广等5个程序(图5-1)。

```
第1代      选单株(从原始群体选择优良遗传变异个体)
              ↓
第2代      株系比较试验(种植选择株行与原品种比较选优)
              ↓
第3、4代   品比试验(当选品系进行鉴定与比较试验，设对照与重复试验，选优系)
              ↓
第5、6代   区域试验(选择优良品系参加区域试验，同时进行生产试验与种子繁殖)
              ↓
第7代      品种审定推广(品种通过审定委员会审定登记后，推广应用)
```

图5-1　单株选择育种法的程序示意

5.2.1.3　单株选择(育种)法的分类与特点

单株选择(育种)法可分为一次单株选择(育种)法与多次单株选择(育种)法。一次单株选择(育种)法指只进行一次单株选择的选择(育种)方法；多次单株选择(育种)法指进行多次单株选择的选择(育种)方法。

单株选择(育种)法的优点如下：①可根据当选植株后代表现对当选植株进行遗传性优劣鉴定，消除环境影响，选择效率较高；②由于株系间设有隔离或分株系种植，可加速其性状的纯合与稳定，增强株系后代群体的一致性；③经过多次单株选择可定向累积变异，因此有可能选出超过原始群体内最优良单株的新品种。

单株选择(育种)法的缺点如下：①技术比较复杂，花费的人力物力多，需专设试验圃地，占地面积大，新品种的选育所需年限较长。对异花授粉植物需进行隔离，成本较高；②对异花授粉植物多代近亲交配易引起后代生活力衰退；③单株选择一次所选留种子数量有限，难以迅速应用于生产。

5.2.2 混合选择(育种)法

5.2.2.1 混合选择(育种)法的概念与分类

混合选择(mass selection)法也称为表(现)型(混合)选择法(phentypic bulk selection),它是指按照育种目标,选择具有所希望特性的相当数量的单株(穗),混合留种,将种子混合形成下一代播种在混选区内,并以原品种或标准品种作对照,与标准品种(或当地优良品种)和原始群体的小区相邻种植,进行比较鉴定的方法。而采用混合选择的选择育种方法则称为混合选择育种法。混合选择(育种)法根据被选择材料的遗传稳定性需求可分为一次混合选择(育种)法与多次混合选择(育种)法。一次混合选择(育种)法是指只进行一次混合选择的选择(育种)方法;多次混合选择(育种)法是指进行多次混合选择的选择(育种)方法。

5.2.2.2 混合选择育种法的程序与特点

(1)混合选择育种法程序

一次混合选择育种法的程序与多次混合选择育种法的程序分别为图 5-2 与图 5-3 所示,混合选择育种法的程序除从原始群体选优良单株不像单株选择育种法那样分别按株系单独种植与原品种进行鉴定比较,而是混合采种、种植并与原品种比较,其他育种程序均单株选择育种法大体相同。一般自花授粉作物进行一次选择即可。异花授粉作物通常要多次混合选择,直至混合选择品系群体农艺性状一致才能提供参加品比和区域试验。

第1代 选单株(从原始群体选优良遗传变异个体)
↓
混合采种(将第1次选择优良个体混合收获种子)
第2代 比较鉴定(种植混合采种选择品系与原品种比较选优)
↓
第3~7代 品比试验、区域试验、品种审定推广

图 5-2 一次混合选择育种法的程序示意

第1代 选单株(从原始群体选优良遗传变异个体)
↓
混合采种
第2代 比较鉴定与第2次选择(种植混合采种选择品系与原品种比较,并进行第2次选择优良遗传变异个体)
↓
混合采种(将第2次选择优良个体混合收获种子)
第3代 比较鉴定与多次选择(种植第2次混合采种选择品系与原品种比较,并继续选择,直到符合要求为止)
↓
混合采种(将第1代选择优良个体混合收获种子)
↓
……
↓
第4~n代 代品比试验、区域试验、品种审定推广

图 5-3 多次混合选择育种法的程序示意

(2)混合选择育种法特点

混合选择育种法特别适用于异花授粉牧草及草坪草品种群体的选择育种。既可提高和纯化地方品种和野生栽培品种，取代原始品种；还可利用不同常异花和异花授粉牧草及草坪草品种混合群体产生新的自然优良变异，育成新品种。这是因为混合选择获得的群体是由经过选择的优良遗传变异个体组成的，其性状和纯度比原始品种优良。同时由于群体内的植株间还存在一定的遗传性的差异，能保持较高的生活力，避免近亲繁殖引起生活力衰退。如中国通过全国草品种审定的许多苜蓿品种都是采用混合选择育种法育成，除上述的'公农2号'、'公农3号'外，还有由中国农业科学院北京畜牧兽医研究所杨青川等选育的紫花苜蓿品种'中苜4号'是从'中苜2号'、'爱菲尼特(Affinity)'、'沙宝瑞(Sabri)'等3个紫花苜蓿品种原始混合群体中选择多个优良单株，经混合选择育种法选育而成，于2011年通过全国草品种审定登记。

混合选择育种法与单株选择育种法比较，具有如下优点：简单易行，不需要很多耕地、人力及物力就能迅速从混杂群体中分离出优良类型，便于普遍采用；一次就可以选出大量植株，获得大量种子，因此能迅速应用于生产；保持群体异质性，异花授粉植物可以任其自由授粉，不会因近亲繁殖而产生生活力衰退，且选择目标性状的平均数提高，较为整齐一致。但是，混合选择育种法也存在如下缺点：由于所选各单株种子混合在一起，不能进行后代鉴定，选择效果不如单株选择法。

5.2.3 衍生其他选择(育种)法

由于单株选择(育种)法和混合选择(育种)法各有优缺点，在育种实际中为了取长补短而衍生出多种不同的选择(育种)法。

5.2.3.1 集团选择(育种)法

集团选择(group selection)(育种)法，也称集团混合选择(育种)法，它是指将一个原始群体，根据不同的特征特性，如早熟类、晚熟类、有芒类、无芒类等，分别选择属于各种类型的单株，最后将同一类型的植株归并一起混合脱粒，组成几个集团进行各集团之间及与原始品种之间的鉴定和比较，从而选择其中最优良的集团，提供参加区试和审定登记并进行繁殖推广应用。集团选择(育种)法纯合的速度比混合选择(育种)法快，但比单株选择(育种)法慢。此法在原始群体明显存在几种变异类型时采用，可同时选育几个不同类型的优良品种；如应用于异花授粉植物，其选择的不同集团进行比较鉴定时应予以隔离。

5.2.3.2 改良混合选择(育种)法

改良混合选择(modified mass selection)法是指先进行一次单株选择，再进行一次或多次混合选择；或者先采用多次混合选择，再进行单株选择；或者交互采用单株选择和混合选择的选择方法。而采用改良混合选择的选择育种方法则称为改良混合选择育种法。它一定程度上既克服了混合选择育种法不能根据单株性状遗传表现进行选择的缺点，又避免了单株选择育种法有可能使异花授粉植物遗传基础贫乏而降低其生活力和适应性的缺点。

5.2.4 选择育种的基本原则

5.2.4.1 优中选优

选择育种是育种工作的最基本方法之一，它的实质和育种过程是优中选优。优中选优即作为选择育种的原始群体必须是当前生产上推广应用的优良品种或具有应用潜力的类型及品种，而且需要采用最优异的种植栽培环境条件，能够使优良品种的优良得到充分表现。只这样通过选择育种才有可能达到"水涨船高"的效果，才可能使选育的品种能够在生产上应用推广。如果作为选择育种的原始群体不是优良品种或者不具备推广应用价值或者栽培条件较差，即使通过选择育种选育了比原始品种表现优异的新品种，也不可能被推广应用。如：'Penncross'是由美国宾夕法尼亚州州立大学1954年育成的匍匐翦股颖的综合品种，至今仍是全世界高尔夫球场果岭区应用的主要品种，它的种子来自3个翦股颖无性系间的可能杂交组合的混合物，播种后可产生一个变异的种群。同时，加上高尔夫球场果岭区的优良草坪管理措施可使它们的优势得以充分发挥，因而将会形成许多优良的变异株。不仅国外从'Penncross'草坪中选育了许多匍匐翦股颖优良品种。中国仲凯农业工程学院陈平从中山温泉高尔夫球场果岭的'Penncross'草坪中采用选择育种方法选育了'粤选1号'匍匐翦股颖（*Agrostis stolonifera* cv. Yuexuan No.1），于2004年通过全国牧草品种审定委员会审定登记为育成品种。

5.2.4.2 选择遗传的变异

选择育种一般是依据田间表型自然变异进行育种，因此，能否正确鉴定识别是否可遗传的变异是决定选择育种成败的关键。由于不同的田间地力条件可能引起相同品种农艺性状的变化，因此，除要求选择育种原始材料栽培种植条件均匀一致外，还要求采用正确的农艺性状鉴定评价方法；进行田间选择时还要避免植株"边际效应"的影响；采用田间选择与室内分析鉴定相结合选择方法：田间初次选择标记、多次选择后再室内鉴定决选；如抗病虫与抗逆选择育种，还要采用适当病虫与逆境胁迫条件，做到既能使原始群体病虫与逆境抗性优异植株能够充分表现，又要避免原始群体植株都表现为优异或全体致死，造成无法选择育种。

5.2.4.3 在关键时期进行选择

选择育种原则应在整个植株生育期进行，多年生牧草及草坪草还需要进行多年连续选择，根据其多年表现进行综合评价决选。还要特别注意在牧草及草坪草生育性状表现的关键时期进行选择，如牧草的出苗期、抽穗（薹）期与成熟期；草坪草的出苗期、成坪期与枯黄期；牧草及草坪草病虫与逆境危害发生时期等均是选择育种应注意的关键选择时期，务必不能错过这些关键时期的选择。

5.2.4.4 根据综合性状有重点地进行选择

衡量牧草及草坪草品种的优劣主要依据其综合表现，而且，牧草及草坪草各农艺性状之间常因为连锁遗传原因呈负相关关系。因此，必须根据不同时期与植物类型及地域育种目标，有的放矢，既要顾全高产、优质、多抗的基本育种目标，又要抓住当前主要矛盾，各个突破。

5.2.4.5 在均匀一致的生长条件下进行选择

只有在均匀一致的植物生长环境条件下进行选择育种，才可能避免栽培环境条件的干扰，选择可遗传的自然变异。因此，选择育种除要求栽培种植条件优异，能够使原始品种特征特性能够充分表现外，还务必保证原始群体栽培种植环境条件完全一致。

5.2.5 提高选择育种效率的措施

5.2.5.1 提高选择育种效果的措施

(1) 确定选择对象

选择育种可选择大面积推广或即将推广的品种或异花授粉牧草及草坪草多个优良品种混合种植原始群体，即综合性状好，产量高，品质好，适应性强，易选出更好的品种作为选择单株的对象；还可选择从外国或外地引进的品种（因其改变生态条件易产生新的变异类型）作为选择单株的对象。同时，选择育种不仅要求原始品种的生长条件均匀一致，还要求具备使原始品种优良种性得以充分表现的优良生长条件。

(2) 明确选择目标

选择育种首先应明确选择目标，即要明确是选择育种材料、选育新品种还是进行良种提纯复壮。如果是选择育种材料，则选择育种的中选植株根据其育种目标，可能只需具有某一种优良性状即可入选；如果选择新品种，则要根据育种目标，在保持原品种综合性状优良的基础上着重克服其个别突出的缺点；如果进行良种提纯复壮，则要选择具有该品种典型性状的优株，选株的结果基本是原品种的再现，而不是培育新品种。其次，要确定具体的目标性状。选择目标性状是否具体可行影响选择育种的进程及效果。因此，牧草及草坪草选择育种的选择目标性状指标必须具体可行，既要防止不切实际追求高大尚，面面俱到；又要避免选择目标性状指标要求过低，不能满足生产需求。总之，农业生产要求选择育种选育的品种具备优良的综合性状，如仅仅只是其某个单一性状突出，而其他性状并不理想，就很难成为生产上的推广应用品种。因此，应根据综合性状有重点进行选择。如为了选育抗某种病虫害或其他非生物逆境的品种，或者为了选育抗倒或提早生育期的牧草品种，或者为了选育长绿期的草坪草品种，都应当以优质丰产稳产性状为中心的全部综合性状优良为出发点的基础上进行选择。

(3) 合理掌握选株数量与时期

选择育种一般供选群体越大，选株数量越多，则成功率也可能越高。但是，选择育种的选株具体数量应根据牧草及草坪草类型及特性、育种规模和育种者经验确定，一般选择育种选株数量最少数十株，多至数千株。如果为低矮的草坪草，则选株数量可少些；如为中高的牧草，侧选株数量可多些。如对选择原始品种习性非常熟悉，育种者经验丰富，可适当减少选株数量。如育种规模及人力物力条件较好，选择育种选择目标性状变异不十分明显，则可适当增加选株数量。

为了提高选择的准确性，要在全生育过程中多看精选，分期观察，多次选择。还要在选择目标性状表露时期多看精选，成熟前对入选株、系统综合评价，进行田间的最后决选。还要根据选择目标性状遗传特性注意选择适当时期，如选择目标性状为显性性状，则可在每个世代进行选择；如是隐性性状，则必须在基因型纯合世代进行选择。

(4) 灵活运用选择方法及次数

选择育种应根据选择对象、选择目标性状及各种选择方法的特点，灵活运用各种选择方法。此外，选择育种的选择方法应采用直接选择与间接选择方法相结合；形态选择与分子标记等现代育种技术相结合；质量性状和数量性状的选择应区别对待，先根据质量性状株选，入选植株中再根据数量性状株选。目标质量性状采取"一票否决制"原则，淘汰不满足要求植株；数量性状选择采用综合评价选择法，可根据情况采用加权评分法或多次综合评比法。如可先根据病虫抗性、叶色、茸毛有无等一般通常的质量性状进行选择，淘汰不具育种目标性状的植株，再根据产量、品质、株型、生育期等一般通常的数量性状进行选择。而选择次数的多少则应考虑选择对象的遗传变异基础。如是自花授粉或常异花授粉牧草及草坪草的选择育种，由于其原始品种基因型已经得以纯合，因此，进行1~2代选择即可稳定。而对异花授粉牧草及草坪草的选择育种，则需多次选择。如是多年生牧草及草坪草的选择育种，还要进行多个世代选择。

5.2.5.2 加快育种进程的措施

按照选择育种程序，从原始材料搜集开始，直至新品种育成并应用于生产，通常需要6~8代之久，如是多年生及异花授粉牧草及草坪草，则需要的时间更长。选择育种与其他育种方法缩短育种周期的一般措施如下：

(1) 加速世代繁育进程

加速世代繁育方法：

①异地加代　利用异地自然条件加代。如北种南繁，冬季利用海南岛热带气候特点实现异地加繁；冬种夏繁，冷季(秋冬季种植)牧草及草坪草于春夏季在高海拔云南、宁夏、青海等地或南种北育实现异地加代。

②异季加代　利用当地自然温光条件实现异季就地加代。春夏种植早季牧草及草坪草收获后马上晚季种植加代(称倒种春)或者对短日牧草及草坪草进行短日照处理，促使其早季抽穗结实加代；或者还可利用牧草及草坪草的刈割再生特性进行再生加代。

③温室加代　利用温室或人工气候室(箱)当地进行一年多季加代。

加速世代繁育主要技术如下：

①种子处理　如依据不同植物种及品种，用25%的双氧水(H_2O_2)浸种5~15 min或其他打破种子休眠的方法，可打破种子休眠，提早播种成苗和世代繁育。

②春化处理与光照处理　春化处理用于需通过春化过程才能萌发植物种及品种提早抽穗结实。光照处理用于需通过短日照或长日照过程才能萌发植物种及品种，进行短光照或长光照处理后提早抽穗结实和世代繁育。

③灵活运用各种选择方法　因为不同选择方法具有不同特点。因此，应根据牧草及草坪草繁殖特性，供选群体的表现及育种目标，灵活选用各种选择方法。如异花授粉牧草及草坪草常采用混合选择法，有时为了加快育种进程，也可采用改良混合选择法。而自花或常异花授粉牧草及草坪草常采用单株选择，在经过1~2代单株选择的如果发现一些性状相似的植株，则可根据性状不同分成几个集团，而改用集团选择法，以加快育种进程。又如，为了解决当前生产上急需用种问题，一方面可对现在生产上推广应用的牧草及草坪草品种采用混合选择法，快速提供其综合性状有所改进的品种，暂时缓解生产急需用种矛盾；同时，则可采用单株选择，对现在生产上推广应用的牧草及草坪草品种纯度和综合农艺性状作进一步改良，从而进一步满足生产的长远需求。

(2) 加速试验进程

①早代测定(产)　就是在育种选择群体早期世代及早测定生育期、品质、抗性等主要农艺性状及产量，设置各性状鉴定试验，对选择材料性状进行鉴定，估测其遗传潜力，以便淘汰不值得继续进行选择和繁殖的材料，对育种选择群体各株系采用一边选株，一边鉴定

测产。

②越级提升 越级提升是指对育种选择群体中选择的突出优异株(品)系采用越级提升试验,以便加速育种进程。如对选择群体特优株系,不经鉴定圃试验而直接升入品比试验;对选择群体特优株系,尽早提供进行区域多点试验,提早进行生产栽培试验。

(3)加速繁殖种子

为了加快优良新品种推广应用的速度,必须及时提供大量优良新品种的优质种子(苗),才能充分发挥优良新品种的作用和延长优良新品种的利用年限。有关加速繁殖种子(苗)的方法可参见本书第 16 章"16.2.3.4 加速繁殖"相关内容。

5.3 育种鉴定方法

5.3.1 鉴定的作用与鉴定方法的类型

5.3.1.1 鉴定的作用

(1)客观和准确评定育种材料

育种鉴定的重要作用是客观、准确评定育种材料在一定条件下所表现的特征和特性。而鉴定的准确性往往与鉴定方法和手段密切相关,鉴定的方法越是快速简便和精确可靠,选择的效果就越高。而且,随着科技的不断发展进步,鉴定手段也从最基本的感官目测鉴定发展到现代应用各种先进仪器设备,使育种效率逐步提高。

(2)提供有效选择的依据

育种材料性状的鉴定是性状选择的依据,而选择的效率主要取决于鉴定的手段及其准确性。只有运用正确鉴定方法,对育种材料作出客观的科学评价,才能准确做到择优淘劣,从而提高育种效果和加速育种进程。

(3)保证和提高育种工作质量和效率

育种成效与对育种材料性状鉴定的准确性有直接关系。如果育种鉴定工作准确快捷,则育种工作就可事半功倍,既可保证育种工作质量,又可提高育种效率。因此,育种工作常采用如下提高性状鉴定准确性的措施:土壤肥力和栽培条件一致;试验区划设计合理,取样准确;试验圃设置对照品种和重复等。

5.3.1.2 鉴定方法的类型

(1)按所根据的性状本身表现可分为直接鉴定和间接鉴定

根据目标性状的直接表现进行鉴定的为直接鉴定。一般植物形态特征特性均可采用直接鉴定方法。如对牧草的生长特性及草坪草的观赏性进行鉴定等。直接鉴定结果最可靠。根据与目标性状有高度相关的性状的表现来评定目标性状的优劣为间接鉴定。对一些生理生化性状、抗逆性或品质性状,往往难以进行直接鉴定或比较费事,可根据性状相关变异的原理,对这些性状进行间接鉴定。如可根据牧草及草坪草叶片蜡质层的有无和厚薄、气孔的数目及大小、茸毛的有无及多少等鉴定其品种的抗旱性。

应用鉴定不同方法注意事项如下:一是间接鉴定选用的性状必须与鉴定目标性状有密切而稳定的相关关系或有因果关系,而且其鉴定方法必须取样微量,技术简便、快速、准确,适于大量育种材料早期进行选择鉴定。二是直接鉴定的结果可靠高,育种后期工作不可代替。

（2）按鉴定的条件可分为自然鉴定和诱发鉴定

自然鉴定是指田间自然条件下对目标性状能充分表达的鉴定。自然条件最能反映供试牧草及草坪草的生产特征特性，因而对生育期、分蘖习性、株型等绝大多数农艺性状的鉴定均采用自然鉴定，对病虫害等抗性鉴定也可选择病虫及其他逆境灾区进行自然鉴定。诱发鉴定是指人工创造诱发条件的性状鉴定。如在人工造成的干旱或低温条件下进行抗旱性或抗寒性等抗性鉴定；在人工接种或饲放害虫条件下进行抗病性或抗虫性等生物胁迫逆境抗性鉴定。应用诱发鉴定方法应注意诱发鉴定时要创造均匀一致的诱发条件和适度的危害程度，否则难以达到预期的鉴定结果。

（3）根据鉴定的场地可分为田间鉴定和实验室鉴定、当地鉴定和异地鉴定

田间鉴定是指将试验材料种于大田进行性状的鉴定。如田间对苜蓿的蚜虫抗性进行鉴定。有些鉴定目标性状因受自然条件变化影响较大，鉴定结果很不稳定，需要在人工控制条件下进行实验室鉴定。此外，一些生理生化特性和品质性状无法用感官进行田间鉴定，必须借助仪器设备进行实验室鉴定。实验室鉴定是指利用一定的仪器设备，在实验室条件下进行的性状鉴定。如对牧草蛋白质和纤维含量的分析，对牧草及草坪草育种材料收获后的室内考种等都是实验室鉴定。

当地鉴定是指育种材料在当地条件下鉴定；异地鉴定则是指将试验材料送到其他适宜鉴定地区种植的鉴定。如抗病虫育种中，可将育种材料送到病虫害经常稳定发生的地区进行异地鉴定；对温光反应为主的适应性鉴定，可在不同海拔或不同纬度地区下进行生态试验，是异地鉴定的一种有效方式。

5.3.2　鉴定的一般原则

（1）由多到少、由繁到简、由粗到精

牧草及草坪草的整个育种过程中自始至终均贯穿鉴定工作，鉴定项目的多寡和精确度因鉴定对象工作和工作要求而异。因此，选择性状鉴定方法总的要求是在能满足工作要求的前提下，鉴定方法应力求简便、快速、精确。而选择性状鉴定方法的原则概括为"由多到少、由繁到简、由粗到精"。

（2）育种工作初期，鉴定方法要求简易有效；后期应选择全面精确鉴定方法

牧草及草坪草育种材料经常数量很多，要求育种者掌握以简驭繁的原则减轻工作量。在育种工作初期，鉴定方法要求简易有效，宜采用目测法、计数法、测量法等鉴定方法，对育种材料迅速做出初步评价，分世代和批次淘汰那些明显不符合育种目标要求的材料，从而大大减轻育种工作量，实现育种材料的"由多到少"。育种工作后期，只保留了少量较优异材料进行鉴定比较试验，就有必要选择更为精确的全面鉴定方法，如直接鉴定法、本地鉴定法和田间接定法等，从而准确地决选最优材料，实现育种材料鉴定方法的"由繁到简"和"由粗到精"。

思考题

1. 何谓选择育种、系统育种与纯系育种？
2. 论述选择育种的作用与特点。

3. 论述选择育种的原理及其特点。
4. 选择和选择育种的方法及程序。
5. 论述提高选择育种效率的措施。
6. 鉴定的作用与鉴定方法的类型。
7. 论述鉴定方法的原则。

第6章
轮回选择与综合品种育种

轮回选择（recurrent selection）是一种周期性的植物群体改良方法。它以遗传基础丰富的群体为基础，通过反复的鉴定、选择、重组过程，使群体内的优良或增效基因频率逐步增加，优良基因型更集中，不良或减效基因频率不断降低，达到改善群体内目标性状平均表现的目的。它一方面不断地向需要改良的群体输入新种质，以进一步扩大其遗传变异，丰富基因源；另一方面又在其任何一轮的轮回选择中，均可从中选择所需要的优良个体，结合常规育种程序，培育优良新品种或种质资源。因此，它已经成为群体改良的重要方法，也在牧草及草坪草育种中广泛运用。

综合品种育种（synthetic cultivar breeding method）是通过天然授粉保持典型性以及一定程度的杂种优势达到育种目的。通过植物群体的合成和改良，可以选育优良的综合品种。世界上生产利用的绝大部分牧草及草坪草品种基本属于综合品种类型，这是因为牧草及草坪草的繁殖方式以异花授粉为主，大多是由基因型杂合个体所组成的天然群体，一般表现为自交或近交衰退。大多数牧草及草坪草不能像自花授粉植物那样，采用两个纯系品种杂交而后分离重组的杂交育种程序培育品种或直接利用品种间杂种优势，而只能利用具有一定程度杂种优势的综合品种育种的杂种优势利用途径。因此，综合品种育种法也成为目前牧草及草坪草育种的重要途径。

6.1 轮回选择

6.1.1 轮回选择的意义和特点

6.1.1.1 轮回选择的概念及其意义

轮回选择作为植物群体遗传改良的设想最早是由 Hayes 和 Garber（1919）提出的。Richry（1927）提出了轮回选择的概念。Hull（1945，1952）和 Comstock，Robinson 及 Harver（1949）明确提出了轮回选择的定义和详细的实施方案，并将轮回选择程序应用于玉米育种中。此后，美国的玉米育种家们又提出了其他一些轮回选择的方案，系统地发展了轮回选择育种方法，使其不仅在玉米的群体改良研究中得到广泛应用，而且扩展到不同授粉类型的植物育种工作中。它作为群体改良技术，对产量、抗逆性、含油量、蛋白质含量等数量性状的持续改良都取得了很好的效果。特别是对于一些自花授粉和常异花授粉作物，由于发现和利用了雄性不育系，为大规模进行轮回选择提供了基础和前提。许多牧草及草坪草，如苜蓿、鸭茅、燕麦应用轮回选择改良一个或多个目标性状。Casler 等研究了轮回选择在无芒雀麦纤维浓度、产量等选择上的应用；Neve 等研究了轮回选择在黑麦草抗除草剂上的应用；邓菊芬等（2008）

采用混合选择法对退化纳罗克非洲狗尾草（*Setaria sphacelata* cv. Narok）进行了种性复壮研究，结果表明，经2次群体混合选择，复壮品种的株高、穗长、分蘖数、抽穗数、收种后牧草鲜草产量、干物质产量等性状均比原种的这些性状有所提高；王绍飞等（2014）利用SSR分子标记对2个多花黑麦草杂交组合5轮改良群体进行遗传变异分析，2个杂交群体的不同选择世代中，分别有72.3%和75.2%的遗传变异存在于群体内，27.7%和24.8%的遗传变异存在于各群体间，群体内的遗传变异大于群体间的遗传变异。其带型分析结果，杂交改良群体中双亲共有的条带比例增多，同时缺失双亲特异性条带的比例减少；随着混合选择世代的增加，多态性条带百分率、Shannon遗传多样性指数及 *Nei's* 基因多态性都呈递减趋势，表明群体内的遗传差异随着选择世代的增加呈下降趋势。内蒙古农业大学特木尔布和等（2017）在对400余份苜蓿原始材料进行抗虫性鉴定、选择优良无性系基础上，组配基础群体，经3次轮回选择，育成了抗蓟马苜蓿新品种草原4号。目前已建立了针对不同作物和繁殖方式的各种轮回选择方法，使其发展成为现代作物育种和群体改良的主要方法之一。

轮回选择又称表现轮回选择，它是指从某一群体选择理想个体，进行互交，实现基因和性状的重组，从而形成一个新群体的方法。而广义的轮回选择则指凡是能够提高作物群体中的有利基因频率的任何周期性选择方法，即轮回选择是指任何循环式的选择、杂交、再选择、再杂交，将所需基因集中起来的育种方案。

轮回选择作为一种周期性的群体改良方法，具有重要的育种意义。第一，轮回选择有利于实现多元化育种目标。它通过反复的亲本间基因交流和重组，在足够大的后代群体中选择，有可能筛选到预期的基因型，把分散于不同品种（系）的优良基因聚合在一起，选育出高产、优质、多抗、高配合力和适应性广的新品种。第二，轮回选择特别适应于数量性状改良及其育种。它可在遗传基础丰富的群体中通过周期性的基因重组、选择与鉴定，对产量、抗逆性等重要经济和农艺性状进行综合改良，可有效整合分布于不同种质资源的优异性状，从而提高群体内有利基因的比例，打破基因间的连锁，增加有利基因重组的机会，在改良群体的同时，保持较广泛的遗传多样性，进而从较小的群体中选出优良基因型。第三，轮回选择是一种超亲育种的重要方法。多次连续轮回选择是一个有利基因累积的过程，上一轮回选择的结果可作为下一轮回的基础材料。轮回选择通过选择—重组—再选择—再重组的轮回选择，获取改良群体中优良基因型集于一身的优良重组体。如果经过一个轮回的选择，还难以满足育种要求，可继续进行第2、第3，甚至多个轮回的选择，从而可不断为育种家提供改良了的新种质或新品种。同时还可不断提高育种群体中的有利基因频率，改良外来种质的适应性，拓展和创造新的种质来源。它是一项着眼于长远育种目标的育种体系，特别适合与其他育种方法结合利用。

6.1.1.2 轮回选择的特点及其作用

（1）轮回选择与其他选择方法的相似点

①从一个遗传变异较大的群体中选优良单株自交，同时观察所选单株性状表现。②淘汰性状不良的植株，繁殖保留优良植株的自交种子。

（2）轮回选择与其他选择方法的不同点

①当选优良植株相互之间尽可能地杂交产生杂交种。②将杂种后代作为新的基础群体，再进行选择和重组。通过不断地选择和杂交重组，提高优良基因型频率，从而提高群体性状

平均值,并保持改良群体的遗传变异。

(3)轮回选择的特点及其作用

①提高群体内数量性状有利基因频率　轮回选择法通过轮复一轮的优良个体之间的互交、选择和鉴定,可将分别存在于群体内不同个体、不同位点上的有利基因积聚起来,从而有效提高群体内有利基因频率,累积优良基因,增大优良个体的选择机会。例如,牧草及草坪草的经济性状大多为数量性状,受微效多基因控制,通过杂交育种等常规育种方法选育在多个位点上为纯合基因的个体很困难。假如某性状受 10 对基因控制,则 10 对基因均为纯合的基因型频率为$(1/4)^{10}$,其出现的几率极小。并且,由于这些基因的功效极其微效,容易受到环境条件的影响;基因之间又存在着不同类型的互作等,再加上性状鉴定和选择方法中难以避免的误差,使得优良基因型的选择更为困难。因此,通过轮回选择法便可有效提高牧草及草坪草的数量性状的优良基因型频率。

②打破不利的基因连锁,有利于出现优良基因间重组和潜伏基因表达类型　牧草及草坪草育种工作中常常出现育种目标性状基因与不利性状基因的连锁。此外,控制同一性状的显性或隐性基因之间也会存在着连锁。而通过轮回选择的多次互交有可能打破不利连锁,提高基因重组几率,释放潜伏基因的表达,有利于理想个体的出现与选择。

③可使群体不断得到改良并保持较高的遗传变异水平,从而防止基因丢失,增强其适应性　常规育种方法,如自花授粉植物杂交育种的系谱法等,因为早期杂种后代的严格选择与自交及其育种群体数量的限制,常常有可能使改良群体的有利基因丢失。而轮回选择由于使群体不断得到改良并保持较高的遗传变异度,则不仅可防止有利基因丢失,增强其适应性。而且,它对以往的杂交育种等传统育种方法的含义、程序和方法等都有许多重大的发展。

④同时满足近期和中长期育种的需要　轮回选择既可将数量性状优良基因转移到优良的遗传背景中去,选育新种质与新品种,以备近期育种应用需求;还可通过综合品种育种法等组成复合群体保存种质,并合成具有丰富基因贮备的种质库,为不同时期不断变化的育种目标,不断选育和提供合适的种质资源和新品种,从而达成育种工作的战略思想,实现短期育种与中长期育种目标的有效相结合。

6.1.2　轮回选择的基本程序与关键技术

6.1.2.1　轮回选择的基本程序

轮回选择方法因作物种类和需要改良的性状不同而异,但其基本程序或模式如图 6-1 所示,均是进行多循环的轮回选择,每一轮回包括如下 3 个步骤:

第一,从原始群体中选优良个体自交产生后代系。先产生杂交后代,形成一个原始杂种群体,再从原始群体中选择具有目标性状的个体作为亲本后代系。

第二,根据有重复的小区试验评价后代系。

第三,选择最优后代系进行相互杂交,通过重组形成一个新的群体,这便为一个轮回。再从该群体进行鉴定和选择,进行另一个新的轮回周期,如此周而复始地进行,每三季一轮。经多次轮回选择,最终使群体目标性状达到预期水平。

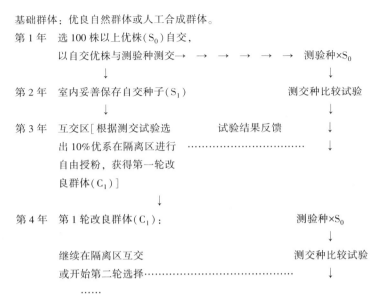

图 6-1 轮回选择基本模式

开始时所用的原始群体称为基础群体或 0 群体，简称 C_0。第 1 个选择周期完成以后所形成的群体称为周期 1 群体，简称 C_1。通过第 2 个选择周期所形成的群体称为周期 2 群体，简称 C_2，依此类推。因此，轮回选择的基本程序包括 2 个阶段：一是优良个体的选择与自交。一般对于产量、配合力等个体评价比较困难的数量性状，在优良个体自交的同时，让其与测验种进行杂交产生后代系，再根据有重复的小区试验评价后代系，选出最优的个体。二是将最优个体的自交后代系进行相互杂交重组形成新的群体。经过这两个阶段便为一个轮回，可以如此循环进行多次轮回。

6.1.2.2 轮回选择的关键技术

（1）基础群体的培育

基础群体的培育包括基础群体的组成亲本的选择与合成，它可决定轮回选择群体改良效果的好坏。因此，轮回选择要取得较好的效果，基础群体的培育必须注意如下事项：

①基础群体的组成亲本必须性状优良，还应具有广泛的遗传变异和尽量远的亲缘关系　杂种群体预期通过轮回选择而加以改进的性状，必须在亲本本身就有较好的表现。另外，基础群体的组成亲本之间的亲缘关系远，性状变异大、类型丰富，以便改良群体能获得最大的遗传异质性。

②组成基础群体的亲本数目尽量多　原则上是亲本选得越多越好，基础群体中所存在的不同相对基因的频率，随着亲本数目和亲本遗传变异度的增加而递增。有效的轮回选择首先要使基础群体中的重要性状表现高度的遗传异质性。但是，亲本数目过多，势必增加育种工作量。因此，亲本数目选择应在保证足够数目的情况下依据育种条件与目标而定。

③培养基础群体必须进行互交的世代数　每互交一代都将改进来自亲本的基因重组，但需要花更多的时间和材料，因而互交代数须视实际需要和情况而定。

（2）群体中个体的鉴定

在轮回选择过程中，必须对群体中的个体进行严格的鉴定，需掌握好如下关键技术：

①对群体中的个体进行准确鉴定　群体中的个体鉴定通常分为表现型鉴定和基因型鉴

定。表现型鉴定可以根据单株后代性状在小区试验的表现确定结果。基因型鉴定则需根据测交后代株系的表现确定结果。如果鉴定性状受土壤、栽培等环境因素的影响较大,则小区试验鉴定可设置重复。一般表观性状鉴定可采用目测方法,而重要及生理生化性状则需要借助仪器设备与实验室鉴定方法。

②选用合适的测验种 通常将杂种 F_1 与隐性亲本的杂交称为测交,而广义的测交则指需要根据杂种 F_1 或后代表现确定其亲本配合力或筛选优良亲本所做的杂交均称为测交(test-crossing)。而用来测定自交系或品种配合力及性状表现所用的品种、自交系、单交种等共同亲本,统称为测验种(tester)或测验亲本,测交所得的后代称为测交种。测验种的选用也成为轮回选择的一个关键技术,它对轮回选择的进度也起着决定作用。用与改良对象相对应、无亲缘关系的另一群体或自交系作测验种已被广泛采用,且行之有效。这种做法不但可以有效地测定自交系的配合力,而且还可以将它作为亲本之一组配杂交种。

(3) 基础群体的人工合成

①基础群体的合成方式 常用"轮交法""一母多父""一父多母"授粉法来合成新的基础群体,或将选择的基础群体组成亲本各取等量种子混合均匀后,在隔离区播种,进行自由授粉合成新的基础群体。其中,轮交法的效果最好,其具体做法为:首先组配组合,经比较试验后,再选择优良亲本合成新的基础群体。

②充分进行基因重组,提高最优基因型出现的频率 由于人工合成的基础群体,其任何外来有利基因容易被本地品种的主效基因所掩盖。因此,宜采用逐代缓慢选择方法,促进基因间的多次重组,以打破有利基因与不利基因的连锁,促进最优基因型出现。一般人工合成的基础群体至少需要5个世代的随机交配,才有可能出现有价值的基因重组体。

③提高自花授粉和常异花授粉植物的异交率 自花授粉和常异花授粉植物的轮回选择群体改良首先要做的工作就是控制群体的自交率,即将自花授粉植物异交化,提高常异花授粉植物的异交水平。通常可用杂交、回交法把雄性不育基因导入基础群体中,然后再将回交获得的种子等量混合在隔离区种植,其中的雄性不育株将随机接受来自混合群体内雄性可育株的花粉。而且,可通过只收获雄性不育株的种子将雄性不育基因保留在基础群体中。此外,也可采用化学杀雄方法使自花授粉和常异花授粉植物转为异交化。

6.1.3 轮回选择的方法

不同植物、繁殖方式、研究目的、育种目标的基础群体培育好后,其轮回选择方法如下。

6.1.3.1 群体内轮回选择

群体内轮回选择是指在单独一个群体内互交、选择与重组,以培养常规品种为最终目的的轮回选择。它主要用于改良单个群体的相关性状。群体内轮回选择分为表现型轮回选择、半同胞轮回选择和全同胞轮回选择等。

(1) 表现型轮回选择

表现型轮回选择是指在异花授粉植物中根据单株表现进行周期性的选择。它可采用混合选择法、改良穗行选择法与自交后代选择等。

(2) 半同胞轮回选择(half-sib recurrent selection,SRS)

半同胞轮回选择与表现型轮回选择不同,不是根据个体的表现型性状进行鉴定,它是应用群体的半同胞后代，对个体进行测交鉴定。其常用方法是使准备鉴定的植株和一个共同的测验种进行测交，鉴定每一株半同胞后代的一般配合力，当选个体互交以便形成一个新的群体。其具体作法是：根据预定的遗传改良目标，在被改良的基础群体中，选择100株以上的优株自交，同时每个自交株又分别与测验种进行测交，测验种可为遗传基础比较复杂的品种、双交种、综合品种、复合品种，也可为遗传基础比较简单的单交种和自交系或纯合品系。测验种的选择，取决于育种方案及基因作用类型。第2季进行测交种比较试验，经产量及其他性状鉴定后，选出10%左右表现最优良的测交组合。第3季，将入选最优测交组合的相对应自交株的种子（室内保存）各取等量混合均匀后，播种于隔离区中，任其自由授粉和基因重组，形成第一轮回的改良群体。以后各个轮回改良按同样方式进行。国外研究表明，用遗传基础比较复杂的材料作测验种，主要是改良群体的一般配合力（GCA）。而用遗传基础比较简单或纯合的材料作测验种，则主要改良群体的特殊配合力（SCA）。若在同一轮次或不同轮次的改良中使用不同的自交系作为测验种，则可同时改良群体的 GCA 和 SCA。

(3) 全同胞轮回选择（full-sib recurrent selection, FRS 或 FS）

全同胞轮回选择是指在基础群体内选株进行成对植株杂交，根据杂交后代性状进行鉴定的群体内改良的方法。它是一种同时对群体的双亲进行改良的轮回选择方法，其具体作法为：第1季，根据一定的改良目标，在被改良基础群体中，选择200株以上的优良植株，并将当选的植株成对地进行杂交（即 $S_0 \times S_0$），这样就可100个以上的全同胞株系成对杂交组合培育全同胞株系。第2季，利用半分法进行成对杂交组合的比较试验，试验设置重复并以原始群体作对照。同时，将全同胞株系成对杂交组合的部分种子贮藏以供第3季当选的全同胞株系间互交之用。经产量及其他性状鉴定后，从中选出约10%的最优成以杂交组合。第3季，将入选优良成对杂交组合预留种子取等量均匀混合后于隔离区播种，任其自由授粉、重组，形成第一轮回的改良群体，收获互交的种子，用于以后第二轮回的选择。按同样方式，可进行以后各个轮回的选择。由于全同胞轮回选择在配制成对杂交时，已将优株的基因重组一次，所以在一个轮次的改良中，优良基因进行了两次重组。Moll 等（1971）报道，在某些群体中，全同胞轮回选择的改良效果优于半同胞轮回选择和交互轮回选择。

6.1.3.2 群体间轮回选择

群体间轮回选择是能同时进行两个群体遗传改良的轮回选择方法，又称相互轮回选择（reciprocal recurrent selection, RRS）。它是由美国北卡罗来纳州立大学的著名玉米遗传学家 Comstock 等（1949）根据玉米遗传育种的实际需要提出的。它不仅能使两个群体同时得到改良，使它们的优点能够相互补充，从而提高两个群体间的杂种优势。还能在两个群体之间产生优良自交系，进而选育优良杂交种组合。但该方法比较复杂，在进行群体间轮回选择时，首先需了解两个基础群体的有关遗传参数及其杂种优势的大小。它通常在育种中主要用于利用杂种优势的异花授粉作物，它可以同时改良两个群体的 GCA 和 SCA。因此，当决定某一性状的许多基因位点上既存在加性基因效应，又存在显性、上位性和超显性基因效应，以及要进行成对群体的改良时，适宜采用该轮回选择方法。群体间轮回选择又分为半同胞相互和全同胞相互轮回选择两种。

(1) 半同胞相互轮回选择法（half-sib reciprocal recurrent selection, HSRRS 或 HRRS）

半同胞相互轮回选择的具体作法如下：第1季，在两个（A、B）选择的异源种质杂合群体中，根据改良目标分别选优株自交（一般选择100株以上）。同时，两个群体又互为测验种进行测交，即 A 群体的自交株与 B 群体的几个随机选择的植株（一般为 5 株）进行测交，得 B×A_1，采用同样的方法得 B×A_2、B×A_3、……、B×A_n 以及 A×B_1、A×B_2、……、A×B_n。自交穗单穗脱粒，同一测交组合的 5 穗等量取样混合脱粒。第 2 季，分别进行 A 群体和 B 群体的测交组合比较试验，并分别用 A、B 两个群体的原始群体作对照。然后根据测交种的表现，分别在 A 群体和 B 群体中各选留 10% 的优良测交组合。第 3 季，将入选优良测交组合对应的自交株的种子各取等量，分 A、B 两个群体各自混合均匀后，分别播于两个隔离区中，任其自由授粉，随机交配，形成第一轮回的两个改良群体 AC_1 和 BC_1。第 4 季及以后各季，应用第一轮回的 AC_1 和 BC_1 种子，按照和第 1 至第 3 季所描述的相同方式，如此循环，进行以后各轮回的选择。

（2）全同胞相互轮回选择（full-sib reciprocal recurrent selection，FSRRS 或 FRRS）。全同胞相互轮回选择是由 Hallauer(1972) 等提出的。采用这种方法的前提条件是必须选用两个双穗型的群体 A 和 B，即每一群体内选至少有 2 个果穗的同一植株，一个果穗用于自交留种；另一个果穗则用于测交，与另一群体内的自交株进行成对杂交。其具体作法为：第 1 季，从 A 和 B 两个选择的异源种质杂合群体中，根据改良目标分别选 200~300 个单株。2 个群体的每个选择单株自交，同时与另一个群体的一个单株进行成对互交。收获时，将 A、B 两个群体中的成对相互测交（正反交）杂交组合种子分别混合，获得 200~300 个全同胞测交种。第 2 季，对全同胞测交种进行多点重复鉴定，根据鉴定结果，决选出 10% 的优良全同胞后代。第 3 季，当选的 10% 全同胞后代系分别进行互交，任其自由授粉，随机交配，形成第一轮回的两个改良群体 AC_1 和 BC_1。第 4 季及以后各季，将 AC_1 和 BC_1 群体种植在隔离区内任其自由授粉，或者直接进入新一轮的选择。全同胞相互轮回选择可同时改良 A、B 两个群体，并可以在任何阶段把改良群体内的优系组成 A×B 杂交种。但该方法比较复杂，因而在群体改良中应用较少。

总之，轮回选择方法应依选择性状不同而定，做到经济、简便、有效。例如，穗长、株高、早熟性等性状一般采用表现型轮回选择的混合选择法；病虫抗性等性状一般采用表现型轮回选择的自交后代选择法；改良产量等性状，一般采用群体内或群体间的半同胞或全同胞轮回选择。此外，还有些对上述正规的轮回选择模式加以改进和补充，从而提高选择改良的效率的各种复合轮回选择方法可依据具体情况选用。

6.2 综合品种育种

6.2.1 综合品种的特点与其在牧草及草坪草育种中的重要作用

6.2.1.1 综合品种的概念与其在牧草及草坪草育种中的应用

综合品种（synthetic cultivar）又称混合品种、合成品种、复合杂种品种等，它是指由两个以上的自交系或无性系杂交、混合或混植育成的品种。综合品种培育也是利用杂种优势的一种方法，一个综合品种就是一个小规模范围内随机授粉的杂合体，它通过天然授粉保持其典型性和一定程度的杂种优势。构成综合品种的基因型称为构成系统，这种基因型可以是自交系、无性繁殖系、混合选择的群体、单株选择的群体及其他种材料。在构成系统的群体内变异的程度越大越好。把构成系统的种子或无性系的混合物称为综合 0 代（以 Syn-0 表示）；

把构成系统间杂交获得的 F_1 杂种当代称作综合第一代(以 Syn-1 表示);由 F_1 杂种随机杂交留种的 F_2 杂种世代称作综合第二代(以 Syn-2 表示)。由随机杂交的下一代,顺次命名为综合第三代、第四代……

综合品种育种法多用于其生殖习性或花器特性造成花粉不易管理的异花授粉植物。而大多数牧草及草坪草属于异花授粉,并且,许多牧草及草坪草的遗传组成属于多基因组成的混杂群体,它可通过有性杂交获得优势杂交种,再通过无性繁殖将多个杂交种配成综合品种。因此,综合品种育种法是目前牧草及草坪草常用的主流育种方法。如日本爱知县农业综合试验场作物研究所从 1973 年开始,以紫花苜蓿品种'夏若叶'、'Moapa'、'Sabina'、'CR46'和'CR47'等品种为材料,在幼苗和中苗期连续 4 个世代接种进行抗性选择,将 4 个抗性最好的营养系,用综合品种育种法育成了抗白绢病中间亲本新品系'CRSY572'。由美国选育的'Rancho'鸭茅(1974)是由 7 个无性系亲本群体杂交培育出的综合品种,具有产量高,以及高抗病性的特点,广泛应用于农业生产。匍匐翦股颖品种 Penncross 是由美国宾夕法尼亚州立大学 1954 年育成,其种子来自种植有 3 个无性繁殖的翦股颖无性系种子田,是由 3 个无性系间的 3 种可能杂交组合的混合物育成的综合品种。澳大利亚选育的'Martlet'多年生黑麦草也是利用数十个亲本群体杂交法育成的综合品种,其耐牧性良好,利用年限长,秆锈病与穗锈病抗性均强。

中国吉林省农业科学院畜牧分院以国外引进的根蘖型苜蓿为原始材料,在吉林西部半干旱地区穴播,单株定植,将根蘖性状突出的无性系组配育成综合品种'公农 3 号'苜蓿。该品种具大量水平根,根蘖株率达 30% 以上,抗寒、耐旱、耐牧,在与羊草混播放牧的条件下比'公农 1 号'苜蓿增产 13%。吉林省农业科学院夏彤等以'海恩里奇斯'(Heinrichs)、'兰杰兰德'(Rangelander)、'斯普里德'(Spreador)、'凯恩'(Kane)、'拉达克'(Ladak)、'罗默'(Roamer)、'贝维'(Beaver)、'德里兰德'(Drylander)、'特莱克'(Trek)、'润布勒'(Rambler)、'艾尔古奎恩'(Algonruin)及'公农 1 号'12 个苜蓿品种为原始材料杂交选育了综合品种'公农 4 号'杂花苜蓿,于 2011 年 5 月 16 日通过全国草品种审定登记。甘肃农业大学以类似的方法,育成综合品种'甘农 2 号'杂花苜蓿,其开放传粉后代的根蘖株率在 20% 以上,有水平根的株率在 70% 以上,扦插并隔离繁殖后代的根蘖株率在 50%~80%,水平根株率在 95% 左右。由于根系强大,扩展性强,适宜在黄土高原地区用作水土保持、防风固沙、护坡固土。甘肃创绿草业科技有限公司、甘肃农业大学草业学院曹致中等从霍廷尼科(Hodchika)、德宝(Derby)、普列洛夫卡(Prerovaka)、哥萨克(Cossack)、新疆大叶苜蓿、陕西矩苜蓿等 26 个国内外苜蓿中,经过单株选择育成了综合品种'甘农 7 号'紫花苜蓿,于 2013 年 5 月通过全国草品种审定登记。由内蒙古农业大学特木尔布和等自 1987 年始,从中国农业科学院北京畜牧兽医研究所和原内蒙古农牧学院的原始材料圃中选出 148 个不感染蓟马的单株,建立无性系。同时利用 ^{60}Co 辐射处理'草原 2 号'杂花苜蓿、'公农 1 号'紫花苜蓿、新疆黄花苜蓿和加拿大的 15 个苜蓿品种,从中选出 160 个不感染蓟马的单株,建立无性系。之后对无性系材料进行表型选择,建立多元杂交圃,进行配合力测定,通过 3 次轮回选择育成综合品种'草原 4 号'紫花苜蓿,于 2015 年 5 月通过全国草品种审定登记。

6.2.1.2 综合品种的特点

与传统的杂种 F_1 代杂种优势利用方式相比较,综合品种育种法具有如下特点:

(1) 亲本数较多

综合品种的亲本数量少则 3 个，多则可达几十个，育种实践中通常使用的亲本数为 3~10 个。综合品种的组成亲本最好为纯系或无性系，亲本基因型要求达到一定程度的纯合。为此，综合品种的亲本材料在利用之前都需经 2~3 代的强迫自交或近交，以提高亲本纯合度。

(2) 育种方法简单，可繁殖利用多个世代

综合品种育种法比常规杂交种培育方法简单且所需年限较短。综合品种还可繁殖利用多个世代，即使综合品种采用种子繁殖，其繁殖世代也可利用 2~5 代。

(3) 适应性广，制种成本相对较低

综合品种由于由多个不同基因型的亲本组成，其品种内变异丰富，因而适应性广。另外，与农作物杂种优势利用的高级形式，即配置杂种一代杂交种组合，需要年年制种的杂种优势利用方式相比较，综合品种这种杂种优势利用低级形式的种子繁殖简单且产量高，因而制种成本相对较低。

6.2.1.3 综合品种在牧草及草坪草育种中的重要作用

农作物综合品种育种法的首次应用是丹麦学者 1921 年在糖用甜菜上配制了综合品种。而真正配制综合品种大规模利用杂交优势提高产量的是玉米。早在 1932 年美国就有玉米综合品种的报道，1940 年前后则有很多综合品种的研究。但是，玉米为雌雄同株异花授粉植物，去雄比较容易，因而配制比其综合品种高产的大量单交种、双交种种子并不困难，因而使当时玉米综合品种的应用受到了一定的限制。正是由于受玉米综合品种利用获得高产的影响，从 20 世纪 40 年代开始在牧草及草坪草应用综合品种育种法配制综合品种，其后至 20 世纪 50 年代则大规模使用牧草及草坪草综合品种。综合品种高产稳产，留种简便，可以继代留种等，不仅在美国、加拿大、西欧各国、日本以及广大的发展中国家使用，而且在苜蓿、三叶草、鸭茅、无芒雀麦等多种牧草及草坪草中广泛使用综合品种，目前世界上生产利用的绝大多数豆科和禾本科牧草以及全部的草坪草品种基本上都属于综合品种类型。中国综合品种的利用比较晚，但牧草及草坪草的综合品种的培育也已方兴未艾。综合品种育种法的选育技术要求不高，培育品种所需时间较短，尤其在下述情况下，在异花授粉的牧草及草坪草育种工作中更具特殊意义。

(1) 适于采用控制杂交难以培育杂交种品种的物种。许多牧草及草坪草物种具有自交不亲和、自交不育等特性，只能借助于兄妹交或其他有限的近交方式，其纯系培育比较困难或者所需时间延长。再者，大多数牧草及草坪草物种为多倍体，同二倍体相比多倍体的自交衰退要小，有利于综合品种繁殖利用多个世代。并且，如苜蓿、鸭茅等四倍体及以上水平的多倍体物种，即使它们可以自交，且自交可育，但其配子纯合速率很慢，培育杂交种品种的难度极大。因此，针对上述情况，以这些物种的亲本材料培育综合品种便成为合理的选择。

(2) 适于拟培育品种的纯合性不属于主要育种目标，又要利用物种中的杂种优势。如牧草及草坪草主要利用其植株营养体，一般不需要其开花结籽，对其株高、植株形态、开花期等性状的整齐性不像大田农作物那样要求严格，因此，特别适应于采用综合品种育种法。

(3) 适于商用杂交种品种种子售价较低或销量较小，杂交种品种的培育得不偿失的物种。多数牧草及草坪草品种应用面积不大，而且大多可进行无性繁殖，因而其杂交种品种种苗销量不大，其售价也不可能太高，因此，也特别适应采用制种成本较低的综合品种育

种法。

(4) 适于某一物种最初的改良阶段，又需将所改良的品种尽快应用于生产。牧草及草坪草育种相对于大田农作物育种起步迟，还处于育种的较低水平阶段，加上其育种投入也不如大田农作物育种的多，而目前草食畜牧业与绿化及生态建设又迫切需要大量优良的牧草及草坪草品种，因此，综合品种育种法在牧草及草坪草育种中具有重要作用。

总之，综合品种育种法不仅对牧草及草坪草育种具有重要作用，而且，对一些可培育杂交种品种的物种，也可在生产上暂时利用综合品种以获收益。

6.2.2 综合品种育种的遗传学基础

6.2.2.1 综合品种的基因型构成数量及其自交程度的遗传学效应

综合品种育种主要分为多个自交程度较高的基因型之间相互杂交与初始杂交种的多个世代繁殖两个步骤。而一个综合品种综合农艺性状的优劣不仅取决于综合品种的构成基因型数量，而且也取决于这些基因型的自交程度及其自交对综合品种活力的影响等自交效应。

假定综合品种群体处于完全随机自由交配的情况下，综合品种构成的各亲本基因型既要自交，又要相互之间杂交。假定综合品种的构成亲本基因型数目为 k，其自交率为 $1/k$ 时，则其杂交率为 $1-1/k$。如果假设综合品种各亲本自交的平均值为 P，杂交的平均值为 H，综合品种繁殖第一代的平均值 S 则为：$S=1/kP+(1-1/k)H$。

综合品种育种的育种目标就是要最大限度地隔离繁殖综合品种的初始亲本，从而使综合品种产生尽可能强的杂种优势，即找到综合品种的最大 S 值。为此可行的做法是增大 k 值、H 值和 P 值。即一个综合品种如果其亲本构成基因型数量较多，最终形成的综合品种群体的纯合程度较低，遗传基础将相当广泛，从而又会影响到综合品种的杂种优势强弱。

6.2.2.2 综合品种的性状表现预测

(1) 综合品种的组合数

为了使综合品种一定数目的亲本基因型隔离重组进而最大限度地利用其杂种优势，需要将综合品种的这些亲本材料实现 2×2，3×3，4×4……等的杂交。综合品种构成的亲本数越多，可能产生的杂交组合数也就越多。假设有 n 个亲本，有可能育成的含 k 个亲本(由 2 到 n)的综合品种的数目便为：$\sum_{k=2}^{n}\dfrac{n!}{k!(n-1)!}$

即：$2^n-(n+1)$。如 $n=5$，可能的综合品种数为 26；如 $n=10$，可能的综合品种数为 1013。培育综合品种时，将所选亲本作全部杂交的可行性并不很大。为此，需要对拟选育的综合品种的性状表现进行预测。它通常都是通过对综合品种的亲本性状表现值及其配合力的计算实现。

(2) 综合品种的性状表现预测

① 综合品种综合第一代(Syn-1)的性状预测

根据 Sprege(1942)定义，一般配合力是一个系统中杂种组合的平均产量。因此，综合品种综合第一代的性状表现值可由综合品种构成亲本材料的一般配合力的平均值预测。藤本等(1970)用甜菜的 2~16 个品系配制的 8 个综合品种研究表明，综合品种构成亲本的品系数越少，其 Syn-1 的性状表现预测值与其实测值的差值越大，亲本的品系数越多(6 个以上)则两者数值比较一致。

②综合品种综合第二代(Syn-2)的性状预测　Syn-2 的性状表现值预测可依据 Wright(1922)倡导的公式：

$$S = F - \frac{F-I}{N}$$

式中，S 为综合品种综合第二代(Syn-2)的性状预测值，F 为 Syn-1 的性状值，I 为构成综合品种的亲本品系的性状平均值，N 为亲本品系的数量。

综上所述，可根据综合品种的性状表现预测及其构成亲本材料亲缘关系的远近、生育期及其他综合性状表现等筛选出几个综合品种组合，最后根据实测综合品种的性状表现决选出生产上应用的综合品种组合。

6.2.3　综合品种的育种程序

综合品种分为有性综合种与无性系综合种两种类型。有性综合种是经过试验选出多个优良亲本材料(品种、品系、优异单株)开放授粉，后裔经比较试验选优而育成的综合品种。无性系综合种是先从优良的品种或品系或原始材料中选出优良单株，取茎节扦插或分根繁殖建成无性系，然后采用如下两种方式配制成的综合品种：一是表型选择，即将各无性系进行比较选优，以优良的无性系配制成综合品种，然后还可进行后裔比较试验而育成新的综合品种；二是基因型选择，即将比较选优得到的若干无性系，按一定的配置种植方式，种植在多元杂交圃内，开放授粉，分系收籽，然后测定各亲本的配合力。将配合力高的亲本繁殖种子混合配制成综合品种，还可进行比较试验而育成新的综合品种。综合品种的育种程序如图 6-2 所示，其具体可分为亲本的改良与选择、亲本的综合与综合品种的产生、维持综合品种的稳定及保存亲本 3 个步骤。

6.2.3.1　亲本的改良与选择

构成综合品种的各亲本本身必须综合性状优良，才能"水涨船高"，使其配置的综合品种具有优良的杂种优势。综合品种育种第一个步骤的亲本的改良与选择的具体作法如下：

(1) 基础群体的改良

综合品种育种首先可收集不同来源的引进品种、地方品种、生态型等亲本材料组成基础群体或利用已有的综合品种作为基础群体，然后，常采用混合轮回选择法对基础群体的性状进行改良，从该人工或天然的基础群体中选择优良亲本品系(或无性系)用于综合品种的培育。

(2) 自交系亲本基因型的纯合

通过基础群体改良选育的优良自交系亲本还要采用自交、兄妹交等近交方法，使亲本基因型趋于同质性的纯合，以便使其某些不利性状尽早表现，以利于淘汰；富集有利性状；提高亲本自身的农艺价值。为了使近交和选择有成效，近交的代数不应太多，通常进行 2~3 次自交即可。自交植株(穗)的数量则以人力、物力及育种规模等情况而定。考虑到大多数牧草及草坪草的结实率较低，为了进行有效选择，在人力与物力许可的情况下可多自交一些植株(穗)为宜。

由于自交植株(穗)较多，其中有好有坏，为减少工作量，增强育种工作的准确性，要严格进行选择淘汰。自交当季复选一次自交植株(穗)，凡感病、发霉及怀疑非自交的种子应剔除掉，并把入选植株(穗)编号。第二季，将每一个亲本基本材料入选的自交植株(穗)种植。这样，每个基本材料的自交植株(穗)后代就成为一个株(穗)系。自交第一代(S_1)分

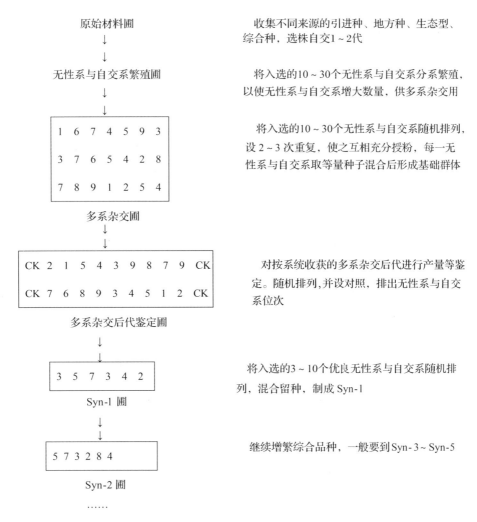

图 6-2 综合品种的育种程序示意

离明显,出现隐性变劣性状,要进行严格的系间和系内挑选和淘汰。但也不应过于严格,以免淘汰那些本身表现型不好而具有良好配合力的材料。

(3) 异交系亲本的改良

异花授粉的牧草及草坪草的综合品种亲本改良不进行自交,而是采用称作异交系选择的多次单株选择法。入选的优良单株不进行隔离,只需把各入选株并列种植在一起,由于选择受精,在某种程度上各单株后代内仍保持一定的典型性,待优良品系在性状、特性和纯度上达到一定要求后,即可进行产量等综合性状鉴定。

为加速异交系的一致性,并保存与提高异交系的特性,有时也可采用亲系法。亲系法就是在各单株后代进行鉴定,在比较的同时另设隔离区种植各个异交系,使这些异交系不受天然异花授粉的影响,由隔离区繁殖的异交系称为近亲繁殖系。选择的步骤是:每次在选种圃中确定入选的优良异交系后,即可根据这些优良异交系的系号,在相应的隔离区中继续进行单株分别种植,进一步鉴定、比较。如此连续选择几年,即可选出合乎理想的近亲繁殖品系。不过,此法繁杂,多不采用。

(4) 亲本的选择

综合品种的亲本材料经过改良后的选择，通常要经过配合力试验后确定。但是，为了及时选择综合品种的优良亲本材料，通常在其亲本材料改良的过程中，包括自交系亲本的基因型纯合的近交阶段与异交系亲本的改良过程中，就要依据亲本个体农艺性状及其杂种优势程度进行选择。一方面要选择高产、优质、多抗及适应性强的基因型材料作为综合品种的亲本，同时还要依据综合品种亲本杂种优势强弱，即亲本的配合力高低选择。配合力是指一个亲本(纯系、自交系或品种)材料在由它所产生的杂种一代或后代的产量或其他性状表现中所起作用相对大小的度量，又称结合力、组合力。配合力分为一般配合力和特殊配合力两种。一般配合力是某一亲本品种和其他若干品种杂交后，杂交后代在某个数量性状上表现的平均值。特殊配合力是指在某个特定的具体组合中，两个自交系所杂交产生的杂种一代的某个数量性状表现。亲本配合力测定通常可采用多交、顶交、双列杂交等方法。

6.2.3.2 亲本的综合与综合品种的产生

(1) 初始杂交

根据配合力试验及性状表现确定了亲本数目后，在杂交圃中将它们相间种植，使所有亲本能最大限度地达到相互自由传粉受精。种子成熟后，混收种子构成综合品种初始杂交群体(Syn-0，综合 0 代)。

(2) 综合品种的产生

综合品种的初始杂交群体的种子经数代繁殖后可形成综合品种的商用品种(Syn-1~Syn-n)。繁殖代数取决于初始杂交可产生种子数量、物种繁殖系数、商品种子售价等。如初始杂交种(或多交种)数量较多，物种的繁殖系数较高，商品种子售价较高，则不需进行多代的繁殖。

6.2.3.3 维持综合品种的稳定及保存亲本

综合品种培育成功并应用于生产后，还应采取适当的措施尽可能维持综合品种的稳定。影响综合品种稳定性的因素虽然很多，但主要取决于亲本遗传基础的稳定性、品种综合与繁殖制度的稳定性以及品种种子隔离生产制度等。

综合品种无论繁殖代数的多寡，其活力(使用年限)具有向平衡状态发展的趋势，而综合品种的活力首先取决于亲本自交育性其后代竞争能力。首先，自交不亲和或不育的情况下，繁殖第一代具有最高的杂种优势；以后世代会发生一定程度的自交，活力逐渐降低并趋于稳定。自交可育的物种则会随繁殖世代的增加，而提高其杂种构成的程度，最终使综合品种的活力也向平衡方向发展。

其次，综合品种应用于牧草及草坪草等密植型植物，其繁殖后代过程中难免要发生自交，其自交后代与活力不等的杂交后代混杂在一起，相互影响，最终会干扰综合品种的活力向平衡方向发展。当其相互竞争足以影响到综合品种商用品种的产量等主要农艺性状时，则需要对综合品种的各不同亲本分别加以繁殖，并采用各种不同综合品种的综合方式，尽可能消除其相互竞争的影响。如以 4 个亲本(品系或无性系)构成的综合品种为例，可采用以下 4 种不同的方法进行综合品种的综合(图 6-3)。

为了提高综合品种的使用年限，维持综合品种的杂种优势稳定，需做好以下主要工作。

(1) 保存亲本

综合品种商品种子应用生产后，随着繁殖与应用代数的增加，综合品种群体基因型遗传组成及其杂种优势可逐渐发生变化，直至一定时限可能会使其综合品种完全丧失生产应用价

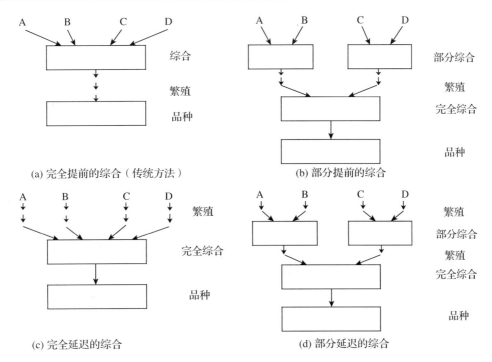

图 6-3　综合品种的综合方式

值前，需要重新应用该综合品种的各构成亲本重新综合繁殖生产商品种子。为此，通常是将经品质鉴定及配合力试验后确定的亲本的一小部分种子，或者是初始杂交后的一部分种子贮存在适宜温度、湿度等条件下，维持其种子活力，以保证需要时可随时利用繁殖，从而有效稳定综合品种的初始杂交群体特性。此外，对于可采用无性繁殖的牧草及草坪草综合品种的稳定方式，则可通过禾本科的分株、豆科的插条及组培等方法，维持综合品种亲本及初始杂交群体的稳定性。

(2) 严格综合品种的繁殖

综合品种应用大田生产商品种子一般都采用 Syn-3 及以后世代的种子。为了维持综合品种商品种子群体及其亲本的遗传稳定性，最主要的工作是综合品种繁殖时要保证繁殖群体各个体植株均能随机交配，从而防止淘汰具优良基因的个体。同时，综合品种繁殖过程中剔除不良单株要慎重，因为具优良配合力的植株有可能其表现型表现不佳而被淘汰。此外，综合品种要选择在适宜的地区与环境条件进行繁殖，一般综合品种的繁殖选择其育种地区及环境条件繁殖，这样可避免因综合品种规定世代在其适应地区与环境以外繁殖时将可能引起的变异。

思考题

1. 何谓轮回选择？轮回选择具有什么特点？
2. 论述群体内轮回选择与群体间轮回选择的作用与特点。
3. 何谓综合品种？综合品种育种具有什么特点？
4. 论述综合品种育种对牧草及草坪草育种的重要作用。
5. 论述综合品种的育种程序及其关键技术。

第 7 章 杂交育种

不同基因型间的配子结合产生杂种，称之杂交。杂交的遗传学基础是基因重组，它是生物遗传变异的重要来源。杂交育种（breeding by hybridization 或 cross breeding）是指用不同基因型亲本材料进行有性杂交获得杂交种，其后代经分离与重组，创造出异质型群体，继而在杂种后代中进行选择、比较鉴定，以育成符合生产要求的新品种的方法，称为杂交育种。杂交育种不仅能达到综合亲本优良基因于一体的子代，同时由于超亲效应可能得到性状超越亲本或亲本所不具有的性状，使后代获得较大的遗传改良，从而利用杂种优势进行品种培育。现有主要农作物应用的许多优良品种均是采用杂交育种方法育成的，杂交育种因而是国内外广泛应用且卓有成效的重要育种途径。

7.1 杂交育种概述

7.1.1 杂交育种的分类及其与选择育种的区别

7.1.1.1 杂交育种的分类

（1）根据作物繁殖习性、育种程序、育成品种的类别的不同，可将杂交育种分为常规杂交育种（包括回交育种）、优势杂交育种（即杂种优势利用）和营养系杂交育种（即无性繁殖植物杂交育种）。

（2）根据杂交亲本亲缘关系的远近，可将杂交育种分为近缘杂交育种与远缘杂交育种。近缘杂交育种是指不存在杂交障碍的同一物种之内不同品种间进行的杂交育种，为本章内容。远缘杂交育种是指不同植物种、属甚至不同科或以上类型间杂交育种，为本书第 9 章内容。

（3）根据育种指导思想，杂交育种可分为组合育种（combining breeding）与超亲育种（transgression breeding）。组合育种是指将分属不同品种，控制不同性状的优良基因随机结合，形成各种不同的基因组合，再通过定向选择，育成集双亲优点于一体的新品种。组合育种的遗传机理是通过不同基因型之间的基因重组和互作获得新的基因型。例如，有限结荚习性青豆品种与无限结荚习性黄豆品种杂交，其杂种后代通过定向选择，选育了具有有限结荚习性的黄豆新品种。超亲育种是指将双亲控制同一性状的不同微效基因积累于同一杂种个体中，形成在该性状上超过任一亲本的类型。超亲育种的遗传机理是通过不同基因型之间的基因累加和互作获得新的基因型。例如，甲、乙两个感染霜霉病的大豆品种杂交，甲×乙→杂种后代产生抗病新个体（9 抗病 : 7 感病）。

通常认为组合育种与超亲育种存在如下差异：组合育种涉及性状的遗传方式简单，较易鉴别；超亲育种涉及的性状多为数量遗传性状，受微效多基因控制，鉴别较难。但是，两者有时很难截然分开，例如，在小麦的高产育种中将一个亲本控制多穗性的基因与另一个亲本控制多粒性的基因组合成为多穗多粒，从而培育成在产量上超越双亲的新品种时，可称为超亲育种。同时，其育种意义又与组合育种相类似。

7.1.1.2 杂交育种与选择育种的区别

杂交育种的后代选择、鉴定方法与选择育种的相同，均为常规育种的主要方法。但是，两种育种方法存在明显区别：选择育种是通过选择植物种质资源群体间自然杂交和突变而产生的优良自然变异个体进而培育成新品种。杂交育种是利用性状不同的父母本进行人工杂交，使其产生基因重组并创造优良多彩的遗传变异后代，然后根据育种目标选择性状符合要求的后代进而定向培育成新品种。通过杂交育种可以把亲本双方控制不同性状的有利基因综合到杂种后代个体上，使杂种个体不仅综合双亲的优良性状，而且，其杂种个体还可能在生长势、抗逆性、生产力等方面超越其亲本，从而获得某些性状更符合育种目标的新品种。因此，杂交育种比单纯利用自然突变的选择育种更富于创造性和预见性。此外，杂交育种如果与引种、诱变育种、倍性育种等其他育种方法相结合，还会获得更好的育种效果。

7.1.2 杂交育种的意义

杂交育种已有200多年历史，至今仍作为重要植物育种手段之一，俗称常规育种。

7.1.2.1 杂交育种是一种重要的植物育种方法

杂交育种既可通过组合育种培育结合父、母亲本优良性状于一体的优良新品种，还可通过超亲育种选育性状超越其任一亲本或通过基因互作产生亲本所不具备新性状的优良新品种，为选育优良新品种提供了更多的机会。因此，杂交育种是国内外植物育种中应用最广泛、成效最显著、育成品种数最多的一种育种方法。

目前，世界各国用于生产的主要植物品种大多数均是杂交育种方法育成，不仅应用杂交育种方法已经培育了数万个大田作物、蔬菜、果树等农作物优良品种。而且，牧草及草坪草杂交育种也不例外，特别是20世纪下半叶以来，它取得了可喜的成绩。如美国、加拿大、澳大利亚和新西兰大约20世纪30年代开始鸭茅的育种工作，其中利用杂交育种方法培育的鸭茅品种占其鸭茅品种的50%。中国1987—2016年已通过全国审定登记的510个牧草及草坪草品种中，采用杂交育种方法育成的品种有53个，占189个育成品种的28.04%。

7.1.2.2 杂交育种是与其他育种方法相配套的重要程序

采用物理与化学诱变剂的诱变育种、染色体倍性操作的倍性育种、细胞与基因工程的生物技术育种等手段处理育种的原始材料，仅仅使原始材料的遗传物质发生了变异，其直接产品往往仍是育种的种质资源，还需要继续通过杂交育种途径，进一步对其进行杂交重组或修饰改良，才能从中选育符合育种目标的新品种。

7.1.2.3 杂交育种可同时改良多个育种目标性状

与选择育种、诱变育种等其他育种途径相比较，只有杂交育种方法才能将分散于2个或2个以上亲本中的有利基因，通过人工杂交和选择，有意识地将不同亲本的理想基因聚集于同一遗传背景的新品种中，从而可实现多目标性状的改良，创造新的种质资源或选育出前所未有的优良新品种。

7.1.2.4 杂交育种可适用于不同繁殖方式植物的品种选育

杂交育种已广泛应用于不同繁殖方式的牧草及草坪草品种选育。自花授粉植物的自然变异少，选择育种机会少，杂种后代的各种选择方法均易于在自花授粉植物中应用，因此有性杂交育种更适合于自花授粉植物的品种选育。天然自花授粉牧草及草坪草品种为纯合群体，两个纯系亲本杂交后通过分离选择可以育成新的纯合群体；常异花授粉牧草及草坪草也可采用类似方式选育新品种；天然异花授粉牧草及草坪草品种为杂合群体，一般自交表现不亲和或生长势衰退，两个亲本杂交后在控制授粉条件下通过混合选择或轮回选择可以育成新的杂合品种，也可将若干优良材料混合成为具有一定杂种优势的综合品种；无性繁殖牧草及草坪草品种为基因杂合的无性系，可利用其有性繁殖方式进行不同亲本的杂交后，在杂种 F_1 无性繁殖后代中选出新的、具有杂种优势的优良品种(无性繁殖系)。

7.1.3 国内外牧草及草坪草杂交育种概况

7.1.3.1 国外牧草及草坪草杂交育种概况

世界上发达国家的牧草及草坪草杂交育种起步早，杂交育种手段的改进与结合也较先进，育成的新品种数也较多。在 1938 年北美地区严寒干旱，发现了野生黄花苜蓿耐寒、耐旱，并且耐牧的根蘖性状，因此通过苜蓿的种间杂交，1955 年育成了耐寒、耐旱、适应性强的润布勒苜蓿(Ramber)。苏联在选育多年生牧草品种中，杂交育种育成的品种占 25% 以上。如苏联 1957 年就选择当地黄花苜蓿与其他种黄花苜蓿进行杂交，成功选育出适合当地栽培的巴甫洛夫 7 号种间杂种苜蓿。苏联全苏饲料研究所使用多父本对北方杂种苜蓿 69 进行杂交改良，新的杂交种产量较原品种产量提高了 20%~30%。美国于 1975 年利用草地早熟禾与加拿大早熟禾(*P. compressa*)进行种间杂交，培育出根茎发达、更耐贫瘠且种子产量更高的种间杂种；2000 年注册登记了运用多元杂交法育成的草地雀麦品种'Montana'，显著提高了刈割后的再生速度。美国 Sorensen 等使用一年生蜗牛苜蓿(*M. scutellata*)与多年生紫花苜蓿进行杂交，成功地将蜗牛苜蓿茎叶上所特有的能分泌黏液的腺毛这一特性转移到紫花苜蓿上，育成了兼具双亲优良性状并且抗虫性强的苜蓿新品种。德国 1983 年用泽地早熟禾(*P. palustris*)和草地早熟禾进行种间杂交，培育出了具有无融合生殖特性且杂种优势强的饲草型早熟禾新品种。美、英、法及欧洲其他的一些国家，对羊茅属与黑麦草属进行属内及属间远缘杂交，育成了适应性及产草量兼有的新品种。此外，国外采用紫花苜蓿与天蓝苜蓿(*M. lupulina*)、紫花苜蓿与黄花苜蓿、三叶草属内种间、红豆草(*Onobrychis viciaefolia*)属内种间、象草(*Pennisetum purpureum*)、高粱与苏丹草或与假蜀黍(*Euchlaena mejdcano*)、非洲黍稷(*Pennisetum tiphoideum*)与一年生珍珠粟(*Pennisetum glaucum*)或与多年生狼尾草(*Pennisetwn alopecuroides*)、玉米(*Zea Mays*)或野豌豆属(*Vicia*)、草木犀属(*Melilotus*)、鸭茅属(*Dactylis*)、早熟禾属等的一些种间进行了远缘杂交育种，育成了一系列可以在生产上推广应用的新品种类型。须芒草肯特(*Andropogon gayanus* K. cv Kent)是澳大利亚利用引进亲本杂交选育登记的品种，该杂交品种适口性佳，种植早期能保持鲜绿。

美国、加拿大、澳大利亚和新西兰大约在 20 世纪 30 年代开始鸭茅的育种工作。其中利用杂交育种方法培育的鸭茅品种占鸭茅品种的 50%。Currie 是地中海型和北欧型鸭茅天然杂交的后代，是澳大利亚早期培育出的耐热、耐干旱的优良鸭茅品种；Grasslands Wana 是对品系 Bc5659 经过农艺性状观测和评估，筛选出 30 株表现优异单株隔离授粉，杂交而育成的耐牧、抗病的优良鸭茅品种。在新西兰，一些鸭茅品种也是通过杂交育种而获得的，如新西兰的鸭茅品种'Grasslands Wana'是从西班牙西北部低海拔草地上采集的具有一定匍匐生长特性、叶色浅绿、非常抗病的材料经过选择和杂交育种培育而成；Grasslands Kara是为了改良冬季牧草产量，利用两个葡萄牙的二倍体亚种Lusitanica与Grasslands Apanul杂交，然后利用秋水仙素加倍，筛选出的杂交后代再与Grasslands Apanul回交，进一步选择培育而成，生产试验表明，其产量较Grasslands Apanul更高，尤其是在冬季，但是它不耐牧，主要与其他牧草混播利用。利用杂交育种方法还可改良鸭茅农艺性状，如Fakindli通过两轮回交的方式用保种性强的意大利栽培品种Marta改善Hallmark的落粒性强的特点；Knight利用生长特点不同的夏季生长型鸭茅和冬季生长耐旱的地中海型鸭茅杂交，获得的杂交后代表现出能够适应干旱地区，并可以安全越夏的优良特性；Harris是利用来自北非的鸭茅亚种和鸭茅亚种杂交，后代表现出抗逆性强，分蘖密度大和季节性产量高等优良特点。

为了适应农业人口减少，便于机械收获的要求，培育直立型的紫花苜蓿品种，日本爱知县农业综合试验场作物研究所于1969年，用意大利品种L99/100Florida和耐倒伏的法国品种Europe杂交，经过3个世代的单株选择和1个世代的母系选择，于1983年育成了耐倒伏、抗炭疽病、持续性好、高产的新品种'立若叶'（Tachiwakaba，农林2号）。

7.1.3.2 中国牧草及草坪草杂交育种概况

中国牧草及草坪草杂交育种工作尽管起步晚，育成的品种较少。但是，仍然采用杂交育种培育了许多优良牧草及草坪草品种。1944年，叶培忠用甘肃天水生长的狼尾草属的庾草为母本，以徽县狼尾草和本地狼尾草为父本，用混合授粉法杂交，杂交后代生长特旺，根系强大，被定名为"叶氏狼尾草"。20世纪70年代，内蒙古农牧学院草原系采用抗寒、抗旱性非常强的野生黄花苜蓿与紫花苜蓿进行种间杂交育种方法，育成了抗寒、抗旱非常强的草原1号和草原2号杂花苜蓿。草原1号和2号苜蓿在冬季极端低温达-43℃的地区越冬率达90%以上，为内蒙古苜蓿北移提供了相适应的品种。20世纪七八十年代，甘肃农业大学以内蒙古呼伦贝尔野生黄花苜蓿为母本材料，与紫花苜蓿进行多个人工杂交组合选择，选出82个无性系，并以此为基础综合而成'甘农1号'杂花苜蓿新品种。同期，新疆农业大学畜牧分院、内蒙古图牧吉草地研究所用黄花苜蓿与紫花苜蓿杂交，分别育成了新牧1号杂花苜蓿和图牧1号杂花苜蓿抗寒新品种。1983年，中国农业科学院兰州畜牧所马振宇等采用多元杂交法，选育了'中兰1号'苜蓿新品种，该品种高抗霜霉病，中抗褐斑病和锈病，再生力强，产量高，于1998年通过全国草品种审定。黑龙江省畜牧研究所王殿魁等以抗寒、抗旱的野生二倍体扁蓿豆作母本（或作父本），地方良种四倍体肇东苜蓿作父本（或作母本），结合辐射处理，用突变体进行人工杂交，获得正反杂交种植株，通过集团选育法经多代选育，于1993年育成抗旱性强、产量高的'龙牧801'苜蓿和'龙牧803'苜蓿新品种，均于1993年通过全国草品种审定。'龙牧801'和'龙牧803'苜蓿在冬季少雪-35℃和冬季有雪-45℃以下能安全越冬，气候不正常年份越冬率仍可达78.3%~82%。广西壮族自治区畜牧研究所梁英彩等以杂交狼尾草（美洲狼尾草×象草）的可育株为母本，矮象草为父本进行有性杂交，育成了优质高产杂交象草新品种'桂牧1号'，于2000年通过全国草品种审定。该品种的产量、适口性等品质性状均比亲本优良，适用于羊、牛、鱼、兔、鹅、鸵鸟等草食动物。'长江2号'多花黑麦草是四川农业大学和四川长江草业研究中心从多花黑麦草国审引进品种'阿伯德'和'赣选1号'自由传粉杂交后代中，以高产、叶片长而宽大和冬春季生长速度快为主要育种目标，应用分子标记技术作为辅助选择，经多年混合选择，育成的一年生黑麦草新品系，2004年通过全国牧草及饲料作物品种审定委员会审定。'苏植2号'非洲狗牙根——狗牙根杂交种品种是江苏省中国科学院植物研究所刘建秀等以非洲狗牙根为母本，2007年全国草品种审定抗盐优质野生栽培狗牙根品种"阳江狗牙根"为父本，通过种间杂交而获得的杂交狗牙根新品种，于2012年通过全国草品种审定登记为育成品种。

7.1.4 杂交育种的原理

杂交育种可育成纯系品种、自交系、多系品种和综合品种等。杂交育种的原理是杂交育种的理论依据，即为什么能够进行杂交育种？其原因如下。

7.1.4.1 通过基因重组，形成新的基因组合

基因重组是杂交育种取得巨大成功的主要原因。如亲本间有2对基因差异时，F_2有$2^2=4$种表现型；如亲本间有20对基因差异，都是独立遗传，则F_2有$2^{20}=1\,048\,576$种表现型。通过杂交及其基因重组，可以将有利基因位点代替不利基因位点，使分散于不同亲本中控制不同有利性状的基因重新组合到新品种，使新品种可综合双亲优良性状，比亲本具有更多的优点。

7.1.4.2 通过基因互作，可改善基因位点间互作关系，从而可产生杂交亲本没有的新性状

有些性状的表现是不同的显性基因互作或互补的结果，通过基因重组，使分散在不同亲本的不同显性互补基因结合，产生不同于双亲的新的优良性状。例如，两个感霜霉病的大豆品种杂交，因为基因的互补作用，在后代中出现了大量抗病新个体。

7.1.4.3 通过基因累积或通过基因重组打破不利的连锁关系，可产生超亲性状

杂交育种可通过基因效应的累加，从杂种后代中选出受微效多基因控制的某些数量性状超过亲本的个体。其原因一是由于数量性状的基因重组，将控制双亲相同性状的不同基因，在杂交后代中积累起来，形成超亲现象。如生育期超早、株高超高或超矮。二是由于表现相同作用的重叠基因的作用也可产生超亲性状。如广西壮族自治区畜牧研究所梁英彩等采用杂交育种方法育成的'桂牧1号'杂交象草品种，其杂交育种方式为(美洲狼尾草×象草)×矮象草→桂牧1号，桂牧1号的产量、适口性等品质性状均比亲本的高或优。

7.2 杂交亲本的选择与选配

杂交亲本的选择是指按照杂交育种目标，在深入研究种质资源的基础上，选择具有育种目标性状的种质资源作亲本。杂交亲本的选配是指杂交亲本的选择和杂交亲本的配组。杂交亲本的选择与选配是杂交育种最重要的工作，这是因为杂交育种的亲本传递给杂种后代的基因是新品种性状形成的内在物质基础。杂交亲本的选择与选配也是杂交育种的首要工作，这是因为杂交育种目标确定后，首先要依据育种目标，在熟悉所掌握的种质资源主要特征特性及其遗传规律的基础上，挑选最合适的种质资源做杂交亲本，并确定合理的杂交配组。杂交亲本的选择与选配还是杂交育种成败的关键，杂交亲本的选择与选配得当，才能选育出所期望的新品种，并能加速杂交育种的进程，缩短育种年限；杂交亲本的选择与选配也直接关系到杂交后代能否出现优良的遗传变异类型和选育出优良品种。只要有优良的杂交组合，往往

能在不同单位分别选育出一个或多个优良品种。相反，如杂交亲本的选择与选配不当，即使在杂交育种的杂种后代中，经多年精心选育，也难出现优良变异类型并育成优良品种。例如，苜蓿育种中，采用黄花苜蓿×紫花苜蓿这种优良的杂交组合，国内外不同育种单位分别培育了多个优良苜蓿品种并在生产上大面积推广应用。

7.2.1 亲本的选择原则

7.2.1.1 精选亲本

杂交育种工作首先应尽可能搜集众多的种质资源，然后从中精选综合性状优良、具有育种目标性状的材料作亲本。亲本选择的范围要包括现有品种、人工改良和创造的种质，以及珍稀、野生种质。亲本选择要优先选用生产与育种实践已经证明的优良种质资源和具有育种目标性状的种质资源，慎重利用野生与半栽培及新引入种质资源。

7.2.1.2 明确目标性状，突出选择重点

杂交育种的亲本目标性状要具体，要明确其构成，突出选择重点目标性状。如牧草的草产量由分蘖数、生长速度、生长高度、再生速度、刈割频率等性状构成；而牧草的种子产量由有效分蘖、穗长、每穗结实小穗数、千粒重等构成。在选育提高草产量或种子产量的牧草新品种时，可以从不同性状入手实现其产量的提高。但是，草产量与种子产量提高的育种目标涉及的性状较多，要求选择所有性状均优良的种质资源做亲本是不现实的，这时就要根据育种目标，突出选择主要性状。

7.2.1.3 重视选择当地优良种质亲本

杂交育种培育的新品种大多在当地推广应用，因此，新品种必须具备对当地自然和栽培条件较强的适应性，而杂种后代能否选育适应当地自然和栽培条件的新品种则往往取决于杂交亲本本身的适应性。当地推广品种或野生种质资源均适应当地自然和栽培条件，特别是当地推广品种的综合性状一般较好。因此，选择当地优良种质资源做亲本杂交后，其杂种后代就会遗传亲本适应性强的特性，选育的新品种就会适应当地的自然和栽培条件，容易在当地推广应用。

7.2.1.4 注重亲本的遗传特性选择

杂交育种的亲本选择必须十分注重亲本性状的遗传规律。首先要考虑育种目标性状是属于数量性状还是质量性状，这是因为数量性状由多基因控制，比质量性状的改良困难得多。因此，当育种目标既要考虑数量性状又要考虑质量性状时，则应首先根据数量性状的优劣选择亲本，然后再考虑质量性状。其次，要考虑育种目标具体性状是单基因控制还是多基因控制，如是单基因控制性状则应考虑亲本的基因型是纯合还是杂合，是隐性性状还是显性性状。再者，亲本应具有尽可能多的优良性状，还要选择育种目标性状遗传力强的亲本，从而保证亲本的育种目标性状能够遗传给杂种后代，容易选育符合育种目标的新品种。

7.2.2 亲本的选配原则

杂交亲本的选配，也称杂交配组方式，是指一个杂交组合里要用几个亲本，以及各亲本间如何配置。

7.2.2.1 双亲性状优良，优缺点互补

杂交育种的亲本双方可以有共同的优点，而且双亲的优点越多越好。但是，双亲不应具

有共同的或相互助长的缺点，双亲主要性状的优缺点还应尽可能互补，这是亲本配组的重要原则。要求双亲性状优良，是由于许多经济性状都不同程度地属于数量性状，杂种后代的性状表现与亲本的平均值密切相关，一般介于双亲本值之间。因此，双亲性状的平均值大体决定了杂种后代的性状表现趋势。选用双亲优点较多的材料，或一亲本稍差，另一亲本很好，则双亲总和表现较好，会增大杂交后代的平均值，杂种后代的表现总趋势也较好，易获得优异杂种后代种质与新品种。要求双亲的优缺点互补，是指亲本一方的优点应在很大程度上能克服另一亲本的缺点。如果杂交育种的双亲能互相取长补短，则其杂种后代通过基因重组，出现综合性状较好的个体的几率就大，就可能选育出优良品种。如属于数量遗传的性状，能相互弥补；如属于质量遗传的性状，后代可出现亲本一方所具有优良性状。例如，紫花苜蓿的产草量和种子产量高，再生性好，种子成熟整齐，不易掉粒，收种容易，但抗逆性特别是抗寒性差；而黄花苜蓿的生活年限长，抗逆性很强，牧草营养价值高，草质优美，但产量低，再生性差，收种困难。因此，中国不同育种单位均采用紫花苜蓿×黄花苜蓿的杂交育种配组方式，父、母本双亲优缺点实现了互补，因此，分别选育了'草原1号'、'草原2号'、'图牧1号'、'新牧1号'、'新牧3号'与'甘农1号'等综合了双亲优点的苜蓿抗寒优良品种。

杂交育种的双亲优缺点互补要着重于主要性状的互补。只要保证杂交育种主要目标性状能够实现双亲的取长补短，培育的新品种即使存在个别次要缺点也仍不失为优良品种。当育种目标要求某个主要性状有所突破时，则最好选用双亲该性状的表现都好且又有互补作用。如为了选育抗某种主要病害的新品种，则可选用对该病害都表现抗病但对其生理小种的抗性又有所差别的双亲杂交，这样有可能选育出抗该病害多个生理小种的新品种。又如，为了选育早熟优良品种，可选用分别在不同生育阶段生长发育较快的早熟品种作为杂交亲本。

杂交育种的杂种后代的表现并不是双亲优缺点的机械拼凑，双亲彼此性状间以及同一亲本各性状间存在着相互影响和相互制约的关系。对于杂交育种的一个亲本，如能分析出制约其产量等重要性状提高的主要因素，有针对性地选择另一个能克服其弱点的亲本，双亲杂交的杂种后代表现将会比用双亲平均值所估计的预期效果更好。所以，应运用系统分析思想和方法从整体上考虑亲本的配组。

7.2.2.2 以具有较多优良性状的亲本做母本

杂交育种亲本之一最好有一个是能够适应当地条件的品种或为当地推广的优良品种，即应以当前推广品种作为中心亲本或以具有较多优良性状的亲本作母本。当地推广品种栽培时间长，适应当地自然和栽培条件，综合性状较好，作亲本之一成功的可能性大。

7.2.2.3 双亲遗传差异大，配合力高

不同生态型、不同地理起源和不同亲缘关系的品种或材料，具有不同的优缺点，遗传差异较大，它们之间杂交，其杂种后代的遗传基础将更丰富，杂种优势强，后代分离广，易选性状超越双亲和适应性较强的新品种。如紫花苜蓿×黄花苜蓿的杂交亲本配组为不同种间的远缘杂交，因而其育种成效显著。

但是，杂交育种要求双亲遗传差异大的关键在于亲本是否具有育种目标所要求的性状并能较好的传递给后代。一般可引种外地不同生态型的品种或其他新种质作亲本，易克服当地推广品种作亲本的某些缺点，增加成功的机会。此外，植物生态类型和地理分布的差异并不总是与其内部基因型相联系或相一致。尤其是现代植物育种的相互引种频繁和人工选择，世

界各地常常共享种质资源，会使不同地区的材料可能具有相同遗传基础，而相同地区的材料由于长期选择，则可能具有较大的遗传差异。许多牧草及草坪草品种经过多次改良以后，已很难从地理位置上判断其遗传差异。因此，应利用遗传距离分析和聚类分析等分子生物技术研究亲本遗传差异，从而为选择与鉴定亲本间遗传差异提供较为可靠的信息。

杂交育种的双亲应具有较好的一般配合力。一般配合力高的性状反映了亲本品种控制该性状的基因加性效应大，因此，用一般配合力好的品种做杂交亲本，往往会得到优异的杂种后代，容易选育优良新品种。

一个优良品种常常是好的杂交亲本，但并非所有优良品种都是配合力好的亲本，有时表现并不突出的品种却是好的亲本。亲本配合力好坏要通过测交试验方可确定。

7.2.2.4 亲本之一主要目标性状突出且遗传力强，亲本性状中没有难于克服的不良性状

为了克服一亲本某缺点而选用的另一亲本，必须在主要目标性状上表现十分突出，并且遗传力强，以克服对方的缺点。如为了克服某一品种感病的缺点，则应选用高抗或免疫的另一亲本品种；为了克服某一亲本过于晚熟的缺点，则另一亲本的生育期最好是早熟。

杂交亲本还要求两个亲本不宜有共同的或难于克服的严重缺点，即要求杂交亲本不良性状的遗传力较低，避免双亲的缺陷在杂种后代中得到补偿和加强，有利于双亲优良性状在杂种后代中的互补和重现。

7.2.2.5 注意父母本的开花期与花器特征

杂交育种如果依据主要目标性状选择好多个亲本后，则尽量选择花期同步的父、母本双亲，以利杂交工作。如果杂交育种的双亲花期不遇，则通常选用开花迟的亲本做母本，开花早的亲本做父本。这是因为父本花粉可在低温、干燥条件下储藏一段时间，可等到晚开花母本开花后授粉。如果双亲雌性器官育性差异较大，则通常选用雌性器官发育正常和结实性好的亲本做母本。

7.3 杂交组合方式与技术

7.3.1 杂交组合方式

杂交组合方式，也称杂交方式，它是指配置杂交组合时根据育种目标和亲本性状遗传特点，选用的亲本数目，决定其作父本或母本以及各亲本在杂交程序中的先后次序。杂交方式一般应根据育种目标、亲本特点及有关条件确定。杂交组合方式类型如下。

7.3.1.1 单交(single cross)

两个亲本进行杂交称为单交或成对杂交，例如，亲本 A 和 B 杂交，用符号 A×B 或 A/B 表示，A 为母本，B 为父本，A 和 B 的遗传组成各占50%。单交只进行一次杂交，简单易行，育种时间短，杂种后代群体的变异较易控制、规模相对较小，它是杂交育种中最常用的杂交方式。当 A、B 两个亲本的性状基本上能符合育种目标，优缺点可以互补时，应尽可能采用单交而不用复交。育种实践表明，如果单交组合两个亲本的亲缘关系接近、性状差异较小，则杂种后代的性状分离小、稳定较快。反之，则分离较大、稳定也较慢。

两亲本杂交可以互为父、母本，因此单交有正交和反交之分。正反交(reciprocal cross)是相对而言的，如称 A(♀)×B(♂)为正交，则 B(♀)×A(♂)为反交。当 A、B 两个亲本的

优缺点能够互补，性状总体基本上符合育种目标要求；亲本主要性状的遗传，不涉及细胞质控制，正、反交间后代性状差异一般不大，即使在杂种一代表现出差异，这种差异也往往不影响杂种二代及其以后各代的选择，尤其是双亲性状间差异并不悬殊时更是如此，就没有做正、反交的必要。可根据亲本花期迟早，灵活进行杂交，习惯上以对当地最适应、综合性状好的亲本作为母本。有时，正反交对杂种后代的影响也有不同。如育种实践表明，以早熟亲本或抗寒性强的亲本为母本，对育成品种提早成熟期或增强抗寒性所起的作用较大。又如，王殿魁等于1976—1992年，将野生二倍体扁蓿豆(*Melissitus ruthenica*)经辐射处理后与黑龙江省四倍体苜蓿地方优良品种肇东苜蓿(*Medicgo sativa* Zhaodong)进行杂交，分别获得了扁蓿豆×肇东苜蓿与肇东苜蓿×扁蓿豆两个正、反交异源四倍体的远缘杂交种。并历经16年的集团选择法选育，分别育成了'龙牧801号'和'龙牧803号'两个苜蓿新品种，均于1993年通过了全国品种审定登记。品种比较、区域和生产试验结果表明，正交组合育成新品种'龙牧801号'的抗逆性较强；反交组合育成新品种'龙牧803号'的产草量较高。

7.3.1.2 复交(multiple cross)

复交又称复合杂交或多元杂交，它是指3个或3个以上亲本间进行2次或2次以上的杂交。复交一般先将一些亲本配成单交组合，再在组合之间或组合与品种之间进行2次乃至更多次的杂交。在进行第二次杂交时，可针对单交组合的缺点，选择另一组合或品种与之杂交，使两者的优缺点达到互补。复交因所用亲本数目和杂交方式不同而有多种。常见的复交方式如下：

(1) 三交(three way cross)

三交是3个亲本间的杂交。如以单交的F_1杂种再与另一品种杂交，可用A/B//C或(A×B)×C表示，A、B亲本的核遗传比重在F_1中各占1/4，而C的核遗传比重占1/2。

(2) 双交(double cross)

双交是指两个单交的F_1再杂交，参加杂交的可以是3个或4个亲本。三亲本双交是指一个亲本先分别同其他两个亲本配成单交，再将这两个单交的F_1进行杂交，用符号A/B//A/C或A/B//C/B或A/C//B/C表示，其中，A/B//A/C双交组合中，B和C的核遗传比重各占1/4，A的核遗传比重占1/2。四亲本双交包括4个亲本，分别先配成两个单交的F_1，再把两个单交F_1进行杂交，即A/B//C/D，A、B、C和D的核遗传组成各占1/4。四亲本的双交除了亲本的缺点容易得到互补外，亲本的某些共同优点也可以通过互补作用而得到进一步加强，甚至可产生一些不为各亲本所具有的新的优良性状。

双交F_1对亲本组合来说已是F_2。由于单交亲本间，已经经过了基因的重组，因此在双交F_1中就有可能出现综合3个或4个亲本性状的类型。

复交的双交与单交相比较，在复交的F_2群体中，基因型种类会急剧增加，复交F_2代中出现理想基因型的频率要比单交的低得多。在双亲的一个或两个亲本具有大量的不利性状时更甚。因此，为了使双交组合后代能出现较多的优良类型，最好在双交组合中至少应包括两个或两个以上综合农艺性状较好的亲本，才能取得较好的育种效果。

(3) 四交(Tetracross)

四交是指4个杂交亲本的连续杂交。表示符号为A/B//C///D，这时A和B的核遗传比重各占1/8，C占1/4，而最后一个亲本D占1/2。五交、六交等的概念依此类推。

与单交相比较，复交的不足是所需亲本多、工作量大、育种年限长；所需人力、物力及试验地面积多。复交的优点是可将分散于多数亲本上的优良性状综合于杂种中，丰富了杂种的遗传基础，增加了变异类型，并能出现良好的超亲类型，为选育综合性状优良的品种，提供了更多机会。

复交的利用应注意如下事项：只有当育种目标要求多，单交组合不能保证产生理想性状重组，必须多个亲本性状综合起来才能达到育种目标要求时，才用复交方式组配杂交组合；复交应全面考虑各亲本的优缺点、互补的可能性以及各亲本的核遗传组成在杂交后代中所占的比重，合理安排各亲本的组合方式及各次杂交中的先后次序。由于最后一个杂交的亲本其核遗传比重占50%，而所有其他亲本的遗传比重占另外的50%，因此，一般用综合性状优良的亲本作为最后一次杂交的亲本，以增加该亲本性状在杂种后代遗传组成中所占的比重，增强其适应性与丰产性。如参与复交的其他亲本目标性状差，而具有主要目标性状的亲本综合性状基本符合要求时，也可将具有主要目标性状的亲本放在最后一次杂交，则后代出现具有主要目标性状的个体可能性较大。假定有 A、B、C、D 4 个亲本，A 为综合性状优良的亲本；B、D 为综合性状较好，并且各具有早熟和抗旱个别优良育种目标性状的亲本；C 为具有主要育种目标抗病性状的亲本。如应用 A、B、C 等 3 个亲本配置杂交组合，既可采用 (B×C)×A 的三亲本三交方式；也可采用 (A×B)×(A×C) 的三亲本双交方式。并且，该两种方式的各亲本核遗传组成在杂交后代中所占的比重则完全相同。但三亲本双交方式则有如下特点：首先，从选择进程上看，三亲本双交的父、母本均分别为两个单交组合的 F_1，其双交杂种一代为其 3 个亲本的杂种 F_2，其性状可产生分离，如果其杂种一代的群体大，有可能在其双交杂种一代选择符合育种目标的个体。而三亲本三交的父、母本则分别为两个亲本的单交组合与另一亲本，只有在三亲本三交杂种二代才可能选择综合三个亲本优良性状并符合育种目标的个体。因此，三亲本双交方式的选择进程比三亲本双交方式的提早一年。其次，三亲本双交组合的父、母本是两个单交组合 A×B 与 A×C，即综优×早熟与综优×抗病，往往比三亲本三交父、母本的一个单交组合 B×C，即早熟×抗病的育种价值高，三亲本双交组合的父、母本两个单交组合都有可能选育优良品种。因此，可以将该两个单交组合进行双交的同时，分别对该两个单交组合的杂种后代进行选择，从而有可能选育符合不同育种目标的优良品种。其三，三亲本双交两个单交后代可能已经出现具有目标性状的杂种个体，其单交组合可以在 F_1 或 F_2、F_3 进行复交，比较灵活机动。而三亲本三交则主要在 F_1 进行复交，否则会延长其育种年限。此外，4 个亲本的复交，可采用四交[(A×B)×C]×D 或双交(A×B)×(C×D)两种方式，但四交需要杂交三次，即三季；双交只需杂交两次，即两季。因此，四个亲本的复交常采用双交而不采用四交，四交往往是在补充三交不足时采用。

7.3.1.3　回交(back cross)

回交是指两个亲本杂交后的 F_1，再和双亲之一进行杂交。回交是用于改良优良推广品种的个别不良缺点，或转育某个性状的一种有效方法。

7.3.1.4　多父本杂交(multiple male-parental cross)

多父本杂交是指将一个以上的父本品种花粉混合与一个母本品种杂交的方式，也称多父本混合授粉(multiple male-parental pollination)，表示为：A×(B+C+D+…)。其杂交方式有两种，一是多父本混合授粉，即将一个以上的父本品种花粉人工混合授给一个母本品种；二是多父本自由授粉，即将母本种植在若干选定的父本品种之间，去雄后(或采用雄性不育系母本)任其天然自由授粉。这种方式适用于风媒花植物。

多父本杂交方式简单易行,可以用同一母本品种同时获得多个单交组合,后代实际上是多个杂种组合的混合群体,具有丰富的遗传性,分离类型比单交丰富,有利于选择。由于花粉来源广泛,授粉受精持续时间长,有利于受精结实。多父本杂交不仅具有复交的效果,且杂交所需年限比复合杂交的短。

多父本杂交法在牧草及草坪草育种中已取得了良好的效果。如原内蒙古农牧学院云锦凤团队以锡林郭勒盟黄花苜蓿为母本,以苏联1号、伊盟、府谷、武功、亚洲等5个紫花苜蓿品种为父本,将父本品种种子等量混合,母本与父本采用2∶2间行播种方式,应用多父本自由传粉杂交,选育出草原2号苜蓿品种。内蒙古图牧吉草地研究所采用多父本('武功'、'苏联0134'、'印第安'和'匈牙利'4个紫花苜蓿品种)和当地紫花苜蓿杂交,选育出'图牧2号'紫花苜蓿品种。

7.3.2 杂交技术

开展杂交工作前,应对亲本的生育期、花器构造、开花习性、授粉方式、花粉寿命、胚珠受精能力持续时间及当地气候条件等有所了解,制订好杂交计划,种植好亲本,以便主动有效地进行杂交工作。杂交方法和技术依牧草及草坪草种类不同而异,但其共同技术如下。

7.3.2.1 调节开花期

调节开花期的目的是必须使父母本花期相遇,从而能够进行杂交。如果杂交双亲在正常播种情况下花期不遇,则需要用调节花期的方法使亲本间花期相遇,其主要方法如下:

(1)调节播种期

一是早开花亲本晚播种,晚开花亲本早播种。通常母本以其开花期为标准,适期播种;父本则根据当地对其生育期记载资料,分别延迟或提早播种。二是不能准确掌握双亲播种期,可采用分期播种。一般母本适时播种,父本每隔7~10 d为一期,分3~4期播种。

(2)调节光照时间

双亲的开花期如果相差过大,则可采用加光或遮光处理亲本,调节其每天光照时间从而调节开花期。对短日照植物,缩短每天光照时间可促进开花,延长每天光照时间可延迟开花;对长日照植物则相反。但有的牧草及草坪草对光照时间长短的处理反应不明显。

(3)调节温度

对喜温的狗牙根、结缕草等暖季型牧草及草坪草,可提高生育期间温度,从而促进开花,反之则可延迟开花。对具有明显春化阶段的植物萌动种子进行一定时间低温春化处理常能有效地促进提早抽穗。

(4)利用再生草和分蘖

牧草及草坪草的再生草或分蘖(分枝)比头季或主茎推迟开花。如果父本花期早于母本花期,应将父本进行分期刈割或摘除主茎顶尖,利用其再生草或分蘖(分枝)推迟父本花期,可使双亲花期相遇。

(5)利用栽培管理措施

牧草及草坪草的栽培管理与养护措施,如施肥、地膜覆盖、调整种植密度、灌溉、断根等对其开花期也有一定调节作用。如早熟亲本多施氮肥可延迟开花;施用磷肥可促进开花。地膜覆盖、增加种植密度、干旱与中耕断根等均可提早开花期;反之则可推迟开花期。

(6) 植物生长调节剂处理

植物生长调节剂可改变植物营养生长和生殖生长的平衡关系，起到调节花期的效果。如 10 mg/L 的赤霉素（GA_3）处理具有促进开花的作用。

(7) 切枝贮藏、水培

通过切枝贮藏或水培可使父本延迟或提早开花。对母本一般不采用该方法调节开花期，因切枝水培难以结出饱满的果实和种子。

7.3.2.2　隔离与去雄

杂交母本必须防止自花授粉和接受非目的花粉的天然异交串粉，为此，在母本雌蕊成熟前应进行隔离和去雄。

(1) 选株

在亲本群体中选择健壮无病、丰产性状好的植株作为杂交对象。若亲本为禾本科牧草及草坪草种，大多选择叶鞘露出芒尖或抽出叶鞘 1/3~2/3 的穗子，其花器发育将近成熟而花药尚未破裂，剥开颖壳后雌蕊柱头已成羽毛状，花药由青绿色变成青黄色。有的牧草及草坪草种则是待穗子完全从叶鞘中抽出后进行选穗。若亲本为豆科时，则选择花冠露出花萼 1/2~2/3，花冠将开而未开的花序。因为这样的花序柱头已有受精能力而花药尚未成熟。如果为自花授粉类型，则其雌雄蕊成熟更早，应选择花冠还没有露出花萼的花序。

(2) 修整花序

为了便于去雄和授粉，需将选株的穗子或花序进行必要的修整。若为禾本科牧草及草坪草，可把芒剪去同时剪去穗子上部已经开花散粉及下部发育不良的小穗，一般只保留穗子中部当日即将开花但还未开花的小穗，每小穗只留基部的第一、二朵小花。若是豆科牧草及草坪草，选择花序中部的花，将其余不需要的花及花蕾全部剪去，每个花序可保留 2~10 朵花，太多会影响杂交结实率。

(3) 隔离

为了防止母本自花授粉与接受非目的花粉的异交授粉以及父本花粉被其他花粉污染，应对选好株、修整好的母本和父本上准备用于杂交的花朵进行隔离。隔离的方法分空间隔离、时间隔离和器械隔离三大类。空间隔离一般用于种子生产。时间隔离一般很少采用，因为时间隔离与花期相遇是一对矛盾。器械隔离包括网室隔离、硫酸纸袋隔离等。对于较大的花朵一般用塑料夹将花冠夹住或用细铁丝将花冠束住，也可用废纸做成比即将开花的花蕾稍大的纸筒，套住花蕾。花枝太纤细的植株最好用网室隔离。

(4) 去雄

去雄就是将花朵内的雄蕊除去或杀死，避免自花授粉。去雄的方法很多，一般最常用的方法是人工夹除雄蕊法。去雄时用镊子将颖壳或花冠拨开夹除花药，也可以先除去花冠，再将雄蕊一一去掉。去雄一定要及时和彻底，不能损伤子房、柱头和花朵其他部分，不能弄破花药或有所遗漏。如果连续对两个以上材料去雄，所有用具及手都必须用 70% 酒精处理以杀死前一个亲本附着的花粉。对于一些花朵小、人工夹除雄蕊困难的牧草及草坪草可利用雌雄蕊对温度的不同敏感性实行温汤杀雄法。还可以根据雌雄蕊耐药性的不同，利用化学杀雄剂进行母本群体去雄。去雄后应立即套袋隔离，对于虫媒花可采用棉花或纱布将花序包裹，也能起到隔离作用。

7.3.2.3　花粉的采集与保存及授粉

（1）花粉的采集与保存

①花粉的生活力　人工杂交时，有些杂交组合不能在最适时期授粉，这就要了解各种牧草及草坪草的花粉寿命和保存条件。一般植物开花当天散出的花粉生活力最强。但花粉具有受精能力的时间依牧草及草坪草种类不同而异。自然条件下，自花授粉牧草及草坪草的花粉寿命比常异花授粉、异花授粉的短。环境条件不同花粉的寿命也不同，如高丹草的花粉在干燥室内的寿命为19h以内；室内与温室内寿命为1d；在相对湿度<20%、温度0~4℃时寿命为7d；在相对湿度20%~40%、温度0~4℃的寿命最长达45d。

②雌蕊的受精能力及其持续时间　由于杂交过程中双亲花期差异与杂交任务过大、天气不好或其他原因，常不能在最适时期授粉，这就有必要了解不同牧草及草坪草的柱头受精能力及其持续时间。一般牧草及草坪草开花当天的柱头受精能力最强，此时的柱头色泽鲜明，具有羽毛状柱头的花则表现出柱头伸展，有光泽。有的则在柱头上可见到分泌液，如果这时授粉，结实率将更高。禾本科牧草及草坪草柱头在开花前1~2 d即有受精能力，其开花后能够维持的天数，黑麦为7 d，燕麦为4 d，苜蓿为2~5 d。

此外，为了延长柱头受精能力，可进行灌溉以增加田间空气湿度，降低温度，必要时也可在去雄穗隔离纸袋里放置湿润棉花球，保持袋里湿度，以延长柱头寿命。

③花粉的贮存　通常杂交母本去雄后，应迅速采集父本花粉进行授粉工作。但是，有时因为双亲花期不遇或因天气不佳等不能授粉，则需要采集父本花粉进行贮存。因此，应根据不同牧草及草坪草花粉的生活力及花粉适宜贮藏的温度、湿度及光照等条件进行贮存。而经长期贮藏或从外地寄来的花粉，在杂交前应先检验花粉的生活力。花粉生活力的检验方法有形态检验法、化学试剂染色检验法、培养基发芽检验法等。

（2）授粉、标记和登记

①授粉时间及方式　授粉是将花粉传播到柱头上的操作过程。授粉的最适时间是去雄后1~2 d的每日开花最盛时间，此时雌雄蕊大多成熟，易于采集花粉，花粉在柱头上易萌发，可提高杂交结实率。

少量授粉可直接将正在散粉的优良典型父本雄蕊碰触母本柱头，也可用镊子挑取花粉直接涂抹到母本柱头上。如果授粉量大或用专门储备的花粉授粉，则需要采用橡皮头、海绵头、毛笔、蜂棒等授粉工具。如将新鲜花粉抖落在事先准备好的小玻璃杯中，然后用毛笔蘸一些花粉轻轻地涂在母本的柱头上；有时也可以挑选将要开花的花药，已变黄成熟，但尚未破裂者，用镊子将花药取出塞到母本的花朵中进行授粉；或者将选好的父本花序或穗子取下，靠近母本植株处边取花药边授粉；还有接近授粉法和插瓶授粉法。将父本和母本的花序用隔离袋套在一起自由授粉，称为接近授粉法；剪取数个即将开花的父本花序插于水瓶中，与母本花序系在一起，父本花序稍高于母本花序，将父本花序和母本花序套在一个隔离袋内，使花粉自由落在母本柱头上授粉，称为插瓶法。此外，为了提高杂交结实率或克服远缘杂交困难，需要进行多次重复授粉，即去雄授粉后，每隔若干小时再授粉一次或几次。

②标记和登记　为防止收获杂交种子时发生差错，需对套袋授粉花枝（穗）和花朵挂上标签牌标记。授粉后应立即套上隔离袋、挂上标签牌。标签牌上用铅笔写明父母本名称、去雄和授粉日期等，以便以后收贮杂交种子。由于标签牌较小，不宜写字太多，通常杂交组合

等内容可用符号代替，并记在记录本中。为便于寻找杂交花朵，可用不同的标签牌加以区分。

除对杂交花朵挂标签牌标记外，还应同时将标签牌标记的项目内容登记在记录本上，供以后分析总结进行查阅，并可防止母本植株上的标签牌脱落或丢失后而无从查考。

7.3.2.4 授粉后的管理

为防止套袋不严、脱落或破损，保证杂交结果准确可靠，授粉后 1~2 d 内及时检查各花朵状态，授粉受精未成功的花可补充授粉，以提高杂交结实率，保证杂交种子数量。杂交植株在必要时可设置支架防止倒伏。对雌蕊受精有效期过去的已受精果穗，应及时摘去隔离袋。同时加强杂交母本株的田间管理，剪去后生的过多枝叶，还要注意防治病虫、鸟害和鼠害。杂交种子成熟后，应及时采收种子，把每个杂交单穗或单荚种子分别采收，并连同所挂的标记牌分别装入纸袋，在纸袋上写明杂交组合编号和收获日期，然后及时分别脱粒、晒干和贮藏。最好同一杂交组合的不同杂交穗(荚)单独脱粒。

7.4 杂种后代的选育和杂交育种程序

7.4.1 杂种后代的培育

杂种后代的培育过程中，一般应遵循以下原则。

(1) 保证杂种后代正常发育

通过人工杂交获得的杂交种子数量有限，而杂种后代的选择应当在较大的杂种群体中进行。因此，应根据不同牧草及草坪草的生长发育特点和不同生长季节的要求，提供杂种生育所需的条件，使杂种能够正常地生长发育和性状得到充分表现，以利于鉴定和选择。

(2) 培育条件相对均匀一致

杂种后代的表现型是其基因型、环境及基因与环境互作的综合表现。因此，通常要求杂种后代在相对均匀一致的培育条件下生长发育，如保证杂种后代种植田地土壤肥力的均匀一致性、栽培管理技术的一致性，从而使环境条件对杂种后代的影响作用而导致的个体间差异减少到最小，以便于正确选择，提高育种成效。

(3) 培育条件应与育种目标相对应

根据育种目标，采用对选择性状能客观和快捷鉴定的培育条件与手段，并加以定向选择，可以使杂种后代性状沿着育种目标方向发展，从而育成符合育种目标的新品种。适宜的培育条件应当使不同基因型的表现拉开差距，扩大目标性状的变幅，降低基因型与环境的互作效应。因此，有时杂种后代的培育条件，可能不一定与大田生产栽培条件完全一致。它要尽可能创造使育种目标性状形成及充分表现的特定条件。如抗病虫育种要有意识地创造发生病虫害的条件；抗逆性育种则应提供相应的逆境胁迫条件。如果选育高产的品种，杂种后代应在高肥水条件下培育。应选择土壤肥沃、地势平坦、阳光充足的地块作为杂种后代育种试验地；采用良好的栽培管理措施；杂种后代的第一代与第二代可以采用穴播，而以后杂种世代的株行距应比生产上一般的株行距适当加大，使杂种后代的多分枝(蘖)、茎叶茂盛、穗大粒多等丰产性状得到充分表现。

7.4.2 杂种后代的选择方法

在培育的同时，还需要对杂种后代进行选择，才能使其性状稳定。其常用选择方法如下。

7.4.2.1 系谱法(pedigree method)

系谱法是国内外在自花授粉植物和常异花授粉植物杂交育种中最常用的方法。它是指自杂种第一次分离世代(单交F_2、复交F_1)开始选株，分别种植成株行，每个株行成为一个系统(或株系)，以后各世代均在优良系统中继续选择优良单株，继续种成株行，直至选育出性状优良一致的系统时，不再选株，升级进行产量比较试验。在选择过程中，各世代均予以系统编号，以便考查株系历史和亲缘关系，故称系谱法(图7-1)。现在中国推广的许多牧草及草坪草的杂交育种选育的品种，大多采用系谱法育成，如湖北省农业科学院畜牧兽医研究所的育成品种——'鄂牧2号'白三叶(于2016年通过全国草品种审定委员会审定登记)。

(1) 系谱法的工作要点

以单交杂种为例，选择工作要点叙述如下。

① 杂种一代(F_1) 杂种种子按杂交组合排列，单本(单粒点播)种植，以加大种子繁殖数量，同时便于拔除假杂种。种植对照品种和亲本，以便比较。将杂种种子按杂交组合排列，每一组合的种植株数多少，应根据F_2预期群体大小与牧草及草坪草的繁殖系数而定。F_1群体除了保证一定株数以外，还要加强田间管理，以获得较多种子。

用两个纯系品种杂交所得的F_1杂种在性状上是一致的，因此，一般不进行单株选择，主要根据育种目标淘汰有严重缺点的杂交组合，并参照亲本淘汰伪杂种。如果杂交亲本不纯，在F_1就发生性状分离时，也可以进行选择。收获时按杂交组合混合收集种子，写明组合号或行号和日期。如需要选择单株，则按单株收获、晾晒、脱粒，并注明单株编号。每个当选杂交组合所留种子数量，应能保证F_2有一定植株的群体。如禾本科等中小粒种子的牧草及草坪草，每一杂交组合一般应留3000~6000粒种子株，以保种植2000株以上。

② 杂种二代(F_2)或复交一代 单交杂种二代(F_2)或复交一代是性状强烈分离的世代，同一组合内的植株表现出多样性，为选择优良单株提供了丰富的遗传变异类型。该世代选择的单株，在很大程度上决定以后世代的表现，是选育新品种的关键世代。该世代的主要工作是从优良组合中选择优良单株，并继续淘汰不良组合。

按照杂交组合顺序点播(单本)种植，加强田间管理，株行距均匀，尽可能减少株间竞争，尽可能使每个单株的遗传潜力都能充分表现，从而加强选择的可靠性，同时获得较多种子。F_2或复交一代群体的数量，应根据育种目标、杂交方式、组合优良程度、目标性状遗传的特点而定。如果育种目标要求面广，例如，对成熟期、抗逆性、高产等性状都有要求，则群体应大一些。采用多品种复交的杂种群体应比单交杂种的大一些。在F_1代评定为优良组合的群体宜更大，而表现较差但无把握淘汰的组合群体可小，以便进一步观察、决定取舍。一般禾本科牧草及草坪草，每个杂交组合一般种植2000~6000株。原则是F_2植株种植数量必须确保获得较高的育种目标性状所要求的基因重组几率。

③ 杂种三代(F_3) 按组合依株号顺序排列种植株行(系)，适当种植对照，以便选择。F_3各株行(株系)间的性状差异表现明显，同时，各系内仍有分离，但其分离程度因株系而

异,一般比F_2小,也有极少数株系表现较为一般。F_3的主要工作内容是选择优良株系中的优良单株。因此,首先是选系,然后从优系中选优株。

④杂种四代(F_4)及其以后世代　F_4及其以后世代的种植方法同F_3。来自同一F_3系统(即属于同一F_2单株的后代)的F_4诸系统称为株系群(系统群,sib group),系统群内各系统之间互为姊妹系(sib line)。一般不同系统群间的差异较同一系统群内各系统间的差异大,而姊妹系间的丰产性、性状的总体表现往往相近。因此,在F_4应该首先选优良系统群中的优良系统,并从中选拔优良单株。

⑤杂种五代及其以后世代　F_5及其以后世代的工作与F_4相同。收获时,应将准备升级系统中的当选单株先按行收获,然后再按系混收。如果系统群表现整齐和相对一致,也可按系统群混合收获,以保持相对多的异质性和获得较多的种子。这样有利于将材料分发到不同地点进行多点品比试验。如果某组合种植到F_5或F_6还没有出现优良品系,则可不再种植。一般常异花授粉植物的选择世代可以略延长。

(2)系谱法的优缺点

①系谱法的优点　具有定向选择的作用。系谱法从杂种早期性状分离世代开始,就针对一些遗传力较高的性状进行连续多代单株选择,可起到定向选择的作用。系谱法的每一系的历年表现均有案可查,比较容易全面地掌握它的优、缺点。系谱法的系统间的亲缘关系清楚,有助于互相参证。系谱法通过首先选择优良组合和优良株系(系统),再从中选择优良单株,能够使育种工作者及早将注意力集中于少数突出的优良系统,以利及早育成新的优良品种。系谱法通过对性状基本纯合的优良株系混合收获或越级参加品比试验,能对新的优良品系有计划加速繁殖和进行多点试验。

②系谱法的缺点　系谱法从F_2开始进行严格选择,中选率低,特别对多基因控制的性状,效果更差。因而使不少优良类型被淘汰。系谱法的育种工作量大,占地多,往往受人力、土地条件的限制,不能种植足够大的杂种群体,使优异类型丧失了出现并被选择的机会。

(3)杂种各世代进行选择的依据和效果

①不同性状在同一世代的遗传力不同,选择效果不相同　一般以生育期、矮秆、株高的遗传力最高,选择的可靠性和效果最好;粒重、每穗粒数次之;产量等较低。有些性状如含油量和蛋白质含量变化较大,遗传力及其选择可靠性低。

②同一性状在不同世代的遗传力不同,选择效果不相同　随着世代的进展,不同性状的遗传力逐代提高,选择的可靠性也逐渐增大。因此,有些性状如生育期、株高、穗长、遗传性简单的抗病性,在F_2进行选择,效果明显;其他在早代遗传力不高的性状,到F_3或F_4再作为选择的依据较有效。

③同一世代同一性状的个体和群体选择效果不同　因此,杂种后代选择方法应是首先选杂交组合,再在优良组合中选优良株系,最后在优系中选优株。

7.4.2.2　混合选择法

混合选择法(mass selection method)简称混合法,是指在杂种早代,按组合混合种植,除淘汰明显的劣株和杂株外,不进行选株,直到估计杂种遗传性趋于稳定,纯合个体数达80%以上的世代时(约在F_5~F_8)或在有利于选择时,才开始选择一次单株,下一代种植成系统(株系),然后选拔优良系统升入品系比较(产量)试验。

(1) 混合法的理论依据

①牧草及草坪草育种目标要求的性状多属数量性状，容易受环境条件的影响，在杂种早代的遗传力低，选择的可靠性差。同时，杂种早代的纯合个体很少，需要在晚期世代纯合个体百分率增加后再进行单株选择。例如，如果杂种后代的纯合个体在 F_2 只有 0.1%，到 F_6 的纯合个体就可达 72.83%。若用系谱法在 F_2 开始选择单株，其选择效果将会很低，并且由于受到种植群体的限制，不可避免地会损失许多对产量有利的基因和基因型。但采用混合法则可在杂种群体中保存各种优良基因。

②混合法可容纳的杂种后代群体较大，可保存大量的有利基因和基因型，并在以后世代中继续重组成优良的纯合体，从而提高许多重要育种目标数量性状的遗传力。

③杂种后代表现存在基因的竞争力影响　杂种后代是无数不同基因型组成的群体，基因型间存在竞争，有些与产量性状有关的基因型可能因竞争力差，产量潜力得不到充分表现而被淘汰；不良基因型却可能因竞争力强而中选。因此，在 F_2 群体选择具有产量优势但竞争力差的单株则可能变得十分困难。

(2) 混合法操作应注意的事项

①混合法要求混播群体比较大，同时代表性要广泛，即每世代收获和播种的群体应该尽可能包括各种类型的植株。到选择世代，入选的株数应尽可能多些，甚至可达数百乃至上千。选择无需太严格，主要依靠下一代的系统表现予以严格淘汰。

②混合法在早代不进行人工选择，但仍然在自然选择的作用下，杂种后代群体性状向适应于当地自然、栽培条件的方向发展，并形成具有抗寒、抗旱等较强适应性的生态型。但另一方面，由于基因的竞争或其他影响，一些不是牧草及草坪草本身所要求但为人类与家畜所需要的性状，如大粒、矮秆、早熟、品质等性状可能削弱，这种类型的个体在群体中将逐渐减少，这也是混合法不利的一面。

③为减少不同类型间生长竞争所产生的不良后果，提高育种效率，可改良混合法，即在 F_2 或在条件有利于性状表现的世代，如病害或旱害等灾害大发生的年份针对遗传力高而又为人类所需的性状进行选择；也可在杂种早代适当选择，以后仍按混合法处理，以使杂种群体中符合人类需要的类型增加。

(3) 混合法的优缺点

①混合法的优点　混合法在杂种早代不选单株，混收混种，因而育种材料种植、收获、管理等工作较简单。混合法可保留更多的多样化类型和高产个体，多基因控制的优良性状不易丢失，有更多的机会选育高产、综合性状优良的新品种。

②混合法的缺点　混合法可出现类型丢失现象。如早熟、耐肥、矮秆等植株类型，因其植物个体间的相互竞争力不强，容易在混合选择法的早期世代丢失。单株取舍困难，延长育种年限。混合法是在混合种植若干代后，才选单株，而在杂种群体中选择的单株数量大，各单株间缺乏历史的观察记载和亲缘参照考查，优良类型不易确定，造成单株评定及取舍比较困难，育成新品种时间较长。

7.4.2.3 衍生系统法

(1) 衍生系统法(derived line method)的工作要点

由 F_2 或 F_3 一个单株所繁衍的后代群体分别称之为 F_2 或 F_3 衍生(派生)系统。衍生系统法是在 F_2 或 F_3 进行一次单株选择，以后各代分别按衍生系混合种植而不加选择。对衍生系统进行测产和品质等测定，测定结果只作参考，淘汰明显不良的衍生系统，并逐代明确优良的衍生系统，直到产量及其他有关性状趋于稳定的世代（$F_5 \sim F_8$），再从优良衍生系统内选择单株，翌年种成株系，从中选择优良系统，进行产量比较试验，直至育成品种。在F_2（或F_3）选株时，可针对遗传力高的性状进行，遗传力较低的性状可在晚代选择。由于F_3系统产量及其他性状的优劣在很大程度上决定了其后继世代的优劣，所以根据衍生系统的表现进行选择与淘汰，可靠性较高。

(2) 衍生系统法的优缺点

衍生系统法兼具系谱法和混合法的优点，又在不同程度上消除了两法的缺点。

① 衍生系统法与系谱法相比较，它在早代选择单株，按株系种植，可以尽早获得优良株系，发挥了系谱法的长处。如果采用系谱法要连续在系统内选择单株，选株太多会增加工作量；选株太少又可能损失一些优良基因，而采用衍生系统法既不会使所处理的材料，在若干世代内增加太多，又可在系统内保存较大的变异，从而可弥补系谱法的缺点。

② 衍生系统法与混合法相比较，衍生系统法在早代选株后，即按衍生系统混合种植，既可在早期世代，大大减少工作量，又可保存大量变异，从而保留了混合法的优点。又由于分系种植，可以减少混合法在早代混播条件下，其杂种群体内出现不同类型间的竞争问题。同时，采用衍生系统法能集中精力在有希望的材料中进行选择，可减轻混合法在选择世代中大量选株的工作量，也能提早选择世代，比混合法可缩短育种年限。

此外，还产生了其他的杂种后代选择方法，如单子传代法（single seed descent method，SSD法）、集团混合法（mass selection method）等。实际育种工作中，可将系谱法和混合法用于不同类型的杂交组合及不同杂种世代，并加以灵活掌握，从而可以提高育种效率。

7.4.3 杂交育种程序

杂交育种工作中，从制定育种目标、搜集观察原始材料开始，经过选配亲本、配制杂交组合和进行杂种后代选育，直到育成新品种，需要经过一系列工作环节才能完成，而这些环节构成了杂交育种程序。杂交育种的一般程序如图7-1所示，各育种工作环节的试验圃区分与种植材料的性质、工作内容及目的要求如下。

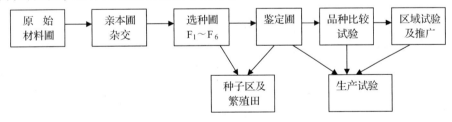

图 7-1 杂交育种程序示意

(1) 原始材料圃（raw material nursery）和亲本圃（parent material nursery）

原始材料圃种植国内外搜集来的原始材料，按类型归类种植。原始材料圃应重视引入新种质，丰富育种材料的基因库。要防止机械混杂和天然杂交，保持其纯度和典型性。原始材料应分批轮流种植保存，对所有材料进行比较系统的观察记载。并根据育种目标作重点研究，以备作杂交亲本。

亲本圃种植从原始材料圃中选出用作杂交亲本的若干材料。杂交亲本要分期播种，以便花期相遇；同时要加大株行距种植并且种于田地边行，以便于杂交操作。杂交后，对杂交植株精心管理，成熟时按组合收获，注明组合名称，然后脱粒、保存并予以编号，下年种入选种圃。

(2) 选种圃(selection nursery)

种植杂种后代各世代群体的地段称为选种圃。其主要任务是选择所需要的个体或类型，直到杂种材料性状稳定一致，升入鉴定圃。选种圃除种植杂种后代材料外，还需种植对照品种与亲本，以便选择，一般单本种植(单粒点播)。杂种后代材料在选种圃的年限，因选择方法及性状稳定所需世代而异，一般需要 $F_1 \sim F_4(F_6)$ 代。

(3) 鉴定圃(evaluation nursery)

鉴定圃种植从选种圃升级的新品系和上年鉴定圃留级的品系(strain)。播种方式、株行距及密度等栽培条件接近大田生产，进行初步的产量试验及性状稳定和一致性的进一步评定，从中选出优良品系，升级品种(系)比较试验。鉴定圃由于品系数目多、种子数量较少，所以鉴定圃试验区面积较小，重复 2~3 次。多采用顺序排列法，要种植对照，一般进行 1~2 年。

(4) 品种(系)比较试验(cultivars or strains comparison test)

由鉴定圃升级的优良品系，在较大的小区面积上进行更精确、更有代表性的产量比较试验，称为品种(系)比较试验，简称品比试验。品比试验种植鉴定圃升级品系或引种新品种。由于品比试验的品种数目相对较少，小区面积较大，重复 3~4 次，多采用随机区组设计，试验一般进行 2~3 年，对参试品种(系)的生物学特性、抗逆性、丰产稳定性、栽培要求等进行更为详尽和全面的研究，评定选出符合育种目标的优良品系(种)升入品种区域试验。

在选种圃阶段，表现特别优良的品系可以不经过鉴定圃阶段直接升入品种比较试验。品比试验期间表现优良的品种(系)，应在品比试验的同时加速种子繁殖。

(5) 品种区域试验(cultivars regional test)

品种区域试验简称区试，它是指经过品种比较试验后，对若干表现突出优异的新育成品系或引种品种，还需要分别在各个不同的自然区域或有代表性的地点，按照统一试验设计要求进行的多点品种比较试验。区试的主要任务是确定新品种(系)的利用价值、适应性、最适栽培条件和最适宜的推广地区。

(6) 生产试验(production test)和栽培试验(cultivation test)

将有希望的品种在完全生产条件下进行大区对比试验称为生产试验。生产试验的目的是鉴定新选育的品种能否满足生产条件的要求，同时起示范和繁殖种子的作用，为其以后的迅速大面积推广打下基础。生产试验与区域试验可同时进行。为争取时间，在加速种子繁殖的基础上，还可将生产试验提前与鉴定、品比试验同时进行，即将鉴定、品比试验中有希望的品系在进行鉴定、品比试验的同时，还可以把其部分种子送到生产单位中进行生产试验。

栽培试验是在生产试验的同时，或在优良品种决定推广后，就关键性栽培技术进行的试验。目的是进一步了解适合新品种特点的栽培措施，为大田生产制订栽培方案提供依据，做到良种良法配套推广。

经过区域试验、生产试验，对表现优异、产量、品质和抗性等符合推广条件的新品种(系)，按照品种审定程序，可报请品种审定委员会审定，经过审定登记合格正式命名后，即成为品种可生产推广应用。

综上所述，按照杂交育种程序，采用常规杂交育种方法育成一个新品种需要多年，有时需要数十年时间，这与现代草业与乡村振兴战略要求十分不相适应。为此，实际育种工作中，往往采用加速世代繁育进程、加速试验进程和加速繁殖种子等措施，加快杂交育种进程，从而缩短杂交育种年限，早出育种成效。有关"加速杂交育种进程的方法"可参见第5章"5.2.5.2 加快育种进程的措施"。

思考题

1. 杂交育种按其指导思想可分为哪两种类型？它们各自的遗传机理是什么？
2. 论述杂交育种的原理。
3. 简述亲本选择、选配的原则。
4. 选用遗传差异大的材料作亲本有何利弊？是否双亲来源地的远近能正确反映双亲亲缘关系的远近？
5. 为什么说杂交方式是影响杂交育种成败的重要因素之一？杂交方式有哪些种？在单交，三交，四交，双交等杂交方式中，每一亲本遗传组成的比重如何？为什么在三交和四交中要把农艺性状好的亲本放在最后一次杂交？
6. 论述系谱法、混合法和衍生系统法的概念及它们各自的工作要点。试比较它们各自的优缺点及应用？
7. 论述回交育种的意义与作用。说明回交育种的优点与不足。
8. 什么是轮回亲本和非轮回亲本？在回交育种中它们各有何作用？如何选用轮回亲本和非轮回亲本？
9. 根据本地育种目标，试设计一种牧草或草坪草的杂交育种程序。

第 8 章
杂种优势利用

杂种优势(heterosis)是指两个遗传组成不同的亲本杂交后,所产生的杂种一代在生长势、生活力、抗逆性、适应性、产量和品质等方面比其亲本优越的现象。杂种优势是生物界的一种普遍现象,而杂种优势利用则已成为牧草及草坪草增产与优质利用的重要手段,杂种优势强的牧草及草坪草杂交种品种既可提高牧草产量水平,也可改良草坪草的利用效果。如果牧草及草坪草的杂种优势利用与杂交育种、诱变育种及倍性育种等其他育种方法相结合应用,还会获得更大的育种成效。

8.1 植物杂种优势研究及其利用概述

杂种优势利用是指配制和种植杂交种利用杂种超亲现象,以获得更大的经济效益。

8.1.1 国外植物杂种优势研究及其利用概况

杂种优势术语虽然最早由 Shull 于 1908 年提出。但最早发现并利用植物杂种优势是德国学者克尔罗伊特(Kölreuter),在 1761—1766 年利用早熟普通烟草(*Nicotiana tabacum*)与品质优良的晚熟心叶烟草(*Nicotiana glutinosa*)进行种间杂交,育成了早熟、品质优良的种间杂种,提出了种植烟草杂种一代的建议。1865 年孟德尔(Mendel)通过豌豆杂交试验,也观察到杂种优势现象,并首先提出了杂种活力(hybrid vigor)概念。1866—1877 年,达尔文(Darwin)观察并测量了玉米等作物的杂种优势现象后,提出了异花授粉对后代有利、自花授粉对后代有害的观点。1876—1880 年,W. J. Beal 选育出玉米品种间杂交种品种并在生产上应用,比常规品种增产 20% ~ 30%。Morrow 和 Oardner 于 1893 年提出生产杂交种子的程序。Richey 1922 年试验玉米单交种。Jones 1918 年提出玉米双交种方案,1930 年育成第 1 个玉米双交种。1956 年,美国已普及了玉米杂交种品种。美国 1948 年首先发现了高粱质核互作雄性不育系,其后利用其配置杂交种进行研究与生产应用,20 世纪 50 年代后期,美国已基本普及高粱杂交种。玉米为首先在生产上大规模利用杂种优势并成效显著的异花授粉作物;高粱为首先利用雄性不育系配置杂交种并具有成效的常异花授粉作物。玉米与高粱的杂种优势利用成功及进展,也推动了全球范围内的其他作物杂种优势利用研究与发展。

8.1.2 中国植物杂种优势研究及其利用概况

中国对植物杂种优势的认识和利用由来已久,1637 年宋应星编著的《天工开物》中记载了桑蚕品种间杂交获得杂种优势的事例。中国玉米杂种优势利用研究始于 20 世纪 30 年代,但因连年内战外患，获得有限的育种成果也未能在生产上应用。直到20世纪50年代，才开始推广玉米品种间杂交种，60年代推广玉米双交种，70年代推广单交种，2000年玉米单交种面积超过玉米总播种面积的90%。中国高粱杂种优势利用研究始于20世纪50年代后期，到60年代后期，育成并推广了一批高粱杂交种品种，现在已基本普及高粱杂交种品种。1964年，袁隆平开始水稻杂种优势利用研究，发现了核基因控制的水稻雄性不育株。1970年李必湖发现了水稻"野败"质核互作雄性不育株，1973年实现了籼型杂交水稻的"三系"配套，1976年开始在生产上大面积推广籼型"三系"杂交水稻。1973年，中国也实现了粳型杂交水稻的"三系"配套并发现了水稻光(温)敏雄性不育系'农垦58S'，其后开始水稻光(温)敏雄性不育系及其"两系"杂交水稻研究，1995年中国的"两系"杂交稻研究已获得基本成功。迄今为止，水稻是杂种优势利用最为成功的自花授粉作物，中国水稻杂种优势利用研究在国际上处于领先和统治地位。

8.1.3 国内外牧草及草坪草杂种优势研究与利用概况

尽管牧草及草坪草杂种优势研究与利用水平比大田作物的落后，但20世纪以来，国外牧草及草坪草的杂种优势利用研究也有了很大进展。加拿大学者1958年首次发现了紫花苜蓿雄性不育系20DRC。Davis和Greenblatt 1967年发现了含有1个恢复基因的苜蓿细胞质雄性不育系。之后美国、俄罗斯、匈牙利、保加利亚、法国、丹麦、日本等国的许多学者也相继培育了苜蓿雄性不育系，并利用其进行了大量的研究，已经研制出很多优良苜蓿杂交种品种。目前，美国紫花苜蓿雄性不育系研究和利用水平处于世界领先地位，美国使用紫花苜蓿雄性不育系配制的三系杂交种品种已实现了商品化生产应用。此外，国外高丹草、美洲狼尾草、黑麦草、三叶草等牧草及草坪草杂种优势利用研究也获得了极大进展，许多牧草及草坪草的三系杂交种品种均在生产上推广应用。

中国牧草及草坪草的杂种优势利用研究近年也获得了长足进展，多个通过全国或省级品种审定登记的饲用青饲与籽粒玉米、饲用高粱、高丹草、美洲狼尾草、青饲杂交甘蔗等杂交种品种，已在生产上大面积推广应用。内蒙古农业大学吴永敷在中国最早于1978年从杂花苜蓿品种'草原1号'中发现和选育了苜蓿雄性不育材料Ms-4；贵州省草业科学研究所吴佳海1998年发现了高羊茅雄性不育材料；吉林省农业科学院于洪柱2008年发现了苜蓿雄性不育材料MS-GN；兰州大学陈丽2010年发现了一些紫花苜蓿雄性不育材料。国内许多学者对苜蓿与高羊茅的雄性不育杂种优势利用进行了较多的基础与应用研究，但目前还未获得生产上大面积应用的三系杂交种品种。此外，国内育种家除选育了许多在生产上大面积推广应用的牧草及草坪草综合品种外，还对披碱草属种间杂交种、鸭茅品种间杂交种等牧草及草坪草的杂种优势利用进行了较多研究，取得了积极进展。

8.2 杂种优势的特点

8.2.1 杂种优势的普遍性及其分类

杂种优势是生物界的普遍现象，通常凡能进行正常有性繁殖的动植物，都存在杂种优势现象。杂种优势表现的普遍性及其分类至少具有以下4个类别。

8.2.1.1 杂种优势按其表现性状的性质或功能分类

杂种优势按其表现性状的性质可分为：①体质型(营养体)优势：表现为杂种有机体营养部分的较强发育。②生殖型(生殖)优势：表现为杂种生殖器官较强的发育，即杂种的结实率高、种子和果实的较高产量等。③适应型(适应性和抗逆性)优势：表现为杂种的高生活力、适应性和竞争力强等。④品质优势：表现为杂种的品质性状好等。

8.2.1.2 杂种优势按其表现方向分类

杂种优势按其表现方向可分为：①正向杂种优势：杂种优势表现与比亲本该性状增加或增高方向一致者叫正向优势，为狭义的杂种优势。②负向杂种优势：杂种优势表现与比亲本该性状减少或降低方向一致者叫负向优势。如植物生育期育种需要负向杂种优势。广义的杂种优势包括正向优势与负向优势。

8.2.1.3 杂种优势按其是否通过有性阶段的遗传传递分类

杂种优势按其是否通过有性阶段的遗传传递可分为：①不稳定的杂种优势：包括杂种不稳定的杂合性杂种优势与杂种异核的杂种优势两种类型。②稳定的杂种优势：包括杂种稳定的杂合性杂种优势与杂种部分同源的杂种优势两种类型。

8.2.1.4 杂种优势按其优势性状类别分类

杂种优势按其优势性状类别可分为：①形态优势：表现为杂种的根系发达，表现根多、根长、根粗、发根力强、根系分布广、扎根深等；分蘖力强；穗大、粒多、粒重等。②生理优势：表现为杂种的根系活力强；营养物质运转多；呼吸强度较低；光合叶面积大；光合强度高等。③产量优势：表现为杂种的经济学、生物学产量均高。

8.2.2 杂种优势的度量

为了便于比较和利用杂种优势，通常采用如下度量指标衡量和表示杂种优势的大小。

8.2.2.1 中亲优势(mid-parent heterosis)

中亲优势又称平均优势或相对优势，指杂种(F_1)的产量或某一数量性状的数值超过双亲同一性状平均值的百分率。

$$中亲优势(\%) = [F_1 - (P_1 + P_2)/2] / (P_1 + P_2)/2 \times 100$$

8.2.2.2 超亲优势(over-parent heterosis)

超亲优势又称高亲值优势，指杂种(F_1)的产量或某一数量性状的数值超过较好亲本(HP，高值亲本)同一性状平均值的百分率。

$$超亲优势(\%) = (F_1 - HP)/HP \times 100$$

有些性状在 F_1 可能表现出超低值亲本(LP)现象，如这些性状也是杂种优势育种目标(如生育期)时，可称为负向超亲优势，计算公式为：

$$负向超亲优势(\%) = (F_1 - LP)/LP \times 100$$

8.2.2.3 超标优势(over-standard heterosis)

超标优势又称对照优势或竞争优势，指杂种(F_1)的产量或某一数量性状的数值超过当地推广品种或对照品种(CK)同一性状的百分率。

$$超标优势(\%) = (F_1 - CK)/CK \times 100$$

8.2.2.4 杂种优势指数(index of heterosis)

杂种优势指数指杂交种(F_1)的产量或某一数量性状的数值与双亲同一性状平均值的比

值，也用百分率表示。

$$杂种优势指数(\%) = F_1 / [(P_1+P_2)/2] \times 100$$

综上所述，以上各种杂种优势的衡量方法都有它的优点，也都存在一定的局限性，应酌情选择使用。牧草及草坪草杂种优势的表现多种多样，描述杂种优势的方法也有多种，杂种优势可归纳为 5 类：①当 F_1 值大于 HP 值时，称为超亲优势；②当 F_1 值小于 HP 值而大于双亲平均值（MP）时，称为正向中亲优势或部分优势；③当 F_1 值小于 MP 而大于 LP 值时，称为负向中亲优势或负向部分优势；④当 F_1 值小于 LP 值时，称为负向超亲优势或负向完全优势；⑤当 F_1 值大于 CK 值时，称为超标优势。

8.2.3 杂种优势表现的特点

8.2.3.1 杂种优势表现的复杂多样性

杂种优势是一种复杂的生物现象，不仅表现复杂多样，而且杂种优势的有无和强弱并不是绝对的，即并不是所有杂种的任何性状都比双亲优良。有的杂种不仅不具杂种优势反而具有劣势，如远缘杂种的可育性可能不及双亲。杂种优势的表现因牧草及草坪草种类、杂交组合和杂交方式、性状、环境条件等不同而呈现复杂多样性：

(1) 不同种类的杂种优势表现不同

通常二倍体作物品种间的杂种优势往往大于多倍体作物品种间的杂种优势，如大麦品种间的杂种优势往往大于普通小麦品种间的杂种优势。

(2) 不同杂交组合与杂交方式的杂种优势表现不同

自交系配置杂交组合的杂种优势往往强于自由授粉品种配置杂交组合的杂种优势；不同自交系组合间的杂种优势，也有很大差异，通常双亲性状间互补的杂交组合往往容易表现杂种优势。

(3) 不同性状的杂种优势表现不同

通常综合性状表现杂种优势的杂种，其单一性状的杂种优势较低。如玉米杂种的单株籽粒产量超亲本的多，而杂种百粒重超亲本的少。而杂种品质性状的杂种优势表现更为复杂，不同性状和不同组合的品质性状杂种优势均有较大的差异。如玉米杂种籽粒的淀粉和油分等品质性状，绝大多数表现杂种优势，而其蛋白质含量则往往表现负向杂种优势。

(4) 不同环境条件的杂种优势表现不同

杂种优势是由双亲基因互作与环境条件互作的结果，因此杂种优势表现会因环境条件不同而表现不同。通常单交种的抗逆性优于纯系品种，但单交种的抗逆性不及群体品种。

8.2.3.2 杂种优势强弱与亲本的纯合度及亲缘关系远近密切相关

牧草及草坪草杂种优势的强弱因亲本纯合度及亲缘关系远近的不同而呈现明显差异。

(1) 杂种优势强弱与亲本基因型的纯合度密切相关

亲本纯合度高的自交系间的杂种优势往往强于纯合度低的自由授粉品种间的杂种优势。在双亲的亲缘关系和性状有一定差异的前提下，基因型的纯度越高，则杂种优势越强。即使是同一杂交组合，用纯度高的亲本配制的杂种 F_1，其杂种优势也明显地高于用纯度低的亲本配制的杂种 F_1。因为纯度高的亲本，产生的配子都是同质的，杂种 F_1 是高度一致的杂合基因型，每一个杂种 F_1 个体都能表现较强的杂种优势，而群体又是整齐一致的。如果双亲的纯合度不高，基因型是杂合的，减数分裂时杂合基因势必发生分离，产生多种基因型的配子，其杂种 F_1 必然是多种杂合基因型的混合群体，无论杂种优势和植株整齐度都会降低。

(2) 杂种优势强弱与亲本亲缘关系的远近密切相关

亲本亲缘关系远的自交系间杂种优势往往强于亲缘关系近的自交系间杂种优势。在自然条件下杂交亲和的范围内，双亲的亲缘关系、生态类型、地理距离和性状上差异较大的，某些性状上能互补的，其杂种优势往往较强；反之，则较弱。

8.2.3.3 杂种 F_2 及以后世代的杂种优势衰退

杂种 F_1 群体基因型的高度杂合性和表现型的整齐一致性是构成强杂种优势的基本条件。而杂种 F_2 及以后世代由于基因分离，势必引起杂种优势衰退(depression of heterosis)，其杂种优势的衰退速度与 F_1 基因杂合位点数及植物授粉方式具有密切关系。F_2 及以后世代由于自交会产生多种基因型的个体。其中，既有杂合基因型个体，也有纯合基因型个体，个体间性状发生分离，只有杂合基因型个体表现杂种优势，另外纯合基因型个体的性状趋向双亲，不表现杂种优势，从而导致及以后世代的杂种优势衰退。一般 F_1 基因型的杂合位点数越多，则 F_2 及以后世代群体中的纯合体越少，杂种优势的下降就越缓和。生产上一般只利用杂种 F_1 的杂种优势，F_2 及以后世代不宜继续利用。

此外，F_1 以后世代杂种优势的变化也因植物授粉方式不同而存在差异，一般异花授粉植物的 F_1 群体内自由授粉，如不经过选择和不发生遗传漂移，其基因和基因型频率不变，则 F_2 及以后世代基本保持 F_1 的优势水平。但如进行自交，或是自花授粉植物，则后代基因型中的纯合体将逐代地增加，杂合体将逐渐代减少，杂种优势将随自交代数的增加而不断下降，直到分离出许多纯合体为止。

8.2.4 不同繁殖方式植物杂种优势利用的特点及杂交种的类别

8.2.4.1 不同繁殖方式植物杂种优势利用的特点

(1) 自花授粉植物

自花授粉植物由于长期自交，品种内不同植株间的遗传基础较为纯合，性状基本一致。因此，自花授粉植物杂种优势利用的特点如下：一是品种间杂种优势利用为其杂种优势利用主要方式；二是雌雄同花，去雄不易，因而自花授粉植物除花器大、一朵花可结多粒种子的植物可采用人工去雄生产杂种的杂种优势利用途径外，其他的自花授粉植物则主要通过利用雄性不育系制种利用杂种优势。

(2) 异花授粉植物

异花授粉植物的天然异交率较高，品种间植株间性状参差不齐，基因型杂合。如利用品种间杂交种，其杂种优势会不明显，为了充分发挥显性基因的加性与互补作用及基因间的互作，应先选育自交系，然后选配自交系杂交或品种与自交系间杂交。因此，异花授粉植物杂种优势利用的特点是主要利用自交系培育、再测定自交系间杂种配合力，从而选择优良自交系间杂交组合利用杂种优势。

(3) 常异花授粉植物

常异花授粉植物则可以使用多种方法利用杂种优势，通常其杂种优势利用途径为采用品种与自交系杂交以获取具杂种杂种优势的 F_1 杂交种品种。

(4) 无性繁殖植物

无性繁殖植物的遗传基础复杂，杂种一代会产生多种多样的分离，杂种优势利用方法主要是配制品种间杂种。并且，该类植物的无性繁殖习性为其杂种 F_1 优势的长期保持提供了一个十分便利的途径。无性繁殖植物首先通过其有性繁殖方式进行品种间杂交，选择优良植株进行无性繁殖，杂种后代优势水平不减。这类植物一旦获得杂种优势就可通过无性繁殖相对固定，在生产上可多年利用，不必年年制种。

许多多年生牧草及草坪草的杂种 F_1 可多年利用；杂交制种隔离区也可以多年利用，一年制种多年使用。无性繁殖植物除利用品种间杂种优势外，为提高育种效果，也可以先通过多代自交育成自交系，然后再进行自交系间杂交，从自交系间杂种 F_1 中选择优良植株进行无性繁殖，可固定自交系间杂种优势。如美国从 385 个'海岸狗牙根'ב肯尼亚-56'的 F_1 种间杂种中，选出其中最优良的 1 个杂交种品种"岸杂一号狗牙根"，然后再采用无性繁殖方式持续利用其杂种优势。又如，福建青饲杂交甘蔗新品种'闽牧 42'的选育过程实质上也是无性繁殖作物的杂种优势利用途径。

8.2.4.2 牧草及草坪草杂种优势利用的特点

牧草及草坪草的杂种优势利用具有较多有利条件。首先，有些牧草及草坪草既可以进行有性繁殖，又可无性繁殖，便于固定杂种优势。其次，栽培牧草及草坪草主要收获与利用物是茎叶而不是种子，主要利用营养体(茎叶)优势，只需选育营养体优势杂交组合；如利用雄性不育系制种时，一般不需要恢复系。当雄性不育系与某一品种杂交时，只要营养体有优势，即可用于生产。再者，许多种类的牧草及草坪草属多年生、多次收获的植物，杂种一代杂种优势可连续利用多年(次)，杂交制种隔离区也可连续利用多年；如不需扩大面积或更换草丛，就不必年年制种。例如，美国'岸杂一号'狗牙根在生产上一直采用无性繁殖，从而使杂种优势得以长期稳定地保留下来并加以利用。

8.2.4.3 杂交种的类别

根据配制杂交种的亲本类型和杂交方式，可将杂交种品种分为如下类型。

(1) 品种间杂交种(intervarietal hybrid)

指用 2 个亲本品种杂交组配而成的杂交种(品种)。如品种甲×品种乙→品种间杂种 F_1，供生产上利用。品种间杂交种的性质因植物繁殖方式不同而异。异花授粉作物的品种间杂交种具有群体品种的特点，性状不整齐，增产潜力有限。如 20 世纪 50 年代中期中国曾广泛利用玉米的品种间杂交种，它仅比一般自由授粉品种增产 5%~10%。而自花授粉作物的品种间杂交种，基因型纯合，表现型性状整齐，其品种间杂交种实际相当于单交种。

(2) 品种-自交系间杂交种(variety-line hybrid)

指用自由授粉品种(一般为异花授粉作物)和自交系组配的杂交种品种，又称顶交种品种(top-cross hybrid)。如品种甲×自交系 A→顶交种 F_1，供生产上利用。品种-自交系间杂交种具有群体品种的特点，性状不整齐，增产幅度不大，比一般自花授粉品种增产 10%左右，增产幅度低于自交系间杂交种，异交作物现在很少采用顶交种。

(3) 自交系间杂交种(inbredline btween hybrid)

指用自交系作亲本组配的杂交种品种。根据亲本数目、组配方式不同，又可分为如下 4 种：

①单交种(single cross hybrid) 用两个自交系组配而成，例如，A×B→单交种 F_1。单交种的增产幅度大，性状整齐，制种程序比较简单，是当前杂种优势利用的主要类型。但单交种的制种产量低，为解决这一问题，可用近亲姊妹系配制改良单交种，如 $(A_2×A_1)×B$，既

可保持原单交种 A×B 的增产能力和农艺性状，又可相对提高制种产量，降低制种成本。

②三交种(three way cross hybrid)　用 3 个自交系组配而成，组合方式为(A×B)×C→三交种 F_1，三交种增产幅度较大，产量接近或稍低于单交种。但制种产量比单交种高出许多。

③双交种(double cross hybrid)　用 4 个自交系组配而成，先配成两个单交种，再配成双交种，组合方式为(A×B)×(C×D)→双交种 F_1。双交种增产幅度较大，但产量和整齐度都不及单交种。制种产量比单交种高，但制种程序比较复杂。20 世纪 60 年代中国主要种植玉米双交种，现在基本上已被单交种代替。

④综合杂交种(synthetic hybrid)　用多个自交系组配而成。亲本自交系一般不少于 8 个，多至 10 余个不等。组配方式有两种，一种是用亲本自交系直接组配。具体方法是从各亲本系中取等量种子混合均匀，种在隔离区内，任其自由授粉，后代继续种在隔离区中自由授粉 3~5 代，达到形成遗传平衡的群体。二种是将亲本自交系按部分双列杂交法套袋杂交，组配成 $n(n-1)$ 个单交种。从所有单交种中各取等量种子混合均匀后，种在隔离区中，任其自由授粉，连续 3~5 代，达到充分重组，形成遗传平衡的群体。综合杂交种品种是人工合成的、遗传基础广泛的群体。F_2 及其后代的杂种优势衰退不显著，一次制种后可在生产中连续使用多代，不需每年制种，适应性较强，并有一定的生产能力。

(4) 雄性不育杂交种(hybrid with male sterility)

雄性不育杂交种品种指用各种雄性不育系作母本配制而成的杂交种品种。按雄性不育系类型不同可分为如下几种。

①核质互作雄性不育杂交种(hybrid with nucleo-cytoplasmic male sterility)　习惯称为细胞质雄性不育杂交种品种，也称"三系"杂交种品种，它是用各种类型的核质互作雄性不育系作母本，用相对应的恢复系作父本配组而成。

②细胞核雄性不育杂交种(hybrid with nuclear male sterility)　分显性核雄性不育杂交种品种与隐性核雄性不育杂交种品种，它是将具有核雄性不育基因的不育系与正常品种(系)配组杂交种，再利用苗期标记性状除去其中的不育杂交种植株或采用细胞遗传学手段建立特殊的雄性不育材料的繁殖体系，从而利用杂种优势。

③光(温)敏雄性不育杂交种　是用纯合的光(温)敏雄性不育系作母本与正常品种(系)杂交而成。又称两系杂交种品种。

(5) 自交不亲和系杂交种(hybrid with self-incompatibility)

是用自交不亲和系作母本与正常品种(系)杂交而成。

(6) 种间杂交种与亚种间杂交种(interspecific hybrid and intersubspecific hybrid)

种间杂交种与亚种间杂交种品种是用不同植物种或亚种配制的杂交种品种。

(7) 核质杂交种(nucleo-cytoplasmic hybrid)

植物不同种属间的细胞核、细胞质存在一定程度的分化，不同核质间存在着不同的互作效应，异核、异质结合可产生一定的杂种优势，即核质杂种优势，通过回交置换法可获得核质杂交种。

8.2.5　杂种优势利用与杂交育种的比较

杂种优势利用又称优势杂交育种，也可归属于杂交育种的一种育种方法。但是，它与常规杂交育种比较既有相同点，也有不同点。

8.2.5.1 相同点

杂种优势利用与常规杂交育种都需要大量收集种质资源，选配亲本，进行有性杂交，进行品种比较试验、区域试验、生产试验，申请品种审定登记与良种繁育及新品种推广等各项育种工作。

8.2.5.2 不同点

①从育种理论分析，常规杂交育种利用的主要是加性效应和部分上位效应，是可以固定遗传的部分；杂种优势利用的是加性效应和不能固定遗传的非加性效应。

②从育种程序分析，常规杂交育种是先杂交后纯合，即先进行杂交，然后自交分离选择，最后得到基因型纯合的定型品种；杂种优势利用是先纯合后杂交，通常首先选育自交系，经过配合力分析和选择，最后选育出优良的杂交种品种应用于生产。

③从种子生产过程分析，常规杂交育种种子生产过程比较简单，每年从生产田或种子田内植株上收获种子，即可供下一年生产播种之用；杂种优势利用选育的杂交种品种不能在生产田中留种，必须每年设立专门亲本繁殖区和制种区，年年制种，才能有效利用杂种优势。

④目前主要农作物的杂种优势利用，即杂交种品种种植占据了农作物生产的主导地位，其主要原因如下：一是农作物杂交种品种的杂种优势强，农牧民愿意种；二是杂交种品种的种植者不能自行留种，需要年年购种，使杂种品种的育种者与种子企业的权益容易得到保护；三是杂交种品种的育种只需经过配制杂种与比较杂种 F_1 两个阶段，即可选育优势杂交组合利用，而不需像常规杂交育种那样，需经过多个育种世代才能选育基因型与性状纯合的稳定品种，因此，杂种优势利用的育种周期短，投入少，奏效快，效益好。但是，常规杂交育种与杂种优势利用是相辅相成的两种不同育种途径，只有通过常规杂交育种选育出优良杂交亲本品种，才可能利用更强的杂种优势。可以说没有常规杂交育种的基础，也就不可能更好地利用杂种优势。

8.3 杂种优势的遗传理论

目前杂种优势的遗传理论比较认可的是显性假说与超显性假说。

8.3.1 显性假说

显性假说(dominance hypothesis)也称有利显性基因假说或显性基因互补假说，它由Davenport于1908年首先提出，之后经Bruce(1910)和Jones(1917)等进一步发展而成为显性假说。

8.3.1.1 假说基本论点

显性假说的基本论点是：杂交亲本的有利性状大都由显性基因控制，不利性状大多由隐性基因控制，通过杂交，杂种 F_1 集中了控制双亲有利性状的显性基因，每个基因都能产生完全显性或部分显性效应，由于双亲显性基因的互补作用，从而产生杂种优势。

8.3.1.2 假说试验证据

显性假说的试验证据首先是由Keeble和Pellew(1910)所报道的豌豆杂交试验试验获得：两个株高均为1.52~1.83m的豌豆品种，一个节多而节间短；另一个节少但节间长。节多而节间短豌豆×节少节间长豌豆→节多节间长杂种豌豆，即两个豌豆品种杂交后的豌豆杂种一代获得了双亲节多和节间长的有利显性基因，株高达 2.13~2.44m，表现出明显的杂种优势。此外，也有部分牧草及草坪草的试验结果支持显性假说。如 Riday 和 Brummer 认为杂种优势可以出现在形态学相似的植株后代，将形态学不同的两种植株进行杂交，如果基因位点控制的性状是部分显性的，且对产草量都有正的影响，那么每个不同性状的亲本杂交种可能会产生高产量的子代。他们将茎粗的紫花苜蓿与多枝的黄花苜蓿进行杂交，结果产生了一种枝多茎粗的杂交种。李造哲等对披碱草（*Elymus dahuricus*）和野大麦（*Hordeum brevisubulatum*）及其杂种 F_1 与 BC_1 代的形态特征进行观察比较结果，表明杂种 F_1 穗长超过披碱草；小穗长、每小穗小花数、颖长、稃长也超过双亲的平均值，并继承了野大麦短根茎和每节 3 枚小穗的特征；BC_1 代形态特征明显偏向轮回亲本野大麦，而且第一颖的形状可以作为亲本和杂种的特征性状。

8.3.1.3 假说不足之处

显性假说得到了一些试验结果的直接证明，它是玉米、苜蓿、黑麦和其他异花授粉植物中选育高产杂种群体（综合品种）的理论依据，对牧草及草坪草的杂种优势利用具有重要的指导作用。但是，显性假说还存在以下不足之处。

（1）显性假说还不能解释所有的杂种优势现象

①在玉米杂种优势利用中，杂种 F_1 代的杂种优势往往超过显性纯合亲本的 20% 以上，有的还超过 50%。可是按显性假说，这种现象是不可能出现的（Crow，1948，1952）。

②显性假说完全否定了等位基因间显隐性的差异，排斥了有利显性基因在杂种优势表现中的作用。有时杂种优势并不总是与等位基因的异质结合相一致。如燕麦、扁穗雀稗等自花授粉植物中，其杂种并不一定比其纯合亲本具有优势，也有不如亲本的现象。

（2）显性假说只考虑了有利基因的加性效应，没考虑基因间的互作以及数量性状的微效多基因作用。

此外，群体遗传学证明，并非所有隐性基因都不利，而只有在纯合状态下才是不利的。在自然群体内，凡是杂合状态的有机体，其适应性为最大。在一个平衡群体内，即使有一定比例纯合状态个体存在，并不减少隐性基因在保持该群体的高水平适应性中的生物学作用。

8.3.2 超显性假说

超显性假说（over dominance hypothesis）又称等位基因异质结合假说（hypothesis of allelic heterozygosity）。最初由 Shull（1908，1910）提出，后经 East（1936）用基因理论将此观点具体化。

8.3.2.1 基本论点

超显性假说的基本观点是：杂种优势是由于双亲基因型的异质结合所引起的等位基因的互相作用的结果，等位基因间没有显、隐性关系，杂合的等位基因相互作用大于纯合等位基因的作用，按照这一假说，杂合等位基因的贡献可能大于纯合显性基因或纯合隐性基因的贡献，即 $a1a2>a1a1$ 或 $a2a2$，$b1b2>b1b1$ 或 $b2b2$。该假说认为，杂合等位基因之间以及非等位基因之间，是复杂的互作关系，而不是显性或隐性关系。由于这种复杂的互作效应，才可能产生超过纯合显性基因型的效应。这种效应可能是由于等位基因各自本身的功能，分别控制不同的酶和不同的代谢过程，产生不同的产物，从而使杂合体同时产生双亲的功能。

8.3.2.2 假说试验证据

该假说的试验证据是有些学者用仅有单个基因位点不同的两个品系杂交，发现能产生明显的杂种优势。侯建华等从形态学上对羊草（*Leymus chinensis*）、灰色赖草（*L. cinereus*）及其杂种 F_1 的生物学特性进行了研究，结果表明：与双亲相比较，杂种 F_1 的生产性能，特别是叶面积、茎叶比和鲜草产量均具有较强的种间杂种优势，超亲优势率分别为 50.0%、27.8% 和 20.9%；而且杂种 F_1 的粗蛋白质、无氮浸出物、粗灰分和 Ca 含量等也表现出超亲优势，优势率分别是 0.71%、1.00%、22.72% 和 10.00%。所以他认为这些性状是杂种鉴别的重要形态学依据。又如，某些作物两个等位基因分别控制对同一种病菌的不同生理小种的抗性，纯合体只能抵抗其中一个生理小种的危害，而杂合体能同时抵抗两个甚至多个生理小种的危害。另外，同工酶分析结果，杂种 F_1 除具有双亲的酶带之外，还具有新的杂种酶带。

8.3.2.3 假说不足之处

虽然越来越多的试验证据支持超显性假说，但该假说还存在如下不足：一是该假说完全否定了等位基因间显隐性的差别，从而否定了有利显性基因在杂种优势表现中的作用。二是该假说也不能解释燕麦、扁穗雀稗等自花授粉作物中，杂种并不一定比其纯合亲本具有优势，也有不如亲本的现象。

8.3.3 对现有杂种优势遗传理论的评价

除上述显性假说与超显性假说外，目前还有遗传平衡假说、上位性假说、有机体的生活力假说、遗传震动合成学说、基因网络系统及组织理论等遗传理论均试图解释杂种优势的遗传成因，但还没有一种能完全说清楚杂种优势现象的理论，都存在诸多不能解释的现象，然而这些理论都有一定的试验证明支持，这也表明杂种优势表现的复杂多样性。为此，仅对显性假说与超显性假说比较如下。

8.3.3.1 显性假说与超显性假说的相同点

（1）该两种假说均将导致杂种优势的原因归结于 F_1 等位基因和非等位基因的互作，都认为互作效应的大小和方向是不相同的，从而表现出正向或负向的平均优势或超亲优势。

（2）该两种假说都忽视了细胞质基因和核质互作对杂种优势的作用。近代遗传学研究表明，细胞质基因的作用和核、质基因互作效应在杂种优势形成中也占有重要位置，不可忽略。如克里克（Kirk）等（1978）指出，绿色植物拥有 3 个遗传源或遗传系统，即核基因组、线粒体基因组和叶绿体基因组，它们在杂种优势形成中也发挥重要作用。

（3）两种假说都有相应的试验依据，都在一定程度解释了杂种优势产生的原理。

8.3.3.2 显性假说与超显性假说的不同点

（1）显性假说认为基因的相互关系，表现为有利显性基因的互补；而超显性假说则认为是异质等位基因间的互作。

（2）该两个假说是相互补充关系，两者相辅相成，而不是对立关系，一些难以用显性假说解释的杂种优势现象，往往很容易由超显性假说加以解释，反之亦然。因此，归纳两种假说，则杂种优势是由于双亲有利显性基因的互作，异质等位基因及非等位基因间相互综合作用的结果。

8.4 利用杂种优势的途径与技术

8.4.1 杂种优势利用的基本条件

杂种优势要在生产上加以利用，必须满足以下 3 个基本条件。

8.4.1.1 具有强优势的杂交组合

杂种必须有足够大的优势表现，才有生产利用价值。并且杂种的表现要满足品种 3 条件，即差异性、相对一致性、相对稳定性（DUS）。强优势的杂交组合首先是产量性状优势；其次是品质性状优势；再次是抗性优势，还有株型优势、适应机械化操作等优势。总之，强优势的杂交组合必须是具有优良的综合农艺性状，否则，仅仅具有产量优势，或者仅有品质优势等，则往往不能高产高效或者不能稳产高产，因而不宜推广应用。

8.4.1.2 稳定高的亲本纯合度

杂种优势的大小与亲本的纯合度有直接关系，亲本的纯合度越高，杂种优势越明显。因此，制种前应尽量提高杂种双亲的纯合度，使其遗传性纯合，增加杂种的基因型杂合性与表现型一致性，特别是异花授粉植物，要进行一系列的自交与选择，培育纯度高的自交系，具有整齐一致的农艺性状、高配合力、抗逆性等。并且，要求杂种优良亲本品种或自交系的纯合度稳定可靠，从而保证可持久利用杂种优势。

8.4.1.3 制种产量高、成本低廉

杂种优势利用一般只限于杂种 F_1 代，需要年年繁殖亲本和配置杂交种种子，没有高效的异交体系，则无法大批量、低成本地生产杂种品种种子。对自花、常异花授粉作物而言，异交体系是能否利用其杂种优势的最重要因子。建立制种产量高、成本低廉、简单易行的高效异交体系与亲本繁殖及杂种制种技术，并能产生大量的杂交种子，降低杂交种种子生产成本，使其价格降到制种者与种植者可接受的范围。否则，即使具有非常明显杂种优势的杂交组合，因制种困难，成本太高，也无法应用于生产。

8.4.2 杂种优势利用的途径

不同牧草及草坪草的杂种优势利用途径也有所不同。目前有以下常用途径。

8.4.2.1 人工去雄杂交制种

人工去雄杂交制种是目前世界上最常用的杂种种子生产方法，也是一种最原始的制种法。该方法可将父母本按适当比例种植，利用人工拔除母本植株，摘除母本雄花或人工去雄授粉等方法获得一代杂种种子。它具有配组容易、自由，易获得强优势组合；组合筛选的周期短，应变能力强等优点。但也存在如下缺点：去雄过程费时费工，增加了杂交种生产成本。

应用该方法应具备如下条件：①花器较大，易于人工去雄。②繁殖系数高，人工杂交一朵花能得到数量较多的种子。③杂种种植时，单位面积用种量小。大多数牧草及草坪草的花器小，繁殖系数低，一般不采用人工去雄杂交制种。但是，具备人工去雄生产杂交种种子条件的青饲玉米等，也可采用该途径生产杂交种种子。

8.4.2.2 化学杀雄制种

化学杀雄是指在植物花粉发育前的适当时期选用内吸性化学药剂（化学杀雄剂，CHA），用适当的浓度，喷洒在植株上，经过一系列的生理生化反应，阻止花粉形成或抑制花粉的正常发育，使花粉失去受精能力，达到去雄（杀雄）的目的。化学杀雄生产杂种具有可省去手工去雄，省时省力，制种手续简单；选配与利用杂交组合容易、灵活，自由度大等优点。但也具有以下缺点：①各种植物植株间和不同部位的花朵间小孢子发育的不同步性影响施药效果。②各种气候因素对花期发育和施药效果有影响，难以保证杀雄效果的稳定性。③药液与残毒的影响造成生态环境危害，施药成本造成经济效益降低。

理想化学杀雄剂应具备如下条件：①能够诱导完全或近于完全的雄性不育且不影响其雌蕊的正常发育及育性，施药处理后不会引起植株遗传变异。②施药处理方法简便，具有较为灵活的用药剂量和时期。③在不同环境条件下对不同植物品种都有很好的诱导雄性不育的作用，效果稳定。④对人、畜无药害、无残毒、不污染环境、使用安全、价格低廉等。

由于化学杀雄避开了恢复系与保持系的相互关系及环境因子的制约，易获得强优势杂种，因此被认为是一种很有希望的杂种优势利用新技术。自 Hoagland 与 Chopra 等 20 世纪 50 年代用 MH（马来酰肼）处理小麦获得雄性不育株以来，美、英、法等一些发达国家，对化学杀雄剂（化学杂交剂）的筛选做了较多研究，至 20 世纪 80 年代中后期，国内外相继筛选出了一些新型化学杀雄剂，如国外的小麦化学杀雄剂 RH0007、WL84811、LYl95259、Sc2053、GENESIS；国内的小麦化学杀雄剂 BAU1、BAU2、EK、ES、XN8611 等。目前化学杀雄剂已广泛应用于农作物、蔬菜和果树等大田作物的杂交种制种，在高羊茅、草地早熟禾、扁穗雀麦等牧草及草坪草也有研究利用报道，分别用 GENESIS 与 SC2053 两种化学杀雄剂进行去雄试验，表明这 2 种试剂的去雄效果均较好。但是，在理想化学杀雄剂还未发现前，化学杀雄只能作为杂种优势利用的一种补助手段，难以广泛采用。

8.4.2.3 利用自交不亲和性制种

自交不亲和性（self-incompatibility）指两性花植物的雌、雄蕊形态、功能及发育均正常，但自花授粉或系内交均不结实或结实很少的特性。具有该特性的品系称为自交不亲和系。该特性是植物长期进化过程中保证异花授粉的习性，也是受自交不亲和基因控制的遗传现象，它广泛存在于十字花科、禾本科、豆科、茄科等许多植物中，其中，十字花科植物尤为普遍。

一些植物通过连续多代的自交、分离和选择，可以获得较为理想的自交不亲和系。许多自交不亲和系在花期自交结实性较差，但采用蕾期授粉法、花期盐水喷雾法、利用自交不亲和系的保持系均可提高自交不亲和系的繁殖产量。在利用自交不亲和系制种时，用自交不亲和系作母本，以另一个自交亲和的品种（系）作父本配制杂交种，就可以省去人工去雄。如果亲本都是自交不亲和系，配制杂交种时就可以互为父母本，从两个亲本上采收杂种种子，进而提高制种产量。此外，用自交不亲和系配制的杂种种子，其中会有少量自交不亲和系的自交假杂种种子，可利用标志性状在苗期移栽和间苗时除去。

8.4.2.4 利用雄性不育系制种

雄性不育（male sterility）指两性花植物中，雄性器官发育不良，丧失生殖功能，但雌性器官发育正常，能接受外来花粉而结实的现象。通过一定育种程序可育成雄性不育性稳定品系，称雄性不育系。利用雄性不育系制种是克服人工去雄困难的最有效杂种优势利用途径。

其优点是可省去人工去雄，降低制种成本，提高种子质量；其缺点是利用该途径的最关键条件是要有完全不育的雄性不育系，并实现相应的雄性不育保持系与恢复系等"三系"配套。

8.4.2.5 利用标志性状制种

利用标志性状制种是指利用植株苗期某一显性性状或隐性性状作标志，区别真假杂种，就可以不进行人工去雄而利用杂种优势的方法。如禾本科植物苗期的紫叶鞘、红色芽鞘等均可作标志的隐性性状。具体做法：给杂种父本选育或转育一个苗期出现的显性性状，或给杂种母本选育或转育 1 个苗期出现的隐性性状，用这样的父、母本进行不去雄的天然杂交，从母本上收获的种子有两种：自交种子和杂种种子。在下一年播种出苗后根据标志性状间苗，拔出具有隐性性状的幼苗，即假杂种或母本苗，留下具有显性标志性状的幼苗，即真杂种。

该方法可用于异花授粉和自花授粉作物，还可用于具核不育自花授粉作物杂交制种。该方法简单易行，杂种种子生产成本低，能在较短的时间内生产大量杂种一代种子。但由于苗期标记性状不是任何杂交组合中都存在，加之幼苗期拔除假杂种的工作量大，不容易被生产者接受。因此该方法生产上应用不广。

8.4.3 杂交制种技术

8.4.3.1 设置隔离区

杂种制种区必须安全隔离，严防非父本花粉混入制种区，进而影响杂种种子质量。

（1）空间隔离

空间隔离指在空间距离上把制种区与父本以外的其他品种隔离开，即在制种区一定的范围内，不种非父本亲本。隔离区的大小取决于植物传粉习性。如苜蓿的制种区空间隔离距离为 1200 m；多年生禾本科牧草及草坪草的为 100~200 m。此外，亲本繁殖区的空间隔离距离比制种区的大。

（2）时间隔离

时间隔离指采用错开制种亲本与其他品种开花期的方法。制种区亲本品种只要在开花时间上与其他品种错开一定时期，就可防止品种混杂。如玉米和高粱制种区的花期与周围其他品种的花期错开 20d 左右，便能防止外来花粉侵入制种区。

（3）自然屏障隔离

自然屏障隔离指利用山岭、村庄、果园、林带等自然障碍物进行隔离。小面积制种区则可采用塑料薄膜护栏进行隔离。

（4）高秆植物隔离

在采用上述方法比较困难，或不能保证完全隔离时可采用高秆植物隔离法。即在需要隔离的方向种植数十行或百行以上的高秆植物，以隔离外源花粉的侵入。

在实际生产及工作中，一个制种区需要同时采用几种隔离方法。

8.4.3.2 规格播种

在制种区内父、母本植株要分行相间播种，以便授粉杂交。同时，应注意掌握如下技术。

（1）安排好父、母播种差期，确保制种父、母本花期相遇

父、母本的花期能否很好地相遇是杂交制种成败的关键，父母本的播期决定花期能否很好地相遇。一般情况下，若父、母本同时开花或相差 2~3 d 时，可同期播种；否则，应分

期播种。可采用生育期法、叶龄法、有效积温法确定父母本播种差期；还可采用父本多期（2~3期）与母本正常一期播种，确保父母本花期相遇。由于不同年份的亲本开花期不同，还应及时根据亲本幼穗发育进度检查法、叶龄预测法预测父母本花期，如父母本花期不相遇，则可采用"氮控钾促花期"施肥法、"干控水促花期"灌水法、喷施赤霉素"920"与多效唑调控开花法、拔苞与割茎叶再生延迟花期法、松（断）根促花等措施调节父母本花期。

（2）安排正确的行比、行向和种植方式

行比是指制种区父母本行数的比例。行比大小应根据不同植物、亲本特性、田地肥力与制种季节不同而异，其确定原则是在保证父本有足够花粉量的前提下，尽可能增加母本行数，以便多收杂种种子。行向要与开花期间的风向垂直或成一定角度，从而可借助风力传粉，提高异交结实率。种植方式要求制种区做到播种全苗，播种时必须严格把父本行与母本行分开，不得错行、并行、串行和漏行。为供应花粉，有时在制种区的近旁，加种小面积的父本，作为辅助采粉区。此采粉区的播种时间与制种区父本的播期错开。

8.4.3.3　精细管理

制种区应采用精细的栽培管理措施。出苗后要经常观察，根据父母本植株的生长状况，及时采取调节花期措施，确保父母本花期相遇。为提高制种质量，在亲本繁殖区严格去杂的基础上，对制种区的父、母本也应认真去杂去劣，以获得高纯度杂种种子和保持父本的纯度及种性。

8.4.3.4　去雄授粉

根据植物花器构造、开花习性、授粉方式等特点，采用相应的去雄方法，做到去雄及时、干净，授粉良好。禾本科牧草及草坪草等风媒植物，可进行若干次的人工辅助授粉；苜蓿、红豆草等虫媒花牧草及草坪草则可采用多放养蜂类的办法，有助于提高结实率，增加制种产量。有时还采取一些特殊措施，如玉米的剪花丝、剪苞叶等，都可促进授粉杂交。

8.4.3.5　分收分藏

制种区种子成熟后要及时收获。父、母本种子要分收、分藏，严防人为混杂。一般先收母本，后收父本，确认不清者不可混入父、母本之中，只能做他用。母本上收的种子即为杂交种子，供生产上利用；父本种子可以留作来年的制种田用种。

8.5　雄性不育系的选育及利用

德国学者 Kölrcuter 最早于 1763 年就发现了植物雄性不育现象。鸭茅、紫花苜蓿、高丹草、美洲狼尾草、黑麦草、三叶草等牧草及草坪草也发现了雄性不育系，并且，其杂种优势利用研究与应用也获得了重要进展。

8.5.1　植物雄性不育的特征与遗传

8.5.1.1　植物雄性不育的表现

植物雄性不育的表现特征主要是花粉发育不全或功能不正常，不同雄性不育类型在形态及细胞学上有着不同的败育表现形式。根据败育发生时期，雄性不育通常有如下5种表现型：①雄蕊退化或变形；②孢子囊退化，花药外形接近正常但无花粉；③小孢子退化，形成畸形花粉与败育花粉；④花粉功能缺陷，不能正常萌发；⑤花粉有活力但花药不开裂。植物雄性不育鉴定方法可采用目测法、染色法、花粉离体培养法与活体测定法等。

8.5.1.2 植物雄性不育的类型

(1) 根据雄性不育植株雄性器官形态与功能表现分类

①雄蕊不育。雄蕊畸形或退化，如花药瘦小、干瘪、萎缩、不外露，甚至花药缺失；②无花粉或花粉败育。雄蕊虽接近正常，但不产生花粉，或花粉极少，或花粉无生活力；③功能不育。雄蕊和花粉基本正常，但由于花药不能自然开裂散粉，或迟熟、迟裂，而阻碍了授粉；④部位不育。雄蕊、花药都发育正常，但因雌、雄蕊异长，如柱头高、雄蕊低而不能自花授粉。

(2) 按不育程度分类

可分为全不育、高不育、半不育和低不育等，其标准一般用自交结实率来衡量。不同植物的标准不同，如以水稻为例，上述4个等级不育性的自交结实率分别为0，0.01%~10%，11%~50%，51%~80%。

(3) 按花粉与I-KI溶液染色情况与花粉发育的败育时期分类

①典败，为单核期小孢子败育；②园败，为单核中后期至双核早期发生败育，花粉圆形，无淀粉积累；③染败，染败是在双核后期已能染色时停止发育，三核期败育，花粉形态正常，也能染色，但在正常条件下不能萌发，只在某些特定条件下才可能萌发，形成花粉管。

8.5.1.3 植物雄性不育的遗传

植物雄性不育的遗传既受细胞核基因的控制，也受细胞质基因的影响。因此，Sears (1943—1947) 在总结前人工作的基础上，按植物雄性不育性的遗传机制提出了把植物雄性不育性分为3种类型的三型学说：(细胞)质不育型、(细胞)核不育型、(细胞)核(细胞)质互作型。但是，由于至今还未发现(细胞)质不育型植物雄性不育类型，Edwardson(1956)提出了把植物雄性不育性分为2种类型的二型学说：质不育型与核不育型两大类，而质不育型实质上就是核质互作不育型。

(1) 核质互作雄性不育的遗传

核质互作雄性不育是指由细胞核不育基因和对应的细胞质不育基因共同控制的雄性不育类型，简称质不育，是可以稳定遗传的雄性不育性。核、质各有两类基因，细胞核内有可育基因 Rf 和不育基因 rf，而细胞质有不育基因 S 和可育基因 N。细胞核的基因都是成对的，所以，可产生3种基因型：2种纯合型（$RfRf$ 和 $rfrf$）、1种杂合型（$Rfrf$）。由细胞核的3种基因型与细胞质的2种基因型可组合成6种类型，即4种纯合体 S($rfrf$)、N($rfrf$)、S($RfRf$)、N($RfRf$) 和2种杂合体 N($Rfrf$)、S($Rfrf$)。其中，细胞质基因和细胞核基因均是不育基因型 S($rfrf$) 时，表现为雄性不育，表现雄性不育的品系称为(雄性)不育系(sterile line)。其他5种基因型均表现雄性可育，如用其中3种雄性可育纯合体给雄性不育类型 s($rfrf$) 授粉，将产生以下2种结果：

①用可育纯合基因型 N($rfrf$) 材料的花粉给不育基因型 S($rfrf$) 材料授粉杂交，其 F_1 基因型仍是不育基因型 S($rfrf$)，F_1 全部表现不育。这种能使母本雄性不育系保持雄性不育性的父本品系 N($rfrf$) 称为(雄性不育)保持系(maintainer line)。

②用可育纯合基因型 N($RfRf$) 或 S($RfRf$) 材料的花粉给不育基因型 S($rfrf$) 材料授粉杂交，其 F_1 基因型都是杂合可育的 S($Rfrf$)，F_1 全部表现可育。这种能使母本雄性不育系的育

性得到恢复的父本品系 N(RfRf) 或 S(RfRf) 称为(雄性不育)恢复系(restorer line)。

研究还表明，相同植物种内有多种质核不育类型，每种类型需特定基因恢复，有专效性和对应性，即存在特定的"恢保关系"。此外，按照雄性不育花粉败育发生的过程，核质互作雄性不育可分如下两种类型：①孢子体不育(sporophyte sterility)。孢子体雄性不育是指花粉育性的表现由孢子体(母体植株)基因型控制，与花粉(配子体)本身的基因无关。花粉败育发生在配子体阶段，当母本植株是 S(rfrf) 不育时，花粉全部败育，没有受精能力，而当母本植株可育时，不管基因是纯合还是杂合，全部花粉都是可育的。因此，孢子体不育的特点是：不育系×恢复系→F_1 的花粉全部正常、结实正常，但杂种 F_2 因不育基因分离重组，将有不育株产生。如玉米 T 型不育系属于该类型。②配子体不育(gametophyte sterility)。配子体雄性不育是指不育系的花粉败育发生在雄配子体阶段，花粉的育性受配子体本身基因型控制，因此配子体基因不育时花粉表现不育；反之，花粉表现正常。配子体不育的特点是：不育系×恢复系→F_1 的花粉有两种类型，不育和可育的花粉各占 1/2。因此，F_1 的花粉只有半数左右是正常的，但是它并不影响结实，F_1 的结实率全部正常。由于 F_1 带不育基因的花粉参加受精，因此 F_2 配子有 2 种基因型(RR、Rr)存在，但都结实正常，无不育株出现。如玉米的 S 型和 M 型不育系都属于该类型。

(2) 核雄性不育的遗传

核雄性不育是指仅受细胞核基因控制，与细胞质基因无关的雄性不育。核雄性不育又可分为隐性核不育、显性核不育和基因型—环境互作核不育。

①隐性核不育　其雄性不育性受核内隐性基因控制，雄性可育类型的雄蕊可育性则由显性基因决定。隐性核不育后代分离符合孟德尔规律，如果是一对隐性基因控制的核不育，其 F_2 的分离比例为 3 可育：1 不育。隐性核不育株细胞核内含有纯合的不育基因(msms)，而在育性正常品种内含有纯合的可育基因(MsMs)，当隐性核不育株与可育株杂交，杂种 F_1 恢复可育；以隐性核不育株(msms)为母本，杂合可育株(Msms)为父本，其杂种 F_1 的育性出现 1 : 1 的分离。隐性核不育的特点是：雄性不育类型只要接受可育植株花粉结实，其后代将表现雄性可育，即能使隐性核不育的育性恢复的恢复系品种很多，但找不到给不育材料授粉，能使后代保持雄性不育的品种，即这类不育系找不到保持系，不育系繁殖很困难。因此，只有通过细胞学手段才有可能建立特殊的雄性不育材料的繁殖体系，实现三系配套。

②显性核不育　其不育性多为一对显性基因控制，如中国的小麦太谷核不育类型。用带隐性基因的可育材料与它杂交，杂种为杂合基因型，全部植株都是雄性不育的，继续用可育株与它杂交，杂种呈 1 可育：1 不育分离，在这个分离群体内，从不育株上所收种子种成群体，可育株与不育株各占 1/2。因此，单基因控制的显性核不育可以作为自花授粉植物进行轮回选择的异交工具，也可用于以营养器官为产品的牧草及草坪草杂种优势利用。

③基因型-环境互作核不育　指由遗传背景与环境共同决定的雄性核不育性。20 世纪 70 年代以来，中国陆续在水稻、小麦、大豆等作物中发现了光温敏核不育种质，表现出光温因子诱导雄性不育的现象。在光温敏核不育系不育期(高温与长日照或其他条件)，利用不育系与恢复系(父本品种)杂交配制杂交种 F_1；在光温敏核不育系可育期(低温短日照或其他条件)，利用不育系自交繁殖不育系种子，可以免去不育系繁殖的异交过程，由于光温敏核不育系杂种优势利用不需要保持系，因此也称两系法。

8.5.2 三系的选育方法

8.5.2.1 三系的概念

杂种优势利用的"三系"是指雄性不育系、雄性不育保持系与雄性不育恢复系。

(1) 雄性不育系

简称不育系,是指雌性器官正常,雄性器官败育能接受外来花粉而结实且性状表现一致的纯系。不育系的育性基因型为 S($rfrf$)。一般三系不育系用字母 A 表示,两系不育系用字母 S 表示。在杂交种制种时用不育系作母本不必去雄。

(2) 雄性不育保持系

简称保持系,是指雌性、雄性器官均正常,用其花粉给不育系授粉,能保持不育系的不育习性的纯系。保持系的育性基因型为 N($rfrf$),常用字母 B 表示,分同型保持系与异型保持系。如不育系与保持系是同时产生,或是由保持系转育而来,则它们互为相似体,除雄性的育性不同外,其他特征、特性几乎完全一样,这种保持系被称为该不育系的同型保持系;如保持系具有保持不育系雄性不育特性的能力,但与特定不育系没有关系,则称为该不育系的异型保持系。

(3) 雄性不育恢复系

简称恢复系,是指雌性、雄性器官均正常,用其花粉给不育系授粉,能恢复不育系育性的纯系。恢复系基因型为 N($RfRf$) 或 S($RfRf$),常用字母 R 表示。

8.5.2.2 获得雄性不育株的途径

(1) 利用自然变异

雄性不育是自然界突变的一种现象。一般情况下,不育株出现频率随植物种类而异,约为万分之几至千分之几。只要有足够的耐心,通过田间检查,可以从生产田地或野生植物中找到原始雄性不育植株。如湖南省安江农业学校李必湖与海南岛南红农场冯克珊于 1970 年 11 月在海南省三亚市南红农场沼泽地的野生稻中发现了著名的"野败"水稻雄性不育株。吉林省农业科学院于洪柱于 2008 年 8 月在对田间试验的单株苜蓿的散粉情况的观察中,发现一株苜蓿雄性不育材料,并将其命名为 MS-GN。

此外,由于雄性不育性多属于隐性突变,因此在异花授粉、常异花授粉植物的自交后代中,通过连续自交可使其隐性基因纯合,从而可能获得原始雄性不育植株。

(2) 理化诱变

通过物理或化学诱变,往往可诱导植物产生雄性不育性,但这种不育性需经连续多代自交和选择,才能稳定地遗传。如 Burton 等(1982)通过链霉素和丝裂霉素诱变产生了珍珠粟的细胞质雄性不育材料。

(3) 远缘杂交

由于父母本的亲缘关系较远,远缘杂交的后代中常出现不育植株。如吴永敷(1978)在 4hm^2 草原 1 号杂种苜蓿(紫花苜蓿×黄花苜蓿)中,选出了 6 株雄性不育的植株,后选育了苜蓿雄性不育系 Ms-4。

(4) 生物技术创造雄性不育种质

可从体细胞无性系变异选育具雄性不育的新种质。如凌定厚等(1991)从无恢复系的水稻胞质不育系的幼穗、幼胚培养再生植株中获得 48 个雄性不育突变体,其中有细胞雄性不育突变类型，更多的是核不育突变类型。

利用原生质体融合技术已在很多作物中获得细胞质雄性不育种质。Dragoeva 等通过原生质体融合技术，获得 3 个不育的再生植株，获得了因绒毡层发育异常所致的 CMS 材料。

可利用基因工程创造不育种质。用某一特定的目的基因与花药或花粉特异表达的启动子或终止子构建嵌合基因导入到受体基因，由于目的基因的特异表达阻断花粉发育，导致雄性不育。陈玉辉等(2004)报道基因工程创造不育种质仍以核雄性不育创新为主，质核互作雄性不育系的创造技术仍不完善。Ruiz 和 Daniell（2005）报道通过叶绿体基因组转化技术获得烟草 CMS 不育材料，育性可通过改变光照时间来恢复。

通过转座子和 T-DNA 插入诱变也有可能获得雄性不育系。转座子或 T-DNA 插入到植物雄性育性基因后引起基因功能丧失从而导致雄性不育。转座子主要在玉米中发现，因而利用转座子插入不如利用 T-DNA 插入应用多。Sanders 等(1999)从 7000 个 T-DNA 插入突变系中筛选鉴定出 51 个与育性有关的突变体。

8.5.2.3 雄性不育系和保持系的选育方法

自然界虽然常可发现和找到雄性不育植株，但真正应用于生产并非易事，要选育出理想的雄性不育系与保持系，并做到"三系"配套才有利用价值。

(1) 核代换杂交法

又称核置换法，是指通过种间或类型间杂交和连续回交，把父本的细胞核转移到母本的细胞中去，以获得不育系的方法。不同物种和类型亲缘关系较远，遗传差异较大，核质之间会有一定的分化，用核置换法可获得核质互作雄性不育系。如以一个具有不育细胞质和可育核基因的物种(类型)S($RfRf$)作母本，与另一个具有可育细胞质和不育核基因的物种(类型)N($rfrf$)作父本杂交后，再与原父本连续回交。这样，便可用父本的不育核基因逐步取代原母本的可育核基因，将不育细胞质和不育核基因结合而获得雄性不育系 S($rfrf$)。它除了雄性不育外，其他特征、特性与原父本基本相似，而且整齐一致，所以原父本就是它的保持系。

(2) 回交转育法

是指利用现有不育系 S($rfrf$)和欲转育的优良品种或自交系杂交后，再连续多次回交，选育不育系的方法。采用该法保持母本不育系不育细胞质的同时，用父本控制农艺性状的核基因代换母本的核基因，而转育成新的不育系。它实质上也是进行核置换，二者程序相同，差别主要是最初杂交所用的母本不同。这是目前选育新不育系常用的方法，其适用范围较广，程序简便，易见效。

(3) 测交筛选法

又称人工制保法，指选用一批优良品种或材料作父本，分别与雄性不育系测(杂)交。分别采收和种植每个测交组合及其父本的单株种子，在 F_1 开花时，选择具有雄性不育特征，而且套袋自交不育的植株。从 F_1 雄性不育测交组合的父本品系内，再选一些单株分别给它们的 F_1 不育株授粉。种子成熟后，分别采收，然后对杂种及其父本，按系谱配对编号、种植，并继续选择和回交 4~6 次后，便可转育成新的保持系及各种性状相似的新不育系，其父本便是其保持系。测交筛选法成功的关键：一是不育株属质核互作型；二是可育品种的细胞质具有可育基因 N。

8.5.2.4 雄性不育系恢复系的选育

(1) 测交筛选法

具体做法是：选用广泛收集的品种(系)作父本分别与不育系测交，观察测交一代育性与生长表现，各测交后代中，凡育性恢复正常，并具有强大优势组合的父本品种，便是该不育系的优良恢复系。

(2) 杂交选育法

指按照一般杂交育种的程序，采用恢复系×恢复系，恢复系×品种和不育系×恢复系等组配方式进行杂交，从 F_1 杂种后代开始，根据其恢复力和其他育种目标，进行多代单株选择，并在适当世代与不育系测交，从中选出恢复力强、配合力高、性状优良的恢复系。

(3) 回交转育法

又称定向转育法，用回交转育法育成的恢复系为同型恢复系，即恢复基因相同的系。如果有非常优良的品种，能配组出高产优质的杂交种，但由于它的恢复性不好而不能作为恢复系利用，这样就可以利用回交转育法将其育成一个理想的恢复系，其具体做法是：选用一个强恢复系与该品种杂交，以后再用该品种连续回交，但在回交过程中要边测交边选择，即选择那些具有恢复基因而又像该品种的单株做亲本再回交，当入选单株完全与该品种同型后，可自交二代，让其纯合，就可育成遗传背景与该品种一样的新恢复系。

回交转育法还可以将不育系转育成恢复系，其具体方法是：先把不育系与任一恢复系杂交，从杂交后代中选恢复力强的单株做父本，再与不育系回交，连续回交 4~5 代后，自交 2 次即可育成。

(4) 人工诱变法

采用物理或化学诱变方法也可选育出恢复系，具体方法有两类：一类是对没有恢复基因的优良品种进行诱变，然后在后代中筛选出具有恢复基因的个体；另一类是对现有恢复系进行诱变育种，改良其个别缺点。

8.5.3 利用雄性不育系制种的程序和方法

目前雄性不育系配制杂交种的利用方式主要有利用核质互作雄性不育系制种的"三系"法与利用光(温)敏核雄性不育系制种的"两系"法。

8.5.3.1 利用核质互作雄性不育系制种的"三系"法

核质互作雄性不育是通过"三系"法利用杂种优势，这是目前各种作物利用杂种优势的主要途径。用"三系"配制杂交种时，必须设置两个隔离区，一个为不育系繁殖区；另一个为杂交种制种区。用不育系作母本，保持系作父本，生产下一代不育系种子叫作不育系繁殖。在不育系繁殖区，相间种植选育的不育系与保持系，保持系给不育系授粉，不育系上获得的杂交种子可用作下季不育系繁殖区与杂交种制种区的不育系用种；同时，保持系本身自交结实获得的种子仍可作为下季不育系繁殖区的保持系用种。可用下式表示：不育系 S($rfrf$)(雄性不育)×保持系 N($rfrf$)(雄性可育)→不育系 S($rfrf$)(雄性不育)，供下季不育系用种；保持系 N($rfrf$)(雄性可育)U→保持系 N($rfrf$)，供下季保持系用种。

用不育系作母本，恢复系作父本配制杂交种子叫做杂交制种。在制种区内，相间种植选育的不育系与恢复系，恢复系给不育系授粉，不育系上获得的杂种 F_1 种子，供下季生产上利用的杂交种子用种；同时，恢复系本身自交结实获得的种子仍可作为下季制种区的恢复系用种。可用下式表示：不育系 S($rfrf$)(雄性不育)×恢复系[N($Rfrf$)或 S($Rfrf$)](雄性可育)→S($Rfrf$)，为雄性可育杂交种 F_1，供生产上应用；恢复系[N($Rfrf$)或 S($Rfrf$)](雄性可育)U→恢复系[N($Rfrf$)或 S($Rfrf$)]，供下季恢复系用种。

8.5.3.2 利用光(温)敏核雄性不育系制种的"两系"法

利用光(温)敏核雄性不育制种的"两系"法比利用核质互作雄性不育系制种的"三系"法具有如下优点：

(1)光(温)敏核雄性不育系可以在秋季短日照条件下自交繁殖不育系种子，其不育系繁殖不需保持系，可避免不育细胞质带来的各种不良反应。同时，在夏季长日照条件下又可用作配制杂交种的母本不育系，做到一系两用，方便简单。

(2)由于利用光(温)敏核不育系配制杂交种，不存在"三系"法特定恢保关系的限制，恢复源广、配组自由，比较容易筛选出优势杂交组合。

(3)光(温)敏核雄性不育性状易于转育，能够容易地将不育基因转育到其他性状优良的亲本品种上。但是，光(温)敏核雄性不育系的繁殖和杂种制种受气候的影响大，种子产量与纯度不稳定。

利用光(温)敏核不育系与恢复系的"两系"法配制杂交种时，也需设置两个隔离区，一个为杂交种制种区；另一个为光(温)敏核不育系繁殖区。光(温)敏核雄性不育系的制种过程可用下式表示：光(温)诱导 S[光(温)敏核雄性不育系]不育×恢复系→杂交种 F_1，供生产上应用；恢复系 U→恢复系，供下季恢复系用种。光(温)敏核雄性不育系的繁殖过程可用下式表示：光(温)诱导 S[光(温)敏核雄性不育系]可育 U→S[光(温)敏核雄性不育系]，供下季不育系用种。

思考题

1. 名词解释

   杂种优势　超亲优势　超标优势　核质杂交种　化学杀雄剂　自交不亲和系　孢子体不育　雄性不育系　保持系　恢复系

2. 简述杂种优势的度量方法。
3. 简述杂种优势利用与杂交育种的异同。
4. 比较显性假说与超显性假说的异同？
5. 牧草及草坪草杂种优势利用的途径有哪些？各有什么特点？
6. 简述不同繁殖方式植物的杂种优势利用特点。
7. 简述植物雄性不育的表现与鉴定方法及类型。
8. 简述获得植物雄性不育株的途径及"三系"的选育方法。
9. 分别阐述核质互作雄性不育与核雄性不育的遗传特点。
10. 论述利用雄性不育系制种的程序和方法。

第 9 章 远缘杂交育种

杂交育种作为一种主要的育种途径，通常利用可交配或遗传兼容性的植物之间的近缘杂交创造并选择、利用有效变异。然而，由于栽培植物经过长期人工选择和驯化，对不良逆境的抗逆性较差。因此，同种植物不同品种间的杂交育种往往难以满足现代育种目标要求；而作物野生种或近缘种在野外严酷的生存条件下经过长期的自然进化和选择，对病虫害、杂草等生物胁迫与温度、水分、盐碱等非生物胁迫积累了高度抗性或者优良品质等特异性状，为了将这些性状引入栽培品种，则必须进行野生种或野生近缘种与栽培品种间的遗传亲缘关系较远的杂交育种。远缘杂交育种在创造新物种，提高品种的抗逆性，利用杂种优势和培育雄性不育系，对研究物种形成、进化等均具有重要意义。

9.1 远缘杂交育种概述

9.1.1 远缘杂交育种的概念及特点

9.1.1.1 远缘杂交育种的概念及分类

远缘杂交(wide cross 或 distant hybridization)是指植物分类学上属于不同种(species)、属(genus)或亲缘关系更远的植物类型间所进行的杂交。它所产生的后代称为远缘杂种。采用远缘杂交途径选育新品种的方法称为远缘杂交育种。

远缘杂交可分为种间杂交(interspecific hybridization)，如普通燕麦(*Avena sativa*)×野生燕麦(*A. sterilis*)、黄花苜蓿(*Medicago falcata*)×紫花苜蓿(*M. sativa*)、高粱(*Sorghum bicolor*)×苏丹草(*S sudanense*)等；属间杂交(intergeneric hybridization)，如羊茅(*Festuca ovina*)×黑麦草(*Lolium perenne*)、玉米(*Zea mays*)×摩擦禾(*Tripsacum* spp.)、普通小麦(*Triticum aestivum*)×山羊草(*Aegilops*)、普通小麦(*T. aestivum*)×长穗偃麦草(*Elitrigia elongata*)等；亚远缘杂交(sub-wide cross)，如籼稻(*Oryza saliva* subsp Hsien)×粳稻(*O. s.* subsp Keng)。亚远缘杂交是指种内不同类型或亚种间的杂交，即在地理上远缘的种族、不同生态类型和系统发育上长期隔离的植物品种和亚种之间的杂交，也称地理远缘杂交。但是，有的作物与自身起源祖先物种之间的杂交不应被视为远缘杂交，尽管有时它们具有不同的植物学"种"名称，如大麦(*Hordeum vulgare*)起源自 *H. spontaneum*；莴苣(*Lactuca sativa*)起源自 *L. serriola*。遗传上这些所谓的"种"完全兼容，其杂交遗传行为也与种内杂交相似。

9.1.1.2 远缘杂交育种的特点

与种内(品种间)杂交育种相比较，远缘杂交育种的突出特点如下：

(1) 亲本选择、选配难度大

远缘杂交的亲本选择和选配除了遵循杂交育种的一般原则外，还必须着重研究不同类群植物种间、属间杂交亲和性的差异。

(2) 远缘杂交存在诸多障碍

远缘杂交存在如下障碍：①远缘杂交的难交配性。远缘杂交因双亲具有不亲和性，因而交配不易成功。②远缘杂种的难育性。远缘杂种易夭亡；即使产生了受精卵，但这种受精卵与胚乳或与母体的生理机能不协调，不能发育成健全的种子；有时种子在形态上虽已建成，但不能发芽或发芽后不能发育成正常的植株。③远缘杂种的难稔性。有的远缘杂种虽能形成植株但由于生理上的不协调不能形成正常的生殖器官；或虽能开花，但由于减数分裂染色体不能正常联会，也不能产生正常的配子，导致不能繁衍后代。远缘杂种结实率很低，甚至完全不结实。

(3) 远缘杂种异常分离

远缘杂交由于亲本间的基因组成存在着较大差异，杂种的染色体组型也往往有所不同，因而造成杂种后代不规则的分离。远缘杂种从 F_1 起就可能出现分离；F_2 起分离的范围更为广泛；远缘杂种后代分离范围广、时间长、中间类型不易稳定。

由于远缘杂交育种的上述特点，增加了远缘杂交育种的困难与复杂性。因此，长期以来，限制了远缘杂交育种实践的广泛应用。

(4) 远缘杂种具有一定优势

虽然远缘杂种常常由于遗传或生理的不协调而表现生活力的衰退，且上下代之间的性状关系难于预测和估计，但有些远缘杂种能表现出非常明显的优势。特别是在生活力、抗性、品质等特性上尤为明显。对于以收获或利用营养体为主要目的牧草及草坪草，则往往可利用远缘杂种存在巨大营养体优势，但结实率较低的特点。

9.1.2 远缘杂交在育种中的作用

9.1.2.1 培育新品种和新种质

植物相同种的个体之间一般都能杂交，并产生可育的后代。但不同的植物种在生物学上是不亲和的，彼此杂交很不容易成功，杂交后代也往往不育。这种生殖隔离是植物在漫长进化过程中形成的。但是，生殖隔离不是绝对的，是可以打破的，远缘杂交在一定程度上就能够打破物种之间的界限，促使不同物种的基因交配，从而传递不同种、属的特征与特性。许多野生植物，由于长期自然选择的结果，对各种生物胁迫与非生物胁迫均具有很强的抗性，如将其作为亲本与栽培品种进行远缘杂交，杂交后代往往可以获得抗病、抗虫、抗盐碱、抗倒伏等优良特性，从而可提高栽培新品种的病虫抗性或抗逆性。如美国 E. L. Sorensen 等，用一年生蜗牛苜蓿(*M. scutalla*)野生苜蓿种与多年生紫花苜蓿栽培苜蓿种杂交，把蜗牛苜蓿茎叶上具有分泌黏液的腺毛这一特性传递到紫花苜蓿上，育成了具有双亲优良性状且抗虫的苜蓿新品种。Laurence 等(1975)用普通燕麦与野生燕麦杂交后，再与普通燕麦回交，将野生燕麦的抗性基因导入了栽培品种。

9.1.2.2 创造新物种和新类型

通过不同植物种、属之间的远缘杂交，打破生殖隔离，可使不同种、属的染色体组发生混合，从根本上改变原有的植物特性。因此，远缘杂交是生物进化的重要因素之一，是形成新物种和新类型的重要途径。如高粱作为粮食兼饲料作物在生产上广泛利用，但是，由于品质欠佳，氢氰酸含量较高，同时，作为饲草不易多次利用。而牧草植物苏丹草的分蘖力强、草质柔软、可多次刈割利用、营养价值高、氢氰酸含量低，但产草量较低。高丹草（高粱×苏丹草）正是结合了双亲的优点，既具有高粱的抗寒、抗旱、耐倒伏、产量高等特性，又具有苏丹草的分蘖力强、草质柔软、可多次利用、营养价值高、氢氰酸含量低、适口性好等优良特性，且是一种以利用茎叶为主的一年生禾本科牧草，表现出了显著的种间杂种优势。虽然其双亲为高粱属的不同种，亲缘关系有一定距离，但染色体均为 $2n=20$，无生殖隔离，可以自由授粉并产生正常发育的后代。因此，苏丹草是近年来发展起来的优质新型牧草。如日本、美国、澳大利亚、土耳其和印度均开展了高粱与苏丹草杂交育种，育成了'健宝'、'润宝'、'佳宝'、'苏波丹'、'格林埃斯'、'甘露'、'哈尼'、'甜格雷滋'、'标兵'等高丹草新品种，推广后在生产实践中取得了一定的效益。中国学者钱章强、詹秋文成功选育出皖草高丹草新品种 2 个；于卓教授团队已成功选育出生产性能优异、氢氰酸含量极低的蒙农系列高丹草蒙农青饲 1 号至 8 号新品种 8 个。

苏联、加拿大、匈牙利、瑞典等国学者在小麦属（*Triticum*）和黑麦属（*Secale*）的远缘杂交育种做了大量的研究工作，通过有性杂交和杂种染色体加倍合成了植物新种——六倍体小黑麦（*AABBRR*），有效地综合了黑麦的耐寒、抗病能力和小麦的产量、营养潜力，不但具有结实性好、蛋白质含量高的特点，还具有种植简单、在干旱区的效益比小麦高的优点，尤其适宜于干旱、半干旱的畜牧区种植。中国育种家鲍文奎等人工合成了植物新种八倍体小黑麦（*AABBDDRR*），已在高寒山区推广，增产效果显著。小黑麦作为新的物种，被赋予新属名*Triticale*，它具有良好的抗逆性和适应性，即使在贫瘠的土壤上也能获得较好收成。中国科学院西北植物研究所李振声、陈漱阳等，用普通小麦与长穗偃麦草杂交，育成了丰产抗病的冬小麦良种——小偃麦植物新种。

9.1.2.3 创造异染色体系

通过远缘杂交，可将一个物种控制某一有利性状的异源染色体或其片断导入（或替换）到另一个物种中，创造异附加系（alien addition line）、异替换系（alien substitution line）和易位系（translocation line），用以改良现有品种（系）或创造出异染色体系的育种中间材料。异附加系是在一个物种正常染色体组的基础上添加另一个物种的一对染色体而形成的一种新类型；异替换系是指某物种的一对或几对染色体被另一物种的一对或几对染色体所替换后形成的新系统；易位系是指某物种的一段染色体被另一物种的一段染色体所代换后形成的新系统。目前，我国已在小麦与黑麦、燕麦、山羊草、冰草、大麦、簇毛麦、偃麦草、新麦草、赖草、披碱草，美洲狼尾草与象草，玉米与摩擦禾，高粱与苏丹草、甘蔗等的远缘杂交中获得了异染色体系，并利用这些育种中间材料选育了牧草及草坪草新品种。如原苏联科学院植物园利用小麦和冰麦杂交，获得了多年生小麦新种。这种多年生小麦新种在种子收获后还能长出再生草作干草收获，兼备籽粒和饲草的双重作用。若只作饲草利用时，一年可刈割 2～3 次，青草产量 24 900 kg/hm²，粗蛋白含量高达 12%，而且该杂种还具有抗寒性强和早熟的特点。

9.1.2.4 获得雄性不育系和直接利用杂用优势

远缘杂交是创造雄性不育系的重要途径之一。由于不同物种之间遗传差异大，核质之间有一定分化，如果将一个具有细胞质不育的物种 S（*RfRf*）和另一个具有核不育基因的物种

F($rfrf$)杂交,并连续回交,进行核置换,便可将不育的细胞质和不育的核基因结合在一起,获得雄性不育系 S($rfrf$)。研究表明,通过黄花苜蓿与紫花苜蓿种间的远缘杂交,在大量的杂种紫花、杂种杂花和杂种黄花的杂种群体中,寻找罕见的杂种杂花(白色)类型,经鉴定分离和隔离繁殖后,可获得苜蓿雄性不育植株。美国的 G. W. Burton(1965)用远缘杂交法育成了核质互作型美洲狼尾草(*Pennisetum americanum*)Tift 23A 雄性不育系。利用这些雄性不育系配制三系杂交组合,可有效进行杂种优势利用。

远缘杂交也是直接利用杂种优势的一种形式,远缘杂种往往比品种间杂交种具有更强的杂种优势。这是因为远缘杂种不仅核基因之间互作,而且核质之间也可以互作,该核质杂种因这种"双重杂种优势"往往比品种间杂交种在产量、品质和抗性方面均具有更强的杂种优势。如内蒙古农牧学院及黑龙江省畜牧研究所分别利用抗寒、抗旱性非常强的野生黄花苜蓿和扁蓿豆与紫花苜蓿进行种间或属间杂交,经多代选育,育成'草原 1 号'和'草原 2 号'苜蓿及'龙牧 801'和'龙牧 803'苜蓿等苜蓿品种,无论是人工杂交组合,还是自由传粉杂交组合所得杂种,一般都具有良好的抗寒冷、干旱及病虫害的能力和产草量。而且,在紫花苜蓿往往不能越冬的地区,杂种苜蓿可安全越冬并能获得较好的种子和干草产量。钱章强(1998)等选用高粱不育系(TX623A)与苏丹草杂交育成的远缘杂交品种'皖草 1 号'和'皖草 2 号',综合了双亲的优点,表现产量高,适应性强,青草产量达 75 000~90 000kg/hm^2,较对照苏丹草增产 20%~40%,这些性状表现倾向母本高粱。而且高丹草的营养价值和适口性也明显优于苏丹草。杂交象草品种'桂牧 1 号'是广西壮族自治区畜牧研究所梁英彩等采用杂交狼尾草(美洲狼尾草×象草)(*P. americanum*×*P. purpureum*)可育株为母本,矮象草(*P. purpureum*)为父本进行有性杂交育成的优质高产杂交象草品种,表现明显的远缘杂种优势,草产量高于亲本;牧草品质及适口性均比亲本好。

9.1.2.5 诱导单倍体

属间与种间远缘杂交时,虽然远缘花粉不能使异种母本正常受精,但有时能刺激母本卵细胞自行分裂,诱导孤雌生殖,产生母本单倍体,进而使远缘杂交成为倍性育种的一种手段。此外,由于远缘杂种染色体遗传不平衡可造成染色体丢失或无融合生殖,从而形成父本或母本的单倍体。如 Kasa 和 Kao(1970)用二倍体普通大麦(*H. vulgare*)和二倍体球茎大麦(*H. bulbosum*)杂交的 F_1 代,因球茎大麦染色体的消失而获得了普通大麦的单倍体。目前,通过远缘杂交已在 20 多个物种中成功诱导出孤雌生殖的单倍体。

9.1.2.6 研究物种的形成和进化

远缘杂交是生物进化的重要因素之一,也是物种形成的重要途径。不同的物种经过天然远缘杂交,可以打破种间界限,把两个或多个物种的有益特征、特性结合起来,再经过自然选择,形成生命力更强的新物种。研究发现,很多物种都是通过天然的远缘杂交进化而来的,如四倍体圆锥小麦是由二倍体一粒小麦与二倍体山羊草自然杂交后通过染色体加倍所形成;具有 42 条染色体的普通小麦,是生物进化过程中自然形成的异源六倍体,由小麦属(*Triticum*)内四倍体圆锥小麦和山羊草属(*Aegilops*)内二倍体山羊草通过同样途径产生。又如,异源八倍体西方冰草[(*Pascopyrum smithii*(Rydb.)Löve)= *Agropyron smithii* Löve]是由异源四倍体的披针形披碱草(*Elymus lanceolatus*)和无芒赖草(*Leymus triticoides*)经远缘杂交加倍形成的;而披针形披碱草和无芒赖草分别是由二倍体的伪鹅冠草属(*Pseudoroegneria*)×大麦草属(*Hordeum*)和薄冰草属(*Thinopyrum*)×新麦草属(*Psathyrostachys*)经远缘杂交加倍形成。

育种家通过远缘杂交可使物种在进化过程中出现的一系列中间类型重现，为研究物种进化的历程和物种间亲缘关系的确定提供依据，有助于阐明某些物种或类型形成与演化的历史。Morinaga(1929)通过芸薹属二倍体和四倍体远缘杂种的细胞遗传学研究提出二倍体和四倍体种进化亲缘关系的假说。Nagahara(1935)通过白菜型油菜和甘蓝的杂交证实了甘蓝型油菜具有白菜型油菜染色体组 A 和甘蓝的染色体组 C，随后提出了有名的禹氏三角阐述芸薹属 3 个基本种和 3 个复合种之间的进化关系，即甘蓝型油菜由白菜型油菜和甘蓝自然杂交进化而来；芥菜型油菜由白菜型油菜和黑芥自然杂交进化而来；埃塞俄比亚芥由黑芥和甘蓝自然杂交进化而来。国内外很多育种单位利用白菜型油菜和甘蓝杂交人工合成甘蓝型油菜，充分利用了白菜型油菜和甘蓝丰富的种质资源；弥补了甘蓝型油菜种质资源狭窄的缺陷。

9.1.3　牧草及草坪草远缘杂交育种的优势

牧草及草坪草的远缘杂交育种具有其独特的优势。首先，牧草及草坪草的多倍体种所占比例较高，如小麦族内多年生牧草及草坪草中，多倍体种占 90% 左右，表明它们在自然进化和物种形成过程中已经经历了天然远缘杂交和染色体加倍。同理，人类可利用类似物种自然进化的远缘杂交育种方法合成新物种，充分发挥远缘杂种优势。其次，牧草及草坪草大多为多年生植物，主要利用其营养器官，并能采用无性繁殖方式，这种习性和繁殖特点为其远缘杂交中不育杂种的保存、利用及杂种后代育性的自然恢复创造了有利条件。再者，牧草及草坪草分布在不同生态环境条件下，特别是生长在多种不良的环境条件下，形成了对不良环境的适应性和抵抗能力，如抗寒(耐热)性、抗病(虫)性、抗旱性、耐盐碱(酸)性等，这些优良特性用来改良现有品种，成为"天然的抗性基因库"。随着牧草及草坪草资源的开发利用，这种潜力将会得到进一步发挥。

9.1.4　国内外远缘杂交育种研究概况

国内外大田农作物远缘杂交育种近几十年取得了长足进展，创造了小黑麦、小偃麦、小冰麦、甘蓝型油菜等作物新类型；利用异种的特殊有利性状，广泛进行了马铃薯、番茄、菊花、月季、小麦、水稻等作物的远缘杂交，育成了一些新品种或种质资源。特别是围绕小麦及其近源植物，如山羊草属(*Aegilops*)、偃麦草属(*Elytrigia*)、黑麦属(*Secale*)、簇毛麦属(*Haynaldia*)、披碱草属(*Elymus*)、大麦属(*Hordeum*)、赖草属(*Leymus*)等进行了广泛的远缘杂交育种研究及应用。

国内外牧草及草坪草的远缘杂交育种也取得了新进展。欧美一些国家进行了羊茅属和黑麦草属的属间杂交，以及羊茅属内和黑麦草属内(如一年生黑麦草与多年生黑麦草)的种间杂交，育成了适应性和产量兼优的新品种、类型和物种。此外，国外在紫花苜蓿与黄花苜蓿、紫花苜蓿与天蓝苜蓿(*M. lupulina*)、红豆草属内、三叶草属内、高粱与苏丹草、玉米与类蜀黍(*Euchlaena mexicana*)、狼尾草(*P. alopecuroides*)与珍珠粟(*P. glaucum*)，以及早熟禾属、鸭茅属、野豌豆属、雀稗属、草木犀属内一些种间进行了远缘杂交，育成了一些生产上推广的新品种和类型。

中国牧草及草坪草远缘杂交育种，不仅广泛进行了苜蓿属内黄花苜蓿与紫花苜蓿的远缘杂交育种，培育了一系列优良苜蓿品种在生产上推广应用。而且，华南农业大学应用甜玉米与大刍草(*Z. mexicana*)进行属间杂交，获得了'华南1号'甜茎玉米。黑龙江省畜牧研究所等进行了紫花苜蓿与扁蓿豆(*Melisitus ruthenicus*)的远缘杂交育种研究；南京农业大学王槐三等进行了黑麦草与苇状羊茅的远缘杂交，育成'南农1号'羊茅黑麦草新品种，于1998年通过全国品种审定，登记为育成品种。广西畜牧研究所育成了'桂牧1号'等大面积应用的远缘杂交新品种。

9.2 远缘杂交的困难及其克服方法

杂交不易成功是远缘杂交的第一个困难。

9.2.1 远缘杂交不可交配性的原因及其克服方法

9.2.1.1 远缘杂交不可交配性的现象

远缘杂交不可交配性(Noncrossability)或不亲和性(Incompatibility)是指远缘杂交后雌雄配子不能完成受精作用进而无法形成合子的现象。远缘杂交双亲的亲缘关系较远、遗传差异大、花器构造和传粉过程不相适应和生理生化无法协调，常常会造成花粉在异种柱头上不能萌发或部分萌发；虽然能萌发，但花粉管无法深入柱头、花粉管生长缓慢或破裂或花粉管不能正常生长进入子房到达胚囊；虽然能到达子房，但雌雄配子不能受精结合；虽能受精但受精不完全，雄配子只与极核或只与卵子结合等现象，从而导致受精过程失败，远缘杂交难以成功。

远缘杂交不亲和性的程度在不同种属之间的杂交中具有明显的差异。目前远缘杂交的成功事例以种间、亚种间杂交居多；属间杂交次之；科间杂交的成功事例则极少。通常同种或亲缘关系较近的种间杂交较易，而异种或亲缘关系较远的种间杂交困难。但也不能把植物分类学的亲缘关系远近作为是否可以交配的唯一依据，因为有些植物的属间杂交比其种间杂交更易于成功。如十字花科芸薹属甘蓝(*Brassica oleracea*)与亲缘关系较远的萝卜属(*Raphanus*)杂交较易；而与同属的芜菁(*B. rapa*)杂交反而不易成功。又如，披碱草属的加拿大披碱草(*Elymus canadensis*)与同属的披碱草(*E. dahuricus*)杂交反而比与大麦属的野大麦(*Hordeum brevisubulatum*)杂交难度更大，育性更低。此外，染色体数目相同种的远缘杂交易于成功，但也有例外，如烟草属染色体分别为12对和24对的双亲之间的杂交比染色体数均为12对的双亲之间的杂交要容易。因此，远缘杂交应多做杂交试验，探索不同种属间杂交结实的可能性。

9.2.1.2 远缘杂交不可交配性的原因

远缘杂交不可交配性的主要原因是经过长期生物进化形成的物种，为保持其独立性，都存在种间生殖隔离(Sexual isolation)，其具体原因如下。

(1) 双亲受精因素的差异

由于远缘杂交双亲的亲缘关系较远与遗传差异大，造成参与受精过程的花器官及两性配子的结构、生理生化代谢以及发育上的巨大差异，从而导致不能完成正常的受精作用。例如，当母本柱头的pH较高时，可造成花粉中水解酶的活性下降；柱头的呼吸酶活性弱时，花粉粒中的不饱和脂肪酸不易被氧化；柱头上的生长素、维生素的数量少或存在异质性以及柱头的渗透压大于花粉的渗透压时，均会影响花粉在异种柱头上的萌发或花粉管的生长。

Meister 等(1957)发现普通小麦×黑麦时,结实率在60%以上,反交时仅为2.5%,其主要原因归咎于柱头和花粉渗透压的差异。

柱头过长也可导致远缘杂交受精障碍。Govil(1970)报道亚洲棉×雷蒙德氏棉(*G. raimondii*)时,花粉萌发、花粉管的生长和受精过程均较正常,但反交时,父本花粉虽能在母本柱头上萌发,但花粉管很难达到子房,这主要是因为雷蒙德氏棉的花柱比亚洲棉的长1倍以上,亚洲棉的花粉管在雷蒙德氏棉的花柱中生长缓慢,再加上雷蒙德氏棉的花柱太长,等不到进入子房,花柱就已经枯萎,因而无法受精。

此外,远缘杂交时,有的花粉管虽然能进入胚囊,但由于亲缘关系远,雌、雄配子细胞膜因具有高度的专一性而不能发生相互作用,也无法识别融合受精。

(2)双亲基因组成的差异

研究表明,远缘杂交的亲和性与双亲的基因组成有关。例如,大多数普通小麦品种在5B、5A、5D和1A染色体上分别载有Kr_1、Kr_2、Kr_3和Kr_4的显性基因,可阻止普通小麦与黑麦、普通小麦与球茎大麦的可交配性,但普通小麦品种"中国春"分别载有Kr_1、Kr_2和Kr_3的隐性基因,因而易于与黑麦和球茎大麦杂交;普通小麦品种"希望"含有Kr_1和Kr_2的隐性基因,因而易于与黑麦杂交,但不能与球茎大麦杂交。因此,当与球茎大麦杂交时,"中国春"的杂交成功率达15.41%;而"希望"的则为0。郑有良等(1993)则发现了比"中国春"有更高交配能力的普通小麦材料J-11,不仅具有隐性的Kr_1、Kr_2和Kr_3基因,还具有隐性的Kr_4可交配基因,因而提高了其与黑麦的可交配性。鲍文奎等(1975)也指出,小麦与黑麦杂交的可交配性与一系列复等位基因S、S^S、S^A、S^N和S^Q有关,其与黑麦杂交的难易顺序为:$S^Q>S^N>S^A>S^S>S$。因普通小麦品种"碧玉麦"含有S^Q基因,所以很难与黑麦杂交,其杂交结实率在1%以下。而"中国春"之所以容易与黑麦杂交,是因为它含有S基因,其杂交结实率在70%以上。

此外,在棉花上还发现有致死基因,如远缘杂交双亲的致死基因配套时,杂交便不能成功。如含致死基因Le_2^{dav}的二倍体戴维逊氏棉(*G. davidsonii*)与所有异源四倍体种(如陆地棉、海岛棉)杂交时都不能成功,即使利用组织培养技术也不能成功。这是因为其他异源四倍体种含有基因Le_1和Le_2,可与Le_2^{dav}互补配套导致棉苗死亡。

9.2.1.3 克服远缘杂交不可交配性的方法

(1)适当选择和组配亲本

远缘杂交的相同植物种不同品种的配子与另一个种或属的配子亲和力有很大差异。因此,亲本品种的选择及父母本的确定与远缘杂交成功与否关系极大,具体应注意以下原则:

①选择合适的亲本品种能提高结实率 例如,在普通小麦×黑麦中,选用普通小麦品种'中国春'比'碧玉'做亲本时的成功率更高。又如,在普通小麦×长穗偃麦草的远缘杂交中,以普通小麦品种'西农6028'为母本时,结实率为76.39%;而以'乌克兰0246'为母本时,结实率仅为0.35%。因此,远缘杂交中应广泛测交,选择适当亲本组配。

②当栽培种与野生种杂交时,常以栽培种为母本 如在普通小麦与黑麦的远缘杂交中,母本选用普通小麦比选用黑麦的结实率高。在普通小麦×长穗偃麦草的远缘杂交中,以普通小麦为母本的结实率高达70%,而以长穗偃麦草为母本的结实率均不超过10%。但是,在马铃薯(*Solanum tuberosum*)与墨西哥落果薯(*S. demissum*)的远缘杂交中,用墨西哥落果薯作为母本比其反交的容易成功。

③选用品种间杂种作为母本与远缘亲本杂交时，可提高杂种结实率　如以普通小麦品种'302'×天蓝偃麦草时，结实率为2.5%；以普通小麦品种'碧玉麦'×天蓝偃麦草时，结实率为19.25%；而以('302'×'碧玉麦')F_1×天蓝偃麦草时，结实率为38.76%。但是，选用的品种间杂种母本也因其杂种的母本不同，其远缘杂种的结实率也存在较大差异。如以普通小麦品种('中国春'×'矮立多')F_1×黑麦时，结实率可达61.68%；而('矮立多'×'中国春')F_1×黑麦时，结实率仅有17.07%。

④染色体数目不同物种的远缘杂交中，一般以染色体数目多的物种作为母本易成功　如米景九(1963)在普通小麦($2n=42$)与黑麦($2n=14$)的远缘杂交中，以普通小麦为母本的组合平均结实率为30.6%，最高达90%；而以黑麦为母本的组合平均结实率为7.1%，最高也只有14.4%。罗文质(1963)采用甘蓝型油菜($2n=38$)×白菜型油菜($2n=40$)远缘杂交时，结实率为23.6%，种子发芽率为64.0%；采用其反交时，结实率为0.6%，种子发芽率为0。但是，也存在例外，如采用普通小麦($2n=42$)×长穗偃麦草($2n=70$)远缘杂交时，其结实率比其反交的反而高。又如，采用野生蒙古冰草(*Agropyron mongolium* Keng.)($2n=14$)×栽培沙生冰草品种Nordan($2n=28$)远缘杂交时，结实率12.1%；而采用其反交的则不结实。因此，在进行远缘杂交时，具体选择哪个亲本为母本，不宜以染色体数多少为依据，而应广泛测交，组配较多的远缘杂交组合，并进行正反交，注意细胞质的作用，以便选择正确的远缘杂交母本。

(2) 亲本染色体预先加倍

远缘杂交前，可把亲本之一或双亲转变成更高的倍数性水平，当双亲的染色体数相同时，再进行杂交，就容易成功。当染色体数目不同的亲本进行远缘杂交时，先将染色体数目少的亲本进行人工加倍后再杂交，可提高杂交结实率。如卵穗山羊草(*Aegilops ovata*, $2n=28$)与黑麦($2n=14$)的远缘杂交不易成功，但将黑麦人工加倍后再与卵穗山羊草杂交，则可显著提高结实率。又如，美国D. R. Dewey(1968)采用二倍体冰草品种Fairway[*Agropyron cristatum*(L.)Gaertn, $2n=14$]与四倍体天然沙生冰草[*A. Desertorum*(Fisch)Schult, $2n=28$]杂交时没有成功，但把二倍体冰草诱导成四倍体以后，再与同倍数的沙生冰草杂交获得了成功。

(3) 媒介(桥梁)法

当两个远缘的亲本直接杂交不易成功时，可通过寻找能分别与这两个亲本进行杂交的第三种植物作为桥梁或媒介，使杂交获得成功。这种桥梁植物可以是不同的种或品种。如蔓生偃麦草(*Elytrigia repens*)与小麦杂交不易成功，但中间偃麦草可分别与小麦和蔓生偃麦草杂交。因此，先用中间偃麦草×蔓生偃麦草，其F_1加倍成双二倍体后，再与小麦杂交获得了杂种。

(4) 预先无性接近法

远缘杂交时，对直接杂交不孕的植物，可将一个亲本的营养体嫁接在另一个亲本的植株上，或实行相互嫁接的方法，将亲本双方先嫁接成一体，通过接穗和砧木间营养交流，使双亲差异得到缓和，使彼此的生理活动互相协调而相近，开花后再进行有性杂交，便较易成功。如苏联的赫贺拉切娃，利用无性接近法获得了南瓜的种间杂交。又如，不同植物属的花楸和梨无法交配，但将普通花楸和黑色花楸先进行有性杂交，再将杂种的芽条嫁接到成年梨树上，经6年时间，接穗受砧木影响，它们在生理上逐渐接近，当杂种花楸开花时授以梨的花粉，从而成功地获得了梨与花楸的远缘杂种。

(5) 采用特殊的授粉方法

① 混合花粉授粉 采用多父本混合花粉授粉或掺入少量母本花粉(甚至为死花粉)授粉，不仅可以增进雌蕊对花粉的选择，使母本在最大的可能范围内选择到比较适合的花粉，而且可以解除母本柱头上分泌的某些抑制异种花粉萌发的特殊物质，使雌性器官难以识别混合花粉中的不同蛋白质而接受原属于不亲和的花粉而受精。贵州农学院(1960)用普通小麦品种'中农28'为母本与黑麦杂交，结实率仅为1.2%，而在黑麦花粉中加入普通小麦品种'五一麦'和'黔农199'的花粉时，结实率可达16.6%。

此外，由于不同种的花粉混合时，相互作用比较复杂，可能相互促进，也可能相互抑制，所以在进行花粉混合时，应避免盲目增加混合花粉的数目，一般以3~5个为宜。而且，最好能预先进行萌发试验，以避免不同花粉混合后产生不良效果。

② 重复授粉 处在不同发育时期的同一母本柱头，其成熟度和生理状况及对异种花粉的受精能力都有差异。所以，在同一母本花的花蕾期、开放期、花朵即将凋谢期等不同时期，进行多次重复授粉就可增加遇到最佳授粉时机的几率，从而提高远缘杂交的受精结实率。中国科学院西北植物研究所(1960)采用普通小麦品种'302'与长穗偃麦草、天蓝偃麦草杂交时，授粉1次，结实率分别为0.2%和30.2%；授粉2次，结实率分别为提高到7.4%和51.4%。一般重复授粉2次即可，以隔天1次为宜，次数多易造成机械损伤。

③ 提前或延迟授粉 母本柱头对花粉的识别或选择能力，通常在未成熟或过熟时最低。所以，提早在开花前1~3d或延迟到开花后数日授粉，可提高结实率。如在普通小麦×黑麦中，给嫩龄柱头授粉的结实率(44.06%)明显高于给适龄柱头授粉(30.06%)的结实率。

(6) 柱头手术

① 柱头移植 当异种花粉不能在柱头上萌发形成花粉管时，可将父本柱头移接在母本花柱上，同时进行授粉，使同种植物柱头分泌物刺激花粉发芽生长，进而达成授粉结实。另外，也可切取已由父本花粉授粉、花粉刚刚发芽前父本柱头的上端部分，移植到母本柱头上，帮助精细胞进入胚囊。

② 切短柱头 有时远缘杂交不孕是由于母本花柱过长，父本花粉管不能到达母本子房所致。这时可切短母本长柱头，使精细胞经较短行程到达胚囊而受精。该技术在玉米与百合的远缘杂交中具有实践成功的范例。当然，如挑选短花柱植物作母本，也比较易于受精结实。

此外，有人以茄子、罂粟属(*Papaver*)为材料，切除整个花柱，把异种花粉撒在子房上部切除了花柱的切面上，结果得到了种间杂种；还有人将花粉配成悬浮液，直接注射于母本子房里，或划破子房授以父本花粉使胚囊受精，也可促进远缘杂交成功。该方式称为"子房内授粉"。

(7) 植物生长调节剂等化学药剂处理

雌性器官中生长素、维生素等某些生理活性物质含量的多少，常会影响受精过程。而且，对花粉与柱头施用某些化学药物，可抑制远缘花粉与柱头的相互识别蛋白质等因子，也可提高远缘杂交结实率。因此，已有研究表明，应用赤霉素(GA_3)、萘乙酸(NAA)、吲哚乙酸(IAA)，2,4-D以及蔗糖、维生素B等涂抹或喷洒柱头，然后授粉，可以提高远缘杂交结实率，并在一定程度上起保花保果的作用。如胡启德等(1987)用'中国春'和'Fortunato'普通小麦品种与球茎大麦进行远缘杂交时，从授粉后第2天开始，连续3d，每天3次对授粉穗喷施75 mg/kg的GA_3溶液，其平均结实率分别比不喷的提高20.75%和28.28%。在小麦×黑麦、二棱大麦×黑麦等远缘杂交试验中，用 NAA 或 GA_3 处理柱头时，均获得了类似的良好效果。Bates（1974）则用氯霉素、氨基乙酸、吖啶黄、水杨酸、龙胆酸等化学药物，从卵细胞减数分裂前至去雄为止，每天给包在叶鞘中的母本幼穗注射，然后用正常的远缘花粉给活体或离体的母本授粉，从而获得了小麦×小黑麦、大麦×燕麦等远缘杂种。

(8) 辐射等物理因素处理

远缘杂交的受精过程中，花粉和柱头之间的生理代谢活动中会发生彼此的蛋白质分子或其他信号因子的相互识别。一旦这种识别无法顺利进行，则导致特异的免疫抑制反应，使花粉无法正常萌发、生长，甚至抑制受精作用。所以，通过某些物理因素如热处理、反复冷冻、紫外线、射线辐射等处理花粉或柱头，可导致其识别蛋白变性或失活，进而使花粉或柱头脱离抑制状态，由不亲和变为亲和，从而增加远缘杂交的成功机会。如 Chen 和 Gibson（1973）对观月草（*Oenothera odorata*）和黑麦草（*Lolium*）的花柱进行热处理，使花柱变性老化，克服了远缘杂交的不亲和性。

此外，黑龙江省畜牧研究所王殿魁等在二倍体扁蓿豆（$2n = 2X = 16$，*Melissutus ruthenicus*）和四倍体肇东苜蓿（$2n = 4X = 32$，*Medicago sativa* L. 'Zhaodong'）的远缘杂交中，两亲本直接杂交未得到杂交种子；而改用 $^{60}Co\ \gamma$ 射线、二氧化碳激光、氮分子和热中子、快中子等 5 种辐射处理方法，分别照射亲本种子，再用获得亲本的 $M_2 \sim M_5$ 代突变体做亲本进行远缘杂交，成功获得了杂交种子，选育了'龙牧 801'苜蓿和'龙牧 803'苜蓿两个远缘杂交品种。

(9) 采用植物组织培养

①离体授粉和胚离体培养　离体授粉是对于易落花落果的植物，可将未授粉的母本雌蕊在无菌条件下取出，置于合适的培养基上进行组织培养，然后再授以父本花粉，以便减少植株其他器官对生长调节剂、养料、水分等的竞争，从而克服远缘杂交的困难。

胚离体培养是摘取授粉后一定时间的远缘杂交胚进行组织培养，以便克服远缘杂交胚乳发育不正常或胚与胚乳间生理上的不协调而导致的杂交胚败育，利用胚拯救技术获得远缘杂种。

②试管授粉（test-tube fertilization）　试管授粉是指将带胎座和不带胎座的未受精胚珠从子房中剥出，在无菌条件下置于合适的培养基上进行人工培养，待胚珠成熟后再授以父本花粉或已萌发伸长的花粉管，受精成功后再通过组织培养技术对远缘杂种合子进行再生，以获得远缘杂种植株。该法已在烟草属、石竹属、芸薹属和矮牵牛属等植物的远缘杂交中获得成功。

(10) 原生质体融合（Protoplast fusion）

原生质体融合，又称体细胞杂交（somatic hybridization），是指把两种不同基因型个体或不同种、属、科植物的原生质体分离出来并融合在一起形成融合体，然后通过组织培养再生出杂种植株。它可实现亲缘关系跨度更大的远缘杂交。如 Damiani 等（1988）、Brown（1988）分别通过改进的电融合法获得了紫花苜蓿和木本苜蓿（*M. arborea*，$2n = 4X = 32$）、野生截形苜蓿（*M. scutellata*，$2n = 2X = 32$）和海苜蓿（*M. marina*，$2n = 2X = 16$）的远缘杂交本。夏光敏等（1996）通过用辐射处理高冰草、簇毛麦、羊草等体细胞原生质体，然后与普通小麦体细胞原生质体不对称融合，相继获得了普通小麦与高冰草、簇毛麦、羊草的不对称体细胞远缘杂种植株。

9.2.2 远缘杂种夭亡、不育的原因及其克服方法

9.2.2.1 远缘杂种的夭亡和不育现象

远缘杂种的夭亡和不育是指有时虽然通过各种方法,克服了远缘杂交不亲和的重重困难,完成了受精,形成了合子,但因受精不完全,在受精卵或合子随后的生长和发育阶段,如继续发育成种子、杂种种子长成植株以及杂种植株繁衍后代的各个生长发育过程中,仍会无法产生有活力的后代种子或会在生长成植株前死亡的现象。其中,远缘杂种夭亡的表现有:受精后幼胚不能发育或中途停止发育;能形成幼胚,但幼胚畸形、不完整;幼胚完整,但没有胚乳或极少胚乳;胚和胚乳虽发育正常,但胚和胚乳间形成糊粉层似的细胞层,妨碍了营养物质从胚乳进入胚;由于胚、胚乳和母体组织间不协调,虽能形成皱缩的种子,但不能发芽或发芽后死亡;有的虽能形成正常的种子,但难发芽或虽能发芽,但杂种植株在苗期、营养生长期或开花期发生死亡。

远缘杂种不育的表现有:远缘杂种植株在花期无法形成雌雄蕊或正常的雌雄蕊,如有的雌蕊外形正常,但雄蕊退化或也变成了雌蕊;有的雄蕊无法产生花药;有的有花药但花药无法开裂;有的花药能开裂但花粉无活性;有的花粉有活性但无法自交结实。这些均可导致远缘杂种植株无法产生下一代,即发生不育。据报道,加拿大披碱草×野大麦、加拿大披碱草×肥披碱草(*E. excelsus*)、老芒麦×紫芒披碱草、披碱草×野大麦、蒙古冰草(*Agropyron mongolicum* Keng)×航道冰草(*A. cristatum*)、加拿大披碱草×披碱草、加拿大披碱草×圆柱披碱草(*E. cylindricus*)等都存在杂种的不育现象。

9.2.2.2 远缘杂种夭亡和不育的原因

(1) 生理代谢系统失调

许多学者认为远缘杂种夭亡的原因是杂种生理代谢系统失调所致,常常因为杂种胚、胚乳及母体组织(珠心、珠被等)间的生理代谢失调或发育不良,使胚乳败育或幼胚夭亡。胚和胚乳的发育存在极敏感的平衡关系,胚的正常发育必须由胚乳供应所需营养,如没有胚乳或胚乳发育不全,幼胚发育中途便停顿或解体。如灰鼠大麦×黑麦时,受精24h后,其新生胚乳核的有丝分裂不规则,虽然杂种胚的分裂和分化正常,但从受精后6~13d起,杂种胚随胚乳停止分裂而受到饥饿,最终导致败育。

(2) 遗传系统的破坏

许多学者认为远缘杂交夭亡与不育的根本原因是远缘杂交打破了各个物种原有的遗传系统平衡,造成了杂种的遗传系统不兼容所致。其具体原因可能有如下3种:

①核质互作不平衡 将一个物种的核物质导入另一物种的细胞质中后,由于核质不协调,可能引起雄性不育或影响杂种后代生长发育所需物质的合成与供应,进而影响其生长发育。核质互作不平衡对雄性不育的影响及诱导已被多种作物的研究结果证明。

②染色体不平衡 远缘杂交双亲的染色体组、染色体数目、结构、性质等的巨大差异,可造成远缘杂种在减数分裂时无法正常联会,或不均衡联会,产生单价体、多价体及落后染色体等不正常现象,因而不能形成有正常功能的配子而出现不育。如王树彦发现加拿大披碱草草与老芒麦的杂种F_1在减数分裂后期,出现较高频率的单价体,并伴有滞后染色体及染色体桥的出现,导致花粉不育。

③基因不平衡 有的远缘杂交双亲的染色体数相同,但因其基因组成差异很大,也可致

使其远缘杂种不育。不同物种亲本染色体上所携带的基因或基因剂量的差异，可影响个体生长发育所需物质的合成，导致不能合成合适剂量的物质进行正常的代谢，或不能形成具有正常功能的配子，因而使杂种夭亡或不育。

9.2.2.3 克服杂种夭亡和不育的方法

(1) 杂种胚的离体培养

当远缘杂种受精卵仅发育成胚而无胚乳，或胚与胚乳的发育不适应时，可适时将杂种胚进行人工离体培养，可获得杂种幼苗并大幅度提高远缘杂交结实率。采用幼胚培养法小麦×燕麦（*Avena*）、小麦×滨麦草（*Elymus daburicus*）、二棱大麦（*H. distichum*）×黑麦、小麦×赖草（*Leymus secalinus*）、小麦×冰草（*Agropyron*）等多种植物的远缘杂交中获得成功。

(2) 杂种染色体加倍

远缘杂种染色体加倍可获得双二倍体，可以克服染色体组不平衡引起的杂种不育。特别是当远缘杂种 F_1 的雌雄配子均不育，用回交法又无法得到后代时，可采用此法。它既可以克服远缘杂种的不育性，又是创造新物种的有效方法之一。目前已经在小麦×滨草、小麦×山羊草、小麦×冰草、加拿大披碱草×野大麦、黑麦×冰草及某些冰草间的牧草及草坪草远缘杂交中获得成功。

(3) 回交法

当远缘杂种雄性配子败育而雌性配子少数发育正常时，可以用它做母本，授以亲本之一的花粉进行回交，获得回交种子；相反，当其雄性配子基本正常时，可用它做父本，与原亲本之一进行授粉，产生回交一代种子。它是克服远缘杂种不育以及种子不饱满等异常现象比较常用的方法。如在多年生禾本科牧草及草坪草远缘杂交的研究中，杂种 F_1 普遍存在着不育现象，通常利用无性繁殖的方式将杂种植株保留下来，之后用父本或母本的花粉反复授粉以恢复育性。如披碱草（$2n=42$）×野大麦（$2n=28$），正反交杂种都不育。李造哲（2003）用套袋回交方法，成功获得了（披碱草×野大麦）×野大麦和（野大麦×披碱草）×野大麦回交种子，回交结实率为 1.8%。张海泉（2007）用柱穗山羊草与普通小麦杂交，杂交种自交结实率 0.1%，用亲本回交后结实率达 1%。武计平用八倍体小偃麦与羊草杂交时，杂种 F_1 自交结实率仅为 1.23%，用普通小麦回交后结实率为 9.23%，到 F_2 回交结实率已达 79.69%。

(4) 延长杂种的生育期

远缘杂种的育性有时也受生育年龄的影响，延长杂种生育期，可促使其生理机能逐步趋向协调，生殖机能及育性也可得到一定程度的恢复。因此，可利用某些植物的多年生习性，采用无性繁殖法，人工控制光温条件来延长远缘杂种的生育期，以提高其结实率。如在小麦×长穗偃麦草或天蓝偃麦草的远缘杂交中，均发现杂种的结实率随栽培年限的延长而提高。

(5) 改善营养条件

除遗传特性影响外，外界环境条件有时也可导致远缘杂种夭亡或不育。因此，在远缘杂交育种工作中，要尽量保证杂交母株和远缘杂种的最佳生长条件，以提高远缘杂交育种工作的成功率。针对远缘杂种代谢紊乱，生命力弱等问题，可在条件良好的温室中采用合适的配方营养土、营养液等栽培措施和严格的防虫防病管理办法来促进杂种植株的苗壮生长而减少远缘杂种的夭亡。如中国农业科学院在小黑麦双二倍体的抽穗始期追施钾肥，结实率比对照增加了 57%。

此外，还可采用调节营养法，即用嫁接、切茎、整枝、去杈、摘心、整穗、环状剥皮、切根等方法，来抑制远缘杂种营养体发育，促进繁殖器官的发育，以提高结实率。如有毒物质香豆素（Coumarin）含量高的白花草木犀（*Melilotus albus*）和含量低的细齿草木犀（*M. dentata* subsp. *dentata*）杂交时，F_1 均为白化苗，随后死亡。当把 F_1 嫁接到母本或黄花草木犀植株上时，获得了成活的 F_1 植株，再与母本回交时，育成了香豆素含量低的品种。

9.3 远缘杂种后代的分离特点及其育种技术

9.3.1 远缘杂种后代的性状分离特点与控制

9.3.1.1 远缘杂种后代性状的分离特点

与品种间杂交相比较，远缘杂种后代性状的分离特点如下：

（1）分离无规律性

种内杂交后代性状的分离具有一定的规律，如质量性状的分离规律会遵照孟德尔遗传规律按比例进行分离；数量性状的分离也会存在一定的统计分布规律。但远缘杂种中，来自双亲的异源染色体缺乏同源性，导致减数分裂过程紊乱，形成具有不同染色体数目和染色体结构的配子。因此，远缘杂种后代具有十分复杂的遗传特性，性状分离复杂且无规律，上下代之间的性状关系也难以进行预测和估算。

（2）分离剧烈、变异幅度大，且有向双亲分化的倾向

远缘杂种后代不仅可分离出各种中间类型，而且还可出现大量的亲本类型、亲本相近类型、亲本祖先返祖类型、超亲类型以及亲本所没有的新类型等，变异极其丰富，即呈现所谓的"疯狂分离"现象。如普通小麦×天蓝偃麦草的远缘杂种后代分离出偃麦草类型、偃小麦类型、小偃麦类型、小麦类型等。其各个性状变异幅度也很大，育性从结实正常、半不育到不育均有；成熟期从极早熟到极晚熟均有；穗型从纺锤形到棍棒型的诸多类型均有。此外，其株高、株型、叶色、叶型等性状出现了一些亲本所不具有的特异个体。

随着远缘杂种世代的演进，其杂种后代还有向双亲类型分化的倾向。因为在杂种后代中，生长健壮的个体往往是与亲本性状相似的；而中间类型不易稳定，容易在后代中消失，故有回复到亲本类型的趋势。如普通小麦（$AABBDD$）×二粒系小麦（$AABB$）时，其 F_1 为 $AABBD$，F_2 以后，D 染色体组不是趋于全部消失，便是趋于二倍体化（DD）；中间类型常因遗传上不稳定，生长不良或不育性高被淘汰，只有接近亲本染色体数（$2n=42$ 或 $2n=28$）的个体才能保留下来。

（3）分离世代长、稳定慢

远缘杂种的性状分离并不完全出现在 F_2，有的要在 F_3、F_4 或以后世代才出现剧烈分离，同时一经分离，其持续世代较长，常能延续到 7~8 代，有的甚至到十几代仍不能获得稳定类型。此外，远缘杂种后代中除分离出部分整倍体杂种外，多数是非整倍体杂种。且由于杂种某些染色体消失、无融合生殖、染色体自然加倍以及非整倍体植株等各种染色体数量及结构的异常，使远缘杂种性状不易稳定，比一般品种间杂种慢。

9.3.1.2 远缘杂种后代分离的控制

为了缩短育种年限，加速远缘杂种后代的稳定，可采用如下方法。

（1）回交

回交既可克服远缘杂种的不育，也可控制远缘杂种的性状分离。如在栽培种×野生种的

远缘杂交中，杂种 F_1 往往是野生种的性状表型占优势，F_2 以后一般可分离出倾向于两亲的类型和中间类型。如果用不同的栽培品种与杂种 F_1 连续回交后自交，便可克服野生种的某些不良性状，可分离出具有野生种的某些优良性状并较稳定的栽培种类型，从而获得远缘杂交育种新品种或新种质。如盖钧镒（1982）以大豆栽培种×野生种的 F_1 与栽培种回交 2 次，便克服了远缘杂种的蔓生性和落粒性等野生种不良性状。

（2）F_1 染色体加倍

远缘杂种染色体加倍，使之形成双二倍体或异源多倍体，不仅可以提高远缘杂种的可育性，而且还可获得性状不分离的纯合材料或新类型。该方法的优点是类型稳定快，缺点是将双亲的优、劣遗传性状全部结合到杂种中，难以选优去劣，还需要通过双二倍体新种不同品系之间的杂交，再进一步选育新品种或类型，以克服上述缺点。此外，需要指出，由于亲缘关系较远的双亲染色体间难以平衡协调，因此，F_1 染色体加倍形成的双二倍体的遗传稳定性也是相对的，仍会发生分离，可分离出非整倍体的异染色体体系。

（3）诱导杂种产生染色体变异

利用各种辐射源或化学诱变剂处理远缘杂种，诱导杂种产生染色体变异，形成异附加系、代换系和易位系等类型，可把仅仅带有目标基因的染色体或染色体片段相互转移，这样既可避免远缘杂种两极分化，又可获得兼具双亲性状的杂种。如在小麦与小伞山羊草、冰草、黑麦等的远缘杂交中，应用此法已获得了抗病品种和新类型。

（4）诱导单倍体

远缘杂种 F_1 的花粉虽然大多数是不育的，但也有少数的花粉是有活力的，如将 F_1 花粉进行离体培养，产生单倍体，再进行人工加倍形成各种纯合二倍体，便可克服杂种性状分离，迅速获得性状稳定的新类型。如王关林等（1990）在小麦与天蓝冰草的远缘杂交中，采用该法成功获得了八倍体小冰麦新种。羊茅与黑麦草的远缘杂种诱导单倍体也获得了成功。

9.3.2 远缘杂交育种技术

9.3.2.1 远缘杂种后代的选择特点

（1）扩大杂种早代的群体数量

远缘杂种后代普遍出现变异类型多，且不孕性程度高或不育的植株居多，还有一些畸形植株（如黄苗、矮株等），有的中途夭亡，有的发芽不良，出苗率低。所以，杂种早代（F_2、F_3）应有较大的群体，才有可能选出频率很低的优良基因组合个体。

（2）早期世代选择标准宜放宽

远缘杂种的变异个体在早期世代一般都表现结实率低、种子不饱满、生育期长等缺点，但随着世代的递进，这些缺点往往可以逐渐趋于正常。而且，有些远缘杂种早期代虽不出现明显变异，但在以后世代中还可能出现优良性状分离。因此，远缘杂种早期世代选择标准不宜过高，不宜过早轻易淘汰早期世代材料。

（3）灵活选用适当的选择方法

由于远缘杂种后代分离强烈、分离世代强，要求有较大的群体。除材料少时采用系谱法外，一般采用混合法选择为宜。待性状分离比较明显并趋向稳定时，再进行单株选择。并且，应依据育种目标和所用亲本材料，灵活地运用不同的选择方法。如要改变某一推广品种的个别性状，而该性状是受显性基因控制且遗传力高时，可采用回交法。若要把野生种的若干有利性状与栽培品种有利性状相结合，可采用歧化选择（disruptive selection），即选择分离群体中的两极端类型进行随机交配后再选择的方法。这样可增加双亲本间基因交换的机会，有利于打破有利性状与不利性状间的连锁，使控制有利性状的基因发生充分的重组，经过多代歧化选择，则有可能把双亲较多的有利性状结合在一起，选育综合性状超越双亲的新品种。

9.3.2.2 远缘杂交育种的其他策略

远缘杂交育种的实质是通过人工远缘杂交打破物种间的生殖隔离，扩大基因重组和染色体间相互关系变化的范围，创造出更加丰富的可遗传变异类型，然后利用这些变异选育新品种。随着科学技术的发展，将异源物种的染色体或染色体片断及DNA遗传物质导入另一物种，除可采用回交育种方法外，还可采用体细胞杂交、外源DNA导入、转基因育种等生物技术育种方法。有关生物技术育种内容，可参考本书第15章或其他相关教材。

思考题

1. 什么是远缘杂交？试论述远缘杂交育种的特点。
2. 论述远缘杂交在育种中的作用或意义及在牧草及草坪草育种中的独特优势。
3. 论述远缘杂交的不可交配性现象与原因及其克服方法。
4. 论述远缘杂种夭亡和不育现象与原因及其克服方法。
5. 远缘杂种后代性状分离和遗传特点有哪些？
6. 如何克服远缘杂种后代的不稳定性？
7. 简述远缘杂种后代的选择原则。

第10章 诱变育种

诱变育种(induced mutation breeding)是指利用物理或化学等因素诱导植物发生变异,再通过选择而培育新品种的育种方法。根据所使用的诱变剂种类不同,诱变育种分为物理诱变育种和化学诱变育种。诱变剂(mutagen)是指诱导植物发生突变的因素,分为物理诱变剂和化学诱变剂。物理诱变育种是指利用物理诱变剂处理植物体及其器官、组织、细胞等以诱发突变,使之产生遗传变异,根据育种目标进行选择和鉴定,从各种突变体中直接或间接地选育出在生产上有利用价值的新物种或品种。由于物理诱变剂通常为具有辐射能的物质,因此又将物理诱变育种称为辐射育种。化学诱变育种则是指利用化学诱变剂诱导植物产生变异并培育新品种的育种方法。

10.1 诱变育种概述

10.1.1 诱变育种的概况

10.1.1.1 国内外诱变育种研究概况

1927年美国科学家 H. J. Muller 利用 X 射线处理果蝇,发现 X 射线具有诱发生物突变体的作用,标志着辐射诱变育种的开始。生物学家就发现 X 射线能够影响植物的生长,低剂量的 X 射线时能刺激植物生长,然而,高剂量则抑制其生长。1927年,Muller 用 X 射线照射果蝇,发现 X 射线诱发了果蝇致死基因的突变,这也是人类首次发现其诱变作用。1928年,L. J. Stadler 证明镭和 X 射线对小麦和玉米等作物有诱变效应。1930年,瑞典 A. Gustafsson 等利用辐射获得有利用价值的密穗、硬秆的大麦突变体。1934年印度尼西亚 D. Tollenear 利用 X 射线育成了第一个采用辐射诱变育种育成的农作物品种——烟草品种 Chlorina,并在生产上得到了推广应用。1935年采用辐射育种获得了豌豆突变体,以后由于第二次世界大战,使诱变育种研究几乎都中断或者延缓。1941年 Auerbach 等发现化学物质(如硫芥)可诱变果蝇基因突变,标志化学诱变的开始。1943年 Ochlkers 用脲烷诱发月见草、百合及风铃草的染色体畸变。其后,化学诱变育种成为一种新兴的育种方法得到人们的广泛应用。据 2012 年 FAO/IAEA 数据统计,载入诱变品种数据库的品种已经达到 3218 个,而在实际应用中还存在大量与诱变育种间接相关的品种。

中国于 1956 年开始辐射育种工作,主要集中探索射线处理以及辐射前后的附加处理。随后,全国辐射育种研究体系初步形成,育成大量植物新品种,提供大量优异的种质资源。截至 2009 年 9 月,据 FAO 的突变品种 PIAEA 数据库统计,60 多个国家利用诱变育种技术在 170 多种植物上育成并推广了 3088 个突变品种,其中中国在 45 种植物上育成了 802 个突变品种，超过目前国际诱变育成品种数据库中总数的 1/4 而位居世界第一，其种植面积也位居世界首位，创造了巨大的经济与社会效益。此外，中国诱变育种还发展了激光、卫星、高空气球与飞船等各种航天器搭载的太空诱变等新型诱变剂利用，改进了诱变育种的选育方法，拓宽了诱变育种的应用范围。

10.1.1.2 国内外牧草及草坪草诱变育种概况

国外牧草及草坪草育种研究起步相对稍早，1895 年伦琴发现 X 射线后的第 3 年，Shoner 第一个采用弱剂量 X 射线照射了燕麦干种子，研究了照射量与种子发芽率、发芽势的关系。20 世纪 70 年代后期，国外学者研究证明了狗牙根、假俭草等草坪草经辐射处理后，可提高草坪品质和丰富色泽变化。其后，国外采用诱变育种方法育成许多杂交狗牙根、钝叶草、匍匐翦股颖、假俭草、结缕草等牧草及草坪草品种。如美国学者采用诱变育种先后育出了质地、生长习性、色泽、耐寒性都较好的假俭草新品种 Aucentennial、Tifblair、TC319；Hanna W.W.（1995）利用辐射筛选出具有优良性状的匍匐翦股颖品种 Tifblair；还选育了杂交狗牙根品种 Tifdrawf（Powell J.B.，1974）、TifEagle、TifwayⅡ、TifgreenⅡ、Tift94 等。

中国牧草及草坪草育种工作起步较晚，除对牧草及草坪草的不同物理与化学诱变剂效应、不同牧草及草坪草的辐照敏感性、辐射育种的适宜剂量、辐射诱变生物学效应及规律等进行了大量基础理论研究外，还采用诱变育种育成了一些牧草及草坪草优良品种。如 1976—1979 年，黑龙江省畜牧研究所采用 ^{60}Co-γ 射线和其他辐射处理方法相结合，照射亲本野生扁蓿豆和肇东苜蓿，获得突变体，后经杂交获得抗性强及产量高的苜蓿品种'龙牧 801'和'龙牧 803'。黑龙江省草业研究所张月学等（2006）采用零磁空间处理诱变育种育成了紫花苜蓿品种'农菁 1 号'。中国还育成了彭阳'早熟沙打旺'、'龙牧 2 号'、'中沙 1 号'沙打旺、'中沙 2 号'沙打旺、'黑辐 4 号'、'黑辐 2 号'、'黑辐 21 号'等沙打旺新品种；西辐小冠花新品种；'新牧 1 号'杂花苜蓿新品种；'赣选 1 号'多花黑麦草新品种；'907'柱花草、'热研 20 号'和'热研 21 号'圭亚那柱花草新品种；'闽育 1 号'与'闽育 2 号'圆叶决明新品种。

10.1.2 诱变育种的特点

10.1.2.1 优点

（1）提高突变率，扩大突变谱

植物自然突变率一般只有 0.1%~0.01%，而利用各种诱变因素可使突变率提高到 3%，比自然突变高出 100~1000 倍。同时人工诱变的变异类型多、范围大，往往超出一般的变异范围，甚至产生自然界尚未出现或少有、常规育种获得较为困难的新性状、新类型、新基因源。能够极大地充实种质资源库，可供植物遗传育种间接或直接利用。如梁英彩等采用 ^{60}Co-γ 辐射处理易感炭疽病的'184'柱花草种子，选育了抗炭疽病的柱花草新品种'907'柱花草。

（2）能有效改良单一不良性状，而保持其他优良性状不变

由于辐射诱变往往只产生使某一个基因发生改变的点突变，所以能有效地改良推广品种的个别缺点，但同时改良多个性状较困难。实践证明，诱变育种可以使品种在基本保持原有遗传背景的前提下，有效地改良品种的早熟、矮秆与抗倒伏能力、抗病性、种子品质性状和

育性等单一不良性状。例如，辽宁省农业科学院土肥所苏盛发等采用 ^{60}Co-γ 辐射处理进行诱变育种选育的'早熟沙打旺'品种的现蕾期、初花期、盛花期，平均分别比原品种提前 20 d、21 d 和 24 d。Jarrel 和 Powell 在 1974 年发现，利用 γ 射线辐射狗牙根可产生两大变异，即矮化变异和色泽变异，这两种变异在自然界中也较为常见。瑞典采用高产易倒伏大麦，经辐射育种选育了抗倒伏大麦新品种。中国热带农业科学院刘国道等 1996 年 10 月 20 日~11 月 4 日利用返地卫星成功搭载'热研 2 号'柱花草种子，进行空间诱变处理，随后经过连续多次多代炭疽病接种，选育了抗炭疽病的'热研 21 号'圭亚那柱花草，于 2011 年 5 月通过全国草品种审定委员会审定登记。江西省畜牧技术推广站以意大利多花黑麦草品种'伯克'为原始材料，通过优选单株、秋水仙碱染色体加倍后，又经 ^{60}Co-γ 射线辐射种子，选育出四倍体'赣选 1 号'多花黑麦草，其干物质的粗蛋白质含量比'伯克'提高 34.19%，氨基酸含量提高 33.33%，且茎叶茎嫩多汁，适口性好，消化率高达 73% 以上。

辐射育种又是获得植物雄性不育系的有效途径。如中国农业科学院原子能利用研究所王琳清等 1982 年利用电子束 370 Gy 处理普通小麦稳定品系原冬 2110 干种子，M_1 代出现育性嵌合体，M_2 代出现不育株，以后经过多代连续回交、选育，获得了普通小麦细胞质突变型雄性不育系 85EA。

(3) 性状稳定快，育种年限短

诱变育种诱发突变大多是一个主基因改变，诱变后代分离少，变异稳定快，诱变操作与育种程序简单、年限短。而杂交育种涉及多个基因分离与组合，要获得纯合、稳定新品种，需要较长时间，大多需要 4~6 代才能稳定，需 7~12 代的时间才能选育出新品种。并且，由于大多数牧草及草坪草均能无性繁殖，利用诱变育种比杂交育种显得更为简单、有效。牧草及草坪草经过诱变后出现某些优良性状，可以利用无性繁殖把其突变固定下来。如既可无性繁殖又可种子繁殖的草地早熟禾、狗牙根、多年生黑麦草，诱变处理后，选择符合育种目标的变异类型，用无性繁殖固定下来，选择优良的无性系进行种子繁殖，或组合成综合品种，F_3 代就可稳定，3~6 代即可选育出生产需要的新品种。

(4) 与其他育种方法结合使用，作用更大

诱变育种可与杂交育种等育种方法相结合，有助于创造出更加优异的新品种。诱变育种与远缘杂交育种相结合，采用射线处理远缘杂种的花粉，有时可以促进受精结实，克服远缘杂种的不育性。如李红等利用野生扁蓿豆与肇东苜蓿进行远缘杂交育种，采用射线对亲本二倍体扁蓿豆与四倍体肇东苜蓿辐射处理，改变了亲本遗传性，提高了亲和性，历经 16 年，培育了'龙牧 801 号'和'龙牧 803 号'苜蓿新品种。诱变育种与单倍体育种相结合，可以提高诱变率，扩大变异谱。这种结合方式包括将诱变材料进行组织培养，或对组织培养物进行诱变处理，也可以通过采用分离突变体的培养基，使突变型更快分离出来。此外，诱变育种与生物技术育种相结合，可以进行染色体易位，染色体重建等。

10.1.2.2 缺点

(1) 定向变异和有益突变的频率低

诱变育种效果受一系列复杂因素制约，目前对其内在规律掌握较少，尚无有效地控制突变方向和性质的技术，因此很难实现定向突变。诱发突变的方向和性质尚难控制和预测，因而诱变育种的预见性差，带有一定的随机性。主要原因是目前对诱变育种的基础理论研究还不够深入，难以确定变异的方向和性质以及希望出现的变异频率。

(2) 不同植物诱变育种的特点和程序不同

诱变育种效果常限于个别基因的表型效应，而且不同种及品种基因型间对诱变因素的敏感性差异极大，不同植物的诱变剂量和时间及材料处理时期各不相同，诱变出的由微效基因控制的数量性状鉴定很困难，且大多数变异为不能遗传的变异。因此，不同植物诱变的特点和育种程序不相同，增加了诱变育种的复杂性。

(3) 需要较多的试验地、人力和物力

人工诱变虽然能大幅度提高植物突变频率，但因其突变还具有随机性，在一次诱变后代中要想得到多种性状均理想的突变体还很困难，且其有益突变的几率很低，因此必须使诱变处理的后代保持相当大的群体。因此，诱变育种需要较多的试验地，需花费较多的人力和物力。

(4) 诱发突变的方向和性质尚难掌握

诱变育种的突变范围，即突变谱通常遵循突变本身的规律。瓦维洛夫揭示的同源平行变异律有重要的指导意义，有些著述夸大诱变对"扩大突变谱"的作用，实际上没有证据表明，诱变能产生生物在漫长进化中没发生过的突变。没有根据设想诱变能使苹果或山茶突变为草本或蔓生类型，乃至像李森科等杜撰的在小麦穗中发生黑麦麦粒那样的"突变"。

10.2 物理诱变剂及其处理方法

物理诱变又称辐射诱变，是指利用各种辐射引发基因突变或染色体变异。辐射是物质能量在空间的传递和转移。它是由场源出的电磁能量中一部分脱离场源向远处传播，而后再返回场源的物理现象，一般可依其能量的高低及电离物质的能力分为电离辐射和非电离辐射两种基本类型。电离辐射具有足够的能量可以将原子或分子电离化；非电离辐射的能量比电离辐射的弱，它不会电离物质，而会改变分子或原子之旋转、振动或价层电子轨态。不同的非电离辐射可产生不同的生物学作用。

10.2.1 物理诱变剂的种类和特点

凡是能引起生物体遗传物质发生突然或根本的改变，使其基因突变或染色体畸变达到自然水平以上的辐射（射线）物质，统称为物理诱变剂。

10.2.1.1 γ射线

γ射线在诱变育种中应用最普遍。它是原子核内电磁辐射，是一种高能电磁波。它的波长很短、穿透力强、射程远，一次可照射很多种子，而且剂量比较均匀。目前常用的γ射线来源于放射性同位素^{60}Co 或 ^{137}Cs 的核衰变产生的，它们的半衰期分别为 5.27a 和 30a。

10.2.1.2 X 射线

X 射线又称伦琴射线、阴极射线，由 X 射线发生器产生，是一种较高能量的电磁辐射，其波长比γ射线长，穿透力比γ射线弱，不能同时照射大量种子。因此，尽管 X 射线最早应用于诱变育种，但近年诱变育种中 X 射线逐渐被γ射线取代。根据波长范围可分为软和硬 X 射线，波长越短，其穿透力越强。植物育种通常会采用穿透力强的硬 X 射线（波长为 $10^{-2} \sim 10^{-3}$ nm）。由于 X 射线会导致染色体断裂和重组而降低结实率，所以适用于以营养体繁殖的牧草及草坪草等材料的诱变育种。

10.2.1.3 中子

中子是一种从放射性同位素、加速器、反应堆中得到的不带电粒子,按所带能量大小不同分为热中子、慢中子、中能中子、快中子、超快中子。目前使用较多的是热中子和快中子。

10.2.1.4 β射线

β射线是由放射性同位素(如^{32}P、^{35}S等)衰变时放出,或由加速器产生的一种带负电荷的粒子流。β射线的质量很小,在空气中射程短,穿透力弱,仅几毫米。诱变育种时可用含放射性同位素的溶液浸种,使同位素进入植物组织和细胞中进行照射;也可以将放射性同位素埋在塑料袋中,然后将此塑料贴在植株顶端分生组织或芽上进行照射。

10.2.1.5 α射线

α射线是由天然或人工的放射性同位素衰变产生的带正电的粒子束。α粒子由两个质子和两个中子组成,也就是氦的原子核。α射线的电离密度大,穿透力弱,容易被薄层物质所阻挡,但是它有很强的电离作用。诱发植物染色体断裂能力强,而且造成的损伤小。

10.2.1.6 紫外线

紫外线是一种波长较长(200~390nm)、能量较低的低能电磁辐射,不能使物质发生电离,故属非电离辐射。紫外线的穿透力弱,只适用于照射花粉、孢子和微生物。紫外线辐射装置通常使用紫外灯,材料在灯管下接受照射,以15W低压石英水银灯效果最好。

10.2.1.7 激光

激光诱变育种技术研究开始于20世纪60年代。激光是基于物质受激辐射后产生一种单色相干光,是一种中低能的电磁辐射。激光与普通光相比,具有能量高度集中(高亮度)、颜色单一(单色性)、方向性好和定向性强(相干性好)等基本特征。激光通过光效应、热效应、压力效应和电磁场效应的综合作用,直接或间接地影响生物体。目前常用的激光器有CO_2激光器、氮分子激光器、氦-氖激光器、红宝石激光器等。其中最短波长为$2.10 \times 10^{-8}m$,可到达紫外光区,最长的波长达到$4.0 \times 10^{-3}m$。从能量观点分析,采用能量高即频率高(波长短)的激光器诱变效果可能更好。而在辐射育种中主要利用波长为200~1000nm的激光。因为该段波长较易被照射生物体吸收而发生激发作用。

10.2.1.8 高空气球、卫星与飞船等各种空间飞行器搭载

太空诱变育种(space mutation breeding)是指采用高空气球、返回式卫星或宇宙飞船等各种空间飞行器将植物种子、其他器官及组织或者生命个体送到宇宙空间,利用空间宇宙射线的强辐射,受高能粒子、微重力、交变磁场、高真空、特殊的昼夜节律等特殊环境的影响,从而使植物材料发生基因突变,再返回地面仍采用常规育种技术,选育植物新品种的诱变育种方法,又称空间诱变育种,简称太空育种或航天育种。

20世纪60年代初,前苏联科学家首次公开报道空间飞行对植物种子会产生影响,就此拉开了空间诱变育种的序幕。目前,世界上只有美国、俄罗斯和中国等3个国家成功地进行了卫星或宇宙飞船搭载的空间诱变育种研究。美、俄两国利用太空育种已先后培育出番茄、萝卜、甜菜、甘蓝莴苣、角瓜、洋葱等100多个农作物新品种应用于生产,还进行了系统的航天育种基础理论研究。

1987—2005年是中国航天育种的准备、立项和研究阶段,在这期间先后利用返回式卫星和神舟飞船共进行19次搭载试验,搭载品种2000余种;2006年至今进入发展阶段,

2006年9月9日中国在世界上第1次发射了专门用于太空育种的"实践8号"农业育种卫星，一次搭载各类农作物品种2000多个。中国从1987年以来，已有31个省份100多家单位参与太空育种工作，已经审定登记了水稻、小麦等农作物新品种513个，太空育种育成的农作物新品种累计推广面积已经超过 $5.67×10^5$ hm²。

中国于1994年开始牧草及草坪草太空育种工作，不仅进行了许多太空育种基础理论研究，成功选育了'热研20号'与'热研21号'圭亚那柱花草新品种，还采用太空诱变的早熟优株与采自五台山的野生沙打旺杂交，选育了'中沙1号'沙打旺与'中沙2号'沙打旺新品种，均通过了全国草品种审定登记。与其他植物相比，牧草及草坪草的太空育种具有如下优点：一是草种子体积小，质量轻，搭载成本比较低，便于大数量搭载。诱变处理的材料越多，可供选择的余地就越大，获得有益突变体的几率就越高。二是由于太空诱变具有不定向性，在以籽粒高产为育种目标的农作物育种中，通常大量的营养器官突变体被遗弃，时常表现为选择效率不高或无能为力。然而牧草及草坪草主要是收获或利用其营养器官为主，相对于以收获籽实为主的农作物而言，能更容易充分利用空间诱变产生的变异。此外，牧草及草坪草育种水平比农作物育种水平低，因而太空诱变育种的遗传改良的潜力大，还可充分借鉴农作物太空诱变育种的成功经验，从而具良好的前景。

10.2.1.9 其他

（1）电子束

电子束是利用电子直线加速器电子枪中阴极所产生的电子，在阴阳极间的高压（25~300kV）加速电场作用下被加速至很高的速度（0.3~0.7倍光速），经透镜会聚作用后，形成的密集高速电子流。利用具有高能量密度的电子束进行辐射育种，是近年采用的一种新的诱变手段，具有生物损伤轻、诱变效率高等优点。

（2）微波

微波是指频率为300 MHz~300 GHz的电磁波，属于一种对生物体具有热效应和非热效应的低能电磁辐射。热效应使生物体局部温度上升引起生理生化反应，而非热效应在微波作用下，会产生非温度关联的生理生化反应。在这两种效应的综合作用下，生物体会产生一系列突变效应。微波可用于作物和工业微生物育种，并取得了较好的成果。

（3）离子注入

离子注入是指当真空中有一束离子束射向一块固体材料时，离子束把固体材料的原子或分子撞出固体材料表面，这个现象叫做溅射；而当离子束射到固体材料时，从固体材料表面弹了回来，或者穿出固体材料而去，这些现象叫做散射；另外有一种现象是离子束射到固体材料以后，受到固体材料的抵抗而速度慢慢减低下来，并最终停留在固体材料中的这一现象称离子注入。离子注入是20世纪80年代中期中国科学院等离子物理研究所的研究人员发现并投入诱变育种研究及应用。离子注入诱变是利用离子注入设备产生高能离子束（40~60 keV）并注入生物体引起遗传物质的永久改变。当生物膜上的自由离子束对生物体有能量沉积和质量沉积双重作用时，使生物体产生死亡、自由基间接损伤、染色体重复、易位、倒位或使DNA分子断裂、碱基缺失等多种生物学效应。离子注入植物诱变的优点是对植物损伤轻、突变率高、突变谱广、死亡率低、有益突变率高、性状稳定，而且由于离子注入的高激发性、剂量集中和可控性，因此具有一定的诱变育种应用潜力。离子注入已经应用于水稻、小麦等农作物诱变育种。

综上所述，目前物理诱变的主要辐射源有γ射线、中子、带电粒子、激光、X射线、紫外线、离子注入等，其中γ射线、X射线不带电荷，是一种中性射线，穿透力强，一般用于外照射；带电粒子包括α射线、β射线等；离子注入与γ射线、X射线、电子束等相比具有更多优点，可以获得不同的能量在磁场或电场的作用下被减速或加速；激光具有高单色性、高方向性、高亮度和高相干性的特点，主要通过压力效应、热效应、光效应和电磁场效应直接或间接地影响生物有机体；紫外线通常用于处理花粉粒、孢子，因为它对植物组织的穿透能力有限。由于射线来源、设备条件、安全等诸多因素，目前最常用的是γ射线和X射线，近年利用中子诱变育种也较多。

10.2.2 物理诱变剂处理的方法

10.2.2.1 辐射作用机理

（1）辐射对生物体效应的作用机理

生物体从吸收辐射能到表现出生物效应，出现突变体，是一系列极其复杂的反应过程。解释这个过程的学说包括：直接作用的靶学说、间接作用 B.M.S.（巴通·梅契·赛穆尔）学说和李氏学说等。目前李氏学说普遍为大家所接受。该学说认为，辐射的生物效应是有机体的水被电离、激发产生的自由基作用于生物分子上所引起的结果，并非主要取决于物质分子受损伤的结果。电离辐射的直接作用和间接作用，使原发损伤分3个阶段。

第1阶段：物理阶段。辐射将能量传递给物质，致使物质分子电离和激发。同时，这些辐射的原初产物极不稳定，会迅速与邻近分子碰撞并产生反应活跃的次级产物。

第2阶段：物理化学阶段。生物大分子形成原初的分子损伤，并与在周围环境中产生的分子反应，扩散自由基。在此阶段中，水分子产生的离子起到了重要的作用。

第3阶段：化学阶段。上阶段中所形成的自由基继续相互作用，并与周围的物质发生反应。当与重要的大分子，如核酸及蛋白质反应时，则引起其分子结构变化。在此过程中，生物体内辐射敏化剂、保护剂和辐射温度以及氧的含量均会影响辐射作用。

生物大分子结构的变化，将会引发细胞内生化过程的改变。如引起各种酶活性的变化，DNA合成过程中的酶促氧化过程进一步活跃等。这些变化会引起细胞内各部分结构发生变化，如膜透性的变化、线粒体的变化、染色体的损伤等。不同辐射类型、不同剂量和剂量率、不同辐射方式、不同辐射材料等均可影响辐射生物学效应的强弱。

（2）辐射对遗传物质的作用机理

辐射产生的突变是对生物体遗传物质的作用效应结果，辐射对遗传物质的作用机理如下：

①辐射对染色体的作用　生物细胞经辐射处理后，染色体的断裂数会大大增加，每一断裂产生的两个断裂端的发展方向有：保持原状，不愈合，无着丝点的片段丢失；同一断裂的两个断裂端重新愈合，恢复原来的染色体结构；某一断裂的1个或2个断裂端与另一断裂的一端连接，可产生4种染色体结构变异：缺失、重复、倒位和易位。由于染色体组型、数目和结构的改变，造成基因在染色体上线性顺序发生变化，从而引起有关性状的变异。

②电离辐射对DNA的直接作用　DNA分子吸收了电离辐射的能量可引起以下分子损伤：一是核辐射引起电离激发，从而引起碱基结构变化。例如，由于质子转移产生碱基异构化，以及碱基旋转形成顺式、反式后，可能引起碱基的颠换，从而造成碱基配对上的错误。

二是核辐射的作用使 DNA 分子上的化学键受到破坏。例如，碱基对之间的氢键、碱基与脱氧核糖之间的糖苷键，都将受到一定程度上的破坏。但脱氧核糖与磷酸之间的酯键有较高的抗辐射性。三是由于核辐射引起 DNA 上碱基的破坏。4 种碱基在 DNA 复制时都可能发生脱落或插入。所有这些化学组成上的变化，都可能引起生物发生遗传性的变异。如果生物本身对辐射诱变造成的 DNA 损伤，具有的自我修复能力，使其不能部分或完全恢复原有的构型，则可获得辐射诱变的遗传性状。

10.2.2.2 辐射处理的方法

(1) 外照射

外照射指受照射的有机体材料接受的辐射来自外部的某一辐射源。即辐射源与受照射的植物之间拉开一定的距离，让射线从植物外穿入体内，并在体内引发基因或染色体分子结构的原子发生电离。目前外照射常用的是 X 射线、γ 射线、快中子或热中子。外照射方法具有操作简便，一次可集中处理大批量材料，很少放射污染，安全可靠的特点。

按处理材料不同，可将外照射分为种子照射、植株照射、营养器官照射、花粉或子房照射等。按处理时间不同，外照射又可分急性照射、慢性照射、重复照射、连续照射和分次照射。急性照射是指在较短的时间(几分钟、几小时)内照射完毕全部剂量，其特点是剂量率高，在几分钟至几小时内完成。慢性照射是指在较长时间(几天、几个月，甚至整个植株生长期内)内照射完毕全部剂量，其特点是剂量率低，需时长。重复照射指在植物几个世代(包括有性或营养世代)中连续照射。连续照射是指一段时间内一次照射完毕。分次照射是指间隔多次照射完成。

辐射处理的外照射方法常常需要建立射线发生的专门装置，如 X 光机、原子能反应堆、电子加速器、紫外灯、钴照射源等，因此可将处理材料按不同照射剂量，将必要数量的种子装入小袋中，或直接将其他处理材料，放置专门的照射室进行辐射处理，整个辐射处理工作必须由辐射设施专门负责人员进行。连续外照射对积累和扩大突变效应有一定作用，也有人认为这样会增加不利突变率。总剂量相同，照射方法不同，其产生的生物学效应和诱变效果也有一定差异。

(2) 内照射

内照射是指将辐射源引入到被照射种子或植株某器官内部照射。目前常用作内照射源的放射性同位素，有放射 β 射线的 ^{32}P、^{35}S、^{14}C、^{131}I 等；还有放射 γ 射线的 ^{65}Zn、^{60}Co、^{59}Fe 等。

内照射具有如下特点：①不均匀性。由于有机体不同发育时期及不同部位的组织代谢状况不同，放射性同位素进入有机体的速度及分布也就不同，导致照射的不均匀性，一般在分生组织等代谢旺盛的部分较强。放射性元素在植物体内衰变过程中放出射线作用于植物体；放射性元素在生长点、形成层放射性较高；放射性元素成为遗传物质核酸的成分，其衰变本身有一定的诱变效应。②内照射具有辐射衰减性和脱变效应。由于同位素本身会发生衰变，随着机体的发育也会导致同位素稀释，所以有机体内的辐射剂量是在不断地变化的。③剂量低，持续时间长，多数植物可在生育阶段进行处理。④内照射优点在于不需建造成本很高的设施，但其不足是需要一定的防护条件；经处理的材料和用过的废弃溶液都带有放射性，如不能处理，易造成环境污染；处理剂量不易掌握。

内照射常采用如下方法：①浸泡法。将种子或嫁接的枝条等放入一定强度的放射性同位素溶液内浸泡，使放射性元素渗入材料内部。②注射（涂抹）法。将放射性溶液注入植物生长点、茎秆、枝条、叶芽、花芽和子房，或者涂抹于叶片等。③施入法或合成法。将放射性同位素施于土壤，使植物根系吸收或者将放射性的 $^{14}CO_2$ 供给植株，由叶片吸收，借助光合作用所形成的产物来进行内照射。

10.2.2.3 辐射剂量的选择

（1）辐射的剂量及其单位

辐射的剂量是对辐射能的度量，是指单位质量的被照射物质中所吸收的能量值。辐射剂量单位现在一般采用以下国际制（SI）单位。

①照射量和照射量率　照射量符号为 X，只适用于 X 射线和 γ 射线。照射量是指 X 或 γ 射线照射时，在空气中任意一点处产生电离本领大小的一个物理量。照射量的 SI 单位为库仑/千克（C/kg），过去曾使用非法定计量单位伦琴（R），其与 SI 单位的换算关系为：$1R = 2.58 \times 10^{-4} C/kg$。照射量率是指单位时间内的照射量，其 SI 单位为库仑/千克·秒（C/kg·s）。

②吸收剂量和吸收剂量率　吸收剂量符号为 D，它适用于 γ 射线、β 射线、中子等任何电离辐射。吸收剂量是指受照射物体某一点上单位质量中所吸收的能量值，其 SI 单位是 Gy（Gray，戈瑞），过去曾使用非法定计量单位 rad（拉德），两者的换算关系为：$1 Gy = 100 rad$。

吸收剂量率是指单位时间内的吸收剂量，其 SI 单位为 Gy/h、Gy/min、Gy/s。

③粒子的注量　粒子的注量也叫积分流量。采用中子照射植物材料时，其辐射剂量单位有的用吸收剂量 Gy 表示，有的则以某一中子注量之下照射多少时间来表示。所谓注量是指单位截面积内所通过的中子数，通常以中子数/平方厘米（n/cm^2）表示。注量率是指单位时间内进入单位截面积的中子数。

（2）放射性强度单位

与剂量单位的概念不同，放射性强度单位是以放射性物质在单位时间内发生的核衰变数目来表示，即放射性物质在单位时间内发生的核衰变数目愈多，其放射强度就愈大。辐射育种中如果采用放射性同位素引入植物体内进行内照射时，通常就以引入体内的放射性同位素的强度来表示剂量的大小。

放射性强度的 SI 单位是"贝克勒尔"，简称"贝可"（Becquerel，Bq），其定义是放射性衰变每秒衰变一次为 1 Bq。过去曾使用非法定计量单位 Ci（居里），两者的换算关系为：$1 Bq = 2.7 \times 10^{-11} Ci$。

（3）适宜剂量和剂量率的选择

适当的"辐射剂量"是取得良好诱变效果的重要条件之一。

①植物对辐射的敏感性　是指植物体对辐射作用的敏感程度，是植物对射线的反应，是在完全相同的辐射条件下，植物的各种生理过程被破坏和组织受损化的程度。用以衡量植物对辐射的敏感性指标，因不同植物种类、不同辐射方法及不同研究目的而不同。常用的指标有：生长受抑制的程度、植株存活率、植株不育程度（包括不育株率和不育度）、幼苗根尖和幼芽细胞分裂时的染色体畸变率等。

植物对辐射的敏感性因不同植物种类，同种植物的不同品种，同种植物的不同发育时期、不同组织和器官等存在明显差异；辐射时间、处理方法、所用剂量及外界温度、湿度与氧气等环境条件对植物辐射敏感性也有影响。

②辐射剂量的选择 不同植物均有一定范围的适宜辐射剂量,在适宜剂量范围内,能更多地产生新的变异,且保持原有的优良性状。一般为了提高诱变效率,选择的适当辐射剂量必须使足够的植株成活,而同时又使其突变频率相当大。

在适宜范围内随着辐射剂量的提高,植物突变率随之上升,但辐射的损伤效应也相应提高,如辐射剂量过大则会造成严重伤害或致死。辐射育种实践中,一方面参考前人的育种经验,另一方面则通过试验摸索最适辐射剂量。

选用合适的辐射剂量要求既能使足够的植株成活,又要有一定的突变率。合适辐射剂量的确定,主要依据植物对辐射的敏感性确定。通常采用不同植物进行辐射诱变试验,采用辐射后的植物 M_1 代的辐射效应来衡量所选剂量是否恰当,分别找出它们的"致死剂量""半致死剂量"和"临界剂量"等指标。"致死剂量"是指经辐射处理后造成全部植株死亡的最低剂量。"半致死剂量"是指辐射处理后成活率占50%的剂量;"临界剂量"是指辐射处理后成活率占40%时的剂量。目前诱变育种实际工作中,一般可采用临界剂量与半致死剂量之间的剂量作为诱变育种的最适辐射剂量。不同作物适宜诱变剂量可参见相关专著(表10-1)。

表10-1 部分牧草及草坪草的辐射剂量

牧草及草坪草种名	处理部位	常用剂量	
		X、γ射线(×2.58×10^{-4}C/kg)	X、γ射线(×10^{-2}Gy)
苇状羊茅	干种子		20 000
狗牙根	匍匐茎		8000~9000
狗牙根	休眠根茎		4000~8000
假俭草	干种子		小于40 000
扁穗钝叶草	匍匐茎		4500
草地早熟禾	干种子	15 000	
苜蓿	干种子	80 000~120 000	
红三叶	干种子	80 000~120 000	

10.2.2.4 辐射材料部位的选择

植物体的各个部位均可进行辐射处理,但由于不同部位对物理诱变剂的敏感性不同,处理方法的难易不同,一般用作辐射处理的植物体材料部位有以下几种。

(1)种子

可采用干种子、湿种子和萌动状态的种子进行辐射处理,其中以干种子辐射处理最常见。辐射处理种子具有操作方便;种子体积小,能一次照射处理大量种子;处理后便于运输和贮藏;处理不受季节等条件限制等优点。但是,辐射处理种子引发突变所需的辐射剂量比较大;种子生命活动不活跃,对一般因素的敏感性差;种子胚是多细胞,辐射过的同一生长锥内,常常发生某些分生细胞突变,而另一些则没有突变,或者出现某些分生细胞是这样突变的,另一些是那样突变的现象,即形成嵌合体。经诱变处理后所得突变体要进行嵌合体与二倍体的选择,造成突变率降低和突变谱改变;辐射处理种子从播种到开花结果时间较长,植株占地面积大。

辐射处理使用的种子数量要适当,如种子过少则产生有价值的突变体太少或没有,但种子过多则辐射后代群体过大,增加育种工作量。由于种子种子含水量、成熟度和贮藏期等均会对诱变效果产生一定影响。因此，辐射处理的种子要求选用纯度高、成熟饱满、含水量适宜（一般为12%~13%）、发芽率高。此外，经辐射处理后的种子应及时播种。如种子过早进行辐射处理后贮藏一段时间再播种，容易产生辐射的贮藏效应。如将经过辐射的种子放在干燥有氧条件下贮藏，会使损伤加剧。因此，为保证辐射诱变效果，辐射后的种子贮藏时间一般不能超过半个月。

(2) 活体植株或营养器官

活体植株辐射可以进行整株处理，也可以进行局部处理；可以在作物的全生育期中连续处理，也可在作物的某一个生育阶段进行处理。进行局部照射时，不需照射的部位（如试管苗的根部），需用铅板防护。一般大的植株可在 γ 圃中进行照射，小的植株或幼苗可在实验室用 X 射线或中子加以处理。

以无性繁殖方式为主的作物主要处理其营养器官，可照射枝条、鳞茎、块根或成株顶芽、侧芽的生长锥。一般选择处于活跃状态的新生组织，如各种类型的分蘖芽、根茎、匍匐茎、枝条等进行照射，可显著提高其突变频率。并且，如果产生优良的显性突变，在表现型上可很快显现出来，并且可马上用无性繁殖方式进行固定后形成稳定遗传类型。但若为隐性突变，则其识别和纯化均比较困难。解剖学的研究和分析指出，受处理的芽原基所包含的细胞越少越好，这样照射后可获得最多的突变体。

(3) 花粉

花粉辐射处理通常采用两种方法：①先用专门的容器收集活体植株上的花粉，然后进行照射，再迅速授粉。该法的缺点是难以获得足量的花粉，而且花粉的存活时间较短。②照射活体植株上的花粉。可把开花期的植株移入照射室（圃）中进行照射，然后再移出，也可用手提式辐射装置进行田间照射。该法操作较为麻烦。

辐射处理花粉的突出优点是它很少产生嵌合体。即辐射花粉一旦发生突变，其雌、雄配子结合的受精卵将会变成为异质合子，由合子分裂产生的细胞都带有突变，由它所发育的植株也是异质结合体，其后代可以分离出很多突变体，而且，该方法也有利于研究体细胞胚乳突变。为了避免形成嵌合体，应在花粉双核期前进行辐射处理。由于花粉存活时间短，辐射处理时间不能过长，花粉辐射处理后要及时进行授粉。

(4) 子房与合子

子房照射一般采用活体植株子房照射。照射子房也具有不易产生嵌合体的优点。它不仅可引起卵细胞突变，有时还能影响受精作用，诱发孤雌生殖。对于自花授粉植物的子房辐射处理前，要进行人工去雄，辐射后再用正常花粉授粉。自交不亲和或雄性不育材料辐射子房时可不必人工去雄。

合子为单细胞，受精卵对辐射敏感性比种子胚中的分生组织敏感，处理合子可以避免细胞间选择和嵌合体形成，容易获得均质的突变体植株。

(5) 其他

辐射处理植物茎和根上产生的不定芽具有较好的诱变效果，可产生的纯合突变体较多。同时，由于离体培养技术的发展，采用愈伤组织、单细胞、原生质体以及单倍体等材料进行辐射处理，可避免和减少嵌合体的形成。并且，辐射单倍体诱发的突变，无论是显性突变还是隐性突变，都能在细胞水平或个体水平表现出来，经加倍可获得二倍体纯系。

此外，电离辐射的射线粒子所携带的能量高，穿透力强，其生物效应要大于非电离辐射,可用于处理较大的生物材料;非电离辐射由于其光子的能量小,穿透力不强,多用于处理花粉、孢子、细胞、组织和细小的种子。

10.3 化学诱变剂及其处理方法

化学诱变剂(chemical mutagens)是指能与生物体的遗传物质发生作用,并能改变其结构,使后代产生可遗传的变异的化学物质。

10.3.1 化学诱变剂的种类和特点

10.3.1.1 烷化剂

烷化剂是指具有烷化功能基团的化合物。它带有一个或多个活性烷基,该类烷基能够转移到其他电子密度较高的分子上去,可置换碱基中的氢原子,从而在多方面改变氢键的能力,这种作用称为烷化作用。烷化剂的作用机制主要是对生物体的遗传物质核酸起作用。DNA的磷酸基是烷化剂烷化作用的最初反应位置,反应后形成不稳定的磷酸酯,水解形成磷酸和去氧核糖,结果DNA链断裂,从而使有机体发生变异。研究表明,烷化作用最容易在鸟嘌呤的N_7位置上发生,由于烷化使DNA的碱基更易受到水解,结果使碱基由DNA链上裂解下来,造成DNA的缺失及修补,导致遗传物质的结构和功能改变,使生物体产生突变。常用的烷化剂有:甲基磺酸乙酯(ethylmethane salfonate,EMS)、硫酸二乙酯(diethylsulfate,DES)、N-亚硝基-N—乙基尿烷(N-nitrose N-ethyl urethane,NEU)、乙烯亚胺(EI)、乙基磺酸乙酯(EES)、甲基磺酸甲酯(MMS)、丙基磺酸丙酯(PPS)、芥子气类等。

10.3.1.2 叠氮化钠(NaN_3)

叠氮化钠是一种动、植物的呼吸抑制剂,它可使复制中的DNA的碱基发生替换,是目前诱变率高且安全的一种诱变剂。例如,叠氮化钠对大麦、豆类和二倍体小麦的诱变有一定的效果,可以诱导大麦基因突变而不出现染色体断裂,而对多倍体小麦或燕麦则无效。

10.3.1.3 碱基类似物

碱基类似物是与组成DNA的4种碱基的化学结构相类似的一些物质。它们在某些取代基上与正常的碱基不同,但能与DNA结合,又不妨碍DNA复制。由于碱基类似物的电子结构与正常碱基不同,当碱基类似物掺入DNA复制时,可导致碱基置换等配对失误,从而产生突变。如5-溴尿嘧啶等渗入基因分子,并取代原碱基而导致突变。也可能由于嘌呤或更长的片段的丢失,而在DNA模板上留下一个缺位,在复制时可能错误地选择一个碱基而产生异构型,导致性状变异。常用的碱基类似物有胸腺嘧啶类似物5-溴尿嘧啶(5-BU)和5-溴脱氧尿核苷(5-BUdR),腺嘌呤类似物2-氨基嘌呤(2-AP)等。

10.3.1.4 其他化学诱变剂

报道过的化学诱变剂种类较多,如秋水仙素、石蒜碱、喜树碱、长春花碱等生物碱类物质;乙酸、甲醛、乳酸、氨基甲酸乙酯、重氮甲烷等简单有机化合物;氨、双氧水、硫酸铜、氯化锰、亚硝酸等简单无机化合物;链霉黑素、丝裂霉素C和重氮丝氨酸等抗生素物质。这些化学诱变剂主要用作微生物诱变剂。

10.3.2 化学诱变剂处理的方法

10.3.2.1 化学诱变的特点

与物理诱变剂相比，化学诱变剂有如下特点：

(1) 诱发的点突变较多，染色体畸变较少

化学诱变剂依靠含有的各种功能基团的化学特性与遗传物质发生一系列生化反应，如碱基类似物可与诱变材料 DNA 直接接合，从而产生较多基因点突变，而对染色体损伤较轻，不会引起染色体断裂产生畸变。但是，辐射常同时影响诱变材料的 DNA 双链，因而可产生较多染色体结构损伤导致染色体畸变。

(2) 诱变具有一定专一性，对处理材料损伤轻

某些特定的化学诱变剂，只能在某些 DNA 片段，甚至某种碱基位点才起诱变作用。因此，化学诱变可进行特异性诱变，用于改变某个品种的单一不良性状，而使其他优良性状保持不变。并且，化学诱变对处理的材料损伤轻。但是，辐射对生物大分子的照射及其作用部位具有随机性，任何一个部位都可能受到诱变，其诱变的方向性较差。

(3) 具有后效迟效作用

化学诱变剂具有明显的后效迟效作用，主要表现为诱变生物体潜在损伤的迟后发生，残留药物的后效作用及化学活性基因的再诱变作用等。并且，化学诱变当代往往不表现突变性状，而在被诱导植物的诱变后代才表现出性状的改变。因此，化学诱变至少需要经过两代的培育、选择，才能获得性状稳定的新品种。而辐射对生物体的效应表现迅速，突变性状可在诱变早代表现。

(4) 操作方法简单易行

与辐射诱变相比，化学诱变所需的设备比较简单，不需昂贵的射线源或特殊设备，成本较低，诱变效果较好。

但是，化学诱变剂还存在如下缺点：一是大部分有效的化学诱变剂毒性大，对生物容易引起生活力和可育性下降，甚至有致癌的危险性，所以使用时必须注意操作人员的安全防护；二是化学诱变剂对多细胞生物机体的渗透力较差，重复性也差。

10.3.2.2 化学诱变的操作步骤和处理方法

(1) 药剂配制

化学诱变处理时通常先将药剂配制成一定浓度的溶液，采用以下方法。

①由于各种化学诱变剂的理化性质不同，使用浓度范围不同，配制溶液时应区别对待。甲基磺酸乙酯等易溶于水者可直接按所需浓度稀释配制，而硫酸二乙酯等不易溶于水者，一般应先用少量酒精溶解后，再加水配制成所需浓度。

②有些化学诱变剂的水溶液极不稳定，能与水起水合作用，水解生成酸性或碱性物质而变性，产生不具诱变作用的有毒化合物。因此，配置好的药剂绝不能储存，诱变时应使用新配置的溶液。最好将它们加入到一定酸碱度的磷酸缓冲液中使用，几种常用诱变剂在 $0.01mol/L$ 的磷酸缓冲液的 pH 分别为：NEH 为 8，EMS 和 DES 为 7。亚硝酸溶液也不稳定，常采用在临使用前将亚硝酸钠加入到 pH 为 4.5 的醋酸缓冲液中生成亚硝酸的方法。此外，芥子气类的氮芥在使用时，先配制成一定浓度的氮芥盐水溶液和碳酸氢钠水溶液，然后将二者混合置于密闭瓶中，二者即发生反应而放出芥子气。

(2) 试材预处理

化学诱变处理前，一般将处理材料（如干种子）用水预先浸泡。浸泡后种子即被水合，从种子中析出游离代谢产物和萌芽抑制物等水溶性物质，使细胞代谢活跃，提高种子对诱变剂的敏感性。浸泡还可增强细胞膜的透性，加速对诱变剂的吸收速度。

经浸泡的种子，处理时间明显缩短。浸泡时温度不宜过高，且需给浸泡的水中通气（最好采用流水浸泡）。如在室温下预先将种子浸泡不同时间，在 20~25℃ 的条件下进行短期处理（0.5~2h）较为适宜。在水中加适量生长素，也有利于提高诱变效果。对一些需经层积处理以打破休眠的种子，药剂处理前可用正常层积处理代替用水浸泡。

(3) 药剂处理

依不同植物诱变材料、部位特点和化学诱变剂性质，常用方法如下。

① 浸渍法　先将诱变剂配制成一定浓度的溶液，然后将待处理的材料浸渍其中。通常用诱变剂浸泡种子、枝条、根茎、匍匐茎等，使诱变剂浸入组织内部，发生诱变作用。

② 涂抹或滴液法。把适量的药剂溶液涂抹或缓慢滴在植株、枝条、块茎、根茎、匍匐茎等处理材料的生长点或芽眼、顶芽或侧芽上。

③ 注入法　用注射器把药液注入处理植物材料内，或用浸有诱变剂溶液的棉团包裹人工造伤的切口，通过切口使药液进入材料内部。

④ 熏蒸法　将花粉、花序或幼苗置于密封的潮湿容器内，利用诱变剂产生的蒸气进行熏蒸处理。

⑤ 施入法　在培养基中加入低浓度诱变剂溶液，通过根部吸收，使药剂进入植物体。

10.3.2.3　化学诱变的注意事项

(1) 确定适宜的浓度和处理时间

化学诱变首先应选择适宜的诱变剂浓度。不同种植物、同种植物不同部位之间化学诱变的适宜浓度以及对化学诱变剂的敏感性存在差异，通常以半致死量或致矮量为选择标准，可根据植物幼苗生长试验，鉴定各处理对幼苗生长抑制程度来确定处理的适当浓度。如使禾谷类牧草及草坪草生长高度降低 50%~60% 时就是最适宜的浓度；使生长高度降低 20% 的 EMS 浓度最适宜。

化学诱变处理时间要适当，并且要保证化学诱变剂的活力。通常采用高浓度化学诱变剂处理时生理损伤相对增大，而有低温下以低浓度长时间处理，则 M_1 植株存活率高，产生的突变频率也高。适宜的处理持续时间，应是使被处理材料完成水合作用以及能完全被诱变剂浸透，并有足够药量进入生长点细胞。对于种皮渗透性差的种子，则应适当延长处理时间。处理时间的长短，还应根据各种化学诱变剂的水解半衰期而定。对易分解的诱变剂，只能采用一定浓度在短时间内处理。而在诱变剂中添加缓冲液或在低温下进行处理，均可延缓诱变剂的水解时间，使处理时间得以延长。如果处理时间较长，诱变剂可能会水解，从而改变了药液浓度而且可能产生其他物质，降低 M_1 存活率。在诱变剂分解 1/4 时更换一次新的溶液，可保持诱变剂相对稳定的浓度及活性。如果预先浸种后又在较高的温度下（约为 25℃），用较高的浓度进行短期处理（0.5~2.0h），则不需要更换溶液或缓冲液。此外，处理时，加入二甲亚砜或增大 2~5 个大气压，可提高诱变剂的穿透力。

(2) 采用适宜的诱变处理温度与溶液 pH

应在选择适中的诱变剂浓度基础上，确定诱变处理的适宜温度。温度对诱变剂的水解速度影响较大，低温下可保持一定的稳定性，使其在处理过程中保持相对稳定的浓度，并抑制在处理期被处理物质的代谢变化。但也有试验表明，在一定温度范围内，适当提高温度有良好效果，可促进诱变剂在材料体内的反应速率和作用能力。可选择在低温下(0~10℃)将种子在诱变剂中浸泡足够时间，然后将处理种子移往新诱变剂溶液内，在40℃下处理至额定时间，从而可提高种子内诱变反应速率。

一般在0~10℃低温下进行为宜，这样能延缓诱变剂的水解速率，使其在处理过程中保持相对稳定的浓度，并抑制在处理期被处理物质的代谢变化。此外，还应注意选择适当的缓冲液和适宜的浓度，一般认为磷酸缓冲液最好，其pH应控制在7~9范围内。处理时，加入二甲基亚砜或增大2~5个标准大气压，可提高诱变剂的穿透力。

(3) 做好后处理及安全防护

化学诱变处理完的植物材料应立即漂洗，以清除后效，防止残留药效进一步损伤材料。不同化学诱变剂对冲洗的要求不同，如水稻种子经EMS处理后必须冲洗12h以上；大麦种子经甲基磺酸丙酯(η-PMS)处理后，冲洗24h才能消除残留诱变剂引起的损伤。若处理的是种子，应马上播种。若确实需要贮藏和运输，为了方便，可重新干燥种子。但烘干后种子内药剂的后效提高，很难用水洗除，可能会增加损伤的程度，如幼苗生长缓慢、存活率和突变率降低。烘干方法：可风干或用恒温箱干燥，干燥时应把种子摊开使其能均匀地干燥。用恒温箱干燥时，温度不超过30℃。一般含水量为10%~14%的种子可在0℃或更低的温度下储藏。

化学诱变剂多为剧毒物质，操作时必须注意安全防护，应注意穿戴多层手套与口罩，避免药剂接触皮肤或误入口内。NaN_3为呼吸阻碍剂，对人体有害。为了不让NaN_3在酸性溶液中易产生的有害气体叠氮化氢吸入人体呼吸道，应在通风柜内进行处理。还因重金属叠氮化物具有易爆炸性，因此要绝对避免将NaN_3与重金属类物质接触。还要妥善处理化学诱变剂残液，处理后的废弃液应按规定进行排放，避免造成污染。如叠氮化物达不到排放规定，则应加入氢氧化钠进行中和处理后保存。

10.4 诱变育种程序

10.4.1 诱变处理因子的选择

10.4.1.1 诱变材料的选择

诱变处理材料的遗传背景对诱变效果具有极其重要的影响，基因型差异可导致不同的突变频率和突变谱。

(1) 选用综合性状优良，仅存在个别缺点的材料

选用高产、优质、综合性状优良和适应性广的推广品种作诱变材料，可以通过诱变育种改良其个别不良性状，通过诱变育种改良后即可直接推广应用，从而提高诱变育种成效。

(2) 选用杂合材料

选用比较理想的杂种后代或有希望的尚未定型的新品系作为诱变材料，诱变后代可产生丰富的突变类型，增加突变率，提高诱变育种效果。

(3) 选用单倍体和多倍体材料

单倍体经诱变处理后发生的突变即使是隐性突变也能够在处理当代显现出来，易于识别

和选择，再将突变单倍体加倍则可获得稳定的后代，缩短育种年限。花药培养的愈伤组织和单倍体植株均可作为诱变材料。

多倍体具有较好的染色体畸变忍受能力，能够降低突变体的死亡率，使突变体的后代获得较多的变异。因此，可选用多倍体品种作为诱变材料。

(4) 选择易产生不定芽的材料

突变发源于单细胞，为了使突变能在整个植物中显示出来，用于诱变处理的材料必须是新生器官的组织或细胞。虽然几乎所有的植株部分都能诱发产生分生组织，但选用叶片、茎（含鳞茎）和根产生的不定芽作为诱变材料，具有较好的诱变效果。这是因为不定芽均由单个或几个细胞诱发产生，这样可减少嵌合体的产生，获得纯合突变。如 1976 年 Broerties 和 Roest 曾利用菊花不定芽辐射获得 10% 突变体，其中绝大多数为纯合突变。

诱变材料的选用还要根据育种目标及植物特性、处理方法和试验条件而定。辐射诱变材料大多是自花授粉及无性繁殖植物。这是因为自花授粉植物的诱变性状较易识别，而无性繁殖植物的辐射处理诱发芽变，可以直接进行繁殖和利用。但异花授粉植物通过诱变引起的突变体鉴定比较困难，而且其突变性状如通过自交纯合，又可导致植株整体性状衰退，所以异花授粉植物利用辐射育种较为困难。

此外，目前大多以种子作为作诱变处理的材料。但种子生命活动不活跃，对诱变剂的敏感性差。而且种子胚是多细胞，所得突变体还要进行嵌合体与二倍体的选择，可降低突变率和改变突变谱。故按育种目标要求，选用活体植株、雌性配子、合子、单倍体及组织培养物作为诱变材料，可收到特有的诱变育种效果。

10.4.1.2 诱变剂量的选择

诱变育种除了根据育种目标和育种工作条件选择不同物理或化学诱变剂外，还必须确定适宜的诱变剂量，才能获得较大的诱变效果。诱变剂量过低，植物所产生的变异率较低；而诱变剂量过高，突变频率虽能提高，但容易造成诱变植株大量死亡，并导致细胞受损严重增加劣性突变，进而将其他突变掩盖，都不利于诱变育种。因此，在改良个别性状时，为了减少多发性突变，处理剂量要求稍低些。如果期望产生较多类型的突变体，以满足进一步育种工作的需要，则应采用较高的剂量，使其产生中等严重损伤。

不同植物种或品种及其部位对诱变剂的敏感性不同，所产生的效应也存在差异。用植物 M_1 的诱变效应来确定适宜诱变剂量是比较简单和快速的方法。可以用 M_1 的幼苗生长量、活力指数、田间出苗率等指标，作为确定适宜诱变剂量的参数。一般参考以往研究者的结果，并在室内或田间采用 X 射线、γ 射线等低密度射线的几种剂量处理，测定各处理的幼苗高度，以降低 30%～50% 苗高为较适宜的剂量；至于高密度电离辐射的中子，则只要降低 15%～30% 的苗高；化学诱变剂要求降低 10%～30% 的苗高为适宜剂量。育种实践中，往往采用 3 种剂量，其一为根据在室内或田间苗高的降低效果确定的适宜剂量，其他两个则分别为高于和低于适宜剂量的 10%。

10.4.1.3 处理群体的大小

经过诱变处理的种子或营养器官长成的植株或直接诱变处理的植株称为诱变一代，用 M_1 表示。因诱变剂不同，也有用 γ_1、X_1 等表示的。由 M_1 收获的种子长成的植株称为诱变二代，用 M_2 表示，以后各代依此类推为 M_3，…，M_n 代。

M_1 的群体大小是根据育种目标、研究内容、处理方法并结合突变率、存活率、结实率

和 M_2 的种植规模的大小来决定的。禾本科牧草及草坪草要求 M_2 群体有 10 000 株以上，因此可根据主穗产生的种子数量来判断处理 M_1 的群体大小。

突变率的高低与诱变剂处理当代（M_1）所见到的损伤（不育性和死亡）有关，但 M_2 获得的特定的有益性状突变体的频率很低，一般只有万分之一到百万分之一。如果后代（M_2）中未能选得理想突变体，则可能处理的剂量不当，或是群体过小，应在重复试验时加以调整。如果以半致死剂（LD_{50}）为准，则处理 5000 粒种子，可得到 2500 存活（M_1）株。如果每株产生 40 粒种子，则第二代（M_2）有 10 0000 株可加以选择。

10.4.2 诱变材料的鉴定

10.4.2.1 诱变性状鉴定世代

物理与化学诱变剂引起的染色体畸变和基因突变大多数为隐性突变性状，在 M_1 外观上一般不能表现出来。因此，对诱变性状的鉴定世代除少数显性突变性状可在 M_1 代进行鉴定外，大多隐性突变性状只能在 M_2 代进行；对牧草及草坪草杂种当代及后代、异花授粉植物或单倍体的群体进行诱变处理时，M_1 代就可能出现诱变性状分离现象，因此对这些材料的诱变性状鉴定应从 M_1 代就开始进行。

此外，从遗传上分析，M_1 是由诱变直接处理当代细胞衍生而来的，多为复杂的突变嵌合体，表现出的形态结构变异大多是不能遗传的变异。因此，M_1 代诱变性状的鉴定应区分为不能遗传的生理障害性状与能够遗传的诱变效果性状。

10.4.2.2 突变体性状的鉴定方法

突变体的鉴定与选择在植物诱变育种中占有举足轻重的位置，进行突变体早期鉴定、分离、筛选是获得有益变异的重要途径。

(1) 形态学鉴定

形态学鉴定方法主要是根据诱变植株与对照植株的根、茎、叶、花、果实、种子等形态特征性状差异来鉴别突变体。形态鉴定是一种比较重要且直观，又相对较为原始和简单的方法，大多数突变体通常以表型变异为最初表现，所以首先需要的就是使用形态鉴定法鉴定其稳定性，形态标记是指植物特定的肉眼可见的外部特征特性，如植物的株高、花色、花型、株形、草坪质地、叶形、叶色等性状的相对差异。广义的形态标记也包括与色素、生殖生理特性、抗病抗虫性等有关的标记。

由于诱变剂的作用，诱变处理 M_1 材料可出现种子发芽率与植株存活率、株高、结实率、育性等降低的现象，还可诱变抽穗（薹）期、穗长、每穗粒数、每株穗数、株形、抗性等农艺性状发生变异的突变体。因此，一般可将这些性状作为诱变育种的突变体性状的形态学鉴定指标。此外，还可将诱变植物苗期的白化苗、黄绿苗、黄化苗、条纹苗等叶绿素缺失突变体（叶绿素突变体）作为形态学鉴定指标。

(2) 生理生化与细胞学鉴定

由于诱变剂的作用，诱变处理 M_1 材料也可出现光合强度、呼吸强度等各种生理生化性状发生变异的突变体。因此，可将这些生理生化性状作为生化标记鉴定突变体的方法。此外，还可诱变后代同工酶谱的检测，进行突变体性状的鉴定。这是因为同工酶是基因的产物，通过同工酶谱的变异鉴定，可发现微小突变。

诱变处理引起一系列生物学效应的基础是细胞，明显的变异是染色体突变。突变体性状鉴定的细胞学方法就是观察突变植株的染色体，包括观察染色体的数量和结构变化。可观察诱变处理材料 M_1 代发芽种子根尖组织或茎尖分生组织的细胞有丝分裂情况，调查诱变处理后染色体异常变异情况，包括染色体结构变异与数量变异。

（3）分子遗传学鉴定

RAPD 和 RFLP 等分子标记技术也已广泛应用到突变体鉴定研究中。分子标记是以 DNA 多态性为基础的遗传标记，反映了 DNA 水平上遗传多态性，可通过 DNA 片段来反映诱变后代个体之间的差异性，从而进行突变体性状的分子遗传学鉴定。

总之，诱变处理后代的各种遗传性变异，可根据育种条件，选用形态学、生理生化与细胞学、分子遗传学等各种鉴定方法进行准确鉴定，再根据育种目标从中选择有益突变体，定向培育成新品种。

10.4.2.3 诱变效果的鉴定评价指标

（1）突变率（mutation frequency）

突变率是指某一突变类型的个体数占调查群体总数的百分率。它是衡量诱变处理效果的主要指标。如果突变性状是显性性状，则应在 M_1 代鉴定性状突变率，M_1 代应按单株种植与分单株采种分析 M_1 植株种子（M_2）的突变性状。如果突变性状是隐性性状，则将 M_1 植株种子（M_2）分单株种植后，按单株分析 M_2 代植株突变性状，按单株或按单穗或按籽粒为单位分析 M_3 代的种子突变性状。

（2）诱变效率（mutagenic efficency）

诱变效率是指突变百分率与生物损伤百分率的比例。即：诱变效率＝突变率/生物损伤率。生物损伤率是指经诱变剂处理后，群体总株数中致死性（死亡百分率）、损伤（幼苗高度下降株数的百分率）、不育性或细胞分裂后期的畸变（种子根尖染色体片段或出现染色体桥的百分率）的株数所占百分率。

（3）诱变效果（mutagenic effectiveness）

辐射处理的诱变效果＝突变率/剂量；化学诱变的诱变效果＝突变率/（浓度×时间）。

（4）诱变功效（muagenic efficacy）

诱变功效是指诱变剂产生有用突变的能力。诱变功效＝有用突变率/诱变剂量。

10.4.3 诱变后代种植和选择方法

10.4.3.1 M_1 的种植和选择

（1）M_1 的特点

大多数突变都是隐性突变，少量是显性突变。如果处理花粉后出现显性突变则经传粉后能在当代立即识别，产生隐性突变则只有经过自交或近亲繁殖后才能发现。如果处理种子或无性繁殖植物就只能产生突变嵌合体，而不是整个植株都出现变异。如果是隐性突变，在 M_1 自交后代中所发现的隐性突变率低于孟德尔遗传期望值。因为种子经诱变处理时影响到种胚的生长点，分蘖穗仅包含生长点的部分分生组织的细胞群，发生突变的概率相对地少一些。因此，禾本科牧草及草坪草的主穗突变率比分蘖穗的高；第一次分蘖穗突变率比第二次分蘖穗的高。

(2)M_1的种植和处理

从遗传上分析，M_1是由诱变直接处理当代细胞衍生而来的，多为复杂的突变嵌合体，一般不进行选择。当对杂种的当代及后代、异花授粉植物或单倍体的群体进行诱变处理时，M_1可能出现分离现象，应该进行选择。M_1往往采取密植方式进行种植，以减少分蘖，多收主茎(穗)的种子。为了防止M_1天然杂交，最好能套袋，或将不同品种的M_1群体隔离种植，得自交种子。

M_1按照处理材料、处理剂量可分小区进行点播或条播，并设置相同材料的未处理种子作为对照。为确保诱变材料的存活率，应注意播种质量和田间管理，而且要采取措施防止损伤而造成不育和天然异交引起生物学混杂。雌雄异花植物，最好在M_1能随机交配，提高突变配子授粉的机会，在M_2再进行自交，有利于M_3突变体的显现。此外，由于诱变剂的作用，M_1植株易出现一些生理损伤，如致死性、出苗率低、生长发育延迟、长势差、株高降低、育性降低、结实率低等特性。严重时出现不能出苗、幼苗不能存活或器官形态发生改变等现象。

根据育种目标要求和诱变二代的种植方法，M_1的收获方法有单穗(单荚)法、单株法、1穗1粒或多粒法、混合法等4种。

10.4.3.2 M_2及其后代的种植和选择

(1)M_2的特点

M_2是分离范围最大的一个世代，但其中大部分是叶绿素突变。并且，叶绿素突变因诱变剂种类和剂量的不同，其出现的情况有所不同。M_1的叶绿素突变只是出现在叶片的局部地方(即斑点)。由于M_2出现叶绿素突变等无益突变较多，所以必须种植足够的M_2群体。一些研究结果认为，略低于适宜剂量处理的后代中较易获得早熟突变类型；略高于适宜剂量的后代中较易获得矮秆突变类型。

(2)M_2及其后代的种植与选择

M_2及其后代的种植方式因选择方法不同而异，一般采用系谱法、混合法、单籽传等种植与选择方法。

10.4.4 提高诱变育种效率的途径

10.4.4.1 提高诱变效率

目前诱变育种存在如下两个问题：一是有益突变率低；二是突变方向、性质难控制。因此，可采用下列措施提高诱变效率。

(1)利用诱变剂敏感材料

根据诱变育种目标，选用遗传特性符合要求，且处于适宜发育时期、易于处理和诱变敏感型的植物种和品种及材料部位进行诱变处理可提高诱变频率。例如，牧草型'雅安'扁穗牛鞭草的半致死剂量和临界剂量均高于草坪型'H055'扁穗牛鞭草的。大麦极敏感型品种的诱变育种的突变率为5.34%，敏感型品种为4.57%，中间型品种为4.21%，迟钝型品种为3.14%，极迟钝型品种为2.43%。

目前诱变处理应以处理种子为主，再诱变处理幼苗、植株、雌雄性器官，以提高有益变异的产生概率。此外，如果采用杂合和异质基因型种子进行诱变处理，有利于增加突变类型和突变率。采用单细胞材料(雌配子、雄配子和合子)处理,也可提高诱变和选择效率。

(2) 改进诱变处理方法

不同诱变剂及处理方法进行相同植物材料的诱变处理的突变率不相同,因此,应采用植物材料的合适诱变剂及处理方法,从而提高诱变频率。此外,突变率是随着诱变剂剂量的增大和处理时间的延长而增加,而且几种诱变剂综合处理比单独处理,可对植物产生协同和累加效应,在加大 M_1 代生理损伤的同时也提高了突变率。据研究,辐射处理后再用化学诱变剂处理,诱变的效果也比较好。如中国农业科学院原子能应用研究所唐秀芝(1997)等采用 $^{60}Co-\gamma$ 射线辐射加 NaN_3 复合处理方法,育成了优良的粮饲兼用型玉米新品种'中原丹32号',该品种高产、稳产,可用作青绿或青贮饲料,一般籽粒产量为 7500~10 500kg/hm^2,鲜秸秆产量 22 500~45 000kg/hm^2。白花草木犀含有一种有苦味的苷类,它可以转变成香豆素和有毒的抗凝集素,用化学诱变剂和电离辐射处理后,从中选出了无苦味的突变体。由于辐射处理改变了生物膜的完整性和渗透性,从而促进了化学诱变剂的吸收而提高了诱变效率。几种化学诱变剂联合应用,如用乙烯亚胺(EI)处理后再用 EMS 处理,其效果比较好,这主要是因为一个诱变剂的预先作用,可使另一个诱变剂更易影响染色体的位点。

(3) 选择恰当的诱变剂量,采用先进筛选技术

根据不同诱变剂的诱变特点,适宜剂量的选择既要最大限度地提高诱变突变率,又要减少个体的死亡和生理损伤,以便进行理想个体的选择。此外,对诱变植物后代应采用先进的突变体鉴定与筛选技术,从而进一步提高诱变育种的选择效率及其成效。

10.4.4.2 调整育种目标,拓宽应用范围

针对诱变育种适合改良个别性状的特点,可广泛应用于各种牧草及草坪草的品质育种、抗性育种等。此外,由于诱变处理不仅引起基因突变,也增加了染色体交换频率,可打断性状间的紧密连锁,实现基因重组,从而扩大了杂种后代变异类型,因此一个优良品种通过诱变处理,获得的突变体可能具有一定的优点,但在有些性状上还不够理想时,则可将这些突变体进一步用杂交育种的亲本及生物技术育种的供体或受体,从而拓宽诱变育种成果的应用范围,从而获得更大的诱变育种成果。

10.4.4.3 加强诱变育种与其他育种方法的相结合

将诱变育种的突变体用作杂交育种的亲本,或将杂种后代进行诱变处理均已获得良好的效果。如 1976—1992 年,黑龙江省畜牧研究所采用 $^{60}Co-\gamma$ 射线和二氧化碳激光、氮分子、热中子、快中子等 5 种物理诱变剂,照射亲本野生扁蓿豆和地方苜蓿品肇东苜蓿,获得了用作杂交亲本的突变体,后经杂交育种获得抗性强及产量高的'龙牧 801'和'龙牧 803'苜蓿品种。诱变育种还可与杂种优势利用相结合,诱发作物雄性不育系和恢复系突变体材料;也可与远缘杂交育种相结合,通过诱导出易位系和非整倍体,可在选育抗病虫、抗非生物逆境胁迫等突变体方面发挥作用。诱变育种与单倍体育种相结合,诱变当代产生隐性或显性突变体,既可提高突变率,又可缩短育种年限,大大提高诱变育种的效率;诱变育种还可与生物技术育种相结合,从而进一步提高诱变育种成效。

思考题

1. 名词解释

诱变育种　诱变剂　辐射剂量　剂量率　外照射　内照射　植物对辐射的敏感性　突变率　诱变效率

诱变效果　诱变功效　致死剂量　半致死剂量　临界剂量

2. 试论述诱变育种的类型和特点。
3. 试论述物理诱变和化学诱变的方法。
4. 试论述辐射育种的作用机理。
5. 影响辐射诱变的因素有哪些。
6. 如何选择辐射诱变育种材料。
7. 论述化学诱变的特点及方法。育种材料要如何选择。
8. 简述诱变育种程序。
9. 论述如何提高诱变育种效率。

第 11 章 倍性育种

染色体(chromosome)是遗传物质的载体。各生物种特有的维持其生活机能的最低限度数目的一组染色体称染色体组(genome)。每个染色体组所包含的染色体数目称染色体基数,通常用 X 表示。自然界每一种生物细胞染色体数目在一般情况下保持稳定,它是物种的重要特征。但是,染色体数量并非一成不变,而是可以在自然条件和人工诱发条件发生变化。染色体数目的变化常导致植物形态、解剖、生理生化等诸多遗传特性的变异。植物的倍性育种是研究植物染色体变异的规律,并利用倍性变异选育新品种的方法。倍性育种包括单倍体育种与多倍体育种。

11.1 单倍体育种

11.1.1 单倍体育种概述

单倍体(haploid)是指体细胞中具有本物种配子染色体数目的个体。单倍体育种(haploid breeding)是指通过理化诱变与杂交等方法获得变异,从中选择优良性状变异株,经花药(粉)培养,获得符合育种目标的单倍体植株,再经染色体加倍形成正常的二倍体,从中选育符合育种目标的纯合二(多)倍体新品种的过程。

11.1.1.1 单倍体的类型

通常植物的体细胞含有来自父、母双方的两套染色体($2n$)。减数分裂后的生殖细胞仅具一套染色体(n)。因此,由生殖细胞直接发育长成的植物体就是单倍体。根据染色体是否平衡,单倍体可分为整倍单倍体与非整倍单倍体两种类型。

(1)整倍单倍体(euhaploid)

整倍单倍体是指体细胞内含有一个完整染色体组的生物,其染色体是平衡的。由于许多生物体细胞中含有多个染色体组,根据其物种的倍性水平,整倍单倍体又分为如下两类:

①一倍体(monoploid)或一元单倍体(monohaploid) 它是指由二倍体物种($2n=2X$)产生的单倍体,其体细胞中只含有该物种一组染色体($1X$),即细胞中染色体数为 $n=X$。如玉米是二倍体,它的单倍体就是一倍体($n=X=10$);草原山黧豆是二倍体,它的单倍体就是一倍体($n=X=7$)。

②多元(倍)单倍体(polyhaploid) 它是指由多倍体物种产生的单倍体。如紫花苜蓿是同源四倍体($2n=4X=32$),它的多元单倍体就是二倍体($n=2X=16$);结缕草是异源四倍体($2n=4X=40$),它的多元单倍体就是二倍体($n=2X=20$);小黑麦是异源六倍体($2n=6X=42$),它的多元单倍体就是三倍体($n=3X=21$)。由同源多倍体产生的多倍单倍体称同源多

倍单倍体(autopolyhaploid)；由异源多倍体产生的多倍单倍体称异源多倍单倍体(allopolyhaploid)。

（2）非整倍单倍体(aneuhaploid)

非整倍单倍体是指体细胞染色体数目不是其物种染色体数目的精确减半，而是出现染色体额外增加或减少产生的单倍体，其染色体是不平衡的。如果多出的一条染色体是该物种的配子染色体成员时，叫二体单倍体($n+1$，disomic haploid)；如果多出的一条染色体是来自其他种或属的，叫附加单倍体($n+1'$，addition haploid)；如果单倍体比该物种正常配子体的染色体组少一条染色体，叫缺体单倍体($n-1$，nullisomic haploid)；如果外来的一条或数条染色体代替单倍体的一条或数条染色体时，叫置换单倍体($n-1+1'$，substiution haploid)；如果含有具端着丝点的染色体或错分裂产物如等臂染色体，叫错分裂单倍体(misdiversion haploid)。

11.1.1.2　单倍体的特点

（1）植株及器官弱小，生活力比较弱

二倍体植物在长期的进化中形成了生理上较为平衡的染色体系统。但是，由于单倍体比其二倍体少了一半数量的染色体，造成染色体平衡被破坏。不仅使其细胞和核变小，而且，其生长发育受到一定影响。最终导致其植株及器官弱小，生活力明显降低。与其二倍体比较，单倍体植株矮小，叶片较薄，穗、花器、花药等都相对较小。

（2）形态与其二倍体亲本相似，加倍后基因型纯合

单倍体植株中仅有一套完整染色体组，由于没有显性基因的掩盖，由隐性基因控制的性状更易显现。所以单倍体植株能够充分显现重组的配子的基因类型。单倍体的形态除缩小外，与其二倍体亲本极相似。

单倍体只具有配子的整套染色体，所以不论是来源于纯合的或杂合的亲本，还是有一个或几个染色体组，它的基因型总是单一的，因此只要自发或人为使其染色体加倍，便可获得正常纯合的二倍体。

（3）高度不孕性

单倍体植株植物细胞中只有一套染色体，在有性生殖的减数分裂过程中，染色体几乎不能配对，不能形成有效配子，表现出高度不孕性。因此，单倍体植物本身在育种上没有直接利用价值，必须进行染色体加倍才能利用。

11.1.1.3　国内外单倍体育种概况

1964年，印度科学家S. Guha与S. C. Maheshwari通过对毛叶曼陀罗(*Datura innoxia*)的花药进行离体培养，首次得到单倍体植株。随后此项技术很快被扩展到其他植物领域，花药离体培养和花粉离体研究发展十分迅速。据不完全统计，已从300多种植物得到了花粉单倍体植株，其中，有高羊茅、黑麦草等牧草及草坪草也获得了单倍体植株；小麦、小黑麦、小冰麦、玉米、甜菜、油菜、橡胶树等24种植物的花粉单倍体植株是在中国首先培养成功。

中国1970年开始花粉培养研究，已成功培养了40多种植物的花粉植株；改进了许多花粉培养技术；利用单倍体育种技术育成了许多在生产上推广的农作物新品种。近年中国牧草及草坪草单倍体育种发展较快，不仅获得了高羊茅等单倍体植株，而且开展了一系列的牧草及草坪草单倍体育种基础研究，单倍体育种已形成了较完整的育种技术体系。

11.1.2 单倍体育种的特点

11.1.2.1 单倍体育种的优点

(1) 控制杂种分离，缩短育种年限

杂交育种要获得一个稳定的作物品系，通常需要 4~6 个世代甚至更长的时间。单倍体育种可直接将杂种一代 F_1 或二代 F_2 的花药离体培育成单倍体，再经人工加倍后便可成为基因型纯合的正常二倍体，不会再发生性状分离。只需 3~4 个世代就可得到稳定而不分离的品系，因而可缩短育种年限，节省人力与物力。

(2) 提高获得纯合材料的效率

杂交育种的早期世代个体很多基因位点尚处于杂合状态，可能会出现杂合体杂种优势表现型干扰基因型纯合个体的选择。而单倍体仅含一套染色体，基因成单存在，隐性性状当代就能显现，能够排除显、隐性基因间的干扰，有利于及早筛选优良基因，淘汰对植物有害的隐性基因个体，从而提高了与杂交育种相同世代获得纯合材料的几率，即提高了育种选择效果。

(3) 创造遗传育种及基础研究材料

如果将杂种一代 F_1 产生的单倍体进行二倍体化，可获得由双亲遗传物质组成的育种新材料。多倍体通过诱导单倍体还可以产生非整倍单倍体，如二体单倍体、附加单倍体、缺体单倍体等系列非整倍体，可为基因的染色体定位等细胞学与遗传学及育种研究提供极好的材料。此外，根据单倍体内减数分裂时发生的同源性或部分同源性的染色体联会，可探明染色体组亲源关系；单倍体的每种基因只有一个等位基因，为发现和分离基因，确定基因功能、性质和剂量效应的理想材料。

(4) 与诱变育种相结合，可提高突变体筛选效率

单倍体是诱变育种优良材料。因其诱变后，突变体变异性状当代能表现，便于早期识别和选择，从而可大大提高诱变育种效率。

(5) 克服远缘杂种不育性与后代分离的困难

远缘杂种存在不育性，且其杂种后代基因类型复杂，稳定慢，性状分离时间长，难以获得稳定的遗传品系。但远缘杂种后代一般总有少量的花粉具有生命力，可通过其花粉培养为单倍体植株，经加倍后可快速获得具有稳定遗传特征的远缘杂种后代，从而避免远缘杂种不育性和后代的复杂分离现象。国外报道，用羊茅和黑麦草的属间杂种花粉培养成单倍体植株，克服了远缘杂种不育性。

(6) 为杂种优势利用快速获得自交系

杂种优势利用的自交系培育，一般需要进行 6 个世代以上时间的连续人工自交，如采用花药培养单倍体，再经染色体加倍的单倍体育种途径，只需 1~2 世代时间便可得到有效的纯合自交系，从而可大大减少工作量，提高杂种优势利用效率。

11.1.2.2 单倍体育种的缺点

(1) 需要一定设施与技术条件

单倍体育种不仅需要一定的组织培养条件与设备及试剂，而且，单倍体植株的染色体加倍与选择还不能做到正确有效。因此，不可能将单倍体育种作为大众技术发展。此外，许多植物目前还没有成功的花粉培养技术，还不能进行单倍体育种工作；有的植物虽然花粉培养

技术已获突破,但其诱发频率很低,诱发成的花粉植株,白花苗严重,得到的绿色苗也往往中途死亡,存活率低,因此降低了单倍体育种的功效。

(2)理想基因型的发生频率低

单倍体育种诱导产生的单倍体基因型是随机的,容易发生单倍体的基因型不一定符合育种目标。如果存在性状的基因连锁时,杂种潜在的变异就不一定能充分表现出来,因而产生理想基因型的概率小,为此需要获得大规模的单倍体植株进行筛选,增加了育种成本。

杂交育种杂种后代会出现基因的分离与重组,可能产生杂种优势并突破基因连锁积累优良基因。单倍体基因重组的机会只有一次,单倍体加倍后成为纯合体,后代缺少杂交育种那样的基因交换与重组过程,后代无法累积更多的优良基因。而且,单倍体育种还不能与杂交育种方法一样,在较长的世代中对育种材料进行充分的田间观察和鉴定,难以获得产量等数量与综合性状都表现优良的理想基因型。

(3)单倍体成活率低、群体小

异花授粉植物的有害隐性基因往往是致死的,因此,异花授粉植物的单倍体成活率极低。由于牧草及草坪草多数为异花授粉植物,单一使用单倍体育种手段,往往难以获得成功。

单倍体的出现频率难以预测,因此单倍体育种群体规模难以控制。单倍体育种过程中的出愈率与绿苗率较低,诱导成功后移栽的成活率低,最后得到的单倍体群体很小,因而育种过程中可能有很多优良基因型无形中被淘汰了。

(4)易受体细胞组织干扰

单倍体育种的花粉培养过程中,花药壁、绒毡层等残留的体细胞组织,会在愈伤组织培养阶段形成胚状体,影响花药或花粉培养的效率,降低单倍体诱导成功率,为单倍体育种工作增加难度。

11.1.3 单倍体育种程序

11.1.3.1 单倍体获得的途径及方法

单倍体获得的途径有两个:自然发生和人工诱发。自然界单倍体的产生是不正常受精过程产生的,一般通过孤雌生殖、孤雄生殖或无配子生殖等方式均可产生。自然界产生单倍体的频率仅为 $10^{-5} \sim 10^{-8}$。人工诱导可在极大程度上提高单倍体的产生频率,人工诱导产生单倍体的主要途径及方法如下。

(1)细胞和组织离体培养

①花药(粉)离体培养 花药(粉)培养的原理是植物细胞的全能性,即每个细胞具有发育成完整植株的能力。花药培养是将处于单核期的花药通过无菌操作技术接种到诱导培养基上,诱导其分化,以改变花药内花粉粒的发育程序,使细胞分化后分裂形成愈伤组织或胚状体,经过培养后形成完整植株的过程。花粉培养是花粉发育到一定阶段时,从花药中分离单个花粉粒,通过培养使其脱分化进而再分化发育成完整植株的过程。花药或花粉培养形成的胚都需将花粉的配子体发育途径转变为孢子体发育途径,但花粉培养属于单细胞培养,而花药培养属于器官培养。

②未受精子房(胚珠)培养 未受精子房(胚珠)培养是指在植物开花初期,将未受精的子房或胚珠从植株上分离,在无菌的人工环境条件下接种培养,使其进一步发育成幼苗及成

株的技术。首例未受精子房培养获得单倍体植株的是大麦(Sandoelml,1976),其后在小麦、水稻、烟草等作物中也取得成功。由未受精胚珠培养的单倍体获得成功的作物有烟草、向日葵、玉米等。

(2)单性生殖

①远缘花粉刺激 远缘花粉虽不能与卵细胞受精,但可刺激卵细胞开始分裂并发育成胚,进行孤雌生殖。由未受精卵单性生殖发育的胚可能是单倍体,也可能是二倍体。如果卵细胞分裂初期发生核内有丝分裂,即染色体复制,细胞核不分裂,则形成二倍体或双倍体;否则形成单倍体。因此,通过不同种、属植物花粉授粉远缘杂交诱发孤雌生殖,是产生单倍体的一条有效途径。小麦属、烟草属及茄属均通过此法获得了较多的单倍体。

②延迟授粉 去雄后延迟授粉能提高单倍体发生频率。如日本学者木原均等(1940)将1朵小麦花去雄后,延迟7~9d授粉,花粉管虽到达胚囊,但只有极核能受精,因而形成单倍体胚和三倍体胚乳,从这些种子后代中获得了9.1%~37.5%的单倍体。

③辐射与化学药剂处理 用射线照射花或父本花粉经X射线处理后,给去雄的母本授粉,以影响其受精,可诱导单性生殖产生单倍体。如田中和粟以5000 R的X射线照射普通烟草花器官,再用野生烟草种 N. alata 花粉授粉,获得了37株单倍体植株。

某些化学药剂能刺激未受精的卵细胞发育形成单倍体植株。常用的化学药剂有硫酸二乙酯、2,4-D、NAA、6-BA、二甲基亚砜、马来酰肼、乙烯亚胺(EI)等。

④从双生苗选择 一粒种子上长出2株或多株苗称双生苗(孪生苗)或多胚苗。不少植物常出现双胚或多胚现象,与单生苗相比,双胚苗有一定几率出现单倍体。因为,从双胚种子中长出来的双生苗,可出现 n/n、$n/2n$、$n/3n$ 和 $2n/2n$ 等各种倍性类型。其中的单倍体(n)胚可能来自孤雌生殖;二倍体($2n$)胚可能来自助细胞受精;三倍体($3n$)胚可能是无配子生殖时 $2n$ 的卵细胞受精的结果,也可能是2个精子和1个正常卵细胞结合所致,或者是由胚乳产生。

⑤利用半配合生殖(semigamy) 半配合生殖是指一种特殊的有性生殖方式或不正常的受精类型,即雌雄配子能正常结合,精核能进入胚囊和卵细胞,但精核进入卵细胞后,精核与卵核并不融合,分别进行独立分裂形成代表父本和母本性状的嵌合体。所形成的胚是由雌、雄核各自分裂发育而成,长成的植株多为嵌合体的单倍体。利用半配合生殖的特性,可以产生单倍体,此类单倍体性状稳定,但发生频率低。此外,利用半配合生殖材料作母本与其他材料杂交,也可产生一定比例的父性单倍体。

⑥利用诱发单倍体基因 某些植物中发现有个别基因可诱发单倍体,如 Hagberg(1980)在大麦中发现的 hap 基因,有促进单倍体形成和生存的效果。在原突变系中凡具有 hap 启动基因的,其后代有11%~14%的单倍体。进一步分析该基因是通过母本起作用,或是防止卵细胞受精,或是刺激卵核受精前分裂。还可能促进不平衡胚的正常发育。

(3)染色体消失(chromosome elimination)

染色体有选择的消失获得单倍体是指通过亲本一方的染色体在合子期发生快速丢失而获得单倍体。远缘杂交由于双亲不同的遗传机制可能导致假配合或半配合生殖、亲本一方染色体被消除等异常的染色体遗传行为。而核型不稳定的远缘杂交可通过亲本一方在合子分裂早期染色体快速消失而获得单倍体后代。如普通大麦或小麦与球茎大麦杂交时,受精卵经有丝分裂发育成胚、极核及胚乳的过程中，来自球茎大麦的染色体出现异常：有丝分裂中期出现不集合染色体；后期变成落后染色体；到末期变成微核等，而逐渐消失。最后形成的幼胚只含有普通大麦或小麦的染色体而成为单倍体。由于这种幼胚的胚乳发育不正常，所以在授粉后 12~16d，应将幼胚取出进行离体培养才能获得单倍体植株。幼胚培养获得的幼苗中，90%以上为普通大麦单倍体，其余为二倍体种间杂种（Chuo 等，1985）。

11.1.3.2 原始材料的选择与处理

（1）材料的选择

单倍体诱导材料选择的适合与否是花药（粉）培养成败的关键。供体植株的基因型、生长环境、生理状态及发育时期等均可影响花药（粉）培养的愈伤组织诱导率、分化率、胚胎诱导率和植株诱导率。应筛选与鉴定不同牧草及草坪草的单倍体诱导响应基因型，寻找与雄核发育相关基因紧密连锁的分子标记；采用合适的供试植物栽培生态环境，延长供花粉植株生育过程与花药采集期；选用合适的供体生理状态及发育时期，从而提高单倍体育种成效。

一般从优良杂交组合 F_1 代或从杂种 F_2 代中选择优良植株的花药（粉）进行单倍体诱导培养，可提高单倍体育种成效。

对提供花粉的亲本，可以采用无性繁殖，或者采取分株、分蘖、再生以及控制光照长度等方法延长生育过程，以使花药采集的时间延长。

研究表明，适宜培养的花粉发育时期因物种不同而异。大多数牧草及草坪草选用单核期的花粉进行培养的效果较好，这是因为该时期的小孢子处于胚胎形成的临界期，且是不同分裂方式和发育途径的共同起始点，状态较为活跃。一般禾本科此时处于孕穗期；豆科是孕蕾期。一般适宜温度条件下，年龄越小的供体植株花药培养效果越好。老化植株的花蕾较小，小孢子发育时期同步性下降，容易产生畸形花粉，导致花药培养的反应延迟或降低。春冬两季更适合进行花药（粉）培养，可能原因是该时期的温度与光周期共同作用结果，致使其植物生理状态发生了适合花药（粉）培养的改变。花药接种前，应进行花粉发育期镜检观察。可找出花粉细胞发育时期与外部花序或花蕾的外部形态特征的相互关系，根据花序或花蕾的外部特征选取材料。

（2）材料的处理

在花药（粉）接种培养前，对花芽或花药（粉）进行物理和化学措施预处理能够有效提高单倍体的诱导率。预处理措施包括低温、热激、甘露醇与蔗糖及麦芽糖溶液、离心处理等手段。如将花蕾及幼穗离心或将花药直接离心后接种培养，都能够增加单倍体诱导率。

用作花药（粉）接种培养的植株材料先用70%酒精消毒，然后把穗（或花蕾）从叶鞘剥出，在10%的漂白粉溶液或0.1%的升汞溶液中浸泡10min，再用无菌水冲洗3~4次，即可备用为接种培养材料。

11.1.3.3 花药（粉）离体培养

花药（粉）离体培养是指选择适合的培养基对花药（粉）进行培养，产生单倍体植株的过程，即诱导花药（粉）形成愈伤组织或胚状体（embryoid），由愈伤组织分化成幼苗或由胚状体直接长出小植株。一般牧草及草坪草都是先形成愈伤组织，再由愈伤组织分化出单倍体植株。其具体步骤如下：

①诱导花药（粉）产生愈伤组织　培养基是指供给微生物、植物或动物（或组织）生长繁殖的，由不同营养物质组合配制而成的营养基质。分固体培养基与液体培养基两种类型，一

般都含有碳水化合物、含氮物质、无机盐(包括微量元素)、植物激素与维生素和水等几大类物质。目前还没有一种确定的培养基可同时满足不同种植物花药(粉)的培养。因此，选择适合的诱导花药(粉)长出愈伤组织的基本培养基是花药(粉)培养技术的重要环节。

不同植物花药(粉)培养诱导愈伤组织的基本培养基组分不同。一般诱导愈伤组织不必辅助光照(暗培养)，湿度60%左右即可，培养的花药在22~25℃恒温下经1个月左右可陆续长出愈伤组织，而花药(粉)产生愈伤组织的频率，则与所取花粉发育时期、培养基等因素有关。此外，因花药开裂散落花粉为连续过程，为避免花粉拥挤在花药里所受到的限制，提高花粉胚诱导率，因此在诱导花药(粉)产生愈伤组织过程中及诱导成功后，需要每隔一定时间就将花药(粉)转移到新的培养基。

②愈伤组织分化成幼苗　将长出的3mm大小的愈伤组织，转移到诱导愈伤组织分化成苗的分化培养基上继续培养，使它分化成芽与根。基本培养基与分化培养基主要为激素成分不同。由于愈伤组织如先形成芽，则随后根会自然发生。如先生根则芽不一定发生，因此诱导分化幼苗时必须掌握芽分化条件。诱导愈伤组织分化，白天需400~1000 Lux照度辅助光照。

③使分化小苗健壮和正常生长、移栽　分化培养基渗透压偏高，不利小苗生长，在小苗长到1~2cm高时，转移到渗透压低及没有生长素类物质的壮苗培养基，待根系发育良好后即可移栽。壮苗培养基是使分化小苗长成壮苗或因气候因素等需寄存壮苗的培养基。花粉植株的移栽初期应采用适当防护或先进行沙培炼苗。

11.1.3.4　单倍体植株的鉴定与染色体加倍及选择利用

(1)单倍体的鉴定

通过各种途径诱导的单倍体后代通常是一个混倍体，为了准确判断其染色体数目及倍性，必须进行倍性鉴定。单倍体鉴定的主要方法如下：

①直接鉴定法　单倍体的直接鉴定法是指对植株分生组织或器官(根尖、卷须、茎尖、叶片、花粉母细胞)细胞分裂中期的染色体数进行光学显微镜观察，检查细胞中染色体数目及配对情况。直接鉴定法结果准确可靠，但操作较复杂，技术要求高，鉴定速度慢，成本较高，在染色体较多时还可能造成误差，难以完成大批量育种单倍体鉴定。因此，通常先采用间接鉴定法鉴定后，再对所选择的个体进行直接鉴定。

②间接鉴定法　间接鉴定法是指根据植株形态特征、育性表现和细胞核中DNA含量进行鉴定的方法。其准确度低于染色体计数的直接鉴定法，但操作简便、快捷。具体方法如下：

植株形态观察法：与正常双倍体植株相比，单倍体表现出明显的小型化和高度不育的特征。具体表现为单倍体细胞染色质的量为双倍体细胞的一半，个体细胞及核变小；营养器官和繁殖器官变小及植株矮化；叶片中保卫细胞内叶绿体数目减少，气孔保卫细胞长度变短；开花时间较早、时间长；花粉高度败育，结实率低。

流式细胞鉴定仪(flow cytometry)分析法：是采用流式细胞鉴定仪对一定数量的分裂间期细胞核中DNA含量进行测定，从而间接鉴定单倍体的方法。采用流式细胞鉴定仪绘制DNA倍性的分布曲线图，以同类试材为对照确定待测植株的倍性。流式细胞鉴定仪可以同时对许多样本的大量细胞核DNA含量进行测定，样本处理简单、快速，结果准确。但仪器昂贵，测定成本较高，国内尚未推广使用。

染色中心直径和异染色质数目法：部分物种的不同倍性植株染色中心直径和异染色质数目与植株倍性呈正相关，二倍体及多倍体植株的染色中心直径和异染色质数目均大于单倍体植株，可通过观测其体细胞染色中心大小及异染色质数目进行单倍体间接鉴定。但采用该法有时可能存在误差。

(2) 单倍体的染色体加倍

单倍体植株无育种直接利用价值，通常会对单倍体进行染色体加倍处理。一般选用适宜浓度的秋水仙素处理使单倍体染色体人工加倍。不同植物及组织的适宜秋水仙素处理浓度、时间和温度均不同，因此，应根据不同植物及组织特点采用不同秋水仙素处理方案。此外，有些单倍体植株未经人工加倍处理也能自然恢复成二倍体；还可在培养基中添加某些激素也可提高染色体加倍率；辐射处理籼稻单倍体绿芽也可提高植株染色体加倍率。

(3) 花粉植株后代的选择与利用

花粉植株经人工或自然加倍成活后，可按一般植株进行管理。在开花结实成熟后，应分单株(穗)收获留种，备作进一步的育种试验。当花粉植株收获一代种子后，以后各世代可按一般常规育种方法根据其育种目标，进行选择、品系鉴定与比较等，从中选育优良品种可直接利用。有些花粉株系不能直接作为品种应用时，可作育种的原始材料或杂交亲本加以保存或间接利用。

11.2 多倍体育种

11.2.1 多倍体育种概述

多倍体(polyploid)是指体细胞中含有 3 个或 3 个以上完整染色体组的植物体。多倍体的染色体数目如果是染色体基数的整倍数，称为整倍体(euploid)。包括三倍体($2n=3X$)、四倍体($2n=4X$)、五倍体($2n=5X$)……等。如普通燕麦体细胞含有 42 条染色体，染色体基数 $X=7$，即含有 6 个染色体组($2n=6X=42$)，称为六倍体。多倍体的染色体数目如果不是成倍增加或者减少，而是成单个或几个的增添或减少，则称为非整倍多倍体。采用杂交、染色体加倍、体细胞融合与组织培养等方法获得多倍体，并利用其变异从中选育符合育种目标的多倍体新品种的过程称为多倍体育种(polyploid breeding)。

11.2.1.1 多倍体的类型及特点

多倍体根据细胞中染色体的来源不同，一般可分为同源多倍体和异源多倍体两大类。

(1) 同源多倍体(autopolyploid)

同源多倍体是指体细胞中含有 2 组以上相同染色体组的多倍体。同源多倍体起源于原来染色体组自身的加倍。它由同一物种或同一个染色体组加倍得到，加倍后的染色体组与原来的染色体组相同。自然植物种群中广泛存在着同一物种的不同倍性，如紫花苜蓿有二倍体类型、四倍体和六倍体类型，截形苜蓿为二倍体类型($2n=2X=16$)，大多数紫花苜蓿品种为四倍体类型($2n=4X=32$)。野牛草在美国中部从南到北分布有二倍体($2n=2X=20$)、四倍体($2n=4X=40$)、六倍体($2n=6X=60$)和少量的五倍体($2n=5X=50$)的自然分布。自然界分布的鸭茅有四倍体($2n=4X=28$)和二倍体($2n=2X=14$)两种类型。与二倍体相比，同源多倍体常具有如下特征：

①具有植株、器官、细胞的巨型性和细胞内含物的明显增加，植物学性状发生系列变化 同源多倍体的植株、器官一般比二倍体的植株、器官更大，细胞体积增大，细胞生长速率较慢。同源多倍体植株一般茎秆苗壮，枝叶少，叶片宽、厚，叶色变深，果实、种子等器官增大，花瓣多，花色深艳，气孔与花粉粒大。此外，由于同源多倍体植株细胞体积的增大，有时会造成维生素、生物碱、蛋白质、糖、脂肪等生理代谢产物的增加，但是，在某些物种中，由于细胞数量的降低也会出现相反的情况。

②同源多倍体的基因种类比二倍体的多，杂交后代不易获得纯合体 以1对等位基因 $A-a$ 为例，二倍体基因型只有 AA、Aa 和 aa 3种；同源四倍体的等位基因有4个，其基因型便有5种：纯显性（$AAAA$）、三显性（$AAAa$）、双显性（$AAaa$）、单显性（$Aaaa$）和无显性（$aaaa$）。

同源多倍体的自交后代中获得纯合体的概率小，其原因是其染色体成组增加使每个基因位点数多于正常状态的2个。所以，当任何位点处于杂合状态时，会产生更多种分离方式，使纯合体所占比例变小。要从同源多倍体物种的杂交后代中筛选到纯合体，就必须比正常二倍体时的群体要大得多，而且产生纯合体的世代数也要增加。因此，同源多倍体能用于无性繁殖，并以营养体为产品的牧草及草坪草育种的效果较好，可直接应用于生产；而用于有性繁殖并以种子为最终产品的粮油大田作物育种的难度较大，效果较差。

③同源多倍体育性低甚至不育 同源多倍体表现部分或完全不育，结实率低。原因主要是同源多倍体在减数分裂时形成多价体，容易造成染色体分离不平衡，从而形成不育的配子，导致配子体不能存活。特别是奇倍数同源多倍体的育性更低。如同源四倍体表现为部分不育，而无籽西瓜同源三倍体通常是由一个单倍体的配子和一个二倍体的配子，或者一个同源四倍体和正常二倍体融合形成的，其高度不孕，在自然界中的发生频率较低，通常需要人工制种。

④大多数同源多倍体具有无性繁殖与多年生特性，一般具有比二倍体更好的抗逆性 多倍体与二倍体祖先相比，虽然初期生长较慢，但较二倍体的抗逆、适应性强，对逆境的耐受程度更好，能在广泛的生态区生存，特别是高山、沙漠等环境。因而多倍体在地理上更多地分布在高纬度地区。

此外，同源多倍体植株成熟晚，种子多不饱满。同时，同源多倍体并没有产生新的基因，也没有外源基因的引入，只能是对二倍体祖先原有性状的加强，而不能产生新的性状。

（2）异源多倍体（allopolyploid）

异源多倍体是指由2个或2个以上不同来源染色体组所形成的多倍体。大多由不同种、属间个体远缘杂交得到的 F_1 杂种经染色体加倍而成，所以又称双二倍体（amphidiploid）。例如，中国鲍文奎院士培育的八倍体小黑麦（$AABBDDRR$）；还有老芒麦（$SSHH$）、异源四倍体海岛棉与陆地棉、双二倍体油菜、异源六倍体普通小麦等。异源多倍体具有以下特点：

①可育性 由于异源多倍体的染色体由两个或两个以上不同物种染色体组组成，在减数分裂过程中，同源染色体能够类似二倍体进行正常联会，形成二价体，不会出现多价体，从而可形成正常的配子，自交亲和性强，因而表现高度可育，结实率较高。

②多样性 异源多倍体可把其祖先双亲的特性结合于一体，从而有利于使植物在多方面产生突破，当然把其祖先双亲的优点结合在一起的同时，也可把双亲的缺点结合在一起。异源多倍体除具有一般多倍体的生长旺盛、器官巨型性等优点外，由于染色体组的多样化，还

具有永久杂合性(又称纯系优势)、遗传缓冲的作用、进化上增强适应性等优势。

③遗传稳定性低　异源多倍体在刚形成时,尽管来自其祖先双亲的染色体各自可以配对,但双亲的染色体毕竟存在差异,二倍体化机制还不完善,常出现减数分裂不稳定,染色体丢失,基因消除、基因沉默、基因效应增强或减弱、易位、突变等多种变化。因此,异源多倍体遗传稳定性低,不同基因组之间会出现基因组重排现象,甚至在后代中大量产生非整倍体,也会降低育性和子粒饱满度。

此外,除了同源与异源多倍体两种类型外,还有如下介于两者之间的过渡衍生类型:

区段(节段)异源多倍体(segmental allopolyploid):具有相当数目的同源染色体区段甚至整个染色体,但相互间又有大量不同的基因或染色体区段,如 BBB_1B_1,马铃薯可能为此类型。

同源异源多倍体(auto-allopolyploid):存在于六倍体或更高水平的多倍体类型,它结合了同源多倍体和异源多倍体两种类型的特征,如猫尾草的染色体组型为 $AAAABB$,其 A 组染色体像节节猫尾草,B 组染色体像高出猫尾草。

倍半二倍体(sesquidiploid):如 AAB_1B_1(异源多倍体物种)× B_1B_1(物种 B_1)→ AB_1B_1(倍半二倍体)。

11.2.1.2　牧草及草坪草多倍体产生的原因和倍性特点

(1)牧草及草坪草多倍体产生的原因

据不完全统计,草类植物的多倍体高达80%。牧草及草坪草多倍体容易发生的原因如下。

①大多数牧草及草坪草为异花授粉植物,其基因型为杂合体,当它们进行异花授粉时,有时会发生远缘杂交,其细胞染色体可发生自然加倍而形成异源多倍体。

②大多数牧草及草坪草为多年生植物,生活年限长。还有许多能进行无性繁殖,它们能较好地保存并重复产生多倍体类型。多倍体的部分或完全的不育性,对它们的影响相对较小。

③与大田农作物相比较,大多数牧草及草坪草的生长环境条件较恶劣,而其环境自然条件的急剧变化,如温度的急剧变化往往影响细胞的正常分裂繁殖,致使产生多倍体类型。

(2)牧草及草坪草的倍性特点

与大田农作物相比较,牧草及草坪草的倍性具有如下特点。

①牧草及草坪草相同种的染色体数目和倍性常具有很大的变化范围　牧草及草坪草是草本植物中最丰富的基因库,具有广泛的遗传背景。即使在相同物种内,不同品种及类型的染色体数目和倍性也各不相同,其变异幅度也相当大。

②大多数牧草及草坪草都具多倍性特点　如称为"牧草之王"的最大栽培牧草紫花苜蓿全部为四倍体。扁穗冰草除具有二倍体外,还有四倍体和六倍体;无芒雀麦有四倍体、六倍体、八倍体、十倍体。

③牧草及草坪草比较容易多倍化　但是,有些牧草及草坪草的本身倍性较低,染色体加倍可能有一定意义;有的牧草及草坪草的本身倍性高,再进行加倍可能没有什么实际意义,且其加倍难度也大。这是因为一般每物种均有自己适合的染色体倍性范围,超出这一范围,其生殖和存活都会出现问题。

11.2.1.3 国内外多倍体育种概况

19世纪末,狄·弗里斯从拉马克月见草(*Oenother lamarckiana* Ser, $2n=14$)中发现了特别大的变异型 gigas(1901 年命名为巨型月见草),当时他认为是拉马克月见草基因突变的结果。直到 1907 年细胞学的研究表明,巨型月见草合子染色体数($2n=28$)是拉马克月见草染色体数的 2 倍,从此人类开始了对多倍体现象的认识。1937 年,Blankeslee 和 Avery 报道利用秋水仙素人工诱导蔓陀罗成功获得了四倍体蔓陀罗,以后各国科学家将该技术广泛应用于各种植物,使多倍体育种获得了蓬勃发展。到目前为止,人们已经在 1000 多种植物中得到了多倍体,不仅进一步掌握了多倍体产生的规律及有效的人工诱变方法,还应用多倍体育种选育了许多生产上大面积推广应用的农作物新品种。

国外牧草及草坪草多倍体育种不仅进行了系统的多倍体诱导方法及其机理研究,而且,黑麦草、红三叶等部分牧草及草坪草已被成功诱导出了同源多倍体物种。同源四倍体黑麦草与二倍体黑麦草相比较,其蛋白质含量、草产量与抗旱性均优于二倍体。德国、波兰、瑞典等国于 20 世纪 50 年代率先培育出四倍体红三叶。四倍体红三叶具有抗病、产量高、生长迅速、生长时间长等优点,但也存在花粉高度不孕、花粉管过长不利于受精、易产生非整数倍体等缺点。苏联饲料研究所培育了'礼炮'及'火星'等多个四倍体红三叶品种,具有高产、长寿等优点,其单株平均产量比二倍体红三叶草高 62.2%~83.0%。Nilsson 和 Anderson 等于 20 世纪 40 年代开展了紫花苜蓿的多倍体研究,四倍体紫花苜蓿的植株大小、繁殖能力、产量及耐逆性等均优于二倍体紫花苜蓿。但较高倍性的紫花苜蓿抗胁迫能力弱,表现出体细胞的不稳定性和繁殖的不稳定性,生产性能较差。T. Lawrence 等利用秋水仙素诱导处理二倍体新麦草萌动种子,获得了四倍体新麦草($2n=4X=28$),并注册为栽培品种 Tetracan。与二倍体新麦草相比,具有种子大、穗大、叶宽等特征。冰草杂交品种 Hycrest 就是由诱导的四倍体冰草与天然的四倍体沙生冰草杂交获得。欧美国家还把黑麦草和羊茅属远缘杂交 F_1 代杂种染色体加倍,已育成了一系列同源四倍体的黑麦草羊茅杂种品种。黑麦草羊茅杂种产量高,适口性和消化率都比双亲大大提高。此外,Park 等用秋水仙素对加拿大披碱草与黑麦属间杂种 F_1 愈伤组织进行处理,产生的再生苗获得了双倍体植株,该双倍体植株比杂种 F_1 代具有更高的产量,但没 F_1 代植株生长旺盛。

中国近年不仅对牧草及草坪草的多倍体育种基础理论进行了许多研究,而且,获得了燕麦、黑麦草、蒙古冰草等牧草及草坪草的人工多倍体,采用多倍体育种方法选育了许多生产上大面积推广应用的多倍体新品种,如通过黑麦草和羊茅属间远缘杂交并对杂交第一代加倍,选育了'赣饲 3 号'等黑麦草与羊茅杂种四倍体品种,具有产量高、饲喂性能好等特征。江西省畜牧技术推广站从引进品种二倍体伯克(Birca)多花黑麦草中选择优良单株,再用秋水仙碱使其染色体加倍后,又经 ^{60}Co-γ 射线辐射种子选育出四倍体'赣选 1 号'多花黑麦草,于 1994 年通过了全国品种审定。上海农学院以美国俄勒冈多花黑麦草和 28 号多花黑麦草为原始材料,通过辐射诱变,在重盐圃中采用群体改良方法育成了上农四倍体多花黑麦草,于 1995 年通过了全国品种审定。四川农业大学张新全等从不同二、四倍体野生栽培鸭茅种质中筛选了四倍体品种宝兴鸭茅新品种,于 1999 年通过全国品种审定,比现行推广品种古蔺鸭茅增产 10% 以上,且其他性状不低于古蔺鸭茅,粗蛋白质含量高达 21.09%。

11.2.2 多倍体育种的特点与作用

11.2.2.1 多倍体育种的特点

(1) 基因效应改变

多倍体因染色体加倍可使植物基因数量增加，产生基因剂量效应和新的基因互作效应，创造全新变异类型。多倍体虽然不会出现所谓全新性状，但与其原来的二倍体植物相比，由于同源多倍体的基因剂量效应，有可能使一些经济性状表现更为优良，可使某些营养成分的含量增加提高品质，利用组织器官的巨大性提高产量，提高抗逆能力等。如采用二倍体伯克多花黑麦草染色体加倍选育的四倍体'赣选1号'多花黑麦草，鲜草产量比伯克多花黑麦草提高19.18%~105.24%，粗蛋白质含量提高34.19%，种子产量提高40%以上。

自然发生的同源多倍体很少，因此，同源多倍体多为多倍体育种的人工诱变而成。同源多倍体的巨型性源于细胞体积增大，而非源于细胞数目的增加。多倍体细胞体积增大并不增加干物质，而是水分增多，导致组织和器官间增大的程度不平衡。实践证明，五倍体以上的同源多倍体不但不表现出巨型性，反而会变小，其光合同化作用、呼吸作用、物质转运、细胞分裂等都会表现明显衰退，出现开花延阻、成熟期推迟、产量下降。所以同源多倍体育种上限用二倍体合成三倍体或四倍体。

(2) 育种群体规模大，适应于抗逆育种

多倍体诱导与有性杂交结合将更加有利于创造新类型，但杂交后代群体规模应更大。从多倍体形成的途径分析，杂交更有利于产生新的多倍体类型。这是因为自然界多倍体的形成就是通过有性杂交过程实现的。同源多倍体和部分同源多倍体中一些等位基因数量增加，将不同类型杂交后，杂合体类型数量和变异的复杂性都将高于正常二倍体，变异类型会更加丰富，对育种选择有利。但是，由于多倍体比二倍体具有更多的基因杂合位点和互作效应，杂交后代的分离范围大于二倍体品种间杂交后代，因此，多倍体育种要求创造育种目标的变异群体要比二倍体群体大得多。

此外，许多观察分析表明，多倍体比二倍体祖先更能经受住严酷的气候条件，更能适应新的生境。因此，多倍体育种更适应抗逆育种，有可能为提高植物抗逆性发挥更大作用。

(3) 不同繁殖方式植物多倍体育种方法不同

多倍体育种应根据植物收获或利用产品的特点决定创造多倍体的方式。能够无性繁殖的植物或利用营养体为产品的植物，可采用诱导同源多倍体方法培育品种。由于无性繁殖能固定多倍体的优良性状，可避免同源多倍体的高度不育或性状分离等带来的繁殖困难，使优良性状可以保持稳定而不发生分离。因此，大多数牧草及草坪草既能够有性繁殖，又能够无性繁殖，采用多倍体育种具有优势。如黑麦草等培育了许多同源多倍体品种。

以收获果实为产品的植物，可利用同源三倍体的不育性来培育无子果实品种，如三倍体无籽西瓜、无籽葡萄和无籽香蕉，在生产上有较好的应用前景。三倍体育种一般程序为：先将二倍体植物加倍成四倍体，再用四倍体与二倍体杂交，产生三倍体。三倍体植物一般不育，所结果实无籽。

以有性繁殖收获种子为产品的植物，应利用培育的异源多倍体为桥梁，向栽培植物转移外源基因的方式来培育品种。如八倍体小黑麦为六倍体普通小麦与二倍体黑麦远缘杂交后，再经人工诱导染色体加倍和选育而成，实现了将黑麦品质佳、抗逆性强和抗病害等外源基因向普通小麦的转移，获得了品质更优良的麦类细粮作物。

11.2.2.2 多倍体育种的作用

(1) 创造新种质甚至新物种

多倍体在自然界中普遍存在，而且许多有经济价值的栽培作物都是多倍体，如紫花苜蓿是自然加倍形成的同源四倍体；小麦、燕麦等是不同物种天然杂交后染色体加倍形成的异源多倍体。因此，无论是同源或异源多倍体育种均是创造新种质或新物种的重要途径。中国农业科学院作物研究所采用小麦和黑麦杂交后，再将杂种用秋水仙素处理，育成了新物种异源八倍体小黑麦($Triticale$)。

(2) 克服远缘杂交不亲和性和杂种夭亡及不育性

造成远缘杂种杂交不亲和性和杂种夭亡及不育的原因主要是远缘亲本间是非同源染色体，在减数分裂时，出现染色体不联会以及产生不规则分配，因而不能产生有生活力的配子。利用染色体人工加倍方法，增加远缘杂种体细胞染色体数目获得的异源四倍体，在进行减数分裂形成配子的过程中，每个染色体都有同源染色体与之联会配对，产生有活力的配子，育性提高，从而克服远缘杂交不亲和性和杂种夭亡及不育，提高结实率。这已经在小麦与黑麦、黑麦草与羊茅等远缘杂交育种实践中得到证实。

(3) 实现优良性状基因渗入，提高作物抗性和改善经济性状

多倍体作为不同倍性植物间或种间转移与基因渐渗的桥梁，可大大提高栽培植物引入外源基因的成功率。物种的不同倍性之间具有遗传隔离特性，这种障碍可以通过选择具有一定的 $2n$ 花粉或者 $2n$ 卵细胞频率的品种(系)克服。既可以通过 $2n$ 卵细胞和 $2n$ 花粉融合产生二元多倍化作用形成多倍体；也可以通过 $2n$ 配子和正常的 n 配子结合的一元多倍化作用形成多倍体，从而使二倍体的优良特性渗入多倍体中。当前应用的栽培苜蓿大多是四倍体类型，但是野生的二倍体苜蓿具有很多优良的抗逆特性。在紫花苜蓿中已经成功应用 $2n$ 配子机理获得抗病品种。

多倍体育种可利用异源多倍体染色体组多样化，具有适应性增强的特点，提高抗逆性。如异源多倍体新物种小黑麦比其亲本普通小麦的抗逆性大大增强。多倍体育种还可利用同源多倍体器官巨大型的特点，产生植株及根、茎、叶、花和果实等器官比二倍体的大或营养成分等次生产物含量比二倍体提高的类型，提高产量等经济性状或改善品质。牧草及草坪草主要是以收获或利用茎、叶等营养器官为生产目的，同源多倍体的巨大性不仅能够提高草产量或改善草坪质量，而且有一些多倍体牧草的营养成分含量比二倍体的高，可提高牧草品质。如多年生豆科牧草白三叶和红三叶的四倍体植株具有很高的鲜草产量，再生速率也快。许多四倍体黑麦草品种的适口性、粗纤维含量、消化率等都优于二倍体。

(4) 提高杂种优势利用水平

杂种优势利用育种中，最大限度地保持亲本的杂合性和上位效应时，可以获得较大程度的杂种优势。体细胞加倍获得的多倍体由于纯合性增加，会产生后代衰退现象。而 $2n$ 配子可以有效地传递亲本的杂合性，使有性多倍体保持较高的杂合性。不同机理产生的 $2n$ 配子传递杂合性的效果不同，理论上 $2n$ 配子或等价的 $2n$ 配子可将亲本杂合性的 80% 以上传递给后代，如果染色体上不发生重组和交换，则可以 100% 的传递。而 $2n$ 配子只能传递 40% 的亲本的杂合性，不同途径获得的多倍体的杂合性程度不同，一般情况，二元多倍化作用产生的多倍体的杂合性高于一元多倍体化作用。因此，在牧草及草坪草多倍体育种中有优先选择产生 $2n$ 配子的植株做育种材料，在 $2n$ 配子产生频率较高的情况下，可以优先选择二元多倍

化育种途径,实现低倍体杂合性稳定传递到多倍体中。

杂种优势利用育种为了获得最大的杂种优势和整齐的杂交后代,常常需要建立纯合的自交系,很多异花授粉植物中普遍存在自交不育的问题。利用 $2n$ 配子可以显著提高自交不育植物的自交结实率。苜蓿是同源四倍体植物,利用 $2n$ 配子可以克服苜蓿育种中的自交退化难题。因此,有性多倍化作用在培育纯合自交系和固定杂种优势方面具有很大的应用潜力。

(5) 创造遗传研究与育种中间材料,研究植物进化过程

通过远缘杂交产生的异源多倍体常表现出后代遗传组成不稳定的特点,使其后代中常由于染色体不正常分离而出现非整倍体。而非整倍体为创造新型的种质资源、进行基因的染色体定位、创造异染色体系等已经发挥出相当大的作用。

此外,多倍体可用于重演植物进化过程,并用于研究性状遗传行为。如采用远缘杂交结合染色体加倍技术,已经基本揭示了小麦属(*Triticum*)中 5 个主要物种的进化过程。

11.2.3 多倍体育种的方法

11.2.3.1 多倍体诱导材料的选择

多倍体既有优点又有一定缺点,多倍体育种的诱导材料选择应注意掌握以下基本原则。

(1) 选择综合性状优良、染色体组数目少的材料

多倍体植物从原来低倍性植物材料的基础上获得,其遗传特性也建立在原来低倍性植物材料的基础之上,原有材料的性状会在多倍性材料上得到加强或减弱。但是,染色体加倍处理后得到的多倍体不会凭空增加植物优良性状,所以,多倍体育种的诱导材料应选择综合性状优良的品种(系),从而达到"水涨船高"的育种效果。

大量育种实践已经证实,细胞内染色体组数目比较少的材料最适宜用染色体加倍方法进行改造,多倍体育种效果较好。一般二倍体植物的染色体加倍效果较好,易受人工诱导形成多倍体。如直立型扁蓿豆($2n=16$)为二倍体植物,所以适合人工诱导多倍体试验。因为染色体组数目多的植物在进化过程中已利用了多倍化的特点,而染色体组数目少的植物多倍体育种潜力较大。一般认为超过六倍体水平的植物多倍体育种,往往是无益的。

(2) 选择天然多倍体物种比重较高的科、属植物

一般选择天然多倍体物种比重较高的科、属植物进行多倍体育种较易获得成功,表明该种植物比较容易或适合形成多倍体,因此,诱导形成多倍体相对较容易。此外,选择生育周期短的作物进行多倍体育种,从而可加速育种世代进程,也可提高育种成效。

(3) 选择以利用或观赏营养器官为目的的作物

同源多倍体具育性低或不育、结实率低的特点,以收获种子为目的的作物选用多倍体育种难以取得良好效果。而同源多倍体的巨型性可以使植株更加粗壮,有利于提高茎、叶等营养器官鲜草产量,对种子产量虽然减少,但并不降低其经济或观赏价值以及能够利用无性繁殖的牧草及草坪草,最适宜采用多倍体诱导,其多倍体育种更有效。此外,多倍体植物适应性强,抗倒伏,耐践踏,抗逆效果好,也可提高牧草及草坪草多倍体育种的成效。尤其是对那些少籽以至无籽果实更有价值的种类,如肉质的根、茎植物与无籽西瓜等瓜果类的多倍体育种效果较好。

(4) 选择杂合性与远缘杂种后代及异交植物材料

多倍体育种的诱导材料选择基因型杂合性材料优于选择纯合材料,因为杂合性材料产生

的变异类型多，多倍体诱导后代的育性往往较高。

选择远缘杂种后代材料作为多倍体育种的诱变材料，可克服远缘杂种夭亡及不育，提高远缘杂交育种成效。并且，远缘杂种经染色体加倍可获得异源多倍体新物种或新类型。

异花授粉植物比自花授粉植物的异质结合性要大得多，因此，选择异交植物作为多倍体育种的诱变材料，较容易获得多倍体。

此外，由于不同基因型间的遗传背景差异，不同基因型诱导的多倍体性状差异较大，多倍体育种成效也存在明显差异。因此，多倍体诱导材料的选择所采用的基因型要多，每个基因型诱导产生的多倍体群体尽可能大。可选择相同植物种的不同品种或相同科、属的不同植物种的多基因型材料，分别进行多倍体诱导与比较，才有可能获得较为理想的多倍体变异及其育种效果。

11.2.3.2 人工诱导多倍体的方法

采用物理因素、化学药剂、组织培养等人工诱导技术诱发多倍体，可极大地提高多倍体发生频率，进而选育出多倍体育种植物新品种。

（1）物理因素

通过物理因素诱导植物多倍体主要是效仿自然界，利用机械创伤、温度骤变、辐射处理等物理途径来干扰阻止细胞正常分裂，从而使染色体加倍形成多倍体植株。

①机械创伤　20世纪初，曾有学者用切伤、嫁接、反复摘心等方法使植物形成染色体加倍的不定芽，如早期用番茄打顶机械反复摘心打顶也可以诱导产生四倍体植株，其频率可达10%。植物组织被切伤或嫁接后，会在切口处产生愈伤组织，某些愈伤组织细胞内的染色体能自然加倍，因此，将来从此处长出的枝条有可能是多倍体枝条。

②温度骤变　有人在玉米合子形成期，采用高温（43~45℃）处理得到了四倍体植株；之后有人利用极端高温或低温处理授粉后的幼胚，也实现了玉米的染色体加倍。于凤侠等在中粒种咖啡花粉母细胞进行减数分裂时，用8~10℃的骤变低温直接处理咖啡花器官，获得了大量二倍性花粉粒。

③辐射处理　有人用紫外光照射甜菜花芽20 min，其自交后代中出现了2株产生大花粉的变异植株；还有报道，^{60}Co-γ射线照射珍珠粟诱变出了多倍体。

综上所述，通过物理因素诱导多倍体的发生频率低、嵌合率高，辐射诱变又常伴随着基因突变。物理因素诱变法表现效果不稳定、重复性差、育种应用效果差。因此，目前多倍体诱导通常使用化学药剂诱导法。

（2）化学药剂

诱导多倍体的化学药剂种类很多，常用的化学药剂有秋水仙素、富民隆、萘嵌戊烷、吲哚乙酸、生物碱等。其中以秋水仙素诱变处理效果最好，被广泛应用。多倍体的化学诱变法具有方便、诱变频率高、专一性强等特点，是目前人工诱导植物多倍体最普遍和最有效的方法。下面重点介绍秋水仙素诱导植物多倍体的方法：

①秋水仙素作用机理　秋水仙素（colchicine，$C_{22}H_{25}NO_6 \cdot 1.5H_2O$）也称秋水仙碱，属于抗微管蛋白药剂，其作用机理是使用秋水仙素后，它能够特异性地与细胞中微管蛋白质结合，阻碍处于细胞分裂中期的纺锤丝的合成，阻止染色体向两极移动而集中于赤道板上，形成染色体加倍的细胞核。随后，一旦秋水仙素被冲洗掉，细胞就会恢复正常的分裂功能。并且，秋水仙素对染色体结构并无显著影响，也很少会引起改变染色体臂比等不利遗传变异。

②秋水仙素处理部位　秋水仙素的刺激作用，只发生在细胞分裂活跃状态的组织，使分生组织的染色体加倍。所以，常处理植物茎端分生组织和发育初期幼胚或花分生组织或干种子与萌发种子。

③秋水仙素处理方法　有浸渍法、滴液法、注射法、涂抹法、药剂—培养基法、套罩法等，具体选用哪种方法要依处理植物种类与器官及组织、处理时期和温度等而定。处理过程必须采用适宜的处理浓度及时间。一般常用浓度为 0.01%～1.0%，而以 0.2% 最为常用。处理时间 12～48h。浓度过高，时间过长会对处理材料产生抑制作用，甚至引起伤害；浓度过低，时间过短，起不到加倍的作用。处理最适温度为 20℃。秋水仙素可根据需要溶于酒精、甘油等溶液中或制成琼胶制剂。还可使用 1%～4% 的二甲基亚砜共同诱导可增加秋水仙素对植物材料的渗透，提高诱变率。

(3) 离体培养

离体培养诱导法是指通过组织培养与秋水仙素相结合的混合离体培养方法，在离体组织水平上诱导单个细胞内的染色体加倍的方法。它具有效率高、实验条件容易控制、可以减少或避免形成嵌合体等特点，是多倍体育种的常用手段之一。离体培养材料一般为愈伤组织、胚状体、子房、原生质体、茎尖组织等。例如，吴志刚采用混培法和浸泡法的不同秋水仙素处理组合（秋水仙素浓度与处理时间）诱导番茄四倍体，试验结果表明采用混培法比较适合诱导番茄四倍体，适宜的处理组合为秋水仙素浓度为 0.2% 处理 48h。

此外，被子植物的胚乳由 2 个极核和 1 个精核结合后发育而成，是三倍体。利用胚乳组织培养可获得三倍体植株。用该方法已成功地获得了猕猴桃、枸杞、枣和柿树的三倍体。但胚乳培养出的三倍体植株染色体数目不稳定，再生植株多为非整倍体、混倍体，甚至恢复到二倍体，为多倍体育种的鉴定与筛选造成了困难。

(4) 有性杂交

利用多倍体与二倍体、多倍体之间进行有性杂交，可获得多倍体。通过有性杂交产生多倍体与自然多倍体形成的过程有相似之处。与体细胞多倍化相比，有性多倍化具更高的发生频率，更高的杂合性，更高的育性，可创造遗传多样性及得到杂合多倍性群体等优点。有性杂交获得多倍体具有如下 2 种途径：

①利用 $2n$ 配子　$2n$ 花粉的发生在植物界广泛存在，目前已在 85 个植物属中发现。然而不同的种和品种出现 $2n$ 配子的频率是不一样的，需具备很多的内部和外部条件。

②利用多倍体亲本　在不同倍性的亲本间杂交成功的可能性，与正交或反交、亲本花器的结构及花粉管伸长的长度等因素相关，所以，要想通过杂交得到较高频率的多倍体后代，选择适宜的杂交组合是很重要的。如二倍体加倍后形成四倍体，再与二倍体杂交，便形成三倍体。在三倍体无籽西瓜育种中一般应选杂交受精率高、果皮薄的小籽四倍体为母本和二倍体父本杂交制种。通过有性杂交过程得到的多倍体类型，有些可以直接选优利用，如饲用多倍体玉米'龙牧 2 号'是利用两种以上不同的经诱导产生的同源四倍体品种'凤多'和'科多'杂交选育而成的。有些只能作为进一步育种的原始材料。

11.2.3.3　多倍体植物的鉴定方法

植物经多倍化诱导处理后，一些器官及组织的染色体加倍成多倍体；另一些则未能加倍而仍为二倍体；还有一些成为未能加倍或完全加倍或部分加倍的器官及组织共存一体的嵌合体植株。因此，准确鉴定多倍体，并将其筛选出来，是多倍体育种的重要环节。多倍体的鉴定方法如下。

(1) 间接鉴定

间接鉴定是指根据多倍体植株的根、茎、叶、花、果实、种子等形态特征、育性和生理生化特征进行倍性判断的方法。同源多倍体植株较为巨大，气孔与花粉粒大，保卫细胞的叶绿体数量增加，气孔数量减少，叶色、花色较深，花器变大；高倍性植物的花粉粒细胞体积更大；不同倍性植株的株高、开花期、结实期具有差异。如四倍体紫花苜蓿的莲尖比二倍体的大，莲尖上较大的芽也使其再生更快。与单倍体相比，四倍体紫花苜蓿的每个分枝明显具有更多的叶，节长也较长。四倍体紫花苜蓿的单叶面积相当于单倍体的2倍，但每个植株上的枝条总数相近。

一般同源多倍体的育性比二倍体的育性明显下降，结实率降低。采用先远缘杂交后染色体加倍获得的异源多倍体育性部分或完全恢复，因此，可根据植株育性表现来判断多倍体类型和植物加倍成功与否。

鉴定异源多倍体与同源多倍体的方法略有不同。异源多倍体一般较易鉴定，因为染色体数目加倍成功的细胞所产生的花就有一定程度的可育性。育性是一个易于识别而又可靠的标志。同源多倍体可根据形态上的变化来鉴定，最明显的变化是花器和种子显著增大，但结实率往往下降。如果出现这些植株，一般认为处理成功。

此外，还可采用生理生化鉴定法，即通过鉴定各种营养物质的含量和各种酶的活性等指标鉴别多倍体变异株。多倍体植株的呼吸强度、持水量、渗透压、含糖量、同工酶谱、维生素含量以及矿物质含量等均与二倍体存在差异。如张振超(2007)发现低温胁迫下，四倍体不结球白菜叶片中的过氧化物酶活性高于二倍体的，在营养和生殖生长期，二倍体酯酶同工酶谱带数比四倍体多；四倍体的过氧化物酶和超氧化物歧化酶同工酶的表达量较多，谱带亮度较二倍体亮。对诱导出的四倍体番茄和二倍体番茄进行比较，四倍体番茄的超氧化物歧化酶、过氧化物酶、过氧化氢酶活性明显升高，丙二醛含量及电导率降低；脯氨酸、可溶性总糖和叶绿素含量增加；根和叶的氯化三苯四氮唑还原率同步增大，电导率同步降低；四倍体可溶性糖、可溶性蛋白、可溶性固形物、维生素C、糖酸比、番茄红素均高于二倍体。

总之，植株及器官的巨大性是多倍体的重要形态特征，多倍体的育性及生理生化特性也存在一定差异，根据上述特征均可初步判别植物材料的倍性，但肥大的叶片，高大的植株并不一定都是多倍体，因此，间接鉴定法的优点是简便、快速，不需要任何仪器测定，可大大减轻育种工作量，其缺点是存在很大的人为经验因素，准确度较低。

(2) 直接鉴定法

直接鉴定法即染色体计数法，是指通过显微镜观察，对经处理的处于细胞分裂中期和中前期的染色体进行计数，凡染色体数目加倍的个体即为多倍体。主要包括：

染色体制片法：通过对花粉母细胞、旺盛分裂的茎尖和根尖细胞等进行制片直接观察染色体形态及染色体数目。通过常规压片法制作临时镜检片，在光学显微镜下鉴定染色体数目。

流式细胞仪鉴定法：多倍体DNA含量明显高于二倍体，采用流式细胞仪测定细胞核内的DNA含量，然后根据DNA含量的曲线图推断出细胞的倍性，可有效甄别嵌合体。

遗传分析鉴定法：可通过遗传标记定分析可鉴定植物种倍数性，从而确定多倍体的基因型。遗传分析法还可采用杂交种植鉴定法：①以待鉴定的变异植株为母本，已知二倍体植株为父本进行套袋隔离杂交,如果 F_1 代所结种子为具有种胚的正常种子,说明被鉴定株是未变异的二倍体植株。若不结种子或所结种子为不具种胚的空壳种子,说明被鉴定植株是发生变异的多倍体植株;②用待鉴定的变异植株为父本,已知二倍体植株为母本进行套袋隔离杂交,如果当代能结实且种子为具有种胚的正常种子,说明被鉴定株是未变异的二倍体植株。若不能结实或结实后所结种子为不具种胚的空壳种子,说明被鉴定植株是发生变异的多倍体植株。这两种方法都存在着周期较长,不易杂交成功,费时费力等缺点。用杂交鉴定法判断西瓜四倍体变异株的准确率可达100%。

直接鉴定法效果准确可靠,流式细胞仪鉴定法还方便、快速、准确,适合于样品数目较多的 DMA 含量的检测分析,既节约时间又减少种植费用。但操作环节多、技术复杂、流式细胞分析仪较昂贵,成本较高,处理材料多时工作量大,需要良好的实验室与仪器设备条件及经验丰富的技术人员才能完成。

11.2.3.4　多倍体的后代选育

多倍体的自然发生频率总体较低且不一定符合人类育种目标要求,因此,育种上主要采用人工诱导方式获得多倍体。而人工诱导产生的多倍体育种材料只有经过选择、改良才能培育成作物品种应用于生产。多倍体的后代选育应注意如下事项:

(1) 杂交改良

诱导出多倍体后应进行有针对性的杂交,促进优良基因聚合及优缺点互补,克服多倍体存在的缺点,从而培育出综合性状优于亲代的优良品种。通常诱导创制的多倍体不能直接应用于生产,如以收获籽粒为生产目的二倍体水诱导成同源四倍体后,其茎秆粗度、子粒大小、蛋白质含量等均优于二倍体亲本,但其分蘖力、穗粒数、穗数及丰产性能常不如二倍体;异源多倍体小黑麦的穗大小、抗逆性、生长势等明显优于小麦,但其结实率、种子饱满度、适口性等则不如小麦。因此,只有将不同多倍体再进行杂交,创造分离群体,并加以选择才可能培育出符合生产要求的多倍体新品种。

(2) 多倍体的繁殖与保持

诱导出多倍体后,应根据多倍体植物的特性,采用适宜方式进行繁殖与保持,以便扩大多倍体基因型的数量,供进一步选择和推广应用。

①无性繁殖　无性繁殖植物材料诱导成多倍体后,应鉴定各育种目标性状。对于主要性状优良的多倍体类型或品种,可通过无性繁殖方式保持,既可使优良的多倍体种质材料保存下来,又可加速优良多倍体品种的推广应用。

②有性繁殖　人工诱导的多倍体一般都具有育性下降甚至不育的特点,所以多倍体的有性繁殖应采用特殊的方式。通常是通过品种间的杂交来提高多倍体的育性或通过蕾期授粉的方法来提高多倍体的育性。如在四倍体黑麦品种间杂交可以显著提高结实率。

③组织培养　许多结实率低而又不能在自然条件下进行无性繁殖的种子植物,很难将多倍体植株保存下来,所以可以利用组织培养的方法将这些多倍体保持下来。

(3) 多倍体群体的选育

诱导出的多倍体材料往往有部分不良性状,比如高度不孕、结实率下降、种子不饱满、分蘖较少等。可按照常规育种杂种后代选择方法及育种程序,通过对多倍体群体材料的选育及采用各种育种方法进行改造,从而淘汰含有不良性状的株系,选育出符合育种目标要求的优良多倍体品种。

（4）与其他育种方法结合

多倍体育种可与其他育种方法结合，从而提高育种效率。如多倍体育种与组织培养技术相结合，既可保存多倍体材料，也可能避免出现嵌合体、诱导新类型。同时，还可有利于加快目标性状纯合速度，缩短育种年限。

思考题

1. 名词解释

染色体组　染色体基数　单倍体　二倍体　单倍体育种　多倍体　多倍体育种　双二倍体　整倍体　异源多倍体　同源多倍体

2. 简述单倍体的特点与类型。单倍体育种的优点与缺点是什么？
3. 简述单倍体获得的途径及方法。简述单倍体植株的鉴定与染色体加倍方法。
4. 简述多倍体的类型与特点。简述多倍体育种的特点与作用。
5. 通过哪些途径可以产生植物多倍？秋水仙素诱导多倍体的机理是什么？人工诱导多倍体的方法有哪些？
6. 多倍体鉴定的方法包括哪些？多倍体后代选择应如何进行？
7. 试比较单倍体育种与多倍体育种的相同点与不同点。

第12章 抗病虫育种

植物的抗病性(disease resistance)是指植物对病原物危害及其有毒产物的抵御能力、不感受性或少感受性。植物抗虫性(insects resistance)是植物品种的一种可遗传特性，是指寄主植物所具有的抵御或减轻昆虫侵害或危害的能力。牧草及草坪草生长发育过程中，常受到真菌、细菌、病毒、类病毒、植原体或类菌原体、害虫及线虫等有害生物的侵害。因此，选育抗病虫品种是牧草及草坪草的重要育种目标之一，也是防止牧草及草坪草病虫害发生流行的基本途径。牧草及草坪草抗病虫育种是指采用各种育种方法，培育具有抗病原物侵染或能够抵御、减轻昆虫危害性能的牧草及草坪草品种。

12.1 抗病虫育种的作用与特点

12.1.1 抗病虫育种的作用及其概况

12.1.1.1 抗病虫育种的作用

(1) 抑制病原物数量和害虫虫口密度，降低危害，提高效果

据估计，全世界的农作物每年因病害损失230亿~297亿美元；因虫害损失280亿~360亿美元。育种家通过改良作物品种的抗病虫性，可直接提高产量10%~30%。当前抗病育种已成为全世界挖掘植物的增产潜力、提高产量的重要途径。具有优良农艺性状的抗病虫品种易于推广种植，并在一定年份可重复种植，是综合防治作物病虫害的基础，其病虫害防治效果逐年累积，并相对稳定，对病原物与害虫种群数量可起到经常性的抑制作用，符合病虫害综合防治及发挥自然因素控制作用的策略。

抗或耐病虫品种的利用在牧草及草坪草病虫害可持续管理体系中居于核心与主导地位。并且，利用抗病虫品种还是防治许多病虫害的唯一措施。如对牧草的毁灭性病害苜蓿细菌性凋萎病(*Corynebacterium insidiosum*)、苜蓿黄萎病(*Verticillium albo-atrum*)、柱花草炭疽病(*Colleotrichum gloeosporioides*)等均是通过选育和利用抗病品种才成功地控制了病害的流行，获得了巨大的生产经济效益。

(2) 克服病虫害其他防治方法的局限性，有些抗病虫育种迫在眉睫

对于一些气(流)传(播)与土(壤)传染病害(如菌核病等)及其他难以防治的病虫害(如病毒病等)，如果采用农业、物理、化学与生物防治等其他病虫害防治方法均具有一定的局限性，往往达不到防治效果，只有采用抗病虫育种培育抗病虫品种并推广应用，才是唯一长效的方法。

抗病虫品种一般具有专一性，随着抗源的不断发掘利用和抗病虫机理研究的深入，作物

抗病虫育种已从过去培育单抗品种发展为培育多抗品种。但是，目前还有许多农作物的一些气传与土传病害及其他难以防治的病虫害缺乏抗病虫品种，选育相应的抗病虫品种迫在眉睫。例如中国苜蓿的主要病害有锈病、根腐病、霜霉病、黄斑病、褐斑病、白粉病、黑茎病、叶斑病、轮斑病等，其中，苜蓿根腐病、褐斑病和白粉病等是常发病害；褐斑病、丛根病、白粉病、立枯病在苜蓿生产中相当普遍，由于病害造成苜蓿减产至少20%以上。但是，目前中国审定登记的苜蓿抗病新品种十分匮乏，因此苜蓿抗病育种研究迫在眉睫。

(3) 促进农药使用减量增效，防治环境污染和人、畜中毒，保持生态平衡

化学防治是使用化学药剂(农药)防治植物病虫害的方法。它是目前人们同病虫害作斗争的最主要方法。但是，实践表明，化学防治病虫害成本高、费工，影响农产品品质以及生态环境；特别是在防治病虫害中会杀死其他有益昆虫和天敌，增强病原菌和害虫的耐药性，使许多农药失效，使稳定控制增加了成本；某些病虫害目前尚无有效的防治药剂；农药污染环境和人、畜基因库，使生态系统遭到破坏。为此，只有选育和推广应用抗病虫品种，才可能在减少或抑制病虫害发生的同时，降低农药使用量，从而克服化学防治的缺点。

抗病虫品种无公害，而且能与其他病虫害防治措施有效相协调。如近30年美国苜蓿病害日趋严重，保守估计，每年因病害导致苜蓿减产数十亿美元。目前美国已成功培育和推广应用了苜蓿的抗炭疽病、抗霜霉病、抗褐斑病品种，美国苜蓿抗病品种的应用已达到90%以上，从而有效地控制了苜蓿病害的流行。

(4) 抗病虫品种的利用有效、经济、安全，投资少、收效大

抗病虫性是寄主植物在同病原物与害虫作斗争的漫长过程中获得的自我保护能力。培育和推广应用抗病虫性较强的品种，可以避免因该病虫害的严重流行而使产量和质量遭受较大损失。抗病虫品种能有效地防止病原物与害虫的危害，因而产量高、品质好，经济收益大。并且，抗病虫品种一经育成，无需额外花费即可投入正常耕作系统中。抗病虫品种不使用农药或只使用很少量的农药就能获得较好的收益，不存在农药使用效果还受环境、气候条件等变化的影响问题。

如苜蓿斑点蚜是美国苜蓿的主要害虫之一，自1954年在北美首次发现后，给苜蓿产业造成的经济损失每年高达数百万美元。起初主要采用化学防治，但由于杀虫剂的成本高，加之农药残留和斑点蚜的抗药性激增，无法达到满意的防治效果。为此，美国快速开展了抗斑点蚜的苜蓿新品种选育工作，于1975年发现了对苜蓿斑点蚜具有高抗性的品种'Lahontan'和无性系，不久就育成了'Moapa'、'Zia'等30多个抗蚜苜蓿品种。抗蚜新品种的叶片受害率一般为感虫品种的4.5%~7.0%，增产50%以上，在苜蓿害虫严重的地区，增产效果可高达300%~400%。此外，苜蓿抗蚜新品种的品质优异，抗蚜新品种在苜蓿主产区使用可以减少危害、降低防治成本，每年增加经济收益超过1亿美元。

12.1.1.2 牧草及草坪草抗病虫育种的概况

国外牧草及草坪草抗病虫育种进行大量研究，取得了许多进展。1914年美国高尔夫球协会主席Piper在翦股颖上鉴定出立枯丝核菌，Taylor将其所致病害命名为Brown patch(褐斑病)，这标志着现代草坪病理学的开始。美国培育成功的抗炭疽病(*Glomerella trifolli* Ban)苜蓿品种，每年获得的经济效益为2.4亿美元。而澳大利亚和新西兰分别培育成功的抗柱花草炭疽病和抗苜蓿细菌性凋萎病的品种则挽救了各自国家的肉牛业和苜蓿种植业。哥伦比亚、泰国、秘鲁、印度分别通过引种评价选育了适合当地的抗病柱花草品种。

美国于20世纪30年代开始牧草及草坪草的抗虫育种，形成了完整系统的抗虫育种理论和技术方法。美国每3年时间就可育成一个新的抗苜蓿斑蚜、苜蓿蚜和豌豆蚜品种，每年都有许多新的抗虫品种问世，从而有效地抑制了苜蓿蚜虫对美国苜蓿经济的严重危害。并且，美国还培育了抗牧场沫蝉、苜蓿叶象甲和苜蓿广肩小蜂系列抗虫品种。澳大利亚也在20世纪70年代由于培育出了相应的抗苜蓿斑蚜品种，拯救了几乎被苜蓿斑蚜毁掉的苜蓿生产。

国外近年还广泛开展了牧草及草坪草的抗病虫生物技术育种研究。Guo等研究了转化拟南芥Henyh的*PR5K*基因的草坪草匍匐翦股颖，与未转化的对照相比，其病害出现的时间可以延缓29~45d。Fu等通过根癌农杆菌介导法，将水稻*TLPD34*类甜味蛋白基因导入匍匐翦股颖中，转基因植株对币斑病的抗性有所增强。Dong等采用根癌农杆菌介导法，将3种基因导入'Coronado'和'Matador'两个高羊茅主栽品种，部分转基因植株对褐斑病和灰斑病害的抵抗能力均有显著增加。Chai等将几丁质酶基因转入匍匐翦股颖，40%的转化株对褐斑病菌的抗性增强。Hill等将编码苜蓿花叶病毒（AMV）外壳蛋白基因转入苜蓿5个不同品种，抗病性明显增强。Chu等将AMV、白三叶花叶病（MCMV）和三叶草黄斑病（CYVV）的外壳蛋白基因分别转入三叶草，转基因植株抗病性明显提高。Xu等将长叶车前草花叶病毒（RMV）外壳蛋白基因转入多年生黑麦草，能较大幅度提高黑麦草抗病力。Takahashi等（2006）将水稻几丁质酶基因导入一年生黑麦草，获得抗冠锈病的转基因植株。

中国牧草及草坪草抗病虫育种研究与国外研究水平有较大差距。但近年对牧草及草坪草抗病虫种质资源进行了广泛筛选，获得了一些有价值的抗病虫种质。如谢彩云等通过对贵州野生匍匐翦股颖种质资源筛选鉴定，通过选择育种，培育出了综合农艺性状与抗病虫性均优异的翦股颖新品系AS2000。吴佳海等通过改良混合选择法，筛选出植物学性状优良，抗病性强的高羊茅'98-1号'。黑龙江省农业科学院以肇东苜蓿为材料搭载我国发射的返回式卫星变异后代中选育出高产、优质、多抗的'农菁10号'紫花苜蓿新品系。马生健等通过农杆菌介导法获得了抗真菌病的转基因高羊茅植株。孔政等研究获得了苦瓜几丁质酶基因—益母草抗菌肽基因遗传转化的黑麦草，其对立枯丝核菌表现高度抗性。中国学者还培育了一些抗病虫牧草及草坪草品种，如抗霜霉病苜蓿新品种'中兰1号'、抗蚜虫的紫花苜蓿新品种'甘农5号'、抗蓟马的紫花苜蓿新品种'甘农9号'、抗柱花草炭疽病热研系列品种。此外，中国学者近年还开展了牧草及草坪草病虫诱导抗性育种、利用内生真菌抗病虫育种、转基因抗病虫育种等新的抗病虫育种方法及抗病虫育种机理研究，均取得了一定进展。

12.1.2 抗病虫育种的特点

抗病虫育种与高产育种、优质育种等具有特殊育种目标的育种方法相比，具有以下特点。

(1) 需要研究掌握植物、有害生物与环境的相互关系，更具艰巨性和复杂性

寄主植物的病虫抗性，与植物的其他性状不同，其表现型如抗病虫性、感病虫性或其他中间类型，并不只是取决于植物本身基因型，还会受到相应有害生物及其寄生物基因型的影响，是寄主与有害生物及其寄生物双方基因型在一定环境条件下相互作用的结果。并且，植物的抗病虫性与有害生物及其寄生物的致病（害）性是否发生作用，还与植物、有害生物及其寄生物的生长发育环境生态条件具有极其重要的关系。如果遇到有害生物及其寄生物流行为害的适宜自然生态环境条件，有可能使植物病虫抗性丧失；而如果没有有害生物及其寄生

物流行为害的条件,即使植物没有病虫抗性,也不会造成损失。因此,植物病虫抗性不仅是植物本身的遗传特性,还与有害生物及其寄生物的遗传、植物与寄生物间的相互作用及两者对环境的敏感性等有关。

抗病虫育种不仅必须研究掌握作物的抗病虫性、有害生物的致病(害)性及其与自然环境生态条件的相互关系。而且,还要求品种的抗病虫性持久,具备病虫多抗性。同时,不同病菌生理小种或害虫生物型在不同时间和地域的差异,限制了抗病虫品种的全天候应用。加上作物优良综合农艺性状往往与感病虫性基因连锁。因此,培育具有多抗性的优良品种,难度较大。抗病虫育种在某种程度上比高产、优质育种更具艰巨性和复杂性。

(2)寄主植物病虫抗性与有害生物致病(害)性可相互适应、选择而协同进化

在自然生态系统中,寄主植物与有害生物(病原菌或害虫等)各有其独立的遗传系统,寄主植物与有害生物大多是遗传上具有多样性的异质群体,双方可通过相互适应和选择而协同进化。就群体而言,寄主植物具有一定程度的群体抗病性或抗虫性,以适应有害生物及其寄生物这一不利的外界条件;而有害生物及其寄生物也会产生一定程度的致病性,以繁衍其种族,一般情况下可形成大体上势均力敌的动态平衡关系。

(3)需要实施正确的品种利用与育种策略及措施

只有采用正确的品种利用与育种策略及措施,合理利用抗病虫品种,选用有效的育种技术,才可能保持抗病虫品种较长的利用周期与育种效益,获得可持续的病虫防治理想效果。

通常情况下,只有抗病虫品种利用及其他病虫害防治方法与措施,才可能打破寄主植物与有害生物及其寄生物间的动态平衡。如果通过抗病虫育种培育的具有垂直病虫抗性的品种大面积推广后,相应的毒性生理小种或生物型便会大量繁殖增多,从而达成抗病虫品种的定向选择(directional selection),其结果最终导致该品种丧失抗性。相反,当生产上一个抗强毒性小种或生物型品种的种植面积减少,感病虫品种的面积扩大时,会因强毒性小种或生物型适应性差,竞争不过无或弱毒性小种(生物型),而频率下降,一些无毒或弱毒性小种(生物型)频率升高,而不能形成优势小种(生物型),这就是有害生物及其寄生物的稳定化选择(stabilizing selection),其结果会使寄主的抗性相对地得到保持。

(4)需要筛选与培育病虫抗源,进行病虫抗性鉴定

抗病虫育种首先需要广泛收集、选育并筛选优良病虫抗源,才有可能采用选择育种、杂交育种等常规育种方法,选育具有病虫抗性的优良品种。抗病虫育种伊始,如果没有掌握病虫抗性种质资源及基因,就如同"巧妇难为无米之炊",很难培育抗病虫品种。虽然有可能利用诱变育种、杂交育种后代变异,获得抗病虫类型,但也很难实现育种目标制订的预见性。并且,抗病虫育种与高产育种、优质育种不同,必须采用准确、简便的病虫抗性鉴定方法与措施,才可能获得较好的育种成效。

12.2 病原物的致病性、害虫的致害性与植物抗病虫性的类别及机制

作物生长发育过程中,常常受到各种病原物的侵染或害虫的取食危害,病害和虫害的症状各不相同。相同作物种不同品种的病虫抗性差异构成了抗病虫育种的基础,其抗病虫性的类别、机制和遗传等特性不仅与作物本身特性有关,也与病原菌致病性和害虫致害性的遗传及变异密切相关。

12.2.1 致病性与致害性及其遗传变异

12.2.1.1 病原物的种类及其致病性的概念

(1) 植物病原物

植物病原物是指引起植物病害的生物，包括细胞生物（真菌、细菌与放线菌及类菌原体、螺原体、线虫、寄生性种子植物、原生动物、藻类植物等）和非细胞生物（病毒、类病毒等）两类。植物抗病育种的目标病害就是指由这两类病原物侵染所引起的病害。

(2) 植物病原物的致病性

植物病原物的致病性是指病原物所具有的损害寄主植物和引起病变的能力。病原物从寄主体内获取营养依附寄主而生存的能力叫病原物的寄生性。由于病原物不断地从寄主体内吸收水分和养分，其分泌物和代谢物（如毒素物质和酶）不断地毒害、破坏寄主的组织和细胞因而导致寄主发病。寄生性和致病性是病原物的两个既有联系又不相同的重要特性。寄生性是致病性的前提和基础，没有寄生性就不会有致病性。但是，寄生性只是针对病原物与寄主的营养关系而言的；致病性则是针对病原物对寄主的破坏作用而言的。由于寄生物消耗寄主植物的养分和水分，当然会对寄主植物的生长发育产生不利影响。寄生性的强弱和致病性的强弱没有一定相关性，一般病原物的寄生性越强，其致病性相对越弱；病原物的寄生性越弱，其致病性相对越强。并且一般寄生物就是病原物，但不是所有的寄生物都是病原物，即具有寄生性不一定就发生致病性。

(3) 毒性(virulence)和侵袭力(aggressivenese)

病原物的致病性强弱一般采用毒性（毒力）和侵袭力两种表示方法。毒性是指病原物能克服某一专化抗病基因而侵染该品种的特殊能力，因某种毒性只能克服其相应的抗病性，所以又称为专化性致病性(specific pathogencity)，是一种质量性状。毒性是病原物诱发病害能力的相对强弱，用来衡量和表示一种能引起某一得寄主植物产生病害的病原物中，不同致病群体对这种寄主植物内特定寄主群体的致病程度的不同，即致病性质的差异。侵袭力是指在能够侵染寄主的前提下，病原物在不同致病群体中引起寄主群体产生同样数量病害所需时间的差异，用来衡量和表示致病性量的差异。它是病原物在寄生生活中的生长繁殖速率和强度（如潜育期和产孢能力等），是一种数量性状，它没有专化性，即不因品种而异，故又称非专化性致病性(non-specific pathogenecity)。

12.2.1.2 病原物的生理分化与生理小种

(1) 病原物的生理分化

病原物的种和其他生物的种一样，也是一个充满分化类型的复杂群体。一般病原物种内形态分化很小而生理分化却极其显著，其生理性状很多，但抗病虫育种所关注的"生理分化"则是指"致病性"这个最重要的生理性状分化。通常病原物种内生理分化的类型有种(species)、变种(variety)、专化型(special form)和生理小种(physiologic race)。种和变种是根据形态特征建立的生物学形态分化类型或单位；专化型和生理小种则是根据致病性建立的病理学与抗病虫育种学生理分化类型或单位。

病原物生理分化的主要影响因素是病原物寄生性水平高低及寄主垂直抗病基因的多寡。一般病原物寄生性水平越高，种内生理分化就越加剧烈，反之亦然。同样，寄主抗病性的特异性越强，垂直抗病基因越多，不同抗病品种栽培面积越大，病原物的生理分化就越加剧烈。

(2) 病原物的生理小种

病原物的生理小种或菌系或株系是指在病原物的种或变种内，分化出形态上相同，但对寄主植物不同品种致病力不同，由同一基因型所构成的生理类型生物型群，也称毒性小种。它是按植物品种的致病范围划分的病原物类型。通常分别将真菌、细菌和病毒分化出致病力不同的生理类型，称为生理小种、菌系和株系。

生理小种不是遗传单位，只是特定基因的表现型。在同一个病原物的种或变种内，通过有性杂交、无性重组（异核体作用）、基因突变等途径，不断分化出致病力或毒性不同的生理小种，它们可以分别使一些品种感病，而不能使另一些品种感病。而两个生理小种的杂交后代常常出现多个生理小种。

一般病原物的寄生性水平越高，植物的抗病特异性越强，则相应病原物的生理分化也越强。反之，病原物寄生性水平低，寄主抗病特异性就弱，则其病原物的生理分化程度也往往较弱。例如，沙打旺和棉花的枯萎病是一个兼营腐生生活的病原菌，专化性不强。

(3) 生理小种的鉴别及消长

病原物的生理小种很难从形态上区别，只能通过应用一套具有不同抗病能力的寄主来对不同病原物的生理小种进行区别与鉴定。这套用来鉴定生理小种的寄主品种，称为鉴别品种（differentiated cultivar）或鉴别寄主（host）。某一病原物生理小种的鉴别品种，通常是通过对大量材料的筛选和反复检测后选出的。所选出的少数鉴别品种具有鉴别力强、反应稳定、代表性强、带有不同抗病基因、种性纯正等特点。可以根据鉴别品种的抗病基因来推断病原物生理小种的致病基因。同样，也可以由生理小种的致病基因推断寄主品种的抗病基因。如苜蓿霜霉病病菌（*Peronospora aestivalis*）的生理小种较多，美国对其中 3 种流行的生理小种均建立了相应的鉴别寄主。M. D. Rumbaugh 曾用新疆大叶苜蓿为材料，用美国 3 种苜蓿霜霉病生理小种进行两个轮回抗性筛选，获得了抗性新品系。

一个生理小种消长，取决于感染该小种的品种，即所谓"哺育品种"在生产上的消长情况。某一生理小种的"哺育品种"在生产上大面积栽培时，就对现有的小种群体形成一种定向选择压力，筛选的结果是形成优势生理小种。当致病生理小种的组成比重上升到在整个小种群体中占绝对优势时，其相应的"哺育品种"就会完全丧失其抗病性，最后不得不为新的抗病品种所取代。相反，种植品种的多样性是抑制生理小种短期内成为优势小种的有效措施。

12.2.1.3 致病性的遗传变异

(1) 致病性的遗传

病原物的致病性遗传一般存在如下规律：①病原物的致病性基因，一般为单基因隐性遗传。②凡寄主群体中已发现并大量使用过哪个专化性抗病基因时，病原物群体中就会或迟或早地出现相应的致病性基因。③在全部致病性基因位点上不含任何致病性基因的生理小种，称无毒性小种（avirulence race）；含少数几个致病性基因的生理小种称少（寡）毒性小种；含有多个致病性基因的生理小种称为多（复杂）毒性小种。

(2) 致病性的变异

致病性的变异具有如下途径：

① 突变　病原物致病性可通过突变产生新的致病类型，其自发突变率为 $10^{-5} \sim 10^{-7}$，而

采用人工诱变方法可提高其突变率。

②有性杂交　病原真菌等病原物可通过生理小种间、变种间和种间杂交后，通过基因发生重组形成新的毒性基因型(生理小种)。例如，小麦秆锈病菌(*Puccinia graminis* Pers. var. *tritici* Eriks et Henn)生理小种9号与36号杂交产生子一代生理小种17号，子二代中有生理小种36号、17号及其他生理小种产生。

③体细胞重组　包括异核现象、拟(准)性重组(生殖)等。不同生理小种的菌丝或芽管联结进行核交换，使单个菌丝细胞或孢子中含有遗传性质不同的核，这种现象叫异核现象(heterokaryosis)，具有异核的个体叫异核体。异核体中的两个异质核发生融合，形成杂合二倍体，杂合二倍体在有丝分裂过程中进行单倍体化和有丝分裂交换，产生遗传性不同于亲本的单倍体后代，这种基因重组叫拟(准)性重组(生殖)。例如，小麦秆锈病菌生理小种38号和56号的夏孢子混合接种到高抗秆锈病的小麦品种 Khapli 上，得到了一个使 Khapli 严重致病的类型及其他2个新生理小种。

④适应性　适应性是病原物与寄主协同发展的结果。如用不同浓度抗枯萎病豌豆品种的根系分泌液处理枯萎病菌无毒性生理小种的分生孢子，可获得能侵染的新菌系(生理小种)。

12.2.1.4　害虫的致害性及其遗传变异

(1)有害动物的种类及其致害性的概念

危害植物的有害动物种类很多，其中主要是昆虫，另外有螨类、蜗牛、鼠类等。植物害虫是对植物有害的昆虫的通称。一种昆虫的有益还是有害，常常因时间、地点、数量的不同而不同。如果植食性昆虫的数量小、密度低，当时或一段时间内对农作物的影响没有或不大，那么它们不应被当做害虫而采取防治措施。相反，由于它们的少量存在，为天敌提供了食料，可使天敌滞留在这一生境中，增加了生态系统的复杂性和稳定性。在这种情况下，应把这样的"害虫"当做益虫看待。或者由于它们的存在，使危害性更大的害虫不能猖獗，从而对植物有利。

植物害虫的致害性是指害虫所具有的损害寄主植物和引起虫害的能力。不同生物型与不同抗虫基因之间存在着对应的抗、感关系。

(2)生物型(biotype)的概念及其区分

生物型是指同种害虫的个体或群体中存在着的对同一抗虫品种致害性不同的个体或类群。它是种下分类单元，是种群部分成员对食料条件的适应选择而产生的新类群，其成员与种群的其他成员并无生殖隔离，当它们危害具有不同抗虫基因的作物品种时，表现出不同的致害性，如不同的生存、发育能力，或对寄主的取食、产卵有着不同的嗜好性，其含义与植物病原物的生理小种类似。

生物型是害虫种群在处于抗性作物品种的选择压力下改变其遗传组成而产生的新类群，表现为生物型对不同的鉴别品种的致害能力存在差异。与生理小种区别与鉴定类似，通常通过应用一套具有不同抗虫能力的寄主来对不同害虫的生物型进行区别与鉴定。此外，还可以通过形态学、细胞遗传学、同工酶检测法及分子生物学技术等加以鉴别。

国内外对有些害虫的生物型种类及鉴别进行较系统研究，如侵害小麦、燕麦、黑麦和高粱等麦二叉蚜，分 A、B、C、D、E、F、G、H、I、J、K 和中国 I 型等生物型。还有苜蓿斑点蚜、豌豆蚜、玉米绕管蚜、菜蚜、葡萄根瘤蚜、粟瘿蜂、悬钩子蚜等昆虫已经鉴定过生物型。但是，有关害虫致害性基因的遗传和变异机理目前尚无系统的总结。

12.2.2 抗病虫性的类别

12.2.2.1 根据抗病虫性的抗性程度分类

(1) 免疫(immunity, I)

免疫是指某植物品种(系)不受某种特定病原菌侵染或某种特定害虫取食危害的特性。

(2) 高抗(high resistance, HR)

高抗是指受病原物(害虫)危害很小的特性。

(3) 中抗(medium resistance, MR)

中抗是指受病原物(害虫)危害程度低于该种作物受害平均值的特性。

(4) 中感(medium susceptibility, MS)

中感是指受病原物(害虫)的危害程度等于或大于该种作物受害平均值的特性。

(5) 高感(high susceptibility, HS)

高感是指受害程度远远高于该病原物(害虫)对该种作物的受害平均值的特性。

12.2.2.2 根据抗病虫性特异性或寄主与病原物(害虫)的关系分类

(1) 水平抗性(horizontal resistance)

水平抗性是指同一抗病(虫)品种对某种病(虫)害的各种生理小种(生物型)具有同等程度的抗性。水平抗性对病原物不同生理小种或害虫不同生物型的抗性反应大体上接近同一水平，不具抗性专一性。如果把具有水平抗性的品种对某一病原物不同生理小种或害虫生物型的抗性反应绘成柱形图，各柱的顶端大体接近一条水平线，所以叫水平抗性或非特异性抗性或非专化性抗性(图12-1b)。水平抗性由多个微效多基因控制，大多属中抗类型；鉴别较为困难，但抗性比较稳定持久，不易丧失。

(2) 垂直抗性(verticalresistance)

垂直抗性又叫特异性抗性或专化性抗性，是指同一个抗病(虫)品种只能抵御某种病(虫)害的某一个或某几个生理小种(生物型)，而对另一些生理小种(生物型)无抗性或抗性较弱。垂直抗性存在专化性反应，抗性水平较高，但难以稳定持久。如果把具有垂直抗性的品种对某一病原物不同生理小种或害虫生物型的反应绘成柱形图，可以看到各柱的顶端有高有低、参差不齐，所以叫垂直抗病性(图12-1a)。垂直抗性绝大多数由单基因或几个主效基因控制，杂交后代按孟德尔遗传规律分离，抗、感差异明显，呈质量性状，易于识别。但也易于因病原物生理小种或害虫生物型的改变而丧失抗性。

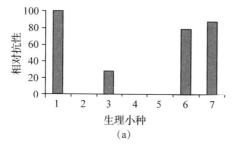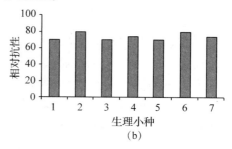

图 12-1 垂直抗性和水平抗性的对比示意

(a) 具有垂直抗性的品种抗性反应　(b) 具有水平抗性的品种抗性反应

(3)综合抗性与多抗性

①综合抗性 是指某作物品种对某病(虫)害既有水平抗性,又有垂直抗性。

②多抗性 狭义的多抗性是指作物品种能抗一种以上的病(虫)害;若作物品种同时兼抗多种病(虫)害,则为广义的多抗性。

12.2.2.3 根据抗病虫性机制分类

(1)根据抗病性的机制分类

①根据寄主植物的抗病机制,植物抗病性可分为主动抗病性和被动抗病性 主动抗病性为寄主植物与病原物接触前,已具有的性状所决定的抗病性。除上述的免疫、高抗、中抗均属于主动抗病性外,植物的耐病(disease tolerance)也是主动抗病性。耐病性是指寄主植物忍受病害的性能,即寄主植物遇病原物侵染时,在外观上类似感病品种,也发病,但是病害对其产量或品质的影响比感病品种的小。例如,禾本科牧草具有较强的生长势和分蘖力,光合作用补偿能力强,对纹枯病具有较强的忍耐性,对其产量影响小。

被动抗病性为寄主植物受病原物侵染后所诱导的寄主保卫反应,包括诱导抗病性与避病等。诱导抗病性(induced disease resistance)是指通过物理、化学及生物等方式改变植物生育条件或体内生理生化代谢,激发植株暂时增强对病原物的抵抗力。如通过专门的栽培技术措施(如灌溉、施磷钾与硅肥等),改良土壤水分和肥力水平,使植株暂时增加抗性。如用 $250\mu mol/L$ 的 2,3-丁二醇(2,3-BD)与 $100\mu mol/L$ 的 2R,3R-丁二醇(2R,3R-BD)注射至匍匐剪股颖根部后接种立枯丝核菌,可诱导匍匐剪股颖对褐斑病的抗性。利用诱导剂诱发植物固有抗病性与化学杀菌剂相比具有抗性稳定、持久、不污染环境等优点。

避病(disease escape)是指感病的寄主品种在一定条件下避开病原菌的侵染而未发病的现象。最常见的避病是时间避病,即寄主植物易受感染的生育期错开了病原菌侵染的高峰期或适于发病的环境条件。还有空间避病,即因寄主植物的株型、组织结构、开花习性等阻碍了病原物与寄主的接触而表现不发病或发病较轻。

②根据抗病性的机制分类,还可根据表达的病程阶段,把植物抗病性分为抗侵入(invading-resistance)、抗扩展(spreading-resistance)、过敏性坏死(hypersensitive necrosis reaction)等3种类型 抗侵入是指当病原物接触到寄主可侵染的部位后,就会侵入寄主体内,寄主凭借固有(诱发)的组织和器官构造、生理生化的某些特性障碍,阻止病原物的侵入和侵入后建立寄生关系。抗侵入能够降低初始病原物的繁殖系数,降低病害流行的速度,从而减少病害所造成的损失。抗扩展是指病原物侵入寄主体内建立寄生关系后,遇到寄主植物某些组织和器官构造、生理生化特性的抑制,阻止、限制病原物的定殖和繁殖而难于进一步扩展。过敏性坏死是指在受到病原物侵害后,由于寄主侵染细胞及其邻近细胞高度敏感或积累植物保卫素使寄主细胞原生质体迅速坏死形成枯死斑,因而使入侵的病原物被封锁或死于坏死的枯斑组织中不能扩展。如果病原物为专性寄生菌,则不能从已死的细胞中摄取养分,因而不能继续发育而死亡。有的病原物并没有死亡,而是被局限在过敏坏死的组织中,处于静止状态。如病毒可以从过敏反应的组织中复活;锈菌引起过敏反应后,有时并不死亡,而是处于静止状态,遇到适宜的条件,可以恢复并形成孢子。过敏性坏死大多由单基因控制,对病原物表现为高抗或免疫。

(2)根据抗虫性的机制分类

①根据寄主植物的抗虫机制,植物抗虫性可分为拒虫性、抗虫性和耐虫性 拒虫性又称

不选择性（non-preference）或排趋性、无偏嗜性，是指某些植物品种由于本身具有某些形态和生理的特征特性，从而表现出对某些害虫具有拒降落、拒取食、拒产卵和栖息等效能。

抗虫性（antibiosis）又称抗生性，是指某些寄主植物体内含有毒素或抑制剂，或缺乏昆虫生长发育所需要的一些特定营养物质或营养物质不平衡，致使害虫取食后，其幼虫死亡，或生长发育、繁殖和存活受到有害影响的特性。如棉株上腺体数目多、棉酚含量高的棉花品种对棉铃虫、红铃虫、棉蚜、金刚钻、烟青虫、象鼻虫、田鼠等均有一定的抗性。

耐虫性（insect tolerance）是指某些植物品种遭受虫害后，凭借其生长和繁殖机能健壮，仍能正常生长发育，在个体或群体水平上表现出一定的再生或补偿能力，不致大幅度减产的特性。

②根据抗虫性的机制分类，还可根据抗虫性机能，把植物抗虫性分为寄主避免、诱导抗虫性和避虫。寄主避免（host evasion）是指在一定的环境条件下，寄主以相当快的生长发育速率渡过最易被害虫侵害的时期，使寄主避免受害。

诱导抗虫性（induced insect resistance）是指通过专门的措施（如灌溉、施肥等）改变土壤水分和营养水平及比例，使植株暂时增加抗性。

避虫（insect escape）是指寄主植物由于具备短时期的某些条件，即使在虫口密度很大的情况下，有些感虫植株有时也偶尔无害虫栖息，而不被侵害。但植株是否真正抗虫，必须经过抗性鉴定才能确定。

12.2.2.4 其他分类

（1）苗期抗性与成株抗性

苗期抗性是指寄主植物在苗期表现出明显的病虫抗性；成株抗性是指寄主植物只在成株期对某种病虫表现抗性。

（2）田间抗性与累积抗性

田间抗性是指寄主植物在田间生长发育期间所表现出的抗病虫性。累积抗性是指经多个亲本互交后，将几种垂直抗性组建于一个品种中所获得的抗性。

12.2.3 抗病虫性的机制

12.2.3.1 形态解剖特性

植物抗病虫的主要形态解剖特性有：

（1）叶及其表皮结构

苜蓿抗蓟马品系的皮层都由4~5层皮层细胞组成；薄壁组织的细胞壁薄，具有细胞间隙，靠近外方的薄壁组织均有叶绿体；皮层最外侧具有一层厚角组织，环绕在表皮内侧，叶绿体较少。苜蓿抗蓟马品系的维管束在皮层以内形成，每个维管束由外向内是韧皮纤维；韧皮部变窄，外层韧皮都没有变窄现象，细胞壁加厚。苜蓿抗蓟马新品系叶脉韧皮部到下表层之间的细胞小而排列紧密，韧皮部也略变窄现象，其他组织也排列紧密，外层细胞壁加厚。

植物叶表皮蜡质层厚时，露水不易附着，积露少，不利于从表皮侵入病菌孢子的萌发和侵入。表皮外角质层的坚硬与层厚也能抵抗病菌侵入。表面蜡质的积累，影响害虫定殖和产卵。叶表的毛状体，影响昆虫取食、消化、产卵、运动和爱好。如苜蓿抗蓟马品系的上、下表皮均由较规则的薄壁细胞组成，细胞排列紧密，表皮具有气孔，无细胞间隙，上表皮角质层较厚，下表皮角质层较薄；表皮不含叶绿素，表皮细胞的外壁较厚，角质层厚。

(2) 气孔特性

寄主植物的气孔大小、多少,形成时期和构造特征及开闭习性等都与从气孔入侵的病原菌抗侵入有关。如霜霉病菌是气孔侵入,初生叶上气孔尚未形成,故不发生霜霉病;幼嫩叶上气孔少而小仅发生轻微霜霉病;成熟叶上气孔多而大,霜霉病严重发生。

(3) 植物茎、根结构

植物根茎以及块根、块茎中的木栓层,不透水、不透光,是抗侵入的重要结构。对于伤口侵入的病原菌,伤口愈合时木栓层形成的快慢及厚度与抗侵入有很大关系。细胞壁加厚,增大组织韧度,为干扰害虫取食和产卵机制。茎秆坚硬,可阻止害虫取食和产卵,使卵脱水。茎叶组织硅化,可磨损害虫表皮,抑制害虫取食。如苜蓿抗蓟马品系茎柔毛粗硬,而且柔毛密度大,交叉分布,柔毛上突起粗糙;髓由大型薄壁细胞构成,居茎的中心,面积大,占茎横截总面积的1/3;髓射线有7~8条,分布在维管束之间,髓具有细胞间隙。

(4) 植株颜色

植物颜色可影响害虫对寄主的取食。如红色棉花植株对棉铃象甲的引诱力比一起种植的绿色植株的小;菜蚜避开红色甘蓝品种,而绿色品种受害严重;豌豆蚜喜欢黄绿色植株而不喜欢深绿色植株。

12.2.3.2 生理生化特性

(1) 组织局部坏死

植株或某些组织器官产生过敏性反应或某些代谢产物对病原物或害虫可产生抗性。组织局部坏死是植物受到病原物侵入后产生的一种保护性过敏性反应,其生化过程为:植物受侵后,病原物的分泌物和代谢物使抗病品种产生一系列生理生化代谢变化,如呼吸作用加强,磷酸化作用增强,糖和苷降解,酚类物质氧化成水扬酸、茉莉酸类、乙烯、脱落酸等,酸和植保素大量迅速累积,最终导致寄主细胞的迅速死亡,同时病原菌被完全抑制,不能产生孢子,或者病原菌被完全杀死。

(2) 病虫抑制物与植物保卫素

植物有的植株体本身含有一些特异代谢产物,如酚类化合物、木质素、不饱和内酯等,对病菌或害虫具有抑制作用,使病菌无法在寄主中生长发育甚至中毒死亡,或使害虫取食后消化系统受阻、厌食、体重降低、发育期延缓,甚至中毒死亡。如儿茶酚对洋葱鳞茎炭疽病菌的抑制;绿原酸对马铃薯的疮痂病、晚疫病和黄萎病的抑制;马铃薯抗晚疫品种体内木质素积累且呈集中分布,可阻止病原菌的生长;圆叶苜蓿毛上分泌的浓度低的液体则会降低害虫幼虫的取食发育速率,浓度高时几天内即死亡;银杏这个古老树种之所以不易受害虫侵害,与其叶中存在的羟内酯和醛类有关。此外,植物的有些自然代谢产物对病原物或害虫是有毒的,如植物自然代谢产生的抗生素常贮存于液泡、腺、导管和周皮之中,对防御真菌侵染有一定作用;除虫菊的花中含有杀虫的有效成分除虫菊酯。

植物保卫素简称植保素(phytoalexin),是指病原菌其他非生物因子刺激后寄主产生的一类对病原菌具有抑制作用的物质。最早发现的植保素是从豌豆荚内果皮中分离出来的避杀酊。至今从被子植物的18个科中已分离到的植保素就有100多种,在已明确其结构的48种中,大都是异类黄酮和萜类物质。

12.2.3.3 分子特性

植物抗性分子主要有病程相关蛋白(pathogenesis-related protein, PR)、蛋白酶抑制剂(proteinase, PI)、植物凝集素(lectin)、淀粉酶抑制剂(α-淀粉酶抑制剂)、相关蛋白

(patho，α-AI)和胆固醇氧化酶(ChoA)等蛋白质分子。

PR是植物被病原物感染或一些特定化合物处理后新产生或累积的蛋白。PR的种类很多，如有的PR具有β-1,3-葡聚糖酶或壳多酶等水解酶的活性，它们分别以葡聚糖甲壳素（甲壳质、几丁质）为作用底物。高等植物不含甲壳素，只含少量的葡聚糖，但它们是大多数真菌及部分细菌的主要成分。这两种酶在健康植株中含量很低，但在染病后的植株中含量却大大提高，通过对病原菌菌丝的直接裂解作用而抑制其进一步侵染。

PI研究得较清楚的是豇豆胰蛋白酶抑制剂(CpTI)，其作用机理是CpTI通过氢键和范德华力与昆虫肠道中的胰蛋白酶相结合，形成酶抑制剂复合物，使酶活性中心失活，从而阻断或削弱胰蛋白酶对外源蛋白的水解，干扰昆虫的正常消化作用，同时该酶抑制剂复合物还能刺激昆虫过量分泌消化酶，导致昆虫产生厌食反应。

已分离的植物凝集素达几百种，如雪花莲凝集素(GNA)、豌豆凝集素(P-Lec)等，其中GNA的作用机理是：在昆虫的消化道中与肠道膜上相应的糖蛋白专一性结合，降低膜透性，从而影响营养的吸收；GNA还能越过上皮的阻碍，进入昆虫循环系统，对整个昆虫形成致毒性；同时GNA还可以在昆虫消化道内诱发病灶，促进消化道细菌繁殖，达到抗虫性。

α-AI能抑制多种昆虫的淀粉酶，阻碍昆虫摄取营养，从而对昆虫产生毒害作用。

ChoA能有效毒杀棉铃象甲的幼虫，同时对鞘翅目、鳞翅目、双翅目、直翅目和同翅目的害虫都有不同程度的毒杀作用。它能氧化昆虫生物膜上的胆固醇，当浓度较低时能使昆虫中肠纹缘膜受到破坏；浓度较高时可能发生完全的溶胞现象，从而使膜的结构、功能发生变化以至引起昆虫死亡。

总之，植物可通过多种方式达到抗病虫的效果，其抗病虫机制较为复杂，植物抗病虫性的调控和利用，仍是今后病虫害防治中需要进一步研究的重要科学问题。

12.3 抗病虫性的遗传及其理论

12.3.1 抗病虫性遗传

12.3.1.1 主效基因遗传

(1) 显隐性

抗病虫性基因分为显性基因和隐性基因。对真菌的垂直抗病性大多数表现为单基因显性，也有少数呈不完全显性或隐性。对病毒的抗病性则多为隐性遗传。大多数主效抗病基因控制植物全生育期抗性，但有些则是控制一定生育期的抗性。例如，水稻9个抗褐飞虱基因（编号1~9）中，Bph_1、Bph_3、Bph_6 和 Bph_9 等4个抗褐飞虱基因为显性；bph_2、bph_4、bph_5、bph_7、bph_8 等5个抗褐飞虱基因为隐性。此外，抗病虫性基因的显性程度还受植物品种的遗传背景、鉴别病原物生理小种或害虫生物型和环境条件等的影响。如豌豆对菜豆黄花叶病毒的抗性在18℃下呈显性，而在27℃下呈隐性。

(2) 复等位基因

抗病虫性基因常具有复等位性，每个等位基因或抗不同生理小种（生物型），或具有不同的表型效应。如玉米抗锈基因位于玉米第10染色体上的5个不同位点 $RP_1 \sim RP_5$，而在 RP_5 位点上发现过14个等位基因。具复等位性的抗病虫基因，其表型效应不完全相同。有的表现免疫或高抗，有的表现中抗。而且常有杂合效应，即杂合个体如果具有 2 个不同的抗病虫性等位基因就能抗更多的生理小种（生物型）；纯合个体则只能按其所含的一个抗病虫性基因抗较少的生理小种（生物型）。

（3）基因连锁与互作

由于抗病虫性基因较多，不同抗病虫性基因间经常存在连锁，如亚麻抗锈病基因 N 和 P 位于同一染色体上，其遗传距离大约为 26 个交换单位。

抗病虫基因之间还经常发生上位、抑制、互补和修饰等作用。如小麦抗秆锈基因 Sr_6（免疫）对 Sr_9（中抗）呈上位性；小麦抗条锈基因 Yr_3 和 Yr_4 间，常有互补效应。

12.3.1.2　微效基因遗传

作物的病虫水平抗性或中抗类型多为多基因控制的数量性状，属于微效基因遗传。抗、感品种杂交后，F_2 的抗性分离呈连续的正态分布或偏正态分布，有明显的超亲现象，其抗性程度易受环境条件的影响。如玉米对玉米螟和玉米缢管蚜等的抗性都属于多基因控制的数量性状，表现为数量遗传。

12.3.1.3　细胞质遗传

作物的抗病虫性有的属于细胞质遗传，即控制抗病虫性的遗传物质涉及细胞质中的质体和线粒体，与染色体无关。抗病虫性的细胞质遗传特点是抗、感亲本杂交时，正、反交所得的 F_1 抗性表现不一样，抗性表现母本遗传，或者抗、感亲本杂交后代自交或与亲本回交，抗性不发生分离。Labrum(1979) 报道，具有卵穗山羊草（*Ae. ouata*）细胞质的小麦品系对条锈病的抗性比具有普通小麦细胞质的同一品系好。

12.3.2　基因对基因学说

12.3.2.1　学说的概念及其要点

Flor（弗洛尔）1942—1956 年在亚麻锈病研究中，发现寄生的抗病基因与病原菌的致病基因间存在着基因对基因的关系，提出了基因对基因学说。该学说要点为：针对寄主植物的每一个抗病基因，病原菌迟早也会出现一个相对应的致病基因或毒性基因，致病基因只能克服其相对应的抗性基因，因而产生毒性（致病）效应；在寄主—寄生物体系中，任何一方的每个基因都只有在另一方相应基因的作用下，才能被鉴定出来。假定抗病基因是显性，无毒基因是显性，只有当抗病基因与对应的无毒基因匹配时，寄主才表现抗病反应，其他均为感病反应。

12.3.2.2　学说的发展及作用

Flor 在亚麻研究中发现的品种——亚麻锈菌中存在的基因对基因的关系，被其后许多人发现证明很多寄主—寄生物系统中都存在这种关系。著名植物病理学家范德普兰克（J. E. Vander Plank, 1975）进一步提出了毒性和抗病性基因的品质，又称第二基因对基因假说，即在具有基因对基因关系的寄主—寄生物系统中，寄主抗病基因的品质决定了寄生物相应的毒性基因在毒性无用时适于存活的能力。反之，在毒性基因无用时它的适合存活的能力也能决定相对应的抗病基因的品质，这种品质可以通过它给予寄主保护的大小反映出来。

该学说的发展认为由微效基因控制的水平抗性也存在基因对基因的关系。Parlevliet & Zadoks(1977) 等研究认为该学说以往是针对由主效基因控制的垂直抗性而言的，但在由微效基因控制的水平抗性系统中，也可能存在着基因对基因的关系。即寄主群体中的全部抗病基因和病原菌群体中的全部致病基因共同组成一个综合系统。双方各自的主效基因和微效基因间，都分别具有基因对基因的关系，即专化性互作的关系。只是当多个微效基因共同决定着抗病性和致病性时，这种互作作用很小，难以从试验误差中区分开来而易被忽略。当主效基因和微效基因共同存在时，病菌与寄主之间的专化性很弱，相应品种对相应小种的定向选择作用也就不大，因而小种组成变化较慢，抗病性稳定、持久。

近年分子生物学的试验结果，也支持植物抗病虫性的基因对基因学说。寄主抗病虫基因编码一种受体蛋白，病原菌或害虫无毒基因的产物直接作为激发子，或对病菌或害虫代谢产物修饰形成激发子与受体互作，通过信号传导引发寄主防卫基因启动，合成植物保卫素、水解酶、蛋白酶抑制剂等抵御病原菌或害虫的侵染。如研究表明苜蓿对苜蓿斑蚜的抗性以抗生性为主，不同苜蓿抗性品种由于蚜虫的危害，植株内单宁含量发生变化，随着苜蓿品种单宁含量增加，蚜害指数降低，苜蓿品种的抗虫性提高。曲若轶等报道单宁抗虫机理包括：与昆虫的中肠肠壁蛋白质结合，促使蛋白质沉淀，影响中肠的渗透性和对蛋白质、氨基酸等重要营养物质的吸收、消化和利用；抑制昆虫中肠消化酶的活性；降低血淋巴中糖及蛋白质含量等。由于蛋白酶、脂肪酶和淀粉酶是昆虫中肠重要的消化酶，为此，达丽婷等(2015)研究表明，豌豆蚜取食 8 个苜蓿品种后，红、绿色型豌豆蚜的蛋白酶、脂肪酶及绿色型豌豆蚜的淀粉酶活性与苜蓿品种抗性间均呈线性显著负相关，表明苜蓿品种的抗蚜性越高，蚜虫取食后其中肠 3 种酶的活性越低，苜蓿抗性品种主要抑制豌豆蚜中肠消化酶的活性。

基因对基因学说也存在许多例外现象。这是由于自然群体中，寄主的抗病性也有隐性遗传的，在杂交 F_1 代不容易识别，只有在隐性基因纯合时，抗病性才能被发现，育种上利用较少。另外，在病原细菌和病毒方面，很难用经典的遗传学方法进行基因的显、隐性研究。许多真菌病害中，存在两个抗病基因针对一个病原物的小种或病原物的两个小种与寄主植物的一个抗病基因相匹配的现象。这可能是由于寄主的抗病基因与病原物无毒基因非等位互作引起的。即所谓显性抑制子基因使寄主的抗病基因或病原物的无毒基因失去作用和功能。

基因对基因学说不仅可用于改进品种抗病虫基因型与病原物或害虫致病(害)性基因型的鉴定方法，预测病原物新小种或害虫生物型的出现，而且对于抗病虫性机制和植物与病原物或害虫共同进化理论的研究也有指导作用。如用单抗病(虫)基因系作鉴别寄主，不但能鉴别出生理小种(生物型)，而且能鉴定出各小种(生物型)包含有哪些毒性基因，还可以鉴定出新产生的毒性基因，以指导育种工作者筛选寻找新的抗病虫基因。由于基因对基因学说的发现，使抗病虫育种工作者所处理的繁多材料更为条理化。以前要考虑数十个抗病虫品种，上百个生理小种(生物型)，现在则只要考虑少数几个抗病虫基因和毒性基因就可以。

12.4 抗病虫育种的技术与方法

12.4.1 抗病虫种质的搜集和筛选

抗病虫种质资源是抗病虫育种的物质基础，抗源的搜集和筛选是抗病虫育种的第一步，必须大力搜集、发掘和利用抗病虫种质资源。抗病虫育种的抗源类型包括地方品种、主栽品种、原始栽培类型、野生近缘种和育种中间材料等。抗源收集可先从本国及本地区开始，去植物与其病原菌和害虫的共同原产地(作物起源中心)及常发区搜集，到抗病虫育种工作好的国家或地区搜集。如柱花草炭疽病是一种毁灭性病害。中国海南、广东与广西等省（自治区）曾大面积栽培的圭亚那柱花草和矮柱花草等国外引种品种，由于暴发炭疽病而受毁灭性打击。后来在海南省的中国热带农业科学院从国际热带中心引进25份柱花草材料，经过比较鉴定，于1991年选出抗炭疽病的'184'圭亚那柱花草，并定名为'热研2号'柱花草，现已成为中国华南地区圭亚那柱花草的主栽品种。

12.4.2 抗病虫性鉴定

12.4.2.1 鉴定的主要类型

（1）田间鉴定和室内鉴定

按照鉴定场所的不同，抗病虫性鉴定方法分田间鉴定和室内鉴定两类。田间鉴定是指利用大田自然病圃或人工病圃和自然界发生的害虫群体，对不同育种种质材料进行抗病虫性的抗性程度鉴定。田间抗病性鉴定能对育种材料的抗性进行最全面、严格的评估，尤其适合在各种病虫害的常发区，进行多年和多点的联合鉴定。它不需要大型设施，操作方便，鉴定结果比较全面和真实可靠，因而是最基本的鉴定方法。在田间鉴定时，有时需要采用一些调控措施，如喷水、遮阳、多施某种肥料、调节播种与移栽期等，以促进自然发生病（虫）害。但是，田间鉴定的局限性是难于控制病虫发生田间生态条件，鉴定结果易受环境条件的影响，占地面积大，鉴定时间长且易受不同地区与季节因素限制。同时，接种使用的某些本地尚未产生的小种或生物型，容易在大田中传播蔓延，难以进行有效的控制。

室内鉴定是指利用温室或人工气候室（箱）等人为控制条件设施，人工接种病原物或害虫，对不同育种种质材料进行抗病虫性的抗性程度鉴定。室内鉴定的优点：一是能仿照植物生育期的正常条件或按试验规定的条件，控制光照、温度、湿度、大气组成、气流运动和土壤的温度、湿度等，因此是最理想的鉴定场所；二是可在全年进行，不受季节和环境条件的限制。如冬季进行鉴定，春季即可将筛选的抗性植株移入大田进行大量的筛选工作；三是鉴定结果精确度高，重复性好，易于定量表示。但是，由于室内鉴定的光照、温度、湿度等条件往往都是极有利于病（虫）害发生，所以容易造成病（虫）害发生过重，或者由于室内鉴定条件很难与田间实际条件完全一致，所以室内鉴定结果有时与田间实际结果存在一定差异。

室内人工接种鉴定根据一次鉴定病原物或害虫的数量还可分为单抗鉴定与多抗鉴定（双抗、三抗等）两种。单抗鉴定在一个单株上只鉴定对一种病（虫）害的抗性；多抗鉴定指在一个单株上鉴定对两种或两种以上的病（虫）害。

室内鉴定还有离体鉴定、间接鉴定与分子标记鉴定等方法。离体鉴定是指采用供试植株的部分枝条、叶片、分蘖和幼穗等，在室内进行离体培养并人工接种，鉴定育种材料的病虫抗性程度。离体鉴定常用于鉴定那些以组织、细胞或分子水平的抗病虫机制为主的病虫害，如马铃薯晚疫病等。它操作简便，鉴定结果可靠，可同时鉴定多个病虫害，而且不影响植株结实留种，不影响对其他农艺性状的鉴定，适于育种分离群体优良单株的鉴定选择。

间接鉴定是指通过对植物受病原物或害虫侵染后的植株体毒素、植物保卫素与相关酶活性测定，同工酶电泳与血清试验等辅助鉴定手段，对不同育种种质材料进行抗病虫性的抗性程度鉴定。

分子标记鉴定是指通过与目标抗性基因紧密连锁的遗传标记分析，鉴定育种材料是否含有目标抗性基因个体的方法。该方法用样少，简便快速，结果可靠，已在许多农作物转基因抗病虫育种中应用。

(2) 幼苗鉴定与成株鉴定

按照抗病虫性鉴定时寄主植物的生育时期，鉴定方法可分为幼苗鉴定和成株鉴定两类。进行田间或室内抗病虫性鉴定时，均可分别在苗期或成株期进行。当幼苗抗病虫性和成株抗病虫性相一致时，幼苗鉴定是最常用的鉴定方法。它的突出优点是鉴定周期短，占用面积小，可以连续多批进行鉴定，很适合大量育种种质资源和杂种后代材料的抗病虫性筛选。其次，由于幼苗鉴定多在室内鉴定，所以可以防止病原物或害虫扩散，也是室内抗病虫性鉴定的常用方法。但对那些苗期与成株期抗性表现不一致的病虫害，则应在苗期和成株期同时进行抗病虫性鉴定。

12.4.2.2 鉴定的方法

(1) 设立鉴定病(虫)圃

病(虫)圃是为田间鉴定而设立的专用种植圃地。通常在人工接种或自然条件下，使育种材料发生病(虫)害，再根据各材料的症状反应对其抗病(虫)性强弱做出评定。因此，田间鉴定常需要另设病(虫)圃，它是开展田间鉴定工作的前提。此外，病(虫)圃面积较小，进行接种和鉴定等操作比较方便。

病(虫)圃分为自然病(虫)圃和人工病(虫)圃。自然病(虫)圃要建立在病(虫)害严重流行地区发生病(虫)害最重的田地。若为土传病(虫)害，病(虫)圃最好建立在重茬5~6年以上的田块。自然病(虫)圃不进行人工接种，但要在发生病(虫)害之后采集病原物或害虫标样进行小种或生物型鉴定，以便弄清该病(虫)圃中病原物的小种或生物型组成。人工病(虫)圃是用已知小种或生物型(包括当地主要及上升中的危险小种或生物型)的混合物接种的圃地。自然病(虫)圃和人工病(虫)圃都需要采取各种措施，尽量使整个病(虫)圃中浸染强度均匀一致，并近似于自然大流行时的强度，或达到合乎试验目的的适当强度。为防止病虫害传播蔓延，应对人工病(虫)圃严格隔离。

(2) 对照设置

抗病(虫)性鉴定中既要设立抗病(虫)对照，也要设置感病(虫)对照。设立对照的目的，一是检验接种量是否均匀一致，发生病(虫)害强度是否接近自然状况下的发病强度；二是以对照品种的表现为标准，判断各育种材料抗病(虫)性的强弱。因此，对照品种必须是生产上长期使用，久经检验，为人们公认的抗病(虫)和感病(虫)品种。

(3) 接种方法

人工接种是人工病(虫)圃和室内鉴定必不可少的工作。人工接种是指培育病原物菌种与饲养害虫，同时培育植株幼苗或成苗，然后在一定条件下，接种病原物菌种或放置害虫诱导产生病虫害的过程。它实际上就是人工造成病原物或害虫侵染，即人工模仿病虫害的侵染方式，把病原物或害虫接种在寄主植物的感染部位，使之既有较高病虫害发生率，又尽可能接近自然界的实际病虫害发生状况。

病虫害的种类繁多，不同类型的病虫害侵染方式和途径不同，人工接种的方法也有所不同。种子传染病害可采用病菌孢子拌种法或孢子、菌丝悬浮液浸种法。土传病害可采土壤接种法、蘸根接种法、根部切伤接种法等。气流和雨水传播病害可采用喷粉(液)、涂抹、注射孢子悬浮液或针刺与剪叶形成伤口使孢子悬浮液侵入等。对于由昆虫传播的病毒病，可用带毒昆虫接种。虫害室内鉴定的虫源可以人工养育，也可能通过田间种植感虫植物(品种)

引诱捕捉，如果是人工养育的要考虑到长期养育会使害虫衰退，致害力降低，应在养育一定世代后，在田间繁殖复壮。对有生理小种或生物型分化的病原物或害虫，一般采用多个小种混合菌种或多个生物型混合害虫接种。但如需要了解对某个或几个小种或生物型的抗性时，则分菌系或生物型接种、鉴定。

(4) 接种后管理

病虫害是寄主植物与病原物或害虫在环境条件的影响下相互作用的产物。因此，接种后能否发生病虫害、发生病虫害的快慢及严重程度，除了受寄主、病原物或害虫的影响外，还受环境因子的强烈影响。环境因子中影响最大的湿度和温度，光照及其他影响因子则影响较小。因此，要加强接种后寄主植物的养护与管理，提供病虫害产生的最适环境条件，以便获得真实的寄主植物抗病虫性鉴定结果。

12.4.2.3 鉴定的评价指标与分级评定

(1) 鉴定的评价指标

目前抗病性鉴定的评价依据一般是植株病原菌侵染点及其周围过敏性枯死反应的有无及其强度和速度、病斑大小、病斑色泽、产孢的有无及多少等，可采用发病率、病情指数、反应型等评价指标。发病率即发病单株占总调查单株的百分率；病情指数即表示发病的程度，以病斑在叶片上的面积进行分级；反应型是鉴定过敏性坏死反应抗病性常采用的方法。

抗虫性鉴定的评价指标依植物受害方式、部位、发育阶段等情况而异，主要包括被害率、死苗率、产量损失率等。抗虫性鉴定的评价指标也可用害虫的某些参数进行衡量，如产卵量、虫口密度、死亡率、平均龄期、平均个体重、生长速率、食物利用等指标，其中以鉴定害虫群体密度最为常用。抗病虫性的鉴定可用单一的评价指标；也可用复合的评价指标以计量几种因素的综合效果。

(2) 鉴定的分级评定

植物抗病虫育种进行抗病性鉴定时，要对不同育种种质资源和后代材料的病虫害发生程度进行观察记载，并据此对其抗病虫性的强弱做出评价。抗病虫性的评价有定性分级评定法和定量分级评定法两种。

①定性分级评定法　寄主植物遭受病原物或害虫侵袭后的症状反应类型叫反应型。定性分级是指按反应型的不同，把抗病虫性划分成若干个不同质的等级。定性分级一般分免疫、高抗、中抗、中感、高感等6级；也有将其分6个以上等级的。不同作物的不同病虫害抗病虫性的定性分级标准相异。

②定量分级评定法　根据寄主植物的发病普遍率、严重度、病情指数等定量指标，把抗病虫性划分成若干等级的方法称为定量分级法。普遍率是表示群体发病程度的数量指标，如病株率、病叶率、病果率等。严重度则是表示个体发病程度的数量指标，如叶片上病斑面积占叶片总面积的百分比、单病斑的大小、产孢量的多少、虫口密度等。严重度通常需要分级并确定各级的代表数值，以便计算病(虫)情指数。病(虫)情指数是把普遍率和严重度综合起来的一个数量指标，其计算公式为：

$$病(虫)情指数(DI) = \sum xa / n \sum xa \times 100\% = (x_0 a_0 + x_1 a_1 + x_2 a_2 + \cdots + x_n a_n)/nT \times 100\%$$

式中，x_0、x_1、x_2、$\cdots$、x_n 表示各级病(虫)情的频率；a_0、a_1、a_2、$\cdots$、a_n 表示各级病(虫)情等级(其中0级为不发生病虫害)；n 为最高级；T 为调查总数。

12.4.3 抗病虫品种的选育方法

12.4.3.1 引种和选择育种法

引种是一种简易有效的抗病虫育种方法。通常利用国内外的优良品种或高世代的抗病虫材料，引入本地进行至少 2 年的筛选评价多点试验，确认其产量、品质与当地推广品种相当，而抗病虫性明显优于当地品种时，即可以在生产上直接利用。或者再以改良综合性状为育种目标对引种材料进行选择育种，从而选育符合育种的抗病虫新品种。如 20 世纪 50 年代，欧美一些国家的草坪草育种者广泛引种和筛选草坪草优质抗锈病种质资源，选育并审定登记、释放了高羊茅品种'Rebel'和'Rebel 3D'、多年生黑麦草品种'BirdieⅡ'等一系列具有抗锈性的草坪草品种。

抗病虫育种缺乏抗源时，采用推广应用品种的大群体进行选择育种是寻求抗源的主要途径。由于异花授粉牧草及草坪草的很多地方品种或生产应用年限长久品种，都是遗传基础复杂群体，当它们被大量种植在严重病虫害流行条件下，经过病原物与害虫的选择压力，就可能筛选出抗病虫性很强的种质材料，因此，选择育种是利用多基因抗病虫性的主要方法。北美国家的许多抗病虫苜蓿品种，如抗细菌凋萎病的'Buffalo'、抗茎线虫的'Nemaston'、耐凋萎病和高产的'Atlantic'、第一个抗苜蓿斑点蚜品种'Moapa'等都是采用选择育种方法选育而成。又如，甘肃农业大学从 1986 年开始对全国 400 份苜蓿材料进行了严格的抗虫性鉴定并加以选择，共选出了 308 个抗虫性强的苜蓿植株并建立了无性系，以后经过连续多年严格的表型选择和配合力测定，对经过三次轮回选择后的抗蓟马苜蓿新品系进行抗虫性鉴定，最后于 2003 年育成了中国第 1 个抗虫苜蓿新品种'甘农 5 号'，具有冬季活性强、高抗蚜虫兼抗蓟马等特点，平均蚜害指数 45.41%，抗蚜株率可达 69.27%。

12.4.3.2 杂交育种法

杂交育种法是选育抗病虫品种的最常用、最有效的方法。对于主基因遗传的抗病虫性，可以采用回交杂交育种法，将抗病虫性基因转移到具有优良农艺性状的轮回亲本中。如为单基因抗性可采用回交转育法；如为多基因遗传的抗病虫性可以采用轮回选择法，逐步提高杂交后代的抗性。如果试图将双亲本或多个亲本中对同一病虫害的不同抗性基因重组或聚合，可以采用单交、复交和聚合杂交的方法。若需要将多种抗病虫基因综合到一起培育多抗品种，也可采用逐步回交法或聚合回交法。在抗病虫杂交种计划中，应特别注意选用具有与当时生产上推广品种抗源不同的材料，以避免抗源单一化。在抗源的使用中，还要注意抗病虫性与不良农艺性状有无连锁，应优先使用那些农艺性状较好的抗源材料作亲本。如美国的抗凋萎病并抗寒的苜蓿品种'Vernal'就是采用杂交育种法培育而成；美国的抗苜蓿斑点蚜品种'Caliverde'也是采用回交杂交育种法选育而成；抗病力强的硬羊茅品种'C-26'是在多系杂交的基础上，采用 14 个无性系组成综合品种而成。日本爱知县农业综合试验场作物研究所以引进的美国紫花苜蓿抗蚜品种'CUF101'为材料，进行多次母系选择，并和'Tachiwaka-ba'杂交，以'Tachiwakaba'进行回交，结果选择得到产量和抗蚜性均好的紫花苜蓿新品系。'Susan'采用杂交育种方法选育出对镰刀病有较高抗性的狗牙根品种'Jackpot'。得克萨斯农业试验站通过种间杂交育种选育的结缕草品种'Crowne'，对腐霉枯萎病具有抗性。中国农业科学院兰州畜牧研究所应用国内外 69 份以紫花苜蓿为主的品种(材料)，通过多元杂交法育成'中兰 1 号'抗霜霉病苜蓿新品种。该品种高抗霜霉病，无病枝率达 95%～100%，中抗褐斑病和锈病，产草量比对照地方品种陇中苜蓿提高 22.4%~39.9%。

12.4.3.3 诱变育种法

诱变育种往往对于植物品种单个农艺性状的改良十分有效，因此可应用诱变育种进行牧草及草坪草品种的抗病虫性改良。甚至一些感病虫品种，经理化因素诱变后，也可获得抗病虫的突变体，进而可育成抗病虫的新品种。例如，广西壮族自治区畜牧研究所梁英彩等从'184'（'热研 2 号'柱花草炭疽病抗性品种）柱花草群体中筛选出较抗炭疽病的单株，经 ^{60}Co-γ 射线处理其种子，后对诱变后代进行单株选择，并进行人工抗病性接种鉴定，育成具有较强抗炭疽病能力的'907'柱花草新品种，产草量比原推广品种增产 12%~27%，1998 年通过全国草品种审定。

12.4.3.4 生物技术育种法的应用

生物技术育种是抗病虫育种新方法。如很早以前人们就知道苏云金杆菌（*Bacillus thuringiensis*，Bt）能够杀死一些昆虫。目前已清楚，其杀虫机制在于这种杆菌体内有一种结晶的蛋白毒素——δ 内毒素，它能引起鳞翅目昆虫神经中毒最后死亡。1987 年 Vaeck 首次把 Bt 毒蛋白基因成功导入烟草，获得的转基因烟草对烟草天蛾（*Manduca sexta*）的毒杀率高达 95%以上，揭开了植物抗病虫生物技术育种的历史。此后，许多国家科学家纷纷采用基因工程生物技术育种方法，将 Bt 毒蛋白基因分别转入包括许多牧草及草坪草在内的植物中。这些转基因植物抗虫效果良好，Bt 毒蛋白基因不仅能稳定遗传，而且对人畜无害。因而使抗病虫生物技术育种展现了极为诱人的前景。如 1996 年 Strizhov 等将 Bt 基因转入苜蓿，转基因苜蓿对灰翅夜蛾（*Spodotera littoralis*）和甜菜叶蛾（*Spodotera sexta* P1）均表现出较高的抗性。Thomas 等将烟草天蛾幼虫（*Manduca sexta*）基因 P1 导入苜蓿后，转基因植株对咀嚼式口器昆虫具有明显的毒杀作用。Javie 等发现转番茄蛋白酶抑制剂基因的苜蓿植株对鳞翅目昆虫具有良好的抗性。苏云金芽孢杆菌 *cry*8 类基因是一类对叶甲科、金龟科等多种鞘翅目害虫有毒杀作用的基因，其中 *cry*8*Ea*1、*cry*8*Ga*1 分别是从中国自行分离的菌株 Bt185、HBF-18 中克隆的新基因，分别对金龟科暗黑腮金龟和大黑腮金龟具有特异的杀虫活性。耿丽丽（2008）采用农杆菌介导法将 *cry*8*Ea*1、*cry*8*Ga*1 基因分别导入草坪草匍匐翦股颖中，成功获得了转基因抗虫匍匐翦股颖植株。转 *cry*8*Ea*1 基因植株与未转化植株相比接种暗黑鳃金龟幼虫 30 d 后，大部分植株都可以正常生长发育，表现出良好的抗蛴螬的效果。吴金霞等研究证明转 *Cry-bar* 基因的多年生黑麦草植株根系受金甲虫（*Solanum lycopersicum*）的危害显著低于非转基因植株。总之，随着分子生物学的不断发展，今后必将有一大批与抗病虫相关的基因被克隆出来用于遗传转化提高牧草及草坪草的抗病虫性。

12.4.3.5 内生真菌育种法

植物内生菌（endophyte）是一定阶段或全部阶段生活于健康植物的组织和器官内部的真菌或细菌。禾本科牧草及草坪草植株中普遍存在内生真菌，它们寄居禾草的细胞间隙，同时又可促进禾草生长、增强禾草对病、虫生物胁迫与非生物胁迫的抗性，从在与寄生禾草达成互惠共生关系。内生真菌育种是 20 世纪 80 年代以来牧草及草坪草育种的研究热点之一。内生真菌抗病虫育种可借助内生真菌可提高禾草抗病虫性等各项增益和内生真菌随宿主种子垂直传播的种传特性，还具有以下优点：一是内生真菌不产生子实体，缺乏有性繁殖，决定了内生真菌的寄生特性不会造成种间、个体间的泛滥传播，对环境具备安全性；二是通过内生真菌介导的目的性状可较稳定的得到表达，且其目的性状还可具有通过侵染植株形成的种子保留的可能性，对育种具备高效性。

内生真菌抗病虫牧草育种具有如下两种方法：一是指从被内生真菌侵染的植物中，筛选不产生毒害作用的内生真菌菌株，再通过育种手段选育符合饲用品质的牧草新品种。如国外采用内生真菌育种技术，通过对中存在的内生真菌分离研究，筛选出了兼顾抗虫和无毒特性的黑麦草内生真菌(*Neotyphodium lolii*)种类，并通过技术手段回接到了黑麦草中，获得了具有抗蚜虫特性的黑麦草牧草品种'AR1'。经过多年的放牧试验，证明'AR1'具有较优秀的农艺性状，然后通过对只取食'AR1'黑麦草的奶牛体内相关指标的检测，证实该品种对家畜安全，目前该牧草已经通过了欧盟的检测进入欧洲市场。此外，美国也培育出对家畜无毒害的EI(被内生真菌侵染形成的禾草—内生真菌共生体)型高羊茅牧草'AR542'，该高羊茅品种虽然未表现出抗虫特性，但与EF(未被内生真菌侵染的禾草)型高羊茅相比较展现出卓越的农艺性状，目前也已在美国推广种植。二是可以先从被内生真菌侵染的植物中分析筛选可以提高宿主饲用品质，但对牲畜可能具有潜在毒害作用的菌株，然后通过基因敲除、基因沉默等技术抑制内生真菌的毒素合成基因表达，现在已经探明无性型禾草内生真菌 *Neotyphodium coenophialum* 产生毒素麦角酸的是 *dmaW* 基因。鉴于内生真菌的这种遗传特性，保证了这种育种方法的稳定性、可靠性和安全性，与传统的分子育种相比，更容易被公众所接受。同时国外有报道称可通过给家畜注射抗寄生虫药物(伊维菌素)，从而达到家畜误食EI型有毒牧草的解毒功效，这提示了利用内生真菌选育牧草品种时，可以通过研发配套的抗毒素物质疫苗，通过药理方法来消除或减轻家畜取食EI型牧草可能带来的毒害作用，极大地拓展了育种思路，展现了利用内生真菌进行牧草育种的潜力。

与牧草育种相比，内生真菌草坪草抗病虫育种较为便捷，不需要考虑因禾草内生真菌分泌产生的代谢产物如波胺(Peramine)，麦角缬氨酸(Ergot)等可能造成的家畜食用中毒事件。高带菌率的草坪草除了具有各种抵御生物、非生物胁迫的能力，往往对其他植物还具有很强的化感作用，从而可减少使用除草剂、杀虫剂、化肥等，节省大量养护成本，更降低了环境危害。美国早在20世纪90年代就将EI型草坪草投入商业运营，这些商用品种包括了Advent、Assure、Dandy、DasherⅡ、Gettysburg、Pinnacle等高羊茅、多年生黑麦草、草地早熟禾、紫羊茅、蓝羊茅、硬羊茅和剪股颖优质草坪草种。目前，澳大利亚、新西兰和欧洲一些国家的种子公司都提供了内生真菌感染率高的草种，也育成了系列含有内生真菌的高羊茅品种。中国也有学者进行了牧草及草坪草内生真菌抗病虫育种的探索研究。此外，美国部分机场已经开始使用通过内生真菌所分泌的次生代谢产物，从而获得抗鸟采食特性的新型草坪草品种Avanex，极大地降低了飞机起飞、降落等过程中因为撞击或引擎吸入飞鸟而导致的安全隐患及经济损失。在国外商用的草坪草种子中，内生真菌的侵染率是同种子发芽率、纯净度相提并论并出现在种子标签上的重要指标，据统计，每年约有6000 t的EI型草坪草种子被应用于欧美的足球场、城市绿化等项目中。

内生真菌抗病虫育种目前还存在内生真菌筛选较难、回接技术尚需改进和禾草—内生菌共生体性状表达复杂等问题。

12.4.4 抗病虫品种的利用与育种策略

抗病虫品种的利用与育种应采用不同的方法和策略，以保持作物对病虫害具有长久持续的抵抗能力。抗病虫品种的利用与育种策略如下。

12.4.4.1 抗源轮换或基因轮换

抗源轮换或基因轮换是指把带有不同抗性基因的品种轮流种植，即把发现的全部垂直抗病虫性基因分别引入到不同的品种中，每一个时期只推广其中的一个品种。根据不同地区病虫害发生流行规律和趋势，不断地培育出具有新抗性基因的品种，及时轮换生产上抗性已丧失或即将丧失的旧品种。这样，可以从时间上切断病原物小种或害虫生物型的持续定向选择，是使病原物或害虫不易对抗性品种产生致病(害)性，避免新的优势小种或生物型流行。

12.4.4.2 抗源聚集或基因的积累

抗源聚集或基因的积累是指采用复合杂交，把多个主效病虫抗性基因或修饰基因逐步聚集到一个品种中去，使它具有多抗性，从而降低相应毒性小种或害虫生物型产生的频率，延缓抗病虫品种的抗性丧失。

发放抗多种病虫害品种是一个行之有效的策略。要在一个作物品种中逐渐积累较多的抗性基因是比较困难的，所要花费的时间也较长。培育多抗品种，首先要找到适当的鉴定方法，确定抗各种病虫害的抗源供体。另外，病虫害侵害性的变异，使得培育多抗品种更加困难。

12.4.4.3 抗源合理布局

对流行性强、在其生活周期中需要做地区间有规律性转移、并有一定流行途径的气传真菌病害，如小麦条、秆锈病等，在同一流行区的上游、中游和下游，或越夏、传播桥梁区和越冬基地，分别种植含有不同抗性基因的品种，便可以从空间上切断其传统循环途径，从而使新小种不能定向地迅速积累。

12.4.4.4 应用多系或混合品种

应用多系或混合品种是指搜集众多的携带某种病虫害不同抗性基因的品种，同时发放、种植于同一地区，那么该地区该病虫的小种或生物型只能对部分品种造成危害，而大部分品种还能获得丰收。由于多系或混合品种群体内抗性基因多样化，不仅可增加对多种病原物生理小种和害虫生物型的抗性，而且可控制病原物和害虫群体的发展和致害性的变异，稳定寄主—小种(生物型)的相互关系及其组成，延长品种的抗性。

12.4.4.5 选育和利用水平抗性品种

上述抗病虫品种的利用与育种策略的4种方法所用的品种都为垂直抗性，一般由寡基因控制，抗性不持久。而具有水平抗性的品种，不仅抗性不易丧失，而且该类品种虽然抗性稍低，但当它们在生产上占有很大面积时，对病原物和害虫种群也会有抑制作用。这样经过年复一年的积累，会使病原物和害虫种群数量受到很大抑制，甚至被消灭或根除，从而有利于抗病虫性品种的稳定和持久利用。

尽管水平抗病虫性品种的育种难度较大，但也不是不可以克服的。只要充分挖掘和利用现有抗病虫资源，采用品种间互交、回交与远缘杂交及轮回选择等方式，即可能把分散在各个品种中的抗性基因聚集起来，再经过不断定向选择，选育出病虫水平抗性品种利用。

12.4.4.6 群体改良和混合选择

群体改良的具体途径因作物种类和繁殖方式以及育种的要求不同而异，有混合选择、轮回选择、雄性不育性的利用和不同变异类型群体的形成等。混合选择是简单的、在历史上最广泛采用的群体改良方式。而利用轮回选择法进行群体改良，则是异花授粉植物抗病虫育种的有效方法。它增加了异交植物群体中有利基因的频率，而且由于基因的多次重组，可产生新的基因型。研究表明，苜蓿抗锈病、褐斑病、细菌性凋萎病和炭疽病育种的抗病品种选育中，轮回选择法都是非常有效。国外抗凋萎病、斑点蚜和豌豆蚜的苜蓿品种'Mesilla'、抗根腐病的苜蓿品种'A130110'、国内抗霜霉病、褐斑病的苜蓿品种'新牧4号'等，都是采用轮回选择法选择出若干个优良的无性系，然后将无性系综合而成。新疆农业大学张博等1990年从美国引进广谱抗病性苜蓿材料'KS220'，与抗霜霉病较差的新疆大叶苜蓿开放授粉，混合采种，对其后代以抗霜霉病、抗寒和丰产性为主要目标，采用轮回选择法育成的'新牧4号'的霜霉病、褐斑病抗性优于新疆大叶苜蓿，该品种于2010年通过中国全国草品种审定委员会审定。

思考题

1. 名词解释

   抗病性　抗虫性　抗病虫育种　免疫　抗病　感病　耐病　避病　生理小种　生物型　垂直抗病性　水平抗病性　不选择性　耐害性　抗生性

2. 论述植物抗病虫育种的作用与特点。
3. 论述植物病原物致病性与害虫致害性的类型？植物抗病虫性的机制。
4. 何为基因对基因学说？植物抗病虫性的鉴定方法。
5. 试举例说明抗病虫育种的技术与方法。
6. 如何保持抗病虫品种抗性的稳定及长久利用？

第13章 抗逆育种

植物生长发育及其生存过程中,除了受到病原物、害虫等生物因素的危害外,也常常受到不良气候和土壤等非生物因素的影响,使其产量和品质遭受损失,这种不良影响称为非生物胁迫(abiotic stress)或非生物逆境。植物对不良气候和土壤等非生物胁迫的抗耐性称为抗逆性。利用各种育种方法,选育在相应逆境条件下能保持相对稳定产量和品质的抗逆性好的品种的过程称为抗逆育种(breeding for stress tolerance),也称抗逆性育种。广义的抗逆育种也包括抗病虫育种,但一般抗逆育种特指抗非生物胁迫育种。

13.1 抗逆育种概述

13.1.1 植物逆境的类别与抗逆育种的作用

13.1.1.1 植物逆境的类别

植物逆境(胁迫)通常可分为温度胁迫、水分胁迫和矿物质(离子)胁迫3大类。温度胁迫包括低温胁迫(冻害、霜害、雹害、冷害等)与高温胁迫;水分胁迫包括干旱胁迫(大气干旱、土壤干旱)和湿害、浸害;矿物质胁迫包括盐碱危害与酸害、铝害、重金属危害等。而牧草及草坪草的逆境还包括动物啃食和过度放牧危害胁迫、践踏胁迫及畜粪污染胁迫(图13-1)。践踏胁迫是指牲畜或人类长期或过度践踏对牧草或草坪草的危害;畜粪污染胁迫是指牲畜粪便污染对牧草的危害。此外,植物逆境还包括红外光、可见光、紫外光、X射线与γ射线等电离射线的辐射胁迫;风、声、磁、电、压力等其他胁迫。

13.1.1.2 抗逆育种的作用

据统计,世界主要农作物产量损失的50%与非生物胁迫有关,而与病虫害等生物胁迫相关的农作物产量损失还不到20%,高盐、干旱、低温、重金属污染等非生物胁迫是全球农业减产的主要因素。年降水量500mm以下的地区常年受到干旱威胁;而年降水量500mm以上地区则常出现作物生长季节性的干旱。土壤盐渍化正肆无忌惮地侵蚀着6%的全球陆地面积,盐害不同程度地威胁着20%的灌溉农业。中国乃至全世界大面积频发的干旱、寒冷、高温、盐渍、水涝以及病虫害等逆境胁迫,严重破坏了农业生产,使农作物产量和品质大幅度下降,给人类生产带来巨大经济损失。据调查,中国$1\times10^8 hm^2$耕地中有3/4的面积遭受不同程度干旱的威胁;位居盐碱地面积大的前10个国家的第3位,加上湿害和酸性铝的危害,总耕地面积的50%以上属于中、低产田。因此,植物抗逆育种研究迫在眉睫。

中国天然草地也在遭受干旱、寒冷等极端气候和盐渍化的危害,退化严重。因此,如何有效降低逆境危害、提高牧草及草坪草抗逆性是草业生产中亟待解决的问题，抗逆育种对现代草业具有重大意义。过去中国牧草及草坪草育种主要集中于产量、品质和抗病虫生物胁迫抗性等性状的改良，但对非生物胁迫抗逆育种研究较少。同时，中国牧草及草坪草育种工作起步晚、投入少，加上新品种育种年限长，导致中国目前草坪草种子主要依赖国外进口，而引进草坪草种又存在适应性差等问题，从而影响了中国草业可持续发展。为此，通过加强抗逆育种，挖掘并充分利用中国牧草及草坪草类特有种质的抗逆能力，进而培育抗逆新品种，从而有利于减少草业经济损失，对降低牧草生产与草坪养护成本，保持草业生产可持续发展均具有重要意义。

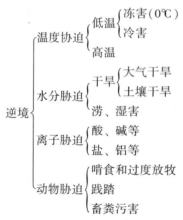

图 13-1　牧草及草坪草逆境的类别

13.1.2　抗逆育种的特点及基本方法

13.1.2.1　抗逆育种的特点

（1）育种难度大

与病虫害的发生一样，牧草及草坪草逆境的发生往往存在年度间不一样，有些则在地区间发生的程度不一样，不同逆境有时还会同时发生，例如，高温往往伴随干旱的发生，从而增加了抗逆育种的难度。

（2）抗逆性鉴定复杂

抗逆性鉴定是抗逆育种的特有程序和必不可少的步骤。由于逆境对牧草及草坪草的伤害常是多方面的，在不同生长发育时期产生的伤害也不一样，因此，牧草及草坪草抗逆性的鉴定指标也不一样，通常以植株形态特征、生理生化指标同时结合最终产量与品质性状作为抗逆性判断的依据。因而增加了抗逆性鉴定的复杂性。

（3）抗逆性遗传复杂

牧草及草坪草的抗逆性通常由多基因控制，在进行抗逆育种时，抗与不抗品种杂交后代的分离呈连续性分布，遗传效应包括显性、加性和互作等，应根据不同抗逆性的遗传特点进行选择和杂交配组，从而造成了抗逆育种选择的难度。

（4）抗逆性状相互关联

牧草及草坪草对不同逆境的抗耐性往往具有一定的相关，可能具有相似的基因表达方式。如一般情况下牧草及草坪草抗寒品种的抗旱性也较好，抗旱品种的耐寒性也较好。苗期耐寒的苜蓿品种成株期一般也较耐旱。根据这一特点抗逆育种后代的选择可采用多抗性选育，如苜蓿的抗寒育种与抗旱育种相结合。针对相同牧草及草坪草在不同地区逆境的差异还可进行同一组合的异地鉴定，类似于进行穿梭育种。

13.1.2.2 抗逆育种的基本方法

（1）在逆境条件下的直接选择

抗逆育种的基本方法大多采用在逆境条件下直接选择，即在进行抗逆品种选育时，直接将供试育种材料安排在明显的胁迫环境中，在相同的胁迫压力下对供试育种材料进行评价筛选。该法简单，效果可靠。如根蘖型苜蓿具有大量水平生长的匍匐根，在一定条件下匍匐根可萌发根蘖，根蘖出土即可成为新株，扩大其覆盖面积，这种类型的苜蓿具有较强的耐牧性。吉林省农业科学院畜牧分院以从国外引进的根蘖型苜蓿为原始材料，在吉林西部半干旱地区穴播、单株定植，将根蘖性状突出的无性系组配成综合品种，育成了'公农3号'苜蓿新品种，该新品种具有大量水平根，根蘖株率达30%以上，抗寒、耐旱、耐牧，在与羊草混播放牧的条件下比对照'公农1号'苜蓿品种增产13%。

（2）在人工模拟的逆境条件下直接选择

抗逆育种有时由于受环境条件限制而不能在自然逆境中直接选择时，则可采用人工模拟逆境条件下直接选择。如在抗盐碱品种选育中，可利用不同浓度盐水溶液培养植株，模拟盐碱地逆境进行筛选；在进行草坪草的耐践踏性鉴定时，除了在草坪上直接观测多少人在运动践踏多长时间后场地草坪的质量状况外，大多采用碾压设备进行碾滚和施压，模拟人员践踏力度，鉴定不同草坪草种及品种的耐践踏性。

（3）在逆境条件下的间接选择

因为牧草及草坪草抗逆性强弱最终影响其产量与品质特性，因此在逆境条件下通过对其产量和品质等间接性状指标的表现评价，可间接选择其抗逆性。该方法不是在某一逆境条件下对供试育种材料进行抗逆性评价和选择，而是在自然逆境存在的田地中进行牧草及草坪草的产量与品质生产性能比较试验，根据不同育种材料的产量与品质性状表现评价，间接筛选对某逆境具有抗逆性和耐受性的优良种质或品种。

（4）利用相关性状进行间接选择

该方法是指根据与某种抗逆性有密切相关的性状或特性进行选择。如在苜蓿抗寒育种中，根据苜蓿完全黑暗条件下萌发的黄化苗数与其单位重量鲜根或苜蓿根部贮藏营养物量均呈正比；苜蓿根部贮藏营养物量与其抗寒性呈正比的特点，因此，可通过对不同苜蓿育种材料的黄花苗生长量的测定比较，间接筛选抗寒性强的优良苜蓿种质或品种。

（5）利用与抗逆性相关的生理生化指标选择

植物抗逆性表现是其植株生理生化代谢性状指标综合反应的结果，因此，抗逆育种中，可通过对不同育种材料生长发育过程中的某些生理生化指标测定比较，筛选抗逆性强的优良种质或品种。如研究表明，牧草及草坪草幼苗的丙二醛等生理生化指标与其抗逆性密切相关，因此，可通过某种逆境条件下不同育种材料的丙二醛等生理生化指标测定比较，间接筛选抗逆性强的优良牧草及草坪草种质或品种。

13.2 抗寒育种

13.2.1 低温伤害与抗寒性

13.2.1.1 低温伤害与抗寒性的概念

低温胁迫(cold stress)又称低温逆境,是指低于植物最适生长发育温度下限的温度环境。低温胁迫作用于植物机体所导致的损伤或死亡称低温伤害。植物的低温伤害根据低温的程度,分为冻害(freezing injury)与冷害(cold damage)两种。冻害指气温下降到冰点以下使植物体内结冰而受害的现象。冷害指零度以上的低温影响植物正常生长发育或造成生理损害的现象,有时也称寒害。

植物的抗冻性是指在零度以下的低温条件下具有延迟或减缓或避免细胞间隙或原生质结冰的一种特性;植物的抗冷性则是指在零度以上的低温下能维持正常生长发育至完全成熟的特性。但是,由于有时把包括冻害与冷害的低温伤害泛称寒害,因此,植物的抗寒性(cold resistance)是指植物对低温寒害的抵抗能力。

越冬牧草及草坪草的越冬性(winter hardness)是指其对低温伤害及越冬过程的冬春季复杂逆境的综合抗耐性。抗雪性(snow resistance)指越冬牧草及草坪草在雪下对低温和光线不足及雪腐病的综合抗性。抗霜性(frost resistance)指牧草及草坪草在晚秋或春季温度突然下降到冰点的伤害的抗耐性。

13.2.1.2 抗寒性的影响因素

植物的抗寒性既受其遗传背景因素的影响,也与低温胁迫的发生程度及持续时间有关。首先,不同牧草及草坪草种及品种的抗冻性与抗冷性不同。例如,三倍体狗牙根($2n=27$)品种'Tifdwarf'的抗寒性较'Tifgreen'的稍强;而'Tifgreen'的抗寒性又比'Tifway'的强。其次,冻害与冷害持续时间越长,对植物的危害越大;在正常温度下骤然降温也可对植物造成严重危害。此外,越冬性是植物度过冬季严寒的一种适应性生存机制,它不仅表现了植物对低温环境的抵抗能力,也表现了植物度过冬季严寒休眠后及时解除休眠对综合环境的适应能力。植物的越冬性既与其抗冻性密切相关,还与其抗雪性、抗霜性和冬春病虫害等因素有关。只有抗冻性、抗雪性、抗霜性等均强的植物种及品种,在病虫防治及栽培养护管理条件良好的条件下,其越冬性表现较好。

13.2.2 牧草及草坪草抗寒育种的意义与成就

13.2.2.1 抗寒育种的意义与作用

(1)抗寒性是高纬度地区与高海拔地区牧草及草坪草的重要育种目标

提高牧草及草坪草的抗寒性,有利于暖季型草坪草和喜热牧草在中国北方地区的推广应用,降低寒害对牧草及草坪草的危害,减少经济损失。此外,一些中国北方广泛种植的苜蓿等牧草的耐冷性较好,如果能进一步培育抗寒性更强的苜蓿等牧草品种,则有利于苜蓿等牧草向更北地区或向更高海拔或更寒冷地区的种植推广。因此,加强牧草及草坪草抗寒性育种,对降低冬季草坪养护成本及提高低温胁迫下的牧草产量和品质至关重要。

(2) 抗寒品种的选育可扩大牧草及草坪草的种植区域

它使牧草及草坪草不与粮食作物生产争地,可满足人口增长与粮食发展及人们生活水平提高的需求。如中国北方高纬度地区与高海拔地区,以往的紫花苜蓿品种因其抗寒性差、越冬率低或因早春冻害死亡而影响推广种植。内蒙古农牧学院及黑龙江省畜牧研究所分别利用抗寒、抗旱性非常强的野生黄花苜蓿和扁蓿豆与紫花苜蓿进行种间或属间杂交,经多代选育,育成'草原1号'和'草原2号'苜蓿及'龙牧801'和'龙牧803'苜蓿,为我国内蒙古的苜蓿北移及黑龙江省苜蓿向西部和北部扩大栽培地区提供了相适应的苜蓿品种,极大地扩大了中国苜蓿的推广种植面积。此外,内蒙古农牧学院1975年以从加拿大引进的麦罗斯红豆草为原始材料,在呼和浩特市冬季低温条件下,经多年越冬自然选择淘汰,从保留的株丛中采用多次混合选择法,育成了'蒙农'红豆草抗寒品种,其越冬率比原品种麦罗斯提高20%~37%,产草量也有较大提高,从而为中国红豆草在寒区的推广种植提供了优良品种。

(3) 抗寒育种是固沙、固土与改造生态环境建设的需要

生态环境是人类生存和发展的基本条件,是社会、经济发展的基础。然而,随着人口增长和经济的发展,生态环境遭到严重破坏,表现为草地退化、沙化和盐碱化面积逐年增加,水土流失日趋严重,荒漠化土地面积不断扩大,天然植被的防风固沙、蓄水保土、涵养水源、保护生物多样性等生态功能大大降低。随着中国退耕还草和美丽中国建设的大力发展,城镇化进程不断加快,城市绿化与运动休闲草坪需求增加,迫切需要能够在中国西北与东北及高海拔寒冷地区种植推广的固沙、固土与改造生态环境的抗寒牧草及草坪草品种。并且,为了满足人口增长对粮食的需求,许多原来条件较好的草地已被垦为农田,造成牧草及草坪草种植不断向着更加严酷的寒冷地域转移,推广种植牧草及草坪草的抗寒育种显得尤为必要。

13.2.2.2 抗寒育种的成就

国外草业发达国家的牧草及草坪草抗寒育种开展较早,研究领域也较广。美国俄克拉荷马州立大学、密西西比州立大学以及密苏里大学等,利用不同育种方法筛选和培育出大量耐寒性强的结缕草和钝叶草品种,从而扩大了它们的种植区域。Burton等(1982)通过γ射线诱变育种育成了杂交狗牙根品种'Tifway'和'Tifgreen'的突变体TifwayⅡ和TifgreenⅡ,均表现抗霜冻性强且返青早,春季恢复较好。美国威斯康星培育的苏丹草品种Piper,能够适应较冷凉和湿润的气候条件,在美国东南部和北部得以广泛的推广应用。中国农业科学院畜牧研究所李敏于1989年将从美国引进的草地早熟禾品种'瓦巴斯'('Wabash')申报为引进品种,通过了中国品种审定登记,该品种不仅耐寒性强,而且质地柔软、耐低修剪。Brewbaker(2008)利用生长在热带高海拔地区耐寒性好的灰白银合欢与新银合欢杂交,经分离而培育成耐寒性好的栽培品种。目前国外牧草及草坪草抗寒育种已经广泛采用了转基因的分子生物技术育种技术,如Hisano等(2004)将小麦中的果聚糖转移酶基因 $wft1$ 和 $wft2$ 转入多年生黑麦草,其转基因植株中积累了大量的果聚糖,植株耐寒能力显著提高。Hu等(2005)通过转导细胞分裂素相关合成基因,显著提高了高羊茅的耐寒性,延长了植株绿期。Li等(2005)将来自大麦的转录因子 $OsDREB1$ 基因转入中华结缕草中,使转基因植株的耐冷性和越冬性显著提高。加拿大魁北克省农业研究机构的科研人员从抗寒苜蓿cDNA库中分离出来表达序列标记(ESTs),通过DNA分子标记和基因图谱分析苜蓿抗寒性和抗冻性。美国爱荷华州立大学,E. G. Brununer等结合基因图谱、基因组和常规育种技术对苜蓿抗寒性研究,他们采

用分子标记技术构建了双倍和四倍体苜蓿的基因图谱。通过绘制各苜蓿品种根部控制生理和代谢基因图谱，从而构建抗寒性多基因框架图。

1949年中华人民共和国成立以后的牧草及草坪草育种工作首先是从抗寒育种开始的。中国育种科研人员从20世纪50年代以来就对苜蓿抗寒品种选育开展了大量工作。其中，吉林省农业科学院吴青年等通过对引种的大量苜蓿品种进行选择育种，在冬季寒冷的公主岭试验场多年越冬残存植株中，从Grimm苜蓿等原始群体中，选育了抗寒性强的'公农1号'和'公农2号'苜蓿品种。内蒙古农牧学院及黑龙江省畜牧研究所分别利用抗寒、抗旱性非常强的野生黄花苜蓿和扁蓿豆与苜蓿进行种间及属间杂交，经多代选育，育成了'草原1号'、'草原2号'、'草原3号'苜蓿及'龙牧801号'、'龙牧803号'和'龙牧806号'苜蓿，为内蒙古及黑龙江两地苜蓿栽培面积的扩大提供了适宜的品种。而甘肃农业大学曹致中、贾笃敬选育的'甘农1号'、'甘农2号'杂花苜蓿以及'甘农3号'紫花苜蓿，内蒙古图牧吉牧场程渡等选育的'图牧1号'紫花苜蓿等品种均具有优良的抗寒性和越冬性，在苜蓿耐寒育种上取得了显著成效。乌云飞等从野生匍匐型扁蓿豆中经多年选择育种选育出'直立型'扁蓿豆品种，于1992年通过全国牧草品种审定委员会审定登记，该品种抗寒性较强，在-40℃低温条件下可安全越冬。王殿魁等（2008）利用辐射将二倍体扁蓿豆与四倍体苜蓿杂交，成功育成两个抗寒性强的异源四倍体苜蓿新品种，'龙牧801'和'龙牧803'苜蓿。这两个品种具有越冬性好、抗寒能力强、耐盐碱和病虫害等优点。唐风兰等（2010）通过利用高能粒子处理选育出的'农菁1号'，不仅耐寒性好，而且高产、质优，是黑龙江审定的第一个牧草新品种及最好苜蓿品种之一，在黑龙江地区得到广泛推广和利用。内蒙古畜牧科学院草原研究所额木和等，经多年栽培驯化，从野生草地早熟禾资源中成功选育出草地早熟禾品种'大青山草'，其具有很强的抗寒性、耐旱性及适应性。江苏省中国科学院植物研究所以质地柔软、均一性好、抗寒、抗病虫的中华结缕草优良种质为母本，以质地细致、青绿期长的沟叶结缕草为父本，通过人工控制杂交育种技术，历时15年，精心育成抗逆优质杂交结缕草新品种'苏植3号'，该品种具有抗寒、耐盐、抗旱等优良特性。四川农业大学彭燕（2017）等通过对野生狗牙根资源筛选及优良资源栽培驯化，选育了通过国家草品种审定品种'川西狗牙根'，其具有绿期长、抗寒性好、春季返青快等优点。

13.2.3 抗寒性的鉴定

13.2.3.1 大田直接鉴定法

大田直接鉴定法是指将植物材料在大田自然条件下种植，在寒害发生期（晚秋、冬季及早春）对寒害进行实地调查，然后根据植物体个体的生长和发育情况直接测定抗寒性、越冬率和对冷季病害的抗性。自然低温条件下的种子发芽力和发芽势，幼苗与植株生长速率、干重变化、根的发育性状及种子成熟能力等形态指标均可作为鉴定其抗寒性的指标。该鉴定方法的鉴定材料面积大、投资少、简单易行、实用价值高，但受气候等环境因素影响严重，年间变化较大，可控性和重复性较差。

13.2.3.2 人工冷冻试验鉴定法

人工冷冻试验鉴定法是指人为利用植物生长箱或可控温室模拟寒害环境，对植物材料进行低温胁迫处理，通过直接观察法或其他方法鉴定植物抗寒性，筛选抗寒材料。该方法受自然环境条件影响小，鉴定快速，可控性和重复性较好，但需要较多设备投资及鉴定费用，只适合于小植株、幼苗或离体器官和组织。为了使试验结果尽可能符合自然界的实际，需要根据试验目的确定降温方式和降温处理程序以及根据要求选择试材。人工冷冻试验的结果基本与植物的大田直接鉴定法表现的抗寒性一致。

13.2.3.3 实验室鉴定法

(1) 与生物膜稳定性有关的鉴定

①电导法 当植物组织细胞遭受低温胁迫后，细胞膜受损，透性增大，使得细胞内电解质外渗增加，引起浸泡液电导率升高。抗寒性较强的植物细胞膜损伤较小，电解质外渗少，浸泡液电导率小，因此可以利用电导率仪测定植株及组织材料浸泡溶液的电导率大小，判断不同植物育种材料抗寒性高低。该法简单快捷，成本低，适于大量材料抗寒性的筛选。

②电阻法 植物细胞间隙和细胞壁中的液体作为电流通道，当植物组织受冷冻后，胞内外渗的电解质增多，电阻变小，所以冷冻后膜的伤害程度与电阻值呈正比。该法测定迅速，操作容易，还可以通过遥控装置对田地中作物连续测定。

③膜脂脂肪酸组成与含量 抗寒性植物细胞膜脂中一般具有较高的不饱和脂肪酸含量。

(2) 与光合器官的结构与功能有关的鉴定

①叶绿体发育法 在常温下培育抗寒性鉴定材料的黄化苗，然后检测其在较高的限界冷温中照光转绿的效应。该法可用于抗寒育种的亲本选择和育种后代材料筛选。

②叶绿素荧光法 低温胁迫会使植物光合代谢作用降低，而光合速率降低影响叶绿素的生物合成，导致叶绿素含量降低。叶片的叶绿素荧光反应是对低温的灵敏指标。抗寒性强的植物在低温胁迫的一定时间内，其叶绿素荧光值下降的幅度比抗寒性弱的植物小得多。因此，低温胁迫下叶绿素荧光值的大小能够反映植物抗寒性。叶绿素荧光鉴定法是一种非破坏性的简单快速与可靠的抗寒性鉴定方法，它也适用于大量育种材料的抗寒性筛选。

(3) 与代谢有关的鉴定

①营养成分测定法 测定抗寒性鉴定材料根系越冬前贮藏的营养成分，主要测定可溶性糖分与可溶性蛋白质含量、细胞液渗透压等。一般抗寒性强的植物材料根系越冬前的贮藏营养成分含量较高。

②其他生理生化指标测定法 可比较鉴定经过与未经过(对照)低温胁迫的植株及组织的超氧化物歧化酶(SOD)、过氧化物酶(POD)、过氧化氢酶(CAT)和抗坏血酸过氧化酶(APX)等抗氧化保护酶活性；可溶性蛋白质、可溶性糖与淀粉含量、丙二醛(MDA)含量、脯氨酸与脱落酸(ABA)含量以及束缚水/自由水比值等。抗氧化酶活性与膜脂过氧化产物MDA的变化，可反映植株低温胁迫下抗氧化防御能力和细胞膜氧化损伤程度；抗逆蛋白质积累有利于稳定水势和活性分子结构；可溶性糖积累有利于防止脱水后蛋白质变性，降低冰点，保护细胞及其膜系统等。

13.2.3.4 秋眠性测定法

秋眠性(Fall dormancy)是指植物在秋季日照变短和温度降低时所表现出的一种适应性生长特性，这种生长特性与植物的抗寒性和生产性能关系密切。秋眠性鉴定方法在苜蓿抗寒性鉴定时运用较多。通过测定苜蓿品种植株秋季休眠的迟早和休眠前1个月内最后一茬草的生长速率等指标可鉴定苜蓿品种秋眠性的等级。试验以秋眠性标准品种作为对照，秋眠性强的品种秋季休眠早，停止生长早，最后一茬草生长很少或停止，营养物质充分地向根部运输积累。将在秋季短日照条件下生长旺盛且适应中国南方气候的苜蓿品种称之为非秋眠品种，而秋季生长停止或生长明显变慢，比较适应中国北方气候的苜蓿品种称为秋眠品种。具有休眠性的品种往往具有较强的抗寒性，而秋眠性弱的品种秋季休眠迟，直到晚秋仍在生长，最后一茬草生长较好，但越冬不好，属于抗寒性较差的类型。

13.2.4 抗寒育种方法

13.2.4.1 抗寒种质资源的筛选与选择育种法

在各种牧草及草坪草的原始地方品种和引进品种中，特别是其野生近缘种中，存在着抗寒性抗源可供筛选利用。因此，自然寒冷条件下大量遗传基础丰富的材料直接筛选为最有效的抗寒育种方法。

选择育种是牧草及草坪草抗寒育种的基本方法。可在自然变异的基础上，在植物群体中选择出具有优良表型性状的抗寒性基因型。常用的选择手段有单株选择、混合选择和轮回选择等。如苜蓿耐寒选择育种是对田间种植苜蓿进行表型选择，目测不同基因型苜蓿的越冬损失，选取优良耐冻性的基因型进行无性繁殖。但由于田间越冬气候多变，外界干扰复杂，所以很难通过一次表型选择实现苜蓿耐冻性的提高。Castonguay 等在室内开展了一个严格控制条件的苜蓿耐寒性轮回选择试验，对不同基因型的个体进行数轮表型选择，选取优良耐冻性的基因型杂交，产生耐冻 TF 群体(tolerance to freezing populations)。TF 群体同最初未经选择的群体比较，在经历严冬后显示出更高的存活率和再生率。虽然这种控制条件的轮回选择历时长，但 TF 群体中累积了大量与耐寒相关的遗传变异，为苜蓿耐寒性遗传基础的研究提供了宝贵的资源，对高产量苜蓿的抗寒育种提供了一个可选方案。

13.2.4.2 杂交育种法

抗寒育种可采用野生品种、原始地方品种、引进品种与栽培品种之间的品种间杂交育种或远缘杂交育种等方法。它可以使双亲基因重新组合，将控制双亲不同性状的优良基因结合于一体，或将双亲中控制同一性状的不同微效基因积累起来产生该性状超过亲本的类型，从而选育出满足育种目标的新品种。杂交育种也是苜蓿耐寒育种的常见方式。如王殿魁等用辐射二倍体扁蓿豆和四倍体苜蓿进行正反杂交试验，成功选育了'龙牧801'苜蓿和'龙牧803'苜蓿两个耐冻抗寒的远缘杂交异源四倍体苜蓿新品种。'龙牧801'苜蓿和'龙牧803'苜蓿越冬性好，抗寒性较强，还具有一定的耐盐碱和抗病虫害能力。

采用野生黄花苜蓿与紫花苜蓿的远缘杂交育种曾选育了许多抗寒苜蓿品种。如内蒙古农牧学院草原系利用抗寒、抗旱性很强的野生黄花苜蓿进行种间远缘杂交育种，育成了'草原1号'和'草原2号'苜蓿，该2个苜蓿品种在冬季-43℃地区越冬率达90%以上。

13.2.4.3 轮回选择与综合品种育种法

抗寒性属多基因遗传，选育方法可应用轮回选择提高牧草及草坪草的抗寒性。很多多年生牧草及草坪草为异花授粉，一般表现自交或近交退化，因此，抗寒育种多采用综合品种，以达到利用杂种优势的目的。如狗牙根综合品种'Guvman'是由两个非常抗寒的异质无性系 PI263302 和 12156 在隔离区内自由传粉，混合而成，具很强的抗寒性，可使狗牙根种子生产区向北推移5个纬度。

13.2.4.4 倍性育种法和诱变育种法

抗寒倍性育种世界上研究最多的是将小麦亚族的栽培作物种与野生植物种进行远缘杂交，以导入野生种质的遗传物质，通过形成多倍体新种质，选育出抗寒性强的种质或品种。

如通过普通小麦与黑麦进行倍性育种选育的八倍体小黑麦具较强的抗寒性与抗旱性。

辐射育种法用于改造牧草及草坪草品种的抗寒性具有良好的效果。如美国从杂交狗牙根品种'Tifgreen'中选到一个不育的三倍体自然突变体，经过选择培育成了杂交狗牙根品种'Tifdwarf'。之后，用γ射线1.806~2.322C/kg照射该品种的休眠根茎，结果产生了158种变异，从中选育了很多新品种。如'Tifway'品种，其表现与'Tifgreen'相似，但具有较强的抗霜冻性和抗虫性。

13.2.4.5 生物技术育种法

随着转基因等生物技术的不断革新与成熟及成本的逐步降低，利用生物技术育种方法创制抗寒品种充满潜力。在各种牧草及草坪草的野生资源、原始地方品种、引进品种及近源物种中，往往存在许多抗寒性抗源，寻找有效的抗寒基因资源并把它们导入到高产优质的栽培品种，是培育抗寒优良品种十分有效的方法。在苜蓿、匍匐翦股颖等牧草及草坪草抗寒育种中，生物技术育种方法均进行了许多有效探索与研究，为培育牧草及草坪草耐寒新品种奠定了良好的基础。

13.3 抗旱育种

13.3.1 抗旱育种概述

13.3.1.1 干旱与抗旱性

干旱是指长期无降水或降水显著偏少，以及无水灌溉或灌溉不足，使土壤水分不足，植物生产所需水分得不到满足而对植株正常生长发育造成损伤进而导致减产或品质降低的现象。按其成因可分为土壤干旱、大气干旱和生理干旱等3种类型。大气干旱是指由于高温、低湿并伴有风的条件下，使植物更容易失水造成损害的干热风现象。土壤干旱是指土壤由于长期无降水或降水偏少，以及无水灌溉或灌溉不足，使植物根部不能从土壤中吸收水分而形成的水分胁迫现象。生理干旱是指土壤温度过高与过低、土壤通气不良、土壤溶液浓度过高以及土壤中积累某些有毒的化学物质等不良的土壤环境条件，使植物生理过程发生障碍，导致根系不能从土壤吸收足够的水分，使植株水分平衡失调所造成损害的现象。旱害(drought damage)是指由于土壤缺乏水分或者大气相对湿度过低等干旱对植物造成的危害。

植物对干旱胁迫的抵抗和忍耐能力叫抗旱性(drought tolerance)。广义的植物抗旱性包括避旱性、免旱性和耐旱性等3类。避旱性是指通过早熟或发育上的可塑性，在时间上避开干旱的危害，它实质上不属于抗旱性，而是某些植物对生存条件长期适应的结果。如一些干旱草原的植物，在早春即利用有限的降水及秋雨在土壤中蓄积的水分，很快开花结籽，完成生命周期；有的迟至夏末或秋季雨季来临时迅速开花结实而避过干旱，在干旱季节则以休眠渡过。免旱性是指在生长环境中水分不足时，植物体内仍保持一部分水分而免受伤害，以致能进行正常生长发育的性能。耐旱性是指植物忍受组织低水势的能力，在其内部结构可与水分胁迫达到热力学平衡，从而不受伤害或减轻损害。免旱性大都表现在形态结构上，而耐旱性主要表现在生理生化特性上。

13.3.1.2 抗旱育种的意义

抗旱育种是选用适当的育种方法，选育抗旱作物品种和推广应用的过程。据统计，全世界的干旱、半干旱地区超过世界土地总面积的 1/3，而中国更是有占总耕地面积 1/2 的干旱、半干旱地区，而且旱灾也会不时的袭击非干旱地区。干旱已成为世界农业与社会发展的制约因素，它作为第一大自然逆境对世界作物产量的影响相当于其他自然灾害之和。干旱还随着全球气候变暖有日趋严重之势。旱害不仅是干旱和半干旱地区牧草生产及草坪草养护管理的主要障碍之一，它常造成牧草减产，品质下降，并增加草坪维护成本等。而且，中国长江中下游低海拔地区夏季高温伏旱，也不利于温带牧草及早熟禾、高羊茅、黑麦草、白三叶等冷季型草坪草越夏，提高牧草及草坪草抗旱性已成为重要的育种目标。因此，深入研究牧草及草坪草的抗旱性，加速培育抗旱性品种，对于克服干旱、风烛等自然条件对牧草及草坪草栽培的制约，扩大种植范围，提高生产力，具有举足轻重的意义。

13.3.2 抗旱性鉴定技术和指标

13.3.2.1 抗旱性的鉴定方法

（1）田间直接鉴定法

田间直接鉴定法是指将待鉴定的植物材料直接种植于田间，利用自然降水不足或控制灌溉等方法造成不同程度的干旱胁迫条件，在某个特定生长发育阶段或整个生育期内，以与抗旱性相关的形态或生理生化指标及产量与品质等指标为依据，来评价供试材料的抗旱性。该方法简单易行，不需要借助特殊的仪器设备；同时能收获种子，对于后续抗旱品种选育十分有利；对于同一自然条件下的作物，其鉴定结果十分可靠。因此，该方法被认为是最直接有效的抗旱鉴定方法之一。但是由于每年的降水量不同，导致该方法鉴定结果的年际间变化大，重复性较差。

（2）室内人工控制干旱胁迫法

室内人工控制干旱胁迫法是指将鉴定植物材料置于可人工控制水分的干旱棚、抗旱池、人工气候箱或温室内，研究水分胁迫对其生长发育、生理过程或产量的影响。此法的鉴定结果便于比较，也较为可靠。同时便于控制胁迫时间、强度和重复次数，可选择任何生长发育阶段进行鉴定。但该法需要一定设备，能源消耗大，难以大批量进行。同时，由于温室环境与大田环境条件的差异，会产生一定的试验误差。

常用的室内人工控制干旱胁迫法有反复干旱法和连续干旱法。反复干旱法是将试验材料种植在盆钵内，播种后浇水，当进入某个待鉴定的生育期时，停止浇水，进行干旱处理。在50%的植株达永久萎蔫时，定量灌水使植株恢复生长一定时间，再次干旱处理使之萎蔫，重复 2~3 次，以最后存活苗的百分率评价品种的抗旱性。

连续干旱法是将试验材料种植在盆钵内，播后浇水，当进入某个待鉴定的生育期时，灌透水，然后进行干旱试验，不再灌水。每间隔一定的时间测一次土壤含水量，并观察各试验材料在干旱胁迫条件下的适应性及其伤害症状。

（3）高渗溶液法

高渗溶液法即高渗溶液模拟干旱胁迫鉴定法，是在实验室内利用高渗溶液（聚乙二醇、甘露醇、蔗糖）处理植物种子或幼苗，造成植物的生理干旱，观察干旱胁迫对种子萌发和幼苗生长发育的影响，从而鉴定抗旱性。该法简单易行，重复性好，适合于大批量育种材料萌发与幼苗期的抗旱性鉴定，生育后期鉴定比较困难。其中，相对分子质量为 6000 的聚乙二醇（PEG），不能透过细胞壁，不对植物细胞造成伤害。因此，PEG 模拟干旱胁迫，已经成为测定种子萌发期抗旱能力的一种常用方法。

(4) 分子生物学方法

分子生物学方法是指不经过干旱胁迫,直接找出标记基因,并用这种基因的表达形式确定植物的抗旱性。在植物抗旱性鉴定时,用特定的分子标记探针便可很容易地甄别出待鉴定育种材料有无抗旱基因存在。此法目前尚处研究阶段,并且成本很高,但从长远看来这种方法的应用很有前途。

(5) 间接鉴定方法

间接鉴定方法是指根据与抗旱性密切相关的生态因子、种苗特性、形态特征、生理生化指标等进行育种材料的抗旱性鉴定。生态因子间接鉴定可根据抗旱性强的品种有较高的温度系数,温度系数是指温度每升高 10℃,呼吸速率增加的倍数;还可在常年干旱地区,通过产量与品质的选择以间接选择抗旱性。种苗特性的间接鉴定可根据胚根/胚芽比大的类型其抗旱性较强;种茎或茎段的离体生长能力大,抗旱性强;干旱或高渗溶液下的出苗率、种子萌发胁迫指数、反复干旱后的成活率、绝对干旱后的成活率等均可表现植物抗旱的真正能力。还可采用盆栽法,控制土壤水分含量,测定各供试材料发生萎蔫时的含水量,发生不可逆萎蔫时的含水量。形态特征的间接鉴定可根据根系形态指标、叶的形态特征与植株冠层结构等。生理生化常用的间接鉴定方法有水分饱和亏缺(WSD)和相对含水量(RWC)、细胞的质膜透性、渗透调节物质、叶绿素含量等测定。WSD 是指与水分完全饱和时相比的缺水量;RWC 是指植物组织含水量占饱和含水量的百分数。

13.3.2.2 抗旱性的鉴定指标

(1) 生长发育指标

干旱对牧草及草坪草生长发育具有很大的影响,目前常用评价指标主要包括种子发芽率、发芽势、发芽指数、活力指数、干物质积累速率与积累量、株高、叶片数与单叶面积、枯叶与黄叶数、干旱后植物的产量和减产百分率及幼苗与植株存活率等。这些指标受干旱影响最为显著,遗传变异较大,测定方法简单可靠。

(2) 形态与解剖结构指标

形态与解剖结构指标是人们最早评价植物抗旱性的鉴定指标,常用指标主要有:叶形态及解剖结构(叶面积、形状、叶卷曲程度、角度、角质层厚度、气孔密度、表皮毛孔密度、气孔开度与下陷程度、栅栏组织厚度、海绵组织厚度、栅栏组织厚度与海绵组织厚度比)、根系形态与解剖结构(根系总长与最长根长、根数、根幅、根干鲜比、木质部导管直径与数量、导管面积与根或茎横断面积比)性状、植株冠层结构特征与根冠比等。该类指标测定方法比较简单直观,应用较多。但这些指标一般变异都比较小,对干旱的反应也不甚敏感。如长期生长在降水量较少地区的牧草及草坪草,往往形态上表现出植株紧凑,叶直立,根系发达,具有较大的根冠比,通过使叶片角质层增厚及气孔下陷等以减少蒸发从而抵御干旱胁迫。抗旱性强的植株叶片还具有维管束排列紧密、导管多且直径大的解剖结构特点。一般认为禾本科牧草及草坪草抗旱性强的形态结构指标为叶片窄长,叶片薄,叶色淡绿,叶片与茎干夹角小,干旱时卷叶等。

(3) 生理生化指标

生理生化常用的间接鉴定指标有植物叶片等器官组织的 WSD 与 RWC,植物组织浸提液的电导率值,无机离子 K^+ 与 Na^+ 及甜菜碱的含量,气孔扩散阻力和蒸腾速率,叶片组织含水量与离体叶片保水力，MDA、脱落酸、乙烯、脯氨酸和可溶性碳水化合物含量，SOD、POD、APX 与 CAT 活性；叶绿素含量、光合强度与叶绿素荧光参数等。

（4）综合指标

目前国内外学者大多采用一定的数学方法获得综合值作为衡量评价抗旱性强弱的最终标准，主要的数量分析方法如下。

①隶属函数法　先求出各待评价育种材料各抗旱指标的具体隶属值，再对指定育种材料各个抗旱指标的隶属值进行累加，求其平均值，根据各育种材料的隶属值平均值的大小确定其抗旱性强弱。

②抗旱性指数　利用各种不同指标对植物的抗旱性进行综合评价是常用方法之一。先确定待测指标与植物抗旱性的关联性（正相关或负相关），再求出每个指标的抗旱性指数，综合各指标抗旱性指数确定待评价育种材料的抗旱性。

③抗旱性的分级评价法　把所有指标都分为相同数目的级别（一般分 5 级），测定待评价育种材料在干旱胁迫下的这些指标值，划定级别，把各项指标值相加，即可得到待评价材料的抗旱总级别值。

此外，抗旱性综合评定也可通过数学分析方法，如聚类分析法、加权评分法、灰色关联度模型等。

13.3.3　抗旱育种方法

13.3.3.1　抗旱种质资源的筛选与选择育种法

不同牧草及草坪草种（品种）对干旱或水分胁迫会表现出不同的抗性。因此，抗旱种质资源的筛选与选择育种法，是选育出适应各地自然环境和栽培条件及抗旱性强的品种的有效育种方法。而且，建立高效的抗旱性筛选评价系统也是选育抗旱品种的重要研究内容。如内蒙古农牧学院乌云飞等在 1980—1990 年，从引种栽培的不同生态类型扁蓿豆中，采用多次混合选择法，育成了耐旱性较强的'直立型'扁蓿豆（*Melissitus ruthenica* 'Zhili'）品种，于 1992 年通过全国牧草品种审定委员会审定登记，其叶片解剖结构中具有紧密排列的栅栏组织和厚壁组织维管束鞘，其中厚壁组织构成的维管束鞘有利于减少维管束内水分的散失，提高水分利用率；发达的根系加大了植物的吸水表面积，能够吸收深层土壤中的水分；而且，其植株光合速率较高而光合休眠短，这些是'直立型'扁蓿豆抗旱、高光合产量的重要生理特性。湖北省农业科学院畜牧医研究所利用从国外引种白三叶品种瑞加（Regal）为原始材料，以抗旱耐热为主要性状，在武汉地区夏季高温伏旱的生态条件下，采用自然选择和人工选择相结合的方法，经单株选择、分系比较鉴定，多系杂交选育而成'鄂牧 1 号'白三叶抗旱耐热新品种，于 1997 年通过全国牧草品种审定委员会审定登记，其越夏率比原品种提高 15%，产草量提高 11%。

13.3.3.2　杂交育种法

杂交育种仍然是选育抗旱品种的主要方法。通常采用耐旱品种与农艺性状较好的品种杂交，在干旱胁迫条件下选择耐旱且产量较高、品质较好的杂种后代，可望育成综合性状优良的耐旱品种。如南京农业大学王槐三等以品质优良的黑麦草品种 Manawa（$2n=14$）为母本，以抗旱耐热性强的苇状羊茅品种 K31（$2n=42$）为父本进行属间有性杂交，对其杂种后代采用单株和系统混合选择法，育成了'南农 1 号'羊茅黑麦草新品种，于 1998 年通过全国牧草品种审定委员会审定登记，该品种耐寒、耐湿、耐盐碱、较抗干热。

13.3.3.3 生物技术育种法

随着生物技术的发展，除了传统育种技术外，细胞工程和基因工程等生物技术育种也被越来越多地应用到抗旱品种的选育工作中。利用生物育种技术诱导体细胞变异，或是将选定的抗旱基因有目的地导入特定牧草及草坪草的原生质体或愈伤组织中，获得具有抗旱基因的目标品种，从而有效改良该牧草及草坪草的抗旱性状。目前牧草及草坪草的抗旱生物技术育种获得了可喜的进展，如转入细胞分裂素合成基因的匍匐翦股颖和转入蜡质合成基因的三叶草，抗旱性得到明显增强。Lepage 于 2000 年将来自微生物的果聚糖转移酶基因 $SacB$ 转入白三叶草，发现转基因植株茎中可溶性碳水化合物积累增加的同时，植株的抗干旱能力也增强。同年，Jenkins 也得到相似的结果。徐倩（2016）前期从耐热粗糙翦股颖（$Agrostis\ scabra$）品种 NTAS 中成功鉴定出一条与草坪草耐热相关的扩展蛋白基因 $AsEXP1$，该基因受高温诱导表达，并且在耐热品种中表达量高，在不耐热品种中表达量低或者不表达。

13.4 抗盐碱育种

据联合国教科文组织和联合国粮农组织统计，全世界盐碱地面积为 $9.54×10^8\ hm^2$，占全球陆地面积的 7.26%，其中约有 5% 即约 $15×10^8\ hm^2$ 为耕地。中国西北、华北、东北及沿海地区各类型盐碱土壤面积 $0.33×10^8\ hm^2$，其中盐渍化耕地 $800×10^4\ hm^2$ 左右。盐碱地改良的一项重要措施就是种植耐盐碱牧草及草坪草。因此，选育和推广应用牧草及草坪草耐盐碱品种，对改良土壤、扩大作物播种面积及生态环境治理均具有重要意义。

13.4.1 盐害与植物耐盐性

13.4.1.1 盐害

（1）盐土的含义

在一些干旱和半干旱地区，由于蒸发强烈，随着地下水蒸发把盐带到土壤表层，使地下水所含有的盐分残留在土壤表层，加上降水量小，导致土壤表层的盐分积累越来越多，特别是一些易溶解的盐类，如 $NaCl$、Na_2CO_3、Na_2SO_4 等，结果形成盐渍化土壤。海滨地区海水的倒灌也可使土壤表层的盐分升高。习惯上把 $NaCl$（氯化钠）与 Na_2SO_4（硫酸钠）为主要成分的土壤称为盐土；将 Na_2CO_3（碳酸钠）与 $NaHCO_3$（碳酸氢钠）为主要成分的土壤称为碱土。但是，盐土与碱土两者常同时存在，难以绝对划分。因此，生产实践中通常把盐分过多的土壤统称为盐碱土，简称为盐土。

此外，也将盐渍化土壤称为盐碱地，如果按盐分含量和碱化度划分，即土壤 0~30 cm 的盐分含量 >0.1%；碱化度 >0.5% 则属盐渍土壤范畴。

（2）盐害及其分类

大部分植物在 0.30% 的盐分时便受到危害，大于 0.50% 就不能生存。由于土壤中可溶性盐碱类过量对植物造成的损害称为盐碱害或盐碱胁迫，简称盐害或盐胁迫。植物遭受盐害的症状表现为叶片生长速率减慢，植株缺水使其光合作用严重受阻，碳水化合物枯竭，导致植物死亡。盐害即植物遭受盐渍的伤害可分为渗透胁迫和离子效应两种类型。

①渗透胁迫　渗透胁迫是指由于盐渍土壤中大量可溶性盐使土壤渗透势增高，水势下降及水分有效性显著降低，造成植物吸水困难，生长受抑制的现象，即产生生理干旱的水分胁迫。土壤盐浓度在0.35%以上时，植物成苗困难。在高盐胁迫下，光合作用合成的有机物有相当一部分用于维持体内的渗透压，使其能在高盐土壤中吸收水分，从而使生长速率减慢或发育受阻。同时，由于渗透胁迫造成的水分胁迫，使植物为保持较高的水势而关闭气孔，这样严重阻碍CO_2进入叶肉细胞，光合作用受阻。

盐害的渗透胁迫还可造成氧化胁迫。盐胁迫等逆境条件下，植物体内活性氧代谢系统的平衡受到干扰，活性氧的产生量增加，破坏活性氧清除剂（SOD、CAT、POD等）的结构，降低其活性及含量水平。而植物体内活性氧含量增高会诱导膜脂过氧化或膜脂脱脂作用，必然导致膜的完整性破坏。

②离子效应　离子效应是指由于离子的颉颃作用，导致植物吸收某种盐类过多而排斥了对另一些营养元素的吸收，从而影响植物正常代谢的现象。植物盐害离子效应的一个主要表现是在盐胁迫下，植物体内养分离子的不平衡。盐分离子包括Cl^-、SO_4^{2-}、HCO^-、CO_3^{2-}、Na^+、K^+、Mg^{2+}和Ca^{2+}，Na^+是主要的阳离子。高浓度的Na^+严重阻碍了K^+和Ca^{2+}的吸收和运输；Cl^-抑制了NO_3^-及$H_2PO_3^-$的吸收，其原因可能是离子之间存在着竞争抑制作用。

盐害的离子效应还可造成离子毒害。大部分植物不能在盐渍化土壤上正常生长的原因之一，是其高浓度的Na^+对植物的毒害作用。植物细胞的膜系统是盐害的原初部位和主要部位，质膜在受到盐胁迫后会发生一系列变化，使膜的正常功能受到损害。另外，盐分过多会抑制植物生长和发育，并干扰正常的代谢活动。

13.4.1.2　植物耐盐性

（1）耐盐性的含义

植物对盐碱害的耐性称为耐盐碱性，简称为耐盐性（salt tolerance）。不同植物种以及相同植物种不同品种或类型对盐害的抵抗或耐受能力存在明显差异。根据植物耐盐能力的不同，可将其分为盐生植物（halophyte）和非盐生植物（nonhalophyte）或甜土植物（glycophyte）。

盐生植物是一类能够在盐渍化土壤上生长的植物，盐生植物比较耐盐。土壤中含有大量的可溶性钠盐对大多数植物是有害的，通常土壤中含有0.05%的氯化钠时，许多植物就不能忍受，但盐生植物可以生长在含盐量高达3%~4%的土壤中。

绝大多数植物属于非盐生植物，耐盐能力低。但是，不同的非盐生植物，耐盐能力也有明显差异。如禾本科牧草及草坪草的抗盐性大于豆科的抗盐性；一年生湖南稷子（*Echinochloa crusgalli*）可在硫酸盐盐渍度为0.3%~0.5%的土壤上生长；草木犀可在全盐含量0.8%的土地种植；而紫花苜蓿只能在0.4%的土地建植成功。

（2）耐盐性的类型

植物耐盐性的基本方式有避盐性（salt escaping）和耐盐性（salt tolerance）两种类型。避盐性是指植物虽然生长在高盐环境中，但植株体内盐分含量不高，可通过拒盐、泌盐、稀盐、聚盐等方式避免盐分过多对植物的危害。耐盐性是指植物在盐胁迫下，能够通过生理代谢反应来适应或抵抗进入细胞盐分伤害的特性。

13.4.2 植物的耐盐机制

13.4.2.1 植物的避盐性机制

(1) 拒盐植物

拒盐植物细胞的原生质对盐分离子的透性很小，并在液泡内积累有机酸、可溶性糖和其他物质，渗透压较高，能从外界吸水，在一定的盐分范围内植物很少或不吸收盐分，因此对盐胁迫具有耐受性。小花碱茅（*Puccinellia tenuiflora*）、朝鲜碱茅（*Puccinellia chinampoensis*）、赖草（*Leymus secalinus*）、芦苇（*Phragmites australis*）等均属于此类。它们的共同特点是具有发达的根系，可通过根细胞的选择吸收及选择性运输盐分离子，以达到拒盐目的，具有既能拒绝吸收过量的有害离子，又能限制其运送到植株其他组织的能力。

(2) 泌盐植物

泌盐植物能够将吸收的盐分通过机体或盐腺或表皮盐囊泡主动排出体外，以此来阻止盐分在体内的过量积累而避免盐害。泌盐的方式分为3种：

①机体泌盐　如海韭菜（*Triglochin maritimum*）将根系吸收的盐分输送到叶片后，采取脱落老叶排除盐分，再生长新叶片，以避免盐害。

②通过表皮囊泌盐　如西伯利亚滨藜（*Atriplex sibirica*）具表皮囊，盐分由叶片分泌至囊内，泌囊破裂后排出盐分，而后再产生新囊，从而使叶片盐分保持稳定。

③具有盐腺并通过盐腺泌盐　盐腺细胞的细胞质比较浓稠，线粒体含量较丰富，他们能将盐离子分泌到叶片和枝条后排出体外。如中华结缕草耐盐土生境，它的盐腺发育过程是盐腺原始细胞起源于叶原基和茎尖、幼叶的原表皮。有的原表皮细胞突出生长，原生质变浓，细胞核变大，形成盐腺原始细胞。后经过平周分裂（不均等分裂）形成两个子细胞，其中一个子细胞发育成帽细胞，细胞核大且明显，另一子细胞发育成基细胞，最终形成盐腺。盐腺基细胞肩部和底部与表皮细胞和叶肉细胞之间没有角质层隔开。角质层向外延伸越过帽状细胞，在角质层和帽细胞之间形成一空腔。泌盐时顶部先形成突起，随后突起伸长，形成顶端具小孔的具膜小管。小管中含有浓盐液，随后小管破裂在盐腺帽细胞处形成盐结晶。

(3) 稀盐植物

稀盐植物采用增加肉质吸收大量水分或加快生长速率的方式，将吸收到体内的盐分稀释到不发生盐害程度，以抵御盐胁迫伤害。稀盐机制有如下2种：

①通过增大机体的肉质实现稀盐　如盐角草（*Salicornia curopaca*）和灰绿碱蓬（*Suaeda glauca*）等盐生植物，具有肉质茎，肉质发达，薄壁细胞数量多，吸收水分丰富，可以稀释降低细胞汁液中盐分浓度，从而减少盐胁迫对植物的伤害。其体内有盐泡，能将原生质内的盐分排到盐泡里去，使细胞的渗透压增加，从而提高吸收水分、养分的能力。它们能从土层深处及地下水中吸收水分和盐分，将盐分累积于植物体中，植物死亡后，有机残体分解，盐分便回归土壤，逐渐积累于地表，因而具有一定的聚盐作用。因此，该类稀盐植物也称聚盐植物或积盐植物。

②通过快速生长稀盐　有些植物既不拒盐，又不泌盐，主要靠叶片的快速生长稀释盐分，保持体内盐类离子的稳定浓度。如有的大麦能通过吸水与叶片加速生长以稀释吸进盐分。

13.4.2.2 植物的耐盐性机制

(1) 渗透调节

渗透调节能力是植物耐盐的最基本特征之一。与耐旱性不同，参与盐渍中植物渗透调节过程的不仅有游离氨基酸(脯氨酸等)、甜菜碱、有机酸类、可溶性糖和多元醇等小分子有机物，还有 K^+、Na^+、Ca^{2+}、Mg^{2+} 和 Cl^-、SO_4^{2-}、NO_3^- 等多种无机盐离子。盐胁迫下，植物机体内合成有机小分子物质是植物缓解渗透胁迫的重要方式。植物细胞中常积累一些小分子有机物质，作为渗透调节剂以维持高的细胞质渗透压，适应外界的低水势，便于植物在高盐条件下对水分的吸收，保证细胞的正常生理功能。此外，许多盐生植物在盐分胁迫下，主要依靠从外界介质中吸收和积累大量的无机盐离子，在无需消耗有机物和能量的情况下，能够短时间内高效地完成渗透调节，从而避免脱水，防止盐害。

(2) 离子调节

盐胁迫会影响植物细胞内的离子稳态平衡，造成离子代谢紊乱，导致细胞中积累大部分无机离子，主要是 Na^+，它不仅造成 Na^+ 在植物体内分布的不均衡性，也影响 K^+、Ca^{2+}、Mg^{2+} 等在体内的分布，高浓度的 Na^+ 还会产生毒害作用，影响其他离子在植物体内的功能。因此，盐胁迫下，植物体内建立新的离子稳态平衡对适应盐胁迫、维持正常的生命活动至关重要，降低细胞质中的 Na^+ 积累是提高植物耐盐性的一条重要途径。植物阻止 Na^+ 积累有以下几种途径：①限制根对 Na^+ 吸收和向地上部的运输。②通过质膜将 Na^+ 排入液泡。这是一种将进入胞内的盐分离子进行区域化的区隔化机制，主要依赖位于膜上的离子泵实现离子跨膜运输完成。该运输系统需要利用 ATP 酶使 ATP 水解产生的能量，将 H^+ 泵到液泡膜外，造成质子电化学梯度，驱动 Na^+ 的跨膜运输，从而实现盐离子的区隔化。

(3) 抗氧化系统调节

盐胁迫下，植物体内的光合电子传递、呼吸电子传递等代谢过程中会产生大量的活性氧(ROS)并积累在细胞中，ROS 会引起膜脂中不饱和脂肪酸的过氧化，从而破坏膜脂、膜蛋白及核酸等生物大分子的结构和功能，使细胞质膜产生胁变，增加细胞膜透性，最终导致膜系统破碎。为此，植物会启动抗氧化系统清除并维持体内 ROS 的动态平衡，保护膜结构和维护膜系统的稳定性，保证自身正常代谢活动的顺利进行。植物抗氧化系统可分为酶促防御系统和非酶促防御系统，酶促防御系统包括 SOD、POD 和 CAT 等植物体内的保护酶系统，能清除膜脂过氧化作用产生的 MDA；非酶促防御系统主要包括抗坏血酸-谷胱甘肽(AsA-GSH)循环系统中的抗氧化代谢物。

(4) 改变碳代谢途径

盐胁迫下，植物代谢会受到干扰而发生紊乱，而一些肉质植物则能通过改变其自身的光合碳同化代谢途径适应盐逆境生境，即由 C_3 途径改变成 CAM(Crassulacean acid metabolism, 景天酸代谢)途径，如龙舌兰科、仙人掌科的一些植物。

(5) 胁迫信号系统与 Ca^{2+} 调节

钙离子被称为细胞内的第二信使，其浓度变化可调节细胞的功能。Ca^{2+} 调节主要是通过一种能与钙离子结合的钙调蛋白而实现的，由一个特殊信号引发钙的所有变化称为钙信号，钙信号的表达不仅与浓度有关，而且与钙在细胞内的时空状态有关。钙信号传输途径通过钙受体，它监视钙浓度的时空变化。细胞质中 Ca^{2+} 水平的调节是真核生物细胞功能调节的关键组分和钙信使作用的基础。细胞质中 Ca^{2+} 的主动运输依赖定位于质膜和内质网膜中高亲和的

Ca^{2+}-ATPase 和定位于液泡中亲和力较低的 Ca^{2+}/H^+ 逆向运输体系。研究已表明，钙调磷酸酶(CaN)的激活需要 Ca^{2+}-钙调蛋白复合体的参与，CaN 能限制细胞 Na^+ 的内流同时增强 Na^+ 的外排，从而有效抑制过多 Na^+ 在植物细胞内的积累。提高 CaN 的活性能显著提高拟南芥及水稻等植株的耐盐性。

13.4.3 植物耐盐性鉴定方法与指标

13.4.3.1 鉴定方法

(1) 直接鉴定

植物耐盐性的直接鉴定法是指采用不同浓度盐溶液或土壤(黏土或砂土)种植种子、幼苗和成株，进行其耐盐性鉴定的方法。它分为田间鉴定法与盆栽试验鉴定法。田间鉴定法是指将供试育种材料种植于不同程度的盐碱地上，根据植株的生长状况及产量表现评定其耐盐性。牧草及草坪草在盐胁迫下的田间表现是评价其耐盐性的最可靠标志。

盆栽试验鉴定法是一种用盆钵栽培技术进行抗盐碱性鉴定的试验方法。盆栽试验鉴定法又分为营养液水培栽培法与砂培或土培栽培法。营养液水培栽培法将植物的根系直接浸润于营养液中，控制营养液的盐分和营养成分，这种营养液能替代盐胁迫土壤，根据植物的生长发育表现测定其耐盐性；砂培或土培栽培法将植物种植在装有能控制盐分浓度的土壤或砂的盆钵容器中，根据待鉴定植物材料的生长发育表现确定其耐盐性。营养液水培试验所用的含盐营养液为人工配制或从当地土壤中浸提获得。但在引种筛选耐盐牧草及草坪草时应注意如下原则：要具备合适的生产能力与生境条件的选择适应；需注意抗盐牧草及草坪草的灰分含量。灰分含量大于 20% 的牧草不具有饲用价值；尽量选择抗盐力强的耐盐牧草及草坪草；需具备改良盐渍土壤理化性状的功效。盆栽试验法由于盆钵体积小，栽培植株数目少，可通过人工有效地控制土壤、养分与盐分、水分、温度、湿度、光照等条件，可按照先前设计要求进行耐盐性鉴定试验，从而确保试验数据的相对精确性。

(2) 间接鉴定

植物耐盐性的间接鉴定法是指采用生理生化分析手段，通过分析比较供试育种材料在盐胁迫条件下生理代谢过程中的物质变化而进行的耐盐性评价。即盐胁迫条件下，通过育种材料的生理生化指标测定，间接鉴定其抗盐能力。它是对大量育种材料进行快速耐盐性评价时常用的一种方法。

13.4.3.2 鉴定指标

(1) 形态与生长发育指标

①种子发芽率和出苗率、株高、根长、地上与地下部鲜重及干重、草产量与种子产量等。通常在盐胁迫条件下，植物种子发芽率和出苗率、株高、根长、地上与地下部鲜重及干重、草产量与种子产量等与其品种或类型的耐盐性呈正相关。

②盐害率(P)和盐害指数(D) P 和 D 可表示植物受盐害的广度和强度，其计算公式为：$P=$(受盐害植株数/调查植株总数)$\times 100\%$；$D=$(盐害代表级数$\times$受害植株数)/(调查植株总数$\times$盐害最高级数)100%。

③生长指标 国内外多采用生长指标来度量植物耐盐性。通常用 $Y=A+BX$ 表示，其中 Y 为植物或器官的生物量或产量；X 为植物生长介质中的盐分含量；A 为生长显著受阻的最低盐分浓度；B 为每增加单位盐分浓度所降低的生物量或产量。

(2) 生理生化指标

植物耐盐性鉴定的生理生化指标有表示细胞质膜透性的膜上 ATP 酶活性与植株浸渍液的电导率；根系 Na^+、K^+ 含量和 Na^+/K^+ 比值、Na^+/Ca^{2+} 比值；SOD、POD 和 CAT 等保护性酶系统的酶活性与 MDA 含量；脯氨酸、甘氨酸、甜菜碱等有机渗透物质含量等。

13.4.4 抗盐碱育种方法

13.4.4.1 耐盐种质的筛选与选择育种法

耐盐种质资源的筛选与选择育种法为耐盐育种的基本方法。该方法就是在盐胁迫条件下对大量育种种质材料进行耐盐性鉴定筛选。采用该育种方法也选育了许多牧草及草坪草抗盐品种。如国外通过对羊茅属和翦股颖种质资源的筛选，分别选育了'萨尔多'紫羊茅（Saltol）、'道森'细茎羊茅（Dawson）、'海风'细茎羊茅（Seabreeze）等羊茅属强耐盐品种，以及'海滨'（Seaside）、'海滨2号'（SeasideⅡ）和'潜艇'（Marine）等匍匐翦股颖强耐盐品种，它们被广泛应用于受到盐碱侵蚀的路基植被恢复和盐渍化较重地区的绿地草坪建植。

此外，引种是中国进行牧草及草坪草耐盐品种筛选与选择育种的主要工作。中国许多地区广泛从各地或从本地筛选或从外地引进耐盐品种，用来改良盐碱草地，以提高盐碱草地生产力和防止草地进一步盐碱化。目前引种比较成功的事例有：碱茅在河西走廊的内陆盐土改良中得到大面积应用；星星草在松嫩碱化草地上大面积种植；内蒙古河套灌区盐碱地上也种植了大量的碱茅和星星草；大米草和田菁在江苏滩涂的氯化物盐渍地推广；湖南稷子主要在宁夏的盐渍化耕地中种植；黄花草木犀和白花草木犀在西北地区的轻、中度盐渍地广泛种植。

13.4.4.2 杂交育种法

杂交育种方法是获得稳定遗传耐盐品种最可靠的方法。如中国农业科学院北京畜牧兽医研究所耿华珠等以保定苜蓿、秘鲁苜蓿、南皮苜蓿、RS 苜蓿及经细胞耐盐诱变筛选的优良株系为原始材料，种植在含盐量 0.4% 的盐碱地上开放授粉杂交，经田间混合选择 4 代，育成了中苜 1 号耐盐碱苜蓿品种，在含盐量 0.3% 的盐碱地上种植比对照品种增产 10% 以上，在 0.4% 的盐碱地上也能成活，于 1997 年通过全国牧草品种审定登记。

13.4.4.3 生物技术育种法

生物技术育种法是选育耐盐植物品种具有极大潜力的育种方法。近年来，应用遗传工程等生物技术育种方法选育牧草及草坪草耐盐种质的研究，取得了很大进展。许多渗透调节基因、Na^+/K^+ 离子转运基因和渗透调节物质合成酶基因已相继被克隆，采用基因枪和农杆菌感染法将这些基因转化双子叶和单子叶牧草及草坪草植物，获得的转基因植株其耐盐性得到显著提高，为耐盐育种提供了新的种质资源。

思考题

1. 名词解释

   抗逆育种　逆境胁迫　抗寒性　冻害　冷害　抗雪性　抗霜性　抗旱性　大气干旱　土壤干旱　耐旱　避旱　抗盐性　盐土　碱土　越冬性与秋眠性

2. 逆境包括哪几类？植物抗逆育种有什么特点与基本方法？
3. 试论述抗逆育种在草业生产上有何现实意义。

4. 试论述抗寒性、抗旱性与抗盐性的鉴定方法与指标。
5. 试论述植物抗盐性的机制。
6. 试举例说明牧草及草坪草抗寒、抗旱和抗盐育种常采用哪些育种方法？
7. 试论述生物技术育种在抗逆育种中的作用及其发展潜力。

第 14 章 牧草品质育种

牧草品质(forage quality)是指在采用牧草饲喂和放牧家畜时,影响牧草适口性和家畜生产性能的牧草各种理化成分。牧草品质的好坏不仅影响家畜的采食量,而且还影响家畜的生长发育及生产性能,也影响畜产品的产量和品质。它是牧草产品保证家畜健康和良好生产性能的前提。牧草品质是牧草育种的重要目标性状,通过各种育种技术手段对牧草进行品质改良的原理及技术,也是牧草及草坪草育种学的重要内容。

14.1 牧草品质育种的意义及其进展

牧草品质育种(forage quality breeding)是指根据家畜的营养要求,采用育种技术和方法,对影响牧草饲用价值的特征特性进行改良,选育优质牧草新品种的过程。

14.1.1 牧草品质育种的意义

(1)促进草食动物生长和发育机能,提高草产品收益

牧草品质的优劣直接影响家畜的生长和发育。优质牧草品种具有适口性好,消化率与采食量及营养价值高,有毒有害成分含量低等特点。因而可促进草食家畜生长和发育,提高草食畜牧业效益。而品质低劣的牧草品种不仅不能满足草食家畜的营养需求,相反,还可能导致家畜产生严重危害或死亡,从而造成畜牧业的严重经济损失。如臌胀病是由于家畜瘤胃细菌产生的气体在瘤胃内积聚,使其瘤胃像气球一样膨大,严重时引起心跳停止或窒息。每年由于家畜采食新鲜苜蓿而导致的臌胀病给世界放牧养畜业造成了严重的经济损失,加拿大西部每年仅牛采食豆科牧草引起臌胀病致死大约占到1.5%,90%以上的乳牛遭受过臌胀病,在某些乳牛群中,死亡率高达15%以上。在中国由于牲畜采食新鲜苜蓿而发生臌胀病造成死亡的现象时常发生,以致农牧民对苜蓿地放牧产生恐慌,避免直接放牧。一般认为,苜蓿叶片中浓缩单宁含量低是引起反刍牲畜臌胀病的主要原因,通过遗传调控,促使叶片中浓缩单宁合成和积累是苜蓿品质育种的重要研究内容。为此,加拿大选育了苜蓿新品种'AC Grazeland Br',比原苜蓿品种 Beaver 的臌胀病发生率显著降低85%。

优质牧草品种可提高草产品的收益。如中国国家标准根据粗蛋白质含量,将苜蓿草粉分为不同的质量级,每2个百分点为一级,低于14%的为等外品。市场销售的苜蓿草粉的粗蛋白质含量每上升一个百分点,价格可至少提高100元/t。而苜蓿不同品种的粗蛋白质含量变幅为15%~22%,因此,通过苜蓿高蛋白品质育种可显著提高苜蓿生产经济效益。

(2)提高畜产品的品质和产量,促进草食畜牧业发展

牧草作为重要的饲料来源,特别是用来饲养草食动物,能有效地把牧草的纤维性碳水化

合物和低质氮源转变成肉、蛋、乳和毛等人类需求的畜产品。如果要生产高品质的肉、蛋、奶产品就需要选育优质牧草品种，从而促进家畜的生长和发育，提高畜产品的质量和产量。如研究表明，肉牛在饲喂相同的牧草日粮条件下，牧草的消化率提高1%，可使肉牛活体质量增加3.2%。此外，优质牧草品种还有利家畜保持健康，减少寄生虫和疾病的发生；苜蓿等优质牧草品种中还含有较多的促进生长因子，对提高家畜的繁殖性能和产乳量均有促进作用；优质牧草品种还可在一定程度上对畜产品的风味品质产生有利影响。它们能有效地把纤维性碳水化合物和低质氮源转成肉、蛋、奶和毛。

（3）满足绿色和有机畜产品生产需求，增进人体健康

随着经济高速发展，人们生活与健康水平不断提高，绿色与有机畜产品的需求方兴未艾，食品的健康与安全渐渐成为人们关注的焦点，因为它关系到广大人民群众的身体健康和生命安全，关系到经济健康发展和社会稳定，关系到政府和国家的形象。为此，必须选育大量的优质牧草品种，才能充分满足绿色与有机畜产品生产的饲料要求。这是因为在反刍草食动物日粮中，牧草粗饲料通常占40%~70%，甚至更高。营养配比合理的优质牧草品种可以大大减少饲料添加剂和精饲料的用量，不但可节约饲料成本，还可减少各种有毒有害物质残留。

14.1.2 牧草品质育种的国内外研究概况

14.1.2.1 国外牧草品质育种概况

国外牧草品质育种工作起步较早。美国早在1944年就有探讨杂交紫花苜蓿诸多优势的文献，研究成果多集中在提高苜蓿产量和质量。此外，与杂交苜蓿品质相关的体外消化率、中性和酸性洗涤纤维、粗蛋白等牧草品质指标也成为研究热点。国外牧草育种工作者相继筛选培育出比普通狗牙根可消化干物质(DDM)含量高7%~10%的狗牙根新品种、低单宁含量的高粱品种、低硝酸盐含量的一年生黑麦草品种、低生物碱含量的羊茅品种和草芦品种、干物质消化率提高的苜蓿品种等，均已在生产上广泛应用。日本育种家采用化学诱变获得高粱褐色叶中脉(Brown Midrib，BMR)突变体，具有该突变表型的植株木质素含量较对照极显著降低，IVDMD(抽穗期干物质体外消化率)提高，并育成了青刈和青贮兼用型高粱—苏丹草远缘杂交新品种'Green-Ac'。井上等的试验结果表明，Brown midrib-3高粱—苏丹草杂交种的细胞壁的消化率提高约10%，可消化有机物含量平均增加4%。

美国通过转基因技术改造紫花苜蓿的木质素组成或者降低木质素，进而提高苜蓿消化率的品质育种研究已经开展多年，并被看好可作为饲喂和能源两用型苜蓿，近期相品种已经通过生物安全性测试，准备投向市场。国外还将单宁生物合成的关键酶基因转入苜蓿，改变了单宁结构和组织分布，适度增加了苜蓿单宁含量，从而降低了家畜采食新鲜苜蓿而导致的臌胀病发生率。同时，由于牧草缩合单宁含量占干物质含量的4%~5%时，就会大大降低牧草的营养价值和适口性，国外研究者还将参与单宁合成的二氢黄酮还原酶(DFR)的反义片段转入百脉根，利用基因工程技术减少了其植株体内单宁的生物合成，使其转基因植株的茎、叶、根中单宁含量下降，而且还不影响其植株生物产量。澳大利亚澳联邦科学产业研究机构及植物研究所的科研人员目前正在研究通过细胞质融合，把红豆草和百脉根中的单宁合成基因转入紫花苜蓿，防止牲畜的臌胀病。他们还将豌豆中含高硫蛋白的DNA转入苜蓿等主要牧草中，以提高羊毛的产量。因为研究表明，牧草中含硫蛋白的含量可直接制约羊毛的

产量，牲畜以这种苜蓿为饲草，初步应用结果，其羊毛产量可提高 1/3。

由于牧草化学成分含量测定是评定牧草品质即饲用价值的基础。因此，国外十分重视牧草品质鉴定方法的研究，20 世纪 30 年代提出了牧草消化率测定的尼龙袋法，因其操作相对简单、耗费低，已经在世界范围内广泛用于测定蛋白质瘤胃降解率，但因其存在较大误差，以后 Mehrez 和 Skov 又建立了目前广泛应用的瘤胃食糜外排速率法。现在国外牧草品质鉴定已广泛应用各种化学组分分析法、纤维指数法、离体发酵法、近红外反射光谱分析等。

14.1.2.2　国内牧草品质育种概况

中国牧草品质育种工作起步较晚，与先进国家相比差距较大，同时也落后于国内的大田农作物品质育种工作。但是，我国牧草品质育种日益受到重视，不仅广泛开展了牧草品质育种基础理论及牧草品质鉴定方法与技术研究，而且已选育了一些通过国家品种审定的优质牧草新品种，如适口性好、再生力强的'公农'无芒雀麦品种（1988 年通过审定）；粗蛋白质含量高、茎叶比低的'吉生 4 号'羊草品种（1991 年通过审定）；茎秆具甜味、多汁、适口性好、干物质累积量大的'宁牧 26-2'美洲狼尾草品种（1989 年通过审定）；高赖氨酸含量的'龙优 1 号'饲用玉米品种（1989 年通过审定）；含 β-硝基丙酸毒素低的'西幅'多变小冠花新品种（1992 年通过审定）；种子低毒、氢氰酸含量低的'333/A'狭叶野豌豆品种（1988 年通过审定）；适口性好、营养价值高、茎叶柔软、钙含量较高、粗蛋白含量高于 18% 的'直立型'扁蓿豆品种（1993 年通过审定）等。

玉米醇溶蛋白（Zein）是玉米胚乳中主要的储藏蛋白，富含动物必需的含硫氨基酸——甲硫氨酸和半胱氨酸。试验证明含硫氨基酸对奶制品、肉类及羊毛产量和质量有重要的影响。关宁等（2007）研究将含有 γ-zein：KDEL 基因的质粒 pROK.TGILK 通过农杆菌介导法转入紫花苜蓿，已获得了 19 株再生植株，并经过 PCR 检测证明 8 株为阳性植株，这些阳性植株可作为苜蓿品质育种的基础材料。

14.2　牧草品质育种的内容及特点

14.2.1　牧草品质的主要评价指标及其影响因素

14.2.1.1　牧草品质的主要评价指标

（1）适口性

牧草的适口性是指家畜对两种或更多种牧草或某一种牧草不同部分进行选择的植物特征。适口性是评价牧草质量优劣的基本指标，是牧草为家畜提供的视觉、味觉、嗅觉和触觉刺激的能力，反映了家畜对同一时期、同一环境中不同牧草的喜食程度。适口性好，家畜喜食，采食的速度加快从而采食量增加，有利于动物的生长，而适口性不好的牧草，家畜厌食，采食量下降而不利于畜禽的生长。可在家畜自由采食的情况下，观察其对各种牧草的挑选采食情况和采食数量，家畜采食最多的牧草表示其适口性好。

（2）采食量与消化率

采食量是指牲畜摄入的饲料量；消化率是指牲畜摄取的饲料被利用的程度，用可消化营养物质总量（TDN）和可消化蛋白质含量（DCP）表示。目前，普遍被大家认可的消化率指标为中性洗涤纤维（NDF）的体外消化率（*in vitro* NDF digestibility，IVNDFD）。牧草的营养价值最终以被家畜采食消化牧草的数量多少体现，因此，采食量和消化率是评价牧草营养价值的重要指标。

牧草消化率的高低影响家畜对营养物质的吸收，提高牧草可消化营养物质的含量，也就提高了营养物质的消化率，从而有利于家畜生长。同样质量的不同牧草干草，虽然营养物质含量相近，但由于消化率不同，对家畜的营养价值也有很大的不同。牧草消化率越高表明其营养价值越大。在放牧条件下，牲畜增重率和产奶量与牧草的采食量和消化率有关。

牧草的化学成分包括细胞内含物和细胞壁成分两大部分，其中细胞内含物的消化率平均都在90%以上，细胞壁成分包括粗纤维(纤维素、半纤维素、木质素)、角质、硅酸、单宁等，其中半纤维素可被消化，纤维素部分可被消化，其余细胞壁成分均难于被消化。粗纤维是草食家畜的重要能量来源之一，它的可消化率不仅影响牧草的营养价值，还影响动物的生产性能。牧草的消化率一定程度上取决于牧草中木质素的含量，牧草在开花进入生殖生长阶段后，木质化进程加快，使消化率迅速下降，通过降低牧草木质素含量可显著提高其可利用率和消化率。

(3) 营养价值

牧草营养价值是指牧草为动物提供营养物质的能力。牧草营养价值的高低是评价其品质是否优良的重要指标。牧草的营养价值主要取决于所含营养成分的种类和数量。营养成分指牧草饲用部分营养物质的组分，可分为两类：一是消化率高的细胞内容物，包含有蛋白质、淀粉、糖、脂类、非蛋白氮、有机酸、水溶性矿物质、果胶和维生素等；二是消化率较低并构成植物细胞壁的成分，包括有纤维素、半纤维素、木质素、角质、木质化含氮物、木质化纤维和二氧化硅等物质。通常把粗蛋白质和粗纤维含量作为牧草营养价值的2项重要指标。提高粗蛋白质含量，降低粗纤维含量是提高牧草营养价值，改善牧草品质的重要内容，也是牧草品质育种的主要目标性状。

牧草营养价值的评定包括植株体内含有可以被草食动物利用的营养物质的种类和数量，即牧草营养价值受牧草的化学成分、消化率以及生物学效率等3个因素影响。优质牧草不仅其蛋白质含量高，而且，其必需氨基酸含量所占比例、蛋白质消化率及生物学效率也要高，其生物学价值在80%以上，游离氨基酸比例占总氮的18%~42%。此外，优质牧草的其他营养元素比例也适宜，如磷钙比例适宜，一般为0.4~0.6，最高达0.7~0.8；维生素含量丰富，并含酶和激素等生物活性物质。如牧草中必需氨基酸含硫氨基酸增加，可使羊毛产量增加20%左右。

(4) 有毒有害物质

牧草的有毒有害物质又称抗营养因子，是指家畜采食后，能引起生理上的异常现象和机体功能性或器质性损害，从而妨碍家畜健康或使其致病或致死的化学物质。牧草有毒有害物质大多为天然有毒物质；少数为由于饲草调制不当形成的正常组分或无害成分。它可影响牧草的适口性，或直接对牲畜产生毒害作用。根据牧草有毒有害物质的不同抗营养作用机制，可将牧草的有毒有害物质分为如下几类：

①抑制蛋白质消化和利用的物质　包括多酚类化合物、蛋白酶抑制因子、植物血凝素等。多酚类化合物有单宁、酚酸、棉酚和芥子碱等。如单宁为水溶性多酚类物质，味苦涩，按其结构不同可分为具有毒性作用的可水解单宁(HT)和具有抗营养作用的缩合单宁(CT)两类。缩合单宁是由植物体内的一些黄酮类化合物缩合而成。高粱和菜籽饼中的单宁均为缩合

单宁,它使菜籽饼颜色变黑,产生不良气味,降低动物的采食量。缩合单宁一般不能水解,具有很强极性而能溶于水。单宁以羟基与胰蛋白酶和淀粉酶或其底物(蛋白质和碳水化合物)反应,从而降低了蛋白质和碳水化合物的利用率;还通过与胃肠黏膜蛋白质结合,在肠黏膜表面形成不溶性复合物,损害肠壁,干扰某些矿物质(如铁离子)的吸收,影响动物的生长发育,降低牧草的营养价值和适口性,导致动物厌食。单宁既可与钙、铁和锌等金属离子化合形成沉淀,也可与维生素 B_{12} 形成络合物而降低它们利用率。如果将牧草的单宁含量控制在 1%~3%,能够抑制瘤胃蛋白质分解细菌,有效地抵御豆科草地放牧引起的臌胀病。缩合单宁还有助于提高羊毛生长、乳产量以及排卵率和产羔率等生产性能。

酚酸是一类含有酚环的有机酸。包括单羟基苯甲酸、双羟基苯甲酸和三羟基苯甲酸等。它们的酚基可与蛋白质结合而形成沉淀。草木犀茎秆中含有的香豆素具有酚酸的类似结构,是毒素物质双香豆素的前体物质并在霉菌作用下可转化为双香豆素,能阻止凝血素的形成,家畜吃了霉烂的草木犀干草或青贮料后,任何内外创伤如去势、去角等均可使血液不易凝固,导致出血过多而死亡。香草酸、咖啡酸、芥子酸、丁香酸、原儿茶酸、绿原酸和阿魏酸等其他植物成分也有酚酸类似的结构与功能。

②降低能量利用率的物质　牧草中含有许多非淀粉多糖,即淀粉以外的多糖类物质,主要有纤维素、半纤维素、果胶等,还有戊聚糖、β-葡聚糖、果胶、葡萄甘露聚糖、半乳甘露聚糖、鼠李半乳糖醛酸聚糖、阿拉伯糖、半乳聚糖和阿拉伯半乳聚糖等,它们溶于水后具有高度黏性。家禽采食后,增加了肠道食糜的黏度,由于体内不能产生降解它们的酶类,降低了胃肠道运动对食糜的混合效率,从而影响消化酶与底物接触和消化产物向小肠上皮绒毛渗透扩散,阻碍酶对饲料的消化和养分的吸收。非淀粉多糖还可与消化酶或消化酶活性所需的其他成分(如胆汁酸和无机离子)结合而影响消化酶的活性。另外,也可引起肠黏膜形态和功能的变化,导致雏禽胰腺肿大。由于非淀粉多糖是细胞壁的组成成分,不能被消化酶水解,大分子消化酶也不能通过细胞壁进入细胞内,因而对细胞内容物形成一种包被结构,使得内容物不能被充分利用,从而降低牧草的物质能量利用率。

③降低矿物质和微量元素溶解度和利用率的物质　如许多牧草中含有植酸,即肌醇-6-磷酸酯,其磷酸根可与多种金属离子(如 Zn^{2+}、Ca^{2+}、Cu^{2+}、Fe^{2+}、Mg^{2+}、Mn^{2+}、Mo^{2+} 和 Co^{2+} 等)螯合成相应的不溶性复合物,形成稳定的植酸盐,而不易被肠道吸收,从而降低了牲畜体对它们的利用,特别是植酸锌几乎不为畜禽所吸收,若钙含量过高,形成植酸钙锌,更降低了锌的生物利用率。

④拮抗维生素、增加其需要量的物质　如苜蓿毒性成分双香豆素与维生素 K 两者都对凝血酶原合成过程中所需的酶蛋白(脱辅基酶)有亲合力。维生素 K 是辅基,它与酶蛋白相结合组成具有活性的酶,对凝血酶原的产生起催化作用。双香豆素的作用与维生素 K 的功效相拮抗,双香豆素引起凝血酶原过低症,维生素 K 逾量时则导致凝血酶原过高症。双香豆素中毒表现以血凝不良和全身广泛出血为特征。

⑤内生真菌毒素　植物内生真菌是生活在植物体内的一类真菌,在寄主中度过全部或近乎全部生活周期而不使寄主表现任何症状。植物内生真菌分布广、种类多。研究表明,感染植物的内生真菌能产生多种生物碱和真菌毒素,如黑麦草碱、麦草碱和波胺等,这些次生代谢物因对昆虫等具有毒性或能降低宿主植物的适口性,从而减少昆虫的采食,对植物本身还具有促进生长、提高抗逆性的有益作用。

但是，牧草被内生真菌浸染后，牲畜对其采食量大幅度降低，而且易引起毒性生物碱的积累，对草食动物及其哺乳动物牛、羊等具较强的毒性。如高羊茅和黑麦草可引起放牧家畜产生高羊茅中毒症和黑麦草晕倒病。

⑥其他抗营养物质　主要有苷类、硝酸盐、生物碱类、雌激素、有毒氨基酸等。这些物质有的使得家畜中毒表现明显，可导致家畜死亡；很大一部分则表现不明显，可导致家畜流产、繁殖力降低、慢性或者营养性疾病等。如放牧型苏丹草中含生氰糖苷类物质，其分解产物氢氰酸可以麻痹呼吸系统，妨碍组织代谢并破坏组织细胞，易引起牲畜中毒；白三叶群体中也存在生氰植株。

燕麦、苏丹草等许多牧草都含有硝酸盐，其可在调制不当或瘤胃微生物作用下转变为亚硝酸盐，饲喂牲畜后可引起机体严重缺氧、呼吸中枢麻痹、窒息死亡等急性中毒，也可引起胎儿死亡、流产。

生物碱是一类存在于生物体内的含氮有机化合物，有类似碱的性质，能和酸结合生成盐。菊苣（*Cichorium intybus*）、聚合草（*Symphytum officinale*）、银合欢（*Leucaena leucocephala*）等牧草，分别含有菊苣酸、吡咯里西啶、含羞草素等不同生物碱，具有多种毒性，特别是具有显著的神经系统毒性与细胞毒性。羊茅属牧草中含有的吡咯灵生物碱，饲喂过量可导致牛、羊跛足病和脱毛。

植物雌激素是指植物体内含有的类似动物雌激素（雌二醇、雌酮、雌三醇等）作用的类雌物质，多为异黄酮类、香豆雌酚等化合物。三叶草、苜蓿等牧草中含有雌激素并常呈现雌激素活性，家畜大量食入后，可引起动物的假发情、卵巢囊肿以及公畜雌性化、母畜不孕、流产等，使放牧的牛羊等发生繁殖障碍，使母牛羊生产率显著下降。

有毒氨基酸是一种不常见的氨基酸。氨基酸是形成蛋白质的基础，一旦带毒，便会干扰正常蛋白质发挥作用。如紫花苜蓿芽中含有的刀豆氨酸可干扰多项细胞功能，是一种抗精氨酸代谢物质。

14.2.1.2　牧草品质的影响因素

(1) 牧草种及品种

牧草品质育种的基础是不同牧草种及品种的蛋白质等营养成分的含量、叶量、有毒有害物质种类及含量存在明显的遗传差异，这是由不同牧草种及品种间茎和叶的组织学、形态学和生长发育特点决定的。禾本科和沙草科牧草富含无氮浸出物；菊科牧草富含粗脂肪；黎科牧草富含矿物质；豆科牧草富含蛋白质，纤维素含量低。而且，相同牧草种的不同品种的各种品质性状也不相同。

(2) 牧草生态与栽培环境条件

不同的温度、光照、地理及土壤生态培养环境条件，施肥、水分管理、种植季节、播种与移栽期及栽植密度、生长调节与营养物质施用、收获与干燥及贮存方法等栽培环境条件，均对牧草品质具有极其明显的影响。温度能提高牧草的代谢活性，使其能量和已积累的代谢物能更快地转化，新的细胞和物质能更快地合成。而植物蓄积含有木质素和纤维素类碳水化合物的细胞壁结构是不可逆反应。因此，提高温度使不循环的部位中代谢物积聚的更快，使牧草的营养价值趋向降低；由于耐寒的需要，生长在冷凉气候中的牧草，能在茎和叶内形成碳水化合物和蛋白质的储备，从而使茎和叶具有高的营养价值；光照有助于光合作用，促进糖和有机酸的合成。不管温度如何，光照已成为提高牧草消化率的一种动力，与高光强相比，有云、低光强下生长的牧草不易消化；轻微水分胁迫，可延缓牧草成熟，可维持或提高牧草营养价值，但若水分胁迫严重，可使牧草发育受阻不能成熟，甚至停止生长进入休眠状态，将储备的养分输送到根部，留下营养价值低的地上部分。

遮阴会降低牧草糖分含量和消化率，土壤中某些矿物质的多少和有无能影响牧草中相应矿物质的多少和有无；施氮肥可增加牧草的粗蛋白质含量，加速成熟，但同时也促进木质化，高氮有时能导致牧草硝酸盐、草酸盐及生物碱含量增加。其他矿物质肥料可增加牧草的收获量及其矿物质含量，虽然也能使牧草的适口性发生变化，但对消化率的影响很少。

(3) 牧草器官和部位

牧草不同器官与部位的营养物质含量也不相同。叶子比茎秆含较多的蛋白质和胡萝卜素，且消化率较高，而粗纤维的含量比茎秆少。随牧草的成熟，茎叶比增加，导致纤维素增加、蛋白质含量降低、能量值也降低。D. Wilman 等在现蕾、近盛花期和种子形成期测定了紫花苜蓿不同器官干物质中细胞内容物的含量（细胞内容物是牧草中家畜可利用程度最高的部分，其真实消化率可达98%），结果表明营养价值为叶片>茎秆>花序。牧草同一器官在植株上不同部位的营养成分含量也不相同。同一植株位于上部的叶片其蛋白质含量高于下部叶片。D. Wilman 等的研究还发现，紫花苜蓿的茎在距地面10cm以上的部分的干物质中，细胞内容物的含量比距地面10cm以下部分的要高出1倍还多。

(4) 成熟度和收获时期

牧草营养物质的含量随生育阶段推移而降低。在早期生长阶段，蛋白质的含量较高。随牧草生长，可消化蛋白质的含量逐渐减少，而粗纤维含量则逐渐增加。牧草在开花期粗蛋白质含量比前期生长阶段可下降50%。因此，早期刈割的牧草营养成分含量高，适口性好、采食率高，而且促进动物性产出，减少补充饲料的数量。早期刈割如果过于频繁，植株丧失活力，再生性能差。但是这种影响并非是绝对的，由于生育期和生理成熟度是两种不同的概念。因而，能延缓成熟的因素，如凉爽的气温和光照，在某一特定的生育阶段内能促进品质的提高。此外，大多数收割时期的研究表明，第一次刈割应在春季或初夏的初花期进行，这时暖季的影响和成熟度呈正相关，牧草消化率和蛋白质含量在急剧下降，而纤维素、木质素和其他细胞壁组分在提高。此后，再生草经过30~40d达到初花期，再次刈割。超过初花期刈割，由于叶衰老与脱落和茎纤维素含量的增加，营养价值迅速下降。

(5) 草产品的利用方式

牧草可以作为家畜的单一日粮、主要日粮成分或蛋白质补充饲料。牧草的利用方式主要有放牧、刈割青贮、刈割制备干草、加工草粉、草块、草饼、草捆、草颗粒和浓缩叶蛋白。其中，浓缩叶蛋白因为营养价值接近鱼粉，并且各类氨基酸比较完善，近年来研究和开发利用较多，但是由于加工过程中的能耗过大，成本较高，经济效益较低，还无法在我国应用。而干草捆在草产品市场中占有80%，是草产品进出口的主要形式；放牧牧草营养价值与青贮草类似，虽然前者的适口性比后者好，但采食过量苜蓿会导致瘤胃家畜发生膨胀病；苜蓿干草是奶牛和肉牛的首选饲料，其优点是适口性好并能促进其他日粮成分的采食和消化。通过脱水制成的草产品具有更为广泛的饲用价值，尤其对于反刍家畜来说，经脱水处理后苜蓿过瘤胃蛋白含量可达总蛋白质的58%~60%，大大提高苜蓿蛋白质的利用效率。

14.2.2 牧草品质育种主要目标性状的特点

(1) 适口性

影响牧草适口性的因素有植物的种类、牧草的化学成分、植物器官及部位、牧草的生育期、植物的外部形态和家畜的种类等。首先，不同牧草种及品种的适口性不同。如沙打旺外被丁字毛，叶具有发达的角质层、机械组织和维管组织，还含有微量的有毒有害成分 3-硝基丙酸，适口性较差，不及紫花苜蓿，但骆驼喜食，其他家畜习惯后也喜食。

其次，牧草适口性既受牧草本身特性的影响，也与饲草料的调制技术密切相关。牧草本身特性包括绒毛、刺、植株高度等植物形态特性；牧草的质地、颜色和气味及有毒有害成分；粗纤维、水分、糖分及芳香烃等化学成分含量等。牧草中的单宁含量与其适口性、家畜采食量、消化率和畜体氮沉积率等均呈现负相关。青贮玉米，由于其颜色鲜绿、细碎多汁、气味醇香，其适口性比玉米秸秆好，家畜喜食，饲用价值大。牧草叶片的粗脂肪、粗蛋白质和碳水化合物的含量通常较茎秆中的高，而木质素含量和粗纤维含量却比茎秆中的低，因此，牧草叶、花和种子的适口性普遍高于茎秆的适口性。此外，随着牧草老化，其纤维素含量增加，或因其形态学和其他化学成分的变化，使其适口性也降低。

再者牧草适口性还受畜种、家畜年龄及健康、生长、生产、饥饿程度和气候、季节等因素的影响。一般情况下，家畜总优先选食那些味道较好、细嫩的植物部分，而回避对其有害、异味和粗硬的低营养植株部分。此外，家畜的食欲与感观也影响牧草的适口性。如载畜量高、饲喂量不足或动物被限制采食单一牧草时，家畜对牧草更适合口味部分的选择功能就趋于减弱或消失，俗语"饥不择食"。

牧草适口性的改良一直是牧草品质育种的重要内容和目标。牧草叶片质地柔软、多汁、不卷曲、高水分含量、抗拉强度大、生物碱与木质素含量低、可溶性碳水化合物含量高的适口性好。因叶片不卷曲、叶片质地柔软、抗拉强度大、生物碱含量低、可溶性碳水化合物含量高等均为牧草可遗传性状，因此，欧洲国家、新西兰、美国和日本等牧草育种先进国家，在高羊茅、鸭茅、黑麦草及葡匐画眉草等牧草育种中，均将这些性状作为主要目标性状，以提高牧草适口性。

(2) 采食量与消化率

牧草采食量和消化率的影响因素有牧草种及品种类型、牧草器官与组织生化成分及结构、牧草器官与组织的成熟度等。不同牧草种及品种的采食量和消化率不同，并且采食量高的牧草一般消化率也高，但是，由于中性洗涤纤维的影响，消化率相同的牧草品种其采食量可能不同。如豆科牧草细胞壁含较多的木质素和较少的半纤维素，因此比禾本科牧草的采食率和消化率高。冷季型牧草生长期内的消化能和蛋白质含量高于暖季型牧草，因而具较高消化率。

牧草器官与组织的生化成分及结构影响其采食量与消化率。暖季型牧草比冷季型牧草具有较高比例的中性洗涤纤维和酸性洗涤纤维，具有高度发达的薄壁维管束鞘，占叶片横截面的 25%，其表皮层和薄壁维管束对草食动物瘤胃微生物的消化具有特殊的抗性，因而其消化率较低。如狗牙根叶片组织木质化严重，其消化率低；温带牧草鸭茅叶片细胞壁附有较多的细菌，其叶片组织在牲畜体内能迅速降解，因而其消化率较高。

牧草器官与组织的成熟度也影响其采食量与消化率。幼嫩牧草均具有高的消化率，越接近成熟期，其消化率越低。这是因为牧草幼嫩时，组织细胞正在分裂和增殖，没有木质素，但随着牧草的逐渐成熟，细胞壁上生成木质素，并与纤维素和半纤维素紧密地组合在一起，形成不易分解的复合体，使细胞壁的消化率大大降低。因此，一般未成熟牧草比成熟牧草的消化率高。牧草叶组织的消化率比茎组织的高。

由于牧草消化率与其木质素含量、中性洗涤纤维、酸性洗涤纤维含量呈显著的负相关；牧草纤维指数分别与消化率、采食量呈高度负相关；牧草叶片数量高和放牧后能快速恢复生长（再生力强）的品种消化率高。而牧草这些影响其消化率的性状存在遗传变异，因而可通过育种方法对其进行改良，从而提高牧草的采食量与消化率。

此外，肉桂醇（酸）脱氢酶（CAD）是催化木质素单体合成的最后一步关键酶（限速酶），牧草中木质素的生物合成受该酶调控。Baucher 等利用反义 RNA 技术，成功地降低了苜蓿植株中的 CAD 酶的活性，转基因植物中的木质素组成发生很大变化（虽然含量没有发生改变），从而提高了木质素的溶解性和消化率，减少了苜蓿茎干物质含量和细胞壁残留量，大大增加了牧草的消化率和利用率。研究人员已从多年生黑麦草中克隆出许多参与木质素生物合成的关键酶或限速酶基因，如咖啡酸 O-甲基转移酶（COMT）、肉桂醇脱氢酶（CAD）、4-香豆-辅酶 A 连接酶（4-CL）、肉桂醇辅酶 A 还原酶（CCR）等基因，并用反义 RNA 等遗传技术操作这些酶基因，以改变牧草木质素生物合成的途径，减少木质素含量或改变其结构组成而达到提高牧草消化率的目的。

（3）营养价值

牧草的营养价值受牧草种类遗传特性及不同栽培环境条件等因素影响。

①蛋白质含量及组成（质量）　蛋白质是牧草的重要营养成分，不同牧草种及品种的蛋白质含量及组成差异很大。如通常豆科牧草的蛋白质含量比禾本科牧草的高。而不同扁穗冰草、沙生冰草、偃麦草品种及材料的蛋白质含量及组成均有较大差异。因此，可采用品质育种方法选育蛋白质含量与组成均优异的优质牧草品种。此外，温带牧草的粗蛋白含量和水溶性碳水化合物含量呈负相关；牧草粗蛋白含量与消化率呈正相关。

牧草蛋白质含量及质量也受植株本身特性及栽培环境条件影响，不同牧草种及品种的蛋白质含量受环境影响程度不同。如影响苜蓿粗蛋白质含量的因素除品种外，不同生育期、刈割方式、刈割次数、加工调制的条件和土壤肥力等因素均影响其粗蛋白含量。研究表明，牧草的粗蛋白含量随生育期的不同而不同。通常幼嫩期的牧草粗蛋白含量最高，营养中期粗蛋白含量处于中等水平，粗纤维含量较为丰富。牧草的株型和茎叶比例对其蛋白质含量影响较大，在苜蓿品质育种中，育种家常选育宽叶、多叶型品种，以提高其蛋白质含量和消化率。如我国审定登记的新疆大叶紫花苜蓿品种的蛋白质含量为20%左右；国外大部分多叶苜蓿品种初花期蛋白质含量为22%以上，甚至可达28%。

研究表明，在≥0℃积温150~230 d条件下，15种青海高原多年生禾本科牧草的粗蛋白含量与年均温、积温或积温天数呈正相关；在年均温<0℃、≥0℃积温<185 d或积温<1400℃时，其牧草粗蛋白质含量迅速下降；其牧草粗蛋白质含量还与土壤速效氮、碱解氮的比值呈正相关；不同类型土壤种植的牧草粗蛋白质含量高低顺序为栗钙土>灰棕漠钙土、暗栗钙土>高山草甸土。

②矿物质含量及组成　牧草的矿物质含量及组成受牧草种及品种、牧草生长的土壤类型、生育期内的天气状况和收获时期等因素的影响。牧草主要矿物质元素含量的遗传变异很

大，且遗传力高，因而可用各种育种方法进行有效改良。如热带牧草的必需矿物质元素含量较低，造成牲畜体内氮、磷、钾、钴、钠等矿物质元素的缺乏，因此应将选育矿物质含量高的牧草新品种作为其主要品质育种目标，目前牧草矿物质元素改良主要目标为钾、钙、镁含量等，特别是钾/(钙+镁)的比例。研究表明，如果牧草中钾/(钙+镁)的比例高于一定量时，放牧后牲畜易引起破伤风等疾病。由于牧草的高镁含量与较低的钾/(钙+镁)的比例呈负相关，因此，通过品质育种方法，提高牧草的镁含量和降低其钾/(钙+镁)的比例，均可达到提高牧草品质的效果。如无芒雀麦在适于放牧的成熟期缺乏乳牛所需的几种矿质元素，而且整个生育期钾/(钙+镁)的比例过高，通过育种可以改变某些矿物质元素的含量，从而可提高牧草品质。而大多数豆科牧草的钙过剩，缺乏磷，因此，改善其钙/磷比例是提高牧草品质的有效育种目标。

此外，牧草植株器官及组织的矿物质含量还受施肥、土壤质地、灌溉等因素影响。施用特定矿物质肥料或在饲料中补充矿物质成分的方法，有时比采用育种方法对牧草矿物质成分种类及含量进行改良，可达到更直接和更迅速的效果。

(4) 有毒有害物质

不同牧草有毒有害物质的种类和性质不同。如采食苜蓿后引起急性膨胀病的皂素；导致牛羊不愿采食草木樨中的香豆素；羊茅属中导致牛羊跛足病和脱毛的吡咯灵；多变小冠花中含有的硝基丙酸类；虉草(*Phalaris arundinacea*)中含有芦竹碱(2-二甲氨甲基吲哚)、大麦芽碱(对二甲氨乙基苯酚)、4种色胺衍生物和3种β-咔啉碱等多种生物碱；红三叶、白三叶含有雌性激素；白三叶、苏丹草含有氰氢酸；高羊茅与草芦含有多种生物碱；银合欢含有含羞草素；多变小冠花含有硝基丙酸类有毒物质；饲用高粱含氢氰酸、氰糖苷、生物碱、单宁等；沙打旺的不同生育期与不同部位都含有不超过 100 mg/kg 的 3-硝基丙酸(3-NPA)。牧草中的有毒有害成分可降低其品质，含有这些有毒有害物质的牧草如被家畜大量采食就会出现不同程度的中毒反应，甚至造成家畜死亡。因此，培育低毒、无毒的优良品种也是牧草品质育种的主要目标。

不同牧草品种的有毒有害物质含量不同，因此可通过采用不同育种方法进行改良。如草木樨中有香豆素影响适口性，加拿大培育出的草木樨种间杂交种可降低香豆素含量。单一苜蓿草地放牧或饲喂苜蓿，牧草消化快会引起家畜瘤胃液中细胞内含物浓度过高，引起家畜的臌胀病，因此选育消化速率较低的苜蓿品种可预防臌胀病。进行降低有毒有害物质含量的育种工作之前，应进行如下3项工作：①严格隔离，以研究各有毒有害成分的遗传特性；②通过特性鉴定，研究确定各有毒有害成分的种类；③测定各有毒有害成分的含量。然后在此基础上选用适当育种材料与方法进行育种工作。

牧草的有毒有害物质含量的多少除受不同植物种及品种的遗传因素影响外，还受牧草生长发育期、牧草器官(叶、花、茎、果实和根系)以及生物量分配和生长发育环境中昆虫、细菌、真菌、草食动物等生物因子影响。此外，还受温度、土壤含水量、土壤肥力和有毒有害物质的测定方法等非生物因子影响。研究表明，高温、高水压、高光密度和贫瘠土壤条件都会增加牧草植株体内单宁含量。通过对全球72个研究地点，805个植物叶片单宁浓度与年平均气温、降水量和纬度的整合分析显示，全球植物单宁丰富度与年平均气温呈显著正相关，年降水量和纬度不能影响单宁的丰富度。白三叶的单宁仅出现在花中；苜蓿的单宁仅出现在种皮中。研究证明大量的含有单宁的豆科牧草，像红豆草、百脉根、小冠花(*Coronilla varia*)、紫色达利菊(*Dalea purpurea*)等,被认为是家畜采食的安全物种;而苜蓿被证明是最易发生牲畜臌胀病的牧草。

14.3 牧草品质的评定与育种方法

14.3.1 牧草品质评定的意义与方法

14.3.1.1 牧草品质评定的意义

牧草品质的准确评估和有效鉴定是保证牧草原料和产品品质的重要手段,也是保障和提高牧草品质育种成效及科学合理利用的重要环节。牧草品质评定的主要任务是研究牧草的物理组成及含量,即采用物理或化学手段对牧草的物理性状、各种营养成分、抗营养因子成分、有毒有害物质等进行定性或定量分析测定,从而对不同牧草原料及种质材料进行正确、全面的品质评定,从而为牧草的利用及品质育种材料的选择提供依据。

14.3.1.2 牧草品质评定的方法

(1) 适口性

目前国内外牧草的适口性评定大多根据草群中被动物采食的数量、百分比进行测定或采用直接观察比较方法确定。如瘘管术胃容物镜检法;采食口数记录法;直接观察法等。Heady(1965)首次以放牧动物的食物组成与放牧场植被的群落组成之比率(selectivity ratio)来表示不同牧草适口性差别的尺度,在获取表示牧草适口性的数量值方面迈出了一步,但是依然未能抛开动物的食物组成比这一并不完全取决于牧草适口性的参数。中国对各种牧草适口性的评价大多是通过访问,根据牧民感性经验介绍或直接观察,按家畜对牧草的喜食程度,将牧草的适口性划分为奢食、喜食、乐食、少食和不食五级,分别以 5、4、3、2、1 作为适口性指标的定级量。虽然这样可以较客观地确定牧草适口性,但是它只能做到定性分类,而无法进行定量比较。

牧草适口性的评定还可采用人工咀嚼法、历史分析法等。

(2) 采食量和消化率

牧草的采食量一般直接用给放牧或饲喂动物的牧草数量评定。牧草消化率的评定可采用如下方法。

①动物消化试验法　又称体内法,它采用全粪法和指示剂法,利用全过程放牧或饲喂动物试验测定牧草消化率。

②尼龙或涤纶袋法　该方法为半体内法,首先要有已做过瘤胃瘘管手术的反刍实验动物(牛或羊),并在动物外瘤胃部位有一个可以随时开闭的口。将被测牧草装入一特制的尼龙或涤纶袋内,从试验动物瘤胃瘘管口放入瘤胃内,按试验设计要求,定时从瘤胃内取出装有牧草样品的尼龙或涤纶袋,用清水洗干净已被动物消化的部分,进行烘干、称重、化学分析。最后计算出牧草样品干物质消化率及各种营养物质消化率。

③人工离体瘤胃法　它是指模拟消化道的实际环境,在试管内进行的消化试验。即用反刍动物离体瘤胃液体消化少量的牧草样品,确定其采食量和消化率。其基本原理是将牧草置于 38.5~39.5℃ 的厌氧,pH6.7~7.0 条件下用 $NaHCO_3$、NaH_2PO_4、KCl 和 $MgSO_4$ 等的水溶液配置成"人工唾液"及瘤胃液处理牧草样品 24h 后,用离心法分离被降解的物质,所剩残

渣视为非降解物。通过计算即可算出瘤胃非降解干物质中有机物和能量含量。人工瘤胃装置主要由恒温系统、培养系统、pH 缓冲系统、定时搅拌系统和连续填充二氧化碳系统等组成。采用 Menke 等的活体外产气法进行发酵试验。

总之，动物消化试验法与尼龙或涤纶袋法，利用全过程动物放牧或饲喂试验测定牧草消化率，花费较大。而且，对育种材料难以采用饲喂消化试验进行采食量和消化率的评价，因为早期育种世代材料种子难以种植一定试验小区面积获得饲喂试验所需的牧草，因此，牧草品质育种材料的消化率测定一般采用人工离体瘤胃法。此外，还有学者探索采用计算机人工模拟瘤胃机械与计算机自动控制系统或利用扫描电镜及能量分散型荧光 X 射线新技术，分析牧草消化率。人工模拟瘤胃机械与计算机自动控制系统是指采用计算机自动控制模拟瘤胃系统及其机械，利用人工模拟的方法模拟反刍动物瘤胃消化过程的技术，它极具发展潜力，但还未完全普遍采用。

(3) 营养价值及有毒有害物质

牧草的有毒有害物质与营养价值呈负相关，对牧草特定有毒有害物质一般采用化学组分分析法评定。牧草营养价值的评定除通过动物代谢试验、测定干物质与能量、测定消化率进行评定外，大多采用如下方法。

①营养成分化学分析法　牧草的营养成分是决定其饲用品质及其营养价值的重要因素。所以，测定牧草营养成分含量是评定其牧草品质的基础。牧草营养成分含量的化学分析，目前广泛使用概略养分和范式洗涤纤维分析法。牧草概略养分通常分析粗蛋白质、粗脂肪、粗纤维、粗灰分、无氮浸出物、钙和磷 7 种营养成分，粗蛋白质等营养成分的化学分析目前还广泛采用了自动凯氏定氮仪等仪器分析方法；范式洗涤纤维分析法则以酸性洗涤纤维(acid detergent fiber，ADF)和中性洗涤纤维(neutral detergent fiber，NDF)作为其营养价值的评价指标。这是因为牧草粗蛋白质是家畜必不可少的营养物质，由纯蛋白质和非蛋白质含氮物组成，表示牧草能够满足动物蛋白质需求的能力；脂肪是热能的主要原料，具有芳香气味，对牧草适口性很重要；粗纤维以纤维素为主，还有少量半纤维素、木质素等，为牧草植物细胞壁的主要成分，与牧草的采食量和消化率呈负相关；粗灰分代表牧草中的矿物质；无氮浸出物即可溶性碳水化合物，是牧草的重要热能给源之一，其含量的多寡直接影响青贮牧草的质量；钙和磷是家畜矿物营养中密切相关的 2 个元素，在家畜的骨骼发育与维护方面有着特殊的作用。这些物营养成分含量越高，牧草品质越好。中性洗涤纤维和酸性洗涤纤维直接影响家畜对牧草的采食率和消化率。NDF 含量的高低直接影响家畜采食率，含量高，则适口性差；ADF 含量则影响家畜对牧草的消化率，其含量与养分消化率呈负相关。

范式洗涤纤维分析法又称溶液指示法，它是 Van Soest(1976)为了更好地反映粗纤维的实际利用情况和弥补养分分析中粗纤维分析的缺点，提出了用中性洗涤纤维(NDF)、酸性洗涤纤维(ADF)、酸性洗涤木质素(acid detergent lignin，ADL)作为评定牧草中纤维素类物质的指标，代替概略养分分析中的粗纤维。其分析工作原理：牧草经中性洗涤剂(3%十二烷基硫酸钠)分解，大部分细胞内容物溶解于洗涤剂中，其中包括糖、脂肪、蛋白质和淀粉等，统称为中性洗涤剂溶解物(NDS)，而不溶解的部分为 NDF，主要是细胞壁部分。酸性洗涤剂(2%十六烷基三甲基溴化铵)可将 NDF 中各组分进一步分解。可溶于酸性洗涤剂的部分称为酸性洗涤可溶物(ADS)，主要有半纤维素，剩下的残渣为 ADF，其中有纤维素和木质素和硅酸盐。由 NDF 和 ADF 之差，就可求出牧草中半纤维素的含量。范式洗涤纤维分析法也可采用纤维素酶法。

②近红外反射光谱法(near infrared reflectance spectroscopy, NIRS) NIRS法是近几十年迅速发展的评估牧草营养价值的较为有效的测试分析技术，可简单、高效、实时、经济、原位、无损地对固、液、气等牧草样品的密度、粒度、纤维、直径等物理性质以及分子结构、组成等化学性质进行快速检测；易于制样，便于测量；可实现远距测定，能进行连续、无限次的分析，缩短测试周期；测定结果重现性好、稳定性高、精度高。目前该方法可测定牧草水分、蛋白质、纤维、淀粉、碳水化合物、脂肪及灰分等几十种品质指标。其中NIRS法测定牧草及饲料蛋白质含量、NDF、ADF和水分含量已被国际标准化委员会官方认可，并且已在苜蓿、黑麦草、鸭茅、白三叶等牧草品质的检测中得到了应用。

(4) 牧草品质的综合评定

①物理评价法 它是牧草品质评价中常用的简单、快速、易行方法。牧草刈割时的生育阶段、颜色、叶量、质地、味道、病虫害和有无异物等物理性状均可作为牧草品质综合评价的指标。优质牧草的干草质地较柔软不粗老、无异物和病虫害；牧草的植物体构成为刈割早、叶量丰富、有较多的嫩枝；牧草具有深绿色和芳香气味。而由于贮存不当，发霉并且散发出一种难闻气味的牧草品质较低。但是，牧草品质的物理评价法并没有被上升为一种常规评价方法，主要是由于它对牧草的颜色和叶量等指标没有统一的评价标准，受评判者主观差异的影响较大。因此，物理评价只有在与精确、客观的其他评价方法相结合时，才能更可靠地预测牧草的品质。

②化学湿法分析 化学湿法分析是指在实验室中借助化学试剂和仪器对牧草样品进行处理和测定营养指标的方法。其最大优点是各营养指标的测定都制定了相应的国家标准，重复性好，同一营养指标在不同牧草间具有可比性。其最大缺点在于处理程序繁琐；对仪器要求高，测一个指标要用多种仪器；耗用大量的化学试剂，对人体健康和环境造成潜在污染。

③数学法 国内外学者根据牧草植株成熟度、形态学性状和气候资料等建立了许多预测牧草品质的数学模型。其中许多模型是以纤维组分和蛋白质为基础的。用数学模型预测牧草品质所需时间比湿法分析等方法的短，经证明预测结果较为合理、准确，尤其是根据牧草植株成熟度建立的预测方程更为准确；其缺点是与所预测目标紧密相关的农艺指标的选择较为困难，不易确定，必须进行多年多点的试验。

自Ulyatt(1973)提出以干物质采食量与干物质消化率综合评定牧草及饲料的饲喂价值概念以后，牧草品质评定有了统一的标准，但因指标不易确定，导致各国评定方法的多样性。近年国内外开始采用模糊综合评价、灰色系统综合评价、聚类分析和层次分析评价法等数学方法进行牧草品质的综合评定。如张喜军(1991)利用层次分析评价法做出的数学模型，主要有牧草化学成分、适口性和消化率3个指标，使牧草品质的综合评价向数量化及层次分析方向发展。

④饲养试验方法 评定一种牧草的品质及营养价值最准确、最直观的方法就是饲养实验，根据畜产品产量和质量的变化，可以评定该牧草的品质与营养价值以及不同牧草育种材料的品质差异。试验动物在提供营养需要量以及人、畜营养相互关系的知识方面起着重要的作用。为了从家畜得到有价值的数据，往往需要很多实验动物和畜舍动物设备，以至经济上难以实现。而饲养小动物的花费则要小得多。而且小动物的生命周期一般比家畜短，每年可以获得几个世代的数据。因此，每年都有大量的鼠、兔等哺乳小动物被用来进行动物生长试

验，估测牧草的利用率和制定人、畜营养需要量标准。一些鸟类、爬虫类及鱼类也被广泛应用于动物试验。用各种小动物做试验得到的数据直接适用于该种动物。并且，这些资料往往也可以外推至家畜和人。

14.3.2 牧草品质育种方法

14.3.2.1 优质种质筛选与选择育种法

优质种质筛选与选择育种法即在现有牧草种质资源或野生类型中，寻找优良品质性状的基因源，筛选可利用的优质牧草种质；或者发现某些牧草种质的品质性状存在明显差异时，则可进行选择育种，选育优质牧草新品种。如江西饲料研究所周泽敏等从意大利黑麦草的自然变异植株中，采用选择育种方法选育了'赣饲 2 号'、'赣饲 3 号'和'赣饲 4 号'等 3 个多花黑麦草系列品种，均叶多茎少，抽穗期的茎叶比为 1:(0.6~0.7)，再生草较幼嫩，适口性好，其粗蛋白含量分别为 12.65%、15.21% 和 11.50%，粗纤维含量分别为 26.05%、23.67% 和 26.12%，其中'赣饲 4 号'比意大利黑麦草蛋白质含量高 2.39%，粗纤维含量低 4.57%；'赣饲 3 号'于 1994 年通过全国牧草品种审定委员会审定登记为育成品种。

美国 20 世纪 80 年代初就通过优质种质筛选与选择育种法，选育成功了粗蛋白含量在 20% 左右的优质苜蓿新品种。加拿大农业和农业食品协会应用瘤胃尼龙袋消化试验技术，以选育初始消化率低(low initialrate of digestion，LIRD)及臌胀病发生率低的苜蓿品种为育种目标，经过 11 年对 Beaver、Vernal、Anchor 和 Kane 4 个苜蓿品种进行 4 轮表型轮回选择，育成了显著降低臌胀病发生率的苜蓿品种 AC Grazeland Br，于 1998 年获得批准登记。

14.3.2.2 杂交育种法

杂交育种既可综合双亲的优良特性，又可选育具超亲优势的新类型，因而可选育牧草品质优良新品种。如采用高粱与苏丹草进行远缘杂交育种，育成了许多高丹草品种，不仅表现产量高和适应性强等高粱的优点，而且高丹草的营养价值和适口性等牧草品质性状也明显优于苏丹草。美国著名的'岸杂一号'狗牙根品种是采用本地狗牙根品种'海岸'狗牙根与从国外引进的肯尼亚狗牙根品种，进行远缘杂交获得的杂种 F_1 代，其消化率比亲本高 12%，其蛋白质含量也比亲本增加。

14.3.2.3 诱变育种法

利用化学或物理等诱变剂诱发牧草发生变异，可产生自然界稀有的或者采用一般常规方法难以获得的牧草及草坪草优质新品种。如江西省畜牧技术推广站以从意大利引进多花黑麦草品种'伯克'为原始材料，采用物理诱变育种方法选育出多花黑麦草新品种'赣选 1 号'，不仅其粗蛋白含量比'伯克'的提高，而且，适口性与消化率也比'伯克'的高。

14.3.2.4 生物技术育种法

生物技术育种可以超越物种间的界限，培育出常规育种方法难以获得的优质牧草新品种。国外研究者将豌豆球蛋白基因和菜豆(*Phaseolus vulgaris*)蛋白基因分别导入苜蓿，获得较高蛋白质含量的苜蓿。研究表明，通过农杆菌介导法将高含硫氨基酸蛋白(HNP)基因转入苜蓿，对转基因植株进行氨基酸分析，发现含硫氨基酸的含量有明显提高。有学者将高含硫氨基酸基因(D-zein)转入白三叶草，明显改善了其饲用价值，对牧草品质的改良有很大的影响。

此外，百脉根等牧草中含有一种牲畜抗臌胀病的天然物质——丹宁。丹宁可使饲料在牛瘤胃内的消化减慢。在瘤胃中，它同植物蛋白结合而对抗瘤胃内细菌对蛋白质的降解。当营养物质到达肠内时，蛋白质再发生消化分解。美国农业研究院的育种家正试图通过遗传工程，将丹宁含量高的红豆草的 DNA 包上一薄层钨制成颗粒。将颗粒置于特制的子弹内，用一种特殊的枪射入苜蓿细胞内。只要百分含量很小的 DNA 进入苜蓿体内，苜蓿就开始产生适量的丹宁，从而有可能有效防止牲畜食用苜蓿产生的臌胀病。

思考题

1. 名词解释

   牧草品质育种　适口性　采食量　消化率　牧草营养价值　牧草有毒有害物质

2. 简述牧草品质的概念与牧草品质育种的意义。
3. 论述牧草品质的影响因素。
4. 论述牧草品质育种主要目标性状的特点。
5. 论述牧草适口性和采食量及消化率的评价方法。
6. 论述牧草营养价值的评价方法和牧草品质的综合评价方法。
7. 试举例说明牧草品质育种的方法。

第15章 生物技术育种

生物技术(biotechnology)是应用生物学、化学和工程学的基本原理，利用生物体或其组成部分来生产有用物质，或为人类提供某种服务的技术。利用生物技术创造牧草及草坪草新品种，克服了传统常规育种技术有性杂交的限制，基因交流的范围无限扩大，利用生物技术培育细胞融合与转基因牧草及草坪草植株可以获得独特的遗传变异类型，应用前景广阔，现已逐步成为传统育种技术的重要补充和发展。

15.1 生物技术育种概述

生物技术根据操作对象和研究内容不同，可分为基因工程、细胞工程、酶工程、发酵工程等。牧草及草坪草生物技术育种是指以现代生命科学为基础，采用各类先进的生物技术手段，选育牧草及草坪草新品种的育种活动。

15.1.1 生物技术育种的特点及其与常规育种的关系

15.1.1.1 生物技术育种的特点

与传统常规育种相比较，生物技术育种具有如下优点：

(1)能够超越生物种间遗传物质的交流界限，打破物种间生殖隔离障碍。可实现基因的公用性，创新和丰富种质资源。可在更广泛的育种材料中进行细胞筛选、诱变与繁殖，基因的克隆与转化，进行更大范围的基因重组，在基因水平上改造植物的遗传物质更具科学性和精确性。可培育出常规育种法所不能育成的植物新品种。

(2)有可能定向改造植物某个或某些遗传性状而保留其他性状，提高育种的目的性和可操作性。生物技术育种需要改良哪种性状，就可将带有此性状的目的基因转移到受体细胞，因而可以定向地获得所需要的变异。

(3)育种周期短，效率高。由于生物技术可采用特定目的基因转移的技术，不像杂交育种需经过基因重组，因而其育种速度比常规育种的耗时短、工作量相对较少。

但是，目前生物技术育种仍然存在一些技术局限，如许多植物种的遗传转化体系构建不完善，转化效率低；目标基因遗传特性不稳定；目标基因表达水平低；基因整合位置随机性大；转化频率低等。

15.1.1.2 生物技术育种与常规育种的关系

(1)生物技术育种与常规育种既相区别又具有紧密联系

在相当长的时期内，牧草及草坪草育种还将以常规育种为主，生物技术育种只能作为常规育种的补充，提高其效率或实现其所不能。同时，当条件成熟时，生物技术育种又会转变为常规育种一个环节而发挥作用。

（2）生物技术育种适合改良其单个性状，要同步改良其产量、品质、抗性，获得综合性状优良的新品种，必须与常规育种相结合。这是由于牧草及草坪草产量、品质、适应性等多表现为数量性状遗传，由多基因控制，产量、品质与抗逆性等性状间常存在负相关。

（3）生物技术育种不能自成体系，只能作为常规育种的一个工作环节。这是由于生物技术育种可转导有利基因并使目的基因在受体中表达，但最终对其后代的比较筛选与鉴定评价及推广应用于生产等工作必须依靠常规育种工作完成。

15.1.2 牧草及草坪草生物技术育种研究概况

15.1.2.1 国外牧草及草坪草生物技术育种概况

1983年，美国华盛顿大学宣布成功将卡那霉素抗性基因导入烟草细胞，世界第一例转基因烟草作物问世。同年4月，美国威斯康星大学也宣布成功将大豆基因转入向日葵。这标志着植物转基因技术的诞生，随后农作物生物技术育种获得了飞速发展，国外大豆、棉花等转基因农作物品种已经被广泛种植推广。

牧草及草坪草生物技术育种研究与应用虽然落后于大田农作物，但是，美国等草业发达国家的生物技术育种研究也取得了重要进展。例如，1988年，Horn等首次获得了转基因鸭茅；1992年，Wang等和Ha等同时期分别成功获得高羊茅转基因植株，主要牧草及草坪草都已建立起植株再生和遗传转化体系并获得了转基因株系。

国外已经成功构建了多年生黑麦草、意大利黑麦草、草地羊茅、高羊茅、结缕草、鸭茅、梯牧草、红三叶、白三叶和苜蓿等牧草及草坪草的高密度遗传连锁图谱，还从牧草及草坪草中克隆了许多可用于基因工程的有用基因。如美国农业部克隆的与果聚糖合成有关的基因1-SFT，6-SFT，它的过量表达可提高牧草的抗旱性及抗寒性；加拿大魁北克省的农业科研人员，采用基因工程技术对抗寒苜蓿中的抗寒基因表达性进行了广泛的研究，通过DNA分子标记和基因谱分析苜蓿抗寒性和抗冻性，对从抗寒苜蓿CDA库中分离出来的表达序列标记（ESTs）进行了高产潜力分析；Hill等将编码苜蓿花叶病毒的外壳蛋白基因转入5个不同的苜蓿品种，抗病性明显增强；Xu等将长叶车前草花叶病毒外壳蛋白基因转入多年生黑麦草，发现能较大幅度地提高牧草的抗病能力；Nicolai等将Bt基因转入苜蓿，发现转基因苜蓿对海灰翅夜蛾和甜菜叶蛾均表现出较高的抗性。Girgi等采用微弹轰击法对美洲狼尾草角质鳞片组织进行轰击，获得抗除草剂转基因植株；Dalton等获得了具有除草剂抗性的转基因多年生黑麦草和早熟禾；McKersie等将烟草的Mn-SOD基因转入苜蓿，转基因植株受到冻害后能迅速恢复；Baucher等通过反义RNA技术成功降低苜蓿中肉桂醇脱氢酶的活性，转基因苜蓿中木质素的溶解性和消化率大大提高，从而提高了牧草的消化率和利用率；Sharma等将高含硫氨基酸基因转入白三叶，明显改善了白三叶的饲用价值。

加拿大苜蓿育种家B.P.Coplcn博士等，通过生物育种技术将红豆草中的单宁基因转移到苜蓿中，培育出了臌胀病危潜势较低的苜蓿新品种。澳大利亚育成了转基因含硫氨基酸苜蓿新品种。美国国际苜蓿遗传公司等单位合作将*Epsps*基因转入苜蓿，育成抗Roundup除草剂的苜蓿新品种，已在2004年开始推广应用。由英、法两国牵头，联合东欧各国形成了一个区域协作网，相关科研人员借助现代生物技术手段对高羊茅、多年生及多黑麦草的各类型杂种后代材料进行种间基因入渗及不同杂种种群的遗传机制进行研究,这将为利用高羊茅和黑麦草进行种间杂交育种奠定理论和技术基础。

此外,国外转基因牧草及草坪草品种商业化道路也曾出现曲折坎坷。如美国孟山都(Monsanto)和牧草国际遗传公司(Forage Genetics International)于 2004 年 4 月,向美国农业部的动植物卫生检验局(APHIS)提出申请,要求检测其培育的抗除草剂转基因紫花苜蓿对草甘膦除草剂的耐受性和环境效应等。APHIS 评估了使用转基因苜蓿所造成的植物病虫害风险及引起的环境效应,决定从 2005 年 6 月 14 日起解除对抗草甘膦苜蓿的管制。9 个月后,部分有机苜蓿种植者在加利福尼亚北部地区提起诉讼,反对 APHIS 解除转基因苜蓿管制状态的决定。2007 年 2 月美国最高法院裁定 APHIS 的环境评估未能充分考虑到特定环境和经济的影响,最终决定解除转基因苜蓿的非管制状态,仅保留 809.37 km^2 地继续进行刈割、使用和出售,但这些土地必须服从法院的命令进行管理实践。与此相反,美国斯科特公司(Scotts Company)生产的抗草甘膦转基因早熟禾由于使用非农杆菌介导的遗传转化手段,即使用基因枪导入外源目的基因,从而避开 APHIS 的转基因植物监管程序。2011 年 7 月 APHIS 声明,斯科特公司生产的该转基因早熟禾因其不含有有害生物(农杆菌)基因序列所以不在该机构的监管范围内,从而该品种能够避开 APHIS 监管进入商业释放阶段。

15.1.2.2 国内牧草及草坪草生物技术育种概况

中国牧草及草坪草生物技术育种研究于 20 世纪 70 年代末开始起步,其重要标志是 1979—1980 年黑龙江省畜牧研究所和中国农业科学院草原研究所分别培养出紫花苜蓿花药植株。此后,中国许多单位都进行了许多牧草及草坪草生物技术育种的基础理论与技术研究,获得了许多重要进展。如 20 世纪 80 年代后期,江苏省农业科学院土壤肥料研究所把外源基因导入了多年生黑麦草和狼尾草等获得转基因植株;中国农业大学、中国科学院遗传研究所等获得了苜蓿转基因植株;中国还克隆了耐盐相关基因,已获得了耐 1%NaCl 的转基因苜蓿。近年中国一些牧草及草坪草育种单位先后投入大量人力和物力进行牧草及草坪草基因工程改良研究,主要针对耐逆性、抗病虫性、品质改良等育种目标,克隆出几十个相关基因,但迄今为止,尚无转基因牧草及草坪草品种育成并进行商业释放利用,只有少数几个转基因牧草及草坪草品系获准进行小规模的中间试验,相信不久的将来中国也将会培育并释放转基因的牧草及草坪草新品种。

15.2 细胞工程育种

细胞工程是指应用细胞生物学和分子生物学的理论和方法,在体外条件下进行在细胞水平上的遗传操作及进行大规模的细胞和组织培养,繁殖或人为地使细胞某些生物学特性按人们的意愿生产某种物质的过程。细胞工程育种是指利用组织培养、原生质体培养、染色体操作及基因转移、体细胞融合与杂交等细胞工程技术,按照育种目标选育和快速繁殖生物新物种或新品种的方法。

15.2.1 细胞和组织培养概述

植物细胞和组织培养的理论基础源于德国学者 Haberlandt 于 1902 年提出的植物细胞全能性概念,他预言植物体的任何一个细胞,都有长成完整个体的潜在能力,这种潜在能力就叫植物细胞的全能性。1958年，美国植物学家Steward等用胡萝卜根韧皮部的组织块进行离体培养，得到了完整的植株，并且这一植株能够开花结果，从而证实了Haberlandt的预言。该试验也证明高度分化的植物细胞仍然具有发育成完整植株的能力。

植物细胞和组织培养，也叫离体培养，为广义的组织培养。它是指在无菌条件下利用人工培养基对从植物中分离出来的细胞、组织、器官、胚胎或原生质体等各种结构进行诱导培养，产生愈伤组织并获得完整再生植株或生产具有经济价值的其他产品的生物技术手段和过程。狭义的植物组织培养是指采用植物各部分组织，如形成层、薄壁组织、叶肉组织、胚乳等进行培养获得再生植株，也指在培养过程中从各器官上产生愈伤组织的培养，愈伤组织再经过再分化形成再生植物。

15.2.1.1 组织培养步骤

植物组织培养与细胞培养开始于19世纪后半叶，用于培养的离体材料通常称为外植体。接种某些外植体后，最初的几代培养称原代培养；由原代培养新增植的组织，继续转入新的培养基上培养的过程称继代培养。由同一外植体反复进行继代培养后，所得一系列的无性繁殖后代称为无性繁殖系，在细胞培养中，由单细胞形成的无性系则称为单细胞无性系。在组织培养过程中，从植物各种器官、组织的外植体增殖而形成的一种无特定结构和功能的细胞团称愈伤组织。由外植体或愈伤组织产生的，与正常受精卵发育方式类似的胚胎结构体称为胚状体。组织培养全过程(图15-1)可划分为如下4个阶段：

(1) 无菌培养物的建立

为组织培养的第一阶段，其目的为建立供试植物的无菌培养物，以获得增大了的新梢、生了根的新梢尖或愈伤组织等。此阶段应选择好适当的外植体。

(2) 营养繁殖体的增殖

为组织培养的第二阶段，其目的是产生最大量的繁殖体单位，一般通过3个途径来实现：

①诱导腋芽和顶芽的萌发及发育　采用外源的细胞分裂素，可促进使具有顶芽或没有腋芽的休眠侧芽启动生长，从而形成一个微型的多枝多芽的小灌木丛状的结构。在几个月内可以将这种丛生苗的一个枝条转接继代，重复芽苗增殖的培养，并且迅速获得多数的嫩茎。然后将一部分嫩茎转移到生根培养基上，就能得到可种植到土壤中去的完整小植株。

②诱导产生不定芽并发育　在培养中由外植体产生不定芽，通常首先要经脱分化过程，形成愈伤组织的细胞。然后，经再分化，即由这些分生组织形成器官原基，它在构成器官的纵轴上表现出单向的极性(这与胚状体不同)。多数情况下它形成芽后形成根。另一种方式是从器官中直接产生不定芽，有些植物具有从各个器官上长出不定芽的能力，如矮牵牛等。

③体细胞胚状体的发生与发育　体细胞胚状体类似于合子胚但又有所不同，它也通过球形、心形、鱼雷形和子叶形的胚胎发育时期，最终发育成小苗。但它是由体细胞发生的。胚状体可以从愈伤组织表面产生，也可从外植体表面已分化的细胞中产生，或从悬浮培养的细胞中产生。

此阶段是根据需要进行繁殖体的快速繁殖，可以反复进行继代培养以求得最大繁殖率。

(3) 生根阶段

为组织培养的第三阶段。外植体经第二阶段后多数情况是无根的芽苗，需在生根培养基上促其生根。

（4）植株移栽

为组织培养的第四阶段。此阶段组培苗经过过渡锻炼移植于大田。

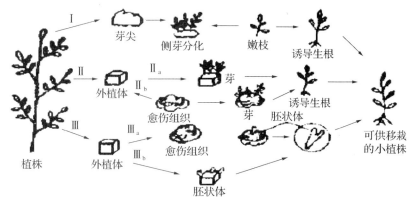

图 15-1　植物组织培养全过程

组织培养上述 4 个阶段的培养基、生长调节剂的配比和浓度、培养方式和环境等均因不同的植物种及品种有不同的要求。

15.2.1.2　组织培养植株再生的途径及特点

组织培养植株再生有两种主要途径：一是胚胎发生途径。即由外植体经组织培养形成的愈伤组织产生胚状体后，或由外植体直接产生胚状体后，再萌发形成完整植株的途径。另一种是器官发生途径。即由外植体经组织培养形成的愈伤组织细胞先分化产生芽和根后再形成一个完整的植株。此外，茎尖、胚及子房等器官做外植体进行组织培养时，可不经形成愈伤组织或胚状体的脱分化过程，因其存在分生组织，可经组织培养成丛状苗，再诱导生根直接形成再生植株。牧草及草坪草组织培养再生植株多采用胚胎发生方式，因此胚性愈伤组织的获得尤为重要，一般牧草及草坪草所采用的外植体有颖果（胚）、花序、叶片基部和茎段等。

与器官发生途径相比较，组织培养植株再生的胚胎发生途径具有如下特点：

①具有两极性　在体细胞胚胎发生早期就具有胚根和胚芽，胚性细胞第一次分裂多为不均等分裂，形成顶细胞和基细胞，其后由较小的顶细胞继续分裂形成多细胞原胚。

②存在生殖隔离　体细胞胚形成后与母体植物或外植体的维管束系统联系较少，即出现所谓生理上的隔离现象。

③遗传性相对稳定　通过体细胞胚形成的再生植株的变异性小于器官发生途径形成的再生植株，这是因为只有那些未经过畸变的细胞或变异较少的细胞才能形成体细胞胚，实现全能性的表达。

④重演受精卵形态发生的特性。

15.2.1.3　牧草及草坪草细胞工程育种研究进展

以植物细胞和组织培养技术为基础的植物细胞工程育种具有许多重要作用，例如，加快植物新品种和良种繁育速率；培养无病毒苗木；诱发和离体筛选突变体；进行种质资源长期保存和远距离运输；获得倍性不同的植株；克服种子发育和萌发中的障碍；克服远缘杂交困难；提供育种中间材料。因此，牧草及草坪草细胞工程育种研究也受到国内外茎尖组织培养常用于植物的快速无性繁殖。牧草及草坪草的茎尖培养已用作脱病毒和种质的长期保存。通过花药培养，单倍体加倍后，可以迅速从品种间杂种得到纯合系，加快育种进程，所以花药培养的研究受到众多育种工作者的重视。牧草及草坪草细胞和花药组织培养能力与基因型有关及其不同外植体材料、培养基种类及其成分、培养条件等密切相关，不同培养基与培养条件对不同基因型材料的培养效果不同。目前国内外研究者已经利用建立了多年生黑麦草、一年生黑麦草、苜蓿、红豆草、白三叶、红三叶、冰草、高羊茅、狗牙根、结缕草等主要牧草及草坪草各种外植体材料的草种的花药获得了再生植株体系。并且，对主要牧草及草坪草的细胞和组织培养条件、培养基成分及单倍体诱导技术等均进行了许多有效研究，提高了组织培养的植株再生频率，并选育了生产上应用的新品种。

如中国农业科学院畜牧研究所从 1984 年起，利用植物组织培养的离体细胞筛选技术，从紫花苜蓿耐盐诱变的体细胞筛选中获得了耐盐的优良株系，后来作为原始亲本之一，与保定苜蓿、秘鲁苜蓿、南皮苜蓿、根选 RS 苜蓿混群授粉，在含盐 0.4% 的盐碱地上种植筛选，最终培育出耐盐性优良的'中苜 1 号'紫花苜蓿新品种，于 1997 年通过全国品种审定。中国人民解放军军需大学以吉林省前郭尔罗蒙古族自治县天然草原的野大麦为育种原始材料，采用物组织培养等生物技术育种及诱变育种技术对离体培养的野大麦幼穗、幼胚和成熟胚的愈伤组织和悬浮细胞系进行突变体诱导，在特定的盐碱条件下进行耐盐变异体的鉴定筛选，经过连续 5 代单株选择混合种植，育成'军需 1 号'野大麦，于 2002 年通过全国品种审定。新品种含盐量不超过 1.2%，pH = 11.0 时也能生长，产草量显著高于野生原始群体。江苏省农业科学院畜牧研究所从 2003 年起，以氯化钠胁迫下离体筛选 N51 象草体细胞突变体，利用植物组织培养的离体筛选技术，将筛选的耐盐细胞系再生植株，并对再生植株进行进一步耐盐筛选鉴定，从中获得耐盐的优良株系，经品比、区试和生产试验，最终选育了耐盐性好、高产的'苏牧 2 号'象草新品种，于 2010 年通过全国品种审定。

15.2.2　组织培养的类别

根据所用外植体的不同，组织培养可分为胚胎培养（包括胚培养、胚乳培养、胚珠和子房培养，以及离体受精的胚胎培养技术等）、器官和组织培养（器官包括茎段、茎尖、块茎、球茎、叶片、花序、花瓣、子房、花药、花托、果实、种子等；组织包括形成层组织、分生组织、表皮组织、薄壁组织等各种器官组织，以及其培养产生的愈伤组织）、细胞培养、原生质体培养等。

15.2.2.1　茎尖培养

茎尖培养（apical meristem culture）即指对植物茎尖分生组织的培养。茎尖分生组织是嫩枝末梢的一小部分，包括顶端分生组织及其下方的 1~3 个幼叶原基。用于茎尖培养的茎尖一般很小，长为 0.2~2mm，至少要含有一个叶原基。通常为了保证培养成功，茎尖需携带 2 个叶原基或更多的组织，在无菌条件下进行离体培养，通过调整培养基组分及其浓度，诱导茎芽生长，不经过愈伤组织的形成，而直接形成不定芽和不定根；或者在茎尖切口处形成少量愈伤组织，然后形成大量不定芽和不定根，再产生大量遗传一致的试管苗。

茎尖培养的再生植株不经过愈伤组织分化而来，只是通过诱导不定芽获得，能避免愈伤组织诱导阶段的干扰和发生偶然的再生，避免增加不符合需要的体细胞克隆变异的风险。因此，茎尖培养是组织培养中，引起遗传变异较小，甚至不造成遗传变异的快速无性繁殖方式。茎尖培养再生植株很容易，且不依赖基因型；所用外植体小，占用空间小，再生植株小而多，繁殖速度极快，故称其为"微繁"无性繁殖方式。它常用于难以种子繁殖、不易采种与无性繁殖植物品种或材料的快速繁殖；还常用于培养植物无毒苗，这是因为一般茎尖及其他分生组织还未形成维管束系统，病毒运动困难，其移动速度落后茎尖生长速度，导致其含病毒少或不含病毒。

根据茎尖培养的上述特点，它可快速繁殖无性系，培养无病毒株系；用于种质资源的保存与交换；用于诱变育种中"嵌合体"的分离培养；用于植物生长发育规律、器官形态建成、生理代谢活动及开花机制等基础研究。牧草及草坪草大多采用种子或匍匐茎繁殖，且繁殖速度快，故一般不需要使用茎尖培养技术进行无性快繁，但可利用该技术进行牧草及草坪草的脱毒繁殖及种质保存。茎尖培养的基本过程如下：

(1) 外植体的准备

取1~2cm幼嫩茎尖枝条，剪去叶片，用0.5%~1.5%次氯酸钠溶液，表面灭菌10~15 min备用。茎尖外植体的采集应以生长旺盛的幼嫩枝条为佳，而成熟、衰老或休眠的枝条不宜茎尖培养。

(2) 茎尖培养与外植体的增殖

由于茎尖分生组织很小，肉眼很难辨别，通常在解剖镜下操作，切取芽原基(0.2mm左右)或带有两个叶原基的小茎尖(0.2~1 mm)。茎尖越小，培养的脱毒苗脱毒效果越好，但培养成苗的难度也越大。茎尖培养基一般为MS培养基附加一定浓度的细胞分裂素和生长素，光照培养。茎尖培养的关键在于防止褐化和愈伤组织化。因此，在培养前期采用弱光，在培养基中加入活性炭、维生素C等，控制好培养基的激素组成及其浓度。

(3) 继代培养

当初代培养的茎尖产生不定芽时，可将芽切下，接种到继代培养基上，进一步扩繁培养。继代培养基一般与初代培养基以及培养条件相同，但是，应注意随继代培养代数的增加，培养基的激素浓度可以降低，否则，易形成愈伤组织或玻璃化苗。

(4) 生根培养

将继代培养中较健壮的不定芽切下，转入生根培养基，在光照进行根的分化培养。生根培养基一般为无激素的MS培养基或附加0.01%~0.02%的NAA(萘乙酸)或IBA(吲哚丁酸)，琼脂浓度为0.8%，pH为5.8。一般2~4周出现不定根，有的生根培养基还需附加活性炭。

(5) 小苗移植驯化

茎尖培养试管苗移植前需经过炼苗；移植时要把附着于小植株根部的培养基冲洗干净，以免微生物的侵袭。

15.2.2.2 胚培养

胚培养(embryo culture or embryo rescue)是指使胚及具胚器官(如子房、胚珠)在离体无菌培养条件下发育成幼苗的技术。广义的胚培养包括胚培养与胚乳培养。胚培养可以分为未成熟幼胚培养和成熟胚培养。

胚培养方法是在人工授粉后7~15d，将幼胚或胚珠剥离进行离体培养。成熟胚培养所需要的培养基及培养条件要求不高，在含有大量元素的无机盐和蔗糖的基本培养基上，一般即可培养萌发成苗。未成熟幼胚，特别是发育早期的幼胚培养要求优化好的人工培养基，幼胚剥离和离体培养难度大。豆科牧草及草坪草的幼胚较难剥离，故常采用胚珠组织培养；禾本科牧草及草坪草的幼胚容易剥离，故常进行幼胚组织培养。

胚培养可克服远缘杂种胚的早期败育现象，提高远缘杂种的成苗率；可使种子无生活力的植株与胚发育不全的植物获得后代；可克服种子休眠，提早结实，缩短育种周期；还可克服柑橘类合子胚不能生长现象。如三叶草为胚珠培养最早成功的植物之一；冰草、黑麦草、高羊茅等幼胚培养均获成功。中国牧草及草坪草的幼胚培养研究报道较少，仅在黑麦草×苇状羊茅杂交种、无芒雀麦和紫花苜蓿上做了些工作。

胚培养应注意如下事项：第一，严格取材时间，确保准确的日龄；第二，选择适当的幼胚培养基。禾本科牧草及草坪草幼胚培养基较简单，可用 MS、White、Nitsch、N6 等培养基或 1/2 MS 培养基附加低浓度生长素即可；豆科牧草及草坪草幼胚培养基，则应对其培养基的营养成分、激素种类及其浓度、维生素和氨基酸种类等进行合理搭配。

15.2.2.3 花药与子房培养

花药与子房培养是指花药花粉囊中的花粉与子房中的成熟胚囊离体培养，经过适当诱导可能去分化而发育成单倍体胚或愈伤组织，最终形成花粉植株。花药由花药壁和花粉囊构成，花粉囊内产生许多花粉粒，离体培养花粉处于单核时期（小孢子）的花药，可使花粉离开正常的发育途径（即形成成熟花粉最后产生精子的途径）而分化成为单倍体植株。子房是指雌蕊基部膨大的部分，由子房壁、胎座和胚珠组成。子房中的成熟胚囊由 6 个单倍体细胞（包括 1 个卵细胞）和 1 个具有 2 极核的中央细胞构成。理论上这 6 个单倍体细胞均可发育成单倍体植株。

（1）花药培养

1964 年，印度的 Guha 等通过花药培养首先获得了蔓陀罗单倍体植株，从而开创了利用花药培养进行单倍体育种的新途径。中国花药培养研究始于 1970 年，目前已经成功获得了高羊茅、草地羊茅、多年生黑麦草、多花黑麦草、雀稗、紫狼尾草等花药培养的单倍体植株，其中有小麦、小黑麦、小冰麦等的花药培养某些领域研究已达到世界领先水平。花药培养可以诱导单倍体花粉发育成单倍体植株，可以快速而简便地获得后代纯合体。而且因其只具有一套单一的染色体组，易于突变体的筛选，排除杂种优势对后代选择的干扰，从而提高选择效率。此外，花药培养还是遗传研究的良好实验材料体系。

花药培养包括采用花药培养或直接采用花粉培养。花粉诱发后经愈伤组织或胚状体发育成的小植株都是单倍体植株或双单倍体，不形成花药培养可能出现的花药壁体细胞二倍体组织植株。因此，花粉培养比花药培养更易获得单倍体或更易加培成纯合二倍体。但花粉培养比花药培养的难度大。花药培养的方法如下：

①选择合适的外植体材料　首先，选择供体植株的温度、光周期和光强等生长条件。如烟草植株采用 短光周期（8h）和高光强（16 000 lx）生长条件有利。其次，选择供体植株的年龄。一般开花初期植株的花蕾易于培养。再者，选择花粉发育时期。如烟草处于第一次有丝分裂期的花粉效果最好；禾本科和芸薹属植物处于单核早期的花粉效果最好。

②花蕾和花药的预处理　将花蕾和花药先在 70% 酒精中浸一下，再放入饱和的漂白粉溶液中消毒 10~20min，然后换用无菌水冲洗 2~3 次。

③培养基选择与接种　依培养植物种及品种的要求选用合适固体或液体培养基。在无菌条件下，从花蕾中取出花药或花粉接种到培养基上。切取花药应尽可能避免花药受损。接种时应把花药平放于培养基上，或将花粉均匀撒在培养基上，使其与培养基直接接触，便于其从培养基中吸收营养物质。

④培养条件　花药培养一般在暗处进行，直到愈伤或胚状体形成再转入光下培养。

(2) 子房培养

子房培养可分为授粉子房培养和未授粉子房培养。培养授粉子房可以用于挽救子房内杂种胚的发育；培养未授粉子房的目的是通过子房内单倍体细胞的发育而获得单倍体植株。Larue 于 1942 年最早进行子房培养研究，对番茄等授粉小花进行培养，获得了子房增大而且花柄生根。Nitsh 发展了较为完整的子房培养技术，并在 1949 年和 1951 年进行番茄、菜豆和小黄瓜等授粉前后的子房培养，其中已授粉的黄瓜和番茄的子房在简单培养基上获得了有种子的成熟果实；未授粉的番茄子房在添加生长素的培养基上只获得了较小的无籽果实。1976 年，San Noeum 从未授粉的大麦子房培养中得到了单倍体植株。目前，水稻、小麦、大麦、烟草、向日葵和杨树等很多植物的未授粉子房培养均已获得单倍体植株，有些已在育种中得到应用。

子房培养的方法：影响子房培养的因素有基因型、发育时期等。受精后的子房需要表面消毒后再接种；未受精的子房可将花被消毒后，在无菌条件下剥取子房。从子房中就可剥取胚珠。子房培养所需的培养基较为简单，如 MS、White、Nitsch 等，可以不添加或添加少量有机成分和激素。花被有利于授粉后的子房培养。如单子叶禾本科植物保留颖片有利于胚的发育；带有胚座组织或部分子房组织有助于受精后的胚珠离体培养。但胚珠培养对培养基要求更复杂，一般需要在培养基中添加激素、糖和维生素等成分。

15.2.2.4　人工种子

人工种子(artificial seeds)又称合成种子(synthetic seeds)或体细胞种子(somatic seeds)，是指植物材料在离体培养条件下通过无性繁殖获得大量的高质量的成熟体细胞胚或其类似物，在其外面包上一层具有保护和提供营养作用的"种皮"，而形成的能在适宜条件下发芽的类似于天然植物种子的结构。人工种子的概念首先是 1978 年由 Murashige 在第 4 届国际植物组织细胞培养大会上提出的。1986 年 Redenbaugh 等成功地利用藻酸钠包埋单个体细胞胚，生产人工种子。目前胡萝卜、棉花、玉米、甘蓝、莴苣、苜蓿等人工种子制作均获得成功。

人工种子按繁殖体可划分为：①裸露的或休眠的繁殖体。如微鳞茎，微块茎等。它们在不加包被的情况下也具有较高的成株率。②人工种皮包被的繁殖体。一些体细胞胚、原球茎等不能过度干燥，但只需要用人工种皮包被即可维持良好的发芽状态，如胡萝卜体细胞胚。③水凝胶包埋再包被人工种皮的繁殖体。大多数体细胞胚、不定芽、茎尖等均需要先包埋在半液态凝胶中，再经人工种皮包裹才能避免失水，从而维持良好的发芽能力。此外，人工种子还可按细胞胚划分为体细胞胚人工种子与非体细胞胚人工种子。

人工种子与正常合子胚种子(真种子)的胚发育结构完全相同，但有许多不同之处：①人工种子胚不是两性细胞融合形成的有性胚，而是从某一基因型体细胞发生的胚，具有遗传稳定性和一致性。②人工种子无种皮，其"种皮"是人工合成的。③可不断改进人工种子种皮成分、结构和提高内部种子活力及对外界环境条件适应的能力。如进行种子包衣等。

人工种子利用可对一些自然条件下不结实的或种子很昂贵的植物进行繁殖。可固定杂种优势，使 F_1 杂交种可多代利用，生产不受季节限制，使优良的单株能快速繁殖成无性系品种，从而大大缩短育种年限，还可快速繁殖脱毒苗。因为人工种子作为播种材料，在一定程度上可取代部分粮食种子与块根茎，节约粮食。还可在人工种子的包裹材料里加入各种生长调节物质、菌肥、农药等，可人为地影响控制作物生长发育和抗性。可以保存及快速繁殖脱病毒苗，克服某些植物由于长期营养繁殖所积累的病毒病等。与组织培养试管苗相比较，人工种子的成本低，繁殖速度快；体积小，运输方便；结构完整，大小一致，可方便机械化播种，落种均匀，出苗整齐，节省劳动力。但是，绝大多数人工种子发芽需要无菌条件，所以，还不能实现广泛应用。另外，人工种子的制作费用过高，并且在应用上需要各个环节的配套设施费用昂贵，技术也不够成熟，真正在生产上应用还需要做大量研究工作。

15.2.3 体细胞无性系变异及其育种利用

体细胞无性系变异(somaclonal variation)是指植物体细胞包括原生质体在组织培养过程发生变异，进而导致再生植株发生遗传改变的现象。自从1959年Braun首次观察和报道体细胞无性系变异以来，研究表明它是植物组织培养过程中普遍存在的现象。

15.2.3.1 体细胞无性系变异的频率与特点

体细胞无性系变异频率远远高于自然突变频率，在一个组织培养周期内可产生1%~3%的无性系变异，有时甚至高达90%以上，某一具体性状的变异率在0.2%~3%；水稻、小麦等几种主要禾本科作物的体细胞无性系变异频率均在10%以上。

影响体细胞无性系变异频率的因素包括外植体自身的类型和生理状态、培养基的某些成分及植物生长调节剂、继代培养次数等。通常认为，选用分化程度较高的组织作为外植体，在适宜的激素及植物生长调节剂浓度下诱导生长的愈伤组织，经过较长时间的继代培养，诱导出的再生植株能得到较高的体细胞无性系变异频率。

体细胞无性系变异的优点包括：①适用范围广。可以进行组织培养的植物都可以产生体细胞无性系变异。②提供了变异的快捷途径。特别是对常规育种比较困难的植物，因组织培养阶段既可改变遗传重组的频率，也可改变其分布，同时也存在细胞质突变，有异于杂交育种和诱变育种，因此有可能选择到细胞质雄性不育系等新的变异。③能在保持原品种优良性状不变的情况下有效改善个别不良性状，适宜于改变个别农艺性；还可通过人为施加生物与非生物胁迫选择压来定向筛选突变体。④变异稳定快速和可遗传，育种周期短，成本低，操作难度小。大多数体细胞无性系变异为个别基因突变或很小的染色体片段改变，只经过一二代的自交便可形成稳定的株系。

体细胞无性系变异育种避免了转基因植物的生物安全问题，近年来越来越受重视，已逐渐成为牧草及草坪草育种的有效补充手段。但它普遍存在变异类型复杂、变异方向难以预期、劣变多、突变细胞系分化能力下降、变异遗传不稳定等缺点。特别是牧草及草坪草体细胞无性系变异育种，由于其诱导高再生能力的胚性愈伤组织具有相当难度，且要长期维持愈伤组织的胚性能力愈加困难，更增加了该技术的操作难度。此外，体细胞无性系变异的多数研究仅限于实验室和温室阶段，由于所选材料实用价值的有限性、非期望遗传变异的产生以及获得变异性状的不显著性，导致其在生产上应用的局限性。同时，该育种方法的系统性研究不够，大多研究报道局限于筛选过程及初代变异株，对变异的机理以及变异株在繁殖后代稳定性的研究还缺乏深入的探索。

15.2.3.2 体细胞无性系变异的类型及其遗传基础

植物体细胞无性系变异的类型及其遗传基础可分为染色体变异和分子水平变异，后者包括转座子活性变异、DNA甲基化状态改变、基因突变以及DNA重复序列的改变等。

(1) 染色体变异

染色体变异包括染色体数目变异和结构变异。染色体数目变异可分为倍性变异和非整倍性变异，组织培养过程中可能产生非整倍体等染色体数目的变异。染色体结构变异包括染色体片段的缺失、互换、易位、倒位等。随体断裂、染色体黏连、产生环状染色体和微核等也是较常见的结构变异。

(2) 转座子活性变异

转座子根据转座的机理可再细分为转座子和反转座子，它们都可在离体培养中被激活，如水稻中转座子 mPing/Pong 在培养的细胞中被激活。通过对水稻 Tos17 反转座子侧翼序列的分析，表明 Tos17 主要整合到植物基因组的低拷贝基因区，说明反转座子的活动有可能导致基因突变。

(3) DNA 甲基化状态改变

DNA 甲基化是指由 DNA 甲基转移酶介导在胞嘧啶(C)加上 1 个甲基基团，使之变成 5-甲基胞嘧啶的化学修饰过程。其实植物在 CG、CNG(N 代表任何核苷酸)和 CHH(H 代表 A、C 或 T)位点均表现广泛的胞嘧啶甲基化，且都在遗传上有相应功能。DNA 的某些位置甲基化后，其基因表现常常为不活跃的非表达基因，而去甲基化后则活跃表达。Müller 等发现，水稻体细胞无性系的甲基化变化与包括管家基因在内的 RFLP 多态性变化密切相关，说明甲基化确实与 DNA 水平的变异有关。在植物体内，DNA 甲基化变异不仅发生频率高、影响范围广，而且能以孟德尔方式遗传，被认为是植物体细胞无性系变异的重要原因。

(4) 基因突变

基因突变包括碱基序列替换、插入、缺失等。与其他体细胞无性系变异方式比较，基因突变具有对植株损伤小、能快速稳定遗传的特点，是体细胞无性系变异的主要原因。

(5) DNA 重复序列的改变

植物基因组约 60% 由重复 DNA 组成，组织培养中 DNA 重复序列的改变是愈伤组织和再生植株普遍存在的现象。大部分 DNA 重复序列的互换位置、扩增或缺失未发生致死效应，却可能会影响临近基因的表达和再生植株的遗传不稳定性，引起特定基因产物合成数量的增加或减少，或打乱发育过程中的基因调控，引发性状变异。

15.2.3.3 体细胞无性变异在牧草及草坪草育种上的利用

绝大多数体细胞无性系变异是可以遗传的，这种能稳定遗传的变异称为突变体。通过离体培养筛选植物突变体是生物技术研究中非常具有发展前景的领域。体细胞无性系变异的检测及突变体筛选可采用田间表型选择法、外加选择压定向筛选、细胞遗传检测、生理生化检测、分子水平检测等方法。

体细胞无性系变异可以在保持亲本品种基本性状不变的情况下改良个别农艺性状，因此，可应用于牧草及草坪草的抗病育种等。此外，利用体细胞无性系变异还可增加培养基的选择压力，筛选出特定的体细胞无性系变异体及再生植株，因此，可应用于牧草及草坪草的抗除草剂育种、抗逆育种等。如 Krans 等(1997)利用热处理匍匐翦股颖悬浮细胞诱导突变，将在高温下存活的细胞诱导出再生植物，筛选出一些抗热品系。Cardona 和 Duncan 用不同生态型的海滨雀稗为材料，经过愈伤组织诱导后，从再生植物中获得矮化变异体，在 1848 株再生植株中，共有 136 株再生植株的节间比节间最短的母株还短。华南农业大学用高温或高盐处理狗牙根愈伤组织，诱导出抗盐、抗寒矮化等性状发生变异的突变体。还从近 500 株狗牙根再生植株中，发现一些植株叶色发生了变异；一些植株节间长度发生改变；一些植株的冬季绿期延长。

15.3 原生质体培养和体细胞杂交

15.3.1 原生质体培养

植物原生质体(plant protoplast)是指去掉细胞壁的裸露植物细胞。原生质体培养(protoplast culture)是指用特殊方法对脱去细胞壁的、裸露的、有生活力的原生质体进行离体培养成再生植株的过程。

15.3.1.1 原生质体培养的意义与应用

原生质体与完整细胞的区别是没有细胞壁，它可在一定的培养条件下具有再生细胞壁、进行连续分裂并再生成完整植株的能力。由于没有细胞壁的阻碍，摄入微粒体、病毒以及一些大分子物质是原生质体独特的功能。原生质体培养的意义如下：

(1) 可通过原生质体培养制造单细胞无性系

由于植物体细胞在离体培养条件下，以及在离体培养之前，会发生各种遗传和不遗传的无性系变异。因此利用原生质培养可筛选无性系变异，使原生质体培养可成为新的重要育种途径。

(2) 原生质体可以作为基因转化的受体

使之接受外源遗传物质(如细胞器、染色体或DNA片断等)产生新的变异类型。

(3) 还可利用原生质体培养进行细胞生理、基因调控、分化和发育等基础研究

原生质体培养研究最早由英国学者Cocking于1960年，采用酶解法首次成功从番茄根尖游离出大量有活力的原生质体。之后以烟草叶肉为起始材料的原生质体培养获得成功，通过培养再生出完整的植株。1974年，加拿大学者高国楠等创建了KM8P原生质体培养基。之后原生质体培养研究发展迅速，茄科、伞形科和十字花科植物相继获得烟草、大豆、棉花、马铃薯、番茄、草莓、苹果、柑橘、荔枝等多种植物原生质体再生植株，原来普遍认为原生质体很难再生的禾本科植物小麦、玉米、水稻等原生质体也相继培养成功并再生成植株。

牧草及草坪草原生质体培养研究，国外Vander Valk等建立了草地早熟禾的原生质体悬浮培养体系，获得了白化苗；随后Kirsten AH等也建立了草地早熟禾品种Geronimo的悬浮培养体系，并以此悬浮细胞体系为材料获得原生质体和再生植株。1988年，Dalton从悬浮培养的高羊茅和多年生黑麦草的原生质体中获得了再生植株；Wang建立了牛尾草(*Festuca pratensis*)的原生质体悬浮培养体系，产生了可育的绿色小苗；Inokuma以根尖顶端分生组织为外植体，建立了结缕草的原生质体植株再生体系。中国于20世纪70年代开始原生质体培养研究，先后成功地获得了水稻、玉米等作物的原生质体再生植株，跻身于国际先进行列。而中国牧草及草坪草原生质体培养研究起步较晚。自1984年吕得扬首次报道了普通红豆草叶肉原生质培养及其植株再生以来，20世纪90年代又先后在紫花苜蓿、百脉根、沙打旺、黄花苜蓿、草地早熟禾等牧草及草坪草原生质体培养上获得了成功。

15.3.1.2 原生质体培养的步骤

(1) 原生质体的分离

原生质体分离是原生质体培养的第一步，它是植物原生质体培养成功与否的关键环节。常用方法有酶解法与机械法两种。酶解法可分为一步法和两步法：一步法即指把一定数量的纤维素酶、果胶酶和半纤维素酶组成混合酶溶液，材料在该酶溶液中作一次处理；两步法是指把材料先放在果胶酶中处理一定时间，使材料分离成单个细胞，然后再在纤维素酶液中去壁。酶解法的常用酶有纤维素酶、半纤维素酶、果胶酶、离析酶等，其中纤维素酶和果胶酶是最必需的。不同植物材料、酶的种类及组分、酶解条件、分离与纯化的方法等均影响原生质体的分离效果。酶解材料一般选用植物体幼嫩部分、细胞分裂旺盛的部位作为原生质体分离材料，最容易分离出原生质体。如植物的根、下胚轴、子叶、幼叶等。豆科植物的未成熟种子胚的子叶，易获得成功率高、活力强、再生能力好的原生质体；禾本科植物大多从幼胚、幼穗、花药、花粉或成熟胚建立的胚性愈伤组织及其分散好、处于对数生长期的胚性悬浮细胞系中分离原生质体。选用胚性悬浮细胞作分离原生质体材料时，一般需要每隔3~5d继代一次，经过若干次的继代培养，使细胞处于旺盛生长状态，在继代后的第三天分离原生质体为好。酶解条件如pH、温度、渗透压等也影响原生质体分离效果，由于不同来源细胞酶解所需酶的种类不同，所以pH可能在5.4~6.2有所变动；酶解温度一般为25~30℃；为防止原生质体发生胀破或过度收缩，需用一定渗透势的培养液配制酶液，一般多用甘露醇、山梨醇和蔗糖等调节渗透压为0.45~0.80mmol/L。

机械法是指先诱导细胞壁分离，然后把含有质壁分离的细胞组织切成小条并去掉细胞壁，就可以得到一些不受损害的原生质体。该方法只适用于高度液泡化的细胞组织，而不适于分生组织，并且分离操作程序冗长，产量低。

(2) 原生质体的收集与纯化

酶解处理后的植物材料或多或少含有未被去壁的细胞、细胞团、细胞碎片及组织块等杂物，它们以及酶液都不利于原生质体培养，因此需要将酶解后溶液中的原生质体与这些杂物分开，使原生质体纯化。一般操作为：酶解材料通过40~100μm的灭菌后的尼龙网筛过滤，滤去没有完全酶解的组织残渣杂物，然后收集滤液，并进行低速离心(250rpm/min)5~10min，小心吸去上清液，用悬浮液先沉淀，再离心，如此重复2~3次，最后用培养基将原生质体调节至一定密度进行培养。

(3) 原生质体产量和活力鉴定

原生质体产量和活力鉴定主要有目测法、荧光素双醋酸酯法和伊凡蓝法等3种方法。目测法需要通过显微镜观察细胞的形态以及流动性，把形态上完整、富含细胞质、颜色较为新鲜的原生质体放入低渗透压洗涤液或培养基中，能够见到分离后的原生质体复原，成为正常膨大的，一般是有活力的原生质体。荧光素双醋酸酯(fluorescein diacetate, FDA)是一种非极性物质，能在细胞质膜自由穿越。活细胞中的FDA被裂解发荧光(荧光素)，但是因为荧光素不能自由地通过质膜，从而积累在完整的活细胞上；在死细胞以及损伤细胞中则不积累荧光素。因此，可以通过荧光显微镜观察细胞是否发出荧光确定细胞是否具有活性，该方法目前被广泛应用。由于伊凡蓝不能穿过质膜，所以细胞只有当质膜受到严重的损伤时才能够染色，凡是不能被染色的细胞均为活细胞，因此可以通过细胞被伊凡蓝染色与否确定细胞的活性。

(4) 原生质体培养和植株再生

原生质体纯化后，需在合适的培养基中采用适当的培养方法才能再生出新的细胞壁，进而发育成完整植株。影响原生质体培养的因素有供试材料、培养基与培养方法等。不同基因型植物品种及不同器官与组织材料的原生质体，对于培养基的生长素、分裂素等激素种类和浓度需求具有很大差异，因此需要对培养基成分与浓度提前进行优化试验获得最佳配方。

原生质体的培养方法与细胞培养基本相同，有固体培养、液体培养及固液结合培养等方法。固体培养又称平板法，是将纯化后的原生质体悬浮液与热融并冷却的全琼脂的培养基等量混合，使原生质体均匀分布于培养基中。由于原生质体被彼此分开并固定了位置，避免了细胞间有害代谢产物的影响。液体培养法分为液体浅层培养和悬滴培养法。液体浅层培养法是将原生质体培养液置于培养基上保持一薄层，每天轻轻晃动 2~3 次，避免原生质体沉淀于培养皿底。悬滴培养法是将原生质体培悬浮在原生质体培养基中，然后取 0.1mL 含原生质体的培养基接种到小培养皿内形成倒置的小悬滴，密封后把培养皿翻转过来，这时培养基在培养皿内形成倒置的小悬滴，原生质体多集中在悬滴的中央，放入培养箱中进行培养。此法易于进行显微镜下观察，等形成小细胞团后，要及时移到固体或液体培养基中培养。固液结合培养是在培养皿的底部铺一层含琼脂的固体培养基，再在上进行原生质体的液体浅层培养，可以使营养成分慢慢向液体释放。原生质体的培养方法应该根据不同材料的特点以及试验目的进行选择。

由原生质体再生完整植株通常有如下 3 种途径：①细胞团发育形成愈伤组织，再分化成芽，接着长成完整植株。②形成胚状体直接发育为完整植株。③形成愈伤组织，再发育为胚状体接着形成完整植株。原生质体培养的不同阶段，需要更换不同的培养基，调整激素浓度和渗透压。如原生质体培养一段时间后须及时添加降低了渗透压的培养基，否则形成的细胞团和小愈伤组织无法继续生长和发育。

15.3.2 体细胞杂交

体细胞杂交(somatic hybridization)也称细胞融合或原生质体融合，是指利用不同植物的原生质体在化学的、物理的或自发性的作用下，发生体细胞相互融合，形成杂种细胞，再经过人工培养诱导杂种细胞分化形成再生杂种植株的过程。

15.3.2.1 体细胞杂交的意义与应用

体细胞杂交不需经过有性过程，仅仅需要通过体细胞的融合产生杂种，这样可打破物种间的生殖隔离。它对于丰富植物种质、保持和促进生物多样性具有重要的意义，同时，它还可以提高植物育种效果，缩短育种年限。它在植物育种的主要应用为：

①培育新品种　利用原生质体融合技术，可获得双亲两套染色体的体细胞杂种植株，它们往往稳定可育，可直接作为育种材料，同时原生质体融合不仅包括核基因重组，也涉及细胞质遗传的线粒体和叶绿体重组。

②创造新种质　通过原生质体融合，可获得常规有性杂交育种得不到的无性远缘杂种植株种质，甚至创造新型的物种。

③转移有利性状和克服远缘杂交的障碍，将亲缘关系较远的一些有利性状转移到栽培种中。如通过双亲对称或不对称原生质体融合创造胞质杂种，把一亲本的不育细胞质转移到另一亲本中，创建新的核质不育系，该方法比常规杂种优势利用育种方法时间短。

④作为基因工程的良好受体及进行突变体筛选的优良原始材料。

1972年，Carlson首次获得粉蓝烟草和郎氏烟草的原生质体融合的体细胞杂种植株。牧草及草坪草的体细胞杂交首次由日本人杉信贤一等完成，获得了多年生黑麦草×苇状羊茅的体细胞杂种，但表现为不育。中国学者李光宇等获得了非对称性紫花苜蓿×普通红豆草体细胞杂种植株；杨苗萌等利用电融合法和PEG法，也开展了紫花苜蓿与普通红豆草对称性细胞融合的研究。据不完全统计，已获得了50多种近缘和远缘体细胞杂交的杂种。

15.3.2.2 体细胞杂交的步骤

植物体细胞杂交的步骤包括原生质体的制备、原生质体的融合、杂种细胞的鉴别和选择、杂种细胞与再生植株培育等。其中，原生质体的制备包括原生质体的分离、原生质体的收集与纯化、原生质体产量和活力鉴定等步骤及方法已经如上所述，下面仅对其余步骤及方法进行介绍。

(1) 原生质体的融合

①化学融合法　它是指原生质体在一些化学物质的作用下，造成原生质体能彼此融合的方法。可以诱发原生质体融合的化学物质有$NaNO_3$、人工海水、溶菌酶、聚乙二醇(PEG)、聚乙烯醇(PV)、高pH-高钙离子等。此外，原生质体分离的溶解细胞壁的过程中，相邻原生质体也可发生自发融合。

$NaNO_3$法：为Carlson(1972)获得烟草原生质体融合杂种植株采用的方法。采用$NaNO_3$处理两亲本的原生质体，由于Na^+造成了膜电位的改变，因而可获得离体原生质体的融合。但该法融合率低，且对叶肉高度液胞化的原生质体有害。

PEG法：将两亲本的原生质体等量混合在高渗液中，加入PEG助融，轻轻振荡促使原生质体融合。PEG作为促融剂，因其单体聚合程度不同而相对分子质量差异很大，所以不同种植物材料的原生质体采用不同相对分子质量的PEG。因PEG法的融合率相对较高，费用低而被广泛采用。但其融合率还是较低，一般只有1%~5%，而且操作繁琐，提高PEG浓度或延长处理时间可提高融合率，但这将导致细胞活力的下降，甚至导致线粒体严重破坏。

②电融合法　它是指原生质体在电场中极化成偶极子，沿电力线排列成串珠状，相互接触，然后利用两极间高压短脉冲击穿紧密接触的细胞质膜，在细胞膨压作用下完成原生质体融合。它的融合频率高，应用范围更广，对细胞无化学毒害，污染机会少；还具有空间定向和时间同步可调控性，可在显微镜下进行电融合，还可观察到融合过程。但此法的电场大小不易控制，如果电场大容易使原生质体大量死亡；专门的电融合仪器电击仪购置成本较高。

(2) 杂种细胞的鉴别和选择

原生质体融合是一个随机过程，会诱导出各种类型的融合体。同一亲本原生质体的融合体称为同核体(同源融合体)；不同亲本之间的融合体称为异核体(异源融合体)。还存在非融合体，即未融合的原生质体。其中，非融合体与同源融合体的原生质体在培养条件下能够较快生长；异源融合体生长速度较慢。还存在不同数量的原生质体融合：两个原生质体的融合称为两两融合；还有3个或更多原生质体的融合。还存在对称融合和不对称融合：对称融合是双亲的核质组装在一起的融合。两亲本原生质体中含有各自全部的染色体；杂种细胞中含有双亲全部的核物质和细胞质。非对称融合是指在融合前对一方亲本原生质体施加一定的处理，钝化其细胞质，再和另一方原生质体融合，从而得到非对称杂种或胞质杂种。一方有活性的核基因明显少于另一方。还可产生3种类型的杂种细胞：综合双亲全部遗传物质的对称杂种细胞；部分遗传物质丢失的非对称杂种细胞；只具有融合双亲一方核遗传物质的胞质杂种细胞。因此，必须有一套方法鉴别杂种细胞（异核体），从众多培养的细胞或愈伤组织中选择出杂种细胞或愈伤组织。异核体选择主要方法如下：

①利用选择性培养基　这主要是基于某种特殊的培养基能够抑制双方或者一方亲本的生长，而只有杂种细胞才能够增殖。

②利用代谢性抑制剂　通常对供体用一定剂量的X射线，γ射线，或者是紫外线照射，对受体用碘乙酰胺进行处理，在这种条件下，只有代谢得到互补的杂种细胞才能生长。

③互补选择法　不同生化突变体原生质体与野生型融合后，可以利用遗传互补原理选择杂种细胞及愈伤组织。如叶绿体缺陷性与营养缺陷性突变体、转抗性标记植株、双突变体等。

④机械法　即利用物理特性差异辨别和挑选杂种细胞。双亲原生质体的形态特征可以作为异核体挑选的依据，而对于肉眼难以观察到差别的原生质体可以用不同活性荧光染料标记，再根据双亲原生质体在荧光显微镜下的差别，用细吸管鉴别和挑选异核体。

在获得植物原生质体杂种细胞的再生植株后，由于初始融合产物的遗传物质可能被排除，或在培养过程中会发生体细胞克隆变异等现象，因而还必须做进一步的杂种鉴定，以证实杂种的真实性。鉴定体细胞杂种的方法除形态学（花的颜色、形态、叶片的形态和大小等）比较；抗性（如对卡那霉素的抗性以及抗除草剂Atrozine等）与育性（花粉量、形态、活力、开花结实、种子形态与颜色等）测定；细胞学观察（染色体与叶绿体数目、形态等）和同工酶、次生代谢产物等生物化学分析外，最直接的体细胞杂种鉴定方法则可采用RFLP、RAPD、SSR、ISSR、AFLP等分子生物学鉴定方法。

（3）杂种细胞与再生植株的培育

异核体的培养与原生质体的培养方法相同，只是其培养基有时需要减少某种限制性营养物质或增加其他选择压力；其培养方法要求更精细，常采用微量和看护培养方法。

杂种细胞的再生植株往往会产生不育，需要采用无性繁殖方法扩大杂种群体。并且，每一代（次）杂种繁殖，均应进行必要的杂种鉴定。有些杂种植株在繁殖几代后往往还可能将另一亲本的染色体全部丢失，表现杂种遗传上的不稳定性，还有待进一步进行育种改良。

15.4　基因工程育种

植物基因工程育种（genetic engineering breeding）是指以分子遗传学为理论基础，以分子生物学和微生物学的现代方法为手段，根据育种目标，有目的、有计划地对受体植物的目标基因进行编辑（调整—改动），或将外源目标基因插入、整合到受体植物基因组，通过直接表达或间接调控，使受体植物获得新性状并能够稳定遗传，从而培育出符合人们生产需要的优良植物品种。其中，转基因育种（transgenic breeding）是指用分子生物学方法把目标基因切割下来，通过克隆、表达载体构建和遗传转化使外来基因整合进植物基因组的育种。

15.4.1　牧草及草坪草基因工程育种研究概况

国外Deak等于1986年首先进行牧草及草坪草转基因研究，采用根瘤农杆菌，将新霉素磷酸转移酶报告基因导入苜蓿，并再生出转基因苜蓿。1988年，世界上首次获得了转基因鸭茅；1992年，成功获得了转基因苇状羊茅。目前国外牧草及草坪草基因工程育种重点进行抗逆性和品质改良的研究，如利用肉桂醇脱氢酶和咖啡酸-O-甲基转移酶 转基因负调控改良高羊茅的消化性已获得成功；Tu等通过RNA干扰技术下对多年生黑麦草OMT1基因的表达，在转基因植株中，其木质素合成降低，增加了多年生黑麦草的可消化性；苜蓿花叶病毒外壳蛋白基因已被克隆，可进一步用于抗病毒牧草品种培育；抗草甘膦的CP4 EPSPS转基因匍匐翦股颖和耐草甘膦的转基因草地早熟禾品种于2003年被美国农业部认定不属于美国有害杂草管辖范围；美国用基因工程育种培育的抗Basta除草剂苜蓿品种于2011年获得农业部宣布的完全解除管制并允许重新种植。

中国于20世纪80年代末开始牧草及草坪草基因工程育种研究，迄今获得了可喜的进展。如李雪使用农杆菌介导法和基因枪法获得了正常生长、抗性增强的转基因DREB1A和BADH-CMO多年生黑麦草；王月华从结缕草中分离了GA20氧化酶基因，并初步研究了该基因在烟草、结缕草和高羊茅中的基因表达及功能；徐冰等获得了抗盐性提高的CMO-BADH转基因草地早熟禾植株；张磊等使用基因枪法与农杆菌介导法，成功获得转ABP9基因黑麦草和高羊茅植株，且其植株抗逆性得到显著提高；林忠平获得了抗旱转基因高羊茅、黑麦草、早熟禾、紫羊茅等，筛选出了20个绿期延长且耐旱、耐寒性增强的转基因草坪草株系，已进行了田间实验，有6项转基因草坪草中间试验和4项环境释放获得批准。

15.4.2 转基因育种的程序

15.4.2.1 目的基因的获得

植物转基因育种首先要进行目的基因的分离和克隆，即通过一定的技术方法，从供体生物的基因组DNA序列中寻找和分离出调控目的性状表达的特定DNA片断(目的基因)，并进行该片段的扩增复制的过程。基因分离方法是直接从生物基因组中分离出特定基因的方法，一般主要使用如下方法。

(1) 依据基因组DNA或mRNA序列分离目的基因

依据基因组DNA或mRNA序列克隆基因即利用基因文库分离目的基因。基因文库(gene library)是指某一生物所含全部基因的集合群体。该集合群体一般以重组体的形式出现，如果将某一生物体的DNA片断群体与特定的载体分子重组后，转化宿主细胞，经选择性培养基的培养筛选，挑出单一菌落(或噬菌体、成活细胞等)即形成一个DNA片断的克隆。

利用基因文库分离目的基因的具体方法有同源序列法、表达序列标签法、连锁图谱法、转座子标签法、差异显示法等。

(2) 依据功能蛋白质组分离目的基因

基因组表达产生的总蛋白质统称为蛋白质组。功能蛋白质组是指那些可能涉及特定功能机制的蛋白质群体。从功能蛋白质组中分离目的基因的主要过程如下：以生物体某一性状的生化特征及过程为依据，寻找该过程产生的特异蛋白质，经分离纯化后的该蛋白质即为目的蛋白质，然后可通过如下两种方法获得目的基因：①以目的蛋白质的一级结构为基础，先进行其多肽链的氨基酸序列分析，再根据获得的氨基酸序列，可以通过合成PCR(polymerase chain reaction)引物，经PCR扩增分离获得该目的蛋白质基因，或是合成寡核苷酸探针，经核酸分子杂交从基因文库中分离该目的蛋白质基因；②以该纯化的目的蛋白质为抗原，制备高特异性抗体，用抗体探针进行免疫反应，从表达基因文库中分离该目的蛋白质基因。

植物基因的分离克隆是植物转基因育种的关键，以上仅仅简介了 2 种分离克隆目的基因的主要方法，随着分子生物学技术的不断发展，新的基因分离克隆方法将会不断出现，从而可进一步提高转基因育种的成效。

15.4.2.2 目的基因转化载体的构建

要将外源目的基因转移到受体植株还必须对目的基因进行体外重组，即构建目的基因转化载体，其基本步骤如下：首先，从原核生物中获取目的基因的载体并进行改造；然后往往需要质粒重组，其基本步骤包括：从原核生物中获取目的基因的载体并进行改造；用限制性内切酶将载体切开，并用连接酶把目的基因连接到载体上，获得 DNA 重组体。

转基因育种的载体是指携带靶 DNA 片断(目的基因)进入受体细胞进行扩增和表达的 DNA 分子("运载"工具)。采用载体转基因法需首先将目的基因构建到一个载体上，通过载体导入受体细胞。

(1)转基因育种载体的条件

转基因育种的载体对于外源基因的复制、扩增、传代乃至表达至关重要，理想的载体必须具备如下条件：

①具有有效运载能力　容易进入宿主细胞，而且进入效率越高越好。

②载体 DNA 上对多种限制性核酸内切酶有合适的单一或较少的切点　每种酶的切位点最好只有一个，即本身是一个复制子。容易插入外来核酸片段，插入后不影响其进入宿主细胞和在细胞中的复制。

③携带外源基因前后均能在宿主细胞内自主复制繁殖　要有较高的自主复制能力，或者能够整合到宿主细胞中，在宿主中能控制外源基因的表达活动。

④要有容易被识别筛选的标志　当其进入宿主细胞或携带着外来的核酸序列进入宿主细胞都能容易被辨认和分离出来，鉴定方便，装卸手续简单。

⑤容易从宿主细胞中分离纯化出来　便于重组操作和控制，安全可靠。

(2)转基因育种载体的类型

目前转基因育种的载体主要类型如下：

①质粒载体　质粒是细菌或细胞染色质以外的，能自主复制的，与细菌或细胞共生的遗传成分。质粒是染色质外的双链共价闭合环形 DNA，可自然形成超螺旋结构，不同质粒大小在 2~300 kb 之间，15kb 的大质粒则不易提取；能自主复制，是能独立复制的复制子；质粒对宿主生存并不是必需的。

②噬菌体载体　噬菌体是感染细菌的一类病毒。由于其载体容量较小，所以一般只能用于构建 cDNA 文库。用感染大肠杆菌的 λ 噬菌体改造成的载体应用最为广泛。

③柯斯质粒载体　柯斯质粒载体是人工构建的由噬菌体的 COS 序列、质粒的复制子序列及抗生素基因序列组合而成的一类特殊质粒载体。

④人工染色体载体　人工染色体载体是指利用真核生物染色体或原核生物基因组的功能元件构建的能克隆大于 50kb DNA 片段的人工载体。

为方便筛选转化体，在构建表达载体时，都会在转化体上嵌入一种标记基因或报告基因。此外，构建目的基因的转化载体时，具体采用哪种载体则要根据转基因的方法和目的而定。

15.4.2.3 目的基因导入植物的遗传转化

将目的基因重组 DNA 通过一定途径导入到受体植物基因组，称为遗传转化。

(1) 转化的受体材料

转基因育种的受体是指用于接受外源 DNA 的转化材料。受体系统是指用于基因转化的外植体、愈伤组织或原生质体，能高效、稳定地再生无性系，并能接受外源基因的整合，对筛选抗生素敏感的再生系统。

① 植物基因转化受体的条件　用作植物基因转化受体的条件如下：具高效稳定的再生能力，不同转基因方法对受体细胞还分别有一些不同要求；具有较高的遗传稳定性，从而能够将外源基因稳定遗传给后代；具有稳定的外植体来源。因为基因转化频率低，需大量外植体多次实验。所以，用于转化的受体要易于得到而且可以大量供应，如胚和其他器官等；对筛选剂敏感。即当转化体筛选培养基中选择性抗生素等筛选剂达到一定浓度时，能够抑制非转化细胞和植株的生长、发育和分化，而转化细胞、植株能正常生长、发育和分化形成完整的植株，便于淘汰非转化的细胞和植株。此外，受体有时还要求对农杆菌侵染具有敏感性。

但是，目前的植物基因转化受体材料系统还存在如下主要问题：再生率低；基因型依赖性强；再生细胞部位与转化部位不一致等。

② 植物基因转化受体系统的类型　良好的受体再生系统是植物转基因育种成功的关键因素之一。牧草及草坪草转基因育种中常用的植物基因转化受体系统类型如下：

愈伤组织再生系统：是指外植体材料经过脱分化培养诱导形成愈伤组织，再通过分化培养获得再生植株的再生系统。愈伤组织再生系统又分为愈伤组织直接转化法和叶盘法转化。叶盘转化法是以幼嫩叶片、子叶、胚轴、茎段等为受体进行外源基因转化，再对转化外植体进行愈伤组织诱导、分化、生根获得再生植株。愈伤组织再生系统的优点是外植体材料来源广泛，繁殖迅速，扩繁量大；易接受外源基因，基因转化效率高。它的缺点是易发生体细胞无性系变异，转化的外源基因遗传稳定性差，容易出现嵌合体。

直接分化再生系统：是指外植体材料细胞不经过脱分化形成愈伤组织阶段，而是直接分化出不定芽形成再生植株。它的优点是省去愈伤组织诱导过程，获得再生系统的周期短、操作简单；未经脱分化阶段而直接分化成芽，体细胞变异小，并且能够保持受体材料的外源基因能稳定遗传，特别适于无性繁殖植物基因转化。它的缺点是对多数禾本科作物进行茎尖分生培养相当困难，其外植体直接分化出芽的遗传转化率比愈伤组织再生系统的低；易出现较多嵌合体。

原生质体再生系统：由于原生质体具有全能性，能够在适当培养条件下诱导出再生植株作为受体材料。原生质体再生系统的优点是无细胞壁，能够直接高效、广泛地摄取外源 DNA 或遗传物质；可以获得基因型一致的克隆细胞，所获转基因植株嵌合体少；适于多种转化系统；重复性好。它的缺点是易发生体细胞无性系变异，遗传稳定性差；不易制备、周期长、难度大、再生频率低。

胚状体再生系统：胚状体是指具有胚胎性质的个体。胚状体再生系统的优点是个体数目巨大、同质性好、接受外源基因的能力强，繁殖力强，同步性好，转化频率很高；多起源单细胞，转基因植株嵌合体少；可同时分化出芽和根，减少诱导根形成的困难环节；无性系变异少，成苗快，易于培养、再生等。它的缺点是所需技术含量较高，包括多数禾本科作物在内的许多种植物均不易获得胚状体，使其应用受到了很大的限制。

生殖细胞受体系统：是指利用植物自身的生殖过程，以生殖细胞（如花粉粒、卵细胞等）作为受体细胞进行外源基因转化的系统。它的优点是具有很强的接受外源 DNA 的潜能；单倍体被转化后，通过加倍即可成为纯二倍体，缩短育种进程；能够利用植物自身的授粉过程。目前生殖细胞基因转化主要有 2 个途径：利用组织培养技术进行小孢子和卵细胞的单倍体培养、转化受体系统；直接利用花粉和卵细胞受精过程进行基因转化，如花粉管导入法、花粉粒浸泡法、子房微针注射法等。由于该受体系统与上述其他受体系统相比较具有许多优点，因此近年发展很快。

(2) 遗传转化方法

遗传转化方法通常分为两大类。一类是以载体为媒介的遗传转化，也称为间接转移系统法；另一类是外源目的 DNA 的直接转化。

①载体介导转化系统　载体介导转化系统的载体法的基本原理是将外源基因重组进入适合的载体系统，通过载体携带将外源基因导入植物细胞并整合在核染色体组中，并随着核染色体一起复制和表达。农杆菌 Ti 质粒或 Ri 质粒介导法，是目前植物基因工程育种中最常用的方法。

农杆菌 Ti 质粒介导的遗传转化法的原理是：根癌农杆菌侵染植物时，独立于其染色体外的 Ti 质粒的一段 DNA（T-DNA）可以转入植物细胞，并稳定地保留在植物细胞染色体中，变为植物细胞新增加的一群基因，最终能通过有性世代遗传给子代。其介导的遗传转化也可以认为是农杆菌和植物受体共培养的过程，即将含有目的基因的农杆菌细胞与植物受体材料共培养（与叶片、毡细胞或其他材料）2~3d。农杆菌通过伤口入侵植物材料，将目的 DNA 转移到宿主基因组中。将共转化后的外植体转移到含有羧苄青霉素和抗生素再生培养基中以抑制未转化细胞生长，阳性转化体将被培养成完整植株。目前农杆菌介导转化法已应用于红豆草、百脉根、白三叶、多年生黑麦草、多花黑麦草、葡匐翦股颖、细弱翦股颖、鸭茅、结缕草等牧草及草坪草转基因育种中。

②外源基因直接引入法　外源基因直接引入法是指不需借助载体介导，直接利用理化因素进行外源遗传物质转移的方法，主要包括化学刺激法、基因枪轰击法等。

化学刺激法：是借助聚乙二醇、聚乙烯醇或者多聚-L-鸟苷酸等细胞融合剂的作用，使细胞膜表面电荷发生紊乱，干扰细胞间的识别，使细胞膜之间、DNA/RNA 与细胞膜之间形成分子桥，促使细胞膜间的相互融合和外源 DNA/RNA 进入原生质体。

基因枪轰击法：是指将外源 DNA 或 RNA 吸附于微小的钨粉或金粉颗粒表面，然后借助高压动力射入受体细胞或组织，微粒上的外源基因进入细胞后将整合到植物基因组中并得以表达的方法。基因枪轰击法简单易行，可控性高，无宿主限制，可转化多种组织或器官。但其不足之处是裸露的 DNA 整合入基因组的效率很低，必需一个高效率的组织培养再生体系，且插入的外源基因多为多拷贝，易导致基因沉默。

电击法：利用高压电流脉冲在细胞质膜上形成瞬间微孔，使 DNA 直接通过微孔或者作为微孔闭合时伴随发生的膜组分重新分布进入细胞质并整合到宿主细胞中。电击法操作简便，DNA 转化效率较高，特别适于瞬时表达的研究。它的缺点是容易造成原生质的损伤，要获得特定的宿主细胞的电场强度、电击时间等最佳转化条件需要大量的前期工作，而且仪器也比较昂贵。

微注射法：此法是利用琼脂糖包埋、聚赖氨酸黏连和微吸管吸附等方式将受体细胞固定，然后将供体 DNA 或 RNA 直接注射进入受体细胞。所用受体通常采用原生质体或生殖细胞，对于具有较大子房或胚囊的植株则无需进行细胞固定，在田间就可以进行活体操作，被称为子房注射法或花粉管通道法。此法的优点是可进行活体操作，整个操作过程对受体细胞无药物毒害，不影响植物体正常的发育进程；适用于各种植物及其材料，无局限性；田间子房注射操作简便、成本低，培养过程也不需要特殊的选择系统。但此法仅对子房比较大的植物有效，对种子很小的植物操作要求精度高，需要显微操作，转化率也相对较低，而且其转基因后代易出现嵌合体。

随着基因工程育种技术的不断发展，人们先后又发明了多种直接转化方法，如超声波介导法、脉冲电泳法、离子束介导法等，但是这些方法技术还不成熟，有待进一步的发展。

总之，目的基因导入植物的遗传转化不仅需要构建表达载体，还必须具有受体植物高效稳定再生系统，因此，待转化植物组织培养体系和基因型对其转化成功与否也具有重要影响。

15.4.2.4 转化植物细胞的筛选及转基因植物的鉴定

（1）转化体的筛选

外源目的基因在植物受体细胞中的转化频率目前还相当低，在数量庞大的受体细胞群体中，往往仅有小部分获得了外源 DNA，而其中目的基因已被整合到受体核基因组并实现表达的转化细胞则更加稀少。为了有效地选择出这些真正的转化细胞，必须使用特异性的选择标记基因进行标记。

转基因育种的选择标记是指能够起着标记目的基因是否成功转化作用的(标记)基因，它是一种已知功能或已知序列的基因，能够起着特异性标记的作用。转基因育种的选择标记需具备以下条件：①受体细胞中不存在相应内源等位基因的活性。②它的产物是唯一的，且不会损害受体细胞。选择标记对转化细胞和非转化细胞的生长和器官分化能力影响不同。③具有快速、廉价、灵敏、定量和可重复性的检测特性。

此外，用于转化植物细胞筛选的选择性培养基中的选择剂必须是植物生长的抑制剂，它们常常是可抑制细胞生长但不立即导致细胞死亡的化合物。

转基因育种的选择标记系统可分为标记基因和报告基因两种类型。标记基因主要是一类编码可使抗生素或除草剂失活的蛋白酶基因，它的功能原理是在选择培养基中加入选择抗生素或除草剂，使非转化细胞不能正常增殖发育，而转化细胞因带有标记基因抗性可以继续生长发育。标记基因在执行其选择功能时，通常存在检测慢(蛋白酶作用需要时间)、依赖外界筛选压力(如抗生素、除草剂)等缺陷。牧草及草坪草转基因育种中常使用的标记基因有新霉素磷酸转移酶基因(具有抗卡那霉素或 $G418$ 特性)、除草剂转移酶基因(*bar* 基因，具 Basta 和 Bialaphos 抗性)、潮霉素磷酸转移酶基因(具有抗潮霉素特性)等。但不同种类植物和不同受体系统对筛选剂的敏感性不同，如潮霉素磷酸转移酶基因就对禾本科牧草和豆科牧草及草坪草不敏感。研究人员在菊苣、白三叶、苏丹草等的遗传转化中，以卡那霉素抗性基因作为筛选基因，将卡那霉素和 $G418$ 配合使用，获得高频转化效果。在多花黑麦草和鸭茅原生质体的遗传转化中则用潮霉素为选择标记基因。在转 *TPS* 基因黑麦草中，则使用了抗除草剂基因为选择基因。

报告基因则是指其编码产物能够被快速测定、且不依赖于外界压力的一类基因。它在转化系统中，主要是通过瞬时表达和稳定遗传表达检测来确定目的基因是否已经在转化细胞中得到表达。目前常用的报告基因有 *Gus* 基因（β-葡萄糖苷酸酶基因）、氯霉素乙酰转移酶基因、绿色荧光蛋白基因等。

转基因育种实际工作中，常将选择标记基因与适当启动子构成嵌合基因并克隆到质粒载体上，与目的基因同时进行转化。当标记基因被导入受体细胞之后，就会使转化细胞具有抵抗相应抗生素或除草剂的能力。非转化细胞被抑制、杀死，转化细胞则能够存活下来，从而完成了转化体的筛选。

（2）转化体的鉴定

通过选择压筛选得到的再生植株只能被初步证明标记基因已经整合进入受体细胞，至于目的基因是否整合到受体核基因组还一无所知，因此，还必须对经过转化体筛选获得抗性植株进一步检测鉴定。转基因植物检测方法如下：

①DNA 水平的鉴定　DNA 水平的鉴定主要是检测外源目的基因是否整合进入受体基因组、整合的拷贝数以及整合的位置。常用的检测方法主要有特异性 PCR 检测和 Southern 杂交。特异性 PCR 反应是利用聚合酶链式反应技术，以待检测植株的总 DNA 为模板在体外进行扩增，检测扩增产物片段的大小以验证是否和目的基因片断的大小相符，从而判断外源基因是否整合到转化植株之中。特异性 PCR 检测方法的优点是简单、迅速、费用少，但是其检测结果有时不可靠，假阳性率高，因此必须与其他方法配合使用。

Southern 杂交是依据外源目的基因碱基同源性配对进行的，杂交后能产生杂交印迹或杂交带的转化植株为转基因植株；未产生杂交印迹或杂交带的为非转基因植株。一般是将外源目的基因的全部或部分序列 DNA 或 RNA 制成探针，与转化植株的总 DNA 进行杂交，它是从 DNA 水平对转化体是否整合外源基因以及整合的拷贝数进行鉴定与分析的可靠方法。

②转录水平鉴定　通过 Southern 杂交分析可以得知外源目的基因是否整合到染色体上。但是，整合到染色体上的外源基因能否表达还未知，因此必须对外源基因的表达情况进行转录水平和翻译水平鉴定。转录水平鉴定是对外源基因转录形成 mRNA 情况进行检测，常用方法主要有 Northern 杂交和 RT-PCR 检测。

Northern 杂交：分为 Northern 斑点杂交和印迹杂交。斑点杂交的原理是利用标记的 RNA 探针对来源于转化植株的总 RNA 进行杂交，通过检测杂交带放射性或其他标记信号的有无和强弱来判断目的基因转录与否以及转录水平。印迹杂交的基本原理是先提取植物的总 RNA 或者 mRNA，用变性凝胶电泳分离，不同的 RNA 分子将按相对分子质量的大小依次排布在凝胶上，将它们原位转移到固相膜上，在适宜的离子强度及温度下，探针与膜上同源序列杂交，形成 RNA-DNA 杂交双链。通过探针的标记性质可以检测出杂交体，并根据杂交体在膜上的位置可以分析出杂交 RNA 的大小。

RT-PCR 检测：其原理是以植物总 RNA 或者 mRNA 为模板进行反转录，然后再经 PCR 扩增，若扩增条带与目的基因的大小相符，则说明外源基因实现了转录。RT-PCR 检测法具有简单、迅速的优点，但是对外源基因转录的最后确定，还需要与 Northern 杂交的鉴定结果相互结合验证。

③翻译水平鉴定　为检测外源基因转录形成的 mRNA 能否翻译，还必须进行翻译水平或者蛋白质水平的检测，主要方法为 Western 杂交。其基本原理是通过特异性抗体对凝胶电泳处理过的细胞或生物组织样品进行着色，通过分析着色的位置和着色深度获得特定蛋白质在所分析的细胞或组织中表达情况的信息。其步骤如下：先将从转基因植株提取的待测样品

溶解于含有去污剂和还原剂的溶液中,经过 SDS 聚丙烯酰胺凝胶电泳后转移到固相支持物上(常用硝酸纤维素滤膜);然后,固相载体以非共价键形式吸附蛋白质,且能保持电泳分离的多肽类型及其生物学活性不变;最后,以固相载体上的蛋白质或多肽作为抗原,与对应的抗体起免疫反应,再与酶或同位素标记的第二抗体起反应,经过底物显色或放射自显影以检测电泳分离的特异性目的基因表达的蛋白成分。

此外,还可以对转基因植株的表型性状(如病虫抗性、特异蛋白质、特异农艺性状)及其遗传稳定性进行鉴定。

15.4.2.5 转基因植物的安全性评价和育种利用及存在的问题

(1)转基因植物的安全性评价

转基因育种技术使物种的进化速率远远超过生物自然变异与选择的速率,对于这种急剧的生物物种变化,自然界能否容纳和承受?自然界的其他组分是否会因此受到伤害或破坏?转基因植物及其产品被人们食用或动物饲用时,是否会向人体或牲畜肠道微生物发生基因转移?是否会出现由于某种新物质的形成对人体或牲畜健康产生危害或潜在影响?要消除这些疑虑就要进行转基因植物的安全性评价。牧草及草坪草转基因育种品种必须通过严格的国家主管部门的安全性评价试验,才能进行大田释放和推广应用。转基因植物的安全性评价内容主要包括食品安全性与环境安全性评价两大类。

①转基因植物的食品安全性 转基因植物食品(饲料)的安全与否主要取决于转基因植物中外源基因表达的蛋白质是否有危险性,即是否引起毒性或过敏反应,外源基因的插入是否对受体生物原有表达基因产生干扰等。因此,通常转基因植物食品的安全性涉及如下风险:一是潜在毒性。受体生物体的毒素增多,或者带来新的毒素,引起急性或慢性中毒;二是潜在致敏性。大多数转基因植物都引入一种或几种新蛋白,这种异种蛋白可能引起食物过敏;三是营养成分与抗营养因子。转基因的表达使营养成分发生变化,外源基因表达可能使转基因植物中某些营养成分减少或增加,抗营养成分可能增加,转基因产品可能对人群膳食或牲畜饲料营养产生影响;四是抗生素标记基因的影响。标记基因是否会传递给人或家畜的肠道微生物,进而危害人或家畜的健康等。

转基因植物食品(饲料)安全性分析的原则如下:第一,科学基础原则。安全评价应该以科学的态度为前提和方法,利用科学的先进技术和安全的评价方法,认真收集和分析数据,根据安全性评价相关指导原则,对获得的转基因植物体作出科学、合理的评价;第二,实质等同原则。即生物技术产生的食品及食品成分是否与目前市场上销售的食品具有实质等同性;第三,个案评估分析原则。在评价安全性总则的规范下,应用到某类食品时还需根据具体情况进行个案分析;第四,预先防范性原则。转基因生物及产品虽未对环境和人类健康产生危害,但转基因植物的风险是难以预知的,从生物安全角度来考虑,采取预先防范的原则作为风险评估的原则是尤其重要的。

转基因植物食品(饲料)及其成分安全性评价的主要内容如下:转基因食品中的基因修饰导致"新"基因产物的营养学评价、毒理学评价及过敏效应。植物转基因食品的安全性检测和评价的简单步骤:第一,了解每个转基因植株的遗传背景;第二,进行实质性比较;第三,得出比较结果及进一步处理;第四,加标签后上市(美国不强制进行转基因标签的标注)。

目前关于转基因牧草及草坪草的安全性评价研究较少,对于转基因牧草,人类的消费是间接的，因转基因牧草首先被动物消耗。转基因草坪草，大部分用于环境绿化，需进行生态环境安全评估，不直接涉及食品安全性问题。

②转基因植物环境安全性　转基因植物的环境安全性是指转基因植物进入环境之后，对生态环境及其各组成部分可能存在的影响和风险。由于人们对转基因植物环境安全性的普遍顾虑，转基因植物环境安全性涉及内容多，比较复杂。第一，转基因作植物本身的"杂草化"。首先应考虑遗传转化的受体植物有无杂草化的特征，一般认为杂草化是多个基因共同作用的结果，仅仅因为一两个基因加入就使它们转化成杂草的可能性很小。第二，转基因植物的"基因漂移风险"。即外源基因通过基因漂移到近缘野生种的可能性。第三，转基因植物对生物多样性的影响。包括转基因植物成为优势品种对种内作物遗传多样性的影响、转基因植物对其他物种多样性的影响（抗病虫基因的靶标生物和非靶标生物物种多样性）。第四，转基因植物对生态系统的影响。通过食物链对生物多样性的及对土壤生态系统生物多样性的影响。

转基因植物环境风险评估的总原则是在保证人类及牲畜健康和环境安全的前提下，促进转基因植物及生物技术的快速发展。其具体评估办法与转基因植物食品安全性评价基本相同，遵循实质等同性原则、预先防范原则、个案评估原则、逐步评估原则、风险和效益平衡原则、熟知性原则等。

（2）转基因植物的育种利用

通过转基因育种途径可将外源优良基因转移到作物的基因组中，并得到恰当的表达，获得转基因材料，实现外源基因的跨物种转移。同时，利用该转基因材料，可以进一步进行目的基因表型性状鉴定及其遗传稳定性鉴定，通过常规育种方法选育出符合育种目标的转基因作物新品系，经过安全性评价后释放大田生产和推广应用。

此外，转基因植株往往存在外源基因失活、纯合致死、花粉致死效应，以及目标基因导入导致其他性状的变化，有些转基因植株由于各种原因造成结实率降低。因此，应结合利用杂交、回交、自交等手段，进一步选育综合性状优良的转基因作物新品种。此外，经鉴定后的转基因阳性植株，进行回交（或多次回交）并对子代进一步选择，使品种同时具备外源目的基因且尽可能保留母本的优良性状。这些活动都需在隔离的环境中进行。

（3）转基因育种存在的问题

目前基因工程育种技术除需要进一步提高外源基因的转化频率；建立高再生频率的受体系统；提高对转化外源基因表达的调控能力；构建并利用好外源基因删除技术体系和基因编辑技术体系外，还存在如下问题：

①遗传稳定性问题　转基因植物可能存在的遗传稳定性问题如下：一是外源基因在后代中表现遗传多样性。由于外源基因的失活、纯合体致死效应等一些未知的原因，在自交二代中也往往得不到纯合体或无法得到纯合体；然而有时在转基因当代也有可能出现纯合体的情况；此外，外源基因整合到受体基因组后，因随机发生丢失、沉默、突变等现象，因而其有些后代遗传不符合孟德尔遗传规律，表现外源基因在后代中的遗传多样性。二是外源基因在后代中表达的不确定性。例如，出现基因丢失；转基因拷贝在世代传递中的不稳定性和相互位置的改变以及彼此间直接与间接的互作，增加了外源基因分离与表达的复杂性。三是外源基因可能产生次生效应。即可能产生基因重组、基因扩增等现象。还可能导致其他基因失活，严重的导致植物死亡。四是外源基因可产生基因沉默。外源基因整合后不仅可能引起宿

主体内某些基因的失活,外源基因自身也很容易被受体基因组存在的修饰与限制系统所识别并加以修饰和抑制,造成失活和沉默。外源基因的失活机制包括顺式失活和反式失活。顺式失活是指首尾链接的顺式重复基因的失活,它是因为多拷贝的转基因串联在一起,发生甲基化作用而使外源基因失活。反式失活指 DNA 配对使某一基因的失活状态传递至另一等位或非等位基因。外源基因沉默是生物进化中的自我防御机制,但对基因工程育种而言却导致了严重的后果,使转基因植物失去了应有的价值。因此,基因工程育种要尽量避免外源基因沉默现象。通常通过转基因后代选择和鉴定环节可以有效剔除大部分具有遗传稳定性问题的植株。

②转基因安全性问题　生物安全是指由现代生物技术的开发和应用可能产生的负面影响,即对生物多样性保护和持续利用、生态环境保护以及对人体健康产生潜在有害影响所采取的有效预防和控制措施,从而达到保护生物多样性、生态环境和人体健康的目的。自 1983 年世界首例转基因植物——转基因烟草问世,全球对于转基因植物的安全性引发了广泛的争论,世界各国与中国政府均十分重视生物安全问题,目前已对基因工程规则立法。基因工程育种技术也像其他科学技术一样,在推动生产力发展以及促进社会经济发展的同时隐含着潜在的风险与灾难,关键是要对其进行有效的监督和管理。

15.5　分子标记与牧草及草坪草育种

分子标记(molecular markers)指以个体间遗传物质内核苷酸序列变异为基础的遗传标记,是 DNA 水平遗传多态性的直接反映。广义分子标记指可遗传并可检测的 DNA 序列或蛋白质;狭义分子标记指能反映生物个体或种群间基因组中某种差异的特异性 DNA 片段。

15.5.1　分子标记的优点及类型

15.5.1.1　分子标记的优点

遗传标记则是遗传物质特殊的易于识别的表现形式,是能够稳定遗传的、在生物个体间具有丰富多态性的生物特征特性。与形态学标记、生物化学标记、细胞学标记等其他遗传标记相比较,分子标记具有如下优点:①直接以 DNA 的形式表现,揭示来自 DNA 的变异;在植物的各发育时期、各个组织的 DNA 都可用于标记分析,不受季节、环境的影响;②大多数分子标记为共显性遗传,能够鉴别出纯合基因型与杂合基因型,对隐性性状的选择十分便利;③基因组变异极其丰富,遍及整个基因组,分子标记的数量几乎是无限的,数量极多;④多态性高,自然存在许多等位变异,不需专门创造特殊的遗传材料;⑤表现为选择中性,即无基因多效性,且分子标记通常位于 DNA 的非编码区,与不良性状无连锁,不影响目标性状的表达;⑥检测手段简单、迅速、易于自动化,提取的 DNA 样品,在适宜条件下可长期保存,对于进行追溯性或仲裁性鉴定非常有利。

15.5.1.2　分子标记的类型

分子标记大多通过电泳分离不同的生物 DNA 分子,然后用经标记的特异 DNA 探针与之进行杂交,通过放射自显影或非同位素显色技术来揭示 DNA 的多态性。根据分子标记的检测方法不同可分为如下 4 类:

(1) 以分子杂交为核心的分子标记技术

以分子杂交为核心的分子标记技术主要包括限制性片段长度多态性(restriction fragment length polymorphisms, RFLP)标记和可变数目串联重复序列(variable number tandem repeats, VNTRs)标记,这类标记是利用限制性内切酶酶解不同来源的 DNA 后,用同位素或非同位素标记的随机基因组克隆、cDNA 克隆、微卫星或小卫星序列等作为探针进行 DNA 间的杂交,通过放射自显影或非同位素显色技术来揭示 DNA 的多态性。

(2) 以聚合酶链式反应(PCR)为核心的分子标记技术

PCR 技术是模拟体内 DNA 天然复制过程,它是在体外快速扩增特异基因或 DNA 分子序列的分子生物学技术,主要用于扩增位于两段已知序列之间的 DNA 区段。以 PCR 为核心的分子标记,只需要微量 DNA 待扩增样本(模板),因此具有比 RFLP 等以分子杂交为核心的分子标记更高的检测量。PCR 技术可使目的 DNA 得以迅速扩增,具有特异性强、灵敏度高、操作简便、省时等特点。以 PCR 为核心的分子标记根据所用引物类型不同,分为随机引物 PCR 标记与特异引物 PCR 标记。目前随机引物 PCR 标记主要有 RAPD(Random Amplified Polymorphic DNA,随机扩增多态性)标记、AP-PCR(Arbitrarily Primed PCR,随机引物 PCR)标记、DAF(DNA amplification fingerprinting, DNA 扩增指纹分析)标记和 ISSR(inter simple sequence repeat,区间简单序列重复)标记;特异引物 PCR 标记根据引物序列的来源,主要分为 SSR(simple sequence repeat,简单重复序列)标记、SCAR(sequence-characterized amplified regions,特异序列扩增区域)标记和 STS(sequence-tagged sites,特定序列位点)标记等。

(3) 以限制性酶切和 PCR 为核心的分子标记技术

此种分子标记技术主要有如下两类:①AFLP(Amplified Fragment Length Polymorphisms,扩增片段长度多态性)标记。②CAPS 标记(Cleaved Amplified Polymorphism Sequences,酶切扩增多态性序列)。

(4) 以单核苷酸多态性(Single Nucleotide Polymorphism, SNP)为核心的分子标记技术

它是指对由于单个核苷酸碱基改变而导致的核苷酸序列遗传多态性作为标记的方法。SNP 是指基因组中的某个特定核苷酸位置上的置换、倒位、插入和缺失等变异。SNP 标记的优点是高通量,数量多、分布较广、密度高,一次可对多个 SNP 进行规模性筛选,被检起始材料也很少;操作步骤简单;遗传稳定性高。缺点是芯片设计成本高,由于 DNA 样品的复杂性,有些 SNP 不能被检起。

15.5.2 分子标记在牧草及草坪草育种的应用

15.5.2.1 遗传图谱的构建

遗传图谱是指以染色体重组交换率为相对长度单位,以遗传标记为主体构成的染色体线状连锁图谱。基因连锁图是将基因或标记绘制到具体的连锁组,并提供有关这些基因或标记的位点说明。遗传连锁图反映了基因间在染色体上的相对位置,它提供了有关性状遗传控制的信息;说明了性状变异间的连锁关系;可以作为路标指示对有关基因的转化,是植物遗传育种及基因组系统、分子克隆等许多应用与理论研究的依据和基础。

由于形态标记和生化标记数目少,特殊遗传材料培养困难及细胞学研究工作量大等原因,应用这些标记所得到的植物较为完整的遗传图谱很少。分子标记可提供大量的遗传标记,而且可显著提高构建遗传图谱的效率。因此,近年陆续对牧草及草坪草的分子遗传图谱

构建进行了许多成功研究。Brummer 等于 1993 年最早利用 RFLP 分子标记构建了紫花苜蓿遗传连锁图。此外，蒺藜苜蓿、黑麦草属（多年生黑麦草、多花黑麦草、杂交黑麦草）、羊茅属（高羊茅、草地羊茅）、结缕草、鸭茅属、百脉根与日本百脉根、三叶草草属（红三叶、白三叶）、高丹草、冰草、赖草、柳枝稷、狗牙根与杂交狗牙根、剪股颖、草地早熟禾、百喜草、狐尾草、狗尾草等牧草及草坪草也构建了遗传连锁图谱。但是，与大田农作物相比较，牧草及草坪草的遗传图谱构建研究较少，其主要原因：一是与大田农作物相比较人们认为牧草及草坪草的经济价值较低，故重视度不够；二是由于大多数牧草及草坪草为多年生、异交的多倍体植物，在自交过程中会发生退化，遗传背景相对复杂，分离基因型众多、不同 DNA 片段共分离，杂交后代常表现为四体遗传等，造成其在遗传分析上存在较多困难。所以其遗传图谱的构建会比大田农作物的困难。

15.5.2.2 重要性状的基因定位

分子标记可以利用系列引物对整个基因组进行 DNA 多态性分析，快速寻找两组 DNA 样品间多态性差异，得到与此差异区域相连锁的 DNA 标记，从而可在利用分子标记建立基因连锁图的基础上，可以用作图群体定位在该群体中出现分离的农艺性状的某一特定 DNA 区域内的目的基因。Sledge 等（2002）用两种 RFLPs 标记对双倍体苜蓿亚种进行 RFLP 分析，结果发现有两个与耐受有毒的酸性铝相关的基因，并将其定位在苜蓿 RFLP 图谱上。Narinder，Jasdeep 和 Sandhu 等（2002）用两类标记物在六倍体燕麦（Avena spp.）的 RFLP 图谱上确定 9 个位点，结果显示单个核苷多态性通常不在限制酶切位点上。Joseph G 等（2007）采用美国艾奥瓦州艾姆斯、艾奥瓦州纳舒厄、纽约州伊萨卡 3 个地方的杂种苜蓿群体材料，用 RFLP 等分子标记绘制了遗传连锁图谱，并定位了与生物产量有关的基因。Maureira-Butler 等（2007）从 M. sativa subsp. sativa Peruvian（非显）和 M. sativa subsp. falcata WISFAL（显）种质得到 5 个与苜蓿产量性状相关的基因和 7 个与秋眠性相关的基因，另外还得到了一些与抗寒相关的基因组区段。刘颖（2010）利用生态型差异明显的 2 个日本结缕草（Zoysia japonica）品种室兰（Muroran）和俵山北（Tawarayama Kita）及其测交产生的 F_1 代 86 个个体为作图群体，研究其在人工低温胁迫条件下叶片和匍匐茎的半致死温度（LT_{50}），并以 306 个 SSR 标记为基础构建了日本结缕草遗传连锁图谱，发现 4 个与抗寒性相关的 QTL，为结缕草抗寒分子标记辅助育种奠定了基础。四川农业大学与美国农业合作构建了四倍体鸭茅遗传连锁图谱；定位了 5 个抽穗期的主效 QTL，并分析了鸭茅开花相关基因。

15.5.2.3 亲缘关系分析及遗传多样性研究

分子标记可直接揭示植物基因组 DNA 分子水平的差异，具有稳定观的特点。借助分子遗传图谱对种质资源之间的比较可覆盖整个基因组，可较为全面地了解现有种质资源的亲缘关系和遗传多样性，从而可为物种、变种、品种和亲缘类群间的系统发育关系提供大量的 DNA 分子水平的证据，为探究植物种的起源与发展进化、杂交亲本的选配、预测杂种优势等提供理论依据，可以减少育种工作中亲本选配的盲目性，从而提高育种效率。

根据 DNA 标记技术的谱带可分为单态性带和多态性带，这两类条带均可作为不同的分类单位进行统计分析，计算出遗传距离或相似系数，构建系谱关系聚类图，以揭示种质资源间的亲缘关系。李鸿雁等、阎贵兴等、T. A. Campbell 利用分子标记技术分析了苜蓿与扁蓿豆的遗传关系，通过聚类发现扁蓿豆与苜蓿的一些供试材料聚到了一组，说明苜蓿和扁蓿豆有一定的亲缘关系，可把扁蓿豆作为苜蓿改良的重要基因源，应用杂交育种培育苜蓿新品种。胡雪华利用 14 个 ISSR 引物对上海结缕草和结缕草属进行研究发现，上海结缕草 JD-1

与细叶结缕草、沟叶结缕草和结缕草 3 种之间不存在亲缘上的直接联系，并初步断定上海结缕草 JD-1 是一个新的变异材料。此外，应用分子标记技术还对狼尾草、鹅观草、苜蓿、披碱草、草地早熟禾等的亲缘关系及系统进化进行了分析。

分子标记是检测种质资源遗传多样性的有效工具，目前主要用于以下研究：①研究种质资源考察时取样量的大小、取样点的选择；②保护种质资源遗传完整性的最小繁种群体和最小保种量的确定；③核心种质筛选；④种质资源（含亲本材料）的分类。目前，分子标记技术已经被广泛应用于苜蓿、鸭茅、红豆草、披碱草、黑麦属、中间锦鸡儿（*Caragana intermedia*）、结缕草、假俭草、羊草、白三叶、狗牙根、黑麦草属、羊茅属、鹅冠草属、柱花草等牧草及草坪草的遗传多样性分析中，并在某些方面取得了新的进展。

杂种优势的产生与双亲间遗传差异大小相关，而亲本间的遗传差异可用遗传距离来衡量，一般情况下可以通过度量亲本间的遗传距离，在一定程度上预测杂种优势。DNA 分子标记的应用，可快速在整个基因组范围内对亲本材料间的遗传距离进行估测，分析亲本间遗传差异与杂种优势的相关性，并可进一步预测具有强优势的杂交组合。Kidwell(1994)利用 RFLP 技术检测了遗传距离和杂合度与杂交苜蓿产量的相关性，结果发现遗传距离和杂合度与二倍体苜蓿的产量无相关性，但与苜蓿四倍体近等基因系的产量有正相关性。Zhang 等(1994)发现对所有标记值进行分析时，只有在分子标记与各种测定的性状有明显相关的情况下，分子标记杂合度与杂种优势间才会有较好的相关性。Riday 等(2003)认为紫花苜蓿和黄花苜蓿间存在产量杂种优势，他们对其形态学和遗传因素与产量杂种优势间的相关性进行了研究，利用 AFLP 和 SSR 标记技术，计算 9 种紫花苜蓿和 5 种黄花苜蓿基因型间的遗传距离，结果发现 SSR 标记表现出遗传距离与苜蓿产量、活力和特殊配合力呈正相关；AFLP 标记表现出遗传距离与中亲杂种优势有相关性，但与特殊配合力没有相关性。Yu 等利用 RAPD 技术对多个苜蓿品种的亲缘关系和品种的杂合性进行了分析，发现在四倍体苜蓿 F_1 群体中 32 个 RAPD 标记的分离结果中有 9 个连锁群，分别属于 4 个连锁组，认为 RAPD 标记可为杂交育种中获得最大的杂种优势而合理选择亲本提供大量有用的遗传信息。张宇(2010)以 31 株苜蓿亲本及其 15 株杂交 F_1 代为试验材料，采用农艺学、形态学性状与 SRAP 分子标记相结合的方法，对苜蓿亲本间的遗传多样性、苜蓿亲本与 F_1 代的遗传关系以及 F_1 代的杂种优势进行了分析，表明 SRAP 分子标记的遗传距离与苜蓿子代生物量和主茎长的杂种优势存在相关性，SRAP 分子标记可以应用于苜蓿杂种优势预测。

分子标记可用于杂交亲本的选配。Kangfu Yu(1993)利用 RAPD 技术对多个苜蓿品种的亲缘关系和品种的杂合性进行了分析，认为 RAPD 标记可为杂合群体间亲缘关系的分析和杂交育种中为获得最大的杂交优势而合理选择亲本提供大量有用的遗传信息。Pauls KP.(1993)也认为 RAPD 技术可为杂交育种选配提供依据。Mc Coy 和 Bingham(1998)利用 RAPD 和 RFLP 标记将二倍体紫花苜蓿和野生四倍体紫花苜蓿(抗寒抗旱抗病性强)杂交所得的 F_1 代，用不同的 *M. Sativa* 杂交至 BC_3 代的植株进行分析，发现该野生种 *M. dzhawakhetica* 特异的 70 个 RAPD 标记和 15 个 RFLP 标记，利用这些特异性标记进行辅助育种选择，可促进 *M. dzhawakhetica* 中的优良基因向栽培种转移。

15.5.2.4 种质资源及品种纯度的鉴定

种质资源及品种纯度鉴定有形态学与物理化学特性鉴定法、生化标记法和 DNA 分子标记法。形态鉴定法易受时间和准确性等因素制约。并且，随着品种数量激增，品种间表型差异越来越小，有些牧草及草坪草新品种以及转基因材料通过形态学与物理化学特性鉴定法很难识别。而 SSR 等分子标记方法不受环境制约，不受发育阶段影响，利用种子和幼苗就可以进行种质资源鉴定。它能鉴定表型相似的种质，可以有效地进行品种真实性和种子纯度鉴定。SSR 等分子标记数量多，覆盖全基因组；呈共显性，符合孟德尔定律；位点等位变异高，再加上该技术简便快捷、重复性好，为植物种质资源及品种纯度的鉴定提供了更准确、可靠和便捷的方法，已广泛应用于种质资源鉴别工作，对品种知识产权的保护、种子质量的监督检验以及建立种质资源的指纹图谱等均具有重要意义。

国际植物新品种权保护联盟在 BMT 分子测试指南中指出 SSR 标记为当前各个作物建库的首选标记方法。近年 SSR 分子标记技术开始应用于中国草品种的遗传多态性分析、品种鉴定以及指纹图谱的构建。陈斐等利用 SSR 分子标记对 82 份苜蓿材料进行遗传多样性分析，结果表明 16 对 SSR 引物共检测出 190 个等位变异，平均 11.88 个；多态性比率 66.67%~100%，平均 83.05%；基因多样性为 0.1447~0.3637，平均 0.2577。罗永聪等利用 SSR 分子标记技术，通过构建我国多花黑麦草主栽品种的 SSR 指纹图谱数据库，实现了对多花黑麦草品种的快速、准确鉴定。詹秋文等利用 SSR 分子标记技术构建了 42 份高粱和苏丹草的 SSR 数字指纹以及 2 个高粱-苏丹草杂交种的 SSR 指纹图谱。蒋林峰等利用 SSR 标记等构建了我国 21 个鸭茅主栽品种的 DNA 指纹图谱，数据可应用于鸭茅品种的真伪鉴定。

分子标记检测作物品种纯度时，在技术正确可靠的前提下，凡是与该品种已知谱带不同的样品则为异品种。根据本品种与异品种谱带的差异，可以估算该品种的种子纯度百分率，因此，需分析一定数量样品的种子的谱带类型做基础。不同作物品种种子纯度评价可以为育种者和种子生产商提供种子样品的信息，也可为种子管理部门判定种子纯度是否属实提供依据。DNA 分子标记检测作物品种纯度时，在技术正确可靠的前提下，凡是与该品种已知谱带不同的样品则为异品种。根据本品种与异品种谱带的差异，可以估算该品种的种子纯度百分率，因此，需分析一定数量样品的种子的谱带类型做基础。种子纯度评价可以为育种者和种子生产商提供种子样品的信息，也可为种子管理部门判定种子纯度是否属实提供依据。

Kidwel(1994)利用 RFLP 技术标记对 9 个相同苜蓿种的种质进行分析，结果发现 9 种苜蓿种质中有 2 种苜蓿和其他的限制性片段不同，通过 RFLP 技术可以将它们区分开。Perez 和 Vicite 等研究表明，RFLP 分析中，一些重复的 DNA 序列可以作为黑麦草属和羊茅属稳定的种特异遗传标记，这些重复的 RFLP 序列同时也是杂种后代鉴定中非常重要的标记。郭海林等(2014)应用 SRAP 分子标记技术对 6 个假俭草优良品系和 2 个引进品种等 8 份种质材料进行鉴定结果表明，31 对 SRAP 引物在 8 份材料中扩增出 576 条清晰的谱条，其中多态性条带 359 个，多态性比率为 62.33%，8 份材料间的遗传相似系数变幅为 0.6962~0.8177，平均遗传相似系数为 0.7388。31 对 SRAP 引物中有 1 对引物 Me18Em17 可以将所有材料区分开来，应用该引物的扩增谱带构建了参试材料的 DNA 指纹图谱，可将不同材料从 DNA 水平上加以区分。李永祥等用 18 个 ISSR 引物对披碱草属 12 个物种进行遗传多样性分析，发现其多态性达 84%，并能将四倍体种和六倍体种区分开。

15.5.3 分子标记辅助选择育种方法与技术

分子标记辅助选择育种(molecular mark assisted selection breeding)指利用与特定性状相关联的分子标记作为辅助手段进行的育种。分子标记辅助选择(marker-assisted selection, MAS)是指借助分子标记对目标性状的基因型进行的选择。

15.5.3.1 分子标记辅助选择的基本原理及优势

选择又称筛选,是植物育种的重要内容,是指在大量分离后代中,选择合适的基因型。MAS 是根据目的基因与 DNA 分子标记的紧密连锁关系,对目的基因进行间接筛选。其基本原理是利用与目标基因紧密连锁或表现共分离关系的分子标记对选择个体进行目标区域以及全基因组筛选,从而减少连锁累赘,高效选择个体,提高育种效率。目前,水稻等大田农作物已有采用 MAS 方法选育并通过审定登记的商用新品种投放国内外市场。而国内外育种家也对苜蓿、鸭茅等牧草及草坪草的分子标记辅助育种方法进行了研究,取得了可喜的进展。与传统植物育种方法相比较,MAS 具有如下优势:

(1) 筛选方法简单

常规育种选择方法是根据植株的表型进行筛选,易受环境因素影响,且选择过程涉及多个世代,难度大,成本高,误差往往较大;MAS 是在 DNA 水平的操作,对目的基因的选择不易受外界环境因素的影响,对作物影响较小,能同时无损选择多个性状,用一小片叶子提取的 DNA 足够完成分子标记分析操作,相对简单,节约时间、资源和精力,往往也能在一定程度上降低成本。

(2) 筛选效率提高

传统育种选择方法对产量等主要农艺性状的低世代选择效果差,并且有些目标性状如抗病性鉴定会严重影响作物生长发育;MAS 从基因水平进行选择,不受表型发育限制,不受环境影响,可提早在低世代或幼苗期进行异季或异地的目标性状鉴定选择,从而能快速淘汰非目标植株,这对发育后期表达的目标性状(如与花、果实和种子有关的性状)选择尤其有利。甚至通过提取种子 DNA 可将下一代植株的表达性状提早到当代分析选择,从而可大大提高选择效率和准确性,节约较多的选择时间和空间,缩短育种周期。

(3) 可进行单株选择,减少分离群体种植规模

常规育种方法受环境等因素干扰,单株选择不可靠,分离世代需种植较大群体;MAS 可基于基因型选择单株,在育种早期世代能去除大多数分离后代,尤其是遗传性状高度分离的后代。

(4) 可以快速实现基因聚合或同时组合多个优良基因

MAS 分为前景选择和背景选择两种基本选择方法。前景选择是指利用分子标记对一个关联的目标基因或等位基因进行的选择;背景选择是指对基因组目标基因以外的其余部分(遗传背景)进行的选择。MAS 不仅能针对目标基因和背景型分别进行前景选择和背景选择,而且能进行重组选择,从而实现全基因组选择,可打破目标性状与不利基因之间的连锁,避免不利或有害基因的转移(连锁累赘),提高选择精确性和速度。

(5) 可有效进行低遗传力性状的选择

当不能采用常规育种选择方法对低遗传力目标性状进行表型鉴定时,可用 MAS 对特定目标性状的基因型进行检测和鉴定选择。

15.5.3.2 分子标记辅助选择育种需要具备的条件

(1) 分子标记与控制目标质量或数量性状的基因共分离或紧密连锁

标记基因座位与目标基因座位之间的遗传距离决定了 MAS 的选择准确率,遗传距离越小准确率越高,一般要求两者之间的遗传距离小于 5 cm,最好 1 cm 或更小。

(2) 分子标记检测简单

由于 MAS 选择对象通常是大规模育种群体,因而要求检测过程简单、成本低、自动化程

度高；具有在大群体中利用分子标记进行筛选的有效手段；筛选技术在不同实验室可重复性好、经济、易操作；具有实用化程度高，并能协助育种家作出决策的计算机数据处理软件。

(3) 由单基因或寡基因控制的质量性状的分子标记，易于进行 MAS 育种

对大多数数量性状遗传的重要农艺性状，若想利用 MAS 育种则必须具有精确的 QTL 图谱。这不仅需要将复杂的性状利用合适软件分成多个 QTLs，并将各个 QTL 标记定位于合适的遗传图谱上，而且还与是否有对该数量性状表型进行准确检测的方法，用于作图的群体大小、可重复性、环境影响和不同遗传背景的影响，以及是否有合适的数量遗传分析方法等有关。这为筛选某一复杂农艺性状的 QTL 标记提出了更高要求，也增加了 MAS 付诸育种实践的难度。

15.5.3.3 分子标记辅助选择育种的方法

MAS 育种是采用分子标记技术与常规育种方法相结合的育种方法，具体方法如下：

(1) 回交育种

质量性状的表现型和基因型之间常常存在清晰的对应关系，因此采用常规育种选择方法对质量性状的选择是有效的，无需使用 MAS，但是以下 3 种情况可以采用 MAS 提高育种选择效率：①表现型的检测技术难度很大或费用太高；②当表现型只能在个体发育后期才能检测，但为了加快育种进程或减少育种后期工作量，需要在个体发育早期进行选择；③除目标基因性状外，还需要对基因组其他部分(遗传背景)进行选择。如有些质量性状不仅受主效基因控制，而且受到微效基因修饰作用，易受环境影响，如植物抗病性。

质量性状基因控制的主要农艺性状，若利用 MAS 育种，主要应用回交育种方法。即把分子标记技术与回交育种相结合，针对每一回交世代结合分子标记辅助选择，借助连锁分子标记将供体亲本中有用基因(即目标基因)快速转移或渗入到受体亲本遗传背景中，从而达到改良受体亲本个别性状，筛选出含目标基因的优异品系，进一步培育成新品种。MAS 的回交育种基本程序如下：①找到与目的基因或 QTL 紧密连锁的分子标记；②证实基因或 QTL 的效应；③对回交后代群体(80~250 株)进行两三代标记辅助正向和背景选择。

研究表明，早期世代利用小群体，后期世代利用更大群体，MAS 的回交育种效率更高。此外，MAS 的回交育种过程中，尤其是野生种做供体时，尽管一些有利基因成功导入，但同时也带来一些与目标基因连锁的一些不利基因，成为连锁累赘。利用与目标基因紧密连锁的分子标记可直接选择在目的基因附近发生重组的个体，从而避免或显著减少连锁累赘，加快 MAS 的回交育种进程。

(2) 大范围群体内的单目标基因 MAS(single large-scale MAS, SLS-MAS)育种

该方法由 Ribant 等(1999)提出。其基本原理是在一个随机杂交的混合大群体中，利用分子标记辅助选择目标性状，尽可能保证选择群体足够大，使中选的植株仅仅在目标位点纯合，而在目标位点以外的其他基因位点上保持大的遗传多样性，最好仍呈孟德尔式分离。这样，分子标记筛选后，仍有很大遗传变异供育种家通过传统育种方法选择，产生新的品种和杂交种。这种方法对于质量性状或数量性状基因的 MAS 均适用。该方法可分为如下步骤：①利用传统育种方法结合 DNA 指纹图谱选择用于 MAS 的优异亲本，特别对于数量性状而言，不同亲本针对同一目标性状要具有不同的重要的 QTL，即具有更多的等位基因多样性。②确定某重要农艺性状 QTL 标记。利用中选亲本与测验系杂交，将 F_1 自交产生分离群体，一般 200~300 株，结合 F_{2-3} 单株株行田间调查结果，以确定主要 QTL 的分子标记。表型数据必须是在不同地区种植获得，以消除环境互作对目标基因表达的影响。标记的 QTL 不受

环境改变的影响,且占表型方差的最大值(即要求该数量性状位点必须对该目标性状贡献值大)。确定 QTL 标记的同时将中选的亲本间杂交,其后代再自交 1~2 次产生一个很大分离群体。③结合筛选的 QTL 标记,对上述分离群体中单株进行 SLS-MAS。④根据标记有无选择目标材料。由于连锁累赘,除中选 QTL 标记外,使其附近其他位点保持最大的遗传多样性。通过中选单株自交,根据本地生态需要进行系统选择,育成新的优异品系。或将中选单株与测验系杂交产生新杂种。若目标性状位点两边均有 QTL 标记,则可降低连锁累赘。

(3) MAS 聚合育种

传统聚合育种是指通过杂交、回交、复合杂交等手段,将分散在不同品种中的多个有利目标基因聚集到同一个品种材料中,培育成一个具多种有利性状的品种,如多个抗性基因的品种,在作物抗病虫育种中保证品种对病虫害的持久抗性具有十分重要的作用。但是,由于导入的新基因表现常被预先存在的基因所掩盖或者许多基因的表型相似难以区分、隐性基因需要测交检测或接种条件要求很高等,导致许多抗性基因不一定在特定环境下表现出抗性,造成基于表型的抗性选择将无法进行。而 MAS 聚合育种可利用分子标记跟踪新的有利基因导入,将超过观测阈值外的有利基因高效地累积起来,为培育含有多抗、优质基因的品种提供了重要育种途径。

MAS 聚合育种比传统聚合育种对快速聚集优良基因表现出巨大的优越性。农作物有许多基因的表现型相同,通过传统遗传育种研究无法区分不同基因效应,从而也就不易鉴定一个性状的产生是由于一个基因还是多个具有相同表现型的基因的共同作用。借助 MAS 聚合育种,可以先在不同亲本中将基因定位,然后通过杂交或回交将不同的基因转移到同一个品种中去,通过检测与不同基因连锁的分子标记有无来推断该个体是否含有相应的基因,从而可以快速达到聚合选择的目的。

思考题

1. 名词解释

茎尖培养　幼胚培养　子房培养　花药与花粉培养　人工种子　原生质体培养　体细胞杂交　细胞工程育种　载体　受体　基因工程育种　转基因育种　分子标记　分子标记辅助育种

2. 试论述生物技术育种的特点及与常规育种关系。
3. 论述茎尖培养与幼胚培养各有什么特点。
4. 比较花药培养与子房培养各有什么特点。
5. 简述人工种子的类型及特点。
6. 简述体细胞无性系变异的类型及特点。
7. 简述原生质体培养和体细胞杂交的步骤。
8. 简述转基因工程育种的程序。
9. 论述转基因植物的安全性评价内容及转基因育种存在的问题。
10. 举例说明分子标记技术在牧草及草坪草育种中的作用。
11. 论述分子标记辅助选择育种的优势与条件。

第16章 品种审定(登记)与良种繁育

植物品种审定(登记)既是品种管理的核心,也是品种选育至推广过程中的重要环节,是联系新品种选育和推广的桥梁;而良种繁育既是牧草及草坪草育种学的重要内容,也是种子产业化的基础。

16.1 品种审定(登记)

品种审定(登记)(cultivar approval or registration)是指品种审定(登记)委员会对新育成或新引进的品种或通过其他品种审定(登记)委员会审定(登记)的品种,进行区域试验和生产试验鉴定,按规定程序进行审查,决定该品种能否推广和推广范围的过程。《中华人民共和国种子法》明文规定,国家对主要农作物和主要林木实行品种审定制度,对部分非主要农作物实行品种登记制度。应当审定(登记)的农作物品种未经审定(登记)的,不得发布广告、推广、销售。

16.1.1 品种审定(登记)的任务与意义

16.1.1.1 品种审定(登记)的任务

品种审定(登记)的任务如下:根据品种区域试验和生产试验的情况,准确地评定新育成或新引进的植物品种在生产上的利用价值、经济效益;确定其推广价值、适应地区及相应的栽培技术;对新品种的示范、繁育、推广工作提出改进意见和建议。

此外,品种审定(登记)机构除需负责完成上述品种审定(登记)的任务外,还需负责国家及省级农作物品种审定(登记)工作;制定各类品种的国家及省级审定(登记)标准及方法;确定参加省级、国家级区域试验的品种,制订相应区域试验方案;积极开展审定(登记)品种的宣传,沟通产销渠道;对原审定(登记)通过的品种经过多年栽培后已发生退化,不适宜继续再生产应用者,经品种审定委员会审定(登记)后,提出停止推广决定。

16.1.1.2 品种审定(登记)的意义

品种审定(登记)的意义如下:实行品种审定制度(登记),有利于加强植物的品种管理;可以较好地了解新品种的形态、生理及经济性状,确定其推广价值的有无、大小及推广范围;可以因地制宜地推广良种,最大限度地发挥良种的作用,加速育种成果的转化和利用。同时,可避免无计划地盲目引种、盲目推广所造成的生产用种"多、乱、杂"现象,是实现生产用种标准化、品种布局区域化的重要措施。

16.1.2 品种审定(登记)制度及内容

16.1.2.1 中国品种审定制度的发展

中国20世纪50年代初的植物品种审定工作是和群众性良种评选活动结合进行的。20世纪60年代以后,各省(自治区、直辖市)相继成立了品种审定委员会。1981年成立了全国农作物品种审定委员会,并颁布了《全国农作物品种审定试行条例》,开始了国家级品种审定工作。1989年,国务院通过了《中华人民共和国种子管理条例》,使中国农作物品种审定工作逐步走上法制化、规范化轨道。2000年7月8日,第九届全国人大常委会第十六次会议通过中国首部并于2000年12月1日正式施行的《中华人民共和国种子法》,它也首次以法律形式对植物品种审定工作进行了规范。该部法律分别于2004年、2013年、2015年进行了修订。

16.1.2.2 品种审定(登记)制度及内容

(1)中国品种审定(登记)的组织体制

中国国家及省级农业、林业行政主管部门分别设立国家及省级农作物和林木品种审定委员会,分别负责国家及省级农作物和林木品种审定工作。按照2015年《中华人民共和国种子法》规定,国家和省级都只对稻、小麦、玉米、棉花、大豆5种主要农作物实行品种审定制度;对部分非主要农作物实行品种登记制度,实行品种登记的目录由国务院农业主管部门制定和调整。

(2)中国牧草及草坪草品种审定制度及内容

①草品种审定组织机构　1949年新中国成立以来,中国政府高度重视牧草及草坪草品种改良和推广工作。中国牧草及草坪草品种审定工作由全国草品种审定委员会负责。1983年,全国牧草品种审定委员会开始筹备;1984年,在农牧渔业部畜牧局领导下成立了全国牧草品种审定委员会筹备组。1987年7月,农牧渔业部发文正式成立了第一届全国牧草品种审定委员会,2006年更名为全国草品种审定委员会,归口农业部畜牧业司管理,原秘书处改为办公室,设在全国畜牧总站。2019年1月国家林业和草原局成立了第一届林木品种审定委员会暨草品种审定委员会。此外,中国已有内蒙古、甘肃、宁夏、贵州、山东、福建、黑龙江、四川等省(自治区、直辖市)相继成立了省级草品种审定专业机构,开展了省级草品种区域试验及审定工作;有的省份如湖南省也于2011年8月建立了草品种审定专家库。

②草品种审定的工作依据　目前中国涉及牧草及草坪草品种审定的法律法规主要有《中华人民共和国草原法》《草种管理办法》和《草品种审定管理规定》等。2002年12月28日全国人大常委会修订通过的《草原法》第二十九条中规定:"新草品种必须经全国草品种审定委员会审定,由国务院草原行政主管部门公告后方可推广"。2006年农业部颁布了《草种管理办法》和《草品种审定技术规程》(NY/T 1091—2006),明确规定了草品种审定工作的技术流程及审定标准;2011年发布《草品种审定管理规定》,进一步从管理层面对草品种审定工作程序提出了明确要求;2013年《草品种审定技术规程》从行业标准提升为国家标准,进一步突显了草品种审定工作的重要性,同年修订了农业部2006年制定的《草种管理办法》,并出台了《草品种命名原则》(GB/T 30394—2013)和《区域试验技术规程　禾本科牧草》(NY/T 2322—2013)两项标准相继出台;2015年出台《草品种区域试验技术规程　豆科牧草》(NY/T

2834—2015)。这些技术规程与标准的颁布及实施，明确了品种审定标准和要求，为品种审定工作提供了重要依据，推动了中国牧草及草坪草品种审定工作的规范化和正常化，有力地推动了新品种的选育与推广工作。

③草品种审定的技术支撑　2008 年之前，中国申报国家级草品种审定的区域试验和生产试验均是由申报者自行组织开展。农业部《草品种审定管理规定》要求区域试验由全国草品种审定委员会办公室统一安排，委员会办公室设在全国畜牧总站。2008 年起，农业部启动专项国家草品种区域试验，全国畜牧总站是该项目的组织实施单位，草业处负责具体工作。有关省级草原技术推广部门负责本行政区域内项目协调与管理，试验点管理单位完成具体试验任务。申请者遵循自愿、有偿的原则参加国家草品种区域试验。2019 年开始，全国草品种区域试验及审定工作调整为由国家林业和草原局负责。截至 2015 年 7 月，全国 28 个省(自治区、直辖市)已设置 55 个国家草品种区域试验站(点)，基本涵盖了中国主要的生态区域，满足了品种区域试验要求，区域试验成为品种审定的主要依据和技术支撑。另外，中国已有四川、云南、陕西、山西、甘肃和宁夏等省(自治区、直辖市)启动了省级草品种区域试验工作。

16.1.2.3　牧草及草坪草品种审定内容与审定品种类型

(1) 审定内容

牧草品种审定内容主要包括品种的特征特性、丰产性、适应性、抗病虫性、抗逆性、饲用品质和栽培技术等；草坪草品种审定内容主要包括品种的特征特性、适应性、抗病虫性、抗逆性、杂草入侵抗性、草坪均一性、草坪盖度与密度、草坪质地、草坪颜色与绿期、草坪弹性等。

(2) 审定品种类型

中国现行牧草及草坪草审定品种类型如下：

①育成品种　育成品种是指经过人工选育而成的新品种，具有稳定、一致、优质的农艺性状或者较好的逆境抗性，并与种内其他品种在一个或多个特征特性上存在明显区别。

②地方品种　地方品种又称原始品种或者土种，是指在某一地区长期栽培，适应当地气候和土壤条件，具有良好经济和生态价值的品种。

③野生品种　野生品种是指野生植物经过人工引种驯化，成功种植、栽培和选育，具有利用价值的品种。

④引进品种　引进品种是指从国外引进，在国内引种成功，并具有优良性状和利用价值的品种。

16.1.3　品种审定(登记)的程序

16.1.3.1　申请

欲申请品种(登记)审定的单位和个人(申请者)，首先应由选育(或引进)者向相应的品种审定(登记)委员会办公室提交申请书。申请者可以申请国家级或省级审定(登记)，也可同时申请国家级和省级审定(登记)，还可同时向几个省(自治区、直辖市)申请审定(登记)。对没有经常居所或营业场所的外国企业、其他组织或外国人申请牧草及草坪草品种审定(登记)时，应委托具有法人资格的中国种子科研、生产、经营机构代理。

(1) 报请审定(登记)品种应具备的条件

①育成品种报审条件　经过人工选育或发现并经过改良，与品种审定机构已受理或审定通过的品种有明显区别，遗传性状相对稳定，形态特征和生物学特性相对一致的品种；牧草新品种产量应高于近年审定通过的当地同类型的主要栽培品种10%以上(杂交种组合增产15%以上)，并经统计分析增产显著者；或其饲用品质、成熟期、抗逆性、抗病虫性等一项或多项指标表现突出；牧草育种者拥有可满足5 hm^2 播种量的原种种子或草坪草育种者具有可建植30 000 m^2 以上的原种种子或种苗；有完整的品种选育报告和品种比较试验、区域试验和生产试验报告；品种命名时应与相同或者相近的植物属或种中已知品种的名称相区别。

②引进品种报审条件　已在国外审定并合法引入中国的品种；牧草试种面积应达到70~100 hm^2 或草坪草试种面积应达到70 000~100 000 m^2；有完整的引种试验、区域试验和生产试验报告；应提供外国品种审定证书(或公布的品种名录)；申请品种为保护期内专利品种时，还应提供品种权人授权在中国申请品种审定的证明文件；品种命名时应采用原有名称，不能另立新名。

③地方品种报审条件　在当地栽培历史达30年以上的农家品种；对当地气候、土壤条件适应性强，有较高的经济价值；牧草现在栽培面积应达到70 hm^2 以上或草坪草建植面积达到70 000m^2 以上；有完整的整理研究报告、区域试验和生产试验报告；品种命名时应在种名前冠以主要栽培地区地名。

④野生栽培品种报审条件　经人工驯化、栽培成功的野生草；对当地气候、土壤条件适应性强，有较高的经济价值；牧草试种面积应达到70~100 hm^2 或草坪草试种面积应达到70 000~100 000 m^2；有完整的栽培驯化研究报告和品种比较试验、区域试验和生产试验报告；品种命名时应在种名前冠以原采集地名以区别不同的生态类型。

此外，对牧草及草坪草的转基因品种报审条件要特别注意其生物安全性，应按相关法规执行。

(2) 品种审定(登记)申请书的内容

申请品种审定(登记)者，应当向品种审定(登记)委员会办公室提交申请书。申请书包括以下内容：①申请者名称、地址、邮政编码、联系人、电话号码、传真号码、国籍和电子邮箱地址；②品种选育的单位(盖章)或个人(签名)；③植物种类和新品种暂定名称(应符合《中华人民共和国新品种保护条例》的有关规定)；④建议的试验区域和栽培要点；⑤新品种选育报告，包括亲本组合以及杂交种的亲本血缘、选育方法、世代和特性描述；⑥品种选育报告，包括亲本组合及杂交种的亲本血缘、选育方法、世代和特征描述以及标准图片；⑦转基因品种还应当提供在试验区域内的安全性评价批准书(农业转基因生物安全证书)，在完成品种试验提交审定前，还应提供安全评估报告；⑧若已获得国家新品种权登记的，应附植物新品种权证书复印件。

16.1.3.2　受理

品种审定(登记)委员会办公室在收到申请书60d内，应做出受理或不受理的决定并通知申请者。对于符合申报条件且资料齐全的品种，应当受理，并通知申请者缴纳品种审定费和提供试验种子，逾期不交纳者视同撤回申请。对于不符合条件或材料不符合规定者，不予受理。申请者可在接到通知60d内陈述意见或予以修正，逾期不答复者视为撤回申请；修正后仍不符合规定的，驳回申请。

16.1.3.3 品种试验

品种试验包括区域试验和生产试验,由品种审定(登记)委员会在接受申请后统一安排。

(1)品种区域试验的组织体系

中国植物品种区域试验分国家和省(自治区、直辖市)两级进行。国家级区域试验是由全国种子管理部门和同级农业研究部门(指农业科学院(所)、林业科学院(所)、草业研究院(所)等。)共同负责,在全范围内挑选生态条件和生产条件比较接近的跨省的较大农业区内进行联合试验;省级区域试验是由省级种子管理部门(站)与同级农业研究部门共同负责,在全省范围内进行多点联合试验。

(2)品种区域试验的参试品种条件

①申请参加国家级区域试验的品种,原则上由主持省级区域试验的单位向全国品种审定(登记)委员会申请,有时也可由育种者直接申请。参加省级区域试验的品种,由育种(包括引种)者向省级品种审定(登记)委员会申请。申请参加区域试验的品种(系),必须是经过连续2年以上品种(系)比较试验、性状稳定、增产效果显著、抗逆性强、品质好或具有某些特殊优良性状的品种(系)。

②参加国家草品种区域试验的品种受理范围,是按2006年农业部56号令发布的《草种管理办法》规定的全部草种。它们是指苜蓿、沙打旺、锦鸡儿、红豆草、三叶草、岩黄芪、柱花草、狼尾草、老芒麦、冰草、羊草、羊茅、鸭茅、碱茅、披碱草、胡枝子、小冠花、无芒雀麦、燕麦、小黑麦、黑麦草、苏丹草、草木犀、早熟禾等以及各省(自治区、市)政府草原行政主管部门分别确定的其他2~3种草种。不含饲用玉米、饲用高粱等大田农作物。

③国家草品种区域试验参试品种的要求　亲本来源或品种来源清楚;按照有关品种命名原则,确定适当的品种名称;品种形态特征和生物学特性应相对一致,遗传性状相对稳定,与已审定登记的品种有明显的遗传差异,并有选育(或引进)单位两年以上品比试验结果,证明该品种至少一项性状明显优于对照品种;转基因品种要如实声明,并提供农业部安全释放许可证明;引进品种须提供植物进出口检疫报告;提供试验用种的数量和质量要满足《草品种审定技术规程》要求。

④参加国家草品种区域试验的申报要求　申请参加国家草品种区域试验的单位应填写《国家草品种区域试验参试申报表》(可从相应网站自行下载),并提交选育(引种)报告、品种比较试验报告和种子;区域试验申报材料(一式4份)于当年相关文件规定日期前(以当地邮戳为准)提交全国畜牧总站草业处,同时将电子文档发至指定邮箱。超过申报时间将不予受理;在中国没有经常居所或者营业场所的外国公民、外国企业或外国其他组织在中国申请参加草品种区域试验的,应当委托具有法人资格的中国草种科研、生产、经营机构代理;试验用种的提供数量和时间,按当年相关文件规定的数量和日期提供。凡未按时提供足量试验用种的,视为自动放弃参试资格。

(3)品种区域试验技术

①试验点的设立　品种试点应根据作物分布、自然区划、耕作制度和参试品种特性,划分成不同的生态区,并在各生态区内选择若干个(一般不少于5个)有代表性且具相应的技术、设备条件的单位进行。根据申报人申报品种的特性,由国家与省级品种区域试验网适地安排试验站点进行区域试验。转基因品种的试验应当在农业转基因生物安全证书确定的安全种植区内安排。

②对照品种的设置　在自然栽培条件相近的各试验点，应以生产上大面积推广的优良品种作为共同对照品种，以保证试验的可比性。各试验点根据需要，可加入1个当地主栽品种作为第二对照。对照品种的种子应是原种或一级良种。为了减少边际效应，试验地周围应设置保护行。保护行常种对照品种。从野生草种中选育的新品种其对照品种应包括原始亲本群体。没有相同类型的品种作为对照的，可选用相近种类或相似用途的普通品种作为参考对照。对照品种由品种审定(登记)委员会办公室确定并收集。

③区域试验的设计　为了提高品种区域试验的可靠性，试验设计必须达到五个一致，即参试品种(系)一致且统一供应种子；田间试验设计一致；试验设计中的重复次数一致；试验小区面积一致；调查项目及观察记载标准一致。一般参试品种不宜太多，多采用随机区组设计，重复不少于3次。小区面积视植物种类、品种特点、土壤肥力等而定，一般高秆、大株植物应适当增加小区面积；若小区面积小、则需增加重复次数。试验地要选择地力均匀一致、有代表性的地块，栽培措施要力求一致。每一个品种的区域试验在同一生态类型区内不少于5个试验点，试验时间不少于两个生产周期。试验植物生长期间要及时观察记载，定期组织专业人员检查观摩，收获前进行田间评定。

牧草及草坪草的国家品种区域试验实施方案由全国草品种审定委员会办公室制定，区域试验技术要符合《区域试验技术规程》《草品种审定技术规程》中的相关要求。一年生品种区域试验时间一般不少于2个生产周期；多年生草本品种不少于3个生产周年；饲用灌木品种不少于4个生产周年。

④试验资料的总结评定　品种区域试验结束后，各试验点应及时整理试验资料，写出书面总结，上报主持单位。主持单位则要对多点区试结果进行统计分析，以客观地评价参试品种(系)的丰产性、稳产性、抗逆性、适应性等，为品种审定(登记)和推广范围提供科学依据。每一个生产周期结束后3个月内，品种审定(登记)委员会办公室要将品种试验结果汇总并及时通知申请者。品种区试一般进行2~3年。对于第1~3年试验中表现不好的品种，可考虑让其退出区域试验。在参试品种较多的情况下，可先进行区域试验的预备试验。

(4) 生产试验

生产试验是在较大面积的条件下，对优异的品种(系)进一步鉴定的试验。由于生产试验区面积大且接近大田生产条件，对品种的丰产性、适应性、抗逆性等的鉴定更具代表性。同时，生产试验可起到品种(系)试验、示范及其种子繁殖的作用。为了保证生产试验的结果科学、公平、公正，一般由品种审定委员会办公室统一组织安排生产试验。对于第1年区试中表现突出的品种(系)，第2年可同时参加生产试验并繁殖种子，为推广做准备。生产试验参试品种数不宜太多，一般2~3个为宜，也应设对照品种并进行适当的重复；若地力均匀，也可一个品种种植一区。生产试验区面积视类型而定，一般小株作物667 m^2 以上；大株作物 $2/15 \sim 1/5$ hm^2 以上。在生育期间尤其是成熟收获前，应组织观察评比。生产试验一般与品种区域试验分开进行，但在参试品种较少时，两者也可结合进行。

16.1.3.4　审定(登记)与公告

(1) 进行品种初审

对于完成品种试验的品种，如收到品种审定(登记)申请书及相关材料，品种审定(登记)委员会应在3个月内，将汇总结果提交品种审定(登记)委员会专业委员会或者审定小组初审。专业委员会或审定小组应当召开到会委员人数2/3以上的初审会议，对初审的品种依据审定标准进行无记名投票。赞成票超过该委员会(审定小组)委员 1/2 以上的品种，通过初审。为了保证初审结果的公正性，初审实行回避制度。根据需要，专业委员会(审定小组)可以邀请申请者到会介绍品种。

(2) 完成品种审定

初审通过的品种，专业委员会或审定小组在 1 个月内要将初审意见及推荐种植区域意见提交主任委员会审核，审核同意的，通过审定。主任委员会在 1 个月内完成审定工作。全国草品种审定委员会每年举行一次草品种的审定会议，到会委员达到委员总数的 2/3 以上时，会议表决才能生效，会议采用无记名投票方式表决，赞成票达到会委员人数 2/3 以上的即为审定通过新品种。

(3) 颁发审定证书与公告

审定通过的品种，由品种审定(登记)委员会编号、颁发证书，同级农林行政主管部门公告。编号为审定委员会简称、植物种类简称、年号、序号，其中序号为三位数。省级品种审定(登记)公告，应当报国家品种审定委员会备案。审定公告在相应媒体上发布，公布的品种名称为该品种的通用名称。引进品种名称一般应采用原名。

(4) 申请复议

经审定未通过的品种，由品种审定(登记)委员会办公室在 15d 内(草品种审定结束后 30 d 内)通知申请者，说明理由，并提出需要补充的相关材料和建议。申请者对审定结果有异议的，可在接到通知之日 30 d 内，向原品种审定(登记)委员会或上一级品种审定委员会提出复议。品种审定(登记)委员会对复审理由、原审定文件和原审定程序进行复审，在 6 个月内做出复审决定并通知申请者。

(5) 提出停止推广建议

通过审定的品种，在使用过程中如发现有不可克服的缺点，由原专业委员会或审定小组提出停止推广建议，经主任委员会审核同意并公告。

(6) 法律责任

品种审定(登记)应充分体现科学、公平、公正的原则，任何单位(包括申请者和承办者)均不得弄虚作假，违法者应追究刑事责任。承担品种试验、审定的单位及有关人员，未经申请者同意，不得以非品种试验目的扩散申请者申报品种的种子。

16.1.4 植物新品种保护

2015 年版《中华人民共和国种子法》第二十五条规定，国家实行植物新品种保护制度。植物新品种是"对国家植物品种保护名录内经过人工选育或者发现的野生植物加以改良，具备新颖性、特异性、一致性、稳定性和适当命名的植物品种"。植物新品种保护是知识产权保护的一种，它保护育种者对其所培育品种的相关权利。不同国家的植物新品种保护形式不完全一致。在中国是以植物新品种权的形式对植物新品种进行保护，完成育种的单位和个人对其授权的品种，享有排他的独占权，即植物新品种权。

16.1.4.1 植物新品种保护的意义与发展

(1) 植物新品种保护的意义

实行植物新品种保护制度，是社会文明和农业科技进步的体现，目的在于保护植物新品种所有人的合法权益，鼓励人们培育和使用植物新品种，加快育种步伐和提高育种质量，促进农、林、牧、草等产业及其种业发展，提高人民群众的生活水平，促进中国植物品种的国际贸易、国际交流与合作。

(2) 植物新品种保护的发展概况

1930 年，美国以无性繁殖植物为对象颁布了《植物专利法案》，使美国成为世界上第一个给予植物新品种专利权保护的国家。1961 年 11 月 2 日，丹麦、联邦德国、英国、荷兰等国家在巴黎签署了《国际植物新品种保护公约》，1968 年 8 月 10 日生效。随后分别于 1972 年、1978 年、1991 年 3 次修订。根据这一公约建立了国际植物新品种保护联盟（International Union for the Protection of New Varieties of Plants，UPOV），它是一个政府间的国际组织，总部设在日内瓦。该组织对成员国中符合新颖性、特异性、一致性和稳定性要求的植物新品种的育种者授予知识产权，承认其育种成就，保护其合法权利。截至 2017 年 4 月，UPOV 共有 74 个成员，包括 93 个国家。

中国于 1997 年 3 月 20 日颁布《中华人民共和国植物新品种保护条例》，标志着中国植物新品种保护制度的建立。1999 年 4 月 23 日，中国加入 UPOV，成为第 39 个成员，使中国的植物新品种保护工作开始逐步与国际接轨。2000 年 7 月 8 日，《中华人民共和国种子法》进一步明确规定，在中国实施植物新品种保护制度，从而使中国农业领域的这一知识产权保护制度逐渐完善。2002 年农业部发布了《农业植物新品种权侵权案件处理规定》，2014 年又颁布了修订后的《植物新品种保护条例实施细则（农业部分）》，此后，2015 年版新《种子法》中增设植物新品种保护专章，提升了新品种保护法律地位。2017 年 4 月 1 日起国家停征植物新品种保护权相关费用，对调动育种者申请品种权保护的积极性，鼓励植物品种创新具有重要意义。

16.1.4.2 植物新品种权的审批机构和授予品种权的条件

(1) 新品种权的审批机构

中国植物新品种保护管理部门分属国务院农业和林业行政机关。农业行政机关负责农作物新品种权的审批；林业行政机关负责林木新品种权的审批。对符合条件的植物新品种，授予申请人植物新品种权。目前农业行政机关已连续发布 10 批保护名录，涉及的植物属、种达到 138 种。10 批保护名录中牧草及草坪草共有 7 个。其中，紫花苜蓿和草地早熟禾列入 1999 年第一批目录；酸模属列入 2000 年的第二批目录；柱花草列入 2005 年的第六批目录；燕麦列入 2013 年第九批目录，菊芋和结缕草列入 2014 年第十批目录。截至 2014 年，申请新品种保护的牧草及草坪草品种只有 14 个，不到农作物总数的 0.1%。其中，紫花苜蓿 6 个、草地早熟禾 4 个、酸模属 2 个、柱花草属 2 个，是作物种类中最少的，且仅授予 1 个牧草及草坪草品种植物新品种权。

(2) 授予品种权的条件

①被保护的植物新品种，是指经过人工培育或者对发现的野生植物加以开发，具备新颖性、特异性、一致性和稳定性并有适当命名的植物品种。

②一个植物新品种只能授予一项植物新品种权　两个以上的申请人分别就同一个品种申请植物新品种权的，植物新品种权授予最先申请的人；同时申请的，植物新品种权授予最先完成该品种育种的人。对违反法律，危害社会公共利益、生态环境的植物新品种，不授予植物新品种权。

③授予植物新品种权的植物新品种名称，应当与相同或者相近的植物属或者种中已知品

种的名称相区别 该名称经授权后即为该植物新品种的通用名称。仅以数字表示的；违反社会公德的；对植物新品种的特征、特性或者育种者身份等容易引起误解的，不得用于授权品种的命名。该名称经注册登记后即为该植物新品种的通用名。同一植物品种在申请新品种保护、品种审定、品种登记、推广、销售时只能使用同一个名称。生产推广、销售的种子应当与申请植物新品种保护、品种审定、品种登记时提供的样品相符。

16.1.4.3 品种审定(登记)与品种保护的异同

(1) 相同点

植物品种审定(登记)与品种保护两者的目标相同，都是为了促进农业生产的发展；两者都是针对植物新品种而言的，程序的启动都基于申请人提出申请；两者都是由管理机构按规定程序予以审查，对符合条件的发放证书；在审查过程中，都必须进行一定田间试验；获得审定(登记)与品种权保护的品种推广利用及被保护均有一定期限。

(2) 不同点

①品种审定(登记)的对象是新育种的品种或新引进的品种；品种保护的对象既可能是新育成的品种，也可能是新发现的野生植物加以开发所形成的品种。

②品种保护是对在国家保护名录之内，具备新颖性、特异性、一致性、稳定性并有适当命名的植物品种，授予品种权；品种审定(登记)是对比对照品种有优良的经济性状的新培育品种和引进品种，颁发审定合格证书。品种保护主要强调品种的新颖性和特异性，只要是商业销售不超过规定的时限，无论是外观形态特征还是品质、抗性，只要明显区别于已有品种，就可能受到保护；品种审定(登记)则主要强调产量、品质等主要农艺性状的推广价值。

③品种保护证书授予的是一种法律保护的智力成果的权力证书，是授予育种者的一种财产独占权；品种审定(登记)证书是一种推广许可证书，授予的是该品种可以进入市场(推广应用)的准入证，是一种行政管理措施。

④品种保护的受理、审查和授权集中在国家一级进行，由植物新品种保护审批机关负责；品种审定(登记)则实行国家与省(自治区、直辖市)两级审定，由品种审定(登记)委员会负责。

总之，品种审定(登记)不等同于品种保护，品种保护也不代表品种审定(登记)。取得品种权的品种，要在生产上推广应用还需要通过品种审定(登记)。通过品种审定(登记)的品种，如果需要取得法律保护，则还需要获得品种权。

16.2 良种繁育

良种繁育(seed increase)又称种子生产(seed production)，是指按照技术操作规程生产原种和良种种子的过程。即对育成、引进和现有良种，采用优良栽培条件和选种技术，繁殖大量良种种子应用于生产，或生产优质原种，经繁殖后替换生产上同品种质量较差的种子。

16.2.1 良种繁育的任务与体系

16.2.1.1 良种繁育的意义及任务

良种是指优良品种的优质种子。优良品种是指具有良好的遗传特性，综合性状优良，适时成熟，抗逆性强，增产或优质效果明显，符合农牧业生产或市场需求的品种。优质种子则指纯度与净度高，籽粒饱满、健壮，活力高与发芽率高的种子。

（1）良种繁育的意义

良种繁育是良种推广的基础，是育种工作的继续，是连接育种和生产的纽带。迅速生产出数量足、质量高的牧草及草坪草种子，是建立人工草地，改良天然草场，增加绿肥，保持水土，建植草坪和美化环境以及国土治理的必要条件。良种繁育工作的优劣，直接影响着农牧业生产与生态绿化及草坪运动场地建设的速度和效果。因此，牧草及草坪草良种繁育是草业建设中一项最基本的工作，对促进草地畜牧业生产、生态环境和城乡绿化、美化等工作具有重要的意义。

（2）良种繁育的任务

良种繁育的基本任务如下

①品种更换（alteration of cultivar） 是指大量繁殖优良品种种子。就是按照一定程序，迅速而大量地生产现有优良品种以及被确定推广的优良品种种子，尽快地运用新的优良品种，替换生产上原有的性状退化或经济性状不好、不适合市场需求的原推广品种。

②品种更新（regeneration of cultivar） 是指保持品种的纯度和种性。就是对生产上仍大面积种植的植物品种，采用科学的繁育方法，提纯复壮，生产出保有优良种性、质量高的种子，去定期地更换生产上已经混杂退化的同一品种种子。从而延长其使用年限。进行更新的品种，应是综合性状好、大面积种植且有应用前途的品种。对于即将淘汰的品种，不宜作为品种更新对象。

16.2.1.2 国内外良种繁育体系的发展

（1）中国的良种繁育体系的发展

1949年中华人民共和国成立以来，中国良种繁育体系随国家经济发展变化经历了如下5个阶段：

①"户户留种"阶段（1949—1957年） 新中国建国初期，针对一家一户分散经营状况，农业部根据当时的农业生产情况，广泛开展群选群育，选出的品种就地繁殖、就地推广，在农村实行"家家种田、户户留种"和适当串换调剂相结合，解决了农业用种。

②"四自一辅"阶段（1958—1978年） 中国农业合作化后，集体经济得到发展，农业部1958年提出"主要依靠生产队自选、自繁、自留、自用，辅之以国家调剂"的"四自一辅"种子工作方针。良种繁育体系就是建立以各县良种场为骨干、公社良种队为桥梁、生产队种子田为基础的县、社、队三级良种繁育体系。

③"四化一供"阶段（1978—1995年） 1978年中国农业部提出了"种子生产专业化、加工机械化、质量标准化和品种布局区域化，以县为单位有计划地供应良种"的"四化一供"种子工作方针。良种繁育体系主要由各级种子公司和种子生产基地组成，一般由各县种子公司及所属各级种子站（农技站）直接组织本县范围生产用种的产、供、销工作。许多地方对杂交种还实行"省供、地繁、县制"的良种繁育体系：即由省、地两级种子公司负责进行杂交种子亲本（主要指三系杂交种亲本或自交系）繁殖，指定特定地区基地农户进行；县种子公司负责进行杂交种子的制种工作，指定特定地区基地农户进行制种。常规品种种子繁育由各级种子公司及所属种子供种站负责组织进行，指定特定地区基地农户繁育。

④实施"种子工程"，加速现代化种子产业时期（1996年至今） 1995年中国实施种子工程，即良种产业化工程，是以实现种子产业化为目的的系统工程，其总体目标是建立适应社

会主义市场经济体制和种子产业发展规律的现代种子产业，形成结构优化、布局合理的种子产业体系和富有活力的、科学的管理制度，实现良种生产专业化、经营集团化、管理规范化、育繁推一体化、大田用种商品化。

为了适应中国2001年加入WTO及进一步改革开放，与世界农业接轨的需要，2000年7月8日通过了新的《中华人民共和国种子法》，并从2000年12月1日起施行。因此，中国种子生产工作方针与良种繁育体系发生了根本性变化。主要变化是各级种子管理工作与生产工作分离，由各农业行政单位所属种子管理站进行本地区种子管理工作，允许各种国有、集体制、民营与国外公司依法，在具备一定资质条件下从事作物种子产、供、销工作，并且彻底打破了行政区划限制。过去中国"省供、地繁、县制"的良种繁育体系已被"育、繁、推"一体化所替代，中国种业进入快速发展的市场化、法治化、标准化轨道。

(2) 国外良种繁育体系的发展

世界各国的良种繁育体系，虽然存在差别，但大体相同。良种繁育水平在一定程度上代表一个国家的农业科技水平，因此受到世界各国的高度重视。例如，美国现代化种子产业始于19世纪，形成于20世纪中期，特别是杂种优势利用的发展，促进了大规模种子产业的形成。美国种子产业主要经历了自留种时期、商业化育种快速发展时期、创新变革时期、跨国公司竞争时期等阶段发展。

20世纪90年代后，国外种子产业最明显的特点是育种研究、良种繁育和营销供应的国际化趋势加强，兴起集育、繁、推一体化的跨国种业集团公司，对国际种子市场垄断趋势越来越大。一些国家的种子主要依赖跨国种子公司供应，而种子公司也为实力更加雄厚的财团兼并或收购。美国的种子公司大力向外拓展，而欧洲一些国家的种子公司也开始进军世界，参与种子市场竞争。兼并重组驱动了种业全球化发展。美国种业经过上百年的发展，孕育出了像孟山都、杜邦先锋这样的大型种业集团，该两家公司占整个美国种业市场份额的50%以上，并已经走向世界，成为了世界上最大的跨国种业集团。

16.2.2 品种混杂退化及其防止措施

16.2.2.1 品种混杂退化现象

品种混杂(cultivar complexity)是指在一个品种群体中混杂非本品种的个体(其他植物或品种的种子或植株等各种异型株)，造成原品种一致性下降、整齐度变差、杂株率增加，导致品种纯度降低的现象。品种退化(cultivar deterioration)是指品种原有种性变劣，导致品种典型性丧失和生产价值下降的现象。品种混杂与品种退化是两个既互相联系又互相区别的概念。作物生产中，品种混杂退化是经常发生和普遍存在的现象。品种混杂是品种退化的重要原因之一。混杂了的品种，势必导致其种性的退化；而退化了的品种，植株高矮不齐，性状不一致，也会加剧品种混杂。

16.2.2.2 品种混杂退化的原因

(1) 机械混杂

机械混杂是另一群体的基因"迁入"到了本品种群体，导致本品种群体的基因频率发生变化。它是指作物品种的种子生产过程中，在浸种、催芽、播种、移栽、收获、脱粒、干燥、装运、贮藏，或是接穗的采集、种苗的生产、调运等过程中，操作不严，致使繁育的品种内混入异品种或其他作物和杂草，从而造成品种混杂。此外，不合理的轮作和田间管理，可使前茬作物或杂草种子自然落粒长成自生苗，或施用未腐熟的有机肥中含有能发芽种子，均可造成机械混杂。自花授粉作物的混杂退化主要是由于这种人为的机械混杂造成。由于机械混杂还会进一步引起生物学混杂，因此，机械混杂对异花授粉作物造成的品种混杂退化后果，常比自花授粉作物的严重。

(2) 生物学混杂

生物学混杂是指在种子生产田中，某些植株与机械混杂进入的异品种株、本品种退化株或邻近种植的其他品种发生自然杂交后，"迁入"了新的基因，从而产生了新的基因型。生物学混杂发生于有性繁殖植物。由于品种间或种间一定程度的天然杂交，使异品种的配子参与受精过程而产生一些杂合个体，在继续繁殖过程中会产生许多重组类型，致使原品种的群体遗传结构发生很大变化，造成品种混杂退化，丧失利用价值。生物学混杂在异花授粉植物中最易发生，其影响会随世代的增加而加大，而且一旦发生，混杂发展速度极快。

(3) 遗传变化和自然突变

优良品种的纯是相对的，没有绝对的纯。自花授粉植物的新选品系自交代数不够，基因型未完全纯合，会继续发生分离，使品种群体不整齐；常异花授粉作物的育种过程中，不同系之间常发生天然杂交，导致品种混杂退化速度更快。尤其是采用复合杂交、远缘杂交育成的品种，遗传背景复杂，若育种者把尚未完全稳定的品种过早地推向生产，极易发生品种混杂退化。

品种在繁殖过程中还会发生各种各样的自然突变，且突变多数情况下是表现劣变。尽管自然突变的频率很低，但也会随着繁殖代数的增加而使这些劣变性状不断积累，导致品种混杂退化。

(4) 栽培技术不良和选择不恰当

品种优良性的表现，必须以良好的栽培技术为条件，如果优良品种长期处于不良的栽培条件之下，群体中优良个体不能充分繁殖，使一些适应低产水平的个体比例逐渐上升，最终导致群体生产力的下降。

良种繁育过程中，由于不了解选择方向和不掌握被选品种特点等原因，进行不正确选择，也会加速品种混杂退化。如对多年生牧草不是选择生活力强和产量高的植株及其后代，仅从保持品种纯度与典型性的角度进行选择，久而久之，品种抗逆性和丰产性就会降低。

(5) 遗传漂移(genetic shift)和病毒感染

遗传漂移一般发生在小群体采种中。留种株数过少，会导致遗传学上的基因漂移，从而可能导致一些优良基因的丢失。在良种繁殖中，若采种群体过小，由于随机抽样误差的影响，会使上下代群体间的基因频率发生随机波动，从而改变群体的遗传组成，导致品种退化。一般个体的差异越大，采种个体越少，随机漂移就越严重。

病毒感染植物后能在世代间逐渐积累，影响正常的生理活动，导致品种退化。长期无性繁殖的植物特别容易受病毒感染而引起品种退化，影响产量和品质。

16.2.2.3 品种混杂退化的防止措施

(1) 严格种子繁育规则，防止机械混杂

在种子繁殖过程中，应按良种繁育技术规程，从种子准备、播种到收获贮藏的各个环节，杜绝机械混杂的产生。

①要合理安排种子田的轮作和耕作，不重茬连作；对播种用种严格检查、核对、检测，

确保亲代种子正确无误、合格；播种前的种子处理和药剂拌种及其播种等，必须做到不同品种、不同等级的种子分别处理。

②遵守收、运、脱、晒、藏等种子生产操作技术要求，做到单收、单运、单打、单晒、单藏。带种子的播种机与车辆不能经过不是该品种的种子田；装种子的口袋必须清理干净，口袋内外需拴品种标签；种子田使用的拌种机、播种机、收割机、脱粒机、选种机及车辆等，作业前都要打扫干净；如果用同一机械播种或收获同一品种的各级种子时，应先播种或收获等级高的种子地块；不同品种不能在一个场地脱粒；不同品种应分仓保管，种子入库存前应彻底清扫。

③种子出库、播种、收获、干燥、入库等各项工作均专人负责，经常检查，严防混杂。

(2) 严格隔离，防止生物学混杂

许多牧草及草坪草为异花授粉植物，种子繁殖田必须实行严格隔离，预防天然杂交。常异花授粉和自花授粉牧草及草坪草的种子繁殖田也要适当隔离。隔离的方法可因不同牧草及草坪草种类、因时、因地、因条件而合理选择。如采用合理安排种植地段，使不同品种种子田有一定的间隔距离，从而防止串粉的空间隔离方式；也可利用刈割、分期播种调节花期，使非制种区品种与制种区亲本花期不相遇，实行时间隔离方式；以及在不同品种间种植高秆作物，实行屏障隔离方式。

(3) 去杂去劣，正确选择

去杂是指去掉非本品种的植株；去劣是指去除生长不良或感染病虫的植株。去杂去劣应及时、彻底，最好在牧草及草坪草不同生育期分次进行。

正确选择是使品种典型性得以保持的重要措施。选择人员应具备一定的遗传育种知识且熟悉品种的性状特点，选择性状优良而典型的优株采种或采接穗、插条。

(4) 选用或创造适合种性的生育条件

选用或创造适宜的种苗繁育条件进行种苗繁育，可有效地减少品种退化。如在高寒地带繁殖种苗，可较好地防止冷季型牧草及草坪草的品种退化。此外，品种合理布局和合理搭配也可有效防止品种混杂退化。在一定时期内，一个地区应保持品种的相对稳定，不宜于过于频繁地更换品种。

(5) 用优质种苗定期更新生产用种

用纯度高、质量好的原种(苗)，及时更新生产用种，也是防止植物品种混杂退化并长期保持其优良种性的重要措施。还可用低温、低湿条件贮存原种，分期分批取用部分原种繁殖生产种子，替换同品种种子。对于无性繁殖植物，采用组织培养方法生产脱毒苗，可防止因病毒感染导致的品种退化。

16.2.3 良种繁育程序

16.2.3.1 种子生产程序

种子生产程序是指一个植物品种，按繁殖阶段的先后、世代的高低形成的过程。

(1) 中国种子生产程序

中国通常将种子生产程序划分为原原种(basic seed)、原种(original seed)和良种(high-quality seed)等3个阶段。原原种是由育种单位提供的纯度最高、最原始的种子；原种是由原原种直接繁殖出来的，或由正在生产中推广的品种经提纯更新后，与原品种性状一致且达到国家规定的原种质量标准的种子;良种是由原种再繁殖出来的、符合国家质量标准、供应生产应用的种子。

中国的种子生产程序是由育种者提供原原种,由原原种生产原种,由原种生产良种。由于参与良种繁育程序运转的只有原种、良种,故称为二级良繁体系。依据我国现行的农作物种子分级标准,常规种(包括杂交种亲本种)分为原种、良种;杂交种则分为一级良种和二级良种。

(2)国外种子生产程序

国外种子生产程序通常划分为育种者家种子(breeder seeds,又称核心种,相当于中国的原原种)、基础种子(foundation seeds,又称基础原种,相当于中国的原种)、登记种子(registered seeds,又称注册种子,相当于中国的原种1~2代)、检验种子(certificated seeds,又称生产用种子、商品种子,相当于中国的良种)等阶段。登记种子或检验种子只要合格,都可作大田播种用,故也统称为合格种子或认证种子。各国良种繁育体系则根据具体情况,实行育种者家种子、基础种子、登记种子和检验种子等4级种子制或由基础种子直接生产合格种子的3级种子制。

16.2.3.2 原种种子的生产

原种种子的生产主要有以下2种方法。

(1)由原原种生产原种

由原原种生产原种的方法又称原种生产的重复繁殖法或保纯繁殖法,指将育种者(或育种机构)提供的原原种,直接播种于专门原种繁殖圃中,在各生育期对原原种的典型性状进行鉴别,加强田间管理,淘汰混杂株和各种劣变株。对采收的原种继续扩繁成原种一代,原种一代再扩繁成原种二代。原种一代或二代经田间鉴定及室内检验后,即可由专门种子繁殖基地用于繁殖良种(生产用种),生产用种在生产上只使用1次。下一轮又从育种者提供原原种开始,重复相同的繁殖过程,如此重复不断地繁育生产用种(图16-1)。

(1)育种者(育种机构)种子→原原种(繁殖1、2代)→生产用种
(2)育种者(育种机构)种子→原原种(繁殖1、2代)→生产用种
....
(n)育种者(育种机构)种子→原原种(繁殖1、2代)→生产用种

图16-1 重复繁殖法繁育良种程序示意

该方法简单,每一轮种子生产都由育种者提供原原种,其种性好,典型性强,纯度和质量高,能有效延长品种的使用年限。它是许多发达国家和中国一些地区采用的良种繁育方法。但该方法因原原种数量有限,所以繁育速度不快。当良种的生产需求量要求提供的原种数量大时,不宜采用此法。

(2)循环选择法生产原种

循环选择法生产原种的方法又称株系选优提纯法,指从某一品种的原种群体中或其他繁殖田中选择单株,通过个体选择、分系比较、混系繁殖,生产原种种子。循环选择法生产原种程序如下:

①选择优株(穗) 即在原种或其他繁种田中,选择典型性状好的单株单收单存。
②株(穗)行比较鉴定 将上年中选的单株(穗)种于株行圃,进行比较鉴定。
③株(穗)系比较试验 将上年入选的株(穗)行各种成一个单系,每系一区,进一步比

较其典型性、丰产性和适应性。种植方法和观察记载同株(穗)行比较鉴定。

④混系繁殖 将上年入选株系的混合种子播种在原种圃,以繁殖生产原种。

上述循环选择法生产原种程序为三圃法(制),常用于常异花授粉植物或纯度较差的自花授粉植物,目的是在株系圃中再进行一次鉴定和选择。而自花授粉植物提纯生产原种常采用2季2圃法(制),即由株(穗)行去劣混收直接进入原种圃混合繁殖生产原种,这样简单易行,又能达到提纯目的。

循环选择法生产原种,可以有效地保证种子质量,对防止品种混杂退化,保持优良品种的种性有一定作用。但该法的弱点是原种生产的起点不稳定,受人工选择的影响,且生产周期较长。

16.2.3.3 良种种子的生产

(1)常规种的良种生产

常规种(包括杂交种亲本)原种种子数量比较少,不能满足大田生产,必须进一步繁殖,扩大数量,生产良种种子,供应生产使用。中国常规种(包括杂交种亲本)获得原种后,繁殖1~3代即为良种,由良种繁殖场或种子公司建立的种子繁殖基地负责生产。良种生产的程序比原种生产的简单,就是直接繁殖、防杂保纯,提供大田生产用种。

良种生产程序可分一级种子田繁育与二级种子田繁育两种。一级种子田繁育程序即种子田繁育的种子直接供应大田播种用种。具体做法是:第一年用原种种子或株选种子,播种种子田,然后进行株选或穗选,从中选择优良单株(穗)混合作为下年种子田播种的种子,其余的经去杂去劣,收获后全部作为下年大田用种。这样连续3~5年,直至种子田更换原种。

当牧草及草坪草品种繁殖系数低或用种量大时,则可采用二级种子田繁育良种种子。即由一级种子田繁殖的种子,再经二级种子田扩繁,然后供大田播种用种。具体做法是:第一年将原种种子或株选种子播种在一级种子田,成熟时进行株选和穗选,当选株(穗)作为下一年一级种子田播种用种。其余经去杂去劣后,留作下一年二级种子田播种用。而下一年二级种子田的全部植株,经去杂去劣后,全部种子供给第三年大田播种使用,这样连续进行,直到一级种子田更换原种。

(2)杂交种(杂种一代)种子生产

杂交种(杂种一代)良种种子生产也称为杂交种制种,分为常规技术与特殊技术两部分。常规技术包括杂交种亲本种子播种前精细整地,保证墒情,一播全苗;播种后肥水管理,病虫草害防治,去杂去劣,亲本与杂种种子分收、分晒、分藏等。特殊技术包括确定制种田和亲本繁殖田面积比例,隔离区的设置,父母本间种行比,调节播期,田间去杂,母本去雄,辅助授粉,父本与母本分收分藏,杂交种质量鉴定与检查等,具体可参见本书第8章"8.4.3杂交制种技术"。

16.2.3.4 加速繁殖

加速繁育就是在一定的时间内提高常规品种种子或杂交种亲本种子的繁殖倍数。

(1)提高繁殖系数

种子的繁殖倍数又称繁殖系数,它是单位面积种子产量与播种量之比。提高繁殖系数的主要途径:一是节约单位面积的播种量;二是提高单位种子产量。提高繁殖系数可采用如下方法:

①稀播繁殖法 以最少播种量,达到最合理群体密度,获取最佳经济效益。可采用单粒

穴播或宽行(单株)稀植。还尽可能采用育苗移栽，避免直播，节约用种量，提高繁殖系数。

②采用分株或剥蘖、扦插等无性繁殖　禾本科牧草及草坪草良种繁殖可适当早播、宽行稀植、多施氮肥以增加分蘖或分株。苜蓿、沙打旺、红豆草、三叶草等豆科牧草及草坪草还可利用枝条扦插繁殖，应注意掌握好扦插时期；修剪好枝条；整好苗床；做好苗床管理。此外，还可冬季保温贮存禾本科根蔸，春季剥蘖移栽繁殖。

③再生繁殖与组织培养　利用牧草及草坪草的再生特点，可使其在一年内收获多次，从而增加繁殖速度。此外，应用组织培养技术也可加速繁殖。

(2)增加繁殖世代

①异季繁殖　利用牧草及草坪草再生特性可一年收获多次；对春季禾本科牧草及草坪草收获后可立即秋季再种植收获一次，称翻秋或倒种春，可达到一年收获两次。还可采用调节光照时间、低温春化处理等特殊处理措施，促进牧草及草坪草抽穗开花和结实，也可提高繁殖系数。

②异地繁殖　利用中国各地自然条件的差异，采取北种南繁，可增加一年内的繁殖代数，从而提高繁殖系数。如利用海南、广东、广西、福建等地冬季温暖的气候条件进行南繁或者栽培于温室设施中，一年可繁殖多代。

思考题

1. 名词解释

品种审定(登记)　品种区域试验　植物品种保护　品种混杂　品种退化　机械混杂　生物学混杂　原原种(核心种或育种家种子)　原种(基础种子　基础原种)　注册种子(登记种子)　生产用种子(检验种子　商品种子)　合格种子(认证种子)　良种　种子繁殖系数　种子去杂　种子去劣　品种推广　品种区域化　品种合理布局　品种合理搭配

2. 简述品种审定(登记)的任务与意义。
3. 简述报请审定(登记)的品种应具备的条件。
4. 简述品种区域试验技术。
5. 简述植物新品种保护的意义。
6. 比较植物新品种保护与品种审定(登记)的异同点。
7. 简述良种繁育的意义与任务。
8. 简述品种混杂退化的原因及防止措施。
9. 简述良种繁育的程序。
10. 简述良种加速繁殖的方法。

第二篇

各 论

第17章 燕麦与冰草育种

燕麦是禾本科燕麦属(Avena)一年生草本植物,广泛分布于欧、亚、美、非和大洋洲的寒温带和中温带40多个国家,大部分汇集北纬25°~45°温寒区域。近年全世界燕麦种植面积 $1300 \times 10^4 hm^2$ 左右,其中,栽培面积较大国家有俄罗斯、加拿大、澳大利亚、美国、中国、德国、波兰、荷兰等。燕麦是一种重要粮、经、饲、药多用途作物,第二次世界大战前在全世界禾谷类作物生产中位列第4位,仅次于小麦、玉米、水稻,战后其面积和产量分别居于第7位和第8位。

中国栽培燕麦已有2500多年历史,近年燕麦种植面积 $100 \times 10^4 hm^2$ 左右,产区主要为内蒙古、河北、山西、甘肃、陕西、云南、四川、宁夏、贵州、青海等省(自治区、直辖市),其中前4个省(自治区)种植面积约占全国总面积的90%。裸燕麦约占80%;皮燕麦占20%。由于燕麦长年生长于高海拔高寒地区,具有抗旱、耐寒、耐适度盐碱、耐贫瘠等特性,适宜在冷凉气候条件下生长,农业风险系数低,且不与小麦稻谷的生育期重叠,已成为中国第5大粮食作物和重要饲草作物。近年随着中国粮、经、饲作物种植结构调整和人工草地建设规模的扩大,加上燕麦近年被开发为低糖、高营养、高能功能性食物,具有降低胆固醇、平稳血糖的营养与医疗保健功效,因此,燕麦种植面积呈增加趋势。

17.1 燕麦育种

17.1.1 燕麦种质资源

17.1.1.1 燕麦的类型

燕麦属植物共有30种,以染色体组核型的细胞学分类分为二倍体、四倍体和六倍体3个种群。不同的燕麦种具有各自不同的起源地。如野生的二倍体、四倍体燕麦主要分布在地中海、外高加索、伊朗、伊拉克等地区;西班牙和葡萄牙则是燕麦二倍体栽培种的多样性中心;燕麦四倍体栽培种的起源中心是埃塞俄比亚。

(1)二倍体燕麦($2n=2X=14$)

共14种,染色体组为AA、CC,包括小粒裸燕麦(A. nudibrevis)、砂(粗)燕麦(A. strigosa)、短燕麦(A. brevis)、加拿大燕麦(A. canariensis)、大马士革燕麦(A. damascena)、长颖燕麦(A. longiglumis)、长毛燕麦(A. pilosa)、匍匐燕麦(A. prostrata)、偏肥燕麦(A. ventricasa)、不完全燕麦(A. cluda)、小硬毛燕麦(A. hirtula Lag.)、布鲁斯燕麦(A. bruhnsiana Grum.)、大西洋燕麦(A. atlantiea)、沙漠燕麦(A. wiestii)。

(2)四倍体燕麦($2n=4X=28$)

共 8 种，染色体组为 AAAA、AABB 和 AACC，包括大燕麦（*A. magna*），细（裂稃）燕麦（*A. barbata*），阿比西尼亚燕麦（*A. abyssinica*），墨菲燕麦（*A. murphy*），瓦维洛夫燕麦（*A. vaviloviana*），大穗燕麦（多年生）（*A. macrostachya*），岛屿燕麦（*A. insularis*），阿加迪尔燕麦（*A. agadiriana*）。

（3）六倍体燕麦（$2n = 6X = 42$）

共 8 种，染色体组型均为 AACCDD，包括普通栽培燕麦（*A. sativa*），裸粒燕麦（*A. nuda*），普通野燕麦（*A. fatua*），野红燕麦（*A. sterilis*），地中海燕麦（*A. byzantina*），东方燕麦（*A. orientalis*），南野燕麦（*A. ludoviciana*），西方燕麦（*A. occidentalis* Dur.）。

燕麦按外部形态结构分为带稃型和裸粒型两大类，带稃型燕麦称皮燕麦，皮燕麦起源于伊朗和俄罗斯；裸粒型燕麦称裸燕麦，裸燕麦起源于中国和蒙古。世界上种植燕麦大部分用于畜禽的饲养，国外栽培燕麦以皮燕麦为主，其中最主要的是普通栽培燕麦（*A. sativa*）种，广泛分布于美国、俄罗斯、加拿大等国家，种质资源比较丰富。其他栽培燕麦种有东方燕麦种、普通野燕麦种、野红燕麦种、地中海燕麦种。中国栽培燕麦以裸燕麦为主，主要为裸粒燕麦种（*A. nuda*），茎叶主要作为牲畜的饲草，籽实用作食品加工。中国自然分布的野燕麦为异源六倍体的普通野燕麦，二倍体、四倍体分布的报道尚未出现。

17.1.1.2 燕麦种质资源收集与鉴定及利用

（1）种质资源的收集

俄罗斯、美国从 19 世纪以来，一直不定期地派遣考察队到世界各燕麦产地进行燕麦种质资源的征集，至今已分别拥有燕麦种质资源 3 万份和 1.4 万份。加拿大、日本、丹麦等国也通过各种途径收集了大量燕麦资源。

20 世纪 50 年代末中国开始了对燕麦种质资源的收集和整理工作，建立了国家和省（自治区、直辖市）两级种质库保存制度，进行了 3 次《中国燕麦品种资源目录》的编纂工作。目前，中国保存在国家种质库的燕麦种质资源 3400 多份，包括国内燕麦种质资源 2235 份；国外燕麦种质资源 1008 份。另外，青海省畜牧兽医科学院的燕麦种质资源已达 1000 多份；山西省农业科学院农作物品种资源研究所建有设施较好的燕麦种质资源中期保存库，保存有 2800 份裸燕麦、皮燕麦、野燕麦资源；内蒙古农牧业科学院特色作物研究所等单位也保存了大量的燕麦种质资源。

（2）国外燕麦种质资源的鉴定及利用

国外对燕麦种质资源的研究较为深入，美国已经筛选出抗大麦黄矮病、茎锈病和冠锈病以及大麦根结线虫的燕麦种质资源，并用同工酶、分子标记等手段对其进行了评价，用 RFLP 研究了北美燕麦品种的亲缘和进化关系，绘出了指纹图谱，为燕麦品种的鉴定和评价奠定了基础。加拿大的燕麦遗传改良和育种进展迅速，已经育成了一大批食用、饲用燕麦新品种。英国用表型观测结合 RAPD、SSR、AFLP 等分子标记对欧洲燕麦种质资源进行了品质、产量和抗病性的评价。巴基斯坦 20 世纪 70 年代从澳大利亚、新西兰、美国和欧洲引进了 400 份饲用燕麦种质资源材料，对其进行了详细的评价和筛选，其中有 20 份材料表现优异，青干草产量、品质和抗性均显著优于地方品种，已经在巴基斯坦不同生态区域推广，为畜牧业发展做出了巨大贡献。

20 世纪 80 年代末 A. Fominaya 等（1988）报道了二倍体和四倍体燕麦的 C 带研究情况，Jellen 等对六倍体燕麦 C 带研究也颇多。根据 C 带核型可分别鉴定二倍体和四倍体燕麦的各对染色体，而且可研究各物种在系统进化中的地位。国外燕麦分子生物学开展了大量研究工作。1992 年，美国 Somers 等采用基因枪法将外源抗除草剂基因 bar 和 uidA 基因（GUS 基因）导入燕麦，首次获得了可育转基因燕麦植株。此后，分别用成熟胚、未成熟胚愈伤及幼叶作为受体转化燕麦成功。1992 年，O'Donoughue 等采用 RFLP 标记构建出第 1 张二倍体燕麦 A 染色体组的遗传图谱。1994 年，Rayapati 等又以 A. strigosa 和 A. wiestii 的杂交后代株系为作图群体，绘制出第 2 张二倍体燕麦的 RFLP 连锁图谱，并发现了一个抗锈病的位点，对 9 个叶锈病菌株有抗性。1995 年，O'Donoughue 等利用 RFLP 绘制出了六倍体栽培燕麦的分子连锁图谱。2000 年，Jin 等又对 Kanota 和 Ogle 两个品种的杂交后代进行了 AFLP 和 RFLP 分析，发现 RFLP 连锁图中，36 个连锁群有 32 个与 AFLP 标记相连。二者结合起来使连锁图由原来的 1402cM 增加到 2351cM，丰富了 RFLP 图谱。2002 年，Pal 等对燕麦微卫星文库中 250 个特异克隆进行了测序，根据所得序列和 6 个 cDNA 的 RFLP 探针序列分别设计引物，分析了燕麦属 13 种的遗传多样性，证明这些品种间有 41% 的多态性，且在 Kanota 和 Ogle 两个品种间的多态率为 14%，同时还在燕麦 RFLP 图谱上增加了 9 个基因位点并发现了燕麦的单核苷多态性 SNP。

1990 年，Bell 和 Malberg 对编码燕麦精氨酸脱羧酶的 cDNA（AdccDNA）进行了分离。1993 年，Yun 等从燕麦黄化叶片的 cDNA 文库中分离出 1 个 1.5kb、编码 β-葡聚糖酶的全长 cDNA（1448bp）克隆，测序分析发现它所编码的多肽与大麦的 β-葡聚糖酶在氨基酸序列上有 90% 的同源性。将该 cDNA 克隆到大肠杆菌的表达载体中，它所表达的产物经纯化后可专一性地水解 β-葡聚糖。此外，还对编码燕麦微管蛋白和籽粒球蛋白的 cDNA、燕麦籽粒醇溶谷蛋白的基因组等进行了克隆、分离和测序。

（3）中国燕麦种质资源的鉴定及利用

目前入编《中国燕麦品种资源目录》的燕麦种质资源分别隶属 9 种，包括二倍体种的砂（粗）燕麦和小粒裸燕麦 2 种；四倍体种的大燕麦 1 种；六倍体种的普通栽培燕麦、裸燕麦、野红燕麦、地中海燕麦、普通野燕麦和东方燕麦 6 种。

中国燕麦育种与种质资源科研机构及学者对中国燕麦种质资源的植物学特性、经济性状、生育期、抗性及品质等进行了详细观察和鉴定，筛选出了高蛋白、高脂肪、高亚油酸种质；抗坚黑穗病、抗燕麦红叶病、抗旱性种质；优质高产高效益种质。抗倒伏品种有丹麦的萨特弗兰克皮燕麦、美国的阿扭力皮燕麦和华明特拉皮燕麦、加拿大的拉劳赛斯克皮燕麦、中国河北铁秆裸燕麦和山西早熟裸燕麦；抗旱性最强的品种是山西临县小裸燕麦、内蒙古化德县小裸燕麦、瑞典的索尔福 1 号和珊福早纳Ⅱ；所有燕麦品种都具有较强的抗寒性；抗秆锈病品种有 Harman、Russel、Garry、Gemini、Rodeney 及加拿大西部 3 号；抗黄矮病品种有山西应县李家场裸燕麦、青海玉树黑珠子 26、火焰 27、黄燕麦、民和燕麦 22 号、甘肃定西裸燕麦；抗坚黑穗病品种只有内蒙古克什克腾旗裸燕麦。裸燕麦品种籽实蛋白质平均含量为 16%±1.27%，最高的是内蒙古武川大粒裸燕麦、山西代县圆裸燕麦、青海湟中裸燕麦，它们的蛋白质含量分别为 19.6%、19.42% 和 19.06%；青刈裸燕麦品种蛋白质平均含量为 12.45%~13.9%；青刈皮燕麦品种蛋白含量平均为 12.6%；皮燕麦品种籽实蛋白质平均含量为 15.59%±1.38%，最高的是俄罗斯的兰托维茨 20.5%，其次是新疆的温泉苏鲁 19.96%。裸燕麦籽实的脂肪平均含量为 6.30%±1.01%，最高的是内蒙古武川裸燕麦和 9-1-1 两个品种，分别为 9.3% 和 8.4%；裸燕麦籽实的亚油酸含量占不饱和脂肪酸的 44.43%±4.67%；皮燕麦品种的脂肪平均含量为 5.02%±0.18%，亚油酸含量占不饱和脂肪酸的 41.40%±2.54%。燕麦还富含人体必需营养成分与矿物元素，β-葡聚糖含量 3%~6%，有预防和缓解心脑血管疾病、糖尿病的功效。裸燕麦'青莜 2 号'和'坝莜 9 号'的葡聚糖含量较高分别为 6.85%和 6.12%。

近年中国除进行燕麦种质资源形态学和细胞学水平研究外，还进行了燕麦种质资源的分子生物学研究，如贵州农学院用 RAPD 技术对节节麦、光稃野燕麦及其杂交后代进行分析，确定了其杂种真实性。复旦大学以微弹轰击法转化获得的含 *bar* 基因燕麦 T_3 代材料，运用 Northern blot 方法研究了 *bar* 基因在转基因燕麦中的表达，发现外源 *bar* 基因在燕麦的不同生育阶段、不同叶位以及除草剂处理后转录水平没有明显差异。刘萍等用同工酶手段，鉴定燕麦总 DNA 直接导入普通春小麦的变异后代，试图从遗传学角度验证供体燕麦的部分基因是否已真正整合到受体普通春小麦的基因组中。陈刚等利用 RFLP 标记构建了燕麦冠锈病水平抗性 QTL 基因连锁图。

中国燕麦种质资源的收集、鉴定工作为其品种改良奠定了坚实的物质基础。青海燕麦引种工作始于 20 世纪 60 年代，共引进国内外燕麦品种 600 余份，从中选出适于东部农业区和环湖区种植的燕麦品种 50 余个；20 世纪 70 年代成功地培育出了'巴燕 1 号'、'巴燕 2 号'和'巴燕 3 号'等新品种。近年，青海省从世界各地引进了大量燕麦新品种，如从澳大利亚引进的'奥皮燕麦'、'Cooba'、'Bimble'、'Esk'、'Nile'、'Saia'等；从芬兰引进的 YTY、Lena；从挪威引进的 YTA；丹麦的 146、444、437、2449，从英国引进的 Melys、Noen、巴西燕麦、加拿大燕麦；从欧盟引进的 Echidna、Wallaroo、Swan、Marloo 等。青海省畜牧兽医科学院草原研究所目前建立了燕麦种质资源数据库系统，实现了计算机自动分类、鉴定和分析，对所内库存的 632 份燕麦品种的总体性状及其变化范围进行分析研究，为燕麦引种、选育、推广工作者提供便利。新疆从日本引进的初岛燕麦，产量和品质俱佳。自 20 世纪 60 年代，内蒙古农业科学院燕麦育种组从不同途径引入包括二倍体、四倍体、六倍体的各类皮、裸燕麦国外资源 300 余份，其中通过引种鉴定，直接利用的裸燕麦品种 5 份。中国农业科学院也从苏联、法国、匈牙利、加拿大等国引进大量优质品种配制杂交组合选育新品种。特别是中国 1998 年创建了燕麦高效育种技术体系，用国外引进的六倍体普通栽培燕麦（皮燕麦）的优良品种与国产六倍体裸燕麦品种的种间杂交育种工作取得了突破性进展，1998—2016 年，选育了通过审定（登记）的燕麦品种 60 个，其中裸燕麦品种 48 个，皮燕麦品种 12 个。

与世界燕麦主产国比较，中国燕麦种质资源类型丰富，裸燕麦种质资源多；极早熟及早熟品种资源多；多花多粒品种资源多；抗旱、抗寒、抗倒、耐瘠等抗逆性强的品种资源多。但是由于长期繁衍在冷凉、瘠薄、干旱的生态环境中，环境变异度小，栽培条件相对稳定，种质资源体系单一，加之国内对燕麦的重视程度和研究不够，种质资源评价体系资料不全，国内燕麦地方品种退化，引进品种较少，导致我国燕麦育种长期以来没有重大突破，制约了燕麦生产的发展。

17.1.2 燕麦特性及育种目标

17.1.2.1 燕麦特性

燕麦为须根系，较发达。株高 80~150 cm。叶片宽而平展，长 15~40 cm，宽 0.6~1.2 cm；无叶耳；叶舌大，顶端具稀疏裂齿。圆锥花序，穗轴直立或下垂，每穗具 4~9 节，节部分枝，下部的节与分枝较多，向上渐减少，小穗即生于分枝的顶端，根据小穗在穗轴上的排列，有向四周扩散的周散穗和分枝偏于一侧的侧散穗；每小穗含 1~2 朵花，小穗近于无毛或疏生短毛，不易断落。第一外稃背部无毛，基盘仅具少数短毛或近于无毛，有芒或无芒；第二外稃无毛，通常无芒。内外稃紧紧包被籽粒，不易分离。颖果纺锤形，狭长，具有簇毛，有纵沟，粒性较弱。花果期 6~8 月，颖果长约 0.7cm，谷壳占籽粒重量的 20%~30%。

燕麦根系发达，吸收能力强，比较耐旱，对土壤要求不严格，能适应多种不良自然条件。燕麦最适于生长在气候凉爽、雨量充足的地区。对温度的要求较低，昼夜温差大也有利于其营养物质的积累。生长季炎热而干燥对其生长发育不利。燕麦对高温特别敏感，当温度达 38~40℃时，经过 4~5h 气孔就萎缩，不能自由开闭，在抽穗开花及灌浆期间，高温将会导致结实不良，形成秕粒。燕麦耐瘠薄，对土壤要求不严，在高寒牧区的初垦地上，由于土壤腐殖质含量高，水分充足，即使整地较为粗糙，也可获得很高的青草产量。

普通燕麦籽粒中蛋白质含量约 12%~18%，无氮浸出物 41.55%~55.93%，脂肪 4%~6%，淀粉 21%~55%，其中裸燕麦脂肪酸中含精致油酸 38.1%~52.0%，8 种氨基酸组分平衡，赖氨酸含量比其他作物高 115~310 倍，同时还含有维生素 B_1、维生素 B_2 和少量的维生素 E、钙、磷、铁、核黄素以及禾谷类作物中独有的皂苷，具有降低心血管和肝脏中的胆固醇、甘油三酯、脂蛋白等作用。燕麦中水溶性膳食纤维 β-葡聚糖在所有谷物中含量最高，β-葡聚糖作为功能因子，是降血脂有效成分，对维持血糖平衡和抑制胆固醇的吸收具有明显效果；近年从燕麦提取 β-葡聚糖用于化妆品，具有激活皮肤的免疫系统、保湿和抗老年斑等功效。

燕麦籽实含有大量易消化和高热量的营养物质，是马、牛、羊的精饲料；收获种子后的秸秆可直接饲喂家畜，也可青贮，还可利用二茬草放牧或刈割；燕麦从孕穗至抽穗始期干物质含量增加，蛋白质略有减少，种子不能成熟的地区可在抽穗始期刈割，青饲或晒制青干草；燕麦青干草适口性好、易消化、耐储藏。

17.1.2.2 燕麦育种目标

（1）生育期

燕麦生育期由遗传特性决定，同时也受栽培和生境条件的影响。中国燕麦品种生育期因品种和播种期的不同而差异较大，一般为 90~140d。燕麦生育期通常划分为生育天数在 85d 以下的极早熟型、86~100d 的早熟型、101~115d 的中熟型、116~130d 的晚熟型和 130d 以上的极晚熟型等 5 种类型。吴学明（2002）将皮燕麦生育期划分为：61~70 d 为早熟；71~80d 为中熟；81d 以上属晚熟。

燕麦生育期受生长环境的影响，在相对低海拔地区，晚熟和早熟品种都能发挥各自品种的饲草产量特性；在相对高海拔地区，晚熟品种的生长受到抑制，产量较低。不同成熟期的品种可适应不同生态条件、扩大燕麦的适宜种植区域，并能延长燕麦的播种时间，以控制燕麦生长发育的需水期与降水期，使两者相耦合。如秋燕麦种植区播种生育期 95d 以下的品种，播期可推迟至 5 月底 6 月初；近年随着春旱年份的频繁发生，首次有效降雨的推迟，育种目标需要选育生育期 70~80d、6 月中旬播种、可成熟的避旱救荒型早熟品种。

燕麦绝对生育时间（抽穗-完熟实际生育时间）与籽实产量结构（理论产量）具有相关性（$r=0.8241^*$）。早熟品种的植株较矮，籽粒饱满，适于作精饲料栽培；晚熟品种的茎叶高大繁茂，主要用作青饲和调制干草；中晚熟品种株丛介于早熟和晚熟品种之间，属兼用型燕麦。因此，可依据不同地区育种目标要求选育不同成熟期的燕麦品种以满足生产需要。

(2) 抗性

燕麦抗性育种目标要求选育抗倒伏、抗旱和抗病品种。由于燕麦植株高大（100～180cm），加之高原地区风大雨多，很容易倒伏，对种子、青干草的产量和品质都有很大影响。因此，抗倒伏是燕麦的一项重要育种目标。但是，燕麦的抗倒伏性的评价应采用综合评价指标，不可采用株高单一指标进行评价。

中国燕麦主要种植在高寒地区，气候干旱、有效降水少，所以抗旱性燕麦品种选育非常重要。燕麦病虫害发生较少，但是，燕麦叶部、茎部冠锈病、红叶病、黄矮病与麦蚜虫害等时常发生，危害较为严重，减产明显。因此，选育高抗这些病虫害的燕麦新品种也是重要育种目标。

(3) 丰产性

燕麦丰产性育种目标要求重点选育茎叶和籽实产量兼高的品种类型。这是因为：一是人工栽培燕麦均为一年生植物，只能靠种子繁殖扩大再生产；二是燕麦种子既是人类保健食品，又是家畜的高能精料（富含油脂）；三是燕麦作为粮饲兼用作物，青绿燕麦柔嫩多汁、适口性好，可采用青刈、青贮或调制干草等利用方式饲喂家畜。收籽后的燕麦秸秆、碎叶和颖壳均是家畜越冬的重要优良饲料。

(4) 品质

燕麦品质育种目标要求选育高蛋白质、高亚油酸、高赖氨酸和葡聚糖的燕麦新品种。此外，根据燕麦作为传统食品专用型、加工专用型、饲草饲料型等不同用途，燕麦品质育种目标还分别具有不同要求：传统食品专用型燕麦品种要求淀粉含量相对较高，做成的燕麦传统食品有劲、色白、柔软、不硬不䅟、适口性好；加工专用型燕麦品种主要用于制作加工麦片、方便面、燕麦米、燕麦零食等营养保健食品，它要求蛋白质、赖氨酸与亚油酸含量高，淀粉含量低，能降脂、降糖、促发育；饲草饲料型燕麦品种要求生物量、蛋白质与赖氨酸含量较高，而难消化的粗纤维含量较低。

总之，培育兼顾适宜生育期、抗性强、茎叶和籽实产量兼高、优质等综合农艺性状优良的燕麦新品种是近年及今后国内外燕麦品种改良的重要育种目标。

17.1.3 燕麦育种方法

17.1.3.1 引种与选择育种

中国燕麦引种做了许多工作。如2014年侯建杰等在海拔3019 m的甘南藏族自治州夏河县桑科草原通过对6个燕麦品种（系）进行适应性评价和生产性能与营养品质的比较，筛选出了适宜当地种植的'陇燕2号'，'陇燕3号'和'白燕2号'等3个优良品种（系）。青海省作为国家皮燕麦的主产区，从内蒙古引进大量的燕麦品种后，在铁卜加、贵南牧场等地进行试验种植和繁殖，从中选育出'青海444'、'甜燕麦'、'巴燕3号'、'巴燕4号'以及加拿大栽培燕麦等6个燕麦优异品种，同时在全省进行推广试验种植。通过全国草品种审定的燕麦品种'马匹牙'（'Mapur'）和'哈尔满'（'Harmon'，1988年审定，中国农业科学院草原研究所引进）、'丹麦444'（'Danmark'）和'苏联'（'Soviet Union'，1992年审定，中国农业科学院草原研究所引进）、'青引1号'（'Qingyin No.1'）和'青引2号'（'Qingyin No.2'，

2004年审定，青海畜牧科学研究院草原研究所引进）、'锋利'（'Enterprise'，2006年审定，中国农业科学院畜牧研究所引进）等均是引进品种。

选择育种也是培育燕麦品种的有效方法。如'冀张燕3号'是张家口市农业科学院从国外引进的42个皮燕麦品种中筛选出的优质麦片加工专用型皮燕麦品种。2010年，刘红欣等结合集团混合法和系统选育，培育出早熟、抗倒伏力强、质优的新燕麦品种'吉燕3号'。

17.1.3.2 杂交育种

(1) 燕麦杂交亲本选配

燕麦杂交育种亲本选配原则与杂交育种亲本选配基本原则类似。同时，燕麦杂交亲本选配要十分注意扩大种质资源的利用范围并保证亲本有足够的遗传变异。燕麦的种质资源非常丰富，但是，目前燕麦杂交育种亲本的遗传基础变得越来越窄，长此以往会使经过长期积累遗传下来的有利基因丢失，使即将育成品种的适应性、稳定性及抗逆性等受到影响。因此，今后选配亲本时，应注意种质资源的多样性，不仅要进行种内品种间杂交组合的多亲本筛选，而且要设法扩大利用种间乃至近缘植物的种质资源。从而能创造丰富的遗传变异，产生较多的超亲类型，提供更多的选择机会。

(2) 燕麦开花特性和杂交技术

① 开花特性　燕麦是自花授粉植物，异交率低于1%。开花时雄雌蕊同时成熟，且花药紧靠柱头。一般在花颖开放时已经授粉，只有抽出较晚的小穗，在开花时授粉，在此情况下，有可能发生异花授粉。圆锥花序，开花顺序是从花序上部小穗依次向下开放，即先露出叶鞘的小穗先开花。每小穗小花的开放顺序是自下而上，即基部的小花先开。小花开放前，子房基部呈白色透明的2浆片吸水膨胀，使包被小花的内外稃张开。雄蕊（3枚）的花丝先伸长，花药由绿变黄，其顶形成裂缝，成熟的花粉散落于二裂羽毛状的雌蕊（1枚）柱头上，并开始萌发。受精后的柱头凋萎，内外稃和护颖闭合，授粉完毕。

燕麦开花期长短依种类不同而略有差异，一般为13d左右，其中在第4~7d内开花数量最多。每朵花开放持续时间为40~140 min，通常皮燕麦小花开放时间较裸燕麦的短。一日内开花时间集中在14~18 h，尤其以14~16 h开花最盛。开花最适温度20~26℃、最适湿度55%±5%。

② 杂交技术　燕麦杂交育种依据不同育种目标可采用单交、复交和回交等方式。

由于燕麦小花的内稃小、外稃大（内外稃统称颖壳）、外稃紧包内稃且较脆，剥开颖壳去雄、取花粉及授粉操作时易损伤花器，使得杂交工作量增大且结实率低，一般为5%左右。近年国内外燕麦杂交育种者采用剪颖杂交技术，能使燕麦杂交结实率由传统杂交法的5%提高到50%，杂交工作效率大大提高。剪颖杂交技术的步骤如下：

第一步是剪颖去雄：该工作于抽穗期的上午进行。从母本行中选择刚抽出8~10个小穗的健壮植株，剪去花序基部发育不全的小穗，并使剩下的每个小穗只留基部第1朵小花。将每朵小花的颖壳上部剪掉约1/2或2/3，使花药露出，用镊子取出花药后套袋（羊皮纸袋长15cm，宽8cm）。

第二步是剪颖授粉：在下午开花盛期进行。从父本行中选择抽出10~15个小穗的健壮植株，将果穗（整体花序）剪下，留下即将开花的小穗予以剪颖，一般剪去小花颖壳上部的1/4即可，以便使花粉从剪口处散出。把父本小花的花粉抖落在母本小花柱头上，套袋后令其自行授粉。

燕麦杂种后代的选择通常采用系谱法、混合法和衍生系统法。

(3)燕麦杂交育种的类型

①品种间杂交育种　刘俊青(2004)等采用 8115-1-2 为母本，鉴 17 为父本进行品种间杂交，培育出抗旱裸燕麦高产新品种'燕科一号'，旱滩地产量为 150~250 kg/亩。甘肃省定西市旱作农业科研推广中心 1991 年用 7633-112-1 作母本、蒙燕 146 作父本进行品种间杂交育种，选育了燕麦品种'定莜 6 号'；以 8626-2 为母本，新西兰为父本杂交，2006 年选育了燕麦品种'定莜 8 号'。吉林省白城市农业科学院自 1988—2007 年，通过对中加燕麦杂交后代材料的多年培育，选育出'白燕 1 号'到'白燕 10 号'，其中包括有 8 个裸燕麦和 2 个休眠新品种。青海大学农学院以当地燕麦品种黄燕麦为母本，引自加拿大的燕麦品种 OA-313 作为父本配王杂交组合，然后按系谱法，经过近 10 年的选育，育成了燕麦品种'青早 1 号'，于 1999 年通过全国牧草品种审定。

②远缘杂交育种　P. D. Brown(1980)等利用种间杂交技术培育出半矮生型燕麦品种 OT_{207}，植株茎秆粗大、硬度高、抗倒伏力强。同时也证明燕麦的半矮生型受显性基因 DW-6 控制。M. H. Iwig 等利用 *A. sativa* 和 *A. sterilis* 进行杂交培育出粒径大的品系，蛋白含量达 18.3%。山西省农业科学院农作物品种资源研究所 20 世纪 50 年代初就开始从欧美引进高抗性和高产优质，类型丰富的皮燕麦与裸燕麦进行种间杂交工作，先后育成审定(登记)燕麦品种 18 个，如'雁红 10 号'、'晋燕 4 号'、'晋燕 3 号'等。近年河北张家口市农业科学院通过采取杂交后注射激素、多次授粉、幼胚拯救、染色体加倍和多次回交等一系列措施，解决了燕麦四倍体和六倍体杂交不结实及后代不育等难题，并育成燕麦新品种'远杂 1 号'；利用高蛋白(32.4%)的四倍体大燕麦(*A. magna*)与裸燕麦(*A. nuda*)间的远缘杂交，育成了蛋白质含量分别为 24.4% 和 24.6% 的两个高蛋白新种质；通过皮燕麦和裸燕麦种间杂交、裸燕麦品种间杂交和花粉管通道法导入外源 DNA 相结合的技术，将皮燕麦抗逆性强的性状和四倍体大燕麦的高蛋白的性状导入裸燕麦品种，育成'坝莜 9 号'新品种。'冀张莜 2 号'是河北省张家口地区坝上农科所以小 4 6-5 裸燕麦为母本，永 118 皮燕麦为父本杂交育成的裸燕麦早熟高产新品种。

17.1.3.3　杂种优势利用

1994 年与 1996 年中国分别发现了燕麦隐性核不育和显性核不育材料，它们均是中国独有的发现。燕麦隐性核雄性不育材料被直接应用于燕麦杂种优势利用；燕麦显性核雄性不育材料则被用作燕麦杂交育种的工具，分别育成了具有杂种优势的燕麦杂交种组合和品种。如 1994 年，山西省农业科学院品种资源研究所崔林发现了皮燕麦隐性核雄性不育植株，并将皮燕麦不育性转育到裸燕麦中，利用改进的不同类型不育材料育成裸燕麦新品种'品燕 2 号'(CAMS-6/品五)和'品燕 3 号'(皮燕麦 nms9804/裸燕麦 9103-2-1)。其中，'品燕 2 号'的母本 CAMS-6 来源于崔林发现的皮燕麦隐性核雄性不育 CA 植株的改造材料，父本'品五'来源于山西省农业科学院燕麦资源库。1996 年，河北省农林科学院张家口分院发现了裸燕麦显性核不育 ZY 基因材料植株，以核不育材料为桥梁亲本，创建了 3 个动态基因库，从中选育出皮燕麦新品种'冀张燕 1 号'和'冀张燕 2 号'。其中，'冀张燕 2 号'是选用裸燕麦显性核不育 ZY 基因材料为母本、四倍体大燕麦与六倍体莜麦品种'品十六'的杂交后代 S20 为父本，经幼胚培养、冬季温室繁殖加代和人工辅助授粉等方法育成的燕麦新品种。

17.1.3.4 诱变育种

近年中国燕麦诱变育种的航天育种取得了许多成功。如2006年9月9日，甘肃省白银市农业科学研究所提供燕麦新品系s109搭载中国首颗航天育种卫星'实践八号'，卫星于9月24日返回地面，9月26日经搭载的燕麦新品系s109种子交付白银市农业科学研究所。白银市农业科学研究所于2007年开始结合育种目标，利用"低代（$SP_{1~3}$代）混系多向选择与高代（$SP_{4~6}$代）集团定向选择"选育技术，达到了"低代混系存突变，高代集团出特色"的良好筛选效果，至2009年选育出稳定株系（代号SPs109-62-37）。2010—2012年参加品种鉴定试验，2011—2013年参加品比试验，2011—2013年进行区域试验，2011—2013年进行生产试验与示范。2014年选育出稳定的燕麦新品种航燕1号，同年通过甘肃省品种审定委员会审定（甘认麦2014003）。此外，中国农业科学院兰州畜牧与兽药研究所杨红善等，对2001年1月1~17日搭载于"神舟8号飞船"返回舱的燕麦种子，地面种植形成SP_1代单株材料，以未搭载原品种为对照，田间观测记载各项农艺性状，共选择出19株变异单株材料。2005年中国农业科学院航天育种中心以美国燕麦品种PAUL进行了模拟航天处理后，地面种植，经2006—2010年田间选育而成'航燕1号'新品系，品质与综合农艺性状优良。

17.2 冰草育种

冰草属（*Agropyron Gaertn.*）是禾本科小麦族的多年生草本植物。多分布于欧亚大陆温带草原区。集中分布在俄罗斯、蒙古和中国等一些国家。在北美洲的美国和加拿大没有天然野生种分布，但在北美西部干旱半干旱地区，有大面积的冰草种植区，已成为当地一个重要的植被组成成分。据报道美国冰草属种植面积为$3.1 \times 10^6 hm^2$（Newell，1985），加拿大为$1 \times 10^6 hm^2$（Lodge，1972），苏联时期冰草属的种植面积为$2.67 \times 10^6 hm^2$。

中国从当地野生种进行引种栽培的冰草，已在吉林、内蒙古、河北、陕西、山西、宁夏、甘肃、青海和新疆等省（自治区、直辖市）种植推广。目前冰草属牧草在中国种植面积还很小，只有逾$5000 hm^2$，但随着中国西部大开发战略的实施，生态建设力度的加强和农牧业产业结构调整的需要，冰草的种植面积将会增加。

17.2.1 冰草育种概况

美国植物学家N. E. Hansen最早开展冰草种质资源收集与引种研究，早在1892年第一次从苏联Valuiki试验站引入冰草材料试种。1927年，加拿大萨斯卡通州的萨斯卡其温育成了第1个冰草品种，即二倍体扁穗冰草品种'Fairway'。该品种在当时的北美草地改良和种子贸易中起到了重要作用。

俄罗斯曾经是冰草属牧草种质资源最为丰富的国家，拥有世界上86%以上的冰草种类。1854年，植物学家A·别克尔最早进行有关冰草研究。此后，B·C·博格丹于1896年首次在哈萨克斯坦瓦卢依试验站将野生冰草进行栽培种植，1899年他又组织了考察队，到哈萨克斯坦西部布克也夫县塔洛夫卡镇附近的小乌晋河套地区考察。结果认为，哈萨克斯坦是冰草栽培的起源地，其后的冰草引种栽培范围不断扩大。仅1972年哈萨克斯坦的冰草栽培面积已达$260 \times 10^4 hm^2$。哈萨克斯坦从20世纪80年代开始运用野生种栽培驯化、选择育种、杂交育种等多种育种途径，培育了巴图尔等13个适合多类生态环境推广种植的冰草新品种。

苏联及其后的俄罗斯育种家在冰草干草产量和品质育种中获得了较大的成功，育成了很多适合不同地区、气候的冰草品种，截至1998年年底共育成了12个品种，近年也不断有新的品种被审定和登记注册。

从1936年起，美国农业部农业研究局获得了国家牧草改良的专项经费，冰草育种工作得到了保障和加强。从此，改良冰草种质资源的项目在内布拉斯加州的林肯和犹他州的洛根等地持续进行。截至2012年年底，北美共育成冰草品种16个，近年来还不断有新的品种登记注册。主要推广地区为降水量230~400 mm的北部大平原、西部草原区和干燥的山间地带，其主要用于低产退化的蒿属及灌丛草场的改良、弃耕地的植被恢复及用作早春的放牧地。也有少量用于人工草地与护坡、护路及绿化、运动场所草坪。

近几十年来，国外还对冰草属牧草的分类地位、亲缘演化关系，属内种类变迁及地理分布特征，远缘杂交及细胞遗传学研究等进行了许多研究，获得了重要成果。

中国20世纪50年代开始从国外进行冰草引种工作。1980—1982年，陈宝书等在甘肃省武威地区对从美国和加拿大引入的4个冰草品种进行试验，比较其抗旱性和抗寒性；1984年，内蒙古农业大学从美国引入274份冰草种质材料，种植在呼和浩特地区，并系统研究了冰草的生物学和经济性状、抗性等特性。其后，中国不断从国外引进冰草进行栽培种植比较，并且还进行了冰草遗传学、植物学、抗逆性和生态适应性等研究。目前已有6个冰草品种通过了全国草品种审定，还有冰草品种'蒙杂冰草1号'于2012年通过了内蒙古自治区省级草品种审定。这些审定冰草新品种已在实践中得到广泛应用，取得了很好的经济和社会效益。

中国拥有丰富的冰草种质资源，根据草地畜牧业发展和生态治理需要，许多单位及学者还开展了冰草种质资源保护、开发及利用，冰草遗传学、生物学特性，冰草与小麦等远缘杂交育种及其细胞遗传学等研究，取得了一定的成果。如2001—2005年"十五"期间，内蒙古农业大学在国家"植物转基因研究和产业化示范"课题资助下，将耐盐抗旱的外源基因 $ywTS$ 和 $CBF4$ 基因分别转入冰草植株中并取得成功，从而获得了冰草转基因植株。

17.2.2 冰草种质资源

17.2.2.1 冰草属的分类

冰草属分类一直存在着较大分歧和争议，到目前为止仍有广义和狭义的冰草属之分。1770年，J. Gaertner 把冰草从雀麦属（*Bromus*）中分出以后，按其广义冰草属的传统概念，冰草属是小麦族中最大的一属，含100多种，小麦族中凡是穗状花序的穗轴着生1枚小穗的种均包括在内。这样，冰草属则成为一个在繁殖方式、染色体结构和生态适应性等异质性的复合种群。

1933年，苏联分类学家 S. A. Nevski 把传统的广义冰草属分成3个属：冰草属（*Agropyron*）、鹅冠草属（*Roegneria*）和偃麦草属（*Elytrigia*）。其中，狭义的冰草属仅包括冰草（*A. cristatum*）、沙生冰草（*A. desertorum*）及西伯利亚冰草（*A. sibiricus*）在内约15个冰草种，它们是疏丛（少量根茎）型和异花授粉。中国长期以来一直沿用的冰草属的分类，是耿以礼教授提出的建立在 Nevski 分类系统上的狭义冰草属概念。

20世纪50年代以来，细胞遗传学研究已经积累了大量能反映小麦族内生物学及亲缘关系的资料，据此 Löve（1984）和 D. R. Dewey（1982）提出了染色体组分类系统。照此理论，冰草属内所有种均由染色体组 P（或称 C）构成，其模式种为 *Agropyron cristatum* (L.) Gaertn.，冰草属中存在二倍体（2n=14）、四倍体（2n=28）和六倍体（2n=42）等 3 个染色体倍性水平，四倍体分布最普遍；二倍体分布面积小而分散；六倍体仅限于土耳其东北部和伊朗西北部地区。各种倍性水平均由一个相同的基本染色体组 P 构成，多数种为同源或近似同源的多倍体；在某些材料中含有 B 染色体；冰草属与小麦族内其他属间的杂交罕见，而且在冰草属外未发现任何种具有未被修饰的 P 染色体组。细胞学研究结果进一步验证了狭义冰草属分类观点的正确性。

北美大部分植物学家到目前为止，仍沿用广义冰草属分类观点，把鹅冠草属、偃麦草属连同狭义冰草属在内统称为冰草属。

17.2.2.2 冰草的种类和分布

狭义冰草属中包括的 15 种，集中分布在前苏联、蒙古国和中国等一些欧亚国家。前苏联地区分布有 13 个冰草种，主要分布在苏联欧洲部分的整个草原和南部森林草原地带、西西伯利亚、伏尔加河中下游、土库曼斯坦、乌兹别克斯坦、乌克兰大部、远东和高加索以及哈萨克斯坦全部地区。其中哈萨克斯坦有野生种 4 种：冰草、篦穗冰草（*A. pectinatum*）、沙生冰草（*A. desertorum*）和西伯利亚冰草，是冰草栽培的起源地。蒙古有 3 种（冰草、米氏冰草和沙生冰草），除荒漠植被外，几乎出现在所有天然植被中。日本有 2 种（冰草和米氏冰草）；伊朗和土耳其各 2 种（冰草和杜氏冰草）；希腊、西班牙、匈牙利、意大利、前南斯拉夫和罗马尼亚各有 1 种（冰草）。

据《中国植物志》记载，中国冰草有 5 种、4 变种和 1 变型，5 种包括：冰草、沙生冰草、米氏冰草（*Agropyron michnoi*）、西伯利亚冰草和沙芦草（*Agropyron mongolicum*）。以冰草的分布区最广，其次是沙芦草、沙生冰草、米氏冰草，西伯利亚冰草仅产于内蒙古。4 变种为：多花冰草（*A. cristatum* var. *plurflorum*）、光穗冰草（*A. cristatum* var. *pecriforme*）、毛沙生冰草（*A. desertorum* var. *pilosiusculum*）、毛沙芦草（*A. desertorum* var. *vilosum*）；1 变型是：毛秄冰草（*A. sibiricum* f. *pubiflorum*）。中国冰草属主要分布于东北、华北和西北，以黄河以北的干旱地区种类最多。遍布于 12 个省（自治区、直辖市），以内蒙古的分布最多，拥有全部的国产冰草种以及种以下单位，且分布密度也大。冰草属分布较广，经济价值较高的种简述如下：

(1) 冰草（*A. cristatum*）

又称扁穗冰草、野麦子、羽状小麦草。穗形宽，小穗呈篦齿状，小穗与穗轴间成 45°~90° 角，两颖之间约为 120° 以上，颖与外稃尖端渐尖，芒长 3~5 mm。二倍体、四倍体或六倍体，其中以四倍体（2n=28）分布最为广泛。

(2) 沙生冰草（*A. desertorum*）

疏丛-根茎型，直立，叶片长 5~10 cm，宽 1~3 mm，多内卷成锥状。穗型为长椭圆型，小穗向上斜升，小穗与穗轴间成 30°~45° 角，颖与外稃尖端渐尖，内稃脊上疏被短纤毛。颖舟形，两颖之间约 60° 角，颖的压扁方向与小花相反，颖与外稃无芒或具小于 3mm 的短芒。沙生冰草全部为四倍体。

(3) 西伯利亚冰草（*A. sibiricus*）

又称为 *A. fragile*，穗型为线形，穗长可达 15 cm 左右，小穗在穗轴上排列紧密，两颖之间夹角约为 45°，颖和外稃无芒或具短芒尖。绝大多数为四倍体（2n=28）。

(4)蒙古冰草(*A. mongolicum*)

又名沙芦草,分布范围狭窄,亚洲东部偶尔可见。穗型近似于西伯利亚冰草,有人把它作为 *A. fragile* 的亚种处理,但二者还是有明显区别。穗状花序(宽约 4~6 mm)比西伯利亚冰草(约 10~15 mm)窄,小花数(含 3~8 花)比后者(含 9~11 花)少,颖具 3 脉(后者 5~7 脉),外稃具 5 脉(后者具 7~9 脉)。蒙古冰草不仅具有极高的饲用价值,还具有抗旱、耐风沙、耐瘠薄的特性,可用于防风固沙、保持水土,是冰草属中抗旱性最强的物种。同时,又是稀有的二倍体($2n=14$)植物,染色体组为 PP,目前该物种已被中国列为国家二级珍稀濒危植物和急需保护的农作物野生近缘种。

(5)米氏冰草(*A. michnoi*)

又称根茎冰草,是一种多年生旱生根茎型禾本科牧草,生态幅度很广,变异大,在针茅草原和羊草草原上,多成为伴生种,有时成为亚优势种;其根系类型主要是根茎型,也出现少量根茎—疏丛型类型。穗状花穗宽扁,呈矩圆形;小穗紧密地排列成覆瓦状(近于篦齿状),外稃先端具芒,长约 2 mm 左右。四倍体($2n=28$)。米氏冰草返青早、枯黄迟、抗旱、抗寒,一年四季为各种家畜所喜食,具有很高的营养价值,是饲用价值较高的优良牧草。

17.2.2.3 冰草品种资源

俄罗斯、美国等国家经多年的引种栽培,育成了一批具有不同利用目的的冰草优良品种,并得到了推广。冰草品种已达区域化种植,不同地区均具有对当地条件适应性强、干草产量和品质兼顾的育成品种和地方品种。如美国和加拿大培育成了许多冰草属牧草品种,其中,冰草品种有:Fairway(航道)、Parkway、Ruff、Kirk、Ephraim、Douglus、RoadCrest;沙生冰草品种有:Nordan 和 Summit;西伯利亚冰草品种有:P-27、Vavilov、Vavilov Ⅱ、Stabilizer;杂种冰草品种有:Hycrest、Hycrest Ⅱ、Hycrest CD-Ⅱ。

中国冰草属牧草有一定的播种面积,但绝大多数是未经改良的野生冰草材料。部分是引自北美的冰草品种,如 Nordan、Fairway 等。截至 2015 年年底,中国有内蒙古沙芦草(*A. mongolicum* cv. Neimeng,野生栽培品种,1991 年审定)、蒙农杂种冰草(*A. cristatum* × *A. desertorum* cv. Mengnong,育成品种,1999 年审定)、蒙农 1 号蒙古冰草(*A. mongolicum* cv. Mengnong No.1,育成品种,2005 年审定)、诺丹沙生冰草(*Agropyron desertorum* cv. Nordan,引进品种,1992 年审定)、杜尔伯特扁穗冰草(*Agropyron cristatum* cv. Duerbote,野生栽培品种,2009 年审定)、塔乌库姆冰草(*Agropyron cristatum* cv. Tawukumu,引进品种,2009 年审定)6 个冰草品种已通过国家草品种审定登记。

17.2.3 冰草特性及育种目标

17.2.3.1 冰草特性

(1)冰草属植物学特征

冰草属植物为多年生、异花授粉,疏丛型或具有短根茎。冰草(*A. cristatum*)为该属植物的模式种。叶片扁平或基部常呈膝曲状。通常为穗状花序顶生,硬直,穗轴节间短缩,常密生毛,每节着生 1 枚小穗,顶生小穗退化;小穗互相密接成覆瓦状,含 3~11 小花;穗轴延续不折断;颖披针形,具 3~5 脉,脉于顶端汇合,先端具芒尖或短芒,颖的两侧具膜质边缘,颖果与稃片黏合而不易脱落。颖果由单籽粒组成。种子萌发出苗后长出 3~4 片叶时,即可自母株的地表或地下茎节,或分蘖节上产生分蘖,分蘖芽发育的枝条,当年为营养枝,第二年发育为生殖枝。

(2)冰草属生态学特性

冰草属为典型旱生植物，根系发达、株丛分枝扩展能力强。许多冰草属植物种在草原区多为伴生种，有时也以亚优势种的地位出现于针茅或隐子草-针茅的草原群落中。在山地草原中，冰草属植物分布也很普遍，但其多度有所下降。中国的冰草属牧草分布区内的水热条件大体年平均气温-3~9℃，≥10℃的积温在1600℃~3200℃之间，降水量为150~600 mm，且常集中于雨季。除碱滩和涝洼地以外，几乎在所有丘陵、平原、坡地及沟谷等生境都有生长。

(3)冰草属饲用价值

冰草属植物大多数为饲用价值较高的刈割或放牧兼用型优良牧草，青鲜时马和羊最喜食，牛与骆驼也喜食，营养价值很好，是中等催肥饲料。分蘖能力和再生性强，春季返青早，秋季枯黄迟，利用时间长，茎叶柔软，适口性好，一年四季为各种家畜喜食，秋季是家畜的抓膘催肥牧草；干物质产出率高，易于调制优质干草，在草原地区牧民称之为家畜的"细粮"。冰草属植物种子产量比较高，也易于收获，在草原、荒漠草原及半荒漠地区的天然草场改良和人工草地建设中占有重要地位，具有重要的经济价值。

(4)冰草属生态价值

冰草属植物具有抗旱、耐寒、喜沙、耐风蚀等生物学特性；竞争力强，对杂草具有良好的抑制作用；根系庞大，是理想的水土保持植物；冰草属中具有根茎的类型适宜用作草坪、绿化和美化环境，美国等国家正在试图从中筛选出可用做优质草坪的居群或材料。

17.2.3.2 冰草育种目标

(1)高产

冰草产量性状包括饲草产量和种子产量。提高冰草(干草和种子)产量，始终是冰草的主要育种目标。冰草产量包括有灌溉和无灌溉旱作条件下的青、干草产量和种子产量。冰草育种实践中，饲草产量和种子产量往往达不到同步提高。但也有两者兼顾的育种成功先例。

冰草植株高度、单位面积株数、每株分蘖数、刈割后再生速度、牧草含水量等是构成冰草干草产量的主要因素。而每株有效分蘖数、每穗小穗数、每小穗可育小花数是构成冰草种子产量的主要因子。因此，制定冰草产量育种目标时，可将干草与种子产量性状指标分解落实到具体的产量构成因素。

(2)优质

冰草品质育种目标主要包括改善和提高叶量；提高粗蛋白质含量和干草可消化率等。当前育种实践中，主要通过提高冰草叶量和粗蛋白质含量以改善冰草品质。

(3)抗逆性

冰草属植物尽管非常抗旱，但不同种和生态型之间的抗旱性有明显差别。并且，在干旱无灌溉条件地区，冰草播种后能够迅速萌发，可以获得较好产量的冰草品种在广大干旱地区生产中具有重要价值。因此，提高冰草品种的抗旱性，特别是提高冰草种子萌发期的抗旱性仍然是冰草的重要育种目标。

冰草原产于干旱环境，随着冰草的栽培化，其水、肥条件得到改善，如果管理不当，会出现倒伏现象，所以抗倒伏性也成为冰草育种中不可忽视的育种目标。

(4)根茎性

冰草是一个疏丛型禾草，但其个别种具短根茎。因此，选育具根茎的优良冰草品种，对于干旱地区的草坪建植、路边绿化和水土保持具有特殊意义。如美国推广的冰草品种Road-Crest，是一个草坪型品种，它的根茎发育好、生物量低、植株低矮、茎叶纤细以及种子活力好，适于边坡绿化和粗放养护草坪。在中国北方干旱与半干旱地区，这种节水、低成本养护的冰草草坪型品种具有广阔的发展前景。

17.2.4 冰草育种方法

17.2.4.1 引种与选择育种

引种是中国及其他许多国家冰草育种的有效途径。例如，中国通过国家草品种审定的冰草品种'诺丹'沙生冰草与'塔乌库姆'冰草均是从国外引种驯化后通过品种审定登记。

选择育种是冰草育种的有效方法。如中国通过国家草品种审定的2个冰草野生栽培品种内蒙古沙芦草与杜尔伯特扁穗冰草均是采用选择育种的方法育成。群体与混合选择法是冰草选择育种中经常采用的方法。它简单易行，育种时间短，效果较好。1927年选育的第一个冰草栽培品种'航道'('Fairway')就是采用群体选择法育成。美国沙生冰草品种'诺丹'('Nordan')的选育也采用了该方法。即从两个自由授粉的后代中选择具有优良性状的单株，并将选出的7个植株的自由授粉后代扩大繁殖，作为品系进行测定，经品种比较及区域试验后推广。

轮回选择法在冰草选择育种中也有采用。如美国冰草品种'Road Crest'就是采用二次轮回选择法育成的冰草草坪型品种。内蒙古农业大学的蒙农杂种冰草同样采用了选择育种法，其选育经过如下：1985年，内蒙古农业大学从美国引进杂种冰草品种'Hycrest'在呼和浩特试种；1987年，以植株整齐高大、分蘖数多为目标，进行2次单株选择和1次混合选择；1992—1994年，在呼和浩特进行品种比较试验，以原始群体'Hycrest'作对照，确定其适应性、丰产性及抗逆性均强于对照；1994—1996年，在呼和浩特市、东胜、固阳县、白旗等地进行区域试验。1996年，进行多点生产示范试验，并进行种子扩繁。1999年，通过全国牧草品种审定委员会审定，登记为育成品种蒙农杂种冰草。

17.2.4.2 远缘杂交育种与多倍体育种

(1)冰草的花器构造、开花习性及授粉方式

冰草为较紧密的穗状花序，不同冰草种的穗长各异，冰草为5~7cm；沙生冰草为8~10 cm；蒙古冰草为10~14 cm，少数可达18 cm。小穗无柄，每小穗含3~8朵小花甚至更多。每小花含3枚雄蕊，1枚雌蕊，柱头2枚呈羽毛状。冰草在返青后70~80d达到始花期。在呼和浩特地区，3月底至4月初返青，6月中旬进入始花期，7月底成熟。

冰草小花的开放，就整个花序而言，中、上部的花先开放，之后逐渐向上、向下开放，基部的小花最后开放。小穗的小花开放顺序与此相反，先从基部开起，直至顶花。小穗开花时间持续11~13d。开花的高峰期是在初花后的第4~6d，此时约有80%的小花开放。一日内，在晴朗无风条件下，开花时间可从11h持续到18h，大量开花集中在14~17h。开花最适温度28~32℃，最适相对湿度40%~60%，阴雨天不开或很少开花。

冰草小花开放时，首先是内、外稃开裂，露出黄绿色的花药，15~20 min后，内、外稃夹角加大到45°时，柱头露出，花药下垂，散出花粉，花朵正式开放。一朵小花由内、外稃开始开裂到完全闭合，约需120 min。

冰草花药较大，长约 4 mm，属异花授粉植物，高度自交不育。其自交不育程度因不同种而异，个别种的种群内，也可能有个别植株表现出相当的自交可育性。据报道，二倍体扁穗冰草的自交结实率通常为 0.1%~1%，四倍体及六倍体冰草的略高一些，一般均达不到 4%。

(2) 冰草的属间杂交育种

冰草可以作为优良抗性的基因库，改良与它近缘的大麦、小麦和黑麦等禾谷类作物。为了将冰草的抗病性及耐旱性导入小麦，不少人的小麦属与冰草属的杂交育种试验结果，表明冰草的 P 染色体组与普通小麦的 A、B、D，特别是 D 染色体组存在有一定的同源性，从而使冰草与小麦之间的基因流动成为可能。中国科学院作物研究所的李立会利用胚挽救方法首次突破了小麦—冰草远缘杂交，用普通小麦品种'Fukuhokomugi'与沙生冰草进行属间杂交，并通过进一步回交和自交获得了一套稳定遗传的，并且形态上可以相互区分的小麦—冰草异源二体附加系。张正茂利用来自日本的普通小麦品种'Fukuho'为母本与抗旱、抗寒、抗病的冰草为父本远缘杂交，选育成功了中国第一个通过品种审定（2004 年 9 月通过陕西省农作物品种审定），具有抗旱、抗病、分蘖力强、结实性好等冰草优良特性的'普冰 143'小麦新品种，该品种具有产量高、抗病强、籽粒饱满、生育期长等优点。此外，近 20 年中国已经选育出一批具有综合优良性状、符合小麦育种和生产需求的冰草与小麦属间杂交新品种或新种质。

此外，冰草属与大麦属（*Hordeum*）、黑麦属（*Secale*）、披碱草属、偃麦草属、拟鹅冠草属等属间杂交遗传育种研究，也有不少报道。

(3) 冰草的种间杂交育种及诱导多倍体

冰草适合采用种间杂交和诱导多倍体的方法进行改良，原因如下：①冰草属内大多数种是多倍体，在种的形成过程中，多数经历了种间杂交；②冰草是异花授粉植物，亲本遗传基础丰富，杂交后代杂种优势强；③冰草是可以进行无性繁殖的多年生植物，可利用无性繁殖特性保持不育的远缘杂种后代；同时也可采用无性繁殖保持有效利用杂种优势；④种子和茎叶产量均为冰草作为牧草生产的收获对象，而冰草远缘杂交可明显提高其茎叶营养体产量。

冰草属的二倍体种间杂交比较容易成功，其 F_1 杂种部分可育。如蒙古冰草（$2n=14$）和二倍体扁穗冰草品种'Fairway'的杂交，属于二倍体种间杂交，其杂交比较容易成功，可获得具显著杂种优势的杂种 F_1 代。

冰草属中同源或近似同源的多倍体比较普遍，因此，将二倍体诱导成四倍体易于成功。如果再把诱导成的四倍体与天然四倍体进行杂交育种，这是冰草中最有前途的远缘杂交育种策略。如将二倍体扁穗冰草品种'Fairway'，用秋水仙素人工加倍诱导处理得到的四倍体冰草，与天然的四倍体沙生冰草杂交，选育了杂种冰草品种'Hycrest'，就是冰草种间远缘杂交与多倍体诱导相结合育种的成功事例。此外，内蒙古农业大学将二倍体扁穗冰草品种'Fairway'与蒙古冰草进行种间远缘杂交获得的杂交种 F_1 代种子，利用秋水仙碱诱导染色体加倍，通过选育得到四倍体杂交冰草优良新品系 SZB-02，经品比、区域和生产试验，历时 13 年育成四倍体'蒙杂 1 号'冰草新品种，于 2012 年 2 月通过了内蒙古草品种审定。

17.2.4.3 综合品种育种

综合品种法在冰草育种中采用较多。如北美冰草品种'Parkway'（'大路'）是将二倍体扁穗冰草品种'Fairway'作为原始群体，经几代轮回选择及多系杂交后代的鉴定，最后由 16 个无性系组成综合品种'Parkway'。该品种的植株活力、株高及叶量得到了改良，优于原始群体，具有扩展特性，种子产量高。此外，1984 年由美国农业部农业工程应用技术研究所（USDA-ARS）等单位合作育成的杂种冰草品种'Hycrest'，其育种过程是远缘杂交、多倍体育种并结合综合品种育种法的成功范例。其育种程序大致如下：

①1962—1967 年，对亲本之一二倍体冰草品种'Fairway'采用秋水仙素处理幼苗的方法使其染色体加倍，并进行诱导四倍体的分离和鉴定。用'Fairway'加倍成功的纯合四倍体与另一亲本天然四倍体沙生冰草品种'Nordan'（诺丹）进行有性杂交。同时采用正、反交，均获得育性较高的杂种 F_1。

②1974 年，建立 7000 株的原始材料圃，材料来自 295 株 F_3 的开放授粉后代无性系；根据植株活力、叶量及对病虫害的抗性等进行为期 2 年的评价鉴定，选择得到 103 个无性系。

③将选出的无性系再多次重复开放授粉，按系收获种子；在两个草原区试验点对无性系进行育种后代品系比较试验，测定其种子和干草产量及其他性状。

④根据育种后代品系比较测验资料，筛选出 18 个优良无性系，在杂交圃中隔离繁殖种子，称为综合品种一代原种（Syn-1）；在犹他州和爱达荷州等 5 个地区进行区域试验。与对照亲本品种'Fairway'和'Nordan'比较，历时 22 年育成的新品种'Hycrest'表现明显的建植能力和牧草生产性能；种子产量比亲本品种'Fairway'和'Nordan'的高约 20%；具有突出的杂种优势，根系发育好，植株茁壮；播种后发芽快，生长迅速，抗旱性强，在干旱环境易建植。

17.2.4.4 生物技术育种

生物技术育种是冰草极具潜力的育种方法。冰草遗传转化体系建立的难度较大，国内外主要对冰草属不同种的成熟胚、幼胚和幼穗进行过植株再生和悬浮培养研究。中国还率先开展了冰草转基因育种的一系列探索研究并取得了重要进展。内蒙古农业大学等以冰草属中的一个优质种间杂种'蒙农杂种冰草'（*A. cristatum*×*A. desertorum* cv. Hycrest Mengnong）为材料，在以幼穗为外植体建立的冰草组织培养再生体系基础上，以调控脯氨酸生物合成最后一步的关键酶的突变体基因 *p5CS* 和抗旱转录因子 *CBF4* 为目标基因，*bar* 基因为筛选标记基因，进行共转化，利用基因枪轰击冰草幼穗诱导的愈伤组织，成功获得转基因植株。PCR 和 Southern 检测表明外源基因 *p5CS* 和 *CBF4* 已整合到冰草的基因组 DNA 中；RT-PCR 检测表明目的基因已在冰草转基因植株的转录水平表达，进一步对转基因植株的耐盐性与抗旱性检测也表明目的基因已在冰草转基因植株体内表达，转基因植株的耐盐性与抗旱性明显提高。

思考题

1. 简述燕麦的类型。
2. 简述国内外燕麦种质资源研究的发展历程。
3. 论述燕麦特性及育种方法。
4. 举例说明燕麦育种可采用哪些育种方法？
5. 简述冰草属的分类。
6. 简述冰草特性及育种目标。
7. 举例说明冰草育种可采用哪些育种方法？根据中国内蒙古不同地区的特点，制订培育一个冰草新品种的育种方案。

第18章
苜蓿育种

　　苜蓿是苜蓿属（*Medicago*）植物的通称。其中，紫花苜蓿（*Medicago sativa* L.）是苜蓿属中世界上栽培最广泛，也是中国分布面积最广，栽培历史最悠久的优良牧草，被称为"牧草之王"。苜蓿产量高而稳定，根系发达，根瘤菌丰富，对提高土壤肥力，降低地下水位有良好的作用，是很好的轮作牧草。苜蓿还具有良好的适口性，营养价值高，为各种家畜所喜食。苜蓿还是水土保持植物、蜜源植物，可作为蔬菜、食品利用，有很高的农业价值和商业价值。苜蓿在中国已有2000多年的栽培、食用、饲用及药用历史，现在主要产区为西北、华北、黄淮海、东北南部地区。据统计，2015年，甘肃、内蒙古、新疆、宁夏、黑龙江、河北等6省（自治区）的优质苜蓿种植面积占全国的89.8%；中国苜蓿年末保留面积471.13×$10^4 hm^2$，产量3127×10^4 t；中国优质苜蓿总供给量为300×10^4 t，其中国产180×10^4 t，进口120×10^4 t。受需求拉动，中国苜蓿进口量从2008年的1.9×10^4 t增加到2015年的120×10^4 t。随着中国粮、经、饲种植业与畜牧养殖业结构调整及各类生态建设工程发展，苜蓿已成为退耕还草、风沙源治理、休牧还草等工程中的首选牧草种。

　　苜蓿公元前700年波斯已有栽培记载，是世界上第一个被人工栽培的牧草。现世界上五大洲都有分布，目前全球种植面积约3500×$10^4 hm^2$，单产一般可达10.0~22.2 t/hm^2。其中美国种植面积超过1000×$10^4 hm^2$，占全世界的30%，位列世界第一，苜蓿也是美国次于小麦、玉米和水稻的第四大农作物；阿根廷第二位，种植约750×$10^4 hm^2$，约占全世界的23%；第三位的是加拿大，每年种植约200×$10^4 hm^2$，约占8%；俄罗斯第四位，约占全世界的5%~6%；中国第五位，约占4.5%；种植面积在全世界1%以上的国家有意大利、法国、西班牙、匈牙利、保加利亚、罗马尼亚等国。

　　目前流通于市场的苜蓿产品形式主要有草捆、草饼、草粉及草颗粒等饲料产品，苜蓿种子业也占有很大的市场份额。美国、俄罗斯在世界苜蓿产业化进程中一直处于领先地位，其次为加拿大和法国。俄罗斯是世界上苜蓿草粉产量最大的国家，年产700×10^4 t，占世界总产量的1/3，其次为美国和法国，年产量均达到了200×10^4 t。苜蓿种子生产量最大的国家是美国和加拿大，美国年产5122×10^4 t，加拿大有30%左右的苜蓿种子出口，美国和加拿大是苜蓿产品的主要出口国，平均每年出口量均达到了100×10^4 t以上。美国是当今世界苜蓿种植面积最大、产业化发展程度较高的国家，苜蓿干草年产值达81亿美元，平均产量为715t/hm^2。亚洲已成为世界上最大的苜蓿产品进口市场，其产品约70%来自美国，20%来自加拿大，新西兰、澳大利亚也有少量出口。20世纪90年代以来，进口苜蓿产品的基本组成为：草颗粒30%，草块30%，草捆40%，且草捆进口量呈上升趋势。中国大陆、香港和台湾，以及韩国、新加坡等国家和地区的苜蓿进口规模呈发展态势。

18.1 苜蓿育种概况

18.1.1 中国苜蓿育种概况

中国汉朝汉武帝时期，张骞于公元前 139 年第一次出使西域，公元前 126 年归汉，从西域引进紫花苜蓿在长安(现西安)种植，并逐渐从长安传播到黄河流域等地，得以普遍种植。迄今中国苜蓿种植面积仍位居各类人工草地之首。此后至 1949 年中华人民共和国成立前的中国苜蓿育种主要是进行引种与种质资源研究工作。例如，1922 年从美国引种了著名苜蓿品种格林(Grimn)杂花苜蓿；20 世纪 40 年代初，中国少数学者曾进行了野生苜蓿的调查、搜集以及国外苜蓿品种的引种栽培试验。

20 世纪 50 年代初，中国苜蓿育种研究开始缓慢起步，王栋在草场调查中发现了紫花苜蓿等优良豆科植物并将其编入《牧草学各论》中。1950—1955 年，吉林省农业科学院畜牧研究所以从美国引种苜蓿品种格林姆为原始材料进行选择育种，采用单株表型选择法育成了公农 1 号(*M. sativa* cv. Gongnong No. 1)苜蓿新品种；从国外引种的蒙他拿普通苜蓿、特普 28 苜蓿、加拿大普通苜蓿、格林 19 和格林选择品系等 5 个苜蓿材料的混合种植群体中，采用混合选择育种方法育成了公农 2 号(*M. sativa* cv. Gongnong No. 2)苜蓿新品种。1962—1977 年，内蒙古农牧学院在中国最早利用黄花苜蓿与紫花苜蓿的种间远缘杂交育种方法，育成了抗寒性强的草原 1 号和草原 2 号杂花苜蓿新品种。20 世纪 70~80 年代，甘肃农业大学以内蒙古呼伦贝尔野生黄花苜蓿为主要母本材料，与紫花苜蓿杂交，从其多个人工杂交组合中进行选择，选出了 82 个无性系，并以此为基础采用综合品种育种法育种了'甘农 1 号'杂花苜蓿新品种。同期，新疆农业大学畜牧分院与内蒙古图牧吉草地研究所采用黄花苜蓿与紫花苜蓿进行远缘杂交育种，分别育成了'新牧 1 号'与'图牧 1 号'杂花苜蓿抗寒新品种。1983 年，中国农业科学院兰州畜牧研究所采用多元杂交法，选育了高抗霜霉病、中抗褐斑病和锈病、再生力强、产量高的'中兰 1 号'苜蓿新品种，于 1998 年通过全国牧草品种审定。1976—1992 年，黑龙江省畜牧研究所以抗寒、抗旱的野生二倍体扁蓿豆作母本(或作父本)，地方良种四倍体肇东苜蓿作父本(或作母本)，结合辐射处理，用突变体进行人工杂交，获得正反杂交种植株，通过集团选育法经多代选育，于 1993 年育成抗旱性强、产量高的'龙牧 801'苜蓿和'龙牧 803'苜蓿新品种，均于 1993 年通过全国牧草品种审定。近年随着中国生态环境保护及草食畜牧业、乳制品行业的高速发展，苜蓿育种获得了长足进步，不仅培育了许多优良苜蓿品种，而且除采用选择育种、杂交育种、综合品种等传统苜蓿育种方法外，还进行了许多有效的诱变育种、雄性不育杂种优势利用、生物技术育种等新型育种方法的理论与技术及应用研究，获得了许多育种成果。截至 2018 年 12 月，中国已通过全国草品种审定委员会审定登记的苜蓿品种有 102 个，其中育成品种 48 个，地方品种 21 个，引进品种 28 个，野生栽培品种 5 个。

18.1.2 国外苜蓿育种概况

北美地区美国和加拿大引种苜蓿的年代几乎比墨西哥晚了 4 个世纪，一直到 20 世纪初才开始发展。但目前美国和加拿大的苜蓿育种科学研究，选育技术及其在农牧业生产中的效益均处于国际领先地位。美国早在1850年便进行了有目的的苜蓿育种，1897—1909年美国学者Hanson对欧亚大陆进行了苜蓿种质资源的收集和筛选。1909—1910年美国和加拿大分别开始了以提高产量和增强适应性为主要育种目标的苜蓿育种工作。1900年、1907年和1910年，美国分别育成耐寒苜蓿品种Grimm、Cossack和Ladak。美国1921年发现苜蓿豌豆蚜危害苜蓿，1925年大面积暴发苜蓿细菌性凋萎病，从此加强了苜蓿抗病育种的进程。美国1940—1943年相继培育出抗细菌性萎蔫病苜蓿品种Ranger和Buffalo；1953年育成了抗病品种Vernal；1958年育成了抗细菌枯萎病专利品种Dupuits；1966年育成了抗豌豆蚜的苜蓿品种Washoe。美国1938年发现野生耐寒、耐旱黄花苜蓿新资源种质后，通过种间远缘杂交育种，于1955年育成了耐寒、耐旱、适应性强的苜蓿品种Rambler（润布勒）。苏联1957年采用当地黄花苜蓿与各种黄花苜蓿杂交，选育出适合当地栽培的'巴甫洛夫七号'品种间杂种苜蓿；苏联全苏饲料研究所对北方杂种苜蓿69进行多父本杂交改良，产量比原品种提高了20%~30%。新西兰苜蓿放牧、调制干草、青贮料已有100多年历史，早期苜蓿育种以引种为主，近几十年苜蓿育种针对病害严重问题，重点加强抗病育种，取得了较大成绩，育成了WL系列苜蓿抗病品种。美国Dad（1968）和Bray（1977）利用紫花苜蓿和黄花苜蓿杂交分别育成了苜蓿品种Cancreep和Walkabout。澳大利亚过去150多年一直种植起源于法国并适用于本地生态型的苜蓿品种猎人河（HUNTER RIVER），20世纪70年代猎人河遭蚜虫侵害，抗性和产量下降。因此，苜蓿育种目标改变为以培育抗蚜虫苜蓿品种为主，通过杂交选出抗蚜品种并沿用至今；80年代以培育抗病苜蓿品种为主；90年代至今以培育抗虫、抗病、抗旱、抗瘠薄等多抗性和高产优质苜蓿品种为主，至今已取得了较好的成绩。如澳大利亚育成了转基因高含硫氨基酸苜蓿新品种并已投入生产。

20世纪80年代，世界发达国家苜蓿育种方向随生产需要进行了较大的转变，苜蓿育种目标从专门针对某一抗性到多种抗性；从单纯注重产量转向产量与品质并重。1987年美国育成固氮能力强、高抗镰孢菌枯萎病、疫霉根腐病、豌豆蚜和苜蓿斑点蚜的苜蓿新品种Nitro；1998年育成具有长梗和更多总状花序小花的苜蓿品种Vernal。近年美国等发达国家又发展了多种技术互相交叉结合的育种方法，把常规育种技术与细胞及组织培养、细胞融合、基因工程等技术相结合，育成了具有更多优异性状的苜蓿品种。如美国科学家通过苜蓿活体叶和茎的接种技术，从苜蓿品种Delta中筛选出了第一个抗三叶草核盘菌的苜蓿种质材料MSR；Kuthleen等以农杆菌介导，将两种不同的 *chimericbar* 基因导入苜蓿植株体内，育成了抗glufosinate-ammonium除草剂的苜蓿新品种；美国孟山都（Monsanto）公司、加拿大与美国国际苜蓿遗传公司合作将Epsps基因转入苜蓿育成了抗农达（Roundup）除草剂的苜蓿新品种，于2005年推向市场。此外，国外苜蓿杂种优势利用也获得了重要进展，加拿大于1958年首先育成了紫花苜蓿雄性不育系20DRC；而美国采用紫花苜蓿雄性不育系配制的三系杂交种品种已实现了商品化生产应用。

18.2 苜蓿种质资源

18.2.1 苜蓿的类型

全世界豆科苜蓿属植物共有65种（NCBI于2004年认为世界苜蓿属共有73种），多数为多年生草本；少数为小灌木。茎多直立，叶为小三叶组成。有 25 种经试验后已作为饲料和绿肥。多年生种可概分为紫花、杂花和黄花苜蓿三大种群。紫花苜蓿经济价值较高，应用最为广泛；黄花苜蓿抗逆性较强；杂花苜蓿兼具紫花苜蓿与黄花苜蓿特性，为杂交种。

中国是世界上苜蓿种质资源较为丰富的国家之一，目前有关文献记载的中国苜蓿属内种的分布不尽相同。《中国主要植物图鉴》记载苜蓿属植物共有 7 种；《中国沙漠植物志》记载为 10 种；《中国植物志》记载共有 13 种 1 变种。据吴仁润和卢欣石及《中国草种资源重点保护系列名录》的统计，中国苜蓿属植物有 46 种，包括亚种和变种，其中野生多年生种有 30 个（含 12 变种、1 亚种）；一年生种有 5 个；国外引进种有 11 个。《中国苜蓿》记载中国国产苜蓿有 12 种、3 变种、6 变型。该 12 种包括紫花苜蓿、黄花苜蓿（*M. falcata*）、金花菜（*M. polymorpha*）、小苜蓿（*M. minima*）、天蓝苜蓿（*M. lupulina*）、矩镰荚苜蓿（*M. archiducis-nicolai*）、多变苜蓿（*M. varia*）、圆盘荚苜蓿（*M. orbicularis*）、毛荚苜蓿（*M. pubescens*）、花苜蓿（*M. ruthenica*）、阔荚苜蓿（*M. platycarpa*）、辽西苜蓿（*M. vassilczenkoi*）。3 个变种为卷果苜蓿（*M. falcata* var. *revoluta*）、草原苜蓿（*M. falcata* var. *romanica*）、秦岭苜蓿（*M. sativa* var. *integrifoliola*）。6 个变形为扭果苜蓿（*M. varia* Martyn. f. *schischknii*）、大花苜蓿（*M. vavia* f. *ambigua*）、座垫苜蓿（*M. varia* f. *rivularis*）、密序苜蓿（*M. varia* f. *agropyretorum*）、伊犁苜蓿（*M. varia* f. *subdicrcla*）、天山苜蓿（*M. varia* f. *tianschanica*）。

苜蓿的细胞学研究证明，苜蓿属植物绝大多数种的配子染色体数（n）都是以 8 个染色体为基数的整数倍，只有 5 个一年生物种的性细胞染色体基数为 7 个。$X=7$ 的染色体是由 $X=8$ 的染色体组经过染色体重组演变而成。绝大多数一年生苜蓿种是二倍体，体细胞染色体数为 $2n=16=2X$，如豆科模式植物蒺藜苜蓿（*Medicago truncatula*）；近半数的多年生苜蓿种是四倍体，体细胞染色体数为 $2n=32=4X$；而黄花苜蓿既有四倍体，也有二倍体，其中二倍体种的抗逆性强，是创新苜蓿栽培品种的优异种质资源。

苜蓿原产于近中东、小亚细亚、外高加索、伊朗、土库曼高地等地，但目前公认的原产地是伊朗。苏联学者 Sinskaya 认为苜蓿的起源有两个中心：第一个是外高加索山地，现在的欧洲苜蓿和非洲绿洲苜蓿属于该中心，它们与当地野生种非常相似，这个地区大陆性气候非常明显，苜蓿能在高温下和刈割后迅速生长；第二个是中亚西亚，它是亚洲苜蓿的另一个分支，在欧洲的气候条件下适应性强，表现整齐，但它是感染真菌的一种类型。

苜蓿的传播是从伊拉克向北经土耳其、伊朗到西伯利亚。据公元前 700 年巴比伦古迹和古罗马史学家的记载，公元前 490 年波斯人入侵希腊时，把苜蓿当做马饲料带入意大利。一个世纪后又传入欧洲其他国家。公元 711 年西班牙入侵非洲并向美洲移民时，把苜蓿传到墨西哥及智利，后又传入美国及加拿大。苜蓿在 1806 年（或者 1819 年）殖民初期被带到澳大利亚并受到好评。中国的苜蓿是在公元前 2 世纪张骞第一次出使西域作为饲养马匹牧草种带回。日本苜蓿是在文久亨保年间（1861 年）由中国引种，日本因为本州等岛屿不适宜苜蓿栽培，故多集中在北海道，后又由美国引入苜蓿品种 Grimm，其栽培面积日益广泛。现将主要的苜蓿种简介如下。

18.2.1.1 紫花苜蓿（*Medicago sativa*）

紫花苜蓿为多年生草本，高 30~100cm。根粗壮，深入土层，根颈发达。茎直立、丛生以至平卧，四棱形，无毛或微被柔毛，枝叶茂盛。羽状三出复叶；托叶大，卵状披针形，先端锐尖，基部全缘或具 1~2 齿裂，脉纹清晰；叶柄比小叶短；小叶长卵形、倒长卵形至线状卵形，等大，或顶生小叶稍大，长 5~40 mm，宽 3~10mm，纸质，先端钝圆，具由中脉伸出的长齿尖，基部狭窄，楔形，边缘 1/3 以上具锯齿，上面无毛，深绿色，下面被贴伏柔毛，侧脉 8~10 对，与中脉成锐角，在近叶边处略有分叉；顶生小叶柄比侧生小叶柄略长。花序总状或头状，长 1~2.5cm，具花 5~30 朵；总花梗挺直，比叶长；苞片线状锥形，比花梗长或等长；花长 6~12mm；花梗短，长约 2mm；萼钟形，长 3~5mm，萼齿线状锥形，比萼筒长，被贴伏柔毛；花冠各色：淡黄、深蓝至暗紫色，花瓣均具长瓣柄，旗瓣长圆形，先端微凹，明显比翼瓣和龙骨瓣长，翼瓣比龙骨瓣稍长；子房线形，具柔毛，花柱短阔，上端细尖，柱头点状，胚珠多数。荚果螺旋状紧卷 2~6 圈，中央无孔或近无孔，径 5~9mm，被柔毛或渐脱落，脉纹细，不清晰，熟时棕色；有种子 10~20 粒。种子卵形，长 1.0~2.5mm，平滑，黄色或棕色。花期 5~7 月，果期 6~8 月。

紫花苜蓿富含优质膳食纤维、食用蛋白、多种维生素（包括维生素 B、维生素 C、维生素 E 等）多种有益的矿物质以及皂苷、黄酮类、类胡萝卜素、酚醛酸等生物活性成分。紫花苜蓿茎叶柔嫩鲜美，不论青饲、青贮、调制青干草、加工草粉、用于配合饲料或混合饲料，各类畜禽都最喜食，也是养猪及养禽业首选青饲料。

18.2.1.2 黄花苜蓿（*M. falcata*）

黄花苜蓿是多年生草本植物，高 20~120cm。全株被淡黄色绢毛；茎直立，圆柱形。托叶狭三角形，锥尖，全缘，小叶倒卵形至倒心形，先端钝圆或微凹，基部阔楔形，上面几无毛，下面被细绢毛，总状花序腋生，密被绢毛，花黄色；苞片小，披针状锥尖，萼钟形，萼齿披针状三角形，比萼筒短，子房线形，荚果扁平、镰刀状，种子肾形，5 月开花。花期 6~8 月，果期 7~9 月。黄花苜蓿生活年限长，喜温暖湿润气候，对土壤适应性较广，耐寒抗旱，耐盐碱，抗病虫害，牧草营养价值高，草质优美，产草量和种子产量不及紫花苜蓿，再生性差，种子成熟不整齐，荚果熟时自然开裂，易落粒，种子收获量低。根据内蒙古畜牧兽医科学研究所试验结果，栽培以后其产量较高，当年青草产量可达 11 040kg/hm^2。分布于欧洲与亚洲，尤以西伯利亚和中亚西亚为最多。中国西北、东北和内蒙古具有野生种分布。

18.2.1.3 金花菜（*M. polymorpha*）

金花菜又名南苜蓿或多形苜蓿，为多年生草本，主根长，多分枝。茎通常直立，近无毛，高 30~100cm。复叶有 3 小叶，小叶倒卵形或倒披针形，长 1~2cm，宽约 0.5cm，顶端圆，中肋稍凸出，上半部叶有锯齿，基部狭楔形；托叶狭披针形，全缘。总状花序腋生，花 8~25 朵，紫色。荚果螺旋形，无刺，顶端有尖曝咀；种子 1~8 颗。花果期 5~6 月。

中国金花菜主要分布在长江中下游的江苏、浙江、上海一带。主要用作水稻、棉花复种或间套种和果、桑园间作绿肥。金花菜的嫩茎叶是早春优质蔬菜，经济价值较高。主要地方品种有顾山、温岭、余姚和东台金花菜等。喜温暖湿润气候，并适宜在冷凉的季节生长发育。对土壤的适应性较广，pH5.5~8.5 都可种植，能耐 0.2% 以下的盐碱；也能耐一定酸性，在红壤上也可生长；耐瘠性、耐旱性、耐阴性、耐渍性状都较弱，在肥、水及土壤状况适当的情况下生长旺盛。

18.2.1.4 天蓝苜蓿（*M. lupulina*）

天蓝苜蓿为一、二年生或多年生草本，高 15~60cm，全株被柔毛或有腺毛。主根浅，须根发达。茎平卧或上升，多分枝，叶茂盛。羽状三出复叶；托叶卵状披针形；小叶倒卵形、阔倒卵形或倒心形。花序小头状，总花梗细，挺直，比叶长，密被贴伏柔毛；苞片刺毛状，甚小；花冠黄色，旗瓣近圆形。荚果肾形，表面具同心弧形脉纹，被稀疏毛，熟时变黑；有种子1粒。种子卵形，褐色，平滑。7~9月开花，8~10月结果。

天蓝苜蓿分布于中国东北、华北、西北、华中、四川、云南、日本、蒙古、俄罗斯及其他一些欧洲国家。生长于湿草地及稍湿草地，常见于河岸及路旁，微碱性地也见有生长。近年来在绿地建设中得以应用，以其对不同气候条件的广泛适应性、易于管理、美化和建植容易而受到广泛关注。

18.2.1.5 花苜蓿 (*Melissitus ruthenica*)

花苜蓿又名扁蓿豆，在植物分类上先在苜蓿属，后又归于葫芦巴属、扁蓿豆属，现归于苜蓿属。为多年生草本，高60~110cm。茎斜升、近平卧或直立，多分枝。三出复叶，小叶倒卵形或倒卵状楔形，先端圆形或截形，微缺，基部楔形，边缘有锯齿。总状花序，具花3~8朵，花小，花萼钟状，花冠蝶形，黄色，具紫纹。荚果扁平，长圆形，长7~10mm，有种子2~4粒。耐寒，抗旱能力较强。植株分枝较多，每株可达15~20个，叶量也较丰富。茎叶大小以及繁茂程度常随水分条件及土壤肥力而差异很大，在水肥条件好的地方，茎叶肥大，旱薄地则细小。适于高寒地区生长，春季返青晚，生长缓慢，夏季生长较快。扁蓿豆野生状态可见半匍匐与直立丛生两个类型。半匍匐型分布于水分较好的湿润地区，直立丛生型则多见于干旱坡地及沙质地。

扁蓿豆为优等牧草，适口性好，各种家畜终年均喜食。家畜采食此草后，15~20d便可上膘，乳畜食后，乳的质量均可提高，孕畜所产仔畜较肥壮。营养价值良好，含有较多量的粗蛋白质，但其含量自开花至结实期则下降较多。因此，花期及时刈割具有重要意义。除进行人工栽培外，也可选作天然草场的补播材料，是牧草育种的优良杂交亲本和抗性种质。

18.2.2 苜蓿品种资源

18.2.2.1 中国苜蓿品种资源

中国是亚洲最大的苜蓿生产国家。20世纪90年代初，中国苜蓿栽培面积约$133\times10^4hm^2$，居世界第6位，之后，随着农业种植结构调整，苜蓿种植面积不断增加。目前，苜蓿种植面积居世界第5位。目前，中国苜蓿主要种植分布在全国16个省(自治区、直辖市)的614个县(旗)，即辽宁、吉林、黑龙江、内蒙古、北京、天津、河北、河南、山西、山东、陕西、甘肃、宁夏、青海、新疆和四川的部分地区。中国苜蓿的分布大体分为3部分：东北三省和内蒙古东部地带，主要为抗寒品种；华北地区、陕西及甘肃中部以东，为温带旱生地区；宁夏、甘肃河西走廊地区及新疆，为温带灌溉地区。后两类地区的苜蓿，一般越冬都较顺利，其温带灌区的苜蓿产量较高。

中国的苜蓿栽培品种主要是紫花苜蓿、黄花苜蓿、杂花苜蓿、花苜蓿、金花菜和天蓝苜蓿。在北方，紫花苜蓿栽培面积较大，其次是杂花苜蓿，南方则为金花菜。苜蓿品种可依生育期、生态类型、秋眠性(fall dormancy)分为不同的类型。《中国苜蓿》把中国苜蓿品种划分为东北平原生态型、华北平原生态型、黄土高原生态型、江淮平原生态型、汾渭平原生态型、新疆大叶生态型和内蒙古高原生态型等7种类型。卢欣石等曾对中国苜蓿依秋眠性强弱分别归属为强秋眠性、秋眠性和非秋眠性等3类。1987—2017年中国草品种审定委员会审定登记的苜蓿品种共92个(表8-1)，其中育成品种44个，地方品种20个，引进品种23个，野生驯化品种5个。

表 8-1 中国草品种审定委员会审定登记苜蓿品种(1987—2017)

种名	品种名称	育成单位	登记年份	品种类型
黄花苜蓿	'呼伦贝尔'	内蒙古呼伦贝尔市草原站等	2004	野生栽培
黄花苜蓿	'秋柳'('Culuskaya')	东北师范大学草地科学研究所	2007	引进品种
天蓝苜蓿	'陇东'	甘肃农业大学	2002	野生栽培
紫花苜蓿	'公农1号'	吉林省农业科学院畜牧分院	1987	育成品种
紫花苜蓿	'公农2号'	吉林省农业科学院畜牧分院	1987	育成品种
紫花苜蓿	'公农3号'	吉林省农业科学院畜牧分院草地研究所	1999	育成品种
紫花苜蓿	'图牧2号'	内蒙古图牧吉草地所	1991	育成品种
紫花苜蓿	'新牧2号'	新疆农业大学	1993	育成品种
紫花苜蓿	'甘农3号'	甘肃农业大学	1996	育成品种
紫花苜蓿	'中苜1号'	中国农业科学院北京畜牧研究所	1997	育成品种
紫花苜蓿	'中兰1号'	中国农业科学院兰州畜牧研究所	1998	育成品种
紫花苜蓿	'龙牧801'	黑龙江省畜牧研究所	1993	育成品种
紫花苜蓿	'龙牧803'	黑龙江省畜牧研究所	1993	育成品种
紫花苜蓿	'敖汉'	内蒙古农牧学院、赤峰市草原站与敖汉旗草原站	1990	地方品种
紫花苜蓿	'北疆'	新疆农业大学	1987	地方品种
紫花苜蓿	'新疆大叶'	新疆农业大学	1990	地方品种
紫花苜蓿	'沧州'	河北省张家口市草原畜牧所、沧州市饲草饲料站	1990	地方品种
紫花苜蓿	'蔚县'	河北省张家口市草原畜牧所、蔚县畜牧局和阳原县畜牧局	1991	地方品种
紫花苜蓿	'关中'	西北农业大学	1990	地方品种
紫花苜蓿	'陕北'	西北农业大学	1990	地方品种
紫花苜蓿	'河西'	甘肃农业大学	1991	地方品种
紫花苜蓿	'陇东'	甘肃省草原生态研究所、甘肃农业大学等	1991	地方品种
紫花苜蓿	'陇中'	甘肃省饲草饲料技术推广总站等	1991	地方品种
紫花苜蓿	'晋南'	山西省畜牧兽医研究所、运城地区农牧局牧草站	1987	地方品种
紫花苜蓿	'偏关'	山西省农业科学院畜牧研究所、偏关县畜牧局	1993	地方品种
紫花苜蓿	'无棣'	中国农业科学院北京畜牧研究所、山东无棣县畜牧局	1993	地方品种
紫花苜蓿	'天水'	甘肃省畜牧厅、天水市北道区种草站	1991	地方品种
紫花苜蓿	'内蒙古准格尔'	内蒙古农牧学院、内蒙古草原工作站	1991	地方品种
紫花苜蓿	'肇东'	黑龙江省畜牧研究所	1989	地方品种
紫花苜蓿	'淮阴'	南京农业大学	1990	地方品种
紫花苜蓿	'保定'	中国农业科学院北京畜牧兽医研究所	2002	地方品种
紫花苜蓿	'三得利'('Sanditi')	百绿(天津)国际草业有限公司	2002	引进品种
紫花苜蓿	'龙牧806'	黑龙江省畜牧研究所	2002	育成品种
紫花苜蓿	'德宝'('Derby')	百绿(天津)国际草业有限公司	2002	引进品种
紫花苜蓿	'金皇后'('Gold Empress')	北京克劳沃草业技术开发中心等	2003	引进品种
紫花苜蓿	'赛特'('Sitel')	百绿(天津)国际草业有限公司	2003	引进品种
紫花苜蓿	'维克多'('Vector')	中国农业大学	2003	引进品种
紫花苜蓿	'中苜2号'	中国农业科学院北京畜牧兽医研究所	2003	育成品种
紫花苜蓿	'牧歌104+Z'('Amerigraze104+Z')	北京克劳沃草业技术开发中心、北京格拉斯草业技术研究所	2004	引进品种
紫花苜蓿	'皇冠'('Pnabulous')	北京克劳沃草业技术开发中心等	2004	引进品种
紫花苜蓿	'WL232HQ'	北京中种草业有限公司	2004	引进品种
紫花苜蓿	'WL323ML'	北京中种草业有限公司	2004	引进品种
紫花苜蓿	'维多利亚'('Victoria')	北京克劳沃草业技术开发中心等	2004	引进品种
紫花苜蓿	'甘农4号'	甘肃农业大学等	2005	育成品种

(续)

种名	品种名称	育成单位	登记年份	品种类型
紫花苜蓿	'游客'('Eureka')	江西省畜牧技术推广站、百绿(天津)国际草业有限公司	2006	引进品种
紫花苜蓿	'中苜3号'	中国农业科学院北京畜牧兽医研究所	2006	育成品种
南苜蓿	'楚雄南苜蓿'	云南省肉牛和牧草研究中心等	2007	地方品种
紫花苜蓿	'驯鹿'	北京克劳沃草业技术开发中心	2007	引进品种
紫花苜蓿	'WL525HQ'	云南省草山饲料工作站等	2008	引进品种
紫花苜蓿	'渝苜1号'	西南大学	2008	育成品种
花苜蓿	'土默特扁苜豆'	中国农业科学院草原研究所	2008	野生栽培
紫花苜蓿	'清水'(根茎型紫花苜蓿)	甘肃农业大学等	2009	野生栽培
紫花苜蓿	'甘农6号'	甘肃农业大学	2009	育成品种
紫花苜蓿	'公农5号'	吉林省农业科学院	2009	育成品种
紫花苜蓿	'德钦'	云南农业大学等	2009	野生栽培
紫花苜蓿	'中草3号'	中国农业科学院草原研究所	2009	育成品种
紫花苜蓿	'新牧4号'	新疆农业大学	2009	育成品种
紫花苜蓿	'威斯顿'	北京克劳沃种业科技有限公司	2009	引进品种
紫花苜蓿	'东苜1号'	东北师范大学	2009	育成品种
紫花苜蓿	'龙牧808'	黑龙江省畜牧研究所	2009	育成品种
紫花苜蓿	'甘农5号'	甘肃农业大学	2009	育成品种
紫花苜蓿	'中苜6号'	中国农业科学院北京畜牧兽医研究所	2009	育成品种
紫花苜蓿	'中苜4号'	中国农业科学院北京畜牧兽医研究所	2011	育成品种
紫花苜蓿	'公农4号'	吉林省农业科学院	2011	育成品种
南苜蓿	'淮阳金花菜'	扬州大学等	2013	地方品种
紫花苜蓿	'甘农7号'	甘肃创绿草业科技有限公司等	2013	育成品种
紫花苜蓿	'中苜5号'	中国农业科学院北京畜牧兽医研究所	2014	育成品种
紫花苜蓿	'WL343HQ'	北京正道生态科技有限公司	2015	引进品种
紫花苜蓿	'草原4号'	内蒙古农业大学生态与环境学院	2015	育成品种
紫花苜蓿	'凉苜1号'	凉山彝族自治州畜牧兽医科学研究所等	2016	育成品种
紫花苜蓿	'阿迪娜'('Adrenalin')	北京佰青源畜牧业科技发展有限公司等	2017	引进品种
紫花苜蓿	'东苜2号'	东北师范大学	2017	育成品种
紫花苜蓿	'康赛'('Concept')	北京佰青源畜牧业科技发展有限公司等	2017	引进品种
紫花苜蓿	'赛迪7号'('Sardi7')	北京草业与环境研究发展中心等	2017	引进品种
紫花苜蓿	'沃苜1号'	克劳沃(北京)生态科技有限公司	2017	育成品种
紫花苜蓿	'东农1号'	东北农业大学	2017	育成品种
紫花苜蓿	'甘农9号'	甘肃农业大学	2017	育成品种
紫花苜蓿	'WL168HQ'	北京正道生态科技有限公司	2017	引进品种
紫花苜蓿	'中兰2号'	中国农业科学院兰州畜牧兽药研究所等	2017	育成品种
紫花苜蓿	'玛格纳601'('Magna601')	克劳沃(北京)生态科技有限公司等	2017	引进品种
紫花苜蓿	'中苜8号'	中国农业科学院北京畜牧兽医研究所	2017	育成品种
杂花苜蓿	'阿勒泰'	新疆维吾尔自治区畜牧厅、新疆八一农学院、阿勒泰市草原站	1993	野生栽培
杂花苜蓿	'新牧1号'	新疆农业大学	1988	育成品种
杂花苜蓿	'新牧3号'	新疆农业大学	1998	育成品种
杂花苜蓿	'草原1号'	内蒙古农牧学院	1987	育成品种
杂花苜蓿	'草原2号'	内蒙古农牧学院	1987	育成品种
杂花苜蓿	'草原3号'	内蒙古农业大学、内蒙古乌拉特草籽场	2002	育成品种
杂花苜蓿	'甘农1号'	甘肃农业大学	1991	育成品种
杂花苜蓿	'甘农2号'	甘肃农业大学	1996	育成品种
杂花苜蓿	'图牧1号'	内蒙古图牧吉草地研究所	1992	育成品种
杂花苜蓿	'润布勒'('Rambler')	中国农业科学院草原研究所	1988	引进品种
杂花苜蓿	'阿尔冈金'('Algonquin')	北京克劳沃草业技术开发中心等	2005	引进品种
杂花苜蓿	'赤草1号'	赤峰润绿生态草业技术开发研究所等	2006	育成品种

18.2.2.2 外国苜蓿品种资源

美国、加拿大、俄罗斯等苜蓿主要种植国家选育了许多品种。如美国 2004—2015 年登记的苜蓿品种共 733 个；而中国育成的苜蓿品种数量少，1987—2015 年通过全国草品种审定登记的苜蓿品种仅为 80 个，远不能满足生产的需要。为此，中国近年从国外引种了许多苜蓿品种，有的已作为引进品种通过了全国草品种审定登记。

18.3 苜蓿育种目标及其遗传特点

18.3.1 苜蓿育种目标

18.3.1.1 高产

高产一直是苜蓿生产的主要育种目标。苜蓿品种一般要求草产量高，如果需要繁殖苜蓿种子，则还要求其种子产量高。20 世纪 60 年代苜蓿干草单产只有 9884.25~12 385.5 kg/hm²，目前世界苜蓿干草单产一般为 12 000~15 000 kg/hm²，高产的可达 21 004.5~22240.5 kg/hm²。苜蓿产量构成因素包括苜蓿植株高度、生长速度和再生速度、分枝数、叶量以及根茎的分枝能力等性状。苜蓿产量的影响因素很多，首先，苜蓿的分枝能力、株高及其生长速度、再生性与持久性、秋眠性及春季返青迟早等生物学遗传特性直接影响苜蓿产量；其次，苜蓿单位面积的建植密度、生态环境条件、栽培技术、年度刈割次数及各次产量的均匀度等外因也对苜蓿产量具有明显影响。苜蓿产草量及种子产量被认为是数量遗传性状。此外，矮秆基因等单一基因控制的质量性状也影响苜蓿产草量。影响苜蓿产量的遗传因素与其产量的关系总结如下：

（1）分枝能力

苜蓿单株分枝数即分枝能力是影响草产量的主要遗传因素，苜蓿不同种及不同品种在充分满足其栽培条件要求时，从根颈部位发出的分枝数不同，从数十个到数百个不等，除基生分枝外，各枝条叶腋处还会抽生出二级分枝和三级分枝；一般枝条粗壮者分枝数较少，枝条细小者较多，也有一些品种分枝既粗壮又多。同时，苜蓿单位面积的分枝数还受栽培环境条件的影响，在稀植及水肥供应充足时，一般苜蓿单株分枝较多，并且，苜蓿不同种及品种单株分枝数的差异较大；在密植条件下，苜蓿不同品种基生的分枝数大致相近，分枝能力强的品种因空间不足而受到限制。而单位面积的分枝数（密度）是决定苜蓿产量主要因子，细而密的枝条对苜蓿干草的产量和品质有利。

（2）株高及其生长速率

苜蓿产量除取决于其单位面积分枝数（密度）外，还与其植株平均高度呈极显著正相关；与茎粗、节间数、节间长分别呈显著正相关。生长速度是苜蓿株高增长和叶片出现的快慢，它在一定程度上反映了苜蓿生长能力的强弱，决定着苜蓿的生物产量和利用方式。苜蓿主要农艺性状中，对其产量影响最大的是株高；其次是生长速率。苜蓿株高主要取决于节间长度，节间长度较长有利于高产，但往往茎/叶比值偏高，降低苜蓿品质。因此，高产优质苜蓿育种要求选育节短而多的品种。

苜蓿不同品种间由于各自的遗传特性和生长发育阶段的差异以及对环境条件的反应不同，表现出株高及其生长速率的差异。苜蓿生长过程呈"S"形曲线。从播种出苗到出苗前

40d，苜蓿生长较为缓慢，从分枝到现蕾期，为旺盛生长期，生长点不断分蘖，节间伸长，植株增高。现蕾期后苜蓿生长缓慢，在开花期株高达到最大值。苜蓿株高的形成主要在分枝到现蕾期。紫花苜蓿多年生，随着生长年限增加，苜蓿株高也增加，但到一定年限株高呈下降趋势与其产量变化趋势一致。此外，非生物胁迫与生物胁迫均会降低苜蓿株高及生长速度。

(3) 再生性与持久性

不同苜蓿品种的再生能力不同，此外环境条件、栽培管理、刈割的频度与时期及留茬高度都会影响苜蓿的再生性，从而对产量造成影响。如某些再生性强的品种，在种子成熟时应及时收割，否则，又会从根颈部萌发大量新生枝条并迅速生长，与结荚老枝条交混，造成收种困难并严重降低第二茬草产量；苜蓿刈割后钾的补给会延长苜蓿的使用年限，促进再生生长，提高苜蓿的越夏性能，增加草产量；刈割次数过多往往导致再生性下降，甚至不能安全越冬。此外，苜蓿生长速度与其再生速度呈正相关；与刈割次数也呈正相关。一般地方品种生长速度较慢，一年可刈2~3次；播种当年的苗期生长速度慢，一般可刈1~2次，产量不高；国外引进的一些丰产品种生长速率快，可年刈3~5次，播种当年幼苗生长快，可收一茬种子或至少割2茬草。

苜蓿的高产阶段一般出现在第4年，且高产仅持续2~3年，种植6~7年后草品质会迅速下降，草产量和营养成分及再生性都逐渐表现出下降趋势。因此，筛选持久性较强且能持续高产的苜蓿品种极其重要。苜蓿的持久性受基因型、生物和非生物环境、田间管理及其互作等多种因素影响。以往持久性的衡量常采用草产量和密度的变化指标，但是，生长多年的苜蓿难以准确辨别单个植株，不便用密度测量。近年采用测定返青或刈割后的间隙以确定持久性的方法。该法具有简便、快速等特点，适用于条播种植的苜蓿草地持久性的测定。

(4) 秋眠性及春季返青迟早

苜蓿秋眠性是指不同苜蓿品种对低温和短日照的反应差异，即在秋季北纬地区由于光照减少和气温下降，引起的生理休眠，导致苜蓿形态类型和生产能力发生变化，植株由向上生长转向匍匐生长，导致总产量减少的一种特性。不同苜蓿品种的秋眠性分为9级，其秋眠等级测定方法为：春季培育幼苗并移栽田间圃，秋季9月初刈割，10月中旬测定植株再生高度，根据被测品种或9个秋眠等级标准对照品种的再生高度，给各被测品种打分确定其秋眠等级。再生高度超过40cm定为秋眠1级；再生高度35~40cm为2级；再生高度30~35cm为3级；再生高度30~25cm为4级；再生高度25~20cm为5级；再生高度20~15cm为6级；再生高度15~10cm为7级；再生高度10~5cm为8级；再生高度5cm以下为9级。苜蓿秋眠级数值越小，表明秋眠越迟，苜蓿生长期延长，苜蓿产量越高。而苜蓿春季返青越早，也使苜蓿生长延长和产量增加。

不同苜蓿品种的秋眠性等级及春季返青的迟早不同。它们均受不同基因型控制，也是苜蓿耐寒性的评价指标之一，还与再生性紧密相关。秋眠品种入秋后地上部生长缓慢，大大降低苜蓿再生性；非秋眠品种则比秋眠品种的再生性强，产量高。

18.3.1.2 优质

优质苜蓿品种可提高家畜的饲养效率和降低饲喂成本及其社会生态效益，提高人们生活与健康水平。苜蓿饲用品质主要育种目标包括提高消化率和营养成分含量，降低有毒有害物质含量。此外，苜蓿饲用品质与其食用、保健、生态品质育种目标均有所差异。苜蓿饲用型是为家畜提供高产优质的饲料。食用型是为人类提供可口优质的食品，加工为苜蓿糕点、豆腐、饮料、苜蓿芽饭与酒等。保健型是为人类健康提供保健食品，增加人体免疫力，有辅助药物治疗等作用。生态型是主要用于治沙、改良盐碱地等环境生态治理，主要育种目标要求苜蓿根系发达。如苜蓿饲用品质育种要求降低皂苷、黄酮、异黄酮物质、香豆素等药用成分含量；而苜蓿保健品质育种则要求提高这些药用成分含量。

(1) 消化率

苜蓿提高青干草的干物质消化率的饲用品质育种途径：一是采用提高叶/茎比的形态品质育种方法；二是采用降低粗纤维含量和改变木质素结构及含量的成分品质育种方法。

苜蓿叶片矿物质和粗蛋白含量可比茎的高 11.5 倍，而其粗纤维含量比茎的要少 50%。苜蓿大叶与多叶品种的叶/茎比较高，不仅其营养价值高，其干物质消化率也高，适口性好。而苜蓿大叶与多叶及叶/茎比等性状均是遗传性状，不同苜蓿品种的叶/茎比均不相同。通常苜蓿主茎上叶片为羽状三出复叶，但个别品种或种质有复叶数目大于 3 个，共同着生于一个叶柄上，各小叶的叶形与一般小叶无明显的区别的现象，称多叶苜蓿。Bingham 等研究结果，认为二倍体苜蓿的多叶性状可以稳定遗传，至少有 3 个基因控制该性状，包含 1 个影响性状标的隐性纯合的基因(mf)，两个影响性状表达的加性基因。因此，可通过选育大叶与多叶及叶/茎比高的苜蓿品种，从而提高苜蓿消化率及牧草品质。美国和澳大利亚已经选育了飞马、牧歌、金黄后、CW 系列、WL323HQ 等多叶苜蓿新品种，并向中国推广。此外，同一品种的苜蓿叶/茎比随苜蓿成熟而下降；同时还受环境条件、灌水、施肥等因素的影响。

苜蓿开花期以后，其青干草干物质消化率显著降低。植物细胞壁的木质化是苜蓿成熟期消化率降低的主要原因。因此，苜蓿品质育种中，可以通过对参与木质素生物合成的咖啡酸氧-甲基转移酶(COMT)、4-香豆素辅酶 A 连接酶(4CL)、P3 肉桂酸辅酶 A 还原酶(CCR)和肉桂醇脱氢酶(CAD)等的调节，实现木质素合成过程的调控，从而提高苜蓿干物质消化率。

(2) 营养成分

苜蓿饲用品质营养成分改良的育种目标主要是提高可溶性碳水化合物和粗蛋白及必需氨基酸及含量。果聚糖由多个果糖分子组成，苜蓿能产生果聚糖作为其主要的可溶性碳水化合物。可采用苜蓿生物技术育种途径，通过果聚糖合成的基因调控，提高苜蓿的果聚糖含量，从而达成提高苜蓿适口性和消化率，改良苜蓿青干草品质的育种目标。

苜蓿叶蛋白是优质植物蛋白的来源，苜蓿的卵蛋白基因性状表现较差，蛋白质的积累不到整个细胞蛋白质的 0.01%。因此，提高苜蓿蛋白质含量可提高苜蓿及其饲养牲畜产品的营养品质。此外，苜蓿等豆科牧草蛋白质的限制性必需氨基酸为含硫氨基酸(甲硫氨酸和半胱氨酸)，特别在放牧条件下，绵羊的羊毛生产经常受到这些牲畜必需含硫氨基酸的影响。因此，通过苜蓿转基因育种方法，可提高苜蓿必需含硫氨基酸的含量及其营养品质。

(3) 有毒有害物质

苜蓿含有皂苷、酶抑制剂、抗维生素、植物雌激素、感光过敏物质等多种牲畜抗营养因子的有毒有害物质。如苜蓿皂苷能够使动物产生生长抑制、溶血、呼吸和酶抑制，使反刍动物瘤胃臌胀，危害严重可导致牲畜死亡。由于苜蓿这些有毒有害物质的含量是遗传性状，因此，降低苜蓿皂苷等有毒有害成分含量，调控苜蓿单宁合成则成为苜蓿饲用品质的主要育种目标。

因为苜蓿皂苷等有毒有害成分含量为其遗传特性，因此，可采用各种育种途径选育这些有毒有害物质低含量的苜蓿优质饲用品种。此外，还可对苜蓿单宁合成进行基因调控，培育无臌胀苜蓿品种。缩合单宁是通过类黄酮途径合成的聚合丙烷类化合物，它对苜蓿等豆科牧草既有益处也有害处。当苜蓿缩合单宁含量达到干物质重的4%～5%时是有害的；适量的缩合单宁(1%～3%)能减少放牧反刍家畜的瘤胃臌胀和寄生虫负担。因此，可采用转基因育种培育苜蓿适量缩合单宁含量的品种。

18.3.1.3 多抗

苜蓿多抗育种目标要求抗寒、耐旱与耐热、耐盐碱、抗病虫害等。

(1)抗寒性

苜蓿抗寒性是我国东北三省及内蒙古东部地区的重要育种目标。苜蓿不同品种的抗寒能力差异很大。例如，对苜蓿根组织的影响温度为-50～-7℃。此范围内每降低1℃，对不同苜蓿品种的影响不同。苜蓿品种'Rhigoma'在-20～-15℃受害；DuDuies则在-12.5～-10℃受害。根蘖型苜蓿被认为是由来自西伯利亚的黄花苜蓿与杂花苜蓿杂交的育种群体中产生，比黄花苜蓿亲本更抗寒。

苜蓿的抗寒性与苜蓿的形态及生理生化性状密切相关。如苜蓿多细根型为抗寒品种；主根发达类型则不耐寒。许多苜蓿耐寒品种属于长日照植物；不耐寒品种则属于短日照植物。

苜蓿汁液pH与其耐寒性有关，提高汁液的pH，会改变溶解度和蛋白质的稳定性、酶的活性、氨基酸及阳离子的浓度等。汁液可溶性碳水化合物含量高，苜蓿的抗寒能力也高。苜蓿呼吸速率与其抗寒性有关，苜蓿抗寒品种比不抗寒品种的呼吸速率大。苜蓿抗寒品种根、茎的游离脯氨酸积累量更多。苜蓿抗寒性的增强与其体内总脂肪含量、磷脂不饱和脂肪酸含量的增加相伴随。苜蓿器官组织浸提液的电导率、MDA含量、SOD酶和POD酶保护酶活性及其同工酶带数等也与苜蓿抗寒性的强弱密切相关。苜蓿根系贮藏的营养物质含量和其抗寒性关系极大，可溶性糖分、可溶性蛋白质和氨基酸含量高的苜蓿品种一般抗寒性较好。加拿大曾采用黄化苗生长量法间接鉴别苜蓿的抗寒性，其具体做法如下：在越冬前把苜蓿根系挖出洗净，测其鲜重，然后放在完全黑暗保温保湿箱内，在一定时间内测定其黄化苗生长量，第1茬之后依同样办法测第2茬、第3茬的黄化苗，一直到黄化苗不再生长为止。由于是在完全黑暗条件下，其黄化苗生长不是光合作用产物，而是依靠消耗其根内贮藏的营养物质，所以单位重量鲜根黄化苗生长量的多少反映了贮藏营养物质的多少，也间接反映了苜蓿抗寒性的强弱。

一些研究证明，苜蓿的抗旱性能与其抗寒性具有较强的相关性。苜蓿抗旱品种能促进其抗寒，抗旱性与抗寒性的许多生理生化变化具有一定相似性。此外，以前研究认为苜蓿秋眠级数越低，其抗寒性越好；反之耐热性越强。但是，近年研究发现，苜蓿耐寒性与秋眠性由不同基因控制，两者没有必然联系。

(2)耐旱性与耐热性

随着全球气候变暖，苜蓿耐旱性与耐热性育种越来越受到重视。目前最为有效和常用的育种选择方法还是传统的轮回选择法。此外，也有研究采用适量的腐胺对苜蓿种子进行培养或采用适量浓度的$CaCl_2$浸种或对苜蓿进行真菌接种，可明显提高苜蓿受干旱胁迫后的发芽率、生长速率、部分可溶性糖和蛋白质合成速率，可提高苜蓿耐旱性。

苜蓿耐旱性是其遗传特性，与其形态学及生理生化特性密切相关。苜蓿耐旱性的形态学特点表现为根系深扎、根体积大，茎疏导组织发达(维管束排列紧密、束内导管多、直径大等）；栅栏组织厚实、叶表面长有茸毛、角质层较厚。而根夹角、根干重、根茎新枝高度为反映苜蓿耐旱能力的3项根系形态结构指标。此外，苜蓿耐旱性的形态、生理生化鉴定指标与其耐寒性大体相同。

苜蓿为 C_3 植物，温度补偿点相对较低，其光合作用比呼吸作用对高温更敏感，当超过温度补偿点时，苜蓿呼吸作用超过光合作用，可造成苜蓿长期饥饿直至死亡。27℃最适苜蓿地上部分生长；而12℃土壤温度最适其根系生长。当温度持续超过30℃时对苜蓿生长有影响。不同苜蓿品种的耐热性差异，其形态、生理生化鉴定指标与其耐旱性的大体相同。但是，耐旱性与耐热性两者存在本质不同，热伤害并不总是伴随着干旱缺水，耐热性不等于抗旱性。因此苜蓿耐热性研究还需进一步深入。

(3) 耐盐性

苜蓿不同品种的耐盐(碱)性差异极大。苜蓿出苗期、苗期和成熟期的耐盐性也不相同，紫花苜蓿在发芽期、苗期对盐胁迫比较敏感，生长后期相对不敏感。因此，在早期阶段进行苜蓿耐盐性选择最合适。且苜蓿耐盐性可以在几个阶段进行选择，而苗期进行耐盐性选择最容易、最经济。此外，苜蓿耐盐性的转基因育种技术也越来越完善。

(4) 抗病性

苜蓿病害不仅影响单位面积的产量，而且影响苜蓿的饲用价值、生产价值和药用价值，缩短草地的利用年限。据统计，截至2015年年底，全世界有30属61种病原真菌引起苜蓿病害，其中苜蓿茎叶真菌病害有11属19种。中国截至2015年年底发现26属36种病原真菌侵染苜蓿引起43种病害，其中侵染苜蓿茎叶真菌有22属27种，同时侵染茎叶部和根部的真菌1属1种。目前分布较广且危害较大的苜蓿病害：一是有炭疽病、霜霉病、褐斑病、锈病、轮斑病、苜蓿白粉病、镰孢根腐病和萎蔫病、立枯病、春季黑茎病等真菌性病害；二是苜蓿花叶病、苜蓿丛枝病等病毒性病害；三是菟丝子寄生性植物病害。并且，随栽培制度、种植面积和气候条件等影响，苜蓿病害种类及发生严重程度等也不断发生变化。苜蓿不同品种的抗病性差异十分显著，且品种内植株间的抗病性变异也很大。例如，中国农业科学院兰州畜牧与兽医研究所采用种质资源筛选鉴定、多元杂交等育种方法，于1998年选育出抗霜霉病的'中兰1号'苜蓿品种，还兼有中抗苜蓿褐斑病和锈病的特性。

(5) 抗虫性

据统计，世界范围内危害苜蓿的害虫有几百种。昆虫危害可以使苜蓿植株的正常生长发育受阻，严重的可使植株落叶、甚至死亡。粗略资料分析结果，每年美国苜蓿饲草和种子因昆虫危害造成的经济损失约达26亿美元。苜蓿的主要害虫有：苜蓿斑点蚜(*Therioaphis maculata*)、豌豆蚜(*Acyrthosipon pisum*)、苜蓿叶象甲(*Hypera postica*)、马铃薯叶蝉(*Empoasca fabae*)、苜蓿夜蛾(*Heliothis viriplaca*)、蓟马、盲蝽和草地螟(*Melanoplus songuinipes*)、苜蓿籽蜂(*Bruchophagus gibbus*)及地下害虫蛴螬等。

近年研究表明，苜蓿许多抗虫性属于简单遗传，比较容易采用常规育种方法选育遗传稳定的抗虫品种。并且，苜蓿自由授粉群体中，表型轮回选择对苜蓿斑点蚜、豌豆蚜、马铃薯叶蝉和苜蓿象虫抗性的选择有效。例如，内蒙古农业大学吴永敷教授曾进行了苜蓿的抗蓟马轮回选择育种研究，并取得阶段性进展。近年抗虫基因工程育种已经取得了巨大进展，分离克隆的植物抗虫基因已达几十种。此外，国外采用育种方法，培育了高抗苜蓿斑翅蚜和豌豆蚜苜蓿品种，并已在生产上推广应用。

18.3.2 苜蓿遗传特点

紫花苜蓿是苜蓿的主要栽培种，分布最广，其遗传特性如下：

18.3.2.1 同源四倍体特性

紫花苜蓿等近半数多年生苜蓿均是同源四倍体，四倍体物种遗传方式比二倍体复杂得多。二倍体同一个基因座出现的等位基因种类只能有两种（A 和 a），由此产生的基因型只能为 Aa、AA 和 aa 等3种，使用共显性标记分离即可反映全部的基因型。紫花苜蓿等同源四倍体物种的群体内部基因型高度杂合，分离群体中存在大量的预期表型，分析过程复杂。每个座位的等位基因有4个，单由显隐性两种等位基因组成的基因型，就可以分为三显性 $AAAa$，双显性 $AAaa$，单显性 $Aaaa$ 以及纯合显性 $AAAA$ 和纯合隐性 $aaaa$ 等5种组合。如果该位点有4种不同的等位基因，其组成的基因型最多可以达到19种。如苜蓿多叶性状由多基因控制，在人工选育条件下可以稳定遗传。但是由于苜蓿是同源四倍体异花授粉植物，一般都属于群体品种，群体内的个体性状变异较大，同一群体同时包含若干不同类型。因此，苜蓿多叶性状的保持除了人工选择外，要经过长期自我繁殖（群体内杂交或自交），才能形成性状稳定趋于平衡的材料。此外，使用常规聚丙烯酰胺凝胶电泳分离等位基因时，由于只能反映该基因型包含几种等位基因类型，而无法获知各类型对应的相对剂量，也就是说，$Aaaa$、$AAaa$ 和 $AAAa$ 这3种基因型通过聚丙烯酰胺凝胶电泳分离所显示的结果是相似的，没有办法准确区分。所以使用聚丙烯酰胺凝胶电泳并不能完全对等地反映出四倍体物种基因型的状态。

同源四倍体由4个相同的染色体组组成，每个同源染色体组由4条同源染色体构成。在减数分裂过程中，由于同源染色体联会的原则是同源染色体的任何区段，只能发生两条染色体的联会现象，而第三条染色体的该区段一定会被排斥在外，所以在联会阶段，4条同源染色体的组合方式有可能是四价体（Ⅳ）或是两个二价体（Ⅱ+Ⅱ）两两相互联会，或者出现一个三价体和一个单价体（Ⅲ+Ⅰ），或者一个二价体和两个单价体（Ⅱ+Ⅰ+Ⅰ）的情况。这些组合中，多价体由于配对不紧密，常常出现提早解离的现象。后期分离时，除 Ⅱ+Ⅱ 的联会方式只发生 2/2 的均衡分离外，其他联会方式在分离时有可能出现 2/2 均衡分离，也有可能出现 3/1 式的不均衡分离，甚至可能因为单价体遗落在胞质之中，出现 2/1 或者 1/1 的分离形式，当然这样的概率很低。不均衡分离产生的配子是非整倍性的，如果这些配子可育，随之产生的后代也是非整倍体的后代。

四倍体遗传图谱的构建比二倍体的困难。二倍体的分离群体使用分子标记分析群体基因型时，同一个位点可能出现的基因最多有2种，可能出现的基因型最多有3种。而构建四倍体遗传图谱时，每个位点出现的基因最多有4个，单次可能出现的基因型最多可以达到19种。虽然同源四倍体在分离过程中可能出现的情况复杂多样，但是主要的分离方式仍然遵循 2/2 均衡的分离进行。不过根据基因在染色体上位置的不同，分离时遵循的规则也不尽相同。距离着丝粒较近的基因，在联会时几乎不发生非姐妹染色单体之间的交换，所以处于该位置的基因，其分离方式可以看作按照以染色体为单位进行的随机分离。位于距离着丝粒较远的基因，非姐妹染色单体之间的基因容易发生交换，分离时可以近似看作以染色单体为单位的随机分离，或者完全均衡分离。完全均衡分离与染色单体随机分离之间的差别在于染色单体随机分离时假定只有基因发生姐妹染色单体之间的交换，而完全均衡理论则假设基因和着丝粒都发生了交换。完全均衡理论的设想的分离条件必须满足有四价体出现，且基因与着丝粒间发生完全交换两种情况。

18.3.2.2 近交不亲和性

苜蓿除一年生物种以自花授粉为主外,紫花苜蓿等多年生物种全部为异花授粉植物,天然异交率为 25%~75%,具有自交不亲和特性,自交结实率不到 1%。如强迫自交会出现严重自交衰退现象。所以,难以获得多次自交产生的重组近交系、近等基因系和回交近交系。一般只能构建临时性的 F_1 代分离群体,这一类群体虽然也可以提供大量遗传信息,但是不利于长期保存。回交群体的优势是简化亲本和群体的基因型,使得每一个基因座只有两种基因型,直接反映分配比例,但是也难以长期保存。目前使用比较多的构图群体是包含基因型全面且相对容易获得的 F_2 群体。

苜蓿自交不亲和性在群体中呈连续、偏态分布,曲线在 15%(结荚率)处出现峰值,极端亲和类型极少,自交不亲和性主效基因明显受微效基因修饰;苜蓿自交不亲和性反应主要发生在雌蕊组织下部(子房及子房腔);苜蓿自交不亲和性受单位点、复等位基因控制。

异花授粉苜蓿的基因型在长期开放授粉的条件下,品种群体的基因型高度杂合,且群体内个体间的基因型异质,没有基因型完全相同的个体。因此,它们的表现型多种多样,缺乏整齐一致性,且其基因型与表现型不一致,根据表现型选择的优良性状常不能在子代重演。所以,异花授粉作物品种特别容易退化,需要严格的良种繁育程序。

18.4 苜蓿育种方法

18.4.1 引种与选择育种

18.4.1.1 引种

引种对于苜蓿生产与育种意义很大。引进优良品种不仅可以为生产利用,而且能拓宽种质资源,为培育新品种提供条件。如中国 1922 年从美国引入杂花苜蓿品种格林(Grimn)在生产上推广应用。而美国的杂花苜蓿品种格林则是由德国移民 Wendenlin Grimm 于 1858 年从德国带了一小包苜蓿种子在明尼苏达州 Carver 郡种植,由于 Carver 郡比其原产地寒冷,起初由于环境不适应致大部分植株死亡,Grimm 从残存植株上采收种子,在第 2 年春天补播,几年后所种苜蓿不再冻死,从而选育出具较好抗寒性的美国苜蓿品种格林。又如,20 世纪的前 10 年,美国从法国、德国和其他欧洲国家同时引入许多苜蓿种子。1947 引自法国的杜普伊(DuPuits)苜蓿进行大规模试验,到 1969 年该品种已占到美国苜蓿面积的 3.7%。

中国紫花苜蓿是汉朝时从国外引进。20 世纪 30~40 年代,中国陆续从美国、日本等国家引进了一些新品种;1934 年新疆从苏联引入了一些紫花苜蓿在伊犁和乌鲁木齐等地试种;20 世纪五六十年代,从苏联及欧洲 11 个国家引进 80 多个苜蓿品种;70 年代以来,先后从美国、加拿大、澳大利亚、日本等全世界 5 大洲 37 个国家引进苜蓿品种 500 多个,广布于中国各地,取得了显著的经济效益,其中品质优良、抗寒、耐旱品种,如'THG-1'、'金皇后'、'8920MF'、'朝阳'、'WL252HQ'、'费纳尔'苜蓿等;耐刈割、耐践踏品种,如'牧歌 702'等;耐湿热品种,如'南霸天'、'巨人 802'、'盛世'等;抗病品种,如'巨人 201+Z'等。并且,1987—2018 年,中国审定登记的 102 个苜蓿品种中,引进品种为 28 个,占 27.5%。引进品种不仅可以直接为生产利用,而且还能拓宽种质资源,为培育新品种提供条件,具有十分重要的作用。

18.4.1.2 选择育种

中国苜蓿育种首先从选择育种起步，1950—1955 年，吉林省农业科学院从美国引进的苜蓿品种格林中，采用单株表型选择法育成了著名苜蓿抗寒品种公农 1 号，一直在生产上推广应用。苜蓿选择育种除采用单株选择法外，还主要采用地方与野生品种的驯化选择法、混合选择法与轮回选择法等。

(1) 地方与野生品种的驯化选择法

中国苜蓿的许多地方品种在长期自然选择下，均能适应当地的自然环境，均有耐盐碱，抗旱性强的特点，分枝多，抗病性强。另外，淮阴苜蓿分布在苏北，其特点是高产，成熟期早，是唯一一个耐热性比较强的地方品种，适合在南方地区引种种植。因此，对于这些品种采用选择育种法极其有效。通过对苜蓿主要产区的地方与野生品种进行系统整理，搜集试验、鉴定、比较、相同类型合并归类，形成了各具特色的品种，确定了适当名称，并通过全国草品种审定登记。1987—2018 年，中国审定登记的 102 个苜蓿品种中，地方品种与野生驯化品种分别为 21 个与 5 个，两者占审定登记品种总数的 25.5%。

(2) 混合选择法

选择育种就是选优去劣，从自然或人工创造的群体中根据个体的表现型选出具有优良性状，符合育种目标的基因型，并使所选择的性状稳定地遗传下去的过程。由于苜蓿许多品种在开放传粉情况下，是一个异质杂合体。对于这样的品种，采用混合选择法改良其某些性状具有良好效果。按照育种目标所要求的标准，在苜蓿品种异质群体中选择符合标准的个体，进一步混合脱粒即成为一个新的混合体。被选择的新混合体种子，在第二季与当地优良品种进行比较试验，如果比对照优越，就可以继续通过区试与审定登记及推广应用。混合选择也可采用无性繁殖法选择优良单株，其效果更显著。此外，混合选择法还可减少苜蓿这种具异花授粉特性作物的近亲繁殖退化作用。因此，混合选择育种法是改良苜蓿现有品种，育成新品种的常用方法。中国已审定登记的苜蓿育成品种中，'草原 3 号'，'中苜 1 号'、'2 号'和'3 号'，'公农 2 号'与'3 号'，'新牧 1 号'、'2 号'和'3 号'，'甘农 2 号'等苜蓿品种都是采用混合选择育种方法育成的。如'公农 2 号'是吉林省农业科学院畜牧分院从美国和加拿大引进的加拿大普通苜蓿、'蒙他拿'、'特普 28 号'、'格林'和'格林 19 号'等 5 个苜蓿品种的群体中经混合选择育成。此外，林省农业科学院畜牧分院引入国外的根蘖型苜蓿进行单株穴播，选择根蘖性状突出的苜蓿做进一步培育，最终选育出'公农 3 号'根蘖型耐牧性苜蓿品种。甘肃农业大学以提高根蘖特性和越冬率为双重育种目标，以同样方式选育出了'甘农 2 号'杂花苜蓿品种。混合选择育种法实用有效，容易掌握，目前仍然是苜蓿育种的重要方法之一。下面以苜蓿品种'草原 3 号'为例说明混合选择育种法的程序：

1992—1993 年：1992 年由内蒙古农业大学草原系云锦凤、米福贵教授等在苜蓿品种草原 2 号群体中选择生长健壮，株型直立或半直立的紫花、黄花及杂花（白花、黄紫花、黄绿花、褐蓝花、白黄紫花、黄绿紫花）植株挂牌标记。1993 年春季将标记植株通过茎段扦插方法建立无性系，构成杂种紫花、杂种杂花、杂种黄花等 3 个相互隔离的花色集团，分别从其优良无性系中选择优良植株挂牌标记，并于成熟期依不同花色分别混收种子。

1994—1996 年：通过温室育苗，将上年收获种子再次种植成 3 个不同花色集团，并在生育期内再次选择淘汰不良植株，成熟期按集团混合收获优良植株种子。将杂种杂花、杂种紫花和杂种黄花植株种子按 7∶2∶1 的比例混合，组成'草原 3 号'新品系的原原种，采用温室育苗，大田单株移栽的方式进行繁殖。

1997—2000 年：在内蒙古农业大学牧草试验站进行品种比较试验。

1998—2001 年：分别于呼和浩特市、巴彦淖尔盟乌拉特前旗和赤峰市郊区进行区试。

2002 年：在乌拉特前旗和呼和浩特市郊区进行生产试验。并于 2002 年底通过全国牧草品种审定登记。

（3）轮回选择法

苜蓿等大部分异花授粉植物均采用轮回选择的育种方法。苜蓿轮回选择大多采用改良的多次混合选择，在隔离区内进行选择。苜蓿轮回选择与混合选择的不同之处是，既注意表型选择，也对各个单株的配合力进行选择。通过连续几个轮回选择，可使各优良基因集中于选择群体内，增加重组机会，并在选择中淘汰不良基因，同时避免近亲繁殖，防止自交退化。提高苜蓿赖氨酸含量、抗逆性、抗病性和改进其特殊配合力等，轮回选择均具有良好育种效果。以下以耐盐品种中苜 3 号选育为例，说明苜蓿轮回选择的基本程序：

1995—1996 年：在山东省德州市试验点（土壤含盐量为 0.25%～0.46%），从'中苜 1 号'品种单株群体中，通过田间耐盐筛选及表型选择，共决选 102 个单株，并分别采收种子。通过盆栽试验测定耐盐性一般配合力，1996 年苜蓿开花前，淘汰耐盐性一般配合力较低的植株，选出 80 个优株，相互授粉杂交收获种子，完成第 1 代轮回选择。

1996—1999 年：1996 年将耐盐苜蓿材料播种于德州市试验点，通过第 2 年春季田间耐盐筛选及表型选择，共决选 107 个耐盐优株，并收获种子。收种后将这些优株移栽隔离种植。在 1998 年冬季，通过温室盆栽试验，测定单株的耐盐性一般配合力。1999 年苜蓿开花前，淘汰耐盐性较低的植株，得到了 75 株耐盐性一般配合力较高的优株，相互杂交收获种子，完成了第 2 代轮回选择。

1999—2000 年：1999 年将经过第 2 代轮回选择的材料播种于德州市陵县，该试验地盐碱较重，2000 年 4 月，试验地返盐严重（春季含盐量达 0.31%～1.02%），许多苜蓿幼苗死亡，从存活的幼苗中又选择了 89 株耐盐优株，全部带回中国农业科学院北京畜牧兽医研究所，采用盆栽种植，每盆 1 株，最终成活 70 株。7 月收获这些耐盐苜蓿相互杂交的种子，完成了第 1 代混合选择。

2000—2006 年：2000 年将经过第 2 代轮回选择和第 1 代混合选择获得苜蓿后代材料播种河北省南皮县含盐量 0.21%～0.38%试验地，2001 年通过表型选择获 106 株耐盐单株种子，收种后将其植株移栽隔离种植。同年冬季通过温室盆栽试验，测定这些单株耐盐性一般配合力。于 2002 年苜蓿开花前，淘汰配合力较低的植株，7 月得到 75 株配合力较高优株间相互杂交种子，完成了第 3 代轮回选择，获得了新品系。2002 年 9 月在河北省南皮县开始品系比较试验，并且，将获得的新品系播种扩繁，2003 年 7 月收获种子。2003 年在河北省中捷农场、山东省东营市等地开始区试。2006 年中苜 3 号通过全国草品种审定登记。

18.4.2　杂交育种

18.4.2.1　苜蓿花器构造

苜蓿杂交育种进行有性杂交时，必须了解苜蓿花器构造、开花习性、授粉最适宜条件以及花粉和柱头生活能力等。苜蓿花是由茎的第 6～15 节以上的顶端叶原基腋的分生组织产生的，是总状花序，两侧对称。营养生殖阶段，茎顶端分生组织只产生叶原基，进行复叶发育。进入生殖生长阶段，茎顶端分生组织产生初级花序分生组织，并在侧部产生叶原基和次级花序分生组织，次级花序分生组织经过一系列的分化产生花器官。花序长为4.5~17.5cm，小花数为20~80个，随品种和栽培环境的不同而异。同一植株花序上的小花数，一般是主茎上的花序小花数多，侧枝上小花数少。早期生成的花序小花数多，后期生长的少。苜蓿花与豆科蝶形花亚科的类似，同样具有四轮结构，由外向里分别为萼片、花瓣、10个雄蕊和中央心皮。成熟的花，花冠由5部分组成，包含3个花瓣，最大的一个为旗瓣，着生在花的近轴(背部)位置；两侧分别有一个翼瓣；2个短的花萼为龙骨瓣，融合共生，顶部紫色，颜色至底部逐渐变浅，着生在远轴端(腹部)位置；萼片融合呈短筒状，上端有深裂，着生在花梗上，且裹在花瓣外侧，为五出叶状，表皮具毛状体突起。雄蕊为9+1，9个合生在心皮周外的一个雄蕊管上，1个离生具有单独的雄蕊管。心皮无柄，向内弯曲，朝向龙骨瓣，心皮分化成雌蕊群的子房、花柱及柱头，最后发育成荚果。花的形态也常发生变异，突变包括总状花序的类型及花的形态等。这些变异可能与开花机制无关，只作为遗传标记。花药在花蕾阶段开放散粉，花粉带黏性，容易黏附许多传粉昆虫的身上便于传粉。开花前花粉自然贮藏于花药之中，这个阶段花粉有授粉的生活力，能保持两周。据报道苜蓿花粉中因残缺花粉的比例大，或者是柱头伸到花药之上而使苜蓿减少了自交的机会。影响自交的另一个原因是在柱头上有一层角质薄膜，它能阻止花粉与柱头分泌物的接触。在一般情况下薄膜在开花时自行破裂，提供授粉条件。但是也发现在田间一定条件下，未打开的花已受精结实。由此可见，苜蓿开花前柱头膜并不能完全阻止受精。

18.4.2.2 苜蓿开花机制与授粉

苜蓿花与一般豆科植物蝶形花不同之处是，花在开放时旗瓣、翼瓣先张开，花丝管被龙骨瓣里面的侧生相对突出物所包握，一般不易打开。打开花的机制有两种动力：一是雄蕊管与龙骨瓣相关联处的张力作用以及子房中胚珠的压力所致；二是紧贴龙骨瓣的角质组织中手指状突起的力量。苜蓿传粉的昆虫是丸花蜂、切叶蜂和独居型蜜蜂等一些野生昆虫。当它们为龙骨瓣未展开的花时，是爬在龙骨瓣上，把喙伸进旗瓣和花粉管之间采集花蜜，同时以头顶住旗瓣，然后在翼瓣上不断运动，引起解钩作用，将花粉弹在丸花蜂的腿部和腹部，最终达到传粉作用。家养的蜜蜂也喜欢采集苜蓿的蜜液，把喙伸在龙骨瓣和旗瓣之间的蜜腺处，而龙骨瓣不易被撞开，以致传粉作用受到限制。因此，在缺乏野蜂的地区，苜蓿种子产量受到影响；影响苜蓿种子产量的另一个原因是授粉昆虫对不同苜蓿种质的选择性，它们常停留在有吸引力的种质上，而不在无吸引力的种质上工作。

在高温干燥和阳光照射下，部分苜蓿的龙骨瓣也会自动张开，柱头接受花粉，但得到的种子大部分是自交种。一般认为，龙骨瓣没有张开的花是没有授粉的。绝大部分这样的花最后都衰败和凋谢。

上述形态特征妨碍了苜蓿在开花时的自交，致使其自交结实率很低，即使在隔离情况下强迫自交，自交结实率也不过14%~15%。苜蓿属异花授粉，其天然异交率为25%~75%。

苜蓿自交率低除上述形态特征原因外，常常受自花授粉机制的限制。据观察，自交花粉管只有少数能伸到子房腔基部。苜蓿授粉后30h，自交花粉管最长能达到第4个胚珠，而杂交的就能达到第8~9个胚珠。48h后，自交花粉管达到第5~6个胚珠，而杂交的则达到第10个胚珠。此外有许多花粉管达到了胚珠也不受精。一般情况下，自交和杂交的花粉管都能达到前4个胚珠，但是，能使这些胚珠受精的程度却不同，自交的只有28%；杂交的为80%。

自交花粉管不进入胚珠的现象，是自交不亲合性的证明。

苜蓿自交所得到的种子硬实率高，一般可达75%~80%，硬实种子经摩擦处理后发芽正常；不经处理的种子发芽率很低。自交种子长出来的幼苗生活力和生长势都弱，而且自交一代分离比较明显，鲜草和种子产量均比亲本的低。自交一代的鲜草产量只有亲本的80%~90%；自交二代的为70%~80%；自交三代的为50%~60%，以后就基本稳定在一个水平。种子产量也有同样下降趋势。自交后代幼苗往往出现畸形植株，如矮生、白化和不育等现象。

苜蓿也可以培育自交系，利用自交系配制杂交种，这是近年苜蓿改良的有效育种方法。

18.4.2.3　苜蓿开花习性

苜蓿开花的顺序与花序形成的顺序趋于一致，一个花序的开花顺序由下向上，一个花序开花持续时间，因气候和品种不同而异，一般2~6d，开始以后第2、3d为开花盛期，一朵小花开花时间能持续2~5d。一个花序开花持续时间与小花数目成正比，小花数越多，持续时间也越长。晴天开花多而阴天少或者不开。晴天5:00~17:00都有开花；但9~12时开花最多；13:00时后开花显著降低。苜蓿开花最适温度为20~27℃，最适相对湿度为53%~75%。

苜蓿柱头与花粉的生活能力在田间条件下可持续2~5d。花粉在20%~40%的相对湿度下，能保持更长的时间，部分花粉甚至能达到45d之久。在温度提高时，花粉的生活能力显著下降，而湿度达到100%时，花粉的生活力最低。苜蓿花粉人工贮藏在-18℃的真空干燥箱中，相对湿度为20%的密封玻璃瓶中，能保持活力183d。

适宜条件下，苜蓿授粉后7~9h，花粉发芽伸入到子房开始受精。在湿润而寒冷的气候中，可能延长到25~32h。授粉后5d就可以形成螺旋荚果。由授粉到种子成熟需要40d左右，授粉后20d所结的种子即有发芽能力。

18.4.2.4　苜蓿自交与杂交

（1）自交

苜蓿自交结实率很低，套袋自然自交，结实率不到1%。如果进行辅助授粉，可以提高结实率。一般自交常采用下列方法：①用牙签划破柱头膜并覆以自身的花粉；②用牙签尖端包上砂纸，擦破柱头膜以后覆以自身的花粉；③用折叠的卡片纸或吸墨纸打开花后并覆花粉；④用手轻轻地捏压总状花序。其中，以第4种方法效果最好，授粉率超过其他方法的3倍左右。

（2）杂交

苜蓿自交率低，但是人工辅助授粉仍有较高的授粉机会，因此在很多重要的研究中，杂交前去雄是必要的。

①去雄杂交　选主茎花序上的小花，当花冠从萼片中露出1/2时，花药为球状，绿色花粉还没有成熟，用镊子从花序上去掉全部已开放的和发育不全的小花。然后以左手的拇指和中指将小花平放，右手用镊子拨开旗瓣和翼瓣，同时左手食指压住。这时回转镊子，把龙骨瓣打开摘除雄蕊。去雄结束时，必须检查去雄是否彻底。去完花序上所有的小花雄蕊以后，立即套上纸袋，以防杂交。同时系好标签，用铅笔注明母本名称及去雄日期。去雄最好在早晨6~9时进行。

人工去雄还可以采用吸收法和酒精浸泡法。吸收法去雄是用橡皮球接一个吸管，将橡皮球先排除空气,细管尖端对准花药,然后轻轻放开橡皮球,花粉和花药就可以被吸入。酒精法去雄是将整个总状花序浸在75%的酒精溶液中约10min,然后在水里洗几秒钟。用酒精法去雄比吸收法容易,但是其效果不如吸收法。

去雄后的小花开放时即可进行授粉。根据开花的适宜条件,最好在晴天10:00~14:00进行。采集父本植株上花已开放而龙骨瓣未弹出的花粉。用牛角勺伸到父本小花的龙骨瓣基部轻微下按,雄蕊就会有力地将花粉弹出,留在小勺之上。这时即可将花粉授于已去雄的母本柱头,最后将父本名称和授粉日期登记在先以挂好的标签上。

②不去雄杂交法　苜蓿自交率一般很低,而且自交后代生活力降低,所以也可采用不去雄杂交法。该法较为方便,目前在实践中使用较多。它是在杂交之前,先收集大量已开放而龙骨瓣未打开的父本花序,用牛角勺取出父本花粉,又以同样的方法在母本小花上按压龙骨瓣,母本柱头即可接受父本的花粉,这样就完成了全部的杂交过程。必须注意的是,每杂交一个母本植株后,要将牛角勺用酒精法去雄处理一次。授粉后,为防止其他花粉的传入,还必须用纸袋隔离。然后,在标签上注明杂交组合名称及杂交日期,系在杂交过的花序上。

③天然杂交　天然杂交必须事先了解父母本选择受精(selective fertilization)的情况,只有在母本植株授以父本品种花粉,比本品种的花粉具有更大的选择性时才能采用,以保证获得高质量的杂交种子。该方法简单易行,而且花费人力少,所产生的杂交种子成本低。天然杂交应在隔离区内进行,防止与其他品种串粉杂交。隔离区距离不得少于1200m。杂交亲本要隔行播种,行距约为50cm,或者在母本周围播种父本植株。进行天然杂交时,若亲本花期不遇,可采用刈割调节花期的方法解决。父本植株也可采用分期刈割的方法,以满足花粉的供应。

紫花苜蓿与黄花苜蓿远缘杂交时,可将两者隔行种植,所收正、反交杂交种子播种后,从其田间淘汰纯紫花和纯黄花亲本类型,保留的杂花类型基本上都是天然杂交杂种后代。

18.4.2.5　苜蓿杂交育种的类型

杂交育种一直是苜蓿改良最有效方法之一,分品种间杂交育种与远缘杂交育种。

(1)品种间杂交育种

苜蓿品种间杂交育种培育了许多苜蓿品种。如澳大利亚注册苜蓿耐盐品种Alfalafa是在220 mmol/L NaCl胁迫下,经过两轮耐盐选择得到的基因型相互杂交育成。中国通过全国草品种审定登记的苜蓿品种'甘农3号'和'图牧2号',也是采用品种间杂交育种育成。

苜蓿品种间杂交育种常采用多父本杂交与多元杂交育种方法。如内蒙古图牧吉草地研究所选育的苜蓿品种'图牧2号'是利用当地紫花苜蓿作为个母本,与'武功'、'苏联0134'、'印第安'和'匈牙利'等4个父本品种,采用多父本混合授粉选育而成,表现了亲本抗寒、抗旱以及耐瘠薄的优良特性。甘肃农业大学选育的苜蓿品种'甘农3号'则是通过筛选优良单株,采用多元杂交法育成的;中国农业科学院兰州畜牧兽医研究所,以国内外69份苜蓿品种为材料,通过多年接种鉴定,选出5个抗病高产品系,采用多元杂交法育成'中兰1号'抗霜霉病苜蓿新品种,产草量比地方对照品种提高22.4%~39.95%。

苜蓿品种间杂交育种可采用回交育种法进行抗性育种。例如,美国20世纪50年代利用加利福尼亚普通苜蓿作为轮回亲本,将萎蔫病抗性强的Turkistan苜蓿作为非轮回亲本进行杂交,再经过4次回交后,将Turkistan苜蓿的抗萎蔫病性状转移给加利福尼亚普通苜蓿。然后在隔离条件下，再经自交和开放授粉，从其后代中选出抗病植株。将其混合起来，育成了一个抗萎蔫病苜蓿品种。此外，应当注意在苜蓿回交育种中，轮回亲本植株不得少于200株。

(2) 种间远缘杂交育种

紫花苜蓿和黄花苜蓿杂交形成的杂交种，能把紫花苜蓿的优质丰产性和黄花苜蓿的抗寒抗旱等抗逆性结合于一体，创造出更为优良的苜蓿杂交种品种。两者杂交容易，采用间行播种，便可获得自然杂交的杂交后代。然后根据花色、株型、叶片等性状，很容易把亲本与杂种类型区分开来，因此，紫花苜蓿与黄花苜蓿的远缘杂交育种应用十分广泛。国外很早就利用黄花苜蓿优良的抗寒性开展了以黄花苜蓿为亲本的种间杂交育种，选育了许多耐寒耐旱、适应性强的苜蓿品种，如'格林苜蓿'、'Rembler'、'Cancreep'和'Walkabout'等。中国通过全国草品种审定登记的苜蓿品种'草原1号'、'草原2号'、'甘农1号'、'新牧1号'、'新牧3号'等都是采用远缘杂交育种创造的新类型。例如，'甘农1号'杂花苜蓿是通过紫花苜蓿和黄花苜蓿的人工杂交，自由传粉杂交，采用改良混合选择法对杂种后代进行抗寒筛选，选育出的抗寒性较好的杂花苜蓿新品种。

紫花苜蓿与扁蓿豆的远缘杂交育种也育成优良苜蓿品种。如黑龙江省畜牧研究所王殿魁等在辐射诱变的基础上，以野生二倍体扁蓿豆(*Medicago ruthenica*)为母本，紫花苜蓿品种肇东(四倍体)为父本，采用远缘杂交育种育成了紫花苜蓿品种'龙牧801'；而将其父母本反交育成了紫花苜蓿品种'龙牧803'。

此外，因为蜗牛苜蓿莲叶上具有能分泌黏液的腺毛，美国Sorensen等用多年生紫花苜蓿与一年生蜗牛苜蓿(*Medicago scutellata*)杂交，把这一特性传递到紫花苜蓿上，育成了具有双亲优良特性并且抗虫的苜蓿新品种。

18.4.3 杂种优势利用及综合品种育种

18.4.3.1 杂种优势利用

苜蓿由于是异花授粉植物，花器小，自交和杂交都比较困难。生产杂交种最好的方法就是利用雄性不育系制种。1958年，加拿大学者首先发现了苜蓿雄性不育株20DRC，随后在美国、俄罗斯、匈牙利、保加利亚、法国、日本等，都陆续培育出苜蓿雄性不育系。目前，国外已通过三系配套育成了很多优良的苜蓿杂交种品种，如美国育成的DS304Hyb、Hybri-Force700、msSunstra-504和DS288等，并得到推广使用。

中国的苜蓿雄性不育系最早是1978年内蒙古农业大学吴永敷从草原1号杂花苜蓿品种中选育出的6株雄性不育株，并育出了不育系。随后于1986年明确了花粉败育的时期及不育产生的细胞学原因；1998年育出了遗传比较稳定的雄性不育系MS-4，同时确定出苜蓿强优势杂交组合MS-4×新疆大叶苜蓿，其干草产量比对照高34.90%。但是，该杂交组合虽然干草产量高，但其制种产量较低，没能在生产上推广应用。随着研究的深入，于2008年利用分子标记得到了17个苜蓿雄性不育株，3株F_1代和14株回交一代。此外，1995年中国农业科学院畜牧研究所在苜蓿杂交育种材料中，从大西洋苜蓿(*Medicago sativa* cv Atlantic)中发现了3株雄性不育株；2008年吉林省农业科学院草地研究所徐安凯等在苜蓿单株观察品比试验中发现了不育株MS-GN，并在开放授粉条件下获得了F_1种子。这些苜蓿雄性不育系的杂种优势利用均在研究试验中，可望获得突破。

早期研究已经发现了紫花苜蓿与黄花苜蓿的种间杂种优势，黄花苜蓿作为种质资源用于基因渗入，可提高苜蓿群体的产量。尽管黄花苜蓿种质具有抗寒性等优良的特性，但是它也具有再生较慢、秋眠性和匍匐生长特性等一些不利于杂种后代的性状。因此，目前围绕不同苜蓿种间的杂种优势研究也正在进行之中。

18.4.3.2 综合品种育种

苜蓿是多倍体，综合品种群体的后代分离不明显。苜蓿综合品种中以4~12个自交系和无性繁殖系组成其产量比较稳定。第一代综合品种杂合性最强，但综合品种后代在繁殖过程中难免发生部分自交，自交后代与活力不等的杂交后代混杂在一起，相互影响，最终会干扰综合品种的活力向平衡方向发展，所以综合品种第二代或第三代产量开始下降，直到平衡为止。当综合品种的产量下降时，需要对不同亲本分别加以繁殖，并采用各种适宜的综合方法，尽可能消除竞争影响。避免综合品种产量下降的方法：①应用10~12个无性系配置综合品种；②对综合品种第二代或第三代进行鉴定；③在多点进行后代测验，播种年度在一次以上；④只选择50%最佳无性系做一般配合力测验，并组成几个综合品种；⑤在50%最佳无性系中做部分特殊配合力测定；⑥在扩繁种子前，把两个综合品种的种子混合。

苜蓿综合品种组成的形式较多，有的如玉米那样，由中选的几个自交系种子等量混合而成。由于苜蓿选育自交系困难，因此由自交系组成苜蓿综合品种并不多见。当前应用较多的苜蓿综合品种大多由无性繁殖系组成，这在一些国家几乎已成为苜蓿综合品种育种的标准方法。另外，也可以由中选的优良单株混合组成综合品种，如通过混合选择、集团选择等育种方式也是行之有效的方法。现以'甘农3号'紫花苜蓿的选育过程为例，说明综合品种的育种程序：'甘农3号'紫花苜蓿的育种目标是培育适宜甘肃河西灌区的丰产品种。1979年引种国内外14个苜蓿品种，按1m×1m穴播，从中筛选出78个优良的单株扦插成无性繁殖系。经目测评定，从中挑选株型紧凑直立、叶色浓绿、长势强的32个无性系，将其余的无性系挖掉。在自由传粉条件下，在隔离区内进行多系杂交，种子成熟后分系收种，再进行配合力测验，从中选出7个配合力好的无性系，形成综合品种。随后进行品种比较试验和生产试验。新品种产量超过陇东苜蓿10%以上，株型紧凑、直立、叶片中等大小、叶色浓绿，花色中紫，春季返青早，生长速度快，适应灌区条件。

18.4.4 倍性育种与诱变育种

18.4.4.1 倍性育种

（1）单倍体育种

①苜蓿单倍体的获得　苜蓿是同源四倍体异花授粉植物（$2n = 4X = 32$），其单倍体为$2n = 2X = 16$。Bolton等（1950）报道引进俄罗斯种质资源中存在单倍体苜蓿，对单倍体的形态特征等进行了讨论，认为苜蓿单倍体植株矮小、生活力弱且不育。Lesins（1957）用多胚幼苗方法获得了4株苜蓿单倍体，该方法为早期获得植物单倍体的主要方法，但其具有偶然性，成功率不高。Sriwatanapongse（1968）在研究苜蓿种内、种间杂交时，发现一株自然状态的单倍体。Bingham（1969，1971）利用野生黄花苜蓿（2X）作为父本，与雄性可育系（用抽吸法去雄）和胞质雄性不育系的栽培紫花苜蓿（4X）进行杂交获得了178株单倍体。据此推测所有的苜蓿都可以产生单倍体，致使利用紫花苜蓿单倍体在部分种质中成为可能。但由于此方法受

雄性不育系的影响，使其在不同品系中的利用受到限制。Saunders 和 Bingham（1972）率先开始利用花药培养技术研究苜蓿的倍性问题，但是并没有得到单倍体植株。徐速（1981）报道了紫花苜蓿花粉植株的诱导，并成功获得了紫花苜蓿单倍体植株。Nedialka 等（1995）利用低温和射线处理紫花苜蓿花药，经花药培养后获得 4 株单倍体。总之，获得苜蓿单倍体的方法已有多种，但这些方法存在较多的限制因素，致使单倍体转化效率不高，在单倍体育种中也受到影响。

②苜蓿单倍体育种的意义　栽培苜蓿同源四倍体中，同时包括非整倍体在内的 2X 到 8X 的倍性系列，杂交水平高，遗传分析难度大，育种进程缓慢。要获得特异性状一致、稳定的品系，通过传统育种方法年限长，且效率不高。将四倍体苜蓿单倍体化后可以极大地缩短育种年限，提高选择效率，实现不同倍性苜蓿的遗传特性，在不同倍性间实现基因流动。Bingham（1975）利用栽培苜蓿的单倍体与野生黄花苜蓿单倍体杂交获得具有较高耐寒性的单倍体杂交种 W70222 和四倍体种质 W71242，其中单倍体杂种 W70222 对苜蓿象鼻虫也具有一定的耐受性。Pfeiffer（1983）将 2 个栽培单倍体加倍到四倍体水平，并在四倍体水平通过近交获得了 2 个四倍体群体 HG2 和 W315，发现 HG2 表现出较好的杂交效果和可育性。Baraccia（1999）、Bingham（1990）、McCoy（1986）等利用 $2n$ 配子将单倍体黄花苜蓿种质转入了四倍体水平，进行了种质创新。Bingham（1993）利用二倍体黄花苜蓿和四倍体紫花苜蓿杂交后，培育了一个四倍体黄花苜蓿品系 WISFAL21，该品系具有较好的生长性能和较大的繁殖器官，可与栽培紫花苜蓿直接杂交，并具有单倍体 WISFAL21 的所有特征，这样黄花苜蓿的优异性状就可以转移到苜蓿上。

总之，单倍体对苜蓿遗传学研究具有重要意义。首先，单倍体苜蓿可成为重要的育种中间材料，降低基因组的复杂程度，迅速实现性状的纯合。其次，苜蓿是一个杂合体，单倍体育种不仅可以充分利用杂种优势，而且可以大大缩短育种年限。诱变育种中获得的苜蓿单倍体具有特殊价值，因其不存在显隐性问题，所以一经诱变，性状就会随即表达。再者，单倍体材料还是良好的转基因受体，可用于基因相互作用的检测、遗传变异估计、连锁群的检测、多基因定位等；苜蓿单倍体与四倍体杂交可以创造不同倍性的材料，从而开展苜蓿不同倍性及其染色体遗传功能的研究；单倍体植株利用物理、化学、生物等方法加倍后获得 DH 纯系，产生的 DH 群体是构建遗传图谱，进行基因定位的优异群体。

（2）多倍体育种

20 世纪 40 年代，Julen、Anderson 和 Nilsson 等便早已开始紫花苜蓿单倍体与多倍体植株研究。1968 年，Bingham 在 Saranac 中发现紫花苜蓿六倍体；Bingham 相继利用 3X×4X（1968）、2X×6X（1969）、4X×6X（1969）杂交技术得到紫花苜蓿五倍体、四倍体及七倍体；Smith（1984）通过 3X×6X 杂交方法也有效地获得六倍体。同时，研究发现用秋水仙素处理组织培养的基质，会使二倍体进行无性加倍，也可形成四倍体（E. H. Stanford 等，1958；W. M. Clement 等，1961）；1972 年，Saunders 进行细胞培养时发现有自发加倍形成的紫花苜蓿八倍体出现。

与大部分多倍体植物相同，多倍体紫花苜蓿形态上同样发生"巨大化"，四倍体较单倍体分枝明显、叶面积更大；叶片肥厚、叶色浓绿、节间短缩、茎秆粗壮。且倍数性越高，细胞和器官越大、气孔与保卫细胞变大、叶绿体数增加，但单位叶面积气孔密度则降低。同时，四倍体植株干物质、细胞鲜质量、DNA、叶绿素、叶绿体增加，光合作用提高；八倍体的蒸腾作用强于四倍体；四倍体植株饲草生物量较单倍体高，生长势、繁殖能力、抗逆性均较二倍体高。总之，四倍体紫花苜蓿的植株大小、生长势、繁殖能力、饲草产量和对胁迫的耐受力等均超过了2X、6X水平的紫花苜蓿，也表现出植株大小随倍数性增加而变大的趋势。但它的繁殖不稳定。而八倍体紫花苜蓿明显超出了倍性的最佳水平，它对胁迫敏感，特别是水胁迫。并且表现出体细胞的不稳定性和繁殖的不稳定性。因此，四倍体紫花苜蓿将农艺性状和繁殖能力很好地结合起来，是最适合栽培的紫花苜蓿倍性水平。

尽管近年苜蓿多倍体育种逐渐发挥出重要作用，但化学试剂秋水仙碱的毒害作用极大，故需筛选适宜处理浓度与时间十分关键。如若选择浓度过大，时间过长会导致细胞不能同步发育并分裂，从而形成嵌合体。因此，降低嵌合率，提高加倍率在多倍体育种中非常重要。

18.4.4.2 诱变育种

苜蓿诱变育种目前主要采用物理诱变育种即辐射育种方法。黑龙江省农业科学院草业研究所选育的紫花苜蓿新品种'农菁1号'、'农菁8号'、'农菁10号'和'农菁14号'均采用诱变育种方法育成，分别于2006年、2010年、2011年与2013年通过黑龙江省农作物品种审定委员会审定登记。其中，'农菁1号'系采用紫花苜蓿品种'龙牧803'种子经模拟零磁空间诱变技术育成；'农菁8号'与'农菁10号'系采用紫花苜蓿品种肇东苜蓿种子；'农菁14号'系采用'龙牧803'种子，于2003年搭载中国发射的第18颗返回式卫星后，分别经地面种植连续选择后育成。此外，中国农业科学院兰州畜牧与畜医研究所等单位，也利用航天诱变育种技术选育了紫花苜蓿新品种'航苜1号'，分别于2014年3月与2018年通过甘肃省与国家草品种审定委员会审定。

18.4.5 生物技术育种

苜蓿细胞工程生物技术育种研究，始于20世纪60年代，国内外研究者已经发展了苜蓿组织培养的多种方法，建立了完善的再生和遗传转化体系，获得了苜蓿属种间体细胞杂交植株。但是，目前苜蓿组织培养及再生体系建立受基因型的影响较大，再生率不够稳定，可重复性差，再生周期长。

苜蓿转基因育种研究于1986年首次报道，Deak等采用农杆菌，将新霉素磷酸转移酶报告基因导入苜蓿，并再生出转基因苜蓿。近年苜蓿基因工程育种研究获得了很大进展。美国已经将基因工程和分子标记辅助选择技术应用到苜蓿育种中，通过转基因技术对苜蓿抗盐碱、抗除草剂、耐低温、抗旱、抗病虫害及品质育种进行了大量研究工作，目前培育出的抗农达除草剂苜蓿新品种已经投放市场。例如，Alfagraze 300RR、Denali 4.10RR、Transition 6.10RR、Desert Sun 8.10RR、Integra 8801 R等都是美国近年育成的抗草甘膦转基因苜蓿品种。中国苜蓿生物技术育种研究始于20世纪70年代末，最初以苜蓿组织培养和体细胞杂交研究为主，现在已转向苜蓿转基因和分子标记育种研究，主要集中苜蓿抗性相关基因的转化及表达特性研究，以提高苜蓿的抗性。如杨茁萌等采用苜蓿与红豆草的细胞融合技术以期把红豆草抗臌胀基因转移到苜蓿中去，进行了苜蓿抗臌胀病（bloat）育种的有益尝试。但是，目前，我国审定登记的苜蓿品种中，还没有单纯应用生物技术育成的品种。

思考题

1. 简述国内外苜蓿育种的发展历程。
2. 简述苜蓿种质资源的类型。
3. 论述苜蓿的主要育种目标。
4. 苜蓿是同源四倍体,具有哪些遗传特点?
5. 举例说明苜蓿选择育种具有什么特点?
6. 举例说明苜蓿综合品种育种法的程序?
7. 论述苜蓿倍性育种的意义及特点。
8. 举例说明苜蓿诱变育种与生物技术育种的方法?

第19章 三叶草育种

三叶草属（*Trifolium*）又称车轴草属，世界各地均有栽培。三叶草是爱尔兰的国花。中国南到云南的勐腊县，北到黑龙江的尚志县均有野生种和栽培种的分布。三叶草属植物为一年生或多年生草本，根系发达，茎叶茂密，花色鲜艳，草姿优美，固土能力强，固氮能力与适应性较强，建植迅速，侵占性强，耐践踏，利用年限长，营养丰富，产量高，耐粗放栽培管理，抗病虫危害，种植利用成本低。因此，三叶草不仅是栽培历史较悠久和被世界各地广泛利用的最重要豆科牧草之一，还可用于土壤改良、培肥地力、水土保持以及生态环境保护，在绿化美化城市，道路护坡、保护江河湖泊的堤坝，以及水土保持工程中显示出独有的作用。但是，三叶草缺乏含硫氨基酸、较不耐旱、抗虫性差、易感染苜蓿花叶病毒等，这些问题通过常规育种技术较难解决，有望通过基因工程育种技术，将高蛋白基因、固氮基因、抗病虫害基因及抗逆性基因等目的基因导入，改良三叶草品质，增强其抗病、抗虫、抗逆能力，培育造福人类的三叶草新品种。

19.1 三叶草育种概况

19.1.1 国外三叶草育种概况

国外三叶草育种工作开始较早，1920年荷兰首先育成了白三叶品种'Dutch'；1927年丹麦选育出白三叶品种'Morso otofee'；1928年开始，美国农业部分别在肯塔基、俄亥俄州、艾奥瓦州对75个红三叶品系进行了适应性比较研究，最后确定了在美国东部湿润地区三个红三叶的适应型，即南部适应型，中部和北部适应型。加拿大育成了红三叶双刈割品种'Ottawa'和'Dollard'、单刈割品种'Altaswede'和'Manhardy'。英国育成了一个可以利用2~3年的红三叶优良草坪草品种S-123。丹麦培育出'Otofte Early'，'Otofte Semilate'和'Otofte Late'等能够适应不同地区和用途的红三叶品种。瑞典培育出能够抵抗菌核病和莲炭疽病的红三叶品种'Svalof Purebred'和'Merkur'。捷克斯洛伐克和俄罗斯也培育了一些优良红三叶品种。1945年第二次世界大战后，美国采用俄亥俄州、印第安纳、伊利诺伊州和艾奥瓦州的4个古老品系等比例混合选育了红三叶品种'Midland'；采用来自肯塔基州、田纳西州和弗吉尼亚州的3个古老品系混合选育了红三叶品种'Cumberland'品种。1947年，美国肯塔基农业试验站和农业部联合育成了红三叶抗炭疽病品种'Kenland Whyte'。此外，20世纪40年代，荷兰、美国、英国、芬兰、瑞典、法国、加拿大、比利时等国家先后选育出'Fres'、'Perina'、'Tammninges'、'Louisiana'、'Kenland'等数10个白三叶和红三叶品种。

20世纪50年代,受大田作物玉米育种采用自交系间杂交种高产的影响,美国利用自交零代和自交一代非亲和的S等位基因控制杂交配制三叶草双交种杂交种。但由于近交系产生和保持较困难,成本又高,红三叶的单交种和双交种杂交种并没有生产上得到广泛应用。因此,转而应用三叶草的综合品种。三叶草综合品种可以保持品种内较大的遗传变异,可以继代留种。富于变异的综合品种,比高度纯合的杂种一代杂交种更符合三叶草生产的需要,因而在三叶草品种选育中,综合品种育种方法被广泛应用。目前,世界各国应用的各类三叶草品种中,其综合品种约占80%以上。1953年欧洲各国评选的有名红三叶品种:双刈割型:'Silesian'(欧洲中心)、'Broad red'与'cowgrass'(英国)、'mattenklee'(瑞士)、'Gendringshe Rood Klaver'(荷兰)、'Otofte early'(丹麦)、'Essi'(瑞典);中间型:'Val of Clwyd'(英国)、'Dorset Marl'(英国)、'S-151'(威尔士)、'Karaby'(瑞典)、'Merkur'与'Resistenta'(瑞典);单刈割型'Montogomery late'与'S-123'(英国)、'Goto'与'Ultima'(瑞典)、'Molstad'(挪威)、'Tammisto'(芬兰)。

20世纪60年代,国外采用多倍体育种以秋水仙素诱导获得四倍体三叶草,其产量超过二倍体的20%~30%,其粗蛋白含量超过1.0%~1.5%。其中,德国、波兰、瑞典等国家最先培育出四倍体红三叶草。到20世纪80年代,在英国的41个三叶草栽培品种中,有12个为四倍体品种,占其三叶草播种总面积的16%,占其三叶草晚熟品种的21%。苏联时期的三叶草多倍体育种也取得了显著成效,先后由全苏联作物栽培研究所培育出ВИК和早熟越冬性能好的ВИК$_{84}$等多个三叶草四倍体品种,并对200多个具有重要经济价值的三叶草四倍体材料作了进一步选育,尤其是选育出了适合酸性土壤、抗铝离子的红三叶新种质材料。研究表明,在三叶草群体中,对土壤有毒的Al^{3+}和H^+的抗性遗传变异相当高,在应用简单筛选方法时,其中包括在人工诱发环境,可以成功地筛选出抗土壤酸性的土壤生态型和单株。

在应用秋水仙素诱导三叶草多倍体的同时,美国学者曾于20世纪70年代应用$2n$配子或$2n$孢子产生了四倍体三叶草。它与用秋水仙素处理获得四倍体的成功率相近,但通过$2n$配子获得的有性四倍体植株生长健壮,可育性高,在近交中可直接利用。此期间美国还育成了'Lakeland'、'Arlington'、'Marathon'和'Wisconsin'等红三叶持久性好且抗病品种。20世纪70年代中期各国的学者纷纷展开了白三叶种子生产技术的研究。近年白三叶种子生产量最大的国家是新西兰,年平均种子产量为6000t,占世界白三叶种子产量的2/3。

1988年美国Bilis采用秋水仙素处理种子方法,育成了很多四倍体红三叶品种。1991年美国Anderson等成功应用体外秋水仙素处理,使红三叶的种间杂交种成功加倍。

国外以往的三叶草育种中,均广泛应用了母系选择法、轮回表型选择法、远缘杂交等育种技术均得到广泛的应用。而从20世纪80年代开始,国外已着手进行采用三叶草单细胞培养以及细胞质融合生物技术育种方法,使三叶草遗传育种研究改良也取得了长足进步展。目前发达国家每年都有十几个甚至几十个三叶草新品种问世。并且,新培育的三叶草品种的生产性能得到了大大提高。如1985年至1989年期间,在新西兰北帕默斯顿对来自24个国家的近60多年培育的110个白三叶生态型和品种进行了比较试验。结果表明,20世纪80年代推广的白三叶品种的干物质产量比1939年前推广的品种高28%;比40年代推广的品种高44%;增长最多的是50年代。总体上白三叶草品种的干重以$0.16g/m^2$的速率增长,相当于每年增加$1.44g/m^2$,每10年的遗传改良率约为6%。

1996年,Quesenberry等成功利用农杆菌给三叶草转化新霉素磷酸转移酶。2003年,

Ding 等以红三叶草子叶为转化体，用农杆菌介导法将外源的苜蓿花叶病毒外壳蛋白基因（AMV）转入红三叶植株。2004 年 Sumvan 等成功地使其中一个多酚氧化酶基因不表达，获得 4 个转基因红三叶植株。

总之，以往国外三叶草育种工作早期多采用单株选择和混合选择育种法，培育适合当地自然条件的生态型。随着育种工作进展，原有适合当地自然条件的三叶草品种逐步被采用其他新育种途径选育的优良品种所替代。例如，国外近年选育的'火星'、'早熟 2 号'样本、'Grassland Turoa'等红三叶品种，均采用了生物技术育种方法。

19.1.2　中国三叶草育种概况

中国三叶草育种研究开始较晚，主要是由于中国草地大多分布在寒冷少雨地区，不适宜种植三叶草。南京植物研究所科研人员 1973 年开展了三叶草引种工作。20 世纪 80 年代后，随着中国南方草地畜牧业发展，对三叶草需求逐步扩大，使三叶草育种工作也逐步开展。中国逐步从国外引进优良三叶草品种入手，先后从国外引进了'胡衣阿'（Huia）白三叶、'新西兰'白三叶、'海法'（Haifa）白三叶、'克劳'白三叶、'拉丁诺'（Ladino）白三叶、'路易斯安娜'白三叶、'帕韦拉'红三叶、'特特里'红三叶、'罗汤地'红三叶、'自由'（Freedom）等三叶草品种。并且，'胡衣阿'、'海法'、'拉丁诺'、'自由'等作为三叶草引进品种，获得了全国草品种审定登记。

与此同时，近年中国重点开展了三叶草地方品种的整理和野生品种的驯化育种工作。'岷山'红三叶、'延边'野火球、'巴东'红三叶、'巫溪'红三叶、'贵州'白三叶等三叶草地方品种先后通过了全国草品种审定登记。此外，中国一些育种单位也采用各种育种技术进行了三叶草品种的选育工作。如湖北省农业科学院畜牧研究所在夏季高温伏旱的生态条件下，采用白三叶品种瑞加（Regal）作为原始材料，以抗旱耐热性为主要育种目标性状，通过选择育种方法选育了抗旱耐热的白三叶新品种'鄂牧 1 号'，比原品种增产约 14.5%。随后，它们又相继育成了红三叶品种'鄂牧 5 号'与白三叶品种'鄂牧 2 号'。上述 3 个三叶草品种先后通过了全国草品种审定登记。截至 2018 年 12 月，中国已通过全国品种审定委员会审定登记的三叶草品种有 16 个，其中育成品种 4 个，地方品种 4 个，引进品种 7 个，野生栽培品种 1 个；红三叶品种 8 个，白三叶品种 6 个，肯尼亚白三叶品种 1 个，野火球品种 1 个。

19.2　三叶草特性及种质资源

三叶草原产于小亚细亚南部与欧洲东南部，欧洲早在 3~4 世纪就开始栽培红三叶和白三叶，直到 15 世纪传入西班牙、意大利和荷兰，以后逐步传入英国、德国、美国。经过几百年的栽培历史，世界各国均有适于本地的红三叶、白三叶的野生生态型、地方品种以及选育的优良品种。

三叶草属有 360 多种，大多数为野生种。农业上利用价值较高的约有 25 种，其中，红三叶和白三叶是三叶草属中利用最广泛的优良牧草。美国是世界上收集和保存三叶草种质资源最多的国家，据 2000 年数据，美国国家种质资源库（NPGS）收集的车轴草属材料已经超过 5000 份，来自 90 多个国家约 200 种。其中，35% 为红三叶；21% 为白三叶；车轴属其他材料占 18%。目前世界上有 2 个种质库保存最多的红三叶种质资源。一个是欧洲植物种质资源 ECPGR，保存了 2294 份红三叶种质资源。它们分别保存在 19 个基因库或其他 15 个欧洲国家的公共机构中。另一个是美国农业部的 NPGS 系统种质库，保存了超过 1750 份红三叶种质，其中约 40% 是商业品种；20% 是地方品种；20% 是野生生态型。将三叶草作为牧草选育品种最多的国家有澳大利亚、新西兰、英国、丹麦和荷兰等。此外，瑞典、德国、美国、法国、意大利、加拿大和波兰等国家也培育出许多优良品种。

中国已搜集三叶草属种质资源不足 500 份，仅对少数种质材料进行了相关性状的鉴定和评价。据初步统计，中国引种栽培的三叶草属牧草种质资源有 12 种，即红三叶（*T. pratense*）、白三叶（*T. repens*）、草莓三叶草（*T. fragiferum*）、亚历山大（埃及）三叶草（*T. alexandrinum*）、田间三叶草（*T. arvense*）、野火球（*T. lupinaster*）、杂三叶（*T. hybridum*）、绛三叶（*T. incarnatum*）、波斯三叶草（*T. resupinatum*）、肯尼亚三叶草（*T. semipilosum*）、地三叶草（*T. subterraneum*）、高加索三叶草（*T. ambiguum* Bieb）。

19.2.1 三叶草特性及类型

19.2.1.1 红三叶特性及类型

(1) 红三叶特性

为车轴草属的模式种，为长日照植物，自交高度不亲和，在短日照下植株分枝较多，但不能开花结实。多为虫媒花，以大黄蜂传粉为主，授粉不完全时结实率较低。春、夏、秋季生长旺盛，青刈利用期长，产量高，根系根瘤众多，固氮活性高，可以培肥地力，是极好的优质与固氮牧草；种子活力高，生长迅速，容易建植，绿期长，植株形态优美，是城市绿化美化的理想草种；根系发达，入土深，固土能力强，枝繁叶茂，地面覆盖度大，可用作山地绿化和水土保持植物；含有丰富的黄酮和异黄酮类化合物，具有抗肿瘤、胃溃疡、胃癌、乳腺癌及肠癌等功效，可用作药用植物。

红三叶喜温暖湿润气候，适宜生长温度 15~25℃，最适宜在降水量 700~2000 mm 以上，夏季不热，冬季不冷地方生长。冬季可耐 -8℃ 低温，最低温度低于 -15℃，则难于越冬，在中国西北地区大部分不能安全越冬。耐阴耐湿性强，耐热性较差，夏季温度超过 35℃ 生长受抑制，持续高温，而且昼夜温差小，往往使其死亡。晚秋和隆冬季节停止生长。对土壤要求不严，黏土、壤土、砂壤土、中性或微酸性土壤都适宜生长。在中国云南、贵州、湖北、新疆等地均有野生种，江淮流域、华南、西南等地均有栽培，是中国西南地区及甘肃省高寒阴湿区优良豆科牧草。但是，红三叶持久性相对较弱，为短寿多年生草本植物，寿命 2~5 年，作为放牧地和刈割牧草地可利用年限一般为 1~3 年；再生性较差、频繁刈割以及感染病虫害会导致其持久性下降。种子成熟不一致，收获困难。

(2) 红三叶类型

红三叶各类种质资源可按如下方法分类。

①按不同国家和地区习惯分类　不同国家和地区的红三叶分类差异较大。根据 Merkenschlager 的研究，将欧洲中部的红三叶分为 3 个类型：大西洋类型（Atlantic）由早熟的'布拉班特'（Brabant）、'诺曼'（Norman）及西班牙（Spanish）型组成。中阿尔卑斯山类型（Central Alpine）由晚花型组成。大陆类型（Continental）包括晚熟的希腊（Greek）及叙利亚（Seyrian）型，是欧洲从北向南分布的类型，多在高原地带。

英国将红三叶分为大叶（Broad）红三叶、单刈（割）红三叶和晚花红三叶。一般大叶红三叶生育期较早，适宜早期利用；晚花红三叶生育期较迟，适宜后期利用，具有较强的耐牧性，适于乳牛、肉牛放牧；而单刈割红三叶特性介于大叶与晚花型之间。

美国将红三叶分为早花红三叶和晚花红三叶两类。晚花红三叶也称单刈(割)红三叶，每个生长季仅能刈割一次，适于种植在生长季节短、高海拔的地区；早花红三叶又称双刈(割)红三叶，每个生长季至少可刈割两次，为美国最常见红三叶类型。

新西兰将红三叶分为野生红三叶、早花红三叶和晚花红三叶等3类。

中国一般将红三叶分为晚熟型和早熟型两类。晚熟型红三叶又称为北方型红三叶，要求日照较长，比早熟型的植株高大、株丛茂密、叶量大、分枝多、根系强壮、入土深、较耐寒，但牧草质地较粗糙、品质较差；早熟型红三叶再生能力强，较耐高温和干旱。

②根据栽培种分类，可分为3个类型　普通或双刈型：早熟，生长迅速，生存期较短，耐寒性较弱。双刈型每个生长季至少可刈割两次。生长期需较短日照，以促进花原体的形成。中熟型：早熟与晚熟的中间类型。晚熟型：该类型晚熟，生长缓慢，耐寒性与生存力较强，单刈型，每个生长季仅能刈割一次。生长期需较长的日照，以促进花原体的形成。

③根据染色体倍性分类，可分为2个类型　二倍体红三叶：染色体倍性为二倍体。四倍体红三叶：染色体倍性为四倍体，比二倍体红三叶的干物质含量低，但其蛋白质含量较高，其生命力和抗病性均强于二倍体红三叶。

19.2.1.2　白三叶特性及类型

(1) 白三叶特性

为多年生冷季型草本植物，原产欧洲，16世纪在荷兰栽培种植；17世纪后传入英国；随后传入新西兰、美国等。目前除南极洲外，世界各大洲温带和亚热带地区广为种植。其中，新西兰、澳大利亚、丹麦、美国、荷兰、俄罗斯等国栽培面积较大，而新西兰、丹麦、美国等3个国家也供应了世界上55%以上的白三叶种子。

白三叶中国各地均有栽培，南方适宜条件下可以周年生长，青饲利用期长；质地柔软鲜嫩，叶茎比例大，适口性和草质好；粗蛋白含量高，粗纤维含量低，营养丰富；可青饲也可放牧利用，可以青贮也可调制干草；耐牧，利用年限10年以上，国外也有40～50年以上的，为综合性状优于红三叶、杂三叶的优质白三叶人工种植牧草草地。白三叶匍匐茎生长快，固土与固氮能力强，草层低矮、致密，保墒和抑制杂草效果好，只有30cm高，根系浅，主要集中在地表15cm的土层中，不与果树争肥争水，且当夏季高温干旱时，几乎停止生长，但仍然存活，保墒效果明显，培肥地力效果明显，是理想的水土保持与养地改土植物。白三叶绿期长，茎光滑细软，叶腋又可长出新的茎匍匐向四周蔓延，再生力强，茎节能生不定根，具化感作用，侵占性强，成坪快；叶美观，颜色翠绿，草层平坦而均匀，花好看，观赏价值高；生长繁殖迅速，耐践踏，管理粗放，氯气与铜耐性及抗工厂废气污染能力较强，对土壤中镉与苊具有较好的富集作用，可用于建植观赏、庭院绿地与林下耐阴草坪及用作重金属污染土壤修复、蜜源植物。此外，白三叶全草可入药，有清热、凉血、宁心的功效。

白三叶喜温暖湿润气候，较耐阴，对土壤要求不严，但以土壤深厚、地势平坦、肥沃、排水良好的中性土壤生长最佳；最适生长温度在19～24℃，能耐热39℃，耐寒可达-20℃，但在南方夏季高温季节停止生长，易受高温干旱影响而导致其越夏率低下，草地持久性变差。具匍匐茎，当母株死亡或茎被切断时，匍匐茎可形成新的独立株丛，竞争力强。

（2）白三叶类型

白三叶有很多天然类型及育成品种，可分为如下3个类型：

①小叶型白三叶　叶小（长2cm，宽1.5cm），早熟、茎短，匍匐性强，适于放牧，产量较低。抗病与抗热性较差。散生在各地的白三叶野生种多属于小叶型。如美国和中国长江流域分布的野生白三叶多为小叶型。

②大叶型白三叶　叶较大、较长（长3cm，宽2.5cm），具大头状花及长匍匐茎，草层高，生长旺盛，有直立的叶柄及穗柄，为欧洲及北美洲普遍栽培种，一般用作青贮饲料。近年中国从国外引进的优良品种中，大部分为大叶型白三叶。

③中叶型白三叶　叶型和茎长均居大叶型和小叶型之间（叶片长2.5cm，宽2cm）。一般比大叶型品种开花早，且开花较多。它包括很多国家的地方品种或生态型。中国栽培品种多为中叶型白三叶。

19.2.2　三叶草品种资源

19.2.1.1　红三叶品种资源

世界各国已选育出一大批高产、优质、抗病的优良红三叶品种。红三叶品种既有二倍体，亦有四倍体；既有一次刈割的，又有多次刈割的。据经济合作与发展组织（DECO）的统计（2018），西欧诸国、斯堪的纳维亚半岛各国、俄罗斯、美国、加拿大等20多个国家，通过DECO种子认证的红三叶品种为304个，并在育种过程中，积累了上万个用于各种育种目标的原始材料，目前较优异的品种有'Hungaropoly'、'Teroba'、'Tetr'、'Leda'。四倍体品种如英国的'Dorset'、'Mah'、'Deben'、'Red head'以及新西兰的'Grasslands Turoa'、'Grasslands Hamua'等表现优良，其中'Grasslands Hamua'是著名的双刈型红三叶早熟品种，该品种开花较早，出苗生长较容易，叶片嫩绿色。一般生长第三年植株便开始稀疏，再生性也开始变差，所以多用于短期草场。'Grasslands Turoa'是晚花型单刈品种，开花较晚，生长缓慢，茎密集丛生，叶片深绿色被毛，茎短、叶多，易出苗，生长期较长。

中国19世纪初至今从欧美、印度、埃及等国家陆续引进多个红三叶品种，经长期引种驯化，有些已发展成为具有中国地方特色的红三叶品种，如目前通过全国草品种审定登记的红三叶地方品种'岷山'红三叶、'巴东'红三叶、'巫溪'红三叶均是从国外引种并经长期驯化形成的品种，它们均为中、低异黄酮含量品种。此外，从国外引进的红三叶品种'希瑞斯'、'丰瑞德'、'自由'（Freedom）也作为引进品种，分别通过了全国品种审定登记。中国近年各单位也陆续开展了红三叶新品种选育工作，湖北省农业科学院畜牧兽医研究所育成红三叶品种'鄂牧5号'与甘肃农业大学育成红三叶品种'甘红1号'，分别于2015年与2017年通过了全国草品种审定登记。

19.2.1.2　白三叶品种资源

目前，全世界栽培的白三叶品种达300个以上，其中，丹麦、新西兰、澳大利亚和荷兰等国家选育的品种最多。新西兰最早种植的白三叶品种（草地）'胡衣阿'（Grasslands Huia）一度占据全世界白三叶种子市场的35%~40%。目前，澳大利亚的'海法'（Haifa）、美国的'拉丁诺'（Ladino）、丹麦的'郎代科'（Klondike）等品种也逐渐开始在市场上占据较大份额。

中国通过全国草品种审定登记的白三叶地方品种有贵州；引进品种有胡衣阿（Huia）、川引拉丁诺（Chuanyin ladino）、海法（Haifa）等；育成品种有'鄂牧1号'和'鄂牧2号'。此外，还有些白三叶品种通过了各省级品种审定登记，如'艾丽斯'、'上吉白三叶'作为引进品种分别通过了四川省品种审定登记。

19.3 三叶草育种目标及遗传特点

19.3.1 三叶草育种目标

中国三叶草种植区域主要为湖北、湖南、四川、贵州等省，并以白三叶栽培为主。其主要育种目标为产草量高，鲜草产量 60 000kg/hm² 以上；粗蛋白质含量 25%以上，有毒有害成分含量低，适口性好；耐热和抗旱；繁殖速率快，综合性状良好。

19.3.1.1 抗逆性

三叶草抗逆育种以选育能适应或抵御干旱、湿涝、高温、酸铝、盐碱等不良土壤和气候环境的品种为主。中国南方草地夏季高温、秋季干旱、冬季时常有低温霜冻，雨季高温高湿，土壤酸性、高铝、贫瘠、缺磷。长江中下游低海拔地区，三叶草根系较浅，易遭受干旱胁迫，夏季普遍生长缓慢，有的品种还越夏困难。中国北方三叶草容易受低温影响，冬季萎黄干枯比其他草坪草(早熟禾、高羊茅等)早，来年返青却又相对较晚，且返青均匀度差，影响了三叶草开发利用。因此，选育对这些恶劣气候及不良土壤条件具有抗性或耐性的三叶草品种，对改善这些地区的生态环境，提高产草量，发展草地畜牧业具有特别重要的意义。

19.3.1.2 抗病虫性

世界各国三叶草主要病害有冠腐病、根结线虫、根腐病、炭疽病、白粉病、病毒病、锈病等。中国南方三叶草种植区的主要病害有白粉病、白绢病、黄斑病、单孢锈病等。其中，以白粉病和白绢病较为严重。如贵州省1986年红三叶白粉病大发生，感染率高达15%~31%，致使干草和种子产量大幅度下降。除三叶草病害外，中国南方一些省(自治区、直辖市)，还有危害三叶草的小绿叶蝉、小长蝽、蝗虫等多种虫害。三叶草病虫害危害极大，不但降低草与种子产量，还影响饲草与草坪品质。因此，三叶草抗病虫育种已成为各国重要育种目标。

19.3.1.3 高产及具持久性

提高三叶草干物质产量是三叶草牧草育种重要目标。而三叶草干物质产量受遗传、栽培环境因素的共同影响，受微效多基因控制，通过育种途径可以获得改良和提高。因此，三叶草育种要求选育植株高大、粗壮、再生速率快的高产品种。此外，如进行三叶草种子的生产，选育种子产量高的三叶草品种也是重要育种目标。

持久性是指在一定的年限内，某品种维持其原有产量水平的性能。如果某品种持久性差，经过一定时期的种植后草地将产生不规则的裸露斑，从而导致不仅易受到杂草侵袭、降低产量与品质，且对霜害和冷害更为敏感。因此，三叶草育种应注意天然群体的多型性(或多样性)，并依此培育出长寿命类型的品种。目前通过世界各国的育种计划已经大大提高了红三叶持久性和产量。例如，美国威斯康星州农业试验站经过40年的持续选择努力，选育出一批高度持久的红三叶品种，使红三叶草地从最初的2个生产季利用上升到可以4个生产季利用。日本基于母本家系和单株选择的组合，经超过20年的定向选择极大改善了红三叶品种的持久性。欧洲通过使用瑞士地方品种'Swiss Mattenklee'选育出开花早、能多次刈割的长寿红三叶品种及对炭疽病抗性明显改善的品种。另外，通过多倍体诱导技术获得了牧草产量显著提升的四倍体红三叶栽培品种，其抗病性和持久性也得到改善。

19.3.1.4 优质

三叶草存在一些影响牧草品质和饲用价值的抗营养因子。如三叶草含有氢氰酸，牲畜采食后易引起中毒。因此，需要选育氢氰酸含量低（HCN≤3%），而蛋白质含量高的三叶草品种。此外，三叶草的一些品种（特别是地三叶）含有较高的异黄酮类物质、香豆雌醇等雌性激素，牲畜采食后易掉膘，引起母羊难产、产羔率与受胎率降低等一系列繁殖障碍，或引起牲畜不育症（也称三叶草症）。因此，降低雌性激素含量已成为三叶草牧草品质育种的重要目标。如澳大利亚选育出雌激素较低的白三叶品种'Grasslands Redwest'，是在品种'Grasslands Hamua'的基础上选育的，其雌性激素产生的效应只有原始群体品种的1/15，从而降低了饲喂牲畜的不良影响。此外，降低红三叶雌激素（刺芒柄花素，formononetin）含量，以避免母畜受孕障碍；提高多酚氧化酶活性以便降低红三叶青贮饲料中蛋白质损失等也越来越成为受到重视的品质育种目标。

19.3.1.5 选育植株低矮、叶片细小、生长迅速的品种

三叶草品种要求播种当年植株存活率高，发育初期生长迅速，能在有灌溉条件的草地大量利用无机肥料并迅速生长。如培育放牧型三叶草品种时，应特别注意根系及其固氮特性和再生速度。如选育坪用品种，则要求其植株低矮、叶片细小。

19.3.1.6 培育四倍体牧草品种

多倍体具有形态上的巨大性，具有提高营养体产量和品质的优势。国外众多研究证明，四倍体红三叶比二倍体品种增产20%~30%；粗蛋白质提高1.0%~1.7%，并且有抗病和长寿特性。因此，选育四倍体三叶草品种是提高牧草产量的重要育种目标。

19.3.1.7 培育混播型白三叶品种

中国南方白三叶与禾本科牧草混播是草地建设的主要模式之一，经常是禾本科或豆科两者之一占优势，保持禾本科—豆科草一定构成比例的稳定性极为重要。然而，这一比例常因环境、草地管理状态等变化而难以稳定。因此，选育既能稳定持续生长，又能与异种协调共生的白三叶品种也是重要的育种目标。

19.3.2 三叶草遗传特点

19.3.2.1 三叶草染色体组成

世界各地的白三叶种质中包含二倍体、四倍体和六倍体等3种常见类型。二倍体白三叶体细胞染色体数量$2n=16$；四倍体和六倍体的体细胞染色体数分别是$2n=32$和$2n=48$。如澳大利亚登记的6个白三叶栽培种中，'Alpine'，'Forest'和'Summit'等3个品种是二倍体的；'Treeline'是四倍体品种；'Monaro'和'Praire'是六倍体品种。并且，六倍体品种具有最大繁殖力。倍性的多样性和自交不亲和性，显示了白三叶是极端杂合的草本植物种。张赞平等（1993）研究表明，四倍体白三叶染色体数为$2n=4X=32$；其核型由11对中部、5对近中部着丝点染色体组成，其中第6对染色体短臂具随体。最长与最短染色体比值为1.65，属2A核型，核型公式为$2n=4X=22m+10sm(2SAT)$。

红三叶野生品种为二倍体，还有四倍体栽培品种。另外，有关红三叶染色体数目的研究结果不一致，有的结论认为红三叶染色体为$2n=2X=16$，其核型由7对中部、1对近中部着

丝点染色体组成，最长与最短染色体比值为 1.37，属 2A 型，核型公式为 $2n = 2X = 14m + 2sm$；而闫贵兴等(1989)对红三叶染色体数目分析后认为，该种具有 2 个染色体基数($X = 7$ 或 $X = 8$)，$2n = 32$ 的正是染色体基数为 8 的四倍体。国外所选育的红三叶四倍体一般是 $2n = 4X = 28$ 或 32。

19.3.2.2 三叶草数量性状遗传

三叶草产量是表现为数量遗传的重要经济性状，而三叶草茎的长短以及叶片的大小、复叶的多少是构成产量的重要因素。因此，它们均可作为具体育种目标性状。研究表明，三叶草的每个花序种子数及粒重受多基因控制，且受环境影响较大，遗传力较小；已知红三叶具 5 片小叶的复叶由两个隐性基因 f 和 n 控制，该两个基因中的一个或两个纯合条件下都可形成复叶。Artmenko(1972)培育出一个红三叶群体，其植株 89% 都具有 4~9 小叶。

19.3.2.3 三叶草质量性状遗传

(1) 抗病性

研究表明，红三叶对炭疽病的抗性由几个显性基因控制，在其抗病性中等的原群体中进行表型选择时，第一个选择周期中抗病性增强最明显。基因的剂量效应对于抗病性是很重要的，对病毒的抗性也是可遗传的；红三叶对锈病与白粉病的抗病性分别由单个显性基因控制；红三叶对病毒的抗性是可遗传的性状。Heson 等曾报道认为，三叶草中三个抗豆黄花叶病毒类型的每一个类型，分别由一个不同显性基因所控制。对叶脉镶嵌病毒抗性是由一个单独的显性基因 RC 所控制；对茎线虫的抗性是由两个显性基因所控制，其中一个与 S 基因连锁。M. R. Mclaughlin 通过酶联免疫测定(ELISA)发现，杂种对不同病毒的抗性有差异，且抗花生矮化病毒及三叶草黄脉病毒的加性遗传效应比其他效应更重要，对病毒的抗性是可遗传的。表明三叶草的病毒抗性并非完全由单基因控制。

(2) 氰化物含量

三叶草氰化物主要存在于叶片中，当其叶受伤时，产生氰化物三叶草植株释放 HCN，从而可防治害虫危害，但是，如果含较多的氰化物，可使其饲喂母畜生产羔羊患甲状腺肿。现已查明，白三叶受伤叶片产生氰化物是由 AC(亚麻苦苷和百脉根苷葡萄糖苷)和 Li(亚麻苦苷水解酶)位点的两个显性等位基因所控制。据 Williams(1987)报道，多数白三叶群体存在产生氰化物植株和不产生氰化物植株，并且牧草产量和持久性均较高的群体产生氰化物植株的基因型频率较高。20 世纪 60 年代以前的研究表明，尽管产生氰化物的基因频率与其高产量群体存在明显的正相关，但是，产生氰化物的基因并未因其控制的显性性状的改变，而对过去的产量增加起多大作用。20 世纪 70~80 年代培育的三叶草品种中，产生氰化物的基因型频率属中等水平。

(3) 叶斑

三叶草叶片由于普遍存在叶斑，因此叶斑被作为其形态观测指标之一，通过比较叶斑的差异能够区分不同品种。Gibson 和 Hollowell(1966)研究三叶草杂交种子及其杂种植株识别的遗传特征，认为三叶草显性性状包括红叶、红斑点、红中脉、白"V"字形斑、矢车菊红花冠和黑长种子；隐性性状包括红色花冠和非紫色苞片。王凤春等(1989)对红三叶居群调查时发现，倒"V"字形白色叶斑出现频率最高，分布最广；而菱形叶斑所占比例与分布区域均小；红三叶的叶斑相对无斑呈显性；黄叶斑相对红色呈显性；茎和托叶上的红色素是通过两种显性基因调节的，但区别较困难。此外，三叶草的深红叶为简单隐性遗传性状，并且，深红叶三叶草往往具白色花、光滑的叶、叶柄和多个小叶的复叶。

(4) 自交不亲和性

三叶草的自交不亲和性是由一系列 S 等位基因控制的。M. K. Adeson 曾用近交同型 S 等位基因完成了杂交遗传控制，生产出双交杂种(图 19-1)。

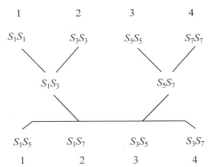

图 19-1　利用同型 S 等位基因生产双交种(引自云锦凤，2001)

19.4　三叶草育种方法

三叶草是典型的异花授粉植物，由 S 基因控制的配子体自交不亲合系统作用强烈，来自同一单株的花粉是无效的，故而近交衰退严重。虽然部分三叶草基因型可以进行无性繁殖或组培扩繁，秋水仙素诱导的四倍体红三叶中也发现了自交可育现象，但三叶草育种方法主要还是依赖于其开放授粉群体进行商品品种选育及种子扩繁，表型轮回选择是主流选育方法。

19.4.1　引种与选择育种

19.4.1.1　引种

目前引种还是中国三叶草育种的重要途径。一是采用野生种引种驯化选育三叶草新品种；二是直接引种国外三叶草品种经过引种试验后，择优通过审定登记为优良三叶草引进品种。中国野生红三叶在长江流域、西北及西南等部分地区呈野生逸散群落或逸散野生种状态分布，这些野生种质资源蕴藏着丰富的有益变异。因此，经过引种栽培驯化试验和审定登记，可以成为优良地方品种或野生栽培品种。目前中国已经审定登记了'岷山'、'巴东'、'巫溪'等 3 个红三叶地方品种。岷山红三叶系 1944 年甘肃岷县种畜场从美国引进红三叶，经多年驯化和选育，逐渐适应了当地高寒阴湿的气候特点，从而形成的具有明显地域特色优良地方品种；巴东红三叶于 1875 年自比利时引进，经多年不断的自然选择，已发展成为区域性大面积分布的野生群落；巫溪红三叶则是 1953 年巫溪红池坝农场从美国友人处获得几粒种子，在巫溪红池坝种植，逐渐繁衍，逸生为野生种，后经栽培驯化成为地方品种，已在重庆等地进行规模化繁殖推广。

中国野生白三叶主要分布在新疆天山北麓湿润和河滩草地；在吉林省主要分布于海拔 50m 的珲春市的低湿草地；黑龙江的尚志县、内蒙古的呼伦贝尔市及贵州、湖北、四川、湖南、山西、陕西等地也均有野生白三叶分布。研究表明，中国的白三叶野生类型大都属于小叶型，具有早熟、产量低、不抗病及抗热性较差等特点。但经过长期的自然选择，已形成了适于各地自然环境条件的生态类型，也是选育新品种的宝贵种质资源。通过全国品种审定登记的白三叶地方品种贵州与野火球野生栽培品种延边均是由白三叶的野生种引种驯化而来。如贵州省饲草饲料站陈绍萍等1983—1994年进行了贵州毕节、安顺、贵阳等地区的野生白三叶资源的搜集、整理和鉴定研究，由于采自3个地区的白三叶种质材料形态相似，均为中叶型材料，故合并后进行栽培驯化培育，育成贵州白三叶新品种。

20世纪80年代以前，中国三叶草栽培品种均为国外引进品种。近年随着中国草地畜牧业的迅速发展，也从美国、新西兰、丹麦、荷兰等国家引进了许多白三叶与红三叶品种。其中，有些已经成为适合当地栽培的优良品种，在当地草业生产中发挥了重要作用。如通过全国草品种审定的白三叶品种'胡衣阿'、'川引拉丁诺'、'海法'；红三叶品种'希瑞斯'、'自由'；肯尼亚白三叶品种'沙弗蕾'等均是从国外引种的引进品种。

19.4.1.2 选择育种

选择育种一直在三叶草育种中发挥了重要作用。截至2018年年底，中国审定登记的2个红三叶品种'甘红1号'与'鄂牧5号'；2个白三叶品种'鄂牧1号'与'鄂牧2号'等4个育成品种，基本上均是采用选择育种方法选育成功。例如，湖北省农业科学院畜牧研究所历时10年，从美国瑞加和路易斯安那白三叶品种中选育出抗旱耐热性较好的白三叶品种'鄂牧1号'。此外，'蒙农1号'红三叶是内蒙古农业大学以内蒙古大兴安岭地区自然分布的红三叶为材料，经过10余年的栽培和3次混合选择而形成的抗寒型新品种。该品种在内蒙古中西部的耐寒性和适应性表现突出，是该地区少数能够正常越冬的人工栽培品种，2014年由内蒙古自治区草品种审定委员会审定登记为育成品种。三叶草选择育种通常可将引进品种、当地优良品种或优良品系、生态型、杂交后代等作为选择原始材料，采用混合选择与表型轮回选择两种方法。

(1) 混合选择

混合选择是三叶草最简单的选择方法。当选择具有高遗传力的少数性状时，例如，对本地环境的适应性、抗病性和耐寒性等，这种方法很有效。混合栽培大量植株，施加选择压力后根据表型去除不需要的植株，对保留下来的表现最好的植株在保证隔离的条件下进行彼此授粉，所有单株混合收获种子或每株单独收获种子。自然选择是最简单的混合选择形式，也是早期地方品种和商业品种的主要育种方式。这种方法也是中国目前利用逸生或野生种质选育三叶草品种的主要方式。

(2) 表型轮回选择

表型轮回选择也称家系选择，是混合选择的高级形式，即通过组合许多优良亲本个体的优良后代来创造新品种。表型轮回选择试验通常以株行为选择单位，每个株行为包含一个家系的多个植株。在第1个选择周期中，可以使用品种（如商业品种和地方品种）代替家系。经过2~3年的表型观察鉴定，只选择最好的家系（或种群）中表型最好的单株来进行隔离条件下的开放授粉，从而形成多个新的半同胞家系，每个家系都收获种子。在下一个选择周期中，建立一个新的田间试验，每行种植来自每个家系的多个单株。然后进行2~3年的选择鉴定，目的依然是选择最好的家系（或种群）中表型最好的单株来进行隔离条件下的授粉。因为每个选择周期都会减少遗传变异并增加近交的程度，为防止近交衰退，红三叶的轮回表型选择通常不超过3个选择周期。在完成最后一次选择周期后，在表型最优的植株上收获种子，并进行产量等性状测试。因为在轮回表型选择试验中，最后选择出表型最优的植株是在测试后代之前已经相互授粉结实，实际上很难精确评价对这些所谓最优植株的育种值，尽管可以从每株所属的家系的总体表型数据中大致了解其育种值。因此，表型轮回选择对于简单遗传的性状是最有效的。当然，表型轮回选择也可以改善具有较低遗传力的性状，并且比通过混合选择更快实现育种目标。但是，表型轮回选择中所选用的隔离空间上生长的单株性能，不一定能代表条播或撒播种子小区或草地的生产性能，而且在育种过程中会发生一定程度上的近交繁殖。目前发达国家的三叶草育种项目主要依赖这种表型轮回选择，选育出大量的三叶草商业品种。

19.4.2 杂交育种

19.4.2.1 开花特性

三叶草花为蝶形花、两性花。完整花由花萼、花冠、10枚雄蕊和1枚雌蕊组成。花萼管上有5个裂片并具齿。1个旗瓣、2个翼瓣和2个龙骨瓣的基部联合成花冠管。白三叶的花冠呈白色或奶油色；红三叶的呈粉红色。三叶草的子房一般有1~4个胚珠，也有的多达10个。花聚集成头状或短总状花序，花有梗或无梗，成熟时花瓣通常不裂，下弯（白三叶）或直立（红三叶）。通常分枝期过后10~15 d进入现蕾期。现蕾期7~10 d后，第一个头状花序开始开花。从播种至开花约需70~85 d。白三叶的开花期早于红三叶。一个单株顶端的花序先开，依次向下分别开放。红三叶一般约有100多个头状花序，每个头状花序有几十朵到百余朵小花。就一个头状花序而言，红三叶首先从具有两个小托叶的一端开始开放，每日开花时间为10：00~17：00时，开花高峰在12：00~15：00时。开花后2~3 d进入高峰；开花持续期2周左右。白三叶则由基部向顶部顺序开花。

红三叶和白三叶均为异花授粉与虫媒花，自花授粉高度不孕。

19.4.2.2 杂交技术

（1）种植亲本

根据白三叶或红三叶的不同父母本品种生育期长短错期播种，生育期长的早播；生育期短的迟播种，以便父母本品种花期相遇。为确保父本与母本品种花期相遇，还可将亲本品种分期播种。一般母本品种正常播种，父本品种每隔7~10 d播一期，可播2~3期；也可父本与母本品种各播2~3期。

（2）杂交时间与杂交方法

杂交最好在晴天上午进行。红三叶和白三叶进行有性杂交一般不必去雄，因为它们具有受配子体与等位基因系统控制的自交不亲和性。但是，某些红三叶和白三叶的自交可育系则需要去雄。

（3）杂交前准备

开花前，每个植株的头状花序用羊皮纸袋套住，防止昆虫传粉，袋的大小为9 cm×14 cm，用回形针封口。套了袋的头状花序用细绳和植株同样高的木桩支撑。

（4）去雄

选取位于主茎上的花序作杂交。为了便于手工操作，修剪头状花序时，每花序只留下15~20朵花。去雄可用镊子夹去花序上已开放的全部小花和发育不全的花蕾，只留花冠比花萼长一倍、两花药为黄绿色呈球状一团的小花进行去雄，去雄时用镊子夹去花药。用镊子把遮盖着龙骨瓣的旗瓣和翼瓣向一旁折转，大拇指和食指轻轻挤压小花基部，即可见到花药。小心地用镊子夹去花药。

白三叶还可通过直接去掉花冠去雄，用一把镊子夹住花萼顶端与旗瓣至小花顶端中间的花冠外面，去掉花冠管及与其附着的花药，只留下未受损的雌蕊等待授粉。对于去掉花冠也同时去掉了柱头的种类，如红三叶，可采用其他去雄方法。例如，纵向从外面切开花冠和花萼，去花冠和完整的雄蕊，不要损伤柱头。

(5) 授粉杂交

授粉时，先从父本植株上采集花粉。一般选旗瓣和翼瓣已开、只有龙骨瓣未开的发育良好的花序。将牛角勺或木制小匙伸到父本的花中，用小勺压迫龙骨瓣基部即可弹出雄蕊。也可用沾上一小块粗砂纸的牙签插入父本花旗瓣和龙骨瓣之间，并向下轻轻碰击雄蕊管，取出花粉，然后把牙签上的花粉授于雌株的柱头上。一次收集的花粉通常能授10~15个去雄的花。还可直接用镊子将花药夹出。授粉时将采集的花粉轻轻置于雌蕊柱头上即可。每杂交一朵花或一个组合时，要用70%乙醇棉球擦拭镊子和牛角勺等用具。去雄和授粉后立即将杂交头状花序套上隔离袋，并挂上标签，用铅笔注明杂交组合父母本名称与授粉日期等。

此外，在对选定的三叶草个体进行杂交时，一般可通过具备足够空间距离的天然蜂类传粉者或通过使用蜂笼进行开放授粉。

(6) 不去雄杂交

不去雄杂交即母本不去雄，直接授以父本的花粉。进行这种杂交方法时，父、母本的花朵应该选择旗瓣和翼瓣已经张开，但龙骨瓣未张开，雄蕊未弹出的花朵进行杂交。不去雄杂交授粉后立即将杂交头状花序套上隔离袋，并挂上标签，用铅笔注明杂交组合父母本名称与授粉日期等。

红三叶和白三叶通常采用不去雄杂交，因为它们具有受配子体与等位基因系统控制的自交不亲和性。但是某些红三叶和白三叶的自交可育系则需要去雄。

(7) 授粉后的管理

授粉后1~2 d应及时检查；对授粉未成功的花可补充授粉，以提高结实率，保证杂种种子数量；杂交植株要加强管理和保护，剪去过多枝叶；杂交种子并连同标牌及时收获脱粒，最好同一杂交组合的不同杂交穗单独脱粒；收、晒、藏好杂交种子。

19.4.2.3 多元杂交(poly-crossing)与品种间杂交育种

(1) 多元杂交育种

多元杂交育种是适用于三叶草等具有营养繁殖能力的多年生牧草的改良方法，需要在隔离区内进行杂交选择，具体步骤如下：

第1代：种植5000~10 000株为多元杂交育种原始群体材料，稀植单株点播以供选择。

第2代：在上代单株区选择500株左右建立无性繁殖系。每个单株无性繁殖系扦插20株即可。对各无性繁殖系进行评选，选出60~100个优良无性繁殖系。挖去其他植株，保留优良无性繁殖系在隔离条件下开放传粉。当年按无性繁殖系分别收获和脱粒，进入下个世代的配合力试验。当年中选的无性繁殖系继续保留。

第3代：对各无性繁殖系后代种子进行产量比较试验。

第4、5代：继续试验被评选的优良无性繁殖系，淘汰配合力低的无性繁殖系。

第6代：从无性繁殖系区中清除配合力差的无性繁殖系，让当选的无性繁殖系开放授粉。在种子成熟后混合收获脱粒。该世代得到的混合种子，经过品种比较与区域试验，通过品种审定登记，就可繁殖推广。

多元杂交育种法既对三叶草的表型进行了选择,同时也测定了每个无性繁殖系的一般配合力,适合复杂性状的选择,它是轮回选择育种法的改进,是改良三叶草比较好的方法。但是,多元杂交育种方法一般需要很长时间,每个周期的费用也相应增加;三叶草营养繁殖非常耗时且不可能用于所有基因型,还不能避免种群内杂交。因此它在三叶草育种中应用的并不多。'Taylor'和'Anderson'利用10个无性系采用多元育种法,育成的红三叶品种'Kenstar',据说是美国唯一采用该育种方法培育的品种。

(2)品种间杂交育种

三叶草品种间杂交育种方法,可在隔离区内将母本和父本隔行种植在杂交圃内,授粉之后所有父本植株刈割掉,从母本行收获杂交种子。为了选出最佳杂交组合,还可进行正反杂交。例如,Taylor等采用红三叶品种'Kentucky'与'Kenstar'杂交,然后采用'Kentucky'回交,将其豆角黄花叶病毒抗性整合到红三叶品种'Kenstar'中,育成了红三叶新品种'Kenton'。前苏联曾利用优良品种与野生红三叶、不同生态型的三叶草以及地理上远缘的不同品种进行了大量近缘的品种间杂交,培育出很多品种间杂交种,其鲜草产量比对照品种提高24.5%~43.2%。

19.4.2.4 远缘杂交育种

三叶草种间远缘杂交可以引进新基因,增加多样性。但其远缘杂交不易成功,杂种生活力弱,不育或育性低等。早在20世纪60年代,三叶草种间远缘杂交最先由美国学者Williams等利用白三叶×库拉三叶草启动,随后由美国肯塔基大学Anderson等、威尔士Abberton等和新西兰的Hussain及Williams继续研究。但是利用白三叶获得具有超亲表达根茎特征的库拉三叶草相当困难,且回交后的生育率也低。并且,三叶草不同倍数水平(二倍体和四倍体)、不同生育年限(多年生和一年生)等的种间远缘杂交,也往往杂种不育。所进行的不同染色体倍数的三叶草间的杂交,除一个组合有育性外,其余均不育或部分可育(表19-1)。

为了克服三叶草种间杂交的不可交配性和杂种不实,目前国外主要采用将三叶草的二倍体种加倍成多倍体后再进行杂交或以染色体倍数高的作母本进行杂交。例如,前苏联饲料研究所,曾用加倍四倍体红三叶ВИК($2n=28$)与加倍的展枝三叶草($T. diffusum$,$2n=32$)杂交,获得了$2n=30$(红三叶的2X=14,加上展枝三叶草的2X=16)的有生命力的双倍体杂种,其形态学特征、发育速度和化学成分等均处于双亲之间,并具有很高的可育性。

表19-1 三叶草和它的近缘种种间杂交时杂种的育性(引自《牧草及饲料作物育种学》,云锦凤,2001)

杂交组合	杂种染色体数($2n$)	育性
$T. pratense$($2n=14$)×$T. diffusum$($2n=16$)	15	不育
$T. pratense$($2n=28$)×$T. diffusum$($2n=32$)	30	有育性
$T. pratense$($2n=28$)×$T. pallidum$($2n=16$)	20	不育
$T. sarosiense$($2n=48$)×$T. alestre$($2n=32$)	40	部分有育性
$T. medium$($2n=72$)×$T. sarosiense$($2n=48$)	58~60	部分有育性
$T. alpestre$($2n=16$)×$T. heldreichianum$($2n=16$)	16	部分有育性
$T. alpestre$($2n=16$)×$T. rubens$($2n=16$)	16	部分有育性
$T. sarosiense$($2n=48$)×$T. pratense$($2n=14$)	31	不育
$T. medium$($2n=80$)×$T. pratense$($2n=28$)	54	不育

为了克服授粉后的障碍，可利用胚胎组织培养技术来挽救未成熟的杂种胚组织，以授粉后 13~14d 分离出胚培养较理想。例如，Williams 用在正常生长的一个亲本胚乳中移入杂种胚进行培养的方法，分别获得了高加索三叶草×杂三叶、高加索三叶草×白三叶、白三叶×天竺葵(*T. uniflorum*)的种间杂种。

为了克服三叶草种间杂交的不易成功，美国和英国等国家的科学家们正在利用细胞融合技术培育三叶草的种间杂种。原生质体可以利用胞壁降解酶，从三叶草属的根系中分离出来。

此外，国内外学者选用耐寒与耐旱性强、生产力旺盛的高加索三叶草为母本，与固氮能力强的白三叶进行了远缘杂交育种研究，获得了一定进展。

19.4.3 杂种优势利用及综合品种育种

20 世纪 50 年代，美国研究者利用红三叶自交零代和自交 1 代的 S 等位基因控制杂交，以求配制双亲杂交种。但其单交和双交杂交种并没能在生产上得到广泛应用。总之，尽管三叶草杂交种具有很大的生产潜力，但选育高配合力的亲本品种周期长；杂交种种子生产费用昂贵，从而降低了三叶草杂种优势利用的经济效益。因此，目前世界各国种植的三叶草品种中，有 80% 以上为综合品种。配制三叶草综合品种的步骤如下。

19.4.3.1 优良无性系选择

目前国外用于三叶草综合品种育种的无性系，多数具有综合农艺性状优良、抗病虫、抗寒与抗热及利用年限长等优点。

用于综合品种的无性系数目没有绝对限制。如白三叶综合品种 Louisiana Syn-1，采用了 6 个无性系；白三叶综合品种 Regal 采用了 5 个无性系，而白三叶综合品种 Merit 则是由 30 个无性系组成。一般综合品种无性系过少容易衰退；过多时反而减产。

19.4.3.2 无性系配合力测验

配制综合品种前，是否要进行无性系配合力测验依情况不同而异。一般进行配合力测验选出的无性系稳妥可靠。国外培育的三叶草综合品种多数进行了无性系配合力测验。在三叶草育种起步较晚的国家，对所选无性系很少进行配合力测定，简便易行，也能选育优良综合品种。许多早期栽培三叶草综合品种，如红三叶品种 Kenland 就是利用几个不同生态型，混合种植后培育出的综合品种。又如，苏联时期全苏饲料研究所，曾利用不同生态型或最优良的早熟地方品种机械混合后，创造了很多"混合杂种群体品种"。当然，这种"混合杂种群体品种"，并不是单纯的机械混合，而是在预先表现出杂种优势的基础上的生物学混合，不仅需要对其经济生物学特性及综合性状进行综合鉴定，而且需要进行配合力的测验。

红三叶综合品种所用无性系，一般是从二倍体三叶草中选出的。苏联时期全苏饲料研究所曾从四倍体红三叶筛选高配合力的无性系，先后选育出早熟和晚熟型红三叶综合品种。四倍体红三叶综合品种群体的 Syn-1 代产量高出推广品种 27.4%~29.8%；Syn-2 代鲜草产量超过对照品种达 36%~83%。

19.4.3.3 初始杂交与综合品种繁殖及利用

根据配合力试验及性状表现，将选择的 5~10 多个优良无性系在隔离条件下进行多系自由异花授粉杂交。种子成熟后，混收种子构成初始杂交群体(Syn-0)。Syn-0 经过品种比较与区域试验，通过品种审定登记，即可选出最为优良的综合品种进行推广应用。

19.4.4 多倍体育种

三叶草多倍体育种开始于 20 世纪 50 年代中后期，其中最有成效的为四倍体红三叶和杂三叶育种。瑞典、德国、波兰等国家最先培育出四倍体红三叶品种。苏联时期培育的四倍体红三叶为 $2n=4X=28$；西欧及美国等国家培育的四倍体红三叶为 $2n=4X=32$。多倍体三叶草具有抗病、长寿、鲜草产量高、翌年再生后生长迅速等许多优点。如苏联时期全苏饲料研究所培育的四倍体红三叶的单株平均产量高于对照 62.2%~83.0%；蛋白质含量高出对照 1.0%~1.7%；维生素含量较对照低 1.0%~3.7%；胡萝卜素较对照高 51.6%~133.2%。

四倍体红三叶的缺点是其种子产量比二倍体的低。通常四倍体品种种子产量为 200~400kg/hm²；而二倍体品种种子产量为 400~500kg/hm²，四倍体的种子产量比二倍体的降低 20%~50%。主要原因是四倍体红三叶群体出现非整倍体，含有 16% 的非整倍体，导致其花粉育性及种子产量降低。与四倍体红三叶草相比较，多倍体白三叶为 $2n=8X=64$，存在许多缺陷。多倍体白三叶植株比二倍体的开花迟、叶柄和茎较密、种子产量低。早期在 Vermont 农业试验站培育的八倍体白三叶，由于其经济性状较差，因而并未推广。不过，苏联时期全苏饲料研究所等曾利用亚硝基甲基脲（0.025%~0.05%）处理获得的八倍体白三叶，表现抗病、产量高，该方法也被认为是创造三叶草新品种的有效方法。

19.4.4.1 四倍体三叶草的产生途径

目前四倍体三叶草的产生途径，普遍采用秋水仙碱处理发芽种子或幼苗的方法：将发芽种子或幼苗在浓度为 0.01%~0.25% 秋水仙碱溶液中处理 2~6h。也可采用 N_2O 处理，当三叶草花朵授粉 1d 后，在大气压 0.6Pa 下用 N_2O 处理 24h，可获得 100% 的四倍体植株。采用 0.05% 秋水仙碱溶液，在 20℃ 条件下处理白三叶种子 10h 或枝条 60h，可以分别获得 2.7% 或 13.3% 的八倍体白三叶。此外，采用 0.2% 的秋水仙碱点滴处理白三叶生长点，每天 3 次，每次 2 滴，共计处理 6d，则可获得 18% 的多倍体白三叶。

美国学者 W. A. Parrott 和 R. R. Smith（1981）采用 $2n$ 配子的方法获得了四倍体红三叶。利用 $2n$ 配子获得四倍体植株，要求产生 $2n$ 配子的频率相当高。为此，他们在温室采用三次轮回表型选择方法，提高每株植株产生 $2n$ 花粉的频率。用 $2n$ 卵子和 $2n$ 花粉结合产生四倍体红三叶。采用 $2n$ 配子获得四倍体红三叶比用秋水仙碱或 N_2O 处理的成功率要低，但它的优点是其四倍体植株生长健壮，可育性高。

除上述方法外，还可采用组织培养和体细胞融合等方法获得四倍体三叶草。

19.4.4.2 四倍体三叶草的鉴定方法

经秋水仙碱或其他方法处理后，因诱变剂仅对其分生组织起作用，所以，可能出现部分组织染色体加倍，同时植株其他部分仍是二倍体，形成"嵌合体"。而这种"嵌合体"有可能发展为纯合的多倍体，也有可能回复为原先的二倍体。因此，需要对处理后材料采用直接鉴定或间接鉴定方法，进行多倍体鉴定。直接鉴定可检查花粉母细胞或根尖染色体数目。间接鉴定主要是依据植株形态特征辨别。四倍体红三叶具较大的叶和花头，较高和较粗的茎；四倍体红三叶的小花较大、花冠筒较长；四倍体红三叶保卫细胞和叶表皮比二倍体的长 1.31 倍，宽 1.18 倍；花粉粒比二倍体的宽 1.54 倍或大 53.8%；花序比二倍体花序长 39.2%，宽 39.4%，伴随四倍体花序的加大，花的大小也增加；四倍体红三叶的千粒重（2.6~3.4g）比二倍体（1.6~1.9g）的大。

19.4.4.3 四倍体三叶草的改良方法

四倍体三叶草不足之处是种子产量低。国内外的研究均证明其种子产量可在诱发四倍体的第一代中，根据与种子产量相关的综合生物经济性状加以筛选，以提高四倍体种子产量。与种子产量相关的性状有结实率及花粉生命力、有生产性能的茎数与花序数、花冠管长度、单株籽粒重、花序中饱满籽粒数等。为改进四倍体红三叶结实率低的问题，前苏联全苏饲料研究所曾采用当地选育的四倍体红三叶与瑞典的四倍体红三叶进行地理远缘杂交，经过3代的选择，使四倍体红三叶结实率由4.5%~6.2%提高到45.1%~67.8%。因短管状花有利于蜜蜂传粉，为此，他们还采用多次混合选择方法，从四倍体三叶草中选出管状花长度接近二倍体的品种，从而也提高了结实率。

此外，为防止四倍体红三叶与二倍体三叶草间的杂交，必须采用距离500m的空间隔离或高25~30m的屏障隔离措施。选种圃内二倍体与四倍体的隔离，同样依靠播种4~5m的高秆作物进行隔离。

19.4.5 其他育种

19.4.5.1 诱变育种

三叶草诱变育种至今未育成栽培品种。但是，国内外学者进行了许多三叶草辐射育种理论基础研究。如段雪梅等研究了快中子不同剂量（0~38.634Gy）辐射巫溪红三叶种子，对其种子发芽率、根长、芽长、出苗率和株高的影响。海棠等以$^{60}Co-\gamma$射线不同剂量辐照6个不同三叶草种质，结果显著抑制其幼芽和幼根生长，并降低其种子活力；辐射剂量不同，对不同三叶草根的生长抑制作用也不同；照射剂量增大，活力指数逐渐下降；不同三叶草种质对γ射线的敏感程度为：日本白三叶>天水红三叶>新西兰白三叶>呼盟红三叶>兰州白三叶>贵州红三叶。杨红善等对搭载于"神舟8号"飞船的岷山红三叶种子，地面种植形成SP_1代单株材料，以未搭载的原品种为对照，根据分蘖枝、叶面积、株高、单株生物量、单株种子产量、异黄酮含量等指标，共选出10个变异单株，其中5个为显著变异单株。张蕴薇等也利用"实践八号"卫星搭载普通白三叶草坪草种子，地面种植后开展了相关遗传育种研究。

19.4.5.2 生物技术育种

1978年，Elizabeth Williams通过离体培养高加索三叶草与白三叶的杂交胚获得杂交后代的再生植株，并移栽到户外进行大量扩繁。目前已经建立了三叶草的再生体系；获得了耐酸性土壤、富含硫的豌豆清蛋白基因、抗白三叶花叶病毒、抗苜蓿花叶病毒、杀虫晶体蛋白（*BtCryBa*）和蛋白酶抑制剂（*PIs*）抗虫基因等不同类型的转基因白三叶植株；获得了已经公布的红三叶基因组草图；基于抗旱、土壤低磷、耐盐碱胁迫的转录组研究鉴定了大量相关基因；还进行了种质资源遗传多样性和SSR标记连锁图谱构建、持久性或种子产量等性状的QTL定位研究。但是，三叶草生物技术育种研究还较少，还未见生物技术育种的三叶草品种应用于生产。

思考题

1. 简述国内外三叶草育种的发展历程。
2. 分别叙述红三叶与白三叶的类型及其特点。
3. 论述三叶草的主要育种目标。

4. 三叶草具有哪些遗传特点？
5. 举例说明三叶草选择育种具有什么特点？
6. 举例说明三叶草远缘杂交育种的困难及其克服方法？
7. 论述三叶草综合品种育种的意义与程序。
8. 论述选育优良四倍体三叶草品种的技术及步骤。

第20章 黑麦草与高羊茅育种

黑麦草属（*Lolium*）为禾本科一年生或多年生草本植物，喜温凉湿润气候，耐寒、耐湿性强，也较耐盐碱，但不耐高温。疏丛型，茎叶柔嫩光滑多汁，适口性好，营养价值较高且全面，生长速度快，分蘖能力强，刈割后再生性好，各种草食家畜和鱼类均喜食，可放牧、青刈舍饲、青贮、调制干草（粉），广泛用于建植人工草地、割草地和放牧地。并且，黑麦草分蘖多，耐践踏，绿期长，草色鲜绿，观赏性极佳，是一种优良牧草及草坪草种。

高羊茅（*Festuca arundinacea*）又称苇状羊茅、苇状狐茅，是禾本科羊茅属（*Festuca*）多年生草本植物。高羊茅的营养价值极高，适应多种土壤与气候条件，是世界上重要的牧草。同时，由于高羊茅具有耐旱、耐瘠薄、抗病、适应性广等特点，广泛应用于城市绿化和运动场地建设，也是应用十分广泛的草坪草。高羊茅起源于欧洲地中海南北两岸地区，现广泛分布于欧洲和北非、中东、中亚和西伯利亚的地中海地带，并延伸分布于西伯利亚、东非及马达加斯加山区，在中国新疆、东北、贵州、四川、广西等湿润地区也有自生。但是，高羊茅存在叶片粗糙，使其坪用性和适口性差；没有匍匐茎，生长速率慢，导致其再生性差，且易遭受杂草侵害；在中国南方地区越夏困难；抗病虫害性差等缺点。尤其是高羊茅虽属冷季型草，但却易受低温伤害，低温地区生命期短。

20.1 黑麦草育种

20.1.1 黑麦草育种概况

尽管黑麦草既可用作牧草，又可用作草坪草。但是，国内外有关黑麦草育种概况主要涉及饲用黑麦草育种研究及进展。

20.1.1.1 国外黑麦草育种概况

英国1919年起率先开展黑麦草品种选育工作，英国威尔士植物育种站育成了世界上最早的黑麦草品种。随后美国、澳大利亚、新西兰、丹麦、荷兰、日本等国也陆续开展了黑麦草育种及相关研究工作。目前，美国、英国、新西兰、澳大利亚等国的黑麦草育种工作处于世界领先水平，它们均已经建立了完整的黑麦草种子生产体系。欧美国家过去育成了许多优良黑麦草品种。国外早年黑麦草育种目标主要致力于提高产量和改良品质，育种方法也主要采用选择育种和杂交育种等常规育种技术。随着黑麦草遗传育种基础研究的深入和技术的不断进步，黑麦草育种目标逐步细化、多元化；远缘杂交、倍性育种、生物技术育种等方法也逐渐应用到黑麦草育种工作之中，采用远缘杂交等手段育成的黑麦草新品种已广泛用于生产实践。20世纪70年代开始，育种家运用染色体加倍技术改善黑麦草的产量和品质，如今，人工可以合成 $2n=42$ 和 $2n=70$ 的同源及异源黑麦草多倍体，并成功地将育成的四倍体（$2n=28$）黑麦草品种广泛应用于生产。

欧美国家的黑麦草种间和属间远缘杂交育种工作始于20世纪初，20世纪五六十年代得到了快速发展，至今取得了丰硕成果。多年生黑麦草与一年生黑麦草两个异花授粉植物种的杂交相对容易，育种家试图通过两者的杂交将多年生黑麦草的强分蘖能力和一年生黑麦草的高产性能组合到杂种黑麦草中。现已经培育出一些供生产上利用的两个黑麦草种间远缘杂交新品种。如新西兰的杂种黑麦草品种'马纳瓦'（manawa）是以一年生黑麦草为母本，多年生黑麦草为父本杂交育成的种间远缘杂交品种；草坪育种家采用一年生黑麦草与草坪型多年生黑麦草杂交，培育出了一个种间远缘杂交品种——杂种黑麦草（*Lolium hybridum*），主要用作暖季型禾本科草坪休眠期的冷季草坪草交播品种。此外，为了改善黑麦草的抗逆性，美国育种家以一年生黑麦草与多年生黑麦草品种曼哈顿进行杂交，选育出了对病害、低温、高温等均具有抗性的种间杂交新品种。

为了解决黑麦草远缘杂种不实或杂种不孕等问题，国外育种家广泛采用组织培养技术克服其障碍。其中，由于黑麦草与羊茅属植物染色体组部分同源，因此，在黑麦草与其他禾本科牧草的属间杂交育种中，该两个属牧草远缘杂交最有成效。英国20世纪初最早开始进行黑麦草属和羊茅属间远缘杂交育种研究，现已育成了一系列黑麦草羊茅杂种品种（表20-1）。

表20-1 外国选育的部分黑麦草属与羊茅属远缘杂交育成品种

杂种双亲	品种名称	杂种类型	国家	时间
一年生黑麦草×草地羊茅 *L. multiflorum* Lam. × *F. pratensis* Huds.	'Elmet'	双二倍体	英国	1973
	'Perun'	双二倍体	捷克	1991
	'Rakopan'	双二倍体	波兰	2001
草地羊茅×一年生黑麦草 *F. pratensis* Huds. × *L. multiflorum* Lam.	'Paulita'	双二倍体	德国	1986
	'Paulena'	双二倍体	德国	1995
	'Punia'	双二倍体	立陶宛	1997
	'Felopa'	双二倍体	波兰	1998
	'Sulino'	双二倍体	波兰	1998
	'Agula'	双二倍体	波兰	2002
多年生黑麦草×草地羊茅 *L. perenne* L. × *F. pratensis* Huds.	'Prior'	双二倍体	英国	1973
	'Spring Green'	双二倍体	美国	2001
	'Duo'	双二倍体	英国	1998
	'Matrix'	双二倍体	英国	1998
一年生黑麦草×高羊茅 *L. multiflorum* Lam. × *F. arundinacea* Schreb.	'Kenhy'	基因渗入	美国	1997
	'Johnstone'	基因渗入	美国	1983
	'Felina'	基因渗入	捷克	1988
	'Hykor'	基因渗入	捷克	1991
	'Korina'	基因渗入	捷克	1997
	'BeCva'	基因渗入	捷克	1989
	'Lofa'	基因渗入	捷克	1998

注：引自温常龙等，2010。

20.1.1.2 中国黑麦草育种概况

中国黑麦草育种工作起步较晚，20世纪40年代才开始从国外引种；20世纪70年代末才系统进行黑麦草育种及有关基础研究工作。目前主要在长江流域及以南地区均有大面积种植利用,在北方较温暖多雨地区如东北、内蒙古自治区等也引种春播,面积达 $130×10^4 hm^2$ 以上。近年中国也从国外引进了许多黑麦草品种,其中,如一年生黑麦草(*Lolium multiflorum*)二倍体品种'勒普'(Li Po)、'邦德'(Abundant)、'安格斯 1 号'(Angus No. 1)、'达伯瑞'(Double Barrel)、'阿德纳'(Aderenalin)、'杰特'(Jivet)、'剑宝'(Jianbao);一年生黑麦草四倍体品种'阿伯德'(Aubade)、'蓝天堂'(Blae Heaven)、'钻石 T'(Diamond T)、'杰威'(Spendor)、'特高德'(Tetragol,过去译名为特高);多年生黑麦草(*Lolium perenne* L.)品种'凯蒂莎'(Caddieshack)、'卓越'(Eminent)、'顶峰'(Pinnacre)、'托亚'(Taya)、'凯力'(Calibra)、'麦迪'(Mathilde)、'尼普顿'(Neptun)、'图兰朵'(Turandot)、'肯特'(Kentaur)、'格兰丹迪'(Dandy);杂交黑麦草品种'百盛'(Bison, *Lolium perenne×Lolium multiflorum*)、'泰特Ⅱ'(Tetrelite Ⅱ, *Lolium×bucheanum*);羊茅黑麦草(*Lolium perenne × Festuca arundinacea*)品种'拜伦'、'劳发'(Lofa)均先后作为引进品种,通过了中国的全国草品种审定登记(表 20-2)。同时,中国各地育种家育成了全国草品种审定登记的多个具有自主知识产权的黑麦草育成品种。截至 2018 年年底,中国全国草品种审定登记的黑麦草品种共计 33 个(表 20-2),其中引进品种 26 个,地方品种 1 个,育成品种仅 6 个。此外,中国还选育了一些通过各省(自治区、直辖市)品种审定登记的黑麦草品种。例如,江苏省至 2006 年审定登记了盐城黑麦草与羊茅-黑麦草两个多花黑麦草品种。其中,盐城黑麦草为江苏省盐城沿海地区农业科学研究所采用选择育种育成的耐盐碱能力较强的多花黑麦草地方品种,于 1990 年通过全国品种审定登记为地方品种'盐城'。江西省畜牧技术推广站采用理、化诱变处理,育成了耐酸性和盐碱性土壤、抗病性强的四倍体一年生黑麦草品种'赣选 1 号'。此外,一些科研人员还对黑麦草的蛋白质含量、种子产量和品质等育种目标性状的改良进行了积极的探索,并取得了一定进展。

表 20-2　中国黑麦草品种审定登记情况统计(1987—2018 年)

种名称	品种名称	登记年份	育种单位及申报者	品种类别	生物学特性与适应区域
多花黑麦草	'阿伯德'(Aubade)(四倍体)	1988	四川省草原研究所盘朝邦等	引进品种	抗寒,适宜四川西北高原寒温气候地区种植
	'蓝天堂'(Blae Heaven)(四倍体)	2005	北京克劳沃草业技术开发中心、北京格拉斯草业技术研究所刘自学等	引进品种	耐酸、抗寒、抗病,适宜在我国长江流域及其以南的大部分地区冬闲田种植
	'长江 2 号'(四倍体)	2004	四川农业大学、四川长江草业研究中心张新全等	育成品种	耐酸、抗寒、抗病,适宜长江中上游丘陵、平坝和山地海拔 600~1500m 的温暖湿润地区种植
	'钻石 T'(Diamond T)(四倍体)	2005	北京克劳沃草业技术开发中心、北京格拉斯草业技术研究所刘自学等	引进品种	耐酸、抗寒、抗病,适宜在我国长江流域及其以南的大部分地区冬闲田种植
	'赣饲 3 号'(四倍体)	1994	江西省饲料研究所周泽敏等	育成品种	耐热,适宜长江流域以南及黄河流域部分地区种植
	'赣选 1 号'(四倍体)	1994	江西省畜牧技术推广站李正民等	育成品种	耐盐碱、耐酸、抗病,适宜长江中下游及以南地区各种地形与土壤种植
	'勒普'(Li Po)	1991	四川省畜牧兽医研究所曹成禹等	引进品种	耐热、抗寒,适宜四川盆地、长江和黄河流域各省种植

(续)

种名称	品种名称	登记年份	育种单位及申报者	品种类别	生物学特性与适应区域
多花黑麦草	'上农四倍体'（四倍体）	1995	上海农学院邵游等	育成品种	耐盐碱，长江、黄河流域及南方。特别在土壤含盐分较高地区
	'杰威'（Spendor）（四倍体）	2004	四川省金种燎原种业科技有限责任公司谢永良等	引进品种	抗寒、抗旱，适宜我国长江中下游及其以南的大部分地区冬闲田种植
	'盐城'	1990	江苏省沿海地区农业科学研究所陆炳章等	地方品种	耐盐碱、抗寒，适宜长江中下游地区和部分沿海地区种植
	'特高（德）'（Tetragol）（四倍体）	2001	广东省牧草饲料工作站陈三有等	引进品种	抗寒，适宜广东、四川、江西、福建、广西、江苏等种植
	'邦德'（Abundant）	2008	云南省草山饲料工作站、北京正道生态科技有限公司吴晓祥等	引进品种	耐盐碱、耐酸、抗寒、抗病，云南温带和亚热带地区
	'安格斯1号'（Angus No. 1）	2008	云南省草山饲料工作站、北京正道生态科技有限公司吴晓祥等	引进品种	耐盐碱、耐酸、抗寒，云南温带和亚热带地区
	'达伯瑞'（Double Barrel）	2012	云南省草山饲料工作站、北京正道生态科技有限公司马兴跃等	引进品种	抗寒、抗病，南方年降水量在800~1500mm的冬闲田种植和北方春播种植
	'阿德纳'（Aderenalin）	2012	北京佰青源畜牧业科技发展有限公司、贵州大学动物科学学院房丽宁等	引进品种	抗寒，适宜我国西南、华东、华中等温暖地区冬闲田种草和北方春播种植
	'杰特'（Jivet）	2014	云南省草山饲料工作站吴晓祥等	引进品种	适宜在长江流域及以南的冬闲田和南方高海拔山区种植
	'剑宝'（Jianbao）	2015	四川省畜牧科学研究院、百绿（天津）国际草业有限公司梁小玉等	引进品种	适宜我国西南、华东、华中温暖湿润地区种植
	'川农1号'	2016	四川农业大学/四川金种燎原种业科技有限责任公司/贵州省草业研究所张新全等	育成品种	耐热、抗寒、抗病，适宜于长江流域及其以南温暖湿润的丘陵、平坝和山地等地区种植
多年生黑麦草	'凯蒂莎'（Caddieshack）	2007	北京克劳沃草业技术开发中心刘自学等	引进品种	抗旱、抗病，适宜北方较湿润的地区、西南和华南海拔较高地区种植
	'卓越'（Eminent）	2005	北京克劳沃草业技术开发中心、北京格拉斯草业技术研究所刘自学等	引进品种	耐热、抗寒、抗虫，适宜我国长江流域及其以南的大部分山区种植
	'顶峰'（Pinnacre）	2002	百绿（天津）国际草业有限公司陈谷等	引进品种	抗旱、抗寒、抗病，适宜我国北方地区种植，兰州以西地区不能安全越冬
	'托亚'（Taya）	2004	北京林业大学韩烈保等	引进品种	耐酸、抗寒，我国北方较湿润地区、华北、西南海拔较高地区
	'凯力'（Calibra）	2008	四川省金种燎原种业科技有限责任公司、西昌市畜牧局李鸿祥等	引进品种	抗寒、抗病，海拔800~2000m，年均温10~20℃，年降水量800~1500mm，温暖湿润地区

(续)

种名称	品种名称	登记年份	育种单位及申报者	品种类别	生物学特性与适应区域
多年生黑麦草	'麦迪'(Mathilde)	2009	云南农业大学、云南省草山饲草饲料工作站、北京正道生态科技有限公司毕玉芬等	引进品种	耐酸、抗寒、抗病,适宜于云南海拔800~2500m,年降水量800~1500mm的温凉湿润地区及相似生态条件的区域种植
	'尼普顿'(Neptun)	2009	贵州省草业研究所、贵州省饲草饲料工作站、四川省金种燎原种业科技有限责任公司尚以顺等	引进品种	抗旱,适宜在云、贵、川三省的海拔800~2500m,年降水量800~1500mm的温凉湿润地区及相似生态条件的区域种植
	'图兰朵'(Turandot)	2015	凉山彝族自治州畜牧兽医研究所、四川省金种燎原种业科技有限责任公司王同军等	引进品种	抗旱,长江流域及以南地区,海拔800~2500m,降水700~1500mm,年平均气温<14℃的温暖湿润山区
	'肯特'(Kentaur)	2015	贵州省草业研究所、贵州省畜牧兽医研究所陈燕萍等	引进品种	抗旱、抗病,长江流域及以南,年平均气温<14℃的温暖湿润山区
	'格兰丹迪'(Dandy)	2015	北京克劳沃种业科技有限公司苏爱莲等	引进品种	抗寒、抗病,适宜在我国南方山区种植
杂交黑麦草	'百盛'(Bison)	2008	北京克劳沃草业技术开发中心房丽宁等	引进品种	年降雨600mm以上、气候温和的云贵高原等地区
	'泰特Ⅱ'(Tetrelite Ⅱ)	2013	四川省金种燎原种业科技有限责任公司、凉山彝族自治州畜牧兽医科学研究所、四川农业大学	引进品种	耐盐碱、抗寒,适宜在长江流域及以南,在海拔800~2500m,降水800~1500mm,年平均气温10~25℃的温暖湿润地区
羊茅黑麦草	'南农1号'	1998	南京农业大学	育成品种	抗寒,我国西南山区、长江流域以及部分沿海地区均适宜种植
	'拜伦'	2016	云南农业大学、云南省草山饲料工作站	引进品种	适合海拔800~3000m,年降水量800~1500mm气候温和地区种植
	'劳发'(Lofa)	2017	四川农业大学、四川省林丰园林建设工程有限公司黄琳凯等	引进品种	适宜在西南温凉湿润地区及气候相似地区种植

20.1.2 黑麦草种质资源

20.1.2.1 黑麦草属植物类型与分布

(1)类型

黑麦草属植物约10种。根据植物授粉特性及每穗小穗数、每小穗花数、外稃是否具芒以及颖片的长短等花序特征,将黑麦草属植物分为异花授粉与自花授粉两个类型;依生活习性及生育周期,将黑草属植物分为多年生、二年生(或一年生)与一年生等3个类型。Terrell(1968)将黑麦草属植物确产为8种:①异花授粉类型:多年生黑麦草(*L. perenne*)、一年生黑麦草(*L. multiflorum*)、硬黑麦草(*L. rigidum*);②自花授粉类型:毒麦(*L. temulentum*)、远穗黑麦草(*L. remotum*)、波斯黑麦草(*L. persicum*)、锥形黑麦草(*L. subulatum*)、卡那利黑麦草(*L. canariense*)。国外黑麦草属植物也有等。其中,目前世界上被栽培利用多的为异花授粉类型中的多年生黑麦草、一年生黑麦草与硬黑麦草等3种黑麦草，尤以多年生黑麦草和多花黑麦草为主，它们的生育周期分别为多年生、二年生(或一年生)；硬直黑麦草为一年生；5种自花授粉型黑麦草均为一年生，皆为大田农作物杂草。其后的研究还发现了田野黑麦草(*L. arvense*)、*L. edwardii* 等黑麦草属植物新的种。此外，育种家通过多倍体育种选育了许多黑麦草四倍体栽培品种，在生产上广泛推广种植。

黑麦草属植物间种间杂交(品)种，如多年生黑麦草与多花黑麦草的种间杂交(品)种，通常称为杂交(种)黑麦草(*Lolium hybridium*)；高羊茅或草地羊茅等羊茅属与黑麦草属的属间杂交(品)种，通常称为羊茅黑麦草(*Festulolium*)，它们均在生产实践中被广泛利用。

(2) 分布

黑麦草属植物起源于地中海地区，主要分布于欧洲南部、非洲北部和亚洲西南部的温带地区。其中，多年生黑麦草与一年生黑麦草为该属植物中最主要被利用的两个种。多年生黑麦草起源于地中海地区及西亚，然后沿海岸线向北扩展至西欧。据考证，它是人类驯化栽培的第一种牧草，最初于17世纪在英国牛津地区种植并收获种子，因而又名"英国黑麦草"，人们还将之称为"野黑麦"。多年生黑麦草原本为路旁及弃耕地上的一种常见杂草，目前已被温暖湿润的北欧及地中海地区广泛栽培种植，也被引种到东欧、北美、大洋洲及亚洲的部分地区。

一年生黑麦草，又名多花黑麦草或意大利黑麦草，为欧洲土生种，起源于南欧，现已扩展到北半球整个温带地区。西欧、南欧、北非、中东、亚洲、大洋洲等地区均有广泛种植。

20.1.2.2　黑麦草种质资源的遗传多样性及其利用

(1) 种质资源的遗传多样性

黑麦草种质资源极其丰富多样，国内外对黑麦草种质资源从形态学水平到分子水平都进行了大量研究，利用现代分子生物学技术对其优异性状进行了遗传标记，且已培育出了大量具有不同特色、可满足不同需求的黑麦草新品种。各种质资源各性状存在广泛的遗传多样性。

①形态解剖学的遗传多样性　黑麦草属植物各个种形态解剖学性状存在极其明显的遗传多样性。与毒麦及其变种相比较，多年生黑麦草的胚体较小，胚体短、胖、小，约为颖果的1/12，呈肾状钝三角形；波斯黑麦草的胚体较肥大，约为颖果全长的1/10，为肾状长椭圆形；多花黑麦草和硬黑麦草的胚体稍大于多年生黑麦草，约为颖果的1/11，多花黑麦草的胚体宽圆，为肾状卵圆形，硬黑麦草的胚体为长卵形；波斯黑麦草盾片长大，多年生黑麦草盾片较宽短，多花黑麦草盾片则窄尖，硬黑麦草盾片的大小居于多年生黑麦草和多花黑麦草之间，形状较窄尖。

胚体和上皮细胞是区别黑麦草属植物各个种的重要依据，多年生黑麦草上皮细胞的形状为矩形，排列较紧密；而多花黑麦草上皮细胞的形状为长扁细长矩形，排列较规则、整齐、紧密，长/宽比约为3∶1；波斯黑麦草上皮细胞形状为较短扁矩圆形，长/宽比约为2∶1，排列整齐，较疏松；硬黑麦草上皮细胞的形状为长矩形，排列较规则、整齐、紧密，长/宽比约为2.5∶1。

②细胞学的遗传多样性　染色体是遗传信息的载体，染色体数目、形态和行为的多样性可反映遗传多样性的本质。黑麦草属植物体细胞的染色体数都为二倍体($2n=14$)，自然界中不存在该属植物的天然四倍体。而且，多花黑麦草的核型与多年生黑麦草相似。多年生黑麦草的核型公式为：$2n = 2X = 14 = 2sm + 12m(2sat)$，核型分类为1A；核型不对称系数为

60.78。组织培养再生植株染色体数目变异除比率较大、类型多样外，染色体的结构也出现了多种类型的变异，如染色体断片、染色体凝聚、染色体倒位等；细胞有丝分裂异常现象也很丰富，如染色体桥、染色体不均等落后染色体等。

另外，多花黑麦草与多年生黑麦草的杂种中还存在 B 染色体。B 染色体是生物中比较特殊的物质，B 染色体效应主要表现在数量性状上，但数目的增加会对植物的活力和育性产生抑制。这一现象在育种中很受重视，四倍体水平上可以完全抑制同源染色体配对。它可以作为禾本科二倍化的多倍体种间杂种的一种遗传"工具"。二倍体多年生黑麦草与多倍体物种相比较，其染色体配对机制及分子标记的连锁方式较为简单。

多花黑麦草与其他黑麦草属植物进行种间杂交或品种间杂交，或遇剧烈生态环境变化，如夏季和秋季高温干旱的影响等，会促使其染色体数目减半或使其染色体数目增加，从而形成四倍体黑麦草基因型，这些四倍体黑麦草基因型有适应亚热带不利自然条件的能力而被自然选择所保留，并进而发育成新的变种或物种。

③生物化学与分子生物学的遗传多样性　研究表明，磷酸葡糖异构酶位点(Pgi-2)和过氧化物歧化酶位点(Sod-1)两种叶片同工酶，在意大利黑麦草和多年生黑麦草中表现明显差异，可以作为区别多花黑麦草和多年生黑麦草的标记。并且 Pgi-2 位点与 Sod-1 位点均被定位在 1 号染色体。禾本科牧草的过氧化物同工酶分析结果发现，黑麦草属的多花黑麦草有的酶带与小麦族某些成员的相似；有的酶带又与羊茅属的相似，这也是对黑麦草属分类定位争议的原因之一。

鸭茅、羊茅、多年生黑麦草的 RAPD 基因变异性的研究结果表明，多年生黑麦草与鸭茅的变异性相似，高于羊茅的变异性，而且其种内变异性也高于羊茅的。利用 SSR 分析 7 个多年生黑麦草品种的研究表明，各品种都具有较高相似水平的遗传多样性；其品种内杂合性的变幅为 0.589~0.643；各品种间遗传变异比例较小(14.6%)。

(2) 种质资源的利用

黑麦草种质资源的开发利用，通常可筛选优良种质直接利用，或作为育种亲本间接利用。目前国内外黑麦草种植利用最主要的是多年生黑麦草和多花黑麦草(一、二年生)。近年澳大利亚对硬黑麦草的经济价值逐渐被认识，已被作为一年生牧草加以利用，但在其他国家仍被视为杂草未能利用。此外，黑麦草属的其他植物种作为种质资源仍具有潜在的育种利用价值。

中国黑麦草种植推广地区生态条件极其复杂，地跨热带、亚热带、温带和寒带。由于黑麦草喜温暖湿润气候，冬怕严寒，夏忌酷暑。在中国东北、内蒙古及西北地区不能很好越冬；而在中国南方，夏季炎热高温，越夏比较困难。黑麦草的这些不足限制了其用作牧草及草坪草。因此，可持续开展黑麦草种质资源的收集、评价与比较，筛选出具有优良适应性与抗逆性的优良种质资源直接利用或用作育种亲本。

研究表明，植物对干旱、盐碱胁迫等会有自身的防御机制，糖和糖醇类等渗透调节物质的积累可以减轻细胞对缺水的敏感性，增强植物对胁迫的耐受力。可溶性碳水化合物是很多非盐生植物的主要渗透调节剂。提高多花黑麦草品种糖分含量不仅能提高其抗旱、耐盐碱能力，也对改善牧草饲用品质、提高动物生产性能具有重要作用。高糖黑麦草(HSR)品种在英国已经有 20 多年的培育历史，它能够提高家畜瘤胃微生物氮的利用率，促进微生物蛋白质合成，减少家畜氮排泄，一定程度上降低反刍动物生产系统 N_2O 等温室气体排放。饲喂

HSR青贮饲料的奶牛氮的利用率显著高于饲喂红三叶的奶牛氮的利用率。中国高糖牧草刚刚引起重视。因此，加强高糖、耐盐黑麦草野生种质资源收集和鉴定，为改善现有多花黑麦草品种的耐盐碱能力和饲用品质提供物质基础，从而促进多花黑麦草在沿海滩涂地区的推广种植。

此外，黑麦草种质资源的开发利用可采用传统育种与现代生物技术育种相结合方法，从而进一步加快培育新品种，创新种质资源。

20.1.3 黑麦草特性及育种目标

20.1.3.1 黑麦草特性

（1）多花黑麦草

为一年生或越年生植物，英文名 Italian ryegrass，Annual ryegrass，也称多次刈割黑麦草。与多年生黑麦草相比较，多花黑麦草的种子发芽与地上垂直生长速度都很快，扩展能力和竞争能力更强，株丛一经形成，其他禾草乃至各种杂草难于侵入。

多花黑麦草与多年生黑麦草同样，具有分蘖力强、生长快等特点，均为低温长日照植物，具有春化特性，但不同产地、不同种和品种的春化性强弱不同。多年生黑麦草需要秋播或将萌芽种子进行低温处理后春播才能在当年获得种子。异花授粉，无法自交，因此很难把优良基因保存下来，造成其品种改良异常困难而复杂。

多花黑麦草喜温暖湿润气候条件，适于年降水量 1000~1500mm，冬无严寒、夏无酷暑的地区种植，也能在亚热带地区生长不耐严寒。中国长江以南，秋播可安全越冬；北京越冬率不高，仅为 50%。不耐热，喜壤土或砂壤土，也适于黏壤土，肥沃、湿润而土层深厚的地方生长极为茂盛，产量很高。最适土壤 pH 为 6.0~7.0，可适 pH 5.0~8.0，耐盐碱能力较强。抗旱性差，耐潮湿，但忌积水。种子适宜发芽温度 20~25℃，最适生长发育温度为 20℃左右。昼夜温度 12~17℃时生长最快，幼苗可耐 1.7~3.2℃低温。寿命较短，通常为一年，种后第 2 年生长结束后大多数死亡，但水土条件适宜情况下也可成为短期多年生牧草。

多花黑麦草再生速度快，春季刈割后 6 周即可再次刈割；耐牧性能较好，重牧后仍能够快速恢复生长，是优良的牧草植物。生长速度快，富含蛋白质、纤维少，营养全面，易消化，适口性好，各种家畜均喜采食，为世界栽培牧草中优等牧草之一，常用于收割青饲、调制优质干草，也可放牧利用。丹麦、德国和荷兰等许多国家都有大面积种植，一年生产多花黑麦草种子约 25 000t，美国俄勒冈州的多花黑麦草种子产量可达 2081kg/hm^2。多花黑麦草产量高，冬春季生长旺盛，适应性强，解决了中国南方冬春季家畜饲草不足问题，在南方粮草轮作中发挥了极其重要作用。中国 2014 年末的多花黑麦草种植面积达到 829×10^4 亩*，占全国一年生饲草种植面积的 11.56%，是中国长江中下游地区最重要的农田栽培牧草之一。

多花黑麦草也是重要的草坪草之一，主要用作狗牙根、结缕草等暖季型草坪的冬季交播用种，其播种后短时期可覆盖地面，能很快接替即将枯黄的暖季型草坪草，保持草坪绿色持久，是中国南北方广泛应用且适应性较强的草坪草种。

（2）多年生黑麦草

多年生黑麦草英文名 Perennial ryegrass，又名宿根黑麦草、牧场黑麦草、英吉利黑麦草、

---

* 1 亩 = 666.67 平方米

英格兰黑麦草。喜温凉湿润气候，宜于夏季凉爽、冬季不太寒冷地区生长，适宜生育温度10~27℃，35℃以上生长不良。耐寒与耐热性皆差，在极冷或极热地区寿命较短，在中国东北、内蒙古地区不能越冬或越冬不稳定；而在中国南方，遇夏季高温则会出现"夏枯"现象，分蘖停止生长，严重时会死亡。在年降水量500~1500mm的地方均可生长，尤以1000mm左右适宜。具有一定耐湿性，但排水不良或地下水位过高对其生长不利。多年生黑麦草比一年生黑麦草对极端温度和干旱更加敏感，对土壤要求比较严格，喜肥不耐瘠。适宜在排灌良好、肥沃湿润的黏壤土栽培。适宜土壤pH为6~7，能耐受土壤pH5.1~8.4。耐阴性不强，喜在阳光处生长，阴处则易感病害。多年生黑麦草的抗旱性、耐热性和抗寒性较差，并且抗盐碱性能力也一般，使其栽植和利用发展一定程度受到了限制。另外，为自交不亲和及异花授粉，基因稳定性较差，想要得到纯合稳定遗传基因型难度较大。

多年生黑麦草须根极密，秆丛生，叶片质地细、柔软、色绿，草质优良，产草量高，分蘖力强，适口性好，是草食家畜的优质牧草。与苜蓿、三叶草、紫云英（*Astragalus sinicus*）等豆科牧草混播，可放牧、青饲、青贮、调制干草，对提高产量与土壤肥力均有利。截至2014年年末，多年生黑麦草作为饲草在全国保留种植面积共$1221×10^4$亩，占全国多年生牧草的4.73%，是中国长江中下游及其以南地区重要的禾本科牧草。

一些低矮草坪型多年生黑麦草品种成坪速度快，耐践踏性较强，耐阴性强，具有较强的耐热、耐寒和抗旱能力，还能够抗二氧化硫等有害气体，是一种优良草坪草。常被用作先锋与保护草种，利用其发芽快速和生长能力强的特性，可以方便快捷地形成急需的草坪或填补草坪斑秃。多年生黑麦草或多花黑麦草有时候可单独使用，但多数是与紫羊茅（*Festuca rubra*）、翦股颖（*Agrostis* spp.）、羊茅（*Festuca ovina*）、草地早熟禾（*Poa Pratensis*）等发芽缓慢的草坪草种按不同比例混播，可以建植成为具有多种用途的运动场、庭园绿地草坪，或直接用于路堤边坡、堤坝斜坡、果园、葡萄园等裸地的覆盖，以保持水土绿化地被。

（3）杂交黑麦草与羊茅黑麦草

杂交黑麦草或杂种黑麦草大多为多花黑麦草与多年生黑麦草的种间杂种，其形态特征介于多花黑麦草和多年生黑麦草之间，栽培品种有芒或无芒，综合了双亲多花黑麦草优质、高产与多年生黑麦草持久性好的特点，生长习性也介于双亲之间，对环境的要求与双亲的相同。

羊茅黑麦草为高羊茅或者草地羊茅等羊茅属与黑麦草属植物的属间杂交种，将两者的优良性状进行重组，使羊茅黑麦草既具有黑麦草属植物生长快、产草量高、品质好的特点；又具有羊茅属植物对逆境耐受力和持久性好的优点，克服了黑麦草属和羊茅属植物各自的缺点，在增强适应性的同时，提高了牧草品质；在生产实践中进行广泛推广应用的同时，也对研究物种间的遗传物质起源、变异和交换等遗传育种理论研究具有较高价值。

20.1.3.2 饲用黑麦草育种目标

饲用即牧草型黑麦草从以往的提高草产量、适口性及消化率等主要育种目标，转向为目前以提高耐热性、抗寒性和病虫抗性为重点育种目标。当然，目前在重点抓好黑麦草抗性育种的同时，仍然还需持续提高产量与改善品质，保证黑麦草不同利用需求及良好持久性。

（1）抗逆性与抗倒伏性

黑麦草抗逆性育种主要目标包括耐寒性、耐热性、耐旱性、耐盐碱性、耐酸性、耐牧性、耐除草剂等。黑麦草品种抗逆能力的强弱，直接影响其牧草生产的成败。并且，它也是制约中国黑麦草生产的主要因素，表现为黑麦草在北方寒冷地区不能越冬；在南方炎热地区不能渡夏。因此，北方地区的耐寒性及南方地区的耐热性成为目前黑麦草的主要育种目标。

黑麦草多雨季节易倒伏。倒伏不仅使种子产量降低5%~33%，影响种子品质；同时给收割带来极大不便。因此，抗倒伏性是黑麦草种子高产优质和集约化生产必需的育种目标之一。

(2) 抗病性

黑麦草长期大面积种植易发生病害，可导致植株生长发育受阻、牧草品质及种子质量下降、草产量与种子产量下降。黑麦草主要病害有锈病、叶斑病、枯萎病、瞎籽病和麦角病等，其中以锈病与枯萎病危害较重，夏季高温多雨地区常常可导致黑麦草生产遭受毁灭性损失。此外，据英格兰、威尔士和其他欧洲地区报道，当地黑麦草曾遭受花叶病毒严重危害，致使其草产量与种子产量显著降低，品质变劣。因此，增强黑麦草抗病性也成为重要育种目标。

(3) 高产及稳产性

提高黑麦草的草产量及种子产量一直是优良品种必须具备的基本条件，也是牧草型黑麦草最重要的目标性状之一。黑麦草产量通常为多基因控制的数量遗传性状，与其再生性、多刈性、分蘖能力、株型等性状密切相关。因此，可通过对这些性状的育种改良从而提高黑麦草的产量。

黑麦草稳产性与其抗性密切相关。如果黑麦草品种的抗性强，其产量稳定性就越好。特别是多年生黑麦草不同年份产量更受其抗性影响。因此，提高黑麦草的抗逆性与抗病性，也是提高其稳产性的保证措施。

(4) 优质及满足不同利用方式需求

牧草品质改良也是牧草型黑麦草育种的重要目标。黑麦草牧草品质育种主要目标性状是提高蛋白质含量，降低纤维含量，提高适口性及消化率等。并且，黑麦草作为牧草利用方式各地有所不同，中国南方大多采用刈割调制干草及青饲或青贮饲料；北方大多采用放牧方式。因此，对于放牧利用黑麦草需要适宜放牧利用的性状，即需要选育具有再生速度快、耐践踏、耐土紧密、耐家畜啃食等优良放牧型黑麦草品种。

此外，黑麦草作为牧草既可单独利用，但多数情况还是与其他牧草，特别是与豆科牧草混播利用。因此，对于混播利用黑麦草品种的选育，还要求将易混播作为其育种目标性状。

20.1.3.3 坪用黑麦草育种目标

坪用型黑麦草品种的育种目标与饲用型品种育种目标有所差异，一般应选择分蘖多、叶多而纤细、叶色深绿、抗病虫、耐践踏的晚熟或中晚熟类型。

(1) 生长特性

不同利用方式的坪用型黑麦草品种要求不同的生长特性。单播或与草地早熟禾、高羊茅等混播建植较长期绿化草坪和运动草坪时，多年生黑麦草品种要求分蘖能力强、持久性好、抽穗分蘖少、竞争力强、耐修剪的晚熟或中晚熟品种。这是由于如果采用分蘖少、垂直生长速度快的多年生黑麦草品种建坪，则草坪需经常修剪，不仅增加草坪养护成本，且高频度修剪也会对草坪密度造成不良影响。用于狗牙根等暖季型草坪草建植草坪补播(交播)的多花黑麦草或多年生黑麦草品种则要求选育秋冬季生长势强、成坪速度快、耐高密度播种；且在春季气温升高后能自然消亡迅速的品种。

(2) 草坪品质

黑麦草抽穗前分蘖发生较旺盛，分蘖生长均一，叶片细长，草坪品质较高；但翌年春季抽穗拔节以后，不仅生长点抬高，而且分蘖生长受到很大影响，也出现较大差异，叶片短缩，草坪密度和整齐度下降，弹性也受到一定影响。因此，黑麦草晚熟或中晚熟品种，抽穗拔节株高增加较少的品种有利于保持草坪品质，也比较耐修剪和践踏。

(3) 抗逆性与抗病性

黑麦草耐热性、耐旱性和耐寒性均较差。因此，中国南方培育耐热与耐旱品种有助于提高多年生黑麦草的越夏率，延长草坪的使用年限。耐寒性品种培育不仅能满足北方地区黑麦草利用需要，而且对南方冬春季低温季节提高草坪密度、增强草坪弹性等均有积极意义。改良耐热性和耐寒性也是坪用型黑麦草育种的重要目标。此外，黑麦草生长需要湿润环境条件，干旱条件下其生长停滞，缺少应有光泽，草坪品质下降。因此，为节约水资源和降低草坪养护成本，耐适度干旱也是坪用型黑麦草的重要育种目标。

黑麦草无论单播还是混播，建植草坪的播种密度都非常大。按播种量 $10g/m^2$ 计算，每平方米的出苗数将超过 3000 株，小苗间的生长竞争非常激烈。黑麦草喜光不耐阴，该特性是黑麦草与高羊茅等草种混播后不久就被淘汰的原因之一。因此，培育耐阴性强的黑麦草品种对提高草坪密度和维持合理的混播比例具有重要意义。

据 Wilkins(1985) 报道，黑麦草至少受到 16 种有害真菌和 1 种有害细菌的危害。因此，提高抗病性也是坪用型黑麦草育种的重要目标。

20.1.4 黑麦草育种方法

20.1.4.1 引种与选择育种

(1) 引种

目前引种还是中国黑麦草育种的重要方法。中国从 20 世纪 30 年代开始研究黑麦草，40 年代从国外引种黑麦草品种，特别是 20 世纪 70 年代末期以来，各地从国外引进了数百个黑麦草品种。其中，许多黑麦草国外引进品种通过了全国或省级草品种审定登记；有的国外引进品种则作为重要的选择育种原始材料加以利用，选育了新的优良黑麦草品种。如江西省畜牧技术推广站以从国外引进意大利(多花)黑麦草品种 '伯克'('Birca') 为原始材料，通过优选单株、秋水仙碱加倍后，又经 $^{60}Co-\gamma$ 射线低剂量辐射种子复合育种选育了多花黑麦草品种 '赣选 1 号' (*Lolium multiforum* cv. Ganxuan No.1)，于 1994 年通过全国牧草品种审定登记。

(2) 选择育种

多花黑麦草和多年生黑麦草群体在开放传粉的情况下是一个异质杂合体，采用混合选择育种法改良某些性状，往往会取得良好效果。黑麦草具体育种实践中，则需根据育种目标要求确定选择方法。单株选择法、改良混合选择法和轮回选择法均可采用。如四川农业大学等单位育成的多花黑麦草品种 '长江 2 号'，在其杂交后代的选择过程中，采用了多次混合选择育种方法。

在创造黑麦草新品种时通常采用单株选择法。即将符合育种目标的优良单株在隔离区内连续进行几代繁殖和选择，从而可选育出优良新品种。例如，莫本田等在贵州牧草种子繁殖场和贵州省草业研究所进行试验，在引进美国品种的基础上，从种子繁育群体中选择典型的优良植株，混合播种，反复选择、改良，最终育成高产优质的 '贵草 1 号' 多花黑麦草，于

2007年通过贵州省草品种审定登记。

黑麦草群体改良时常采用轮回选择法，即在隔离区内种植原始杂合植物群体材料，次年对其进行评价，选择配合力好的优良亲本构成基础群体。再经过2~3个周期天然杂交和选择，不断选择配合力高的植株，最后1年待种子成熟后混合收获，构成1个轮回。在轮回选择中，可采用"表型轮回选择法"；也可采用"半姊妹系轮回选择法"。一般采用表型轮回选择法要选择合适对照；而半姊妹系轮回选择可直接评价小区的产量与持续性。

20.1.4.2 杂交育种

(1)黑麦草花器构造及开花习性

黑麦草为穗状花序，直立或稍弯，穗长10~25 cm，少数可达33 cm，宽5~8 mm；多年生黑麦草每穗有小穗12~24个，多花黑麦草每穗有小穗20~34个；小穗互生于主轴两侧、扁平，除花序顶端的1个小穗外，其余小穗仅具1枚颖片，近轴面的颖片缺失；多年生黑麦草每小穗含小花6~9朵，多花黑麦草每小穗含小花7~15朵，其中穗轴中部的小穗含小花数较多；小花内外稃较长，顶端膜质或非膜质，多年生黑麦草短芒或无芒，多花黑麦草长芒。

黑麦草抽穗历期需要11~20 d，抽穗速度与水分、温度等环境条件有关，如干旱时抽穗慢；反之则快。多年生黑麦草抽穗较少且不整齐；多花黑麦草抽穗较多且整齐。因分蘖有先后差异，因而其抽穗也不整齐。就一个小穗而言，一般是靠近穗轴的小花先开花，然后再交替开花。就整个花序而言，通常是中上部的小穗先开花，以后再逐渐向顶部和基部发展。阴雨天开花少而且开花时间延迟，甚至不开花。正常发育花序的开花历期一般为12~14 d。在一天中，开花时间集中为上午7：30~10：30，因每天光照、温度有所不同，因此其开花时间也有一定差异。开花时，花丝和花药伸出稃外。遇到风雨，花丝易被折断，影响授粉。

(2)品种间杂交

无论是多年生黑麦草，还是多花黑麦草，其种内品种间杂交均比较容易，且其F_1杂种可育，从F_2开始植株性状出现分离，需要加强杂种后代的不断选育，必要时可采用诱导四倍体的方法，以稳定杂种的优良性状。国外生产上利用的一些黑麦草品种，如多年生黑麦草品种'黑麦王子'（Ryeprince）和'绅士'（Esquiro）等均是通过种内品种间杂交育种方法育成的。四川农业大学等单位选育的多花黑麦草品种'长江2号'（四倍体），则从国外的多花黑麦草引进品种'阿伯德'（四倍体）与江西省畜牧技术推广站的多花黑麦草育成品种'赣选1号'（四倍体）的自由传粉杂交后代中，以高产、叶片长而宽大和冬春季生长速度快为主要育种目标，应用分子标记技术作为辅助选择，经多年混合选择，育成的多花品种，于2004年通过全国草品种审定登记。

此外，中国从国外引种的许多黑麦草引进品种均为综合品种，即由黑麦草多个亲本群体杂交后经表型轮回选择而育成，但由于商业保密等情况限制，引进品种的具体系谱即亲本群体来源无法获得。

(3)种间远缘杂交

黑麦草属于异花授粉植物，黑麦属植物的种间杂交容易进行，而且其F_1杂种可育。尤其是多年生黑麦草与多花黑麦草间的种间杂交比较容易，其F_1雄性及雌性均完全可育。然而其F_2中却存在广泛的性状分离现象。因此，通常采用诱导四倍体稳定杂种性状的有效方法。

①二倍体杂交　多年生黑麦草生长迅速，而多花黑麦草的分蘖能力强、利用持续期长。

为了集两者优良性状于一体，早在 20 世纪三四十年代，新西兰育种家就已成功地进行了该两个物种的种间杂交。经过几个世代的选择，从其二倍体杂种中选出了一些优良的重组类型，作短期轮牧利用(Corkhill, 1945)。后来还通过进一步改良，育成了一些生产上利用的黑麦草品种，如'Baroolte'、草地'Manawa'等。

尽管多年生黑麦草与多花黑麦草两个二倍体种的种间杂交方法技术上不存在问题，但其育种策略上仍存在一定缺陷。通常表现为其杂种 F_2 及以后世代的遗传变异较大，强烈分离，需花费数个世代选择才能将其稳定。这在一定程度上限制了该两个二倍体种间的直接种间杂交育种方法的尝试与利用。

此外，有关黑麦草属内异花授粉与自花授粉种间的杂交育种工作在国外已广泛开展，并已获得可育的 F_1 杂种，具有良好的育种应用前景。

②四倍体杂交　为了克服二倍体杂种稳定性差及其他一些问题，通常采用四倍体杂种的培育方法。其具体做法如下：一是将多年生黑麦草与多花黑麦草的二倍体杂种人工加倍成四倍体；二是将预先人工加倍的两种黑麦草杂交。这两种方法达到的育种目标殊途同归，都能形成正常可育的四倍体杂种。

多年生黑麦草与多花黑麦草的四倍体杂种较为稳定，且具有染色体优先配对的遗传潜力，可进一步减少或降低杂合性的丢失，由此产生最终结果可使 F_1 的杂种优势得以持续保留。而对于其二倍体杂种来说，群体的稳定只能采用人工控制授粉或利用自交不亲和系维持。

多年生黑麦草与多花黑麦草的四倍体杂种在生长季，直至抽穗前的杂种生长习性与多花黑麦草的相似；抽穗后开始表现多年生黑麦草强分蘖、多叶片的习性，这样便将该两个亲本种优良特性聚为一体。除此之外，其四倍体杂种适口性和消化率也优于其二倍体杂种。饲喂四倍体杂种品种'Augusta'的肉牛与饲喂二倍体杂种品种'RvP'的肉牛相比，前者的活重可增加 15%。国外在四倍体水平上对黑麦草进行改良的效果明显，最初选育了'Sabrina'、'Augusta'、'Sable'和'Siriol'等黑麦草四倍体品种。20 世纪 80 年代初期，英国威尔斯植物育种站又以从整个欧洲地区广泛收集的多年生黑麦草和多花黑麦草为原始材料进行了新的杂交尝试，目的是提高杂种品种春夏季的生长强度、干物质消化率及刈割后的再生性。通过多年努力，该项工作也取得较大进展，陆续选育出一些在生产上有潜力的黑麦草四倍体品种。

(4) 属间远缘杂交

黑麦草属植物具有产量高、营养丰富和适口性好等优点，但其抗逆性较差；而羊茅属(Festuca)植物常具有较强的抗逆性，但其适口性和营养价值较差。并且，黑麦草属与羊茅属有较近的亲缘关系，因此，可充分利用这一特点广泛开展两属间的远缘杂交育种工作。早在 1930 年，国外已经开展了两个属间的杂交育种工作，并且已经取得了很大的成就。国内也有采用两属间远缘杂交育种培育羊茅黑麦草品种的事例。如江西省饲料研究所采用多花黑麦草与羊茅属间远缘杂交并对杂交第一代进行染色体加倍，选育了多花黑麦草四倍体品种'赣饲 3 号'。南京农业大学以黑麦草品种'Manawa'($2n=14$)为母本，以抗旱耐热性强的高羊茅品种'Kentucky 31'($2n=42$)为父本进行属间有性杂交，育成了羊茅黑麦草品种'南农 1 号'，该品种耐寒、耐湿、耐盐碱、较抗干热。

多年生黑麦草、多花黑麦草与高羊茅($F.\ arundinacea$)间的杂种以及多年生黑麦草、多花黑麦草与大羊茅($F.\ gigantea$)间的杂种，均表现出完全的雄性可育。并且，虽然其雌性可育性较低，但它们基本上可与其亲本回交。然而，该两个属的有些物种的属间远缘杂交则不易成功。例如，黑麦草与紫羊茅($F.\ rubra$)等几种羊茅属植物的属间远缘杂交，其杂种F_1完全不育。因此，黑麦草属间远缘杂交时有必要配置较多的杂交组合，以探讨其杂交可交配性和杂种的育性。

20.1.4.3 倍性育种与诱变育种

(1)倍性育种

根据 Morgan(1976)研究结果，二倍体黑麦草经秋水仙碱处理较易加倍得到同源四倍体。因此，国内外黑麦草多倍体育种也广泛开展。根据遗传学原理，同源四倍体可以遮盖二倍体不能完全遮盖的不利隐性基因的影响。假如不利的等位基因以较低的频率、较多的位点在二倍体群体中出现时，那么就有望在相应的四倍体群体中降低其自交衰退的程度，并减少特殊配合力的变异。其次，四倍体的遗传可以减少后代性状的分离，容易使不同种群间杂交后代的性状趋于稳定。再者，从表型效应衡量，四倍体植株的分蘖及根系的体积会增大，适应性提高，同时抗雪覆盖能力有所增强。因此，四倍体杂种较二倍体杂种稳定。据报道，四倍体黑麦草品种'Sabrina'的染色体优先配对频率达34%。根据理论分析，该优选配对频率足以维持杂种7个非连续基因位点50%的杂合性。

此外，如将黑麦草属与羊茅属间杂种诱发成异源多倍体，还可稳定目标性状的遗传，培育出优良新品种。例如，将多年生黑麦草与草地羊茅($Festuca\ pretensis$, $2n=28$)杂种的二倍体经人工诱导加倍，已成功地获得了稳定的双二倍体(Lewis, 1983)。由该方法育成的羊茅黑麦草品种'Prior'，不仅在英国表现高产，而且由于具有较强的抗寒性，在加拿大的生长表现也很好。同时，为了人们稳定多年生黑麦草与多花黑麦草的杂种，也采用了倍性育种的方法，从而减少了在种子繁殖期间的分离现象。

但是，通过倍性育种获得的大多数黑麦草同源四倍体，也存在一些不足。与二倍体相比，其茎叶的生长速度、分蘖数、干物质含量及抗寒性等均有所降低。尽管如此，倍性育种仍然是黑麦草育种的有效方法之一。国内外黑麦草育种相继培育了许多生产上推广应用的黑麦草四倍体品种。例如，中国通过全国草品种审定登记的多花黑麦草品种'赣选1号'、'赣饲3号'、'上农四倍体'、'长江2号'与从国外引进且表现较好的多花黑麦草品种'阿伯德'(Aubade)、'蓝天堂'(Blae Heaven)、'钻石T'(Diamond T)、'杰威'(Spendor)、'特高德'(Tetragol)等都是四倍体品种，均表现出产量高、适应性强、适口性好等不同的优点。

(2)诱变育种

辐射诱变是一种扩大变异范围，选育优良新品种的有效方法。例如，多花黑麦草品种'赣选1号'的选育过程中，也采用了诱变育种方法。尹淑霞等采用^{60}Co-γ射线不同辐射剂量处理多年生黑麦草品种'超级德比'(Derby Supreme)的干种子，对其植株过氧化物同工酶(POD)和酯酶(EST)同工酶酶谱进行分析的结果表明，辐射引起了植株POD和EST的差异，且不同剂量处理的种子后代植株在POD和EST酶谱特征上有所不同。严欢等以未搭载种子为对照，观察经"实践八号"卫星搭载后的多花黑麦草品种'长江2号'的标准发芽率、物候期和农艺性状，搭载后的'长江2号'种子发芽率为98.34%，高于对照；生育天数稍微增加，与对照相比无明显差异；后期生长速度比对照快，各农艺性状变异系数远远大于对照。彭丽梅利用"神舟七号"飞船搭载多年生黑麦草品种Derby的胚性愈伤组织经空间诱变后，从搭载再生株系(SP)群体中获得了3个抗旱变异株系，并分析了它们的抗旱性生理生化指标差异,与其表征永久萎蔫系数反映结果一致,表明筛选出的抗旱变异株系具有抗旱生理生化基础。为了选育黑麦草抗旱品种,董文科等还采用甲基磺酸乙酯不同浓度对多年生黑麦草品种'首相'('Premier')种子进行了化学诱变育种研究,获得了一定进展。

20.1.4.4 生物技术育种

由于黑麦草为异花授粉,具有自交高度不亲和性,优良基因难以纯合稳定,从而使采用传统育种方法进行性状遗传改良困难。而生物技术育种有可能选育出高品质、农艺性状优良的黑麦草品种。如 Lidgett 等分离并鉴定了多年生黑麦草果糖基转移酶基因; Johnson 等从多年生黑麦草中分离克隆了蔗糖酶基因并导入黑麦草中,提高了低聚糖含量。Xu 等把 $CP\text{-}RMV$(黑麦草花叶病毒外壳蛋白基因)转入多年生黑麦草,提高了植株对黑麦草花叶病毒的抗性;Takahashi 等把水稻 $Cht\text{-}2$(几丁质酶基因)转入多花黑麦草,显著增强了多花黑麦草对冠锈病的抗性;Hisano 等把小麦 $wft\text{-}1$(蔗糖-1-果糖基转移酶基因)和 $wft\text{-}2$(蔗糖:果聚糖 6-果糖基转移酶基因)的 cDNA 结合 CaMV35S 启动子转入了多年生黑麦草,使多年生黑麦草的抗冷性得到提高。李翠翠(2015)以一年生黑麦草为材料,通过农杆菌介导的茎尖转化法将降解除草剂 2,4-D 的 $TfdA$ 基因转入黑麦草,$TfdA$ 基因在黑麦草中的表达显著提高了转 $TfdA$ 基因黑麦草抗 2,4-D 除草剂的能力。复旦大学选育多年生黑麦草品种'滞绿 1号'于 2005 年通过上海市农作物品种审定委员会审定登记。

20.2 高羊茅育种

20.2.1 高羊茅育种概况

20.2.1.1 国外高羊茅育种概况

国外从 20 世纪 30 年代开始进行高羊茅遗传育种研究,取得了较大的进展,成为继紫花苜蓿、黑麦草之后又一被深入研究的牧草及草坪草草种。目前欧美国家高羊茅育种工作处于领先地位。19 世纪初高羊茅从欧洲引种到美国,主要分布在从西北太平洋到南部各州的低洼牧场。国外早期高羊茅育种目标以改良高羊茅农艺性状为主,1940 年和 1943 年,美国分别在俄勒冈州育成了高羊茅坪用品种'Alta'('阿尔塔'),在肯塔基州育成草坪与牧草兼用型品种'Kentucky 31'('肯塔基州 31 号');1954 年在俄勒冈州培育了高羊茅饲用品种'Fawn'('小鹿');此品种能增加牧草和种子产量,1961 年美国开始进行矮型坪用高羊茅品种育种工作,于 1972 年,美国 Rutger 大学育成了第 1 个坪用高羊茅品种'Rebel';随后'Falcon'、'Olympic'、'Arid'('爱瑞')及'Arid 3'('爱瑞 3 号')、'Houngdog'('猎狗')及'Houngdog 5'('猎狗 5 号')等改良型坪用高羊茅品种相继育成。这些改良品种的叶片比过去育成品种'Kentucky31'的叶片细 30%~50%,分蘖多 2 倍,颜色深绿,在低刈割情况下仍能良好地生长,并具有更强的抗病性,因此,高羊茅用作低成本的水土保持植物及草坪草越来越多。近代高羊茅育种目标已经以从不同种质资源选择多种有低矮生长习性的高羊茅为主,特别是对高羊茅×草地羊茅、高羊茅×大羊茅、高羊茅×其他羊茅种间远缘杂交育种与黑麦草×草地羊茅、黑麦草×高羊茅、黑麦草×四倍体蓝羊茅等属间远缘杂交育种进行了系统研究,分别育成了'Regiment'、'Seine'、'Summerlawn'等种间远缘杂交与'Kenhy'、'Elmet'、'Prior'等属间远缘杂交高羊茅低矮型品种。例如,在 1977 年在美国肯塔基州选育的高羊茅品种'Kenhy'('肯基'),系采用多年生黑麦草与高羊茅属间远缘杂交育种方法育成,该品种的产量、品质、颜色等都要优于过去育成品种'Kentucky31'。

1981—1995 年,国外发现与高羊茅共生的内生真菌可产生生物碱,从而导致家畜饲用后生产性能降低。因此,广泛开展了不带内生真菌的高羊茅品种选育工作,并于 1982 年在美国阿拉巴马州发布了第 1 个不带内生真菌的高羊茅品种'AU-Triumph',此后,更多不带内生真菌的高羊茅品种相继发布。1996 年以后,国外开始发掘培育无毒新型内生真菌和抗逆性不带内生真菌高羊茅品种。近年美国、丹麦、荷兰等高羊茅育种先进国家已全面收集了世界各地的高羊茅野生植物资源,研究开发了各种育种技术,将生物技术作为高羊茅育种的发展方向,形成了育种、生产、销售一体专业公司。截至 2005 年 2 月,已有 508 个高羊茅品种得到美国官方种子认证协会和经济合作及发展组织的认证,其中草坪型品种 346 个。此外,丹麦、荷兰等国家也育成了许多高羊茅优良品种。

20.2.1.2 中国高羊茅育种概况

中国于 20 世纪 70 年代从国外引种高羊茅,80 年代开始比较系统地进行高羊茅遗传育种研究工作。1986 年中国农业科学院畜牧研究所引种了 20 多个高羊茅品种;1988 年北京农业大学畜牧系从美国引种了数十个高羊茅坪用品种。随后各单位对引进高羊茅品种的适应性及高羊茅遗传育种进行了研究,获得了一定进展。例如,研究结果表明,高羊茅在中国华东地区表现出很强的适应性、耐热性以及抗病性。何亚丽等针对上海夏季高温天气,选择高羊茅优良单株自交以及采用优良无性系使之在隔离条件下自由授粉的育种方法,培育出 98-8、上农矮生高羊茅等高羊茅坪用品系与通过全国草品种审定的品种'沪坪 1 号'(曾用名:'沪青矮','Shanghai Evergreen Dwarf'),其抵抗夏季逆境胁迫和胁迫解除后的再生能力强,且株型矮化,色泽深绿,克服了自交后代种子质量差,成坪速度慢的缺点。四川长江草业研究中心等育成了通过全国草品种审定登记的高羊茅饲用品种'长江 1 号';北京大学生命科学学院育成了通过全国草品种审定登记的高羊茅坪用品种'北山 1 号';贵州省草业研究所育成了通过全国草品种审定的高羊茅坪用品种'黔草 1 号'与通过贵州省品种审定的高羊茅饲用品种'黔草 2 号'。李俊龙和王槐三进行多花黑麦草和高羊茅属间杂交,获得了属间杂种。张新全等采用黑麦草坪用品种 Derby 与高羊茅坪用品种 Houndog 的属间远缘杂交,未经胚培养就获得杂种。王月华等采用 $^{60}Co-\gamma$ 射线辐照得到了 3 个高羊茅品系。有学者还对高羊茅生物技术育种技术进行了许多研究。1987—2018 年,中国全国草品种审定登记的高羊茅品种共计 14 个(表 20-3),其中引进品种 8 个,地方品种 1 个,野生栽培品种 1 个,育成品种 4 个。另外,还有 1 个中华羊茅(*Festuca sinensis*)野生栽培品种青海于 2003 年也通过了全国草品种审定登记。

表 20-3 中国高羊茅与中华羊茅品种审定登记情况统计表(1987—2018 年)

种名称	品种名称	学名	登记年份	育种单位及申报者	品种类别	生物学特性及适应区域
高羊茅	'北山 1 号'	*Festuca arundinacea* Schreb. 'Beishan No.1'	2005	北京大学林忠平等	育成品种	抗旱、耐热、抗虫、抗病,适宜我国华北、东北及西部诸省区种植

(续)

种名称	品种名称	学名	登记年份	育种单位及申报者	品种类别	生物学特性及适应区域
高羊茅	'可奇思'	*Festuca arundinacea* Schreb. '*Cochise*'	2004	北京林业大学韩烈保等	引进品种	抗旱、耐热、抗病,我国北方较湿润地区,华中及华东的武汉、杭州、上海等地均可种植
高羊茅	'美洲虎3号'草坪型	*Festuca arundinacea* Schreb. '*Jajuar No. 3*'	2006	北京克劳沃草业技术开发中心、北京格拉斯草业技术研究所刘自学等	引进品种	耐酸、抗寒、抗病,适宜华北、西北、西南、华中大部地区种植
高羊茅	'黔草1'号	*Festuca arundinacea* Schreb. '*Qiancao No. 1*'	2005	贵州省草业研究所、贵州阳光草业科技有限责任公司、四川农业大学吴佳海等	育成品种	抗旱、耐热、抗寒,适宜我国长江中上游中低山、丘陵、平原及其他类似地区种植
高羊茅	'维加斯'	*Festuca arundinacea* Schreb. '*Vegas*'	2007	四川省草原科学研究院、百绿国际草业(北京)有限公司白史且等	引进品种	耐热、抗病,西南、华中以及华北、西北和东北较湿润地区均可种植
高羊茅	'凌志'	*Festuca arundinacea* Schreb. '*Barlexas*'	2000	荷兰百绿种子集团公司中国代表处陈谷等	引进品种	抗虫、抗病,适宜中国北方及温暖湿地区种植
高羊茅	'沪坪1号'	*Festuca arundinacea* Schreb. '*Huping No. 1*'	2008	上海交通大学何亚丽等	育成品种	耐热、抗寒,长江中下游地区
高羊茅	'水城'	*Festuca arundinacea* Schreb. '*Shuicheng*'	2009	贵州省草业研究所、贵州阳光草业科技有限公司、四川农业大学吴佳海等	野生栽培品种	耐盐碱,适宜我国云贵高原、长江中上游及类似生态区种植
中华羊茅	'青海'	*Festuca sinensis* Keng. '*Qinghai*'	2003	青海省牧草良种繁殖场、中国农业大学孙明德等	野生栽培品种	抗寒、抗旱,适宜在青藏高原海拔2000~4000m,年降水量400mm左右的高寒地区种植
高羊茅	'法恩'	*Festuca arundinacea* Schreb. '*Fawn*'	1987	湖北省农业科学院畜牧兽医研究所鲍健寅等	引进品种	抗旱、耐盐碱、耐酸、耐热、抗寒,适宜我国温带和亚热带地区种植
高羊茅	'长江1号'	*Festuca arundinacea* Schreb. '*Changjiang No. 1*'	2003	四川长江草业研究中心、四川省草原工作总站、四川省阳平种牛场何丕阳等	育成品种	抗旱、耐热,适宜长江中下游低山、丘陵和平原地区种植
高羊茅	'盐城'	*Festuca arundinacea* Schreb. '*Yancheng*'	1990	江苏省沿海地区农业科学研究所陆炳章等	地方品种	抗旱、耐热、耐盐碱,适宜我国华东地区各省以及河南、湖南、湖北等省种植
高羊茅	'约翰斯顿'	*Festuca arundinacea* Schreb. '*Johnstone*'	2009	北京克劳沃草业技术开发中心苏爱莲等	引进品种	耐热、抗寒,适宜在年降水量450mm以上,海拔1500m以下温暖湿润地区种植
高羊茅	'德梅特'	*Festuca arundinacea* Schreb. '*Double Barrel*'	2009	云南省草地动物研究院、百绿国际草业(北京)有限公司吴文荣等	引进品种	抗旱、抗病,适宜在云南海拔大于1200m,年降水量大于700mm北亚热带,温带地区种植
高羊茅	'特沃'(TOWER)		2018	云南省草山饲料工作站、四川农业大学、云南农业大学吴晓祥等	引进品种	

20.2.2 高羊茅种质资源

20.2.2.1 羊茅属植物类型及特性

羊茅属(Festuca L.)也称狐茅属,不同学者对该属植物种的划分存在差异。依不同学者的观点,该属约有百余种,还包括大量的亚种、变种和植物学变形等,属内同种异名情况十分常见。羊茅属植物广泛分布于全世界寒温带和热带的高山区域。中国有高羊茅、紫羊茅、羊茅、中华羊茅(F. sinensis)、小颖羊茅(F. parvigluma)等23种,其中,大多数种可饲用;高羊茅、紫羊茅(F. rubra)、羊茅(F. ovina)、硬羊茅(F. ovina var. duriuslula)等可用作草坪草;高羊茅、紫羊茅、草地羊茅(F. pratensis)、羊茅为其主要牧草及草坪草栽培种。

羊茅属可分成宽叶类型(Bovinae亚属和Scariosae亚属)和细叶类型(Ovinae亚属)。高羊茅和草地羊茅等为宽叶类型;紫羊茅、羊茅、硬羊茅等为细叶类型。羊茅属植物所有种都为异花授粉,染色体基数为$X=7$,但它们的倍数性水平各异,形成一个从二倍体($2n=2X=14$)到十二倍体($2n=12X=84$)的多倍体系列,其中常见的是二倍体、四倍体和六倍体。羊茅属不同多倍体物种的染色体组之间存在着一定的同源关系,因而其属内不同物种的远缘杂交相对较容易,羊茅属的其他植物种则广泛用作高羊茅育种的种质资源。羊茅属常用种简介如下。

(1) 高羊茅(F. arundinacea)

英文名Tall Fescue,需要特别注意的是用作牧草及草坪草的高羊茅与植物学中高羊茅(F. elata)并不是同一物种,前者在植物学上称苇状羊茅。高羊茅目前是全球温带地区广泛应用的多年生冷季型牧草及草坪草,也是中国北方暖温带地区建立人工草地和草坪及补播天然草场的重要牧草及草坪草兼用草种。

高羊茅大多数商品化品种为由3个染色体组组成的异源六倍体($PPG_1G_1G_2G_2$, $2n=6X=42$)。其中,高羊茅的P染色体组来源于草地羊茅(F. pratensis, $2n=2X=14$,染色体组为PP),G_1和G_2染色体组均来源于高羊茅变种四倍体蓝羊茅(F. arundinacea var. glaucescens, $2n=4X=28$,染色体组为$G_1G_1G_2G_2$)。六倍体高羊茅有着庞大的基因组,其基因组包含约50亿个碱基对,大小为$(5.27\sim5.83)\times10^6$kb,是水稻(Oryza sativa)基因组的12倍。高羊茅是异花授粉植物,具有高度的自交不亲和性。目前,已发布的高羊茅品种都是在形态和农艺性状相对一致的异质群体。

高羊茅为多年生疏丛型草本,根系深,大多数品种无匍匐茎,仅靠根基萌发分蘖向外扩展,茎直挺向上,成疏丛或单生,株高80~150cm,茎粗2~2.5mm,具3~4节,光滑,上部伸出鞘外的部分长达30cm。叶片宽阔,叶背光亮,叶鞘光滑,具纵条纹,叶长30~50cm,宽6~10mm。花果期5~6月,颖果黄褐色,长约4mm,顶端有毛茸。千粒重2.5g左右。

高羊茅适应性较强,能在多种气候条件和生态环境中生长,性喜寒冷潮湿、较温暖的气候,可耐夏季38℃高温,但高温和干旱对高羊茅生长发育伤害明显。能在冬季-15℃条件下安全越冬,在中国东北和内蒙古大部分地区不能越冬。对土壤适应性较强,可在pH4.7~9.5土壤上正常生长,但以pH5.7~6.0土壤为宜,有一定耐盐能力。适宜年降水量450mm以上、海拔1500m以下的温暖湿润地区生长。高羊茅长势旺盛,每年生长期约275d,寿命较长,繁茂期多在栽培后的3~4年。

高羊茅作为饲草较粗糙,品质中等,茎叶干物质分别含粗蛋白质15%,粗脂肪2%,粗纤维26.6%。生长季节内适宜生长刈割利用4次，干草产量166.67~266.67kg/hm²。刈割宜在抽穗期进行，可保持适口性和营养价值。一年中可食性以秋季最好，春季居中，夏季最低，但调制的干草各种家畜均喜食。

高羊茅是最耐旱和最耐践踏的冷季型草坪草之一，为常用冷季型草坪草中周年绿色期最长的一个草种。一般用作运动场、绿地、路旁、小道、机场以及其他中低质量草坪的建植。由于成坪速度快，所以能有效地用于斜坡防固；但高羊茅形成的草坪植株密度较小，叶片比任何一种常见的冷季型草坪草都粗糙，因此通常不应将其与紫羊茅和多花黑麦草等一些冷季型草坪草混播。高羊茅虽然具短根茎，仍为疏丛型禾草，难以形成草皮。作草坪利用时，将它与草地早熟禾（*Poa pratensis*）混播，形成的草坪质量优于单播。在温暖潮湿地区，高羊茅常与狗牙根（*Cynodon dactylon*）混播作一般性草坪；在该地区，高羊茅也可与巴哈雀稗（*Paspalum notatum*）混播作运动场和操场草坪。

(2) 草地羊茅（*F. pratensis*）

英文名 Meadow Fescue，别名牛尾草、草地狐茅等。原产欧亚温暖地带，目前世界温暖湿润地区或有灌溉条件的地方都有栽培。中国也有野生种，但栽培品种均从国外引进，自20世纪20年代引入以来，现在东北、华北、西北及山东、江苏等地均有栽培，尤其适于北方暖温带或南方亚热带高海拔草山温暖湿润地区种植。

草地羊茅适期刈割，各种家畜均喜食，尤其适于喂牛，以抽穗期刈割为宜，可青贮或调制成干草和青贮料。也可放牧利用，但应在孕穗前进行。气候炎热和干旱，可促使草地羊茅茎叶老化和变粗糙，故应提早利用。一般干草产量4500kg/hm²以上，种子产量450~600kg/hm²。

草地羊茅属典型冷季型多年生牧草，播后第2~4年产量最高，可保持7~8年高产，水肥及管理条件好时可达12~15年。喜湿润，在年降水量600~800mm的地区旱作生长良好，否则应有灌溉条件。较耐寒冷和高温，在北京地区可安全越冬；在东北地区有雪覆盖时也能越冬；在长江流域炎热地区可越夏。对土壤要求不严，尤其对瘠薄、排水不良、盐碱度较高或酸性较强的土壤均有一定抗性，能在pH为9.5的土壤上良好生长。

(3) 紫羊茅（*F. rubra*）

英文名 Red Fescue，别名红狐茅、红牛尾草等。原产于亚洲、欧洲和北非，广泛分布于世界寒温带地区。中国东北、华北、西北、华中、西南等地均有野生种分布。紫羊茅栽培种除正种作为牧草之外，还有两个作为草坪草广泛应用的亚种，一个是具短根茎的匍匐型紫羊茅，学名 *F. rubra* subsp. *rubra*，英文名 Creeping Red Fescue，别名匍匐（茎）紫羊茅；另一个是无根茎的、呈密丛状的细羊茅，学名 *F. rubra* subsp. *commutata*，英文名 Fine Fescue 或 Chewings Fescue，别名易变紫羊茅。

紫羊茅体细胞染色体有二倍体（$2n=2X=14$）、四倍体（$2n=4X=28$）、六倍体（$2n=6X=42$）、八倍体（$2n=8X=56$）、十倍体（$2n=10X=70$）等。紫羊茅为长日照植物，根茎疏丛型，下繁草，须根系纤细，入土深，适应性强，抗寒、较耐旱、耐酸、耐瘠，喜凉爽湿润气候，在-30℃的中国北方寒冷地区，一般都能安全越冬。但不耐热，当气温达30℃时出现轻度萎蔫，上升到38~40℃时死亡，在北京地区越夏死亡率为30%左右。耐阴性较强，可在一定遮阴条件下良好生长。生长速度慢，耐践踏性中等。对土壤要求不严，能耐一定时间的水淹，但以肥沃、壤质偏沙、湿润的微酸性（pH6.0~6.5）土壤上生长最好。抗病虫性较强，一般较少受病虫危害。播种后出苗较快,7~10d 齐苗。分蘖力极强,播种后无需几年即可形成低矮、稠密、细而柔美的草层。再生性强,耐践踏和低修剪,修剪后可迅速再生;放牧或刈割 30~40d 即可恢复再利用。为长寿多年生草本,缓生,播种后 5~6 年才达到旺盛生长期,在秋霜后仍可保持绿色,利用年限和持绿期都长,一般可利用 7~8 年,管理条件好时可利用 10 年以上。

(4) 羊茅 (*F. ovina*)

英文名 Sheep Fescue,别名酥油草、绵羊狐茅。分布于欧洲、亚洲及美洲的温带区域,中国西南、西北、东北及内蒙古地区都有分布。

羊茅适口性良好,牛、马、羊均喜食,尤以绵阳嗜食,耐牧性很强。虽矮小,但分蘖力强,营养枝发达,茎生叶丰富,绿色期长,且冬季不全枯黄。在四川省阿坝地区鲜草产量 13 500 kg/hm²。

羊茅为中旱生植物,适于沼泽土以外的中等湿润或稍干旱的土壤上生长。抗寒性较强,耐瘠薄,能适应 pH 5~7 的土壤生长。春季返青早,基生叶丛发达;夏季生长迅速,抽穗前刈割可保持良好适口性,而且还可形成再生草放牧。枯黄晚,冬季能以绿色体在雪下越冬,利用期长。播后 2~3 年生长旺盛,4~5 年以后生长衰退,应及时耕翻。

20.2.2.2 高羊茅类型与品种资源

高羊茅按照植物学分类,可分为 5 个生物学变种:① *F. arundinaceum* var. *glaucescens* (四倍体蓝羊茅);② *F. arundinaceum* var. *genuina* (六倍体);③ *F. arundinaeeum* var. *atlantigena* (八倍体);④ *F. arundinaceum* var. *eirtensis* (十倍体);⑤ *F. arundinaceum* var. *letourneuxiana*。

高羊茅种质资源按育种学分为大陆型(欧洲型)与地中海型两类。高羊茅品种资源多种多样,目前全球上市的高羊茅商业品种已经超过了 600 个。高羊茅品种按其用途或从功能学可分为牧草型和草坪型两种类型。目前常用的高羊茅品种基本上都是大陆型异源六倍体 ($PPG_1G_2G_3G_4$, $2n=6X=42$) 的 *F. arundinaeeum* var. *genuina*。

目前中国草业生产中应用的高羊茅品种也分为牧草型和草坪草型两种类型,除 1987—2018 年通过全国草品种审定登记的 14 个高羊茅引进品种、地方品种、野生栽培品种、育成品种和 1 个中华羊茅野生栽培品种外,还从国外引进了许多高羊茅品种,主要的品种资源有:'羊茅极品'('Fescue Supreme')、'猎狗五号'('Houndog V')、'自豪'('Pride')、'千年盛世'('Millennium')、'家园'('Plantation')、'爱瑞三号'('Arid Ⅲ')、'交战 11 号'('Crossfire Ⅱ')、'盆景 2000'('Bonsai 2000')、'技巧'('Finesse')、'大众'('Popular')、'佳美'('Paraiso')、'正义'('Justice')、'热浪'('Southeast')、'杜娃娜'('Duvana')、'翠碧·三A'['Triple A (blend)']、'强劲'('Inferno')、'辉煌'('Brand Huihuang')、'蒙托克'('Mutoke')、'沸浪'('Ainelaun')、'快马'('Shorse')、'巴比松'('Barbioz')、'三A'('3A')、'贝克'('Pixie')、'维加斯'('Vegas')、'凌志'('Barlexas')、'巴比松'('Barbioz')、'肯-31'('K-31')、'矮星 2 号'('Shotstop 2')、'耐晒'('Nase')、'黄金岛'('Eldorade')、'野马 2 代'('Musting')、'美洲虎 3 号'('Jaguar 3')、'美洲虎 4 号'('Jaguar 4')、'蜘蛛'('Spider')、'火凤凰'('Fire Phoenix')等。此外,还引进了根茎型高羊茅(Rhizomatous Tall Fescue)品种'Labarinth',其根茎与草地早熟禾的根茎相似,草丛分布均匀,能迅速填补草坪中的裸斑,同时还不会形成粗壮的株丛,影响草坪景观。因而与早熟禾家族或高羊茅家族的成员相比,其都是表现突出的佼佼者。

20.2.3 高羊茅育种目标

20.2.3.1 饲用高羊茅育种目标

(1) 抗逆性

迫切需要通过各种育种途径,发掘与开发高羊茅新种质,选育抗旱、耐寒、抗病虫、抗盐碱、耐践踏、植株低矮、抗除草剂等优良抗逆性状且美观的高羊茅新品种,从而满足人们不断增长的需求。

①培育高羊茅抗盐碱牧草型品种 土地盐碱化是目前中国很多地区都面临的严峻问题,需要大量的抗盐碱牧草品种种子,高羊茅具有许多独特的牧草特性,因此,采用不同盐迫条件处理的高羊茅种质资源选择育种方法,很有可能培育出耐盐碱的高羊茅牧草型品种。

②培育高羊茅抗寒、抗旱、抗风沙牧草型品种 中国北方气候干旱、寒冷、风沙大,是生态环境治理和改善的主战场。因此,积极筛选和挖掘野生型高羊茅种质资源,通过系统育种方法培育适合在这一地区生长的高羊茅牧草新品种是非常紧迫的任务。对这些品种最主要的要求是,在恶劣气候条件下能够萌发,生长并能安全越过冬夏。

(2) 病虫抗性

高羊茅常见病害有锈病、腐霉病和线虫危害等;常见虫害有叶蝉等。高羊茅遭受病虫危害,不仅影响其牧草品质,还可降低其草产量。因此,高羊茅牧草型育种目标要求选育良好病虫抗性的品种。一般认为,高羊茅病虫抗性大多为单基因或少数基因控制的质量性状,在遭受病虫危害的高羊茅品种群体中,采用群体选择或轮回选择育种是选育高羊茅抗病虫品种的有效育种方法。

(3) 产量与饲用品质

高产与优良饲用品质一直是高羊茅牧草型品种选育的主要育种目标。高羊茅高产育种目标包括提高草产量与种子产量。而且,一般认为高羊茅产量性状为数量性状。因此,可采用轮回选择等育种方法改良高羊茅产量性状。

高羊茅直立粗糙的茎叶,不仅营养价值不高,而且,它作为饲草的适口性远不及其他禾本科牧草。因此,高羊茅牧草型品种的质地改良是其重要育种目标。高羊茅牧草品质改良育种方法,一是在高羊茅群体中选择多叶且叶片柔嫩的植株类型;二是采用高羊茅与黑麦草远缘杂交育种方法,将黑麦草多分蘖、多叶片等优良牧草品质性状转移到高羊茅中。

20.2.3.2 坪用高羊茅育种目标

(1) 坪用品质

高羊茅坪用品质性状主要包括色泽、密度、质地、均一性及绿期性状。

①色泽 草坪草色泽即叶色衡量标准,因人的爱好和欣赏习惯而异。通常高羊茅的茎叶颜色较浅,但是,不同高羊茅品种的叶色存一定差异,且高羊茅种间或属间杂种的叶色差异则更大。因此,高羊茅坪用品种的培育过程中,应从提高叶绿素含量和组分入手,采用各种育种方法,尽可能培育叶色深绿的高羊茅品种。同时,可以结合社会经济发展需求,培育其他色泽的新型高羊茅坪用品种。

②密度 具有发达匍匐茎和根状茎的草坪草能形成高密度的草坪。此外,草坪管理措施也影响密度,如低修剪比高修剪更易形成致密的草坪。高羊茅为疏丛型禾草,没有匍匐茎,难以形成致密草坪。但是,高羊茅具有发达的根状茎,其密度主要由遗传因素决定。因此,

可采用各种育种方法对高羊茅进行品种改良，增加其密度，将能极大增加高羊茅应用前景。

③质地　通常认为草坪草叶越窄越柔软，其质地越好。高羊茅茎叶粗糙，质地较差，常影响草坪的质量和美观，不适宜用作建植高档次的优质草坪。因此，高羊茅坪用型品质改良的育种方法与其牧草型品种的相同，并且也将高羊茅质地改良作为其重要育种目标。

④均一性　草坪草均一性是度量草坪草种群内个体差异大小的指标。差异越小，均一性越高，所形成的草坪越均匀一致整齐。由于高羊茅许多坪用品种的均一性都较差，加上均一性主要由遗传因子决定。因此，培育高羊茅坪用品种时应注重均一性品质指标的选育。

⑤绿期　草坪绿期又称为青绿期，主要由遗传因子决定，但在建坪地的表现又受当地气候等因素影响。如暖季型草坪草在热带地区常年青绿；而在温带地区绿期不足 200 d。高羊茅等冷季型草坪草主要种植在中国北方地区，由于不耐高温，夏季容易枯黄。因此，高羊茅坪用品种选育应将提高绿期作为重要育种目标。

（2）抗性

高羊茅抗性育种目标性状主要包括抗寒性、耐热性、抗旱性、抗病性、抗虫性等性状。目前，高羊茅坪用品种育种目标要求植株低矮，垂直生长慢；分蘖力强，增加密度，以降低草坪修剪成本与提高品质。但是，高羊茅株型矮化，密度增加容易诱发其病虫害；根系变浅，可导致其抗旱性与耐热性减弱。因此，提高病虫抗性、抗旱性与耐热性及抗寒性、耐盐碱性等抗逆性均成为高羊茅坪用品种选育重要的育种目标。

研究表明，高羊茅是内生真菌（*Aecrmonium*）的理想寄主，它们之间是互利共生的关系，内生真菌可提高寄主抗旱性，促进根生长，提高氮吸收利用，提高病虫抗性等，因此不带菌的高羊茅在充满环境压力的情况下，竞争能力不如其他植物。因此，可通过培育含内生菌品种的育种方法提高高羊茅坪用品种的抗逆性。目前，美国、澳大利亚、新西兰和欧洲一些国家的种子公司已经培育出了含有内生真菌的高羊茅品种'Georgia-5'、'Jesup'、'Apache Ⅱ'（'强盗2号'）等。然而，由于遭受内生菌侵染的植株适口性不佳，因此，高羊茅饲用品种的抗性育种不能采用培育含内生菌品种的育种方法，只能采用其他抗性育种方法。还可探索选育带有益内生真菌高羊茅新品种，即在对家畜不产生毒害作用的同时，还能保持或提高植株的抗逆性。此外，高羊茅坪用品种抗病虫育种方法与其饲用品种相同，可采用群体选择与轮回选择方法。

通常冷季型草坪草的抗旱性比暖季型草坪草要差，而高羊茅是冷季型草坪草中抗旱性和耐热性较强的草种。冷季型草坪草的匍匐翦股颖具有杰出的抗寒性；暖季型草坪草的日本结缕草具有良好的抗寒性。因此，采用高羊茅与暖季型草坪草的不同类型远缘杂交育种，也是提高其坪用品种抗旱性与耐热性及抗寒性等非生物胁迫抗性的有效育种途径。

（3）持久性

草坪的持久性指草坪草成坪后生存的年限。草坪草持久性长是指草坪具有较长时间的使用价值。提高高羊茅坪用品种的持久性除需要提高病虫抗性、抗旱性与耐热性及抗寒性、耐盐碱性等上述高羊茅抗逆性外，还需要采用各种育种方法，提高高羊茅耐践踏性、耐阴性等抗逆性。同时，由于草坪持久性通常与草坪草生育型密切相关。具有发达匍匐茎或者地下茎的草坪草的持久性远远超过丛生型草坪草的持久性。因此，高羊茅与黑麦草等属间远缘杂交育种也是提高高羊茅坪用品种持久性的有效育种途径。

20.2.4 高羊茅的育种方法

20.2.4.1 选择育种

高羊茅为异花授粉且自交不亲和的多倍体植物，利用从国外引进高羊茅品种与野生种质资源的异质性群体，采用选择育种方法培育了许多优良高羊茅品种。如世界上第1个高羊茅牧草型品种'Kentucky 31'就是利用选择育种方法选育而来。贵州省草业研究所自1991年起，广泛进行高羊茅种质资源鉴定评价、筛选比较试验和示范，从地方高羊茅种质资源选育了高羊茅草坪型品种'黔草1号'。该品种具有广泛的适应性，对高温、高湿和干旱都有良好的忍耐性，同时保持了优异的抗寒性、耐践踏、抗病性强，较耐低修剪，肥力需求低、土壤适应范围广，养护管理要求低，颜色深绿，绿期长等优良特性。该品种于2003年通过贵州省品种审定委员会审定，2005年通过全国牧草新品种审定登记。'黔草2号'则是贵州省草业研究所利用黔西北野生高羊茅种质资源作原始材料，通过栽培驯化和经济价值评定后，采用群体混合选择改良法，经定向培育而成的高羊茅牧草型品种，于2004年通过贵州省农作物品种审定。

高羊茅选择育种常用选择方法有生态型选择和轮回选择等。生态型选择是最早的一种选择育种方法，是将高羊茅原始群体在不同生态条件下进行种植，通过对环境条件的适应性差异进行选择，最终筛选适宜的种质成为新品种。如高羊茅品种'Kentucky 31'就是采用该方法育成。轮回选择是选择符合一个或多个目标性状的植株进行互交，从互交后代选择符合育种目标的植株，多次循环直至获得育种目标性状明显改良的品种。

20.2.4.2 杂交育种

(1) 高羊茅花器构造及开花习性

高羊茅为圆锥花序，长20~30cm；每穗节有1~2个小穗枝，小穗呈椭圆形或矩圆形，长10~18cm，每小穗具3~10小花，常呈淡紫色，小穗轴节间粗糙；下部颖片狭披针形，长3~6mm，具脉；上部颖片披针形至狭披针形，长4.5~7mm，具3脉；外稃狭椭圆形或披针形，长6~10mm，具5脉，无芒或具短芒，芒顶生或由裂齿间生出；内稃与外稃近等长；雄蕊3枚，花药长2~4.5mm；颖果矩圆形，由外稃和内稃紧密包裹。小花由内稃、外稃和雄蕊、雌蕊组成。

花序从叶鞘中抽出后约1周开始散粉，每花序散粉时间平均可持续9d，散粉速率随温度升高而增加，从10:00~18:00均可散粉，但散粉高峰期一般为下午13:00~18:00。虽然可采用人工去雄进行授粉杂交，但由于高羊茅小花较小，人工杂交较困难。大多数小穗含3朵小花，且小花排列紧密，人工去雄杂交前需整穗，除去每小穗中间的小花后，另两朵小花的去雄就较容易。去雄时用镊子将雄蕊小心除去，然后将去雄的花序与母本植株一同套在羊皮或牛皮纸袋中授粉。授粉后3~6周种子即可成熟。去雄授粉的结实率一般为50%~70%。

高羊茅高度自交不孕，因此通常杂交可省去去雄操作，将两个亲本套于羊皮或牛皮纸袋中便可相互授粉杂交，从中产生一定量的杂种种子。

(2) 品种间杂交

通过品种间杂交育种可选育高羊茅优良品种。如'沪坪1号'(原名'沪青矮')是上海交通大学采用品种间杂交育种方法，经过多年培育的矮生型高羊茅品种。它是由两个矮生的无性系"上农矮生高羊茅"和"98-19"间隔种植自由授粉的一代种子。即 T14 是"上农矮生高羊茅"无性系上收获的种子；T15 为"98-19"无性系上收获的种子；而 T16（'沪青矮'，'沪坪1号'）为从该两个系上混合收获的种子。区域试验和生产试验表明，'沪坪1号'（'沪青矮'）矮生、质地细腻和色泽深绿，于 2005 年通过上海市品种审定登记，于 2008 年通过全国草品种审定登记。

国外高羊茅品种间杂交育种常采用高羊茅欧洲型（大陆型）与地中海型两种类型间的杂交育种方式，这两种类型的高羊茅植株容易杂交。两种类型杂交后先产生单杂交种，而后人工将杂种染色体加倍形成双二倍体。其杂种一般表现生活力较强但不育，因而可通过无性繁殖利用。由此获得的双二倍体可用于新品种培育。双二倍体的染色体数目不稳定，约为 75~91。其染色体数目越少，育性恢复程度越高。但其育性也比亲本的低，由于其杂种每小穗的小花数会增加，因而其每花序结实数与亲本的相当。

(3) 种间杂交

羊茅属不同种间的远缘杂交育种人们已做过许多尝试。其中，有些获得了杂种，并选育了许多高羊茅种间远缘杂交品种。但是，羊茅属的许多种间远缘杂交并不成功，其原因是其杂种胚的败育和种子不能萌发。通常认为种间远缘杂交亲本基因型的染色体数目越少，杂交成功的可能性就越大；且用染色体数目较少的物种作母本杂交容易成功。杂交一般采用人工去雄控制授粉方法，但由于高羊茅是典型的异花授粉植物，自交结实率低，因此也可不经过去雄直接进行杂交。

(4) 属间杂交

羊茅属与黑麦草属牧草及草坪草农艺性状的特点呈互补关系，因此，羊茅与黑麦草的属间远缘杂交育种研究早在 20 世纪 40 年代就由 Jenkin 率先开始，此后近 80 年来，许多牧草及草坪草育种家都致力于把羊茅与黑麦草互补的优点结合于一体。该两个属间远缘杂交育种研究主要集中于多花黑麦草、多年生黑麦草与高羊茅及草地羊茅的杂交，至今国内外已经培育了许多高羊茅与黑麦草属间杂交品种。例如，南京农业大学选育的羊茅黑麦草品种'南农1号'，兼具黑麦草生长迅速、饲用品质优良和高羊茅生育年限长、抗逆性强等优点。Buckner 等利用回交育种方法，把高羊茅×多花黑麦草杂种与羊茅进行反复回交，培育出具有某些多花黑麦草性状、遗传上稳定的高羊茅栽培品种 Kenhg。

此外，江苏省中国科学院植物研究所和江苏琵琶景观生态公司合作，从 2008 年开始冷季型草坪草与暖季型草坪草的杂交育种工作。经过多年努力获得了 1 株高羊茅×狗牙根远缘杂交后代，对其 F_1 进行自交，获得了 29 个 F_2 后代和 2 个 F_3 优良远缘杂交后代，这些后代在形态上表现为既具有母本高羊茅的分蘖能力，又具有父本狗牙根匍匐茎特性，且在南京地区初步表现为四季常绿。杂交后代抗寒性半致死温度（LT_{50}）的变异范围为 -10.393~-16.547℃，所有杂交后代的 LT_{50} 均低于狗牙根亲本，除 FC-29、F3-1、FC-13 和 FC-20 这 4 个后代品系外，其余杂交后代品系的 LT_{50} 均低于高羊茅亲本，尤以后代品系 FC-22 的抗寒性最强，其 LT_{50} 比高羊茅亲本的低 4.863℃，表现出明显的超亲遗传特征和母性遗传现象。

20.2.4.3 综合品种育种及杂种优势利用

高羊茅由于是异花授粉植物，选配综合品种便成为其一种有效育种方法，因此目前生产上所利用的高羊茅品种一般为综合品种。高羊茅组配综合品种的原始材料可以是无性系、自交系和杂交种等。但用作综合品种的原始材料除了它们自身具有优良的农艺性状外，还应有较高的配合力，且容易杂交。如果用生产上利用的品种作原始材料，通常至少需隔离繁殖3个世代。

综合品种育种方法较为简单，但其育种过程中需建立无性系，有时还需大量人工去雄杂交。并且，综合品种的培育仅仅是通过天然授粉保持典型性以及可达成一定程度的利用杂种优势，如要继续提高育成品种的生产能力，需要研究利用雄性不育系实现控制杂交，利用杂交优势更强的"三系法"或"两系法"杂交种品种取代综合品种。1998年，贵州省草业研究所吴佳海等在高羊茅原始群体在国内首次发现雄性不育株，并开展了相关形态学、细胞学与遗传学研究，为今后高羊茅雄性不育系的选育和利用奠定了基础。

20.2.4.4 倍性育种、诱变育种与生物技术育种

欧美国家对黑麦草与羊茅属间远缘杂交育种研究较深入，并且，通过对其杂种F_1代染色体加倍，已育成了一系列同源四倍体的黑麦草羊茅杂种品种。多数研究结果表明，黑麦草羊茅杂种产量高，适口性和消化率都较双亲大大提高。

目前高羊茅诱变育种主要对其辐射育种进行了许多基础研究。例如，张彦芹等(2006)以高羊茅品种'爱瑞3号'为材料，以^{60}Co-γ射线照射种子和分化苗。结果表明，在辐射当代选出耐寒突变体ARFO01212、ARGO01217和ARGO01216，经电解质外渗率、自然低温条件下束缚水和叶绿素含量测定，其耐寒性明显优于对照，叶根比小于对照，单株生物量低于对照，可作为新的耐寒种质利用；M_0、M_1代的RAPD分析结果表明，其DNA已发生变异。此外，王月华等、费永俊等、吴关庭等也进行高羊茅种子^{60}Co-γ射线辐射研究；贵州省草业研究所进行高羊茅品种黔草1号种子搭载实践八号卫星的空间诱变育种研究，均取得了一定进展。

Ha等(1992)首次获得了世界上第一个被成功遗传转化并获得转基因植株的高羊茅草坪草；Xu等利用来自2个高羊茅基因型HD28-56×K-31的F_2代为作图群体，基于RFLP分子标记构建了世界上第一张六倍体高羊茅的遗传图谱。至今国内外进行了许多高羊茅转基因育种研究，但是，还未采用生物技术育种方法培育出高羊茅商业用品种。

思考题

1. 分别简述黑麦草与高羊茅的特性。
2. 简述黑麦草种质资源的遗传多样性。
3. 论述高羊茅的类型及其遗传特点。
4. 分别论述黑麦草与高羊茅的育种目标。
5. 分别举例说明黑麦草与高羊茅育种可采用哪些育种方法？

第21章 早熟禾育种

早熟禾属(*Poa* L.)是禾本科中较大的一个属,原产于欧亚大陆和中亚细亚,主要分布于全球温寒带以及热带、亚热带高海拔山地。原苏联大部分地区都有分布;欧洲各国多有栽培;北美加拿大、美国潮湿地区有大面积的野生和栽培。中国主要分布于华北、西北、西南、东北地区及长江中下游湿地等,常常是山地草甸的建群种,或其他草甸型草原群落的伴生种,在海拔大约500~4000 m均有分布。

早熟禾的抗寒性极强、适应性广泛、绿期长、茎叶柔软、营养丰富、适口性好,为各种家畜所喜食,并且由于其具有极强的耐牧性,从春到秋都可以放牧利用,因此是重要的牧草资源。同时,早熟禾具有发达的根茎、强大的分蘖能力、抗逆性强、适应性广、持绿期长、株体低矮及较强的扩展能力等特性,坪用品质优美,可迅速形成柔软、致密、均一的草坪,已成为各类草坪建植、环境绿化的首选冷季型草坪草种。

21.1 早熟禾育种概况

21.1.1 国外早熟禾育种概况

国外20世纪30年代就开始早熟禾育种研究,其中研究最多的是草地早熟禾(*P. pratensis*)与一年生早熟禾(*P. annua*)。1933年,Muntzing报道了草地早熟禾中有无融合生殖种子的形成,并指出早熟禾生殖体系是兼性无融合生殖。1940年,Tinny F. W对草地早熟禾复杂的细胞学和胚胎学及生殖方式等作了详细的研究报道。1943年,Arkerberg E研究了草地早熟禾胚和胚乳的发育过程。

20世纪50年代,国外早熟禾育种取得了长足进展。1953年,美国采用单株选择法成功培育出草地早熟禾品种梅里安(Merion),20世纪50年代在北美和欧洲大面积推广,因其表现出优异的特性被广泛推广沿用至今。

1960年,美国开展了早熟禾辐射育种研究,美国育种家Julen采用X射线处理草地早熟禾,选育了高无融合率的早熟禾品系。1962年,Hanson等采用电离辐射技术成功选育出草地早熟禾的抗病突变体。

20世纪70年代开始,一年生早熟禾逐渐被人们广泛关注。它呈很浅的黄绿色,根系较浅,生长期内不断开花,影响草坪的质量,因而起初被当做一种杂草加以防除。但后来发现它很耐低修剪,其耐阴性和耐践踏能力都比草地早熟禾强,因此,对其研究逐步深入,试图将其优良性状转移到草地早熟禾或用它来建植草坪。英国对早熟禾的起源、分布、生活史、植物学特征、生物学特征、栽培技术要求、种子生产、对环境的反应、耐践踏性和抗病性等开展了详细的研究报道。到目前为止，从不同生态环境下的群体中成功选育出许多一年生早熟禾品种。前苏联1975年也从莫斯科足球场上选育出一种匍匐型的一年生早熟禾($P. annua$ var. $reptan$)，并对其生长习性、无性繁殖、营养需要和成坪管理作了详细的研究报道。1975年，美国开展了加拿大早熟禾($P. compressa$)和草地早熟禾品种'肯塔基'('Kentucky')的种间远缘杂交育种研究。这是由于加拿大早熟禾具有耐瘠薄、根茎发达、种子产量高等优良特性，试图通过杂交以达到将其转移并改良草地早熟禾品种肯塔基的目的，结果表明，尽管亲本无融合率很高，但其杂种完全可育。此后又有人采用巨早熟禾($P. ampla$)、$P. scabrella$及$P. annua$与草地早熟禾进行了种间远缘杂交育种研究，陆续成功培育出多个早熟禾远缘杂交新品种。仅在20世纪70年代，美国通过种内远缘杂交育种成功培育出34个草地早熟禾品种，如'美洲王'('America')、'挑战者'('Challenger')、'午夜'('Midnight')、'Majestic'、'Bristol'等。

1983年，德国采用泽地早熟禾($P. palustris$)与旱地早熟禾进行种间远缘杂交育种，培育出无融合生殖的饲草型早熟禾栽培种。同时，进入20世纪80年代以来，早熟禾生物技术育种研究被广泛开展。1984年，Mc Donnell和Conger率先研究报道了草地早熟禾成熟胚的组织培养特性，以草地早熟禾成熟种子作为外植体，对'Blacksburg'、'Majestic'、'Eclipse'、'Ram I'、'Glade'、'South Dakota'等6个草地早熟禾品种进行了愈伤组织诱导和再生试验，结果表明不同品种间愈伤组织诱导率差异较大（45%～99%），愈伤组织分化率差别更加显著，尤其是草地早熟禾品种'Glade'和'South Dakota'的分化率均为0；'Blacksburg'的分化率仅为6%。Pvan der Valk等(1989)以14个草地早熟禾品种的花序和成熟种子为外植体，成功构建了草地早熟禾再生体系，也发现不同品种的愈伤组织诱导率差异较大（11%～76%），并且认为花序比成熟种子更易形成胚性愈伤组织。Kinsten等(1993)则认为分离的胚比整个种子更容易获得胚性愈伤组织，也更容易建立胚性悬浮细胞体系。1995年，Jeffrey D. Griffin和Margaret Dibble(1995)则研究了不同激素种类、水平和配比对早熟禾再生的影响。其后国外众多科学家对早熟禾细胞工程育种与转基因育种及分子标记辅助育种技术进行了许多有效研究报道。

此外，草地早熟禾具有兼性无融合生殖特性，有些品种无融合生殖率高达98%以上，无融合生殖育种是保持草地早熟禾优良杂种遗传性的理想方法。国外对草地早熟禾无融合生殖育种研究早在20世纪30年代起步；20世纪50年代，Bashaw E. C等对草地早熟禾无融合生殖进行了大量研究。迄今为止，不仅采用无融合生殖育种培育了许多牧草及草坪草商品品种，而且，无融合生殖育种的细胞胚胎学、遗传学、分子生物学等研究也都取得了重要进展。

总体而言，国外早熟禾育种主要侧重于坪用型品种选育，而早熟禾饲用型品种选育的研究报道较少，但是也有部分栽培品种如'Wabash'、'Columbia'、'Rugby'、'Warren SA-34'等在较高肥力条件下，在低牧、重践踏的草原上也表现优异。欧洲种子公司也成功培育出可用作饲草的草地早熟禾品种'Monopoly'，该品种在欧洲西北部和中部作为牧草和饲料应用生产，而在美国既将其作为草坪草又作为牧草销售利用。

21.1.2 中国早熟禾育种概况

中国早熟禾野生种质资源十分丰富，但早熟禾育种研究却起步较晚，于20世纪90年代初才开始早熟禾育种及其细胞学和胚胎学研究。至今，中国早熟禾育种工作也取得了一定成就。1987—2018年，中国全国草品种审定登记的早熟禾品种共计9个，其中，有'瓦巴斯'('Wabash'，1989年审定)、'菲金尔'('Fylking'，1993年审定)、'肯塔基'('Kentucky'，1993年审定)、'康尼'('Conni'，2004年审定)、'午夜'('Midnight'，2006年审定)5个引进品种；大青山(草地早熟禾，1995年审定)、青海(冷地早熟禾，2003年审定)、青海(扁茎早熟禾，2004年审定)、青海(草地早熟禾，2005年审定)等4个野生栽培品种。

李和平1991年应用石蜡切片和子房整体染色透明法研究草地早熟禾的无融合生殖现象，发现草地早熟禾的胚胎发育分为两种类型：一种是由孤雌生殖形成胚，约占观察总数的66%；另一种是形成具胚和胚乳的种子，约占34%。其中，34%的形成种子中又存在两种可能的途径：一是通过有性生殖形成种子；二是由孤雌生殖形成的胚和极核受精形成的胚乳共同组成的无融合生殖种子，同时首次观察到早熟禾完整的双胚囊结构。1994年，朱根发等以草地早熟禾胚轴及幼穗为外植体，对其培养条件和分化能力进行了详细研究，旨在建立早熟禾再生体系。张云芳等于1999年建立了早熟禾的组织培养和基因枪介导的转化体系。

2000—2002年赵桂琴对早熟禾不同品种的温汤去雄效果及其不同温汤去雄杂交方法进行了多次研究报道。丁路明于2003年成功构建草地早熟禾与硬质早熟禾的离体再生体系。李培英等于2004年在乌鲁木齐初步筛选出了再生性强、较耐高温和干旱，适宜该地区草坪建植的草地早熟禾品种。2005年，中国林业科学院韩蕾利用"神舟"三号飞船搭载草地早熟禾品种纳苏(Nassau)干种子进行太空诱变，获得了3个突变株系。研究结果认为太空环境处理对草地早熟禾种子发芽率影响不大，但改变了株型和器官的形态，导致光合特性的改变，从而影响其对光能的利用效率和固定CO_2的能力。王月华等(2006)利用$^{60}Co-\gamma$射线辐射处理'解放者'('Liberator')、'新哥来德'('Nuglade')、'奖品'('Award')3个草地早熟禾品种的干种子，结果表明低剂量(50Gy)的辐射有促进作用；高剂量的辐射对草地早熟禾种子的萌发有抑制作用，且随着辐射剂量的加大，抑制作用增强。5种不同剂量的辐射试验结果表明，种子萌发过程中的SOD和POD两种酶的活性都是先升高后降低。2008年王婷婷以草地早熟禾无菌种子苗茎尖为材料，在附加适宜浓度6-BA和2,4-D的培养基上诱导丛生芽发生并继代培养，建立起了高效的丛生芽离体培养体系，然后利用根癌农杆菌(菌株LBA4404，携带mini-Ti质粒pCAMBIA1300-IPT-Bar)介导法，将来源于根癌农杆菌的*IPT*基因转入3个草地早熟禾优良品种中并且得到了很好的效果。

21.2 早熟禾种质资源

早熟禾属植物全世界约有500种，中国包括变种在内共有231种，其中野生早熟禾属种质资源有78种8变种。

21.2.1 早熟禾类型

早熟禾属植物有两个共同结构特征可用来鉴定分类：一是船形叶尖；二是叶片中脉两侧各有一条浅色线分布。草地早熟禾是使用最广的早熟禾种，现将可用作牧草及草坪草的早熟禾属植物种分别简介如下。

(1)草地早熟禾(*Poa pratensis*)

英文名Kentucky Bluegrass，别名六月禾、蓝草、肯塔基蓝草，为早熟禾属植物的模式种。原产于欧亚各地,后来传至美洲。现广泛分布于全球温带冷凉湿润地区。中国主要分布于东北、华北、西北及长江中下游等地区。为多年生根茎疏丛型草种,具有细根状茎,秆丛生,光滑,高30~80cm;叶舌膜质,叶片条形,圆锥花序卵圆形展开,长10~20cm,分枝下部裸露;小穗密生顶端,长3~6cm,含3~5小花;基盘具有稠密白色绵毛;花药长1.2~2mm,颖果纺锤形,具三棱,长约2mm,千粒重0.4g左右。除作为天然草原的优良牧草外,主要用于各种类型的草坪和绿地建植,在北美和欧洲,有近3500×10^{4}hm^{2}的天然草地早熟禾草场和近4000×10^{4}hm^{2}的草地早熟禾草坪。

草地早熟禾分蘖能力强、叶量丰富、草质柔软、根茎发达、能形成致密的草皮,持久性和耐践踏性都比较强;喜光耐阴,抗寒能力强,与其他冷季型牧草及草坪草相比,更耐低牧和频繁刈割及修剪,绿期长,颜色光亮鲜绿。在混播草坪中,早熟禾所占比例往往决定了草坪质量的好坏和利用时期的长短。在甘肃兰州,3月上旬返青,5月下旬开花结实,11月中下旬枯黄,绿期长达270d。耐寒性极强,耐旱性、耐热性较差,在南京、四川及以南地区越夏不良,难耐高温高湿、抗病性也随之降低。

据统计,美国已登记注册的草地早熟禾品种有200多个。其中常见品种中,'Adelphi'、'Baron'、'Fylking'、'Glade'、'Midnigh'、'Ram I'、'Vantage'、'Victa'、'Warrens A-34'等品种的耐热性相对较好;'Adelphi'、'Bristol'、'Ram I'、'Touchdown'等品种更耐低修剪;'Bristol'、'Glade'、'Nugget'、'Touchdown'等品种的耐阴性比其他品种强。草地早熟禾既可单播也可与豆科牧草或与禾本科草坪草混播。混播时一般与白三叶、百脉根或多年生黑麦草、匍匐紫羊茅混播;混播时应注意草种配合比例,尤其是多年生黑麦草的比例应不大于15%。草地早熟禾春季返青早,百脉根晚春和夏季生长旺盛,两者混播可在放牧季内提供充分而平衡的饲草。

(2)一年生早熟禾(*Poa annua*)

英文名Annual Bluegrass,别名早熟禾。为分布极为广泛的一年生或越年生丛生草种,分布于中国南北各地:江苏、四川、贵州、云南、广西、广东、海南、台湾、福建、江西、湖南、湖北、安徽、河南、山东、新疆、甘肃、青海、内蒙古、山西、河北、辽宁、吉林、黑龙江。欧洲、亚洲及北美均有分布。尽管一年生早熟禾名为"一年生",其实有许多类型是多年生的。秆细弱,多分蘖,丛生,株高8~30cm;叶鞘自中部以下闭合,叶舌钝圆,长1~2mm,叶片柔软,圆锥花序展开,长2~7cm,分枝每节1~2枚;小穗长1~2mm,含3~6小花;外稃边缘及顶端呈宽膜质,间脉基部具棉毛,基盘无棉毛,花药长0.5~1mm。中国多数省份均有分布,生长于草地、路边或阴湿处。一年生早熟禾有多种类型,其中一种是直立型的(*P. Annua* var. *annua*),又称"野生型"冬季一年生,具有直立生长习性,种子产量很高;另一种是匍匐型的(*P. Anua* var. *reptans*),又称"果岭型"多年生,具有匍匐生长习性,分蘖多,有根茎,能在低修剪经常浇水的环境中生长良好,但种子产量较低。

(3)普通早熟禾(*Poa trivialis*)

英文名Rough Bluegrass,别名粗茎早熟禾、粗茎兰草、糙茎早熟禾。原产于欧洲,为北半球广布种,中国大多数省(自治区、直辖市)及亚洲其他国家、非洲北部和美洲一些地区也有分布。多年生,茎叶呈苹果绿色,经霜后带紫色,茎秆丛生,直立或基部倾斜,密生匍匐茎,也有地下茎蔓延际,其节上发生新株,可迅速长成丛密的草皮;株高30~75cm,穗下的茎粗糙;叶鞘完整,脊显著,叶舌膜质,下部叶舌较短,上部叶舌长而有光;圆锥花序直立，轮生于粗糙的枝上，小穗卵形；间脉下半部具柔毛；种子长 1.8~2.5mm，比草地早熟禾的狭长。喜湿润而肥沃黏土，能生长于阴处，其根入土较浅，不耐酷热与干旱，不耐践踏，耐寒性略强。生长比草地早熟禾快，耐牧性非常强，也可以割草，适口性良好。

(4) 加拿大早熟禾 (*Poa Compressa*)

英文名 Canada Bluegrass，别名加拿大兰草。原产于欧亚大陆西部地区，现广泛分布于加拿大、美国、欧洲西南等地区。中国山东(青岛)、江西(庐山)、新疆、河北、天津均有引种。多年生疏丛型禾草，全株呈蓝绿色，高 15~50cm，基部倾斜，光滑，扁细而坚韧，有紫色短节，每节生 2~3 片叶；叶鞘松而扁平，叶片蓝色，坚而直，边缘内卷，叶舌膜质，短而钝；圆锥花序顶生，丛生小穗，几乎无柄，排列紧密；基盘无毛。早春返青较迟，在甘肃兰州，7 月抽穗开花，8 月种子成熟，绿期和生育期均长于其他早熟禾。非常耐瘠薄，抗旱性及耐热性极强，耐阴性优于草地早熟禾，耐寒性强，耐践踏能力也强。但不耐湿，适宜的土壤 pH 为 5.5~6.5，叶量也较草地早熟禾少，营养价值较低。作为草坪草，不能形成密度很高的高质量草坪，常用于路边、固土护坡等管理粗放的草坪。

(5) 林地早熟禾 (*P. nemoralis*)

英文名 Wood Bluegrass，广泛分布于全球温带地区。中国黑龙江、吉林、辽宁、内蒙古、陕西、甘肃、新疆(大部分地区)、西藏、四川、贵州等省(自治区、直辖市)均有分布。林地早熟禾下分化形成许多变种或亚种，生长于山坡林地，喜阴湿生境，常见于林缘、灌丛草地，海拔 1000~4200m。多年生，疏丛；不具根状茎，株高 30~70cm，直立或铺散；具 3~5 节，花序以下部分微粗糙，细弱，径约 1mm；叶鞘平滑或糙涩，稍短或稍长于其节间，基部者带紫色，顶生叶鞘长约 10cm，近 2 倍短于其叶片；叶舌长 0.5~1.0mm，截圆或细裂；叶片扁平，柔软，长 5~12cm，宽 1~3mm，边缘和两面平滑无毛；圆锥花序狭窄柔弱，长 5~15cm，分枝开展，2~5 枚着生主轴各节，疏生 1~5 枚小穗，微粗糙，下部长裸露，基部主枝长约 5cm；小穗披针形，大多含 3 小花，长 4~5mm；小穗轴具微毛；颖披针形，具 3 脉，边缘膜质，先端渐尖，脊上部糙涩，长 3.5~4mm，第一颖较短而狭窄；外稃长圆状披针形，先端具膜质，间脉不明显，脊中部以下与边脉下部 1/3 具柔毛，基盘具少量绵毛，第一外稃长约 4mm；内稃长约 3mm，两脊粗糙；花药长约 1.5mm。花期 5~6 月；染色体 $2n = 14、28、70$。

(6) 扁茎早熟禾 (*P. pratensis var anceps*)

别名扁秆早熟禾、扁茎兰草，是草地早熟禾的一个变种。主要分布于中国的甘肃、青海、西藏等地，在欧洲也有分布。茎秆扁平，光滑无毛，株高 60~100cm，具 2~3 节，叶鞘短于节间；圆锥花序展开，小穗草黄色，长 4~6mm，含 3~5 小花，基盘密生较长的柔毛。宜于寒冷而潮湿的气候，耐寒性很强，能在 -36~37.5℃ 的低温下越冬；抗旱性一般，如遇干热天气，生长不盛，对炎热夏季的抵抗力较差，生长停止，甚至干枯；具根茎，繁殖快，分蘖力强，在春旱严重的情况下能正常返青生长；除酸性土壤外到处可生长，能适应 pH7.2~8.5 的土壤；耐盐碱，耐土壤瘠薄；亦喜潮湿，甚至可以忍受长期的水淹；耐阴性较差，在遮阴处栽种往往生长不良。叶量比草地早熟禾少，草产量也不如草地早熟禾高，但植株高大，耐践踏，耐牧性较强。一般于 4 月中旬返青，8 月中下旬种子成熟。

(7) 冷地早熟禾 (*P. crymophila*)

冷地早熟禾是中国特有种，产于中国青海、甘肃、西藏、四川、新疆；印度也有少量分布。多年生，根须状，具砂套，茎秆稍压扁，直立或有时基部稍膝曲，高 15~65cm，具 2~

3节，叶鞘基部略带红色；叶片条形，对折内卷；圆锥花序狭窄而短小，每节具2~3个分枝，小穗灰绿色并带紫色，含1~2小花，间脉不明显，基盘无毛；花果期7~9月。青草产量和种子产量都比较高，略带甜味，适口性好，可单播或与其他牧草混播作为割草和放牧草场，可利用7~10年。

此外，中国早熟禾野生种质广泛分布于东北、西北、华北、西南的高海拔山地地区及长江中下游冷湿地区，主要有西藏早熟禾(*P. tibetica*)、细叶早熟禾(*P. angustifolia*)、波伐早熟禾(*P. poophagorum*)、日本早熟禾(*P. nipponica*)、喀斯早熟禾(*P. khasisana*)、高原早熟禾(*P. alpigena*)、硬质早熟禾(*P. sphondylodes*)、垂枝早熟禾(*P. declinata*)、绿茎早熟禾(*P. viridula*)、套鞘早熟禾(*P. tunicate*)、密花早熟禾(*P. pachantha*)、泽地早熟禾(*P. palustris*)、散穗早熟禾(*P. subfastigiata*)、光稃早熟禾(*P. psilklepis*)、少叶早熟禾(*P. paucifolia*)、多变早熟禾(*P. varia*)、西伯利亚早熟禾(*P. sibirica*)、细长早熟禾(*P. prolixior*)、李枝早熟禾(*P. mongolica*)、胎生早熟禾(*P. sinattenuata* var. *vivipara*)、白顶早熟禾(*P. acroleuca*)、四川早熟禾(*P. szechuensis*)等。中国早熟禾野生种质分布广，基因型丰富，有高度的异质性，为早熟禾育种工作奠定了良好基础。

21.2.2 早熟禾品种资源

20世纪初，美国国家植物资源系统中心(NPGS)就组织开展了从世界各地(包括中国)收集和保护早熟禾种质资源的系统工作，并进行了品种驯化、改良和品种选育，截至20世纪末已收集早熟禾品种资源348个。其中，美国登记注册的早熟禾品种较多，如'Sonoma'、'Lakeshore'等。有人利用RAPD分子标记分析NPGS草地早熟禾品种间遗传距离发现，产自中国东北的草地早熟禾没有单独聚为一类，说明有些国外栽培品种具有中国草地早熟禾的血统。目前，草地早熟禾的株高、花序长度、叶面积、根茎扩展和长度等主要形态特征参数已被列入美国农业部植物品种保护申请书中，研究者应用这些特征将草地早熟禾资源分为7类群或12类群。

20世纪80年代初，中国也开始了早熟禾种质资源的收集、鉴定及引种驯化与育种工作。例如，内蒙古畜牧科学院草原所自1985年以来，对国外引进的草地早熟禾的11个品种和国内采集的野生种进行了引种驯化，筛选出了瓦巴斯、凯达布鲁克茅2个适应内蒙古当地气候特点的优良早熟禾品种；徐志明等(2006)从国外引进的早熟禾品种中，筛选繁育出适合长江流域的草地早熟禾1、2、3号品种；'Nuglade'、'Merit'、'Park'、'Midnight'、'Bluechip'等草地早熟禾品种，抗旱、抗寒、耐低修剪，能形成均一的草坪。目前，草业生产上常见的早熟禾商业化品种，除通过全国草品种审定登记的早熟禾5个引进品种与4个野生栽培品种外，还有草地早熟禾品种：'奖品'('Award')、'纳苏'('Nassau')、'抢手股'('Blue chip')、'巴林'('Balin')、'索宝'('Sobra')、'优异'('Merit')、'公园'('Park')、'兰肯'('Kenblue')、'蓝月'('Bluemoon')、'解放者'('Liberator')、'黑石'('Blackstone')、'纽布鲁'('Nublue')、'浪潮'('Impact')、'自由2'('Freedom 2')、'新哥来得'('Nuglade')、'芝加哥二号'('Chicago Ⅱ')、'高山'('Alpine')、'草坪之星'('Turf star')、'世外桃源'('Arcadia')、'爱伦'('Aaron')、'爱肯尼'('Ikone')、'超级伊克利'('Total eclipss')、'哥来德'('Glade')、'梅里安'('Merion')、'橄榄球2号'('Rugby 2')、'新星'('Nustar')、'新港'('Newport')、'万博利'('Wembley')、'安德特'('Andante')、'百老汇'('Broadway')、'麦当娜'('Mardona')、'牛津'('Oxford')、'公羊一号'('Ram Ⅰ')、'巴润'('Baron')、'亚皆绿'('Argyle')、'潘多拉'('Panduro')、'康派'('Compact')、'自由神'('Freedom')、'伊克利'('Eclipse')、'佛特纳'('Fortuna')、'爱绿'('Allure')、'布鲁克'('Brooklawn')、'英派克'('Impact')、'午夜2号'('Midnight Ⅱ')、'帝王'('Diva')、'蓝钻'('Blue Diamond')、'金钱豹'('leopard')、'优美'('Euromyth')、'雪狼'('Snow wolf')、'蓝孔雀'('Blue peacock')、'蓝狐'('Bfue fox')、'蓝鸟'('Blue bird')、'蓝宝石'('Sapphire')、'使命'('Nu Destiny')、'狂想曲'('Rhapsody')、'翡翠'('Rhythm')、'瑞博'('Rhythm & Blues')、'热力'('Thermal Blue',高耐热品种)、'大师'('Utmost',中耐热品种)、'长征'('Excursion',低耐热品种)、'苏比纳'('SupraNova',欧洲杂交品种)等；加拿大早熟禾品种：'印第安酋长'('Reybeans')、'旱地'('Deyland')、'教规'('Canon')、'种子地'('Seedland')、'印第安酋长'('Indian chief')、'鲁本斯'('Ruebens')；普通早熟禾品种：'Pt-901'、'旭日'('Sun-up')、'达萨斯'('Dasas')、'萨博2号'('Sabre Ⅱ')、'Saratoga'、'Snowbird'、'PT-4'、'Winterplay'。一年生早熟禾商业化品种很少，'DW-184'是1997年育成的第1个一年生早熟禾品种，商品名Trueputt，主要用于运动场和高尔夫球场。

21.3 早熟禾育种目标及其遗传特点

21.3.1 早熟禾育种目标

草地早熟禾具有生长缓慢叶量少、易感病、不抗虫、季节变换时易变黄等一些突出缺点；且草地早熟禾抗旱力不强，遇旱变成褐色。因此，选育生长速度快、叶量丰富与抗性强的早熟禾品种是其主要育种目标。同时，早熟禾既可作为退化草地改良的补播草种，用于放牧，也可用于建植人工草地；既可用于植被恢复和土壤改良，也可用于水土保持和各类绿地草坪建植。甚至，早熟禾整个植株草含维生素A和L-α-氨基己二酸，具有降血糖等功效，因而可作药用。而早熟禾选育不同用途品种的特性具有不同要求，其育种目标也应有所侧重。

(1)生长速率

早熟禾坪用品种生长速度越缓慢，修剪次数越少，草坪养护管理成本越低。因此，早熟禾坪用品种育种目标期望其生长速率越慢越好。但是，早熟禾饲用品种育种目标则期望其生长速率越快越好，以便能生产更多的牧草供家畜利用。此外，无论是坪用还是饲用早熟禾品种，其萌发幼苗期生长速度快，有利于控制杂草发生。

(2)产量

早熟禾产量性状包括草产量和种子产量，提高早熟禾青草和干草产量始终是早熟禾饲用品种的主要育种目标，而提高早熟禾种子产量则是早熟禾种子繁殖的主要育种目标。早熟禾育种实践表明，草产量和种子产量往往很难同步提高。并且，早熟禾草产量与种子产量是多基因控制的数量性状，株高、单位面积株数、每株分蘖数、刈割后再生速度、刈割次数、含水量等是构成早熟禾青草与干草产量的主要因素；每株有效分蘖数、花序长度、每穗小穗数、每小穗可育小花数、千粒重等是构成早熟禾种子产量的主要因子。因此，制定早熟禾育种目标时，要将其草产量与种子性状落实到各具体产量构成因素。

(3) 病虫抗性

早熟禾的病虫抗性比其他牧草及草坪草种的弱，易受病虫危害，易感病害主要有炭疽病、枯萎病、网斑病、叶斑病、根腐病、白粉病、锈病、黑粉病等；虫害主要有线虫、谷象甲、蛴螬、金龟子、网螟、蝗虫、蝇类等。因此，提高病虫抗性是早熟禾坪用及饲用品种选育的重要育种目标。并且，早熟禾抗虫分子生物育种与无融合生殖育种具有极大潜力，有望获得新的突破。

(4) 抗逆性与耐践踏性

早熟禾的抗旱性与耐热性相对较差，在中国南方地区经常发生夏枯，难以安全越夏，影响草坪外观与牧草生产性能。因此，提高早熟禾的抗旱性与耐热性是早熟禾的重要育种目标。

早熟禾为根茎疏丛型植物，无论作为牧草还是草坪草，其耐践踏性都是早熟禾的重要育种目标之一。耐践踏性是耐磨性和再生性的综合体现指标。不同早熟禾种及品种的耐践踏能力差异较大，其中以草地早熟禾和普通早熟禾的耐践踏能力最强；华灰早熟禾、硬质早熟禾的耐践踏能力较弱。影响耐践踏性的主要因素包括地下根茎的多少、生长速度、扩展能力、分枝能力等，因此，早熟禾育种工作中应对这些因素加以综合考虑，以便各项因素互作达最大值，从而制订出科学、具体的育种目标。

(5) 耐低修剪性

耐低修剪性直接影响草坪的使用寿命和质量，运动场草坪的特定区域对草坪草高度要求严格，如高尔夫球场的发球台一般要求草地早熟禾修剪高度在 1.9 cm 左右。因此，耐低修剪性是早熟禾坪用品种选育的重要育种目标。而再生能力、再生速度、分蘖节位置的高低、分蘖能力等都是影响早熟禾耐低修剪性的主要因素，因此，早熟禾坪用品种育种工作应对这些影响因素综合考虑，科学制订育种目标，选育耐低修剪性早熟禾品种。

(6) 绿期

绿期长短对牧草及草坪草的利用时期、品质和生产性能影响较大。不同早熟禾种及品种的生育期不同与抗逆性不同，其绿期也不相同。草地早熟禾与加拿大早熟禾的绿期相对较长；而冷地早熟禾、华灰早熟禾、扁穗早熟禾的绿期则较短。例如，草地早熟禾在种子成熟后仍能生长旺盛；而华灰早熟禾种子成熟后则很快枯黄。早熟禾的生育期、返青期、抗寒性、再生能力等都是影响其绿期长短的主要因素。此外，栽培管理措施对早熟禾绿期的影响也很大。因此，尽可能延长绿期是早熟禾的一个很重要种育目标，尤其对于早熟禾坪用品种，延长其绿期是提高其草坪观赏质量的重要条件。

(7) 扩展性

扩展能力强的早熟禾品种比杂草的竞争能力强；草丛中的稳定性好；草坪利用年限长；牧草草地生产能力强。早熟禾是根茎疏丛型植物，根系发达的种及品种其扩展性强。但对于根茎不发达的早熟禾种及品种如华灰早熟禾、一年生早熟禾等，提高其扩展能力是非常必要的育种目标。地下茎的分布及多少、生长速率、地上分蘖能力的强弱等是影响早熟禾扩展能力的主要因素。因此，早熟禾育种工作必须十分重视这些性状指标的选择。

21.3.2 早熟禾遗传特点

21.3.2.1 早熟禾细胞遗传特性

早熟禾属植物是染色体数目变化最大的一个属，兼有整倍体和非整倍体，其染色体数目变化范围为 28~154，而且其染色体非常小。如在一个直径为 2m 的圈内，早熟禾属 *Poa irrigate* 种的染色体数目就有 101、105、112、116、119 等 5 种。在 *P. ampla* 与 *P. pratensis* 两个早熟禾种的杂交后代中，出现了 3 个无融合品系，其染色体数目为 98~100，并且很像其父本；有 2 个杂种的体细胞染色体数目分别为 68 和 80，但其形态并无明显差别；来自 $2n=83$ 的 F_1 杂种的 15 个无融合后代中，3 个后代的体细胞染色体数目为 93~109，5 个后代的体细胞染色体数目为 68~75，其余 8 个后代的染色体数目为 83，这些个体外部形态和对环境变化的反应等性状差异相当大。另外，早熟禾属 *P. annua*（$2n=28$）种与 *P. infroma*、*P. supina* 两个早熟禾二倍体种的杂种是高度不育的，其减数分裂时有 7 个配对的和 7 个单体。

早熟禾的有性生殖类型的染色体数目低于其无融合生殖类型的染色体数目。Grun（1998）认为，在多倍体较多的草地早熟禾的种间杂交中，如果母本为高度无融合体，则其杂种大多是二倍体或三倍体。在他所做的研究中，绝大多数杂种是二倍体，并且证明，在一个特定的种间杂交中，二倍体与三倍体杂种的比例明显受父本基因型的影响。

21.3.2.2　早熟禾生殖方式及其遗传特性

早熟禾具有兼性无融合生殖特性，即它兼有有性生殖和无融合生殖两种生殖方式。如在草地早熟禾品种"Wabash"中就发现了双胚囊现象，一个为无融合胚囊；另一个为有性胚囊。田晨霞和马晖玲报道，草地早熟禾品种巴润在生殖过程中存在以下 5 种胚囊类型：孤雌生殖胚、助细胞胚、有性生殖胚、反足细胞胚以及体细胞无孢子生殖胚。其中，体细胞无孢子生殖胚囊占 49.67%，是主控型胚囊。早熟禾的兼性无融合生殖特性，使其子代在遗传上一部分是纯合的母本型；另一部分是有性杂合体，这种生殖方式对草地早熟禾品种培育及对近缘农作物如水稻的遗传改良具有重要价值。

早熟禾具有很高的无融合生殖率。早熟禾无融合率因品种和来源不同而异，变化范围为 23%~90%；自然条件下，有性品种中仅有 2% 的后代植株由合子胚发育而来。早熟禾和紫菀（*Aster tataricus* f.）是被子植物中无融合生殖频率最高的，目前，早熟禾属植物中已发现 100 多个无融合生殖种。由于早熟禾生殖方式主要是兼性无融合生殖，造成低的有性杂交率，采用传统杂交育种进行基因改良很困难。

早熟禾的无融合生殖方式以体细胞无孢子生殖为主，此外还有少量孤雌生殖和二倍体孢子生殖。起源于珠心的体细胞无孢子生殖胚囊的发育方式为山柳菊型，属于无融合生殖形成的胚。李和平等（1991）发现草地早熟禾胚胎发育分为两种类型：一是孤雌生殖形成胚，约占观察总数的 66%，其中 3% 为双胚，仅一个是三胚；二是形成胚和胚乳，约占 34%。34% 中形成种子有两种可能的途径包括通过有性生殖形成种子；由孤雌生殖形成的胚和极核受精形成的胚乳共同组成的无融合生殖种子。草地早熟禾多胚囊的来源有两种，即大孢子母细胞和珠心细胞。两个以上的多胚囊不能形成成熟胚囊。多胚来源有如下 4 种：有性生殖胚、孤雌生殖胚、无配子生殖胚以及珠心胚。草地早熟禾的极核必须经过受精过程，否则胚乳不能形成，最终影响结实率。母锡金等（1994）发现草地早熟禾颖果具有单胚、双胚和三胚，分别占供试材料的 65.17%、29.85% 和 4.98%。因此，草地早熟禾颖果常见产生双胚苗和三胚苗。草地早熟禾具有的多胚和萌发多苗特性，可作为鉴定无融合生殖的形态指标。

早熟禾无融合生殖具有复杂的遗传特性，目前主要有两种观点：即单基因控制论和多基因控制论。G. Barcaccia 等（1997，1998）的研究结果显示，RAPD 分子标记结合流式细胞仪技术可作为鉴定草地早熟禾杂交后代有性生殖和无融合生殖基因型的方法。同时利用植物生长素测验和 AFLP 连锁分析对草地早熟禾无融合生殖进行研究的结果,认为无融合生殖是由单基因控制;而 F. Matzk 等(2000,2005)利用流式细胞仪技术对草地早熟禾有性生殖植株与兼性无融合生殖植株的杂交和自交后代进行研究的结果,则认为无融合生殖由多基因控制,即其二倍体孢子形成和孤雌生殖的基因是不连锁的。认为草地早熟禾孤雌生殖受显性基因控制,选择的两性植株缺乏控制孤雌生殖的等位基因,而多倍体无融合品种却有多源显性等位基因。同时发现由 5 个主要基因控制无融合生殖种子形成,这 5 个基因分别为无孢子生殖起始基因(Ait)、无孢子生殖阻抑基因(APv)、大孢子形成基因(Mdv)、孤雌生殖起始基因(Pit)及孤雌生殖阻抑基因(Ppv)。它们的表达频率和外显率等存在差异,从而造成生殖方式的广泛变异。E. Albertini 等(2001)对草地早熟禾兼性无融合生殖方式相关基因($Parth$ 1 和 Sex 1)的 SCAR 引物对进行检测,结果表明,利用 SCAR 分子标记辅助选择可以较准确的鉴定有性植株与无融合植株杂交后代的有性生殖与无融合生殖基因。V. Agafonov 等(2004)针对草地早熟禾成熟种子内的胚乳贮藏蛋白,采用 SDS-PAGE 技术,鉴别草地早熟禾的无融合生殖特性。E. Albertini 等(2005)应用 cDNA-AFLP 技术,分离得到控制草地早熟禾无融合生殖的两类基因,即体细胞胚胎发生类激素受体基因($SERK$)和无融合生殖起始基因($APOSTART$)。其中 $SERK$ 基因是胚囊发育的开关;而且 $APOSTART$ 基因与减数分裂和细胞程序性死亡(programmed cell death,PCD)相关。A. Porceddu 等(2002)应用基于 ALFP 和 SAMPL 分子标记的双向假测交策略获得了草地早熟禾杂交中有性生殖与无融合生殖后代的连锁基因图谱。此外,激素信号可能在植物无融合生殖的基因表达中起重要的调控作用。殷朝珍(2006)对草地早熟禾无融合生殖激素调控机理进行研究,结果表明,胚囊母细胞发育和减数分裂期是决定无融合生殖途径的关键时期,而此时胚珠或胚囊细胞内高水平的细胞分裂素和低水平的 ABA 或者高的 ZR/ABA 可能是不同生殖途径发育的重要调控因子;不同激素或植物生长调节剂(GA_3 除外),对多胚苗的诱导效果显著,通过对比测定气孔密度、气孔纵径,可以间接鉴定诱导植株后代的变异;POD 同工酶可以用来鉴定无融合生殖材料。

21.4 早熟禾育种方法

21.4.1 引种与选择育种

由于中国目前的早熟禾品种资源几乎都源于进口,因此,引种是早熟禾的重要育种手段。许多研究者对众多国外引进早熟禾品种的生态适应性和观赏性进行了鉴定、评价研究,至今,早熟禾引种和驯化工作取得了一定成就。例如,1980 年由中国农业科学院畜牧研究所李敏、苏加楷等从美国 Jackling 公司引进的草地早熟禾品种瓦巴斯,通过引种与区域试验,于 1989 年成为中国第 1 个通过全国牧草品种审定登记的早熟禾品种。由于该品种耐寒性强,在-15℃下可安全越冬;且耐热性和耐旱性较强,即使在持续 36~38℃高温或 5~10cm 土壤含水量为 13.7%时,也不发生夏枯和死苗;耐修剪,草质柔软,绿期长达 270 d;既可用于放牧,也可用于草坪建植,因此一度被广泛应用作牧草和草坪草。

早熟禾虽然属于异花授粉植物,但当它无法获得其他植株的花粉时,也很容易自交,自交率高达 42%;其生殖方式也变化多样,既有无融合生殖,又有有性生殖;既有整倍体,也有非整倍体,染色体数目变化较大。因而自然条件下的早熟禾是一个高度异质的杂合群体。对于这样的群体，采用选择育种法改良某些性状并选育新品种，往往会取得良好效果。具体育种实践中，要根据育种目标要求确定适宜选择方法，主要包括单株选择法、改良混合选择法和轮回选择法。其中，早熟禾单株选择育种法应用非常广泛，也是迄今为止培育栽培品种最成功的方法，主要是从放牧地和各种类型草坪选择表现优异的单株形成株系，通过品系比较进行筛选和培育。如美国1953年选育成功的草地早熟禾品种梅里安（Merion）就采用了单株选择育种法。1996年，内蒙古畜牧科学院采用单株选择育种方法，对当地野生草地早熟禾经过长期栽培驯化，成功选育出了早熟禾品种'大青山'早熟禾（*P. Pratensis* cv. Daqingshan），于1995年通过了全国牧草品种审定。它适于内蒙古干旱寒冷和土壤瘠薄的环境条件，但成坪速度较慢。

21.4.2 杂交育种

21.4.2.1 早熟禾花器构造及开花习性

早熟禾为圆锥花序。草地早熟禾花序长13~20cm；一年生早熟禾2~7cm；细叶早熟禾4~10cm；波伐早熟禾2~5cm。分枝下部裸露；小穗绿色有柄，成熟后呈草黄色。草地早熟禾穗长4~6cm；一年生早熟禾1~2cm；细叶早熟禾3~5cm。每穗有8~12个轴节，每个轴节着生2~6个穗枝梗，呈互生或半轮互生；每个穗枝梗有1~4个二级分枝，小枝上着生2~6个小穗，小穗卵圆形，含2~5小花，每小花含雄蕊3枚，长1~3mm；雌蕊1枚，柱头呈羽毛状。第一颖长2~3mm，具1脉；第二颖长3~5mm，具3脉，外稃膜质，顶端钝，背部有脊，基盘有毛或无毛，内稃短于外稃。

草地早熟禾在返青后60~70d开始开花，在兰州地区，大多在3月中旬返青，5月中上旬进入始花期，6月种子成熟。加拿大早熟禾开花晚于其他早熟禾30~40d。小花的开放顺序，整个花序的上部花先开花，之后逐渐向下开，基部的小花最后开花。小穗的小花开放顺序与此相反，先从基部开起，直至顶花最后开花。

草地早熟禾一穗的开花时间持续7~10d，开花高峰期为初花后第3~4d，此时约有75%的小花开放。一日之内，在晴朗无风条件下，开花时间可从凌晨持续到14:00，大量开花集中于7:00~10:00，开花最适温度为17~25℃，阴雨天不开花或很少开花。小花开放时，内外稃开裂，露出黄绿色的花药，在15~20min后，柱头露出，花药下垂，散出花粉，花朵开放。早熟禾花药较小，长1~3mm，属异花授粉植物，但也能自交结实。其自交率不同种而异，草地早熟禾自交率通常为17%~42%；扁茎早熟禾的自交率较低，为5%~20%。

21.4.2.2 早熟禾杂交技术

选择健壮无病害的单株，去掉花序顶部已开花的小穗和基部发育不良的小穗，每个小穗去掉第三朵小花。去雄可采用如下方法：

（1）手工去雄

采用镊子夹去每朵小花的3个雄蕊即可。

（2）温汤去雄

将修整好的花序浸在45~47℃的温水中1~3min，就能杀死雄蕊。研究认为草地早熟禾温汤去雄的最佳处理为47℃、2min；扁茎早熟禾为48℃、1min和47℃、3min。此外，进行温汤去雄的时间对去雄效果也有影响。一般宜在早晨和傍晚去雄。中午田间温度高，花序有些萎蔫会影响去雄时间和温度的准确性。

(3) 化学去雄

用化学药剂杀死雄蕊。目前常用化学杀雄剂有乙烯利、钠酸钾盐、KMS、赤霉素、十二烷醇、三十烷醇、江苏农业科学院生物遗传所研制的化学杀雄剂Ⅲ（吡喃酮类复配剂）、SC-2503、新哒嗪类化合物9403、PCZ等。近年美国Monsanto农业化学公司合成了一种名为GENESIS的化学杀雄剂，已成功地应用于小麦和早熟禾的杂交制种。赵桂琴（2000）采用$1.5kg/hm^2$和$2.5kg/hm^2$的剂量对参试的瓦巴斯（Wabash）、思托佩（Stopei）、莫诺波利（Monopoly）等3个草地早熟禾品种和天祝扁茎早熟禾在生育期Feekes标准8.0~9.0时用GENESIS进行叶面喷施，天祝扁茎早熟禾的杀雄效果分别为98%和97%，其他品种均为100%。

去雄后第二天即可进行授粉，可以将采集的花粉直接涂抹在柱状上；也可采用接近法或插瓶法，将父本和去雄后的母本绑在一起，套袋隔离授粉；或将父本花序剪下，插在水瓶中，移到母本跟前，然后套袋隔离授粉。授粉后立即在花序下系上标签，用铅笔标明杂交组合及授粉日期等。

21.4.2.3 早熟禾杂交育种的类型

(1) 种内杂交

早熟禾常用种内杂交育种改良现有品种。并且，因草地早熟禾是兼性无融合生殖，一般都用无融合率高的品种作母本。早熟禾种内杂交育种主要有3种方式：一是采用有性杂交后代可分离出有性生殖个体和无融合个体。常用的杂交组合有：同种内有性生殖体×无融合生殖体；本身为杂合体的有性植物自交或多个无融合生殖个体同它回交；兼性无融合生殖体×兼性无融合生殖体；从专性无融合生殖中诱导有性个体作母本同兼性无融合生殖体杂交；有性生殖种×有亲缘关系的无融合生殖种；二是采用有性繁殖母本和无融合父本杂交，从杂种中选出无融合个体和有性个体；三是从前两种方法产生的无融合个体中选出无融合率高（>85%）的个体，组成专性无融合系。20世纪70年代，美国采用种内杂交育种选育了'美洲王'（'America'）、'挑战者'（'Challenger'）、'午夜'（'Midnight'）、'Majestic'、'Bristol'、'Eclipse'等34个草地早熟禾新品种。如草地早熟禾品种'纳苏'（'Nassau'）系美国杰克林种子公司的Douglas Brede采用NJE P-59×Baron的种间杂交育种方法育成。

(2) 种间杂交

因为早熟禾属内大多数种是多倍体，在种的形成过程中，多数经历了种间杂交。因此适合采用种间杂交育种方法进行品种改良。此外，早熟禾为异花授粉植物，生殖方式多样，其亲本的遗传基础比较丰富，种间远缘杂交后代杂种优势强，可明显提高早熟禾青、干草产量。并且，早熟禾的无融合生殖特性可以保持其种间远缘杂种优势而不致发生分离，可以多代利用杂种优势；也可以利用早熟禾的无性繁殖特性来保持其种间远缘杂种优势和不育的远缘杂种后代。因此，早熟禾种间远缘育种的关键在于亲本的选择。

加拿大早熟禾具有耐瘠薄、根茎发达、种子产量高的优点，通过种间杂交育种可以将这些优良特性转移给草地早熟禾，从而达到改良目的。1947年，英国首先用加拿大早熟禾与草地早熟禾品种'肯塔基'（'Kentucky'）杂交，尽管亲本的无融合率很高，但其杂种完全可育。1975年，美国采用草地早熟禾有性生殖频率高的Warren's A-20（$2n=38$）、A-25（$2n=37±1$）、A-26（$2n=36$）等3个品种和无融合率高的品种'Belturf'（$2n=49$）作母本，与加拿大早熟禾的两个品系Pike brook（$2n=38$）和Brandywine（$2n=49±1$）进行了种间杂交，结果表明，部分杂种后代的无融合率较高，表现优异。后来，又有人用 *P. ampla*、*P. scabrella*、*P. supina*、*P. informa* 及 *P. annua* 与草地早熟禾进行种间远缘杂交育种，陆续培育出了许多新品种。此外，Nitzsche 采用泽地早熟禾（*P. palustris*）无融合品种与草地早熟禾杂交，育出了种间杂种。

21.4.3 无融合生殖育种与综合品种育种

21.4.3.1 无融合生殖育种

早熟禾的无融合生殖特性使其后代由于没有父本的参与，是母本遗传物质的完整克隆，其杂种优势可以由无融合生殖代代相传，不需要因为杂合体经有性生殖造成优势基因型分离而年年制种。因此，一旦无融合生殖性状引入又能进行有性生殖的早熟禾，就可以极大地简化育种程序并缩短育种进程。早熟禾无融合生殖育种具有如下意义：

（1）有利于综合抗病虫品种的选育

由于病（虫）生理小种（生物型）的变化较快而早熟禾新品种的选育明显缓慢，常造成巨大损失。早熟禾无融合生殖品种具有杂合基因型表现一致的特点，具有抗几种不同生理小种（生物型），或既抗虫又抗病的可能性，为选育综合抗病虫品种提供了契机。

（2）有利于高产稳产

从生物学角度考虑，影响早熟禾产量最敏感的时期是减数分裂期和开花受精阶段。而无融合生殖避开了这两个阶段，因此对高产、稳产特别有利。

（3）改善繁殖技术

可以以无性种子繁殖代替营养器官繁殖，不仅可以大大提高繁殖系数，节省人力、物力，而且能避免病虫的传播，便于运输和贮藏。

草地早熟禾是最早采用无融合生殖育种途径育成品种的禾本科牧草及草坪草。如美国 Jacklin 种子公司 1993 年选育出的草地早熟禾品种'新星'（'Nustar'），其无融合率在 85% 以上，是一个专性的无融合品种，它返青早，绿期长，抗逆性强，种子产量高，能形成浓密的墨绿色草坪。且由于其后代中总有一部分是可育的无融合体，所以染色体数目多的品种和非整倍体不会引起不育的问题。

早熟禾无融合生殖育种作为其独特育种途径，仍然可采用选择育种、杂交育种、综合品种育种等常规育种方法，选育综合性状优良且具无融合生殖特性类型形成品种应用于生产。因此，有时需要对育种亲本及后代材料进行无融合生殖鉴定，其鉴定方法如下：

（1）遗传学鉴定法

无融合生殖的遗传学鉴定即观察杂交后代的遗传现象。无论是野生种还是栽培种，其无融合生殖与正常生殖特性相比较均具有如下差异：

①异花授粉种的植株中出现了性状一致的后代，或与母本一致的后代，这些后代可能是无融合生殖的。

②无融合生殖的 F_1 杂种后代中有明显的母本类型。

③无融合生殖的两个性状截然不同的亲本杂交后，其 F_2 不发生分离或分离很少。

④如父本常有显性标记性状，其杂交后代中没有表现，而仅表现出母本的隐性性状，这些后代可能是无融合生殖没有受精的卵细胞发育而成的。

⑤在无融合生殖非整倍体、不同倍性水平、远缘杂交或其他预期不育的植株中，其种子育性很高。

⑥无融合生殖非整倍体的染色体数或结构上的杂合性稳定地代代相传。

⑦无融合生殖具有一籽多苗(多胚现象)、多柱头、一小花多胚珠以及双子房或融合子房等现象,如草地早熟禾中曾发现过双胚苗、三胚苗和四胚苗。另外,早熟禾还有胎生苗现象,并随着染色体数目的增加而增加,也受环境条件的影响。

要准确而完整鉴定植物无融合生殖方式,仅对后代进行形态学观察的遗传学鉴定还远远不够,还必须结合亲本和后代的染色体数目以及母本胚囊和胚胎的一系列发育时期,进行完整的细胞学鉴定。

(2) 细胞学鉴定

早熟禾正常的有性生殖胚囊由大孢子母细胞经3次减数分裂形成,胚囊呈蓼形,内有8个核,1个卵核、2个助细胞、2个极核和3个反足细胞。卵细胞受精发育成二倍体胚,极核双受精发育成三倍体胚乳。绝大多数无融合生殖的胚囊都是不经过减数分裂而产生的,因而其中各个细胞一般都是二倍体。

① 体细胞无孢子生殖的鉴定　体细胞无孢子生殖是牧草及草坪草最普遍的无融合生殖方式。体细胞无孢子生殖中,当正常胚珠中的大孢子母细胞减数分裂时,1个或多个体细胞明显地异常增大,而在正常胚珠中这些细胞已接近衰老了。这个或多个增大异常的体细胞核非常明显,细胞质变浓,而正常的珠心细胞在胚珠充分发育后很快就停止生长,核也不明显。无孢子胚囊的分化程度因植物种的不同而异。黍属的二倍体无孢子成熟囊是4核的,即1个卵核、2个助细胞和1个极核。而雀稗的许多无孢子胚囊内的核从2~4个不等。许多蒺藜草属无融合系的胚珠只有一个无孢子胚囊,位置与有性正常胚囊相同,没有反足细胞,有的还缺少1个极核,所以成熟胚囊也是3~4个核。4核胚囊呈月见草型,无反足细胞,这是它与正常胚囊的主要区别。有的无孢子胚囊充分分化成8核胚囊,很难与有性正常胚囊及二倍体无孢子生殖相区分,因此体细胞无孢子生殖必须在胚囊发育初期进行鉴定。

② 二倍体孢子生殖的鉴定　二倍体孢子生殖的未减数胚囊是由大孢子母细胞经有丝分裂形成的,不发生减数分裂。大孢子母细胞经3次有丝分裂形成8核胚囊。与二倍体无孢子生殖相比较,牧草及草坪草中的二倍体孢子生殖是相当少的。由于它也形成8核胚囊,几乎与正常有性胚囊相同。所以其鉴定要在大孢子发生早期进行。可在大孢子母细胞有丝分裂中期观察染色体数目,未减半者为二倍体孢子生殖。更明显的是其大孢子母细胞因不发生减数分裂而没有线性四分体阶段。而且它没有二分体,二核到四核期的胚囊位置也不同于有性胚囊,大孢子母细胞迅速伸长,在核第一次有丝分裂前即进入胚珠的合点区域,二核胚囊向下延伸至胚珠下皮层。这些特点可以帮助判定二倍体孢子生殖。

无融合生殖鉴定最直接的方法是观察胚囊中卵细胞受精的情况或助细胞、反足细胞发育的情况。开始多用石蜡切片法制作不同发育时期子房的连续切片进行观察鉴定,但此法手续繁杂、工作量大。20世纪70年代末,B. A. Yong等发明了清洗雌蕊和厚切片技术的观察无融合生殖新方法,用冬青油等整体透明子房后在倒置显微镜下直接观察,快速简便,效果很好。后来杨宏远等又对该方法进行了改进,用冬青油整体透明子房或胚珠后,再用爱氏苏木精浅染,用普通光学显微镜就可观察胚囊内各种细胞的结构和发育情况,大大节省了工作量,其效果也较好。早熟禾的无融合胚囊除4核以外,还有8核胚囊,这是二倍体孢子生殖的结果,高山早熟禾就属于这种现象。也观察到多胚囊现象,每个胚囊各自产生一个胚,形成假多胚,发芽出苗时产生多胚苗。

草地早熟禾等大多数牧草及草坪草的无融合都属于二倍体无融合类型。即胚囊都是不经过减数分裂而产生的，因而其中各处细胞一般都是二倍体的，不经过大孢子发生阶段。如果母体植株是多倍体，胚囊是未减数分裂形成的，因此胚囊中的所有细胞也都是多倍体的，有正常的生殖能力，可以产生后代。

21.4.3.2 综合品种育种

早熟禾为异花授粉植物，染色体数目多，生殖方式复杂，其群体杂合性与异质性非常高。尽管早熟禾也具有一定的自交率，但其基因型纯合速度非常慢，而且自交容易引起性状衰退，故不能像自花授粉植物那样，采用两个纯系品种杂交而后分离重组的杂交育种方法培育新品种。因此，综合品种育种是早熟禾的常用育种方法，许多早熟禾商品品种均是综合品种。例如，袁晓君等于2006年3月至2010年10月，在人工接种褐斑病菌、夏季人工涝害胁迫和在上海的自然逆境胁迫条件下，通过单株与无性系选择和子一代草坪特性鉴定，从18个早熟禾品种(系)的草坪试验小区中约为13.3万株单株中，选择到2个越夏性强无性系"KBG03"和"KBG04"，分别来自于'午夜'('Midnight')和'四季青'('Evergreen')两个早熟禾商品品种。在暖季里中低管理水平下的草坪质量比两个对照原始品种午夜和四季青有了显著提高，鉴于本研究结果，结合其他研究中的草坪表现，推出了"KBG03"与"KBG04"早熟禾混合群体，定名为"沪禾2号"。

21.4.4 诱变育种

早熟禾染色体小，对辐射处理敏感。Julen 报道，采用X射线处理后的草地早熟禾后代，在形态特征和有性生殖等都发生了变化，286个辐射后代中，38个是完全有性个体，101个为无融合体，147个为兼性个体，有性个体的后代最后又分离出3种类型：无融合个体、有性个体和部分有性个体。该研究结果表明，采用辐射处理可以诱导有性生殖，通过有性或兼性无融合生殖个体之间进行杂交，就可以从其杂种后代中选择具有有利形态特征的新的无融合生殖类型。如 Nitzsche(1985)用两粒泽地早熟禾($P.\ palustris$)种子(为专性无融合生殖，种子无毛、无根茎、叶短而色浅)经65 kR(千伦琴)的X-射线照射处理，然后将 X_2 代种于大田，再用草地早熟禾(兼性无融合生殖，种子有毛、有根茎、叶长而色深)的花粉授粉，在 X_3 中通过标记性状后代选择，经同质检验、繁殖，最后育成了一个种子无毛、有根茎的无融合生殖品种和种子有毛、有根茎的另一新品种。黑龙江省农业科学院草业研究所于2003年将草地早熟禾品种优异(Merit)种子经50 Gy ^{60}Co-γ 辐射处理，当年在温室种植 M_1，2004—2007年种植 M_2、M_3、M_4、M_5，经田间种植检验、鉴定，结合生物产量、返青率、营养品质及坪用性能等指标综合评价，于 M_5 代决选品系，编号为龙饲031310早熟禾。2008—2009年进行产量鉴定试验及异地鉴定试验。2010—2011年在哈尔滨、兰西和安达等地进行区域试验，2012年在哈尔滨、兰西和安达等地进行生产试验，2013年通过黑龙江省农作物品种审定委员会审定，命名为农菁15早熟禾。

21.4.5 生物技术育种

国内外草地早熟禾生物技术育种研究起步均较晚。1984年，McDonnell 和 Conge 首次用草地早熟禾成熟种子诱导出了胚性愈伤组织，但愈伤组织的植株再生率很低，均低于6%。至今早熟禾细胞工程育种仍存在再生频率低、品种差异大等缺陷。1996年，Shnaqinag Ke 等对草地早熟禾品种 Touchdown 进行基因转化，用 *Gus* 基因检测，有 3.7% 的遗传转化率，但是其再生植株中有许多白化苗和有斑点的小苗存在。至今早熟禾转基因育种仍然存在转化方法较为单一，转化效率也较低等问题。同时，由于转基因作物存在生物安全性评价障碍，早熟禾转基因品种难以应用于田间生产，目前只能处于推广应用的准备阶段，还没能实现商品化。中国早熟禾生物技术育种自 20 世纪 90 年代末开始进行了有成效的研究，但与国外先进水平相比较还存在一定差距。今后早熟禾生物技术育种应进行如下改进：

（1）技术手段需要进一步完善。目前基因转化过程中，标记基因也同时导入植物体内，如何消除标记基因的不良影响仍是技术上需要改进的；另外，现在普遍使用的主要转化方式还有待完善，针对不同转基因个体性状的特点，还需要探讨其他不同的转化途径。

（2）针对中国干旱和盐渍化区域的客观现实，应加强抗旱、耐盐碱生物技术育种研究。

（3）为延长草坪草的绿期，加强早熟禾坪用品种抗寒生物技术育种研究。

（4）加强早熟禾无融合生殖生物技术育种研究，深入地研究无融合生殖机理，寻找与无融合基因连锁的分子标记，分离特定的转录子，构建基因图谱，达到逐步定位和克隆无融合基因，进一步利用转基因技术将无融合基因从早熟禾导入其他农作物中，发挥其巨大作用。

思考题

1. 简述国内外早熟禾育种的发展历程。
2. 简述常用早熟禾种类及其主要特点。
3. 论述早熟禾的主要育种目标。
4. 论述早熟禾的主要遗传特点。
5. 举例说明早熟禾选择育种具有什么特点？
6. 举例说明早熟禾杂交育种的技术及方法？
7. 论述早熟禾无融合生殖育种的意义与特点。

第22章 狗牙根与结缕草育种

狗牙根属（*Cynodon* L. C. Rich）为禾本科多年生草本植物，它可能起源于热带非洲东部，也有人认为欧亚大陆、印度尼西亚、马来西亚和印度为其原产地。它是世界广布种，广泛分布于北纬53°至南纬45°的世界各大洲，上至3000m以上的喜马拉雅山，下至海平面以下的约旦等地都有分布。中国狗牙根分布区南北跨度可从海南的南端到新疆的南部；东西可从辽东半岛到新疆南部，在年平均温度为7.5℃及年平均相对湿度40%下仍能生存。狗牙根具有匍匐根茎，植株从低矮细腻到高大粗壮，低矮细腻型适宜用作草坪草；高大粗壮型适用于牧草。狗牙根繁殖能力强、抗旱、耐践踏、部分品种质地纤细、色泽好，容易建植，单位面积生物产量高，易于消化，抗逆型强，被国内外广泛用于住宅小区、运动场、公园、公共绿地、墓地、固土护坡及放牧或刈草与放牧兼用草地等，还可用作生物质能源植物，是全球暖季型牧草及草坪草中应用最广泛的草种之一。

结缕草属（*Zoysia* Willdenow）为禾本科多年生草本植物，分布非洲、亚洲和大洋洲的热带和亚热带地区；美洲有引种。结缕草具有适应性广、低养护、耐践踏、草质坚、弹性好、耐干旱、较耐寒、耐瘠薄、较抗病虫、耐盐碱、寿命持久等优良特性，作为耐粗放管理的草坪草，目前主要用于观赏草坪、游憩草坪、运动场草坪、水土保持草坪、机场草坪与城市绿化及放牧草地等，是国内外应用极为广泛和公认的优良暖季型草坪草及低投入放牧用牧草。

22.1 狗牙根育种

22.1.1 狗牙根育种概况

22.1.1.1 国外狗牙根育种概况

20世纪初，南非和美国科学家开始收集狗牙根种质资源并开始品种选育。南非育种家于1907年和1910年在约翰尼斯堡分别选育了狗牙根坪用品种'Florida'和'Bradley'；于1920年和1930年在韦恩堡开普敦的皇家高尔夫球场分别选育了狗牙根坪用型品种'Magennis'和'Royal Cape'等。随后，这些品种在威特沃特斯兰德大学的弗兰肯瓦尔德植物研究所（Frankenwald Institute of Botany, University of Witwatersrand）注册登记。

美国是世界上选育狗牙根品种最多、种植面积最大的国家。佐治亚州州长Henry Ellis首先将狗牙根引进美国，最初是作为饲草为草食畜牧业服务，而后迅速用于高尔夫球场及其他绿化草坪。1943年，美国农业部与佐治亚大学海岸平原试验站利用当地农田的普通狗牙根（*C. dactylon*）逸生种Tif与引自南非的非洲狗牙根（*C. transvaalensis*）杂交，从F_1的大量单株中选育出普通狗牙根放牧型品种Coastal，并在南部推广应用，取得成功；1946年，培育出世界上第一个普通狗牙根坪用型品种Tiflawn；然后利用二倍体($2n=2X=18$)非洲狗牙根与四倍体($2n=4X=36$)狗牙根的不同品种和生态型杂交，通过F_1杂种无性系选育，育成杂交狗牙根三倍体($2n=3X=27$)系列坪用型品种'Tiffine'(1953)、'Tifgreen'(1961)、'Tifton44'(1978)、'Tifton68'(1984)、'Tifton. C. Z'(1990)、'Midlawn'(1991)、'Midfield'(1991)、'Tifton85'(1992)等；通过选择育种选育了'Tifdwarf'(1965)、'Tifway'(1965)、'MS-Express'(1991)、'MS-Pride'(1991)等杂交狗牙根坪用型品种；还通过诱变育种选育了'Tifgreen Ⅱ'(1983)、'Tifway Ⅱ'(1984)、'Tifsport'(1995)和'Tifeagle'(1997)等杂交狗牙根坪用型品种。这些杂交狗牙根品种一般不结实或难以收到种子。同时，美国也育成了一批能生产种子的狗牙根坪用型品种，如'NK-37'(1957)、'Guymon'(1982)、'Numex Shhara'(1987)、'Primavera'(1990)、'Sonesta'(1991)、'Jackpot'(1995)等。此外，1953年，美国用狗牙根放牧型品种Coastal与来自美国印第安纳州的狗牙根杂交，从F_1的大量单株中选育出放牧与刈草兼用的狗牙根品种Midland。1967年，用Coastal与来自肯尼亚的狗牙根杂交，选育出世界上著名狗牙根饲用型品种'Coastcross-1'('岸杂1号')。1978年，用Coastal与来自德国的狗牙根杂交，选育出了饲用与坪用兼用的狗牙根品种Tifton44。此外，美国选育的狗牙根饲用型品种还有：'Sawanee'、'Alicia'、'Callie'、'Mccaleb'、'Hardie'、'Oklan'、'Brazos'等。狗牙根草坪型与牧草型优良品种的选育极大推动了美国及全世界草业发展。2004年，狗牙根牧草在美国种植面积达$1000×10^4 \sim 1200×10^4 hm^2$，是畜牧业主要的饲草作物，估计美国东南14个州牧草的年产值达$116×10^8$美元，其中狗牙根是其主要组分。同时狗牙根草坪型是全世界热带、亚热带和暖温带地区使用最广泛的暖季型草坪草种。

近年，国外开展了狗牙根生物技术育种研究，例如，利用AFLP技术研究不同狗牙根品种之间的遗传相关性，通过基因克隆及功能分析筛选优良基因，为狗牙根育种工作奠定了基础。同时，由于无性繁殖的狗牙根品种具有独特的杂种优势，美国20世纪80年代前期主要进行狗牙根营养体繁殖品种的选育，例如，美国德州农业试验站狗牙根品种'Texturf 1'、'Texturf 10'的选育；堪萨斯州农业试验站狗牙根品种'Midway'、'Midiron'的选育；还有狗牙根Tif系列草坪型品种以及Coastcross系列牧草型品种。但是，这些优良品种遗传基础狭窄，造成遗传上的脆弱性。而狗牙根种子繁殖品种具有丰富的遗传多样性，20世纪80年代后期国外狗牙根种子繁殖品种逐渐增多，如'Mirage'、'Pyramid'等的选育。目前，选育的狗牙根播种型坪用品种比无性系品种更多，如'Cheyenen'、'Numex'、'Sah'、'Primavena'、'Poco'、'Verda'、'Tropica'、'Sunderil'、'Sonesta'等，其应用也日益广泛。

22.1.1.2　中国狗牙根育种概况

中国有丰富的狗牙根种质资源，但其育种工作与国外相比起步较晚，20世纪80年代开始从国外引种狗牙根品种，90年代初刘建秀、吴彦奇和阿不来提等分别在华东地区、西南地区和新疆收集野生狗牙根种质资源，进行狗牙根育种研究；甘肃草原生态所和甘肃农业大学于1994年通过引种选育出狗牙根品种'兰引1号'；陈志一等于1999年选育推出了狗牙根C1和C2品系；2000年，江苏省中国科学院植物研究所进行了狗牙根辐射育种应用技术的初步研究；阿不来提等在新疆搜集野生狗牙根材料，经多年多次混合选择，于2001年选育出草坪-放牧型牧草兼用普通狗牙根品种'新农1号'(*C. dactylon* cv. Xinnong No.1)和喀什(*C. dactylon* cv. Kashi)；刘建秀等于2001年在南京市郊采集野生狗牙根材料，选育出普通狗牙根品种'南京'(*C. dactylon* cv. Nanjing);华南农业大学生命科学院草坪研究室利用物理方法诱导狗牙根愈伤组织细胞发生变异,于2002年筛选出了三倍体杂交狗牙根的矮化变异体;华中农业大学园林植物育种实验室于2003年利用γ射线辐射狗牙根种子,从后代植株中筛选出了狗牙根矮化变异体。至今,中国狗牙根育种不断取得了一些新的进展,很多研究团队还进行了狗牙根各种抗性基因的克隆和基因功能鉴定工作,狗牙根育种方法也由传统育种方法向生物技术育种方向迈进,为狗牙根生物技术育种工作奠定了基础。1987—2018年,全国草品种审定登记了13个普通狗牙根品种和1个杂交狗牙根品种,合计14个。其中,有'兰引1号'(1994年)和'鄂引3号'(2009年)2个普通狗牙根引进品种;有'南京'(2001年)、'喀什'(2001年)、'阳江'(2007年)、'川南'(2007年)、'邯郸'(2008年)、'保定'(2008年)、'关中'(2017年)、'关西'(2017年)等8个普通狗牙根野生栽培品种;有'新农1号'(2001年)、'新农2号'(2005年)、'新农3号'(2009年)等3个普通狗牙根育成品种;有'苏植2号'非洲狗牙根–狗牙根杂交种(2012年)1个杂交狗牙根育成品种。

22.1.2 狗牙根种质资源

22.1.2.1 狗牙根类型与分布及染色体数量变异

(1)类型与分布

狗牙根属植物根据细胞遗传学特征和杂种配合力分为9种10变种(表22-1)。其中,普通狗牙根分布最广泛,原产非洲,现在世界一百多个国家均有分布,主要分布于北纬45°至南纬45°的范围,向北一直分布到北纬53°,垂直分布从海平面以下到海拔3000m左右。中国的普通狗牙根在华北、西北、西南及长江中下游等地应用广泛。中国黄河流域以南各地均有野生种。

中国的狗牙根共有2种1变种,分别是普通狗牙根、弯穗狗牙根(*C. arcuatus*)两种及双花狗牙根(*C. dactylon* var. *biflorus*)变种。普通狗牙根多生长于村庄附近、道旁河岸、荒地山坡,其根茎蔓延力很强,生长于果园或耕地时,则为难除灭的有害杂草。中国野生狗牙根的分布特点主要是丘陵、山地、路边及干旱沙漠区零星分布;在部分滩涂地也呈带状或团块状分布。甚至在干旱沙漠区内也有野生狗牙根的分布;喀什型和伊犁型两种野生狗牙根在冬季-32℃仍能安全越冬。

表22-1 狗牙根属植物的分类与分布(引自刘伟,2006)

序号与拉丁文学名	中文名(或拟)	染色体数	分布
1. *C. dactylon* (L.) Pers.			
1.1var. *dactylon*	狗牙根、绊根草、铁线草、爬地草	36	世界各地
1.2var. *afghanicus* Harlan et de Wet	阿富汗狗牙根	18、36	阿富汗斯太普草原
1.3var. *aridus* Harlan et de Wet	干旱狗牙根	18	南非北部及东部
1.4var. *biflorus* Merino	双花狗牙根		中国东南沿海
1.5var. *coursii* (A. Camus) Harlan et de Wet		36	马达加斯加岛
1.6var. *elegans* Rendle	雅美狗牙根	36	南非
1.7var. *polevansii* (Stent) Harlan et de Wet		36	南非
2. *C. aethiopicus* Clayton et Harlan	巨星草	18、36	东非:埃塞俄比亚到德兰士瓦

(续)

序号与拉丁文学名	中文名(或拟)	染色体数	分布
3. *C. nlemfuensis* Vanderyst	恩伦佛狗牙根	18、36	东非
3.1var. *robustus* Clayton et Harlan	强壮狗牙根	18、36	东部非洲的热带
4. *C. arcuatus* J. S. Presl ex C. B. Presl	弯穗狗牙根	36	马达加斯加、印度东南亚部、澳大利亚北部、中国云南西双版纳
5. *C. barberi* Rang. et Tad.	印度狗牙根	18	印度南部
6. *C. plectostachyus* (K. Schum.) Pilger	澳大利亚狗牙根	18	东部非洲的热带
7. *C. transvaalensis* Burtt-Davy	非洲狗牙根	18	南非
8. *C. magennisii* Hurcombe	麦景狗牙根	27	南非
9. *C. incompletus* Nees			
9.1var. *incompletus*	印苛狗牙根	18	南非
9.2var. *hirsutus*	长硬毛狗牙根	18、36	南非

此外，狗牙根商品品种按其用途或功能可分为牧草型和草坪型两种主要类型，还有少量饲用与坪用兼用型品种；按繁殖方式分为不能生产种子无性繁殖品种和能生产种子有性繁殖品种两种类型；按染色体数目可分为二倍体、四倍体、三倍体、五倍体和六倍体品种等。

(2) 染色体数量变异

狗牙根的染色体基数为 9，有二倍体 ($2n = 2X = 18$)、四倍体 ($2n = 4X = 36$)、五倍体 ($2n = 5X = 45$)、六倍体 ($2n = 6X = 54$) 和二倍体与四倍体的杂种三倍体 ($2n = 3X = 27$) 等多种类型。体细胞的染色体数目为 18~54 条不等。狗牙根属作为牧草及草坪用途的植物中，印度狗牙根 (*C. barberi*) 和非洲狗牙根通常是二倍体，非洲狗牙根染色体数目主要为 18 且存在少部分染色体数量的变异；长硬毛狗牙根 (*C. incompletus* var. *hirsutus*) 主要是三倍体，少数是四倍体；弯穗狗牙根 (*C. arcuatus*) 全部是四倍体；普通狗牙根通常为四倍体，但有二倍体、四倍体和六倍体各种变异。如美国采用中国上海种质选育出的普通狗牙根品种'Tifton10'为六倍体；'Coastal'、'Coasteross-l'、'Suwannee'等普通狗牙根品种中存在单倍体和四倍体。并且，在 Midland、Coastcross-1 等普通狗牙根品种中发现了三倍体。而普通狗牙根品种'Coast-1'是高度的雄性不育，为单倍体。据报道，普通狗牙根的染色体倍性与土壤的酸碱度有关：当土壤 pH<5.0 时，出现完全的二倍体种群；pH>6.5 时，出现完全的四倍体种群；当 pH 值介于 5.0~6.5 之间时，二倍体与四倍体植株混合生长。而郭海林等 (2002) 对中国狗牙根 (*C. daetylon*) 有代表性 30 份种源染色体数目加以观测发现，$4n$ (32.2%) > $5n$ (18.9%) > $3n$ (10.5%) > $6n$ (2.13%) > $2n$ (0.41%)，且其非整倍体比率高达 32.1%，染色体数目与其种质分布区的纬度、经度以及海拔均无显著的相关性。龚志云等对三倍体杂交狗牙根品种矮生'百慕大'('Tifdwarf') 进行细胞学研究表明细胞内染色体数存在非整倍性变异，变化范围为 $2n = 27~30$。

22.1.2.2 狗牙根种类特性及品种资源

狗牙根属用作牧草及草坪草的主要有普通狗牙根 (*C. dactylon*)、杂交狗牙根 (*C. dactylon* × *C. transvaalensis*)、非洲狗牙根 (*C. transvaalensis*) 等 3 种。此外，某些地区也用印苛狗牙根 (*C. incompletes*) 和麦景狗牙根 (*C. magennisii*) 建植草坪。

(1) 普通狗牙根 (*C. dactylon*)

别名为行义芝、绊根草、铁线草、百慕大草、爬根草，英文名 Common bermudagrass。

它是种间变异很大的暖季型牧草及草坪草种,其不同种质的叶色、质地、密度、活力和对环境的适应性均存在明显的种间差异。它为多年生草本,植株低矮,生命力旺盛,具有根状茎和匍匐茎,茎秆细而坚韧,下部匍匐地面蔓延生长,平卧部分可长达1m,节上常生不定根和分枝;上部茎秆直立,高10~30cm。叶片长线条形,先端渐尖,通常两面无毛。无叶耳,叶舌为纤毛状。幼叶折叠。叶鞘松散,分离,圆形或压扁状,鞘口具柔毛;穗状花穗,小穗灰绿色或带紫色。种子与营养繁殖均可。

普通狗牙根适合于温暖潮湿和温暖半干旱地区,极耐热和抗旱,不耐阴,在光照充足的地方,长势更旺盛。抗寒性差,随着秋季气温下降而迅速失绿并进入休眠状态。耐践踏,耐盐性较强。适应的土壤范围广,最适于排水良好、肥沃,pH5.5~7.5的土壤生长。侵占力强。

根据普通狗牙根的外观形态及品质,将其分为7变种(表22-1),每个变种的天然分布、遗传变异和使用价值均具有显著不同,其中最有价值的为 C. dactylon var. dactylon。该变种遍布于各大洲和多数海岛,由于其分布环境广阔,通常将该变种称为普通狗牙根。根据杂交试验结果,认为 C. dactylon var. dactylon 起源于二倍体 C. dactylon var. aridus(干旱狗牙根,$2n=18$),或 C. dactylon var. afghanicus(阿富汗狗牙根,$2n=18$)。

中国普通狗牙根常用品种除通过全国草品种审定的13个品种外,还有引进的国外品种:'Tiflawn'('天堂草–57'、'天堂草')、'Common'('常见')、'Bermuda'('百慕大')、'Pyramid'('金字塔')、'Mirage'('米瑞格')、'Sun Devil Ⅱ'('日盛2号')、'Jackpot'('杰克宝')、'Coastcross–1'('岸杂1号')、'U–3'、'Tifton 10'等。

(2)杂交狗牙根(C. dactylon×C. transvaalensis)

杂交狗牙根是利用普通狗牙根(C. dactylon)与非洲狗牙根(C. transvaalensis)进行杂交后,在其子一代的杂交种中分离筛选出来的品种,英文名 Hybrid bermudagrass。杂交狗牙根又称杂交百慕大,俗称天堂草,其名称源于位于美国佐治亚州(Georgia)的梯弗顿(Tifton,天堂)镇的美国农业部的海岸平原试验站的草坪育种专家采用种间杂交或选择育种或诱变育种方法培育了一系列的杂交狗牙根品种,并且多以 Tif 系列命名。杂交狗牙根叶片质地较普通狗牙根不细,叶形小,叶丛密集、低矮、细弱、茎略短;不同品种间叶色差异大,有深绿、暗绿、蓝绿、浅绿等。根茎发达,匍匐生,可形成致密的草皮。除了保持普通狗牙根原有的抗热、耐践踏等优良特性外,能耐频繁的低修剪,践踏后易修复。部分品种耐寒性得到提高,保绿性较好。杂交狗牙根不产生种子,营养繁殖简单易行,具有极高的繁殖系数,成坪速度快。

中国杂交狗牙根常用品种有从国外引进品种:'Tifeagle'('老鹰草')、'Tifgreen'或'T–328'('天堂328')、'Bayshore'('海岸')、'Tifdwarf'('矮生天堂草')、'Tifway'('天堂–419'、'天堂路')、'Tiffine'('天堂草127')、'Texturf 1'('德克萨斯草坪1号')、'Texturf 10'('德克萨斯草坪10号')、'Midway'('中途')、'Tifgreen Ⅱ'、'Tifway Ⅱ'、'Blackjack'('黑杰克')等;还有苏植2号非州狗牙根–狗牙根杂交种等国内育成品种。

(3)非洲狗牙根(C. transvaalensis Burtt–Davy)

英文名 African bermudagrass。叶片质地细腻、狭窄,直立朝上生长的线型叶片,叶色通常为黄绿色。匍匐茎细长,节间短,温度较低时会导致其变红。总花序一般由3个短的带穗花序组成,偶尔会由2个或4个带穗花序组成。具有许多短的肉质根茎。非洲狗牙根相比较其他狗牙根种，其耐寒性更好，如"Uganda"等非洲狗牙根品种的耐寒性较强。分布于南非德兰士瓦省(Transvaal)西南部和好望角(Cape)的中部和北部。自交可育，也可与普通狗牙根的其他品种杂交。目前中国草业生产中尚未引进非洲狗牙根商品品种。

此外，中国草业生产中尚未利用印苛狗牙根麦景狗牙根及其品种。

22.1.3　狗牙根育种目标

狗牙根在长期的自然选择驯化与人工育种选择中产生了一系列狗牙根变种及其品种，以便适应不同地区气候环境和土壤条件，使其广泛分布于世界各地。中国狗牙根主要用作草坪草，因此，狗牙根主要育种目标包括高观赏性、强抗逆性及较长的持久性。观赏价值主要指草坪色泽、密度、质地、均一性及绿坪期性状；抗逆性主要包括抗寒性、抗旱性、抗病虫性、耐盐碱性、耐阴性、耐热性以及抗除草剂性能等性状；持久性包括耐践踏性、成坪速度快慢、绿期长短以及草坪的使用年限等。

22.1.3.1　耐低修剪

草坪质量始终是狗牙根坪用育种的一个重要目标。'Tifway'、'Tifgreen'、'Tifdwarf'等杂交狗牙根坪用品种的育成，使得狗牙根草坪质量取得突破性进展，狗牙根一举由杂草成为南方草坪当家品种。1990年代开始选育并育成适应性更强、草坪质量优异的狗牙根坪用品种，如'Midlawn'、'Tifsport'的育成，使得狗牙根草坪的应用更为广泛。目前及以后一段时期，耐超低修剪的超矮型狗牙根品种选育成为研究重点。

草坪修剪的目的在于保持草坪平整美观的坪面；促进草坪草分蘖(分枝)，增加草坪密度；控制草坪杂草，减少病虫害；延缓草坪退化，延长草坪绿期。但是，不耐低修剪的狗牙根品种可能因为高频率的低修剪，使其抑制草坪生长，可能引发草坪病害和降低抗逆性。并且，草坪修剪高度与草坪类型、用途及所用草种相关，一般越精细的草坪要求的剪草高度越低。高尔夫球场果岭及其草坪是所有草坪中管理最精细、要求剪草高度最低的草坪。而狗牙根是热带及亚热带地区高尔夫球场及其草坪的常用草种。因此，为了更好满足高尔夫等高挡运动场草坪更加精细的草坪养护管理和使用要求，耐低修剪成为狗牙根的一个育种目标。

22.1.3.2　抗寒及延长绿期

狗牙根作为一种暖季型牧草及草坪草，与冷季型草种相比较，其抗寒性相对较差，最适生长温度为26~32℃，气温低于8℃时会停止生长，一般温度到达0℃及以下时，地上部分就会死亡，再生组织进入休眠。狗牙根一般能耐-5℃的低温，如果通过各种育种途径选育出狗牙根抗寒性提高的品种，就可降低其存活温度，使其种植地区从目前中国华南、华东、西南等大面积种植地区向北推进，将极大扩大其应用范围，增加其商业价值。如美国G. W. Burton育成的狗牙根耐寒品种'Midland'是早期应用到美国北缘成功的商业品种之一。

低温可导致狗牙根冬季草坪枯黄，影响其绿期的长短。因此，提高狗牙根的抗寒性也会相应延长狗牙根的绿期。中国草坪过渡带和北方地区，冬季气温较低，致使狗牙根存在一定的枯黄期，中国华南地区狗牙根的绿期为240~270d，而华北地区的绿期为145~193d，极大地影响了草坪观赏品质和使用价值。因此，提高狗牙根的抗寒性，延长绿期成为狗牙根的主要育种目标之一。并且，狗牙根不同品种间的抗寒性差异较大，这也为狗牙根育种提高抗寒性与延长绿期提供了成功的可行性。

22.1.3.3 抗旱与耐盐碱

提高抗旱性是狗牙根的重要育种目标之一。中国是水资源紧缺的国家之一，特别是在干旱和半干旱地区，随着全球气候变暖，灌溉用水越来越少。使用抗旱的狗牙根品种可以在保证城市绿化草坪质量的前提，最大限度地缓解城市用水紧张度。相对其他多年生禾草，狗牙根的相对抗旱性极高。狗牙根根系密集，匍匐茎和根茎发达，生理抗旱性强，因此耐旱性好。根系深厚是狗牙根耐旱性高的特性之一。狗牙根种质资源的抗旱性存在丰富的遗传变异。如狗牙根品种'Coastal'具有优异耐旱性，在1954年干旱时，产生的干物质量是狗牙根品种'Common'的6倍。因此，可以选择蒸散速率低的种质选育节水狗牙根品种。

此外，中国及其他国家均有大面积的盐碱地存在，狗牙根的耐盐碱性也是其育种目标之一。狗牙根的耐盐碱性较强，并且，不同种质材料间的耐盐碱性也存在一定差异，如阿不来提等调查发现，新疆野生狗牙根可以在pH 9.3的重盐碱土上正常生长。因此，完全有可能从不同狗牙根种质筛选育成耐盐碱新品种。

22.1.3.4 抗病虫害

狗牙根常见病害是褐斑病、币斑病、锈病、叶斑病、立枯病、黑斑病等；常见虫害有蛴螬、螨类、蝼蛄、斜纹夜蛾、黏虫、小地老虎、线虫等。其中，狗牙根叶斑病是高尔夫球场狗牙根草坪的一种重要病害。狗牙根病虫害严重影响草坪质量和使用价值及其持久性。并且，为了防治病虫害，草坪养护中需要施用大量农药，从而会对环境造成了很大污染。因此，培育抗病虫害的狗牙根品种是首要的育种目标。如狗牙根饲用品种Tifton 85不仅优质，同时具有抗草地贪夜蛾采食的能力；'Coastal'具有抗叶斑病的能力，从而更好地保证了其牧草产量和品质。

22.1.3.5 抗除草剂

狗牙根的竞争能力强，是一种生长速度较快的草种，一般很难被杂草入侵。但是狗牙根在成坪前，生长比较慢，容易被杂草侵入，特别是在华南地区，平均气温高，冬季没有霜冻期，杂草生长力很强，易入侵还未成坪的狗牙根草坪。尤其是用于高尔夫等运动场草坪的杂交狗牙根生长慢，更易被杂草侵袭。为了防除狗牙根草坪杂草，草坪养护中经常使用适量的除草剂清除杂草，所以，选育狗牙根的抗除草剂新品种也是一个育种目标。

22.1.3.6 高产与牧草品质优良

提高牧草产量是狗牙根牧草型品种选育的主要目标之一。美国G. W. Burton于1936年开始狗牙根牧草型品种选育，1943年育成了狗牙根牧草型品种'Coastal'。该品种的产量是驯化的普通狗牙根的2~4倍。它在美国南部的推广，极大促进了美国畜牧业的发展。

此外，播种型狗牙根已日益成为其品种选育和市场销售的焦点。狗牙根种子繁殖品种具有丰富的遗传多样性，能适应复杂多变的气候、土壤条件，种子能长期保存，便于运输，建植和管理成本低，产量稳定，在中低投入和瘠薄土壤条件下表现更好，因此在最近几十年，对种子繁殖狗牙根品种选育的兴趣猛然增加。自1982年具有良好的育性和种子产量的狗牙根抗寒型品种'Guymon'育成以来，狗牙根播种型品种选育飞速发展，许多地方已用种子繁殖品种取代了无性系品种。而狗牙根种子繁殖型品种选育时，高结实率与有效穗数、高种子质量和低休眠特性以及其他影响种子产量和品质的性状也成为育种重要目标之一。

狗牙根牧草型品种的一个重要遗传限制就是其相对较低的牧草品质。狗牙根饲喂牲畜的多次试验表明，狗牙根作为牧草的单位产量高，但由于其消化率低，其动物生产性能(即日增重)低下，表现为单位牲畜的生产率低，其牧草品质相对较低，目前仅有'Coastcross-1'和'Tifton85'等少数狗牙根牧草型品种同时具有高产、消化率高、动物日增重较高等优良特性。研究表明，冷季型和暖季型牧草的干物质体外消化率增加1%，肉牛平均日增重可提高3.2%；高的干物质消化率性状非常适用于品种改良时筛选优良品质牧草的基因型。并且，利用干物质消化率作为选择依据选育出狗牙根牧草型优良品种'Coastcross-1'。3年的放牧试验结果表明，'Coastcross-1'的牧草消化率比其亲本狗牙根牧草型品种'Coastal'的高12.3%，其肉牛平均日增重高29%。

22.1.4 狗牙根育种方法

22.1.4.1 引种与选择育种

美国大约在17世纪就开始引进狗牙根野生种，随着移民潮和农业的西进，迅速在美国南部得到推广。引种也是目前中国狗牙根育种的重要途径。1994年甘肃草原生态所和甘肃农业大学通过对从美国引进狗牙根种质资源进行鉴定与评价，育成了普通狗牙根品种兰引1号，成为中国第1个获得全国品种审定登记的普通狗牙根草坪型(引进)品种。湖北省农业科学院畜牧兽医研究所于有鄂引3号1987年从美国引进原名SS-16×SS-21的普通狗牙根种质材料，编号87~107，经过多年筛选与区域试验，于2009年成为通过全国草品种审定登记的普通狗牙根引进品种。

狗牙根的野生群体或人工栽培群体均由基因型不同的个体组成，变异丰富，生态型复杂多样，所以选择育种方法对狗牙根品种改良富有成效。1930年南非共和国采用选择育种选育出狗牙根坪用品种'Royal Cape'；1962年，从美国南卡和佐治亚州的几处高尔夫球场果岭已种植8年以上的天堂328(Tifgreen或T-328)草坪匍匐茎上获得一个不育的三倍体矮化自然突变体，经选择育种培育出杂交狗牙根坪用品种'Tifdwarf'('矮生天堂草')；1974年美国佐治亚大学Tifton海岸平原试验站的W. Hanna和G. W. Burton等从中国上海采集野生狗牙根营养体种质资源材料，经栽培驯化和选择育种后，培育出普通狗牙根品种Tifton 10，采用它的营养体建植草坪，成坪速度快，已于1990年注册登记；1988年，美国佛罗里达大学的A. E. Dudeck在夏威夷的一个高尔夫球场，从1977年种植的Tifgreen草坪上，采集到一个矮化自然突变体，它的节间和叶片更短，因而匍匐茎短，形成的草坪密度更大。经DNA指纹分析结果，它与'Tifgreen'和'Tifdwarf'均不同，因此，它于1995年被注册登记，命名为'Flora Dwarf'。此外，'Tifward'(1965年)、'Tifway'(1960年)、'UU-3'(1960')、'MS-Express'(1991年)、'MS-Pride'(1991年)和'MS-Choice'(1991年)等均是美国通过选择育种方法育成的狗牙根品种。

2001年中国阿不来提以及刘建秀等以当地的狗牙根种质资源为材料，通过选择育种，分别育成了通过全国草品种审定登记的狗牙根品种'新农1号'、'喀什'狗牙根和'南京'狗牙根。狗牙根品种'新农1号'为中国第一个具有自主知识产权的草坪草品种，具有色泽青绿、植株低矮、质地较细、适应性强、结实率较高、坪用性状较好等特点，抗寒性也较强。2005年新疆农业大学通过选择育种育成了通过全国草品种审定登记的狗牙根品种'新农2号'；2007年四川农业大学通过选择育种成功培育出了通过全国草品种审定登记的狗牙根品种川南；2008年河北农业大学通过选择育种育成了通过全国草品种审定登记的狗牙根野生栽培品种'邯郸'和'保定'；2010年新疆农业大学通过选择育种育成育成了通过全国草品种审定登记的狗牙根品种'新农3号'。

22.1.4.2 杂交育种

杂交育种是狗牙根的重要育种方法，它包括种内与种间杂交两种类型。

(1) 狗牙根花器构造及开花与杂交习性

狗牙根为异花授粉植物，具有自交不亲和性，自花结实率一般为 0.5%~3%。穗状花序 2~6 支，长 2~6cm，呈指状排列于茎顶；小穗灰绿色或带紫色，长 2~2.5mm，仅含 1 小花；颖长 1.5~2mm，第二颖稍长，均具 1 脉，背部成脊而边缘膜质；外稃舟形，具 3 脉，背部明显成脊，脊上被柔毛；内稃与外稃近等长，具 2 脉。鳞被上缘近截平；花药淡紫色；子房无毛，柱头紫红色。一般在春季随着日照的延长及温度的上升开始开花，根据纬度和气候条件的不同，花期果期在每年的 5~10 月。种子成熟易脱落。

普通狗牙根变种 ($C.$ $dactrlon$ var. $dactrlon$) 花期不集中，如果维持其生长，可在整个夏季和秋季都可产生花序；适当地控制水和氮肥的施用可多次开花。非洲狗牙根 ($C.$ $transoalensis$) 通常于春季开花，花期 4~5 周。狗牙根的花期一般不受光周期诱导。杂交狗牙根 ($C.$ $dactylon$ × $C.$ $transoalensis$) 是高度不育的三倍体。普通狗牙根、$C.$ $dactylon$ var. $polevansii$、非洲狗牙根与长硬毛狗牙根的相互杂交结果，发现除非洲狗牙根与 $C.$ $dactylon$ var. $polevansii$ 或长硬毛狗牙根外的杂交组合外，都可产生杂交后代，但普通狗牙根与非洲狗牙根的杂交比与长硬毛狗牙根的杂交容易得多。

(2) 狗牙根杂交技术

狗牙根杂交技术有如下 3 种：①人工去雄、授粉。其杂交结实率高，但较为繁琐。②室内控制杂交。在喷雾的房间里控制光照使其进行自然杂交得到 2 个杂交亲本的杂交种子。该方法成本费用较高但效果较好。③田间控制杂交。在试验田里把父母本靠近混栽，花期人工再辅助授粉。该方法简单且费用较低，使用较多。

狗牙根若为种间杂交育种，多从非洲狗牙根上收获杂交种；若为种内杂交育种，混收种子即可。狗牙根种间杂交后代真假杂种的鉴定方法主要有如下 4 种：①外部性状观测法。即通过对杂交后代及其亲本的外部性状进行观测比较、统计分析来鉴定杂交后代，这是最直接的鉴定方法。②染色体倍性法。狗牙根育种通常用不同倍性的狗牙根进行种间杂交，因此，染色体的倍性检测通常成为鉴定狗牙根杂种后代的一种较为准确、便捷的方法。③同工酶分析法。有人曾对狗牙根的过氧化物同工酶、超氧化物歧化酶同工酶和醋酶同工酶作过研究，结果表明，这 3 种同工酶的谱带都呈现出丰富的多样性，因此，可通过对 3 种同工酶的分析来进行狗牙根杂种的初步鉴定。④DNA 标记技术。DNA 的分子标记技术是进行杂交后代鉴定的一种有效方法，一般采用的 DNA 标记有：RFLP、RAPD、SSR 和 AFLP 标记。DNA 标记比蛋白质标记能获得更多有价值的信息，而且几乎不受环境及自身生理变化的影响。

(3) 狗牙根种内杂交育种

狗牙根种内杂交育种常采用四倍体普通狗牙根的不同品种(系)间的杂交，其杂交后代能产生种子，通过种内杂交育种选育的狗牙根坪用或饲用品种可以采用种子繁殖。在进行狗牙根种内杂交育种时，还可采用综合品种法，由两个或两个以上的异质无性系在隔离区内自由传粉，混合种子组成综合品种。如美国俄勒冈州的 Pure 种子公司将狗牙根的 3 个亲本种质材料 U92-20、U92-62 和 U92-112 的营养体(10cm)各 90 株随机混种在一起，使它们在夏季能相互自由授粉，1994 年 8 月收集大量的种子；用这些种子建立一个 1500 株植物分单株种植的群体，每株种成26cm×25cm大小，成行种植，株(行)距15cm，在开花前将株形和成熟度不一致的200株剔除，以保证群体的均一性。1995年收集了大量的种子，以这个群体的种子建立了一个12m×27m育种家种子地。所育成的狗牙根品种后来定名为'Savannah'。与此同时，该公司还以U92-19、U92-81和U92-84为亲本，采用上述完全相同的育种方法，育成了狗牙根品种Panama。

1987年美国登记注册狗牙根坪用品种'NuMex Sahara'，是美国第一个受市场认可的仅用于草坪的种子繁殖型狗牙根品种。其选育过程也是对8个优异无性株系间的种内开放杂交，随后进行表型轮回选择而来。美国狗牙根坪用种子繁殖型品种'Princess-77'是株系A-3和A-4种内杂交种，而A-3和A-4则来自开放授粉群体中选择的草坪质量优异单株；Riviera是来自3个亲本种内杂交而来的综合品种，具有草坪质量高和抗寒性优异的特点。美国1982年Taliaferro选育的狗牙根饲用种子繁殖型品种'Guymon'，是第1个耐寒狗牙根品种，也是由两个杂合的无性系P1263302和12156在隔离区内自由传粉，经种内杂交育种育成的杂交种。

(4) 狗牙根种间杂交育种

狗牙根种间杂交育种可利用其同时有性繁殖和无性繁殖的特点育成无性系远缘杂交种，直接利用远缘杂种优势。其种间杂交育种的最大成就是由二倍体非洲狗牙根和四倍体普通狗牙根杂交育成了"Tif"系列三倍体杂交狗牙根坪用品种，它们结合了非洲狗牙根质地细腻的优点和普通狗牙根抗逆性强的特点，具有叶丛低矮、密集、茎节短、耐磨性好、耐低剪、恢复力强，质地优，郁闭度高，建坪速度快，抗性强等特点，在世界各地得到广泛应用。并且，这些三倍体杂交狗牙根品种不能产生种子，但能顺利营养繁殖，从而可避免后代性状分离和种子不纯带来的缺点。如美国佐治亚大学Tifton海岸平原试验站采用来自于美国北卡罗来纳州Charlotte俱乐部高尔夫果岭的普通狗牙根与佐治亚州Atlantad高尔夫球场的非洲狗牙根杂交，在果岭管理条件下，从几个杂种F_1植株中进一步筛选出最优的品系，育成了杂交狗牙根坪用著名品种'Tifgreen'('T-328')，在1956年注册登记。由于它在育种试验的编号为Tifton 328，因而在中国被称为'天堂328'并被广泛应用。美国堪萨斯(Kansas)州立大学利用从密歇根(Michigan)州立大学校园采集的普通狗牙根与非洲狗牙根杂交，从杂种F_1植株群体中筛选优良单株，育成杂交狗牙品种'Midlawn'，于1991年获得注册登记。2012年，江苏中国科学院植物研究所利用当地狗牙根与非洲狗牙根进行杂交培育出通过全国草品种审定登记的杂交狗牙根坪用品种苏植2号。

采用种间杂交育种方法还育成了许多具有远缘杂种优势的狗牙根牧草型高产优质品种。如普通狗牙根品种'Coastal'，适应性强、高产，但其饲用品质低，耐寒性差。美国佐治亚大学Tifton海岸平原试验站的G. W. Burton，以Coastal作母本与肯尼亚草地研究站提供的高消化率强壮狗牙根种质材料PI255445(kenya-58号，*C. nlemfuensis var. robustus*)作父本杂交，获得可育的F_1种子，在干旱的沙地上仔细筛选，经过多代重复比较试验，从381株F_1植株中选择出10多个最好的株系，最后育成了的狗牙根饲用品种Coastcross-1，于1967年注册登记。该品种比其亲本的植株更高大，叶片更大，产量更高，消化率更高。此外，育种实践证明，采用高产狗牙根*C. dactylon*与优质恩伦佛狗牙根(星星草，*C. nlemfuensis*)的种间杂交育种可选育营养价值改良的狗牙根饲用品种。如高产高消化率狗牙根品种'Tifton85'即采用狗牙根种质材料与恩伦佛狗牙根品种'Tifton68'的种间杂交育种育成，其干物质产量比普通狗牙根品种'Coastal'高26%；其干物质消化率高11%。并且，Hill研究表明Tifton 85的阿魏酸含量较低，是其具有高消化率的原因。

22.1.4.3 诱变育种

目前狗牙根诱变育种常用放射性同位素^{60}Co产生不同剂量的γ射线，照射待改良的狗牙根品种（系）的根茎或匍匐茎，再从突变群体中进行系统选育。其绝大多数突变为植株颜色和矮化生长两种类型。狗牙根辐射后诱导的变异可以通过无性繁殖保留下来，尤其对于一些不能开花结实的三倍体狗牙根品种，难以进一步采用有性杂交进行品种改良，因而诱变育种是其一种很有效的育种方法。

美国佐治亚大学的Tifton海岸平原试验站将杂交狗牙根品种'Tifgreen'和'Tifway'休眠的根茎切成15~20cm大小，然后用57~115 Gy剂量的γ射线照射其休眠根茎，处理后立即种植于土壤，待长成植株后，将从单个芽生长的营养体分开，分别种植于田间或盆钵，观察其叶色、节间长度、茎直径、叶长、叶宽等形态指标，获得了3%~6%的突变率，筛选出71个突变体。采用这种方法，他们于1983年从Tifgreen辐射诱变后代中，育成了杂交狗牙根新品种'Tifgreen Ⅱ'，该品种叶色好，抗寒性强，耐粗放管理，返青早；他们于1984年从Tifway辐射诱变后代中，育成了杂交狗牙根新品种'Tifway Ⅱ'，该品种的基本性与Tifway相似，但比Tifway密度更大，更抗根腐病、抗线虫、更抗霜冻，春季返青更早。1983年他们用80 Gy的^{60}Coγ射线照射杂交狗牙根品种'Midiron'，诱导产生了66株质地纤细的较好突变体；进一步根据草坪质量、耐低剪性、青绿期的育种要求，经数年鉴定比较，从中选择出抗蝼蛄且草坪性状与'Tifgreen'和'Tifway Ⅱ'相似的杂交狗牙根品种Tift94（又名'Tifsport'），于1995年获得品种注册登记。

中国江苏省中国科学院植物研究所1997年对狗牙根辐射诱导进行了初次尝试，研究发现狗牙根匍匐茎射线的半致死剂量为90Gy，而2.32C/kg剂量处理对狗牙根数量性状能产生理想变异；2002—2008年，他们采用90Gy和113Gy的^{60}Co-γ射线对8份杂交狗牙根的匍匐茎和根状茎进行了辐射诱变，获得了坪用价值高且生长速度快的优良诱变后代C75502M1。2006年，新疆农业大学李培英等采用不同剂量的^{60}Co-γ射线对狗牙根品种'新农1号'种子与匍匐茎进行了诱变处理，发现'新农1号'干种子诱变半致死剂量为308.6Gy，匍匐茎的诱变半致死剂量为60.7Gy；146.1Gy辐射剂量促进'新农1号'干种子萌发，且随着剂量的增加，对种子萌发的抑制作用加强；接近半致死剂量的处理58.44Gy，可使'新农1号'狗牙根产生较为理想的数量性状变异。2016年，新疆农业大学以'新农1号'胚性愈伤为材料，研究了EMS化学诱变剂对愈伤致死率和分化率的影响，得出'新农1号'EMS诱变的最适剂量及处理时间为0.8%EMS处理2h。此外，还有郭爱桂等、王文恩等、郭海林等也进行了狗牙根诱变育种的基础理论研究。这些研究为今后狗牙根诱变育种提供了宝贵的参考经验。

22.1.4.4 生物技术育种

国内外狗牙根生物技术育种至今取得了长足的进展。如美国Colyeretal(1991)通过组培技术筛选提高了狗牙根对秋季黏虫和叶斑病的抗性，获得了抗病的再生植株；俄克拉荷马州立大学Taliaferro等(1992)在Zebra狗牙根再生植株中发现了矮化的体细胞无性系变异。转基因育种能有效地缩短育种周期，美国从1998年就开始对狗牙根进行抗线虫、抗寒性、抗真菌蛋白转基因等方面研究，有的研究已经取得进展。美国北卡罗来纳州立大学利用狗牙根幼穗将 *gus* A 和 *bar* 基因导入狗牙根植株中；而美国罗格斯大学利用基因枪法获得了含 *hpt*

基因的狗牙根植株。中国狗牙根生物技术育种也已经起步赶超，华南农业大学郭振飞等（2002）从狗牙根愈伤组织中培养出无性系，再利用物理方法诱导体细胞发生变异，已筛选出三倍体杂交狗牙根的矮化突变体。清华大学从狗牙根中分别克隆了抗逆基因 *BeDREB* 和 *cyclinD* 基因片段。新疆农业大学发现狗牙根 *LTI6A* 基因可以提高植物的抗寒性。通过转基因、细胞工程等现代育种技术和手段对狗牙根的性状进行改良和提高，以培育出优秀的狗牙根品种也成为育种的一种趋势。

22.2 结缕草育种

22.2.1 结缕草育种概况

22.2.1.1 国外结缕草育种概况

结缕草属长期用于日本等国家的景观绿化和牧草应用，日本1156年出版的园林书籍 Sakuteiki 已有记载结缕草属植物的应用，但其商业推广应用始于1700年代；对结缕草的育种工作却开展较迟，自1980年以来才开展结缕草育种工作，Miyako 是日本第一个选育登记的结缕草品种，它是结缕草(*Z. japonica*)和沟叶结缕草(*Z. matrella*)的天然杂交种品种。日本育种家 Nagatomi 等分别于1995、1996年等登记释放了'Winter Carpet'和'Winter Field'两个沟叶结缕草品种，该两个品种是日本农林水产省辐射育种研究所，通过对沟叶结缕草草皮进行^{60}Co-γ射线辐照使其产生变异，然后经诱变育种育成。该两个品种表现出与其亲本完全不同的坪用特性，即在其他沟叶结缕草品种的叶片寒冷变色时其叶片依然保持绿色，表现抗霜冻。截至2011年年底，日本已登记释放'Asagake'、'Asamoe'、'Tanezo'、'Himeno'等41个结缕草属品种，多数采用选择育种、杂交育种与诱变育种等常规育种方法选育而成。

美国过去没有野生结缕草，但结缕草的优良品质及经济价值吸引美国从国外大量引进结缕草。1902年，日本结缕草从日本被引进美国，至今美国已成为世界上结缕草育种大国，仅1987—1992年就注册登记了7个结缕草新品种。1941年，美国得克萨斯农业与机械大学、农业部和美国高尔夫协会，育成了美国第1个结缕草品种 Meyer，于1951年登记释放，它是目前美国应用最广的结缕草品种。1955年，美国农业部和佐治亚大学农业试验站登记释放了结缕草与细叶结缕草(*Z. tenuifolia*)两个结缕草属植物的种间杂交种品种 Emerald。其后，美国陆续从播种的结缕草草坪群体中选育了'Midwest'（1963年登记释放）、'El-Toro'（1986年登记释放）、'Belair'（1987年登记释放）等结缕草品种。另外，自1991年开始了美国国家草坪评比项目(The National Turfgrass Evaluation Progra，NTEP)的结缕草种质资源的鉴定与评价工作，将各供试结缕草商品化栽培品种通过无性繁殖扩大数量，然后分散到全美39个试验区进行鉴定与评价工作。1990年代以来，美国进行了结缕草选育并登记释放了一些结缕草品种。如1996年育成了'Palisades'、'Crowne'两个结缕草品种和'Cavalier'、'Diamond'两个沟叶结缕草品种，它们皆为营养繁殖品种。并且，美国的3个结缕草品种'Compadre'、'Companion'和'Zenith'获得经济合作与发展组织的种子认证。

除美国与日本外，韩国也是结缕草育种发展较快的国家。韩国一直把结缕草作为其乡土草种，充分利用本土的结缕草种质资源，对结缕草育种做了大量研究工作。Hong 和 Yeam 等对来自韩国的 *Z. japonica*、*Z. matrella*、*Z. tenuifolia*、*Z. sinica*、*Z. macrostaaachya* 等5种的

14个无性系,进行相互杂交,结果发现,杂交后代的外部性状介于父母本之间;其生长速度上却表现出杂种优势,育成的结缕草新品种 S-94,其绿期长,匍匐茎节间距离短,易形成浓密的草坪,且耐寒性强,生长速率快。

近年美国、日本与韩国的结缕草育种仍以选择育种、杂交育种等传统育种方法为主,但组织培养、原生质体培养、转基因育种等生物技术育种方法也已经大量应用到结缕草育种工作中。如采用 DAF(DNA amplification fingerprinting)与 RFLP 进行结缕草的品种鉴定与分类;Asano(1989)和 Inokuma 等(1993)以结缕草种子为试材,进行了原生质体培养;Al-Kbayri(1990)等以结缕草胚为外植体,通过体细胞胚胎再生了植株;Inokuma(1998)通过诱导胚性愈伤组织,酶分离原生质体后再生了植株。

22.2.1.2 中国结缕草育种概况

中国是世界上最早利用结缕草、结缕草分布最广泛与储蓄量最大的国家,种质资源遗传多样性极为丰富。中国汉朝司马相如《上林赋》中写道"布结缕,攒戾莎",表明在公元前141年~公元前87年的汉朝汉武帝时期的上林苑中,就已经铺设了以结缕草为主的草坪。但是,中国结缕草种质资源及育种工作起步相对较晚,1990年审定登记了第一个结缕草品种青岛,它是由山东青岛市草坪公司董令善等1984年从山东胶州湾一带采集野生结缕草种子,经栽培驯化后育成。它是建植绿化与运动场草坪的优良暖季草坪草品种;还可用于护坡草坪和作为放牧型牧草;也是中国唯一可进行商品化种子生产和出口日本、韩国的草坪草种。江苏省中国科学院植物研究所,以优质抗逆的结缕草种质材料 Z004 为母本,细叶结缕草种质材料 Z059 为父本杂交,从获得的杂种 F_1 植株后代中,选择的31-3株系表现草坪密度高,质地柔韧细致,重新命名为'苏植1号',于2009年获得了全国草品种审定登记。该品种主要以茎无性繁殖,适宜用于长江中下游及以南地区和沿海地区运动场、公共绿地以及水土保持草坪建植等,具有叶色深绿,较长绿期,较快建植速度,耐践踏性较好,耐重度盐土,无明显病虫害等特征特性。近年中国还开展了结缕草诱变育种与生物技术育种基础理论研究,已经取得了成效。1987—2018年,中国全国草品种审定登记了7个结缕草品种和1个半细叶结缕草品种及2个结缕草与细叶结缕草杂交种品种,共计10个结缕草属品种。其中,有'青岛'(1990年)、'辽东'(2001年)、'胶东青'(2007年)、'上海'(2008年)等4个结缕草野生栽培品种;有'兰引Ⅲ号'(1995年)1个结缕草引进品种;有'广绿'(2018年)与'苏植5号'(2018)2个结缕草育成品种;有'华南'(1999年)1个半细叶结缕草地方品种;有'苏植1号'杂交结缕草(2009年)、'苏植3号'杂交结缕草(2015年)2个杂交结缕草育成品种。

22.2.2 结缕草种质资源

22.2.2.1 结缕草类型与分布及特性

结缕草属隶属于禾本科(Gramineae)画眉草亚科(Eragrostoideae PILGER)。结缕草属的命名是德国学者 K. L. Willdenow 为纪念18世纪奥地利植物学家 Karlvon Zois,在其1801年的论文中,确定结缕草属拉丁名为 Zoysia Willd.。其模式标本1854年采自日本。结缕草种名为"Z. japonica(日本)Steud.",因此有人将其称为日本结缕草;异种名有 Z. koreana(朝鲜)Mez.,因此也有人称其为朝鲜结缕草或韩国草,但也有人把 Z. japonica Steud. 和 Z. koreana Mez. 看作结缕草属的两个种。

结缕草属所包括的种的数目及其原始分布地还不是非常确定,如:一些文献认为在新西兰分布的 Z. pungens willd 就是 Z. minima（小结缕草）和 Z. pauciflora（小叶结缕草）；但 Hitohoek 认为 Z. pungens willd 是确实存在的有根据的种，由奥地利植物学家 Karlvon Zois 命名。并且，不同地区对同一个种可能有不同的命名。美国得克萨斯州农工（TexasA&M）大学的 Anderson 于 2000 年对能代表全世界分布的 400 份结缕草属植物标本的外部性状进行观察和分析，结合 RFLP 指纹把结缕草属分为 11 种（表 22-2），另有若干变种和变型。

表 22-2 结缕草属植物种类与分布

编号	拉丁文学名	中文名	分布
1	Z. japonica Steud.	结缕草	中国、日本、朝鲜半岛
2	Z. matrella（L.）Merrill	沟叶结缕草	日本南部、朝鲜半岛、中国南部、大洋洲热带地区、太平洋沿岸的热带地区
3	Z. tenuifolia Willd. ex Trin	细叶结缕草	日本南部、朝鲜半岛、中国南部、东南亚
4	Z. macrostachya Franchet&Savatier	大穗结缕草	中国、日本、朝鲜半岛
5	Z. sinica Hance	中华结缕草	中国、日本、朝鲜半岛
6	Z. macrantha Desvaux	大花结缕草	澳大利亚南部
6.1	Z. macrantha subsp. macrantha	较粗糙亚种	澳大利亚东部和东南部的海岸
6.2	Z. macrantha subsp. walshii	较矮、生长较密集亚种	澳大利亚南部和维多利亚港
7	Z. minima（Colenso）Zotov	小结缕草	新西兰
8	Z. pacifica（Goudswaard）Hotta&Kuroki	太平洋结缕草	太平洋东南沿岸的热带地区
9	Z. planifolia Zotov	平叶结缕草	新西兰
10	Z. pauciflora Mez	小叶结缕草	新西兰
11	Z. seslerioides（Balansa）Claton&Richardson	巴拉沙结缕草	老挝、越南

中国结缕草属植物自然分布有 5 种和 2 变种，包括：结缕草、中华结缕草、大穗结缕草、沟叶结缕草和细叶结缕草，它们也是结缕草属中目前作为草坪草及放牧型牧草种质资源研究和开发利用较多的 5 种。其中以结缕草分布面积最广，而且是属内唯一一个可以用种子建植草坪的种。两个变种为长花结缕草（Z. sinica var. nipponica）和（胶东）青结缕草（Z. japonica var. pollida）；1 个变型为大穗日本结缕草（Z. japonica f. macrostachya）。

结缕草原始资源自然分布于太平洋西岸往西到印度洋，从南到北为新西兰到日本的北海道；从东到西为法国波利尼西亚岛穿过马来西亚到毛里求斯。主要分布于东南亚和东亚（向北延伸到中国和日本）、澳大利亚、新西兰的滨海和草地。结缕草在日本水平分布的北界为北海道南部（约 43°22′N）；南界为九州岛的种子岛（约 30°20′N）。日本垂直分布的北部为海拔 300~600m；南部为海拔 800~1500m。俄罗斯的结缕草仅见于远东地区南边的哈桑湖附近。朝鲜半岛的结缕草，除盖马高原外，在全岛的低山丘陵均有分布。中国结缕草野生资源非常丰富，分布地域很广，北起辽宁省东部（42°30′N）；南至福建省南部（23°30′N）；东起吉林省鸭绿江中上游（126°50′E）；西到陕西省东南部，包括中国东南部 11 个省。主要集中于山东和辽宁境内的胶东和辽宁半岛。

结缕草属植物为 C_4 型暖季型植物，维管束发达，具有较强的耐践踏能力，同时具有根茎和匍匐茎，通常植株高度不超过 30cm，但有些结缕草（如 Z. japonica）品种超过 30cm。叶片光滑、耐磨、细长、粗韧，遇严寒后变褐色。结缕草属均为雌蕊先熟，雌蕊比雄蕊早成熟

7~10d，且雌蕊先伸出颖片，2~3d后花药再伸出，因此，同一植株上不同花序的杂交成为可能。异花授粉杂交是主要繁殖方式。本属为自交亲和性物种，但是由于株丛较为低矮，花粉产生量相对较多，天然生境下异花授粉率高低还存在较大争议。

结缕草属植物喜温暖湿润气候，耐高温，有一定的耐阴性。一年只有一个生长季，春天恢复生长的时间，随物种与品种不同而异。一般4~10月为其生长季节，冬季休眠期，耐冷品种可维持青绿，不耐冷品种则会出现叶片黄化现象，耐寒，可耐-38.5℃的低温；耐盐碱，是禾本科植物中最耐寒和耐盐的植物。具有深的根茎系统可以吸收更深层土壤的水分，耐旱，在严重干旱条件下变黄，但在紧接着浇水或下雨的条件下即可恢复。耐病虫害，耐粗放管理等特性。总之，具有很强的抗逆性与适应性。并且，大量研究结果表明，结缕草属植物的外部形态性状、逆性等特征特性都存在很大的遗传变异，因而具有极大的品种改良潜力。染色体数目为$2n=40$，通常为异花授粉的四倍体，染色体组小，$Z. japonica$染色体仅421Mb。

22.2.2.2　结缕草种类特性及品种资源

（1）结缕草（*Zoysia japonica*）

英文名Zoysiagrass或Janpanese lawngrass。别名日本结缕草（日本芝）、宽叶结缕草、老虎皮草、锥子草、崂山草、返地青。原生地分布于热带东亚地区，现在中国、日本、朝鲜半岛、菲律宾及北美等地均有分布。中国从东北的辽东半岛、华东的胶东半岛，一直到华南的广州、海南岛的广大地区都有野生种分布。

结缕草具有发达的匍匐根茎，秆直立，高15~20cm，基部常有宿存枯萎的叶鞘。叶片扁平或稍内卷，长3~10cm，宽2~6mm，表面疏生柔毛，无叶舌，背面近无毛。总状花序呈穗状，长2~4cm，宽3~5mm；小穗柄通常弯曲，长可达5mm；小穗卵形，长约3mm，小穗长是宽度的2~3倍，1个小穗1个小花；由外颖和外稃构成，没有内颖和内稃。外颖草质，光滑，背部龙骨状突起，具5个细微几乎不可见的脉，外稃纸质，比颖片稍短，单脉，具强龙骨状突起。花药长1.5mm。雄蕊3枚，花丝短，花药长约1.5mm；花柱2，柱头帚状，开花时伸出稃体外。颖果卵形，长1.5~2mm。花果期5~8月。可以种子繁殖，但种子硬实率高，自然状态上种子发芽率低，因此，使用种子建坪需对种子进行打破休眠处理，或常用匍匐茎无性繁殖方式建坪，但是结缕草侧枝生长缓慢，成坪速度很慢。

结缕草适应性强，喜光稍耐阴，抗旱，耐高温，耐贫瘠，抗寒性在暖季型草坪草中较强，在秋季温度低10~12.8℃开始变绿，整个冬天保持休眠。喜深厚、肥沃、排水良好的砂质土壤。在微碱性土壤中也能正常生长。与杂草竞争力强，耐磨、耐践踏、弹性好，病虫害少。

结缕草常用品种有：'Meyer'（'梅尔'）、'El-Toro'（'伊尔-吐蕾'）、'De Anza'（'德·安赞'）、'Emerald'（'阿莫雷德'）、'Victoria'（'维多利亚'）、'Traveler'（'旅行者'）、'Belair'（'比莱尔'）、'Empire'（'帝国'）、'Empress'（'皇后'）、'Palisades'（'岩壁'）、'Crowne'（'皇冠'）、'Companion'（'朋友'）、'Sunburst'、'Midwest'、'Zorro'、'Z-27'、'Zenith'、'Companion'、'FLR-800'、'FLR-900'、'FZ-26'、'ZT-4'、'J-36'、'J-37'、'SR9000'、'SR9100'、'Sunrise Brand'、'S-94'、'青岛'、'兰引Ⅲ号'（'兰引3号'）、'辽东'、'胶东青'、'上海'、'苏植1号'杂交结缕草、'苏植3号'杂交结缕草、'广绿'、'苏植5号'等。

（2）沟叶结缕草（*Zoysia matrella*）

英文名Manilagrass，别名马尼拉草（马尼拉芝）、半细叶结缕草。1911年，美国农业部植物学家C.V.Piper，将沟叶结缕草从菲律宾首都马尼拉引种到美国，可作为草坪草在美国沿佛罗里达州的墨西哥湾和大西洋沿岸种植。正是由于其发源地的缘故，因此该草通常被称为马尼拉草。主要分布于亚洲东南部的日本本州岛东南、韩国南部、中国及印度，在大洋洲热带和亚热带也有分布。中国主要分布于台湾、广东、广西、福建、海南及长江流域各地。

沟叶结缕草形态介于结缕草（Z. japonica）和细叶结缕草（Z. tenuifolia）之间。生长缓慢，具粗壮坚韧的横走和匍匐根茎。秆直立径细弱，高 10～20cm，基部节间短，每节具 1 至数个分枝。叶鞘长于节间，除鞘口具长柔毛外，余无毛；叶舌短而不明显，顶端撕裂为短柔毛；叶片质硬，光滑，长 3～7cm，宽 1.5～3mm，顶端尖锐，正面有沟，无毛，扁平或内卷。总状花序呈细柱形，长 1～4cm，宽约 2mm；有 10～40 个小穗。小穗卵状披针形，长 2.0～3.2mm，每个小花近似结缕草，但尺寸更小，黄褐色或紫色。通常无第 1 护颖，第 2 颖片基部坚硬，无芒。外稃膜质，具一脉，长 1.6～2.5mm，通常没有外稃。颖果长卵形，花果期 7～10 月。染色体 $2n = 40$。

沟叶结缕草耐寒性介于结缕草和细叶结缕草之间，可种植的北界比细叶结缕草更靠北，可适用于山东、天津等地。叶片细、色泽绿、草丛密、抗性强、耐践踏、耐低修剪、弹性好，被广泛应用于庭院绿地、公共绿地和运动场草坪，也是很好的水土保持草种。但存在冬季枯黄时间长，长势快，叶片色泽暗，抗寒性差等缺点，一定程度增加了草坪修剪养护成本。主要使用营养体繁殖。

沟叶结缕草品种目前主要有：国内选育品种有华南等；国外品种有'Cavalier'（'骑士'）、'Diamond'（'钻石'）、'F. C. 13521'（'福斯 13521'）、'Royal'、'Zorro'、'Facet'、'Winter Field'等。还有结缕草×细叶结缕草的杂交种品种 Emerald（阿莫雷德）；结缕草×沟叶结缕草的杂交种品种'Z-3'、'Cashmere'（'士米'）、'Miyaka'等。同时，野生种质资源也在生产上大量应用，如中国流行的'马尼拉 1 号'、'马尼拉 2 号'等品种，都来自不同的野生材料。

（3）细叶结缕草（Zoysia tenuifolia）

英文名 Korean Velvetgrass，别名天鹅绒草、台湾草。原产日本和朝鲜南部地区，现分布于印尼、密克罗尼西亚、新几内亚、马达加斯加、印度及我国黄河流域以南华南和台湾省，在美国南部及欧洲温暖湿润气候区也有引种栽培。模式标本采自马斯卡林群岛。它是结缕草属中质地（叶片）最细，密度最大，生长最缓慢的结缕草种。

细叶结缕草根茎发达，茎秆纤细，色泽鲜绿，生长繁茂，株体低矮，株高 5～10cm。叶舌膜质，长约 0.3mm，顶端碎裂为纤毛状，鞘口具丝状长毛；无叶耳；叶鞘无毛，紧密裹茎，鞘口具丝状长毛；叶片完全内卷，细长如针。总状花序顶生，小穗数小于 12。小穗窄狭，黄绿色，或有时略带紫色，长约 3mm，宽约 0.6mm，披针形；第 1 颖退化，第 2 颖革质，顶端及边缘膜质，具不明显的 5 脉；外稃与第 2 颖近等长，具 1 脉，内稃退化；无鳞被；花药长约 0.8mm，花柱 2，柱头帚状。颖果与稃体分离。不易抽穗，花果期 8～12 月。染色体 $2n = 40$。

细叶结缕草生态习性基本与结缕草相同，耐湿，不耐阴，耐寒能力较结缕草和沟叶结缕草差，比结缕草易发生病害。因种子采收困难，多采用营养繁殖。

生产上未见细叶结缕草品种，大多采用野生种质根茎营养繁殖材料。

（4）中华结缕草（Zoysia sinica）

英文名 Chinese lawngrass，别名青岛结缕草。中华结缕草因其模式标本于 1869 年采自中国香港，发现其与结缕草不同而得以命名。主要分布我国的辽宁、河北、山东、安徽、江苏、浙江、福建、广东、台湾等华东、华南及长江流域,在日本也有分布。在野生状态下,与结缕草共生。

中华结缕草具横走根茎。秆直立,高13~30cm,茎部常具宿存枯萎的叶鞘。外形与结缕草极为相似,区别在于叶色较结缕草浅,为淡绿或灰绿色,叶片较结缕草长,表面无毛,叶舌短而不明显,叶鞘无毛,叶鞘口具长柔毛。叶背面色较淡,叶长可达10cm,宽1~3mm,质地稍坚硬,扁平或边缘内卷。总状花序穗形,小穗排列稍疏,长2~4cm,宽4~5mm,伸出叶鞘外;小穗披针形或卵状披针形,黄褐色或略带紫色,长4~5mm,宽1.0~1.5mm,具长约3mm的小穗柄;颖光滑无毛,侧脉不明显,中脉近顶端与颖分离,延伸成小芒尖;外稃膜质,长约3mm,具1明显的中脉;雄蕊3枚,花药长约2mm;花柱2,柱头帚状。颖果棕褐色,长椭圆形,长约3mm。花果期5~10月。

中华结缕草生态习性与结缕草相同。种子繁殖与营养繁殖均可,以营养繁殖为主。生产上未见中华结缕草品种,并且,由于实际生产采收时,很难区分结缕草和中华结缕草,因此,使用时大多把该两个种混在一起。

(5)大穗结缕草(*Zoysia macrostachya*)

英文名Largespike lawngrass,别名江茅草。主要分布在辽宁、山东、江苏、浙江等华北与华东沿海地带,生长于山坡或平地的沙质土壤或海滨沙地上。日本也有分布。

大穗结缕草与中华结缕草很相似,两者小穗的大小和长度上常有过渡类型,但大穗结缕草的小穗一般较长且宽,小穗柄的顶端宽而倾斜,且具细柔毛,花序基部常为叶鞘所包藏,可以区别。具横走根茎;茎秆簇生,直立部分高10~40cm,具多节,基部节上常残存枯萎的叶鞘;节间短,每节具1至数个分枝。叶片长3~8cm,宽2~5mm,干旱时内卷,且叶间呈尖刺状;叶鞘无毛,下部者松弛而互相跨覆,上部者紧密裹茎;叶舌不明显,鞘口具长柔毛。总状花序紧缩呈穗状,基部常包藏于叶鞘内,长3~4cm,宽5~10mm。小穗长6~8mm,宽2~4mm。颖果卵状椭圆形,长约2mm。花果期6~9月。

大穗结缕草植株强健,耐盐碱,属盐生植物,在滨海潮间带附近形成群落,具有重要的消浪作用和降低海浪冲蚀作用,是滨海城市、重盐土上建植草坪的优良植物。因管理粗放、耐践踏性强,可用作足球场、赛马场等运动场草坪,也可用作保土、护堤、固沙草坪。但根茎过于匍匐,不易形成草皮,因此较少利用。

总之,结缕草属植物中,结缕草的根系比沟叶结缕草扎得深,根系深的草种其吸水能力强,有较强抗旱性;而沟叶结缕草由于可以通过盐腺来分泌出盐,具有比结缕草更抗盐的特征;大花结缕草虽然其耐阴性不是很显著,但是抗盐和抗旱性较强;大穗结缕草为一种分布于较北方的草种,有较强的抗寒性,并且已被证实为一种优秀的耐盐草种;巴拉沙结缕草虽然未被作为草坪草广泛应用,却含有很强的增加种子产量的潜力;小结缕草和小叶结缕草的细致等优良的遗传性状是结缕草培育新品种、改良原有品种的宝贵财富。

22.2.3 结缕草育种目标

结缕草属具有丰富的遗传多样性,其草坪和牧草型品种选育潜力巨大。但结缕草育种目标要切实结合其本身弱点制定。结缕草作为暖季型草坪草及牧草的主要缺点是生长与建坪速度慢、生长期短、冬季枯黄休眠和绿期短、种子产量低,粗叶型结缕草属植物叶色较灰绿;而沟叶结缕草与细叶结缕草两种细叶型的抗寒性和抗旱性差等。因此,结缕草属育种目标包括提高草坪质量、耐粗放管理,要求生长快、抗寒、抗病虫,降低休眠和延长绿期,抗盐碱,以及提高草产量和种子产量。此外,现代草坪草育种还要求抗除草剂等。

22.2.3.1 提高草坪质量

草坪质量评价指标包括均一性、密度、弹性、质地和色泽等。株高一致性是草坪对修剪质量的一个度量,结缕草属植物由于枝条密度不均,生长呈团块状。在利用小草皮块、幼枝和种子建坪时容易产生草丘;在个别地方由于病害或环境胁迫,草皮衰退,也会出现团块状的草丘,具有生长成草丘的特性,因此,结缕草育种应选择枝条密度均匀,不具有团块状生长的品种,或选择能通过养护管理达到均一性较好的品种。

结缕草属植物草坪质地变异较大,小叶结缕草叶片极为细腻;大穗结缕草叶片极为粗糙。叶片色泽从黄绿色到深绿色不等。因此,应选育弹性和质地优良,叶色深绿的品种。

22.2.3.2 生长快

结缕草属草坪草与其他暖季型草坪草相比,其突出缺点是生长慢,成坪期长,杂草容易滋生,但一旦建成后对杂草竞争能力强。而且草坪一旦出现秃斑,恢复较慢。在海南省的旱地自然生长条件下,狗牙根、杂交结缕草、沟叶结缕草和细叶结缕草在雨季种植成坪所需天数依次分别为 56d、85d、109d 和 141d。2009 年中南林业科技大学对 4 种暖季型草坪草边坡防护进行研究时发现,4 种草坪草的成坪速度为:狗牙根>百喜草>假俭草>结缕草。因此,培育生长与成坪速度快的结缕草品种成为其重要育种目标。

22.2.3.3 抗寒

结缕草属生长发育对温度的要求比较高,特别是坪用价值较高的细叶结缕草和沟叶结缕草,其自然分布限于东亚、南亚的热带和亚热带以及热带等低纬度地区;结缕草分布范围比较广,生态幅度宽,最北可分布到俄罗斯的远东地区。由于坪用价值较高的结缕草属种类不耐寒,因此,培育结缕草抗寒品种尤为重要。

结缕草不同种质的耐寒性存在明显的品种间差异,如'Meyer'、'Belair'、'Korean'、'TGS-W10'、'Midwest'等品种比'Emerald'、'Cavalier'、'Crowne'、'Palisades'、'El-Toro'、'F. C. 13521'和细叶结缕草耐寒。表现结缕草抗寒性主要受遗传基因型控制。因此,结缕草抗寒育种具有较大潜力。

'Meyer'和'Midwest'是目前最耐寒结缕草品种。需要继续收集和评价结缕草属种质资源,进一步提高耐寒性;也可以利用'Meyer'和'Midwest'和其他结缕草种质杂交,将结缕草属应用进一步推向更北方。此外,大穗结缕草能与结缕草可天然杂交产生杂种,而大穗结缕草分布相对偏北,利用大穗结缕草与结缕草进行种间远缘杂交育种具有选育结缕草抗寒品种潜力。

22.2.3.4 抗旱

水资源短缺与全球气候变暖已成为困扰世界的难题。中国不仅是水资源贫乏的国家,还存在水资源时间和空间的分布不均匀。结缕草属的抗旱性不如狗牙根、野牛草(*Buchloe dactyloides*)、巴哈雀稗(*Paspalum notatum*)和假俭草(*Eremochloa ophiuroides*)等暖季型草坪草。而且,结缕草比细叶结缕草和沟叶结缕草的根系更深,使坪用价值较高的细叶结缕草和沟叶结缕草的抗旱能力不强。因此培育结缕草高抗旱品种日益迫切。

不同结缕草种质的耐旱性、需水机制、地下茎的生长速度以及在酸性土壤的生长等均表明显的基因型差异,使用抗旱低需水型的结缕草品种可节约灌溉用水 50% 以上。2013 年,华南农业大学对 3 个结缕草^{60}Co-γ 辐射诱变新品系的抗旱性比较结果,认为可以通过辐射育种选育结缕草抗旱品种。这些研究为培育抗旱节水型结缕草品种提供了遗传学基础。

22.2.3.5 抗病虫害

结缕草病害有锈病、币斑病、大斑病、叶枯病、叶斑病、全蚀病、条纹病、根结线虫、锥线虫和黄叶病等。报道的虫害有双线沫蝉、蝼蛄、结缕草螨、斜纹夜蛾等。结缕草属植物分布地区，大部分都是温度高、湿度大，这是病虫害产生的高危条件。因此，培育出抗病虫的结缕草属品种势在必行。

锈病是结缕草最易感染的病害；与假俭草、狗牙根、海滨雀稗相比，结缕草对沫蝉的抗性较强；结缕草属种质对黏虫幼虫具有抗性，但这种抗性存在种间和品种间差异；结缕草螨是以结缕草属植物为专一寄主的害虫。并且，不同结缕草品种对病虫害的抗性不同。研究表明，结缕草种质 DALZ9006、ALZ8516、DALZ8505 和品种'Emerald'抗结缕草螨；种质 DALZ8501、DALZ8512、TC2033 和品种'El-Toro'表现中等抗性；品种'Meyer'、'Belair'及多数参试种质都易感染结缕草螨。因此，结缕草抗病虫育种具有坚实的遗传基础。

22.2.3.6 绿期长与抗盐碱、抗除草剂

结缕草冬季枯黄休眠可影响草坪的使用期限和价值。尽管结缕草比结缕草属其他种的抗寒性好，但依然存在生长季绿期短，春季返青慢等不足。结缕草、细叶结缕草、中华结缕草和大穗结缕草在中国青岛的绿期较短，均只有 180d 左右。因此，延长结缕草的绿期是结缕草的一个重要育种目标。

结缕草属植物具有盐腺，具有泌盐功能，是最抗盐的草坪草之一。大穗结缕草、沟叶结缕草和结缕草均被列为盐生植物。但中国结缕草分布地区均为东部和南部沿海地区，随着这些地区工业化进程加带，工业用水和农业用水不断增加，大量污水的排放，再加上地下水的过度开采导致海水倒灌，土壤的盐碱化也日趋严重，因此，抗盐碱也成为结缕草品种改良的一个育种目标。

结缕草草坪人工除草成本高，使用对环境污染小的除草剂降低养护成本成为草坪管理的经济有效的选择，而与之配套的措施要求选育抗除草剂的结缕草新品种。因此，结缕草的抗除草剂成为一个重要的育种目标方向。

22.2.3.7 提高草产量与种子产量

提高草产量一直是结缕草牧草型品种选育的重要育种目标，并且，现代草食畜牧业还要求在提高草产量的同时，还能够进一步改良结缕草适口性，提高其消化率与采食量及营养成分含量，从而提高结缕草牧草品质。

虽然结缕草属植物可用草皮、分蘖和插枝进行无性繁殖，但是，利用种子繁殖具有建坪快、生产成本低、劳动耗费少、种子材料易保存并可以远距离运输等优点，而且种子繁殖属于有性生殖，种子具有父母双方的遗传物质，因此，后代具有更大的可遗传变异性，更能够适应环境；种子生产还有利于提高草坪草及牧草品种的产业化和市场占有程度。因此，提高种子产量及其结实率是结缕草现代育种的一个重要育种目标性状。如 20 世纪 80 年代中期，美国结缕草育种大部分都集中选育和开发无性繁殖品种。而美国其后的各地结缕草育种均集中精力选育种子繁殖型品种，将提高种子产量及其结实率作为结缕草的重要育种目标。并且，由于中华结缕草是遗传资源最为丰富的种质资源之一，加上其每个植株都有大量的多个小穗，更适合种子生产。因此，美国结缕草种子繁殖型品种选育的主要育种途径是采用引进和开发中华结缕草种质资源。

结缕草(*Z. japonica*)是中国从20世纪80年代末期开始至今,唯——个能够大量生产种子并出口国外的草坪草种。不过,其种子生产仅限于直接采收天然野生结缕草种子,不仅种子产量低,混杂严重,质量不稳定,经济效益低,资源浪费大。而且,种子瘪籽多,自然发芽低。此外,结缕草属中,沟叶结缕草受草丛密集的影响,花果枝及果穗稀少,种子成熟后又易于脱落,很难采收到可供繁殖用的适量种子;细叶结缕草结实率低,且种子成熟易脱落,种子生产困难;中华结缕草的种子产量也较低。许多研究表明,不同结缕草种及其品种的种子产量与结实率及种子休眠期均有明显的种及其品种间差异;大穗结缕草成熟种子能轻易剥离,育种者正试图利用这一特性选育结缕草种子繁殖新品种。尽管大穗结缕草的这一性状为数量性状,在 F_2 后代中未见显著分离,选育结缕草种子繁殖品种尚任重道远。但是,选育种子产量及其结实率提高的结缕草品种具有坚实的遗传基础。

22.2.4 结缕草育种方法

22.2.4.1 引种与选择育种

(1)引种

引种是获得优秀结缕草种质资源及其品种的简单快捷育种途径,也是结缕草育种的基础性工作。例如,美国无自然分布结缕草野生种质资源,但通过大量引进结缕草种质,目前已成为培育结缕草新品种最多和种子出口大国。美国人 Frank 于 1902 年首次将日本结缕草从日本引入美国;美国高尔夫协会和农业部于 1982 年组织到太平洋的边境国家日本、韩国、菲律宾和我国台湾大量收集结缕草资源,大约有 5 种 700 多个结缕草种质被引进美国。美国德克萨斯农业与机械大学收集了 1000 多份结缕草种质资源,这些种质大多来自太平洋北部沿岸国家,并利用这些丰富的种质资源陆续培育出 30 多个结缕草新品种。

中国结缕草育种发展过程中,引种也起了一定的作用。如甘肃草原生态研究所 1995 年通过全国品种登记审定的结缕草品种'兰引Ⅲ号',就是从美国引种的结缕草种质材料选育而成的引进品种,目前已经成为中国南方绿化与运动场草坪主栽结缕草品种。但是,中国结缕草引种与美国不同的是,中国引进的多是现成的结缕草新品种,比如中国现在大量应用的沟叶结缕草与细叶结缕草,基本均从国外引种。不过从其长远发展考虑,引种只是结缕草育种的暂时措施。充分利用中国结缕草的优良种质资源,通过其他育种手段加快培育国产结缕草新品种,才是提高中国结缕草育种和产业发展水平的最终解决办法。

(2)选择育种

结缕草属植物为异花授粉植物,自交高度不育,在长期进化过程中,形成了遗传基础高度异质的天然种间杂交和种内杂交自然群体,再加上各种自然选择和人为选择因素的作用结果,形成了遗传多样性极为丰富的各种种群及其个体,为结缕草选择育种提供了丰富的遗传基础。其次,结缕草具有发达的匍匐茎或地下茎,存在众多的幼芽,可以进行无性繁殖保存优良的芽变突变体成为优良品种。因此,现有绝大多数结缕草品种均是通过选择育种途径育成。如美国 N. Meyer 育成的美国最早的结缕草改良品种'Meyer',就是从朝鲜 1905 年引进的结缕草草坪中选择自然变异,通过选择育种方法育成;美国沟叶结缕草品种 Facet 是美国得克萨斯州达拉斯从沟叶结缕草种质材料 PI231146 群体中选出的一株自然突变苗育成。还有美国育成的结缕草品种'Midwest'、'EI-Toro'、'JaMur'等;日本育成的结缕草品种 Winter Field;中国育成的结缕草野生栽培品种'青岛'、'辽东'、'胶东青'、'上海'等;结缕草育成品种'广绿'、'苏植5号';半细叶结缕草地方品种华南等,均是采用选择育种方法育成。此外,中国还采用选择育种方法育成了还未通过全国草品种审定的结缕草品系'重庆1号'($Z. japonica$ CQ-I)、松南结缕草等。

22.2.4.2 杂交育种

(1) 结缕草开花习性及杂交特性

结缕草为短日照植物,当温度上升到29℃左右时,结缕草便进入盛花期,如中国南京地区4月20日~5月11日就会出现盛花期。结缕草开花习性为雌蕊先出,雄蕊后出,雌蕊全部外露到雄蕊全部外露间隔5~7d。在晴天,结缕草花药开裂散粉时间为上午9:00~11:00。

研究表明,多数结缕草属物种均能同本属其他物种杂交产生可育的F_1杂种。结缕草属3个典型种结缕草($Z. japonica$)、细叶结缕草($Z. tenuifolia$)和沟叶结缕草($Z. matrella$)之间均可以相互杂交,并且杂交后代的叶宽与叶形都介于父母本之间,而叶色变化没有明显的规律性。因此,杂交育种更有利于综合双亲的优良性状,并缩短培育优良品种的时间,是改良结缕草质地的有效方法。

(2) 结缕草杂交育种方法

结缕草杂交育种方法通常是从原始群体中选择互补性强的数个亲本材料,并将它们栽种在一起,使其充分自由相互杂交。然后,将相互杂交的混交后代种子按一定株行距,单本(单粒播种长成单株)种植。在杂交后代开花前留优汰劣进行选择,除去性状不理想的植株,再使保留的理想植株充分相互自由杂交。经数代混交后即可作为一个选择优良品系参加品系鉴定与比较及区域试验,通过区域试验的优良品系经审定登记后,即可在生产上推广应用。杂交育种试验过程经常需在隔离栽植区进行,以免受到外来种质材料花粉的混交影响。

此外,结缕草的开花特性虽然为雌雄蕊不同步,但也有自交的可能。有的研究表明结缕草的同株自交结实率可达16.15%。所以其杂交后代是否为真杂种,还需进一步进行杂种鉴定,这对于杂种优势的利用以及理论研究非常必要。杂种鉴定通常有3种方法:外部性状鉴定法,同工酶标记法以及DNA标记法。其中外部性状鉴定法是最直观的鉴定法,通过亲子代外部性状的观测,来分析其变异情况,可作为杂种鉴定的一个参考指标。至于同工酶及DNA标记技术与其他牧草及草坪草育种类似方法相同,此不赘述。

(3) 结缕草种内杂交育种

结缕草许多品种都是通过种内杂交育成。如美国1996年育成的结缕草品种Palisades和Crowne均为来自于结缕草母体无性第Z-44和Z20的自然杂交种;J-36是来自于结缕草4个育种品系ZJ-11、ZJ-1、ZJ-46和ZJ-9混合杂交育成的品种;El-Toro也是由来自于结缕草的多个无性系开放自由授粉杂交育成的品种;Belair则是由从朝鲜引进的结缕草($Z. japonica$)中选出的多个优系杂交F_2后代经选育而成,据报道该品种的扩展速度、抗旱性、秋天保绿期、春季近返青期、锈病抗性等性状均优于结缕草品种Meyer。但是,据Anderson后来的研究认为,Crowne应为结缕草和太平洋结缕草的杂交种。并且,更具形态学和DNA分子标记鉴定结果表明,以前认为的沟叶结缕草品种'Cavalier'、'Diamond'、'Royal'和'Zorro'应该是沟叶结缕草和太平洋结缕草的杂交种的过渡类型,Cavalier、Royal和Zorro偏向沟叶结缕草型;而Diamond偏向细叶型的太平洋结缕草。

(4) 结缕草种间杂交育种

结缕草属植物的远缘杂交,通常F_1代是不育的。但因为其可以通过营养器官进行无性繁殖，其不育性就不成为育种缺陷，可以从杂种 F_1 代中选择优良株系进行无性繁殖，并择优参加区域试验，通过品种审定登记成为优良品种。

种间远缘杂交育种最大的障碍为种间远缘杂交不亲合。然而 Hong 等对从朝鲜半岛中部不同生境中采集到的结缕草、沟叶结缕草、细叶结缕草、中华结缕草和大穗结缕草的 14 个无性系进行研究，发现它们相互之间均存在某种程度的杂交亲和性，并且其杂种后代的生长速度等均存在杂种优势。Choi JoonSoo 对结缕草属的 68 个生态型进行的 RAPD 分析结果，也发现大多数试验材料都具有与结缕草、中华结缕草相似的带纹，表明它们之间存在丰富的种间和种内天然杂交。这些研究结果为开展结缕草属种间杂交育种提供了成功的可行性依据。此外，为了使不同结缕草属种间杂交亲本花期相遇，可通过缩短或延长光照时间来促进或延迟某一杂交亲本开花；或提高某一杂交亲本生育期温度也可促进其开花，从而使杂交双亲花期相遇，促成顺利获得种间远缘杂交种子。

美国农业部和佐治亚州立大学农业试验站于 1955 年登记释放了世界上最早的种间杂交育种结缕草品种 'Emerald'，它是结缕草与细叶结缕草的种间杂交种，它结合了细叶结缕草质地细腻与结缕草耐寒性强、快速生长的双亲优点。'Z-3'、'Cashmere'（'开士米'）、'Miyaka'（M. Yaneshita 于 1998 年选育）也是结缕草与沟叶结缕草的杂交品种，叶短而柔软，质地和色泽中等，成坪快，易积累枯草层，宜低剪；Cashmere 叶细，后期生长迅速，耐低修剪，较能耐阴，但抗寒性不强；Miyaka 绿色期较长。'Miyako' 是日本第一个选育登记的结缕草品种，它也是结缕草与沟叶结缕草的天然杂交种。江苏省中国科学院植物研究所采用结缕草×细叶结缕草的种间杂交育种方法，育成了杂交结缕草品种'苏植 1 号'；采用中华结缕草×沟叶结缕草的种间杂交育种方法，育成了杂交结缕草品种'苏植 3 号'。

22.2.4.3 诱变育种

优良草坪草要求低矮细致且色泽优美，而辐射诱变育种对于结缕草降低植株、改变质地、降低结实率以及提高抗性都具有良好的效果。为此，日本结缕草诱变育种做了许多有成效的工作。如 Nagatomi 等分别于 1995、1996 年登记释放了 'Winter Carpet' 和 'Winter Field' 两个沟叶结缕草品种，它们均通过对沟叶结缕草日本地方栽培品系 Tsukuba 的根茎进行 γ 射线慢照射处理产生人工芽变，再在冬季严寒条件下选择抗寒的变异个体，得到两个优良变异品系经区域试验后登记成品种。它们均表现出与其亲本完全不同的特性，即在日本较温暖地区，其他沟叶结缕草品种的叶片寒冷变色时其叶片依然终年保持青绿，生长低矮、特别耐霜冻。Tsukuba line 也是通过 γ 辐射诱变育种育成的特别耐霜冻、低矮型沟叶结缕草品种，于 1996 年在日本登记注册，可用作运动草坪。

近年中国结缕草诱变育种也进行了许多探索研究。华中农业大学王文恩等利用 $^{60}Co-\gamma$ 射线对结缕草干种子进行了辐射效应的研究，发现低剂量辐射处理促进结缕草干种子的萌发，提高其发芽率，随着辐射剂量的增加，发芽率逐渐降低；浙江大学贾玉芳等研究 $^{60}Co-\gamma$ 射线辐射沟叶结缕草的诱变效应及耐盐性，筛选出生长良好的抗性植株；华南农业大学宋华伟利用 $^{60}Co-\gamma$ 辐射对 3 种结缕草进行了辐射诱变，并对诱变的新品系抗旱性进行了比较，发现新品系抗旱性优于其亲本，说明结缕草可以通过辐射育种选育抗旱品种；毕波以 100Gy $^{60}Co-\gamma$ 射线辐照沟叶结缕草胚性愈伤组织再生经田间筛选获得矮化突变植株和对照植株为试验材料，进行了遗传稳定性检测，田间表型性状测定、叶片形态解剖分析、生理生化及植物内源激素分析。

22.2.4.4 生物技术育种

近年美国、韩国、日本及中国等国学者的结缕草生物技术育种研究,取得了重要进展。结缕草组织培养研究至今已建立了结缕草高效转化体系,获得了以胚性愈伤组织(Al Kharyi JM,1989)、原生质体(Asano Y,1989)及悬浮细胞(Inokuma C,1996)为外植体的再生植株。结缕草属植物的遗传标记辅助育种及转基因育种也取得了一定进展。如 Yang 等的试验表明结缕草的酯酶和酸性磷酸酶谱与杂种表现的外部形态中间型相一致;Weaver 等采用 DAF 法鉴定了 8 个结缕草品种;Yaneshita 等用 RFLP 法将 5 种结缕草分成 3 组;Choi Joonsoo 等将从形态上很难区分的中华结缕草与大穗结缕草,用 RAPD 技术对其进行了成功分析;C. Inokuma 等(1998)应用 PEG 介导转化法,将 pat 和 hph、gus 基因转入结缕草原生质体,植株再生后移植入土壤中,经 PCR、Southern 杂交分析、除草剂喷洒实验检测 bar 基因的表达及组织化学实验,均证明其为转基因植株;Chai ML 等(2000)以农杆菌介导转化法,将 hpt 和 gus 基因转入结缕草种子诱导的胚性愈伤组织中,得到再生植株,并观测到 gus 基因的表达。中国杭州植物园柴明良等(1993,1995)曾以结缕草、沟叶结缕草和中华结缕草的匍匐茎或种子为外植体,通过直接分蘖或愈伤组织分化再生植株进行快繁,并筛选出 5 个速生试管无性系,并于 1998—2000 年在韩国通过土壤根癌农杆菌 LBA4404 介导结缕草种子胚性愈伤组织,获得了含有潮霉素磷酸转移酶(HPT)和葡萄糖苷酸酶(GUS)基因共整合的瞬时表达转基因再生植株。K. Toyama(2003)以农杆菌介导转化法实现 bar 基因转化,从而获得抗除草剂双丙氨膦(bialaphos)的结缕草转基因植株。

思考题

1. 分别简述狗牙根与结缕草的特性。
2. 简述狗牙根类型及特性。
3. 论述结缕草类型及特性。
4. 分别论述狗牙根与结缕草的育种目标。
5. 分别举例说明狗牙根与结缕草新品种选育可采用哪些育种方法?

第 23 章 柱花草与狼尾草育种

柱花草（*Stylosanthes guianensias*）为豆科（Leguminosae）柱花草属直立或半直立多年生草本或小灌木，原产于中南美洲，主要分布于南美洲及加勒比海地区，也有部分分布在北美洲、非洲及东南亚，包括印度等热带、亚热带地区。目前柱花草已在我国海南、广东、广西、云南、福建、四川、贵州、重庆、台湾等热带、亚热带地区进行了大面积推广种植，面积已超过 $20×10^4 hm^2$，是世界上热带、亚热带地区重要的豆科牧草。柱花草营养丰富，富含蛋白质、多种维生素和矿物质，适口性好；枝叶繁茂，根系发达且密布根瘤，具有良好地控制水土流失和培肥地力的作用，不仅可以达到土壤固氮，改善土壤质地，还可以用于恢复丢荒地，而且还有较高的经济价值，因其具有饲料、肥料和水保三大功能而广泛栽培种植，形成了"北有苜蓿，南有柱花草"的中国草业产业化发展新格局。

狼尾草（*Pennisetum alopecuroides*）属禾本科狼尾草属，是热带、亚热带和温带地区重要草食畜禽和鱼类的优质青饲料牧草；也是编织或造纸和制造人造板的原料；也常作为土法打油的油杷子与食用菌生产基质及生产饮料；还可用作生物质能源草与果园套种、绿化观赏及固堤防沙草坪草。它的生长速率快，生物产量高，是草食家畜的优质饲料和淡水鱼类的青饵料。但狼尾草属牧草茎多叶少，茎秆粗纤维含量高，影响牧草的适口性和品质。因此，必须加强狼尾草育种研究力度，提高育种效率，尽快解决存在的问题，合理利用好这一宝贵资源。

23.1 柱花草育种

23.1.1 柱花草育种概况

23.1.1.1 国外柱花草育种概况

早在 20 世纪初期，国外就已经开始利用柱花草种质资源对放牧草地进行改良。1914 年，澳大利亚最初利用矮柱花草（*S. humilis*）对热带草地进行改良；1933 年，巴西又利用圭亚那柱花草（*S. guianensis*）对其放牧草地进行改良，1940 年，圭亚那柱花草又从澳大利亚引入东南亚国家种植。尽管许多南美洲国家的柱花草研究历史悠久，但对其进行新品种选育的育种工作却起步很晚。最早开始柱花草育种的研究机构除澳大利亚联邦科学与工业研究组织（Commonwealth Scientific and Industrial Research Organization，CSIRO）外，还有总部位于哥伦比亚的国际热带农业中心（International Center for Tropical Agriculture，CIAT）、巴西国家农业研究公司（The Brazilian Agricultural Research Corporation，EMBRAPA）和国际家畜研究所（International Live-stock Research Institute，ILRI）。早期的柱花草栽培品种几乎均由澳大利亚选育并推广种植，而且大部分由 CIAT 评价和选育。此后，巴西、泰国、美国和中国等国家也相继开展了柱花草育种工作。1940 年，东南亚地区国家开始从澳大利亚引进圭亚那柱花草作为牧草种植，20 世纪七八十年代东南亚国家及中国大规模引进推广种植圭亚那柱花草品种 CIAT 184，柱花草被加工成草粉和造粒作为单胃动物饲料。截至 2004 年年底，巴西选育了 6 个柱花草品种，其主要育种目标是提高种子产量、提高炭疽病抗性与耐牧性、提高其他利用价值及氮肥利用效率；澳大利亚选育了约 17 个柱花草栽培品种；南美洲和亚洲（印度、中国）国家也选育了一些其他柱花草栽培品种。柱花草早期栽培品种主要是圭亚那柱花草和矮柱花草两种的品种；20 世纪 70 年代则选育了柱花草四倍体种 S. hamata 的品种 Verano 和 S. scabra 的栽培品种。

1937 年，在巴西首次发现了柱花草炭疽病，该病主要由炭疽病菌（Colletotrichum gloeosporioides）引起。随着柱花草的推广种植，该病已经传播到美洲、澳洲、非洲和亚洲的柱花草种植区，成为广泛分布的柱花草毁灭性病害。因此，抗炭疽病已成为柱花草主要育种目标，近年澳大利亚、巴西、印度等国家选育了许多柱花草炭疽病抗性品种。此外，国外柱花草生物技术育种工作也取得了长足进展，例如，Kelemu 等（2005）将水稻几丁质酶基因导入圭亚那柱花草（CIAT184）；斑点印迹分析显示，在转化的柱花草植株中有几丁质酶基因存在，转化植株表现出高水平的立枯丝核菌（Rhizoctonia solani）抗性，且其自交后代的抗性分离比率为 3∶1。

23.1.1.2　中国柱花草育种概况

中国 1962 年从中美洲引种疏毛柱花草（S. gracilis），从马来西亚引种矮柱花草到海南岛，作为橡胶园的覆盖作物，但由于其严重感染炭疽病而被放弃。20 世纪 80 年代初开始，广西壮族自治区畜牧研究所、中国热带农业科学院、广东省畜牧局等单位通过从澳大利亚及国际热带农业中心大量引进柱花草新种质，采用引种、选择育种、诱变育种等育种方法，先后选育了格拉姆柱花草（S. guianensis cv. Graham，1988，引进品种）、'热研 2 号'柱花草（S. guianensis cv. Reyan No. 2，1991，引进品种）、维拉诺有钩柱花草（S. hamata cv. Verano，1991，引进品种）、907 柱花草（S. guianensis cv. 907，1998，育成品种）、热研 5 号柱花草（S. guianensis cv. Reyan No. 5，1999，育成品种）、热研 10 号柱花草（S. guianensis cv. Reyan No. 10，2000，引进品种）、热研 7 号柱花草（S. guianensis cv. Reyan No. 7，2001，引进品种）、西卡灌木状柱花草（S. scabra cv. Seca，2001，引进品种）、热研 13 号柱花草（S. guianensis cv. Reyan No. 13，2003，引进品种）、热研 18 号柱花草（S. guianensis cv. Reyin No. 18，2007，引进品种）、热研 20 号圭亚那柱花草（S. guianensis cv. Reyan No. 20，2009，育成品种）、热研 21 号圭亚那柱花草（S. guianensis cv. Reyan No. 21，2011，育成品种）、热研 25 号圭亚那柱花草（S. guianensis cv. Reyan No. 25，2016，育成品种）等通过全国品种审定的 13 个柱花草品种，其中有 4 个育成品种，9 个引进品种。

此外，1996 年，中国热带农业科学院开始利用空间辐射育种技术选育柱花草，通过对首批搭载的 10 g 热研 2 号柱花草种子进行观察和鉴定，获得优异单株 80 多个；至 2003 年，获得遗传稳定的柱花草株系 26 个，它们的抗病性和牧草产量均优于其亲本。王冬梅等（2005）对热研 2 号柱花草转化体系进行了优化，将口蹄疫病毒外壳蛋白 VP1 基因转入热研 2 号柱花草，获得了转基因植株。Zhou 等（2005）研究发现，ABA 能够增强圭亚那柱花草的抗寒能力；此外，他们还研究了氧化氮对 ABA 降低圭亚那柱花草抗氧化酶活性的影响。Yang 和 Guo(2007)克隆了圭亚那柱花草的 *SgNCED*1 基因，分析了它的表达与 ABA 积累(即逆境胁迫)的关系。DNA 印迹分析显示，在圭亚那柱花草基因组中 *SgNCED*1 是一个单拷贝基因，干旱环境下圭亚那柱花草根和叶中的 *SgNCED*1 表达量降低，脱水和盐胁迫对 *SgNCED*1 的表达影响显著且快速。在寒冷的环境条件下，*SgNCED*1 的表达量和 ABA 的积累均减少。

23.1.2 柱花草种质资源

23.1.2.1 柱花草类型及细胞遗传学特性

柱花草属(*Stylosanthes* spp.)目前全世界发现约有 50 种及亚种，柱花草属内种和亚种的形态学鉴定非常困难，存在着许多同物异名或同名异物的现象。柱花草栽培的种主要有：圭亚那柱花草(*S. guianensis*)、有钩柱花草(*S. hamata*)、西卡柱花草(*S. scabra*)、矮柱花草(*S. humilis*)、大头柱花草(*S. macrocephala*)、头状柱花草(*S. capitata*)、细茎柱花草(*S. gracilis*)及色不拉柱花草(*S. seabrana*)等。各种类因其特性用途不一，栽培面积也不同，其中栽培面积最大的种是圭亚那柱花草，其也是柱花草属中分支最多、起源最早、分布最广、遗传多样性最丰富的一个种。

柱花草传统分类方法主要基于其花果形态。早在 1838 年，Vogel 将柱花草划分为两大分支，即 Styposanthes 分支(包含二倍体和多倍体)和 Stylosanthes(以前为 Eustylosanthes)分支(完全为二倍体)。有人推测柱花草四倍体可能是 Styposanthes 分支的二倍体和 Stylosanthes 分支的二倍体的组合。这一假设已经被作为柱花草多倍体组成的通用模型，并得到了分子标记试验结果的充分验证。但这一模型不包括头状柱花草，该种具有独特的基因组结构(DDEE)，其假定的祖先 *S. macrocephala*、*S. bracteata* 或 *S. pilosa* 均属于 Styposanthes 分支。此外，六倍体柱花草 *S. erecta* 的祖先为西卡柱花草(AABB，属 Styposanthes 分支)和 *S. angustifolia*(JJ，属 Stylosanthes 分支)。

基于形态学和分子标记技术鉴定，大部分柱花草属于二倍体植物，也有部分为多倍体，多倍体均为异源多倍体，尚未见圭亚那柱花草存在多倍体现象。柱花草属植物的基本染色体数目为 $X=10$，不同种的染色体数目不同，有二倍体、四倍体、多倍体之分(表 23-1)，并且柱花草醇脱氢酶同工酶出现的条带数量与其染色体倍性水平成正相关。

表 23-1 柱花草部分种的染色体数目

学名	染色体数目($2n$)	学名	染色体数目($2n$)
S. viscosa (L.) SW.	$2X=20$	*S. hamata* (L.) Taub.	$2X=20$
S. campestris M. B. Fereira & S. Costa	$2X=20$	*S. hippocampoides* Mohl	$2X=20$
S. hispida Rich	$2X=20$	*S. macrosoma* S. F. Blake	$2X=20$
S. tomentosa M. B. Fereira & S. Costa	$2X=20$	*S. acuminata* M. B. Fereira & S. Costa	$2X=20$
S. aurea M. B. Fereira & S. Costa	$2X=20$	*S. debilis* M. B. Fereira & S. Costa	$2X=20$
S. gracilis Kunth	$2X=20$	*S. macrocephala* Ferr.	$2X=20$
S. grandifolia M. B. Fereira & S. Costa	$2X=20$	*S. pilosa* M. B. Fereira & S. Costa	$2X=20$

(续)

学名	染色体数目(2n)	学名	染色体数目(2n)
S. seabrana B. L. Maass &'t Mannetje	2X=20	S. bracteata Vog.	2X=20
S. humilis Kunth	2X=20	S. calcicola Small.	2X=20
S. guianensis SW.	2X=20	S. macrocar Blake	2X=20
S. biflora(L.)Britton, Sterns & Poggenb.	2X=20	S. dissitiflora. B. L. Rob. & Seaton	2X=20
S. ingrata S. F. Blake	2X=20	S. dmacrosoma. S. F. Blake	2X=20
S. salina Costa &van den Berg	2X=20	S. macrocarpa. S. F. Blake	2X=20
S. guianensis var. guianensis	2X=20	S. fruticosa(Retz.)Alston	4X=40
S. guianensisvar. gracilis Kunth Vog.	2X=20	S. sp. aff. Scabra	4X=40
S. guianensis	2X=20	S. scabra Vog.	4X=40
var. ivtermedia(Vog.)Hassler S. guianensisvar. robusta	2X=20	S. subsericea S. F. Blake	4X=40
S. montevidensis Vog.	2X=20	S. sundaica Taub.	4X=40
S. leiocarpa Vog.	2X=20	S. capitata Vog.	4X=40
S. angustifoliaVog.	2X=20	S. sericeps S. F. Blae	4X=40
S. biflora(L.)BSP	2X=20	S. hemihamata(L.)Taub.	4X=40
S. mexicana LTaubert	2X=20	S. erecta Beauv.	6X=60

注：引自 Maass and Sawkins，2004。

在柱花草属植物中，各种的起源单一，圭亚那柱花草种是其中最复杂且最古老的一组。Liu 等（1999）鉴定了柱花草属的 10 个基本基因组，并命名为 A~J。基因组 A 可以看作是所有基因组为 AABB 四倍体（S. scabra、S. sericeiceps 和 S. tuberculata）的母系供体，而基因组 C 则可以看作是所有基因组为 AACC 四倍体（S. hamata（4n）、S. subsericea 和 S. sundaica）的父系供体。

23.1.2.2 柱花草种质资源研究及利用

澳大利亚联邦科工组织（CSIRO）和哥伦比亚国际热带农业中心（CIAT）是最早开始收集柱花草属种质资源的两家机构。此外，还有巴西农牧研究院（EMBRAPA）和国际家畜研究所（ILRI）也进行了柱花草种质资源的收集及研究工作。但是，直到 20 世纪 80 年代末至 90 年代初，柱花草种质收集工作才达到高峰。哥伦比亚国际热带农业中心从 21 个国家收集了热带牧草种质，对其进行了鉴定、保存，并建立了热带牧草种质资源数据库。仅 1984 年，该中心就收集柱花草种质 2961 份，其中热带美洲的 1941 份；东南亚的 5 份；热带非洲的 36 份，获得了一大批珍贵的柱花草抗病种质，如 CIAT 184、CIAT 136 和 CIAT2950 等，并由中国、秘鲁和巴西等国家的研究人员培育成重要的适合当地栽培的抗病柱花草品种。CIAT、CSIRO、EMBRAPA 和 ILRI 等 4 大国际机构 2003 年收集、整理并保存的柱花草种质分别为 3400 份、2200 份、1100 多份和近 1000 份。

美国及其拉丁美洲国家的柱花草主要研究工作是通过参考国际热带牧草评价网络（International Tropical Pastures Evaluation Network，RIEPT）的模型进行种质资源的收集、评价和选育。哥伦比亚国际热带农业中心的专家对半湿润热带地区的 33 个柱花草种质材料进行了初步的农艺学评价，评估了阿根廷的 3 个圭亚那柱花草品种'Graham'、'Endeavour'和'Pucallpa'对典型砂质新成土的适应性。巴西牧草研究专家对 147 份柱花草种质进行了 12 项农艺性状指标的综合评价,并通过主成分分析、聚类分类和判别分析等方法鉴定了柱花草种质的多样性。自 1968 年以来,印度草地和饲料研究所(Indian Grassland and Fodder Research Institute)的专家鉴定评价了从澳大利亚引入的柱花草种质,选育出了一批新的柱花草品种,并进行了区域性评估。S. fruticosa 为印度本土柱花草种,广泛分布在印度南部半岛;色不拉柱花草的萌发率高、适应性良好、营养价值高并且具有极高的再生潜能,优于已在印度大面积推广的有钩柱花草。

非洲的柱花草与玉米间作;南美洲的柱花草与禾本科牧草混播以提高牛肉产量及保持牧草的持续、稳定供给。近年在澳大利亚、印度、泰国和其他半湿润、半干旱地区,对炭疽病抗性较强的西卡柱花草和有钩柱花草发展迅速,其种子产量逐年稳步增长。澳大利亚北部多以西卡柱花草品种'Seca'和有钩柱花草品种'Verano'建立牧场,仅在澳大利亚的昆士兰州,柱花草的种植面积就已超过 $100 \times 10^4 hm^2$,形成了一种稳固的产业化生产模式。老挝畜牧研究中心引进圭亚那柱花草品种 CIAT 184,并进行了山羊、猪和兔等家畜饲养试验。在泰国和印度,这些商业柱花草品种的产量很高,在泰国政府的资助下,很多牧场都种植了这些柱花草品种;印度政府的绿化荒地政策,特别是近年柱花草被运用于众多的生产系统,使得柱花草种子产量及其种子需求急剧上升;在以柱花草为主要饲草资源的地区,柱花草种植是 70% 的游牧民的支柱产业。在半湿润气候的西非,已经评估了众多柱花草属种质在耕作系统中的供氮能力。柱花草的种植由短期的豆科休耕植物转变为长期的牧草,并通过饲料贮存技术,提供优质的牧草饲料。柱花草种子年产量排在前 4 位的国家分别为:印度 1200 t(1994—1995)、泰国 150 t(1995)、澳大利亚 100 t(1996)和中国 43 t(1988—1996)。

1962 年,中国热带农业科学院首次将柱花草引入海南岛,主要用作幼龄橡胶种植园的覆盖材料,后因其易感柱花草炭疽病而被淘汰。1982 年,中国大量引进柱花草种质,分别从澳大利亚和南美洲引入了圭亚那柱花草品种'Cook'、'Graham'、'CIAT 184'、'Mineirão';有钩柱花草品种'Verano';西卡柱花草与色不拉柱花草等种质。目前中国热带农业科学院热带作物品种资源研究所从国外引进和收集了国内外柱花草种质 400 多份,建立了中国最大的柱花草种质资源保存圃。并且,利用引进的柱花草种质资源,选育了许多通过全国草品种审定登记的柱花草品种。莫廷辉(1999)对柱花草种子萌发期和苗期的抗旱性进行了评价,并探讨了柱花草抗旱性评价指标;他选择了 4 个抗旱性指标,即 20% PEG 处理种子后 72h 的胚芽伸长速度、种子吸水速率、种子萌发胁迫指数和幼苗反复干旱的存活率,评价了 5 个柱花草品系的苗期抗旱性强弱。白昌军等(2004)以'热研 2 号'和'热研 5 号'柱花草为对照,采用灰色关联度分析法对 14 个圭亚那柱花草品种进行了种质的草产量、旱季产量、炭疽病抗性、植株存活率、抗寒性、粗蛋白含量和种子产量 7 项指标的综合性状评价。谢振宇和刘国道(2007)以 NaCl 胁迫下叶片盐害评分、株高和生物量 3 项幼苗生物学指标对 12 份柱花草品种的耐盐性进行了评价。

1982 年以来,中国开展了大量的柱花草综合利用研究。例如,利用柱花草饲养猪、鸡、鹅、牛、羊和兔等;在椰园、胶园、果园和桉树林等园区间作柱花草品种并进行筛选研究;制定了柱花草种质资源描述记载方法和标准、柱花草良种繁育技术规程和柱花草种子质量农业行业标准(NY/T 351—1999),并取得了柱花草种子免检出口澳大利亚等国家的资质。目前,柱花草在海南、广东、广西、福建和云南 5 省(自治区)的种植面积达 $20 \times 10^4 hm^2$ 以上,已成为中国南方热带草业的当家草种,促进了中国热带地区草业和畜牧业的发展。

23.1.2.3 柱花草种类特性及品种资源

许多柱花草种是优良的热带豆科牧草,其茎叶产量高,草品质好,耐旱,广泛用于改良天然草地,放牧及制作禽畜所需的干草粉,还可用于果园的覆盖作物以及水土保持、提高土壤肥力等。柱花草主要种类特性及品种资源简介如下。

(1) 圭亚那柱花草(*S. guianensis*)

别称巴西苜蓿、热带苜蓿、笔花豆。分布区域为南美洲,南非洲,分布的纬度界限约在北纬23℃与南纬的23℃之间,海拔高度200~1000m。多年生丛生性草本,直立或半匍匐,主根发达。粗糙型的茎密被茸毛,老时基部木质化,分枝多。三出复叶,小叶披针形,中间小叶稍大。小叶顶端极尖,被短茸毛,某些生态型有黏性。花序为数个花数少的穗状花序聚集成顶生复穗状花序。花穗无柄,长在具有一片单叶的苞片当中,多毛。花小,蝶形,黄至深黄色。荚果小具有很小的喙,2节,只结一粒种子。荚棕黄至暗褐色。种子呈椭圆形,淡黄至黄棕色,两侧扁平,种脐位于偏中上,千粒重2.04~2.53g,细胞染色体数$2n=20$。

圭亚那柱花草适应性很强。由于从肥力低的土壤中吸取钙和磷的能力强,是热带豆科牧草中最耐贫瘠酸性土壤的种类。能生长在热带砖红壤、潜育土和灰化土以及从干燥的砂质土至重黏土均能生长良好,喜欢排水良好、质地疏松的土壤。耐旱力强,稍能耐湿,可耐pH4.0的强酸性土壤。喜高温,怕霜冻。不同品种的耐寒程度有差异,一般15℃时能继续生长,0℃时叶片脱落,-2.5℃冻死。可忍受短时间水淹,但不能在低洼积水地生长。柱花草幼苗期,特别在前6周生长缓慢,在高温潮湿季节生长快。枝条形成郁闭时,能抑制杂草。为短日照植物,晚熟类型在12h以下的日照时才开花,最适日照为10h。对2,4-D耐受力强。

圭亚那柱花草品种有'格拉姆'(Graham)、'热研2号'、'907'、'热研5号'、'热研7号'、'热研10号'、'热研13号'、'热研18号'、'热研20号'、'热研21号'、'热研25号'、'斯科非'('Schofield',华南热作研究院首先于1962年引进中国品种)、'库克'('Cook')、'奥克雷'('Oxly')、'恩迪弗'('Enaeavour')等。

(2) 有钩柱花草(*S. hamata*)

别称有钩笔花豆,为一年生或越年生草本。株高80~100cm,茎秆有白色短绒毛。三出小叶,中间小叶叶柄较长,小叶披针形,浅绿或绿色。花序穗状,花淡黄色。荚果具2节,顶端一节有3~5mm长环状小钩,下端节的钩不明显。种子褐色,肾形,种皮厚实。千粒重2.8g。

有钩柱花草主要分布于西印度群岛、加勒比地区;美国南部和南美洲(委内瑞拉、哥伦比亚)等地也有大量分布。中国主要在海南、广东、广西等省(自治区)栽培。适应性强,较耐旱,在年降水量1000mm的热带地区能正常生长,对土壤要求不严。对施磷肥反应良好。耐贫瘠、耐酸、抗病虫。是短日照植物。开花所需平均日照时数小于13h。适于在干旱地区与大翼豆、旗草等牧草混种建立人工草地,大量落种后草地经久不衰。品质优,适口性好。除放牧利用以外,还可加工成草粉,也可用于果园覆盖和水土保持。

有钩柱花草品种有'维拉诺'(Verano)、'南01085'(CATAS品种)、'CIAT11794'(秘鲁品种)、'CIAT11795'(秘鲁品种)、'CIAT122'(委内瑞拉品种)、'CIAT142'(哥伦比亚品种)等。

(3) 西卡柱花草 (*S. scabra*)

别称西卡笔花豆、粗糙柱花草、灌木柱花草、灌木笔花豆，原产于南美洲，现在巴西、玻利维亚、委内瑞拉、哥伦比亚、厄瓜多尔等世界热带地区广泛栽培。中国海南、广东、广西、云南等省(自治区)有栽培。为多年生亚灌木状草本。根系发达。茎直立或半直立，高1~1.5m，分枝多。掌状三出复叶。花序倒卵形至椭圆形，花为黄色。果为节荚。种子小，黄色，肾形。

西卡柱花草自然分布于海平面至海拔600m的地区，不耐霜冻。耐干旱，耐牧，但不耐水渍。抗柱花草炭疽病、花期晚，耐酸性瘦土，在沙质土至砂壤土上自然传播良好，而在土表板结或重黏土上，则会自然消失。耐火烧。为热带干旱及半干旱地区最主要的放牧型豆科牧草，可与网脉旗草 (*Brachiaria dictyoneura*)、干巴草 (*Andropogon gayanus*)、巴夫草 (*Cenchrus ciliaris*)、坚尼草 (*Panicum maximum*) 等禾本科牧草混播建植优质人工草地。

西卡柱花草品种有西卡 (Seca) 等。

(4) 矮柱花草 (*S. humilis*)

别称汤斯维尔苜蓿、维拉若柱花草。为一年生草本，平卧或斜升。草层高45~60cm。根深，粗壮，侧根发达，多根瘤。茎细长，达105~150cm，羽状三出复叶，小叶披针形，长约2.5cm，宽6mm，先端渐尖，基部楔形；托叶和叶柄上被疏柔毛。总状花序腋生，花小，蝶形，黄色。荚果稍呈镰形，黑色或灰色，上有凸起网纹，先端具弯喙，内含1粒种子；种子棕黄色，长2.5mm，宽1.5mm，先端尖。

矮柱花草原产于巴西、委内瑞拉、巴拿马和加勒比海岸等地。全世界约分布于北纬23°至南纬14°，热带地区广泛栽培。矮柱花草喜高温湿润气候。适宜生长温度为昼温15~30℃，夜温10~28℃，不耐寒，易受霜害。宜于年降水量为650~1000mm的无霜地区和海拔1500m以下地区生长，在年降水量2500mm热带地区生长很好。能耐干旱，不耐水淹。适宜沙壤生长，但在黏壤土、酸性土都能生长，也耐盐碱土。在贫瘠土壤中可以生长。

矮柱花草适口性良好，可评为上等质量牧草。鲜草为牛、羊等喜食。也保持良好的适口性和较高的营养价值。青干草和脱粒后的茎秆，也为家畜乐食，都是很好的过冬草料。

矮柱花草全世界约分布于北纬23°至南纬14°，热带地区广泛栽培。于1965年引入中国，在广西和广东试种，生长良好，后逐渐到北纬26°的范围，表现较好。

矮柱花草品种有'南00904'(CATAS品种)、'Townsville'(CATAS品种)、'CIAT11278'(墨西哥品种)、'CIAT11751'(洪都拉斯品种)、'CIAT1302'(巴西品种)、'CIAT1351'(委内瑞拉品种)、'CIAT1366'(委内瑞拉品种)、'CIAT1758'(巴西品种)、'CIAT1840'(巴拿马品种)、'CIAT2059'(巴西品种)、'CIAT2470'(巴西品种)等。

23.1.3 柱花草育种目标

23.1.3.1 抗炭疽病

1937年，Anon首次在巴西报道了柱花草炭疽病，随着种植面积扩大而为害广泛，炭疽病已成为柱花草的主要病虫害。炭疽病一般在高温高湿条件下出现，易在雨季后期流行。症状表现在叶片、叶鞘、茎或花序上出现圆形或椭圆形褐色病斑，直径约0.5~5mm，边缘颜色较深，病斑可相联成大病迹，叶片最后黄化萎蔫掉落，严重时只剩茎秆，茎部环状坏死而导致整株死亡。病原菌是胶孢炭疽茵 (*Colletotrichum glloeosporioides*) 和束状刺盘孢

(*C. damatium*)，其中前者为最主要的病原体。在中国广东、海南发现胶孢炭疽病菌和豆炭疽病菌(*C. lindermuthianum*)。澳大利亚的柱花草胶孢炭疽病原菌有 A 型和 B 型两种不同生物类型，目前已分别从 A 型菌和 B 型菌中鉴定出 4 个生理小种。炭疽病的爆发并流行主要与温度、湿度呈正相关，高温、高湿有利于柱花草炭疽病的发生。当相对湿度大于 95%，温度为 26~30℃时，炭疽病最易流行，雨水、风、昆虫、动物、人等都可传播，潜伏在种子上的病原菌也随之传播，华南广东、广西、海南，台风季节最易发生严重炭疽病。

柱花草炭疽病可导致柱花草干重、草料品质和种子产量严重下降，其发生和流行限制了柱花草的进一步利用。20 世纪 70 年代，炭疽病摧毁了澳大利亚高度感病的矮柱花草和圭亚那柱花草，导致该国 14 个商用品种中的 9 个被迫放弃生产，出口圭亚那柱花草种子到南美洲国家的巨大市场也因该病在南美洲地区为害而失去。中国华南热带地区仅于 1979 年，也有 100 多公顷的圭亚那柱花草品种'斯柯菲'('Schofield')和'库克'('Cook')因炭疽病而失收。1985 年，海南昌江县种畜场所种植的圭亚那柱花草品种格拉姆全部发生炭疽病，使全场几百亩种子田全部种子失收，并被迫停止生产。特别是 1986 年因第 7 号台风后，柱花草炭疽病暴发，广东惠来县英内村所种植的逾 $40hm^2$ 圭亚那柱花草品种库克基本失收，损失严重。

不同柱花草种及品种的炭疽病抗性存在明显的遗传差异。因此，利用高抗病种质培育出柱花草高产抗病品种，是防治炭疽病较理想的途径。研究表明，头状柱花草、西卡柱花草、色不拉柱花草及有钩柱花草的四倍体种为抗病柱花草种质；圭亚那柱花草品种'格雷厄姆'('Mineirao')高抗炭疽病；圭亚那柱花草品种'Tardio'、'CIAT184'；有钩柱花草种质 CIAT147 西卡柱花草品种 Seca 等炭疽病较轻；矮柱花草、圭亚那柱花草品种'Schofield'、'Endeavour'、'Cook'和西卡柱花草品种'Fitzroy'对炭疽病高度敏感。

23.1.3.2 耐酸性土壤

柱花草属植物占中国热带豆科牧草的 80% 以上，是中国南方热带和亚热带地区建立人工草地，发展畜牧业以及幼龄胶园和果园覆盖的重要热带牧草。柱花草不适于重黏土种植，而中国南方土壤大多为酸性土壤，其 pH 值偏低，铝离子浓度偏高。铝对柱花草的胁迫表现为侧根数目减少，结瘤数减少，从而影响根瘤菌的感染和固氮能力；不同基因型的柱花草在酸性土壤中，对有机磷的利用效率存在差异；不同柱花草种质材料对土壤铝离子表现出不同的敏感性。因此，中国柱花草育种目标要求耐酸性土壤，可通过不同育种方法选育耐酸性土壤的柱花草品种。

23.1.3.3 耐寒

柱花草的抗寒性较差，对低温特别敏感，当温度低于 10℃时，柱花草开始受寒，在低至 0℃以后叶片开始脱落，在-2.5℃时致死。柱花草在广东、广西、云南、贵州、福建及四川的攀枝花干热河谷等中国柱花草种植省份易受寒害，不易结籽，严重地影响了柱花草的进一步推广种植和产量的提高。因此，提高柱花草品种的抗寒性成为柱花草的重要育种目标，可通过各种育种途径选育抗寒性提高的柱花草品种。

23.1.3.4 优质

柱花草品质好，营养价值高且富含多种维生素和氨基酸，其干物质中的粗蛋白含量高达 15%以上。但灌木状柱花草的适口性较差，纤维素含量较多。为了充分发挥其耐牧，抗旱力强，适于放牧利用的优良特性。有必要采用各种育种方法，进一步提高灌木状柱花草的牧草品质，选育适口性好，纤维素含量低的灌木状柱花草品种。

23.1.3.5　高产

提高草产量及种子产量一直是柱花草的主要育种目标。而柱花草产量性状为数量遗传性状，因此，必须通过多种育种途径，对与产量性状相关的多种农艺性状进行改良，才可能选育草产量及种子产量提高的优良柱花草品种。如据观察，'热研5号'柱花草在海南比'热研2号'柱花草的花期提前25~28d，成熟期提前30d，但其种子产量比'热研2号'提高30%~65%。因此，通过改良柱花草品种的生育期，有可能提高其种子产量或草产量。

23.1.4　柱花草育种方法

23.1.4.1　引种与选择育种

引种与选择育种是中国等非柱花草起源国家普遍应用而又十分有效的育种方法。中国热带作物研究院1962年首先从东南亚国家引种圭亚那柱花草到海南作为橡胶园覆盖作物。1981年，广西壮族自治区畜牧研究所从澳大利亚引入圭亚那柱花草品种格拉姆（Graham），在广西等地区试验表现生长较好，成为中国作为引进品种于1988年审定登记的第一个柱花草品种。1982年中国热带农业科学院从哥伦比亚国际热带农业中心引入25份柱花草材料，经株行比较、品比和区域试验，从引种种质资源CIAT184中，于1991年选育了作为引进品种，通过全国牧草品种审定登记的抗炭疽病圭亚那柱花草品种'热研2号'（*S. guianensis* cv. Reyan No. 2），该品种的产量、品质、抗病性均优于圭亚那柱花草品种格拉姆。之后，中国分别从哥伦比亚国际热带农业中心、澳大利亚引种了大量柱花草种质，先后选育了作为引进品种，通过全国草品种审定登记的有钩柱花草品种维拉诺；圭亚那柱花草品种'热研5号'（通过引进种质CIAT184选育）、'热研7号'（通过引进种质CIAT36选育）、'热研10号'（通过引进种质CIAT1283选育）、'热研13号'（通过引进种质CIAT1044选育）和'热研18号'（通过从CIAT引进种质GC1581选育）；西卡柱花草品种'热研14号'（通过引进种质Seca选育）等柱花草品种，它们成为中国华南热带亚热带地区主要的柱花草栽培品种。哥伦比亚、泰国、秘鲁、印度也分别通过引种评价选育了适合当地的抗病的柱花草品种'Capica'、'Khon Kaen'、'IGFRI-S-1'等。

23.1.4.2　诱变育种

Alcantara等于1988年以1×10^4~6×10^4R*等不同^{60}Co-γ射线辐射剂量处理圭亚那柱花草种子，其植株致死剂量为3.5×10^4R，^{60}Co-γ射线除可引起柱花草叶绿素含量变化外，还可引起其植株形态变异；采用3.8×10^4R辐射可提高柱花草植株抗病力。广西壮族自治区畜牧研究所梁英彩等1998年利用^{60}Co-γ射线8×10^4R处理圭亚那柱花草种质CIAT184干种子，通过诱变育种育成了抗炭疽病圭亚那柱花草品种907，分别于1996年1月和1998年11月通过广西农作物品种和全国牧草品种审定登记。该品种鲜草产量比对照CIAT184增产12%~27%；其种子产量增产27.4%~65.5%，粗蛋白质含量提高11%。

中国热带农业科学院热带牧草研究中心于1996年10月20日~11月4日，利用返回式卫星搭载的圭亚那柱花草品种热研2号种子为材料，以原热研2号亲本地面种子为对照，经

---

* $1R = 2.58\times10^{-4}$C/kg

过7年地面种植和选择，再经连续4年柱花草炭疽病混合菌剂接种鉴定和多次单株选育，获得了22个稳定株系，于2009年从选取的优良材料中，选育了通过全国草品种审定登记的圭亚那柱花草品种热研20号；于2011年选育了通过全国草品种审定登记的圭亚那柱花草品种热研21号。该两个品种均具有产量高、适应性广、抗炭疽病能力强、耐干旱等特点。

23.1.4.3 杂交育种

(1) 柱花草开花习性

柱花草为复穗状花序（顶生和腋生两种形式），多花序簇生在一起，花序呈短穗状，蝶形花冠，花器较小，旗瓣1枚，直径约65cm，冀瓣两枚，多为黄色或浅黄色，龙骨瓣2枚，雄蕊10枚，雌蕊1枚，雌蕊柱头稍长、圆球形，花柱细长、弯曲。

柱花草开花分为3个阶段：第一阶段从第一朵花开花后的5~10d为初花期，在此期间，每天约新开放2~5朵；此后进入第二阶段即盛花期，盛花期初期几天开花花序和花朵数呈指数剧增，盛花期开放的花朵数量约占整个生育期开花数量的90%，此期间也会有少量种子成熟，盛花期约持续两个月；此后进入第三阶段即终花期，此阶段一边少量孕花，一边结实，直到种子成熟、自然脱落。柱花草早花型在海南省9月上旬即进入初花期。圭亚那种柱花草的花期较晚，初花期一般在9月中下旬；成熟期在10月中上旬。

柱花草为自花授粉植物，柱花草属不同种间的自然杂交率不尽相同。如西卡柱花草的自然杂交率仅为1%~2%。柱花草小花当天开放，自花授粉发生在夜间小花尚未开放时，早晨3~6h是自花授粉的黄金时间，约7h以后，所有小花均已授粉，9h左右小花开放，待至9:30小花开放率最高。自花授粉进程与温度呈正相关，温度越高，授粉时间也越早，温度相差5℃，授粉进程可差距1h。

(2) 柱花草显性细胞核雄性不育种质

柱花草杂交育种工作的最大困难就是杂交去雄困难，人工授粉很难操作、杂交结实率很低。中国热带农业科学院高级农艺师何华玄等经过7年研究，首次在国内发现了柱花草显性细胞核雄性不育种质——TPRC1979柱花草，可用做柱花草杂交育种工具种质。该种质开黄花，自交不结种子，异花授粉正常，小孢子发生异常，花药不能正常开裂，与其他柱花草品系杂交，后代出现分离，雄性可育与雄性不育植株的比例为52∶48。丁亚操（2016）利用TPRC1979柱花草作母本与柱花草品系"品45"进行杂交，授粉约2300朵，收获种子38粒，人工授粉的杂交结实率约1.65%，获得28株F_1植株。通过SRAP分子标记对其F_1进行杂种真实性鉴定。从223对SRAP引物中筛选出父本有而母本没有的特异性条带，且带型清晰、稳定的5对引物组合，对其亲本及子代进行标记鉴定。28株F_1经鉴定均为真杂种。F_1真杂种套袋自交，雄性可育株收获种子、育苗、移栽，构建了202株F_2分离群体。F_2植株花色出现分离，经卡平方检验花色分离服从3∶1，表明花色遗传由1对等位基因控制，黄花对白花为显性性状；其株型、花期等农艺性状和重要营养成分含量均出现较大分离。此外，采用100条投化引物进行亲本间多态性引物的筛选，为柱花草遗传连锁图谱的构建奠定了基础。

(3) 柱花草杂交育种育成品种

柱花草属自花授粉植物，且在开花之前已经授粉，花朵小，使得柱花草杂交育种非常困难。但国外通过杂交育种方法选育了下列几个柱花草抗病品种：①有钩柱花草品种'Amiga'。为有钩柱花草与矮柱花草杂交的异源四倍体，1990年在澳大利亚进行品种登记。②西卡柱花草品种'Bahia'。为从两个西卡柱花草品种Q10042×CPI93116杂交后代的第5代中选育的品种，抗炭疽病 A 型。③西卡柱花草品种尼斯夫。是从 1 个西卡柱花草遗传变异群体中选育的品种，抗炭疽病 A 型。④西卡柱花草品种'Feira'。为从两个西卡柱花草品种 Q10042×CPI55860 杂交后代的第 5 代中选育的品种，抗炭疽病 A、B 型。⑤有钩柱花草品种'Amiga'。为 1990 年澳大利亚研究人员以有钩柱花草与矮柱花草进行杂交育种，选育的异源四倍体的有钩柱花草品种。但至今尚未有通过杂交育种方法育成圭亚那柱花草品种的报道。

23.1.4.4 生物技术育种

目前，柱花草再生体系及遗传转化体系已经建立，哥伦比亚国际热带农业中心（CIAT）学者已将圭亚那柱花草 CIAT136 细胞悬浮培养的原生质和头状柱花草 CIAT1019 的叶肉细胞原生质及大头柱花草 CIAT2268 的叶肉的原生质体实现了融合，克服柱花草种间杂交不亲和问题。CIAT 还利用柱花草组织培养过程中产生的体细胞变异单株，筛选，培育新品种，经过筛选的新品种的变异可通过种子遗传。CIAT、澳大利亚以及中国正在从事柱花草转基因抗炭疽病研究。此外国内外柱花草高产、耐寒、耐盐、抗旱转基因育种进行了许多研究，柱花草生物技术育种取得了长足进展。

澳大利亚昆士兰大学 Way 和 Manners（1987）以含有双元载体的发根农杆菌侵染矮柱花草的茎和叶片，获得具有卡那霉素抗性的完整转化植株比率为 23%，但发现转基因柱花草植株有矮化现象存在。Manners（1988）将携带目的基因的 2 个双元载体成功导入圭亚那柱花草、矮柱花草、西卡柱花草和有钩柱花草，充分证明了此 3 种柱花草可被根癌农杆菌菌株 C58 和 A281 浸染。Manners 等（1989）利用农杆菌为介导技术把新霉素磷酸转移酶基因导入巴特逊柱花草（*S. humilis*）品种'Paterson'，获得的转基因植株生长正常，并能检测到新霉素磷酸转移酶的活性，后代的外源基因分离比符合孟德尔遗传定律。Sarria 等（1989）利用含有目的基因的双元载体导入根癌农杆菌 EHA101 菌系，并且浸染圭亚那柱花草，获得具有抗除草剂和卡那霉素的转基因柱花草植株，对报告基因敏感，通过对外源基因在转基因柱花草后代中的表达进行分子验证，证明了转入的外源基因以单拷贝整合到转基因柱花草基因组 DNA 中。CIAT（1994）也以农杆菌介导，把抗除草剂 *bar* 基因导入柱花草品种 CIAT 184，获得转基因植株。Sarria 等（1994）采用农杆菌介导的方法，用农杆菌 EHA101 菌株转化柱花草的叶，在卡那霉素和膦丝菌素的抗性培养基上筛选，获得抗性再生植株。Hoffmann 和 Vieira（2000）观察了圭亚那柱花草 2 个栽培品种'Bandeirantes'和'Minerao'在玻璃器皿中形成不定苗的能力及农杆菌的感病性。Kelemu 等（2001）将外援基因水稻几丁质酶基因成功转入圭亚那柱花草品种 CIAT184，转基因植物表现出对柱花草病菌的抗性。

雷禄旺（2004）通过农杆菌介导法将抗旱相关的海藻糖合酶基因转入热研 2 号柱花草中，通过 PCR 等分子手段检测后，共获得了 2 株转基因柱花草苗。吴瑞把几丁质酶基因和 β-1,3-葡聚糖基因导入柱花草中，通过 PCR 分子检测，获得 3 株具有抗炭疽病性的转化植株。李啸浪（2005）和钟克亚（2006）分别从拟南芥中克隆得到的耐寒相关基因 *ω3*、*AtGoLS3* 和 *CBF3*，并且通过农杆菌菌株 GV3103 转化柱花草，经 PCR 和 Southern 相关技术验证，获得了若干株 *ω3*、*AtGoLS3* 和 *CBF3* 的阳性转基因柱花草组培苗。刘旗麟（2010）通过农杆菌介导法将红树林的耐盐相关基因 *AOC* 转化到热研 5 号柱花草中，通过检测共获得了 14 株抗性植株。蔡杰（2011）从盐生植物海蓬子中克隆分离出了耐盐相关基因 Na^+/H^+ 逆向转运蛋白基因 *SbNHX1*，通过 LBA4404 农杆菌介导法导入热研 5 号柱花草基因组中，经分子检测后获得了部分转基因组花草植株。

23.2 狼尾草育种

23.2.1 狼尾草育种概况

23.2.1.1 国外狼尾草育种概况

狼尾草属植物的广泛适应性、高产草量、高蛋白含量及无融合生殖特性等早已受到世界多国育种家的高度关注。西方发达国家对狼尾草属牧草的开发利用研究已有上百年的历史。美国在佐治亚州梯弗顿(Tifton)镇的佐治亚州立大学与农业部的海岸平原试验站建有世界狼尾草研究中心,自20世纪40年代开始杂交狼尾草品种选育,广泛收集世界各地狼尾草属种质资源,育成的许多品种被世界各国引种推广。他们还利用美洲狼尾草不育系与象草恢复系远缘杂交获得了三倍体杂交狼尾草,能综合母本美洲狼尾草品质优和父本象草产草量高、抗逆性强、可多年生的特性,杂交狼尾草不仅可作为草食畜禽的优质青饲料,优质纸浆和人造板原料,还是重要的生物质能源作物。但由于父本象草为光周期敏感型短日照作物,自然开花期在美国大部分地区因霜冻危害,无法完成大面积杂交制种或种子产量极低,Tifton试验站迄今尚未实现商品化种子生产。通过秋水仙素处理进行染色体加倍、结合集团选择或回交选育能种子繁殖、综合农艺性状优良的六倍体或四倍体杂交狼尾草,被认为是一种恢复杂交狼尾草育性和进行商品化种子生产的可能途径,美国、巴西、印度等国已取得了初步的进展。印度及非洲一些国家则将当地狼尾草野生种经驯化和筛选直接供生产利用,大多成为当地禾本科牧草当家草种。

23.2.1.2 中国狼尾草育种概况

中国最早从事狼尾草育种研究的是近代林、草育种学家叶培忠教授,他于1943年在甘肃天水通过中亚白草与长序狼尾草杂交育成叶氏杂交狼尾草,控制其繁殖方式,以期培育出理想的牧草新品种,后因战乱致种源丧失。江苏省农业科学院20世纪80年代从美国引进了杂交狼尾草品种及其亲本材料,经过多年的系统研究,尽管建立了"人工短日照处理诱导象草开花并与美洲狼尾草不育系花期相遇"制种体系,率先突破了北纬26°以北地区不能杂交制种的生态禁区,于1989年通过全国牧草品种登记审定的引进品种杂交狼尾草,在中国南方地区种植广泛,效益显著,在福建厦门等地已形成产业化规模种植;还育成了宁牧26-2、宁杂3号与宁杂4号等适宜长江流域及以南地区种植的高产优质狼尾草品种。但近年来灾害性天气发生频繁,父母本花期相遇不稳定,制种产量低、风险大,亟需尝试杂交狼尾草大面积商品化种子生产的其他途径,特别是由于象草耐盐品种苏牧2号于2009年通过全国牧草品种审定后,创造了杂交狼尾草耐盐六倍体新种质,并与美洲狼尾草杂交选育四倍体耐盐杂交狼尾草成为近期狼尾草育种的又一目标。我国台湾地区近年育成了台畜育1号、2号、3号等狼尾草饲用牧草系列品种,有的已引种到广东、福建等地区栽培利用,取得良好效益。

1987—2018年,全国草品种审定登记了15个狼尾草属品种,其中,有'宁牧26-2'(*P. americanum* cv. Ningmu 26-2,育成品种,1989)、'宁杂3号'(*P. americanum* cv. Ningza No. 3,育成品种,1998)、'宁杂4号'(*P. americanum* cv. Ningza No. 4,育成品种,2001)等3个美洲狼尾草品种;有杂交狼尾草(*P. americanum*×*P. purpureum*,引进品种,1989)、'邦得1号'(*P. americanum*× *P. purpureum* cv. Bangde No. 1,育成品种,2005)等2个杂交狼尾草

品种;有'桂牧1号'[(*P. americanum*×*P. purpureum*)×*P. purpureum* cv. Guimu No.1,育成品种,2000]1个杂交象草品种;有'威提特'(*P. clandestinum* cv. Whittet,引进品种,2002)1个东非狼尾草品种;有'热研4号'(*P. purpureum*×*P. typhoideum* cv. Reyan No.4,引进品种,1998)1个王草品种;有'海南'(*P. polystachyon* cv. Hainan,野生栽培品种,1998)1个多穗狼尾草品种;有'华南'(*P. purpureum* cv. Huanan,地方品种,1990)、'德宏'(*P. purpureum* cv. Dehong,地方品种,2007)、'桂闽引'(*P. purpureum* cv. Guiminyin,'台畜育2号',引进品种,2009)、'苏牧2号'(*P. purpureum* cv. Sumu No.2,育成品种,2009)、'紫色'(*P. purpureum* cv. Purple,引进品种,2014)等5个象草品种;有'摩特'(*P. purpureum* cv. Mott,引进品种,1994)1个矮象草品种。其中育成品种6个,引进品种6个,地方品种2个,野生栽培种1个。另外,还有宝鸡狼尾草、'南牧一号'、凌云草、中型狼尾草(*P. longissimum* var. *intermedium*)、长序狼尾草(*P. longissimum*)等不少在生产上应用但暂未审定登记的狼尾草地方品种。

23.2.2 狼尾草种质资源

23.2.2.1 狼尾草类型与分布及特性

(1)类型与分布

狼尾草属(*Pennisetum* Rich.)为一年生或多年生禾本科草本植物,全世界约有140种。其中,一年生二倍体美洲狼尾草和多年生四倍体象草及其种间杂交种是人工栽培利用的主要种。中国狼尾草属野生种及野生近缘植物的种类,在《中国植物志》上记载有中亚狼尾草(*P. centrasiaticum*)、兰坪狼尾草(*P. centrasiaticum* var. *lanpingense*)、长序狼尾草(*P. longissimum*)、中型狼尾草(*P. longissimum* var. *intermedium*)、四川狼尾草(*P. sichuanense*)、乾宁狼尾草(*P. qianningense*)、牧地狼尾草(*P. setosum*)、陕西狼尾草(*P. shaanxiense*)、西藏狼尾草(*P. lanatum*)、铺地狼尾草(*P. eladestinum*)、象草(*P. purpureum* Schum.)和御谷(*P. americarum* subsp. *americarum*)等11种2变种(中国科学院中国植物志编辑委员会,1990)。1991年同文轩先生发现并发表了狼尾草新种——宝鸡狼尾草(*P. baojiense* sp. nov.);2004年吴玉虎先生发现并发表了青海狼尾草新变种——青海白草(*P. centrasiaticum* var. *qinghaiensis*),至今中国狼尾草属已发现并发表的包括常见种、引进种以及新发现种、新发现变种共计12种3变种(包括4个引进种)(张怀山,2011)。

钟小仙等(1999,2000,2001)对46份美洲狼尾草种质资源进行遗传多样性聚类分析,选择的形态指标为生育日数、株高、分蘖性、主茎叶数、叶宽、叶长和籽粒千粒重,共分为7类:第一类粮饲兼用型,生育期中等,植株高大,分蘖性强,叶长、叶宽中等,籽粒较大;第二类以粮用为主,生育期中等,植株高大,分蘖性较差,叶长、叶宽中等,籽粒较大;第三类适合收获籽粒,生育期短,中等株高,分蘖性差,叶片短窄,籽粒大;第四类以青饲为主,生育期长,植株高大,分蘖性中等,叶片长,叶宽中等,籽粒小;第五类青饲、粮用均可,生育期中等,植株高大,叶片长而宽,籽粒大;第六类适合饲用,生育期短,植株高大,分蘖性中等,叶片长而宽,籽粒较小;第七类饲、粮兼用型,生育期中等,植株高大,分蘖性强,叶片长而宽,籽粒大。朱钧(2004)选择植株自然高度、绝对高度、节数、节长、茎高、节长轴、节短轴、叶长、叶宽等形态指标,对杂交狼尾草、华南象草、"热研4号"王草、江西象草(地方品种)、摩特矮象草、杂交象草新品系等11个狼尾草种质进行形态多样性聚类分析，可分为 2 大类：第一类的形态特点是植株形态高大；第二类的形态特点是植株矮小，叶长和叶宽也相对较小。

目前狼尾草命名比较混乱。如拉丁名为 Pennisetum alopecuroides（Chinese Pennisetum）；中文命名为狼尾草，与该属命名重复。另外一些杂志中出现的皇草、皇竹草、巴拿马象草等，实际上均为王草，因为其亲本之一的美洲狼尾草有 3 个拉丁异名，即 P. americanum、P. glaucum 和 P. typhoidum。而大多数狼尾草种都有多种别称，而且别称相同或相近，如长序狼尾草（P. longissimum）与中型狼尾草（P. Longissimum var. intermedium）均有别称"白草"。

狼尾草属植物主要分布于热带、亚热带地区，少数种类分布在部分温带地区，非洲为本属起源中心。中国自东北、华北经华东、中南及西南各省区均有分布，其中狼尾草 P. alopecuroides 种，几乎广布于全国；多生于海拔 50～3200m 的田岸、荒地、道旁及小山坡上。日本、印度、朝鲜、缅甸、巴基斯坦、越南、菲律宾、马来西亚、大洋洲及非洲均有分布。

（2）特性

狼尾草属为一年生或多年生草本植物，须根较粗壮。秆直立，丛生，高 30～120cm，在花序下密生柔毛。叶鞘光滑，两侧压扁，主脉呈脊，在基部者跨生状，秆上部者长于节间；叶舌具长约 2.5mm 纤毛；叶片线形，长 10～80cm，宽 3～8mm，先端长渐尖，基部生疣毛。圆锥花序直立，长 5～25cm，宽 1.5～3.5cm；主轴密生柔毛；总梗长 2～5mm；刚毛粗糙，淡绿色或紫色，长 1.5～3cm；小穗通常单生，偶有双生，线状披针形，长 5～8mm；第一颖微小或缺，长 1～3mm，膜质，先端钝，脉不明显或具 1 脉；第二颖卵状披针形，先端短尖，具 3～5 脉，长约为小穗 1/3～2/3；第一小花中性，第一外稃与小穗等长，具 7～11 脉；第二外稃与小穗等长，披针形，具 5～7 脉，边缘包着同质的内稃；鳞被 2，楔形；花药顶端无毫毛；雄蕊 3，花药顶端无毫毛；花柱基部联合。颖果长圆形，长约 3.5mm。叶片表皮细胞结构为上下表皮不同；上表皮脉间细胞 2～4 行为长筒状、有波纹、壁薄的长细胞；下表皮脉间 5～9 行为长筒形，壁厚。花果期夏秋季。

狼尾草喜光照充足的生长环境，耐旱、耐湿，亦能耐半阴，且抗寒性强。适合温暖、湿润的气候条件，当气温达到 20 度以上时，生长速度加快。耐旱，抗倒伏，无病虫害。

狼尾草属植物的染色体基数分为两大类：一类基数为 7，如杂交狼尾草 $2n=21$，美洲狼尾草 $2n=14$（单个染色体长度为 3.39～5.30μm，相对长度变化范围 53.35±2.10～85.33±2.27，臂比值变化范围 1.19±0.06～2.24±0.33，染色体核型公式为 $2n=14=12m+2sm$），象草 $2n=28$、56、21；另一类基数为 9，如中亚狼尾草 $2n=18$，乾宁狼尾草（P. qianningense）$2n=36$，东非狼尾草 $2n=36$，中序狼尾草 $2n=36$，长序狼尾草 $2n=54$（单个染色体绝对长度变化范围 1.82～5.94μm，相对长度变化范围 2.91～9.50μm，属于小型染色体类，在第一、第六染色体臂上分别存在一对随体）等。

狼尾草属多数种既可以进行有性繁殖，也可以进行无性繁殖。由于狼尾草属植物普遍存在结实率偏低和很难收获种子问题，其有性繁殖应用受到限制，南方杂交狼尾草品种扩繁多采用根茎扦插的无性繁殖方式。狼尾草属多数种具有无融合生殖现象。温沁山等（1998）对非洲狼尾草（P. squamulatum）无融合生殖的胚胎学研究显示，非洲狼尾草无孢子生殖胚囊发育进程中常常可以观察到胚囊败育现象，从大孢子母细胞发育至三分体的形成，不同阶段的胚囊败育均会出现，尤其是在多个无孢子生殖胚囊原细胞同时发育时，多个胚囊都不能正常发育，而导致败育，非洲狼尾草平均胚囊败育率达到 30%，这对研究狼尾草属普遍存在的低结实率现象有参考意义。刘林(2001)对非洲狼尾草无融合生殖胚囊的显微结构观察,发现一个珠心中常常可以看到多个无融合生殖胚囊的存在。何咏松等(1990)对乾宁、长序狼尾草孤雌生殖特性的研究表明,多年生狼尾草野生种中多有孤雌现象存在,胚囊珠心中往往有两个以上的多胚囊存在,最终发育成孤雌生殖株胚,野生狼尾草的孤雌生殖分为兼性和专性两大类,专性孤雌生殖受少数主效基因的控制,兼性孤雌生殖则受微效多个基因的控制,与环境因素的影响也有一定关系。

23.2.2.2 狼尾草种类特性及品种资源

(1) 象草 (*P. purpureum*)

别名紫狼尾草,英文名 Elephantgrass。多年生暖季型短日照草本植物,原产于热带非洲,现在已广泛种植于非洲、亚洲、美洲、大洋洲等热带和亚热带地区。20世纪30年代从缅甸引入中国的广东、四川等省试种。1975年前后,广东、广西的一些大型畜牧场大面积引种象草饲喂奶牛,取得了良好成效。20世纪80年代,象草种植地区已经发展到福建、云南、贵州、四川、湖南、湖北、江西、台湾等省,已成为中国南方地区饲养畜禽的重要的青绿饲料,也用做造纸业与生物质能源原料及作为护坡植被等。

象草植株高大,一般在2.0~4.0m,茎秆直立,中下部茎节生有气生根,植株分蘖能力强,分蘖为40~100个。叶片的大小和毛被,随品种不同而有差异。叶片长45~100cm,宽1~4cm。叶面稀生细毛,边缘粗糙,密生刚毛,中肋粗硬。象草对短光照敏感,在人工控制光照条件下,能正常开花、散粉。在北纬26°以北中国较大区域不能自然开花,北纬26°以南在自然条件下能够开花。因其种子发芽率和结实率都很低,且实生苗生长极为缓慢,故一般采取无性繁殖。喜温暖潮湿的气候以及肥沃的土壤,适宜在福建省乃至热带、亚热带地区生长。3~12月都能生长,在高温多雨的季节生长最佳。

象草产量非常高,营养价值也较高,蛋白质含量及其消化率较高,并且适时收割的象草,鲜嫩多汁,适口性好,牛、马均很喜食。尽管水分含量较高,但水溶性碳水化合物含量能够满足乳酸菌发酵的需要,可以调制成发酵品质良好的青贮饲料。目前象草在生长季节既可为家畜提供优质青饲料,也可调制成干草或青贮饲料,但干草调制受天气的影响较大,特别是在南方夏季多雨、潮湿,而象草茎秆又较粗,不易晒制干草,但青贮几乎不受天气变化的影响,所以通过青贮是保存和生产优质多汁反刍动物饲料的途径。此外象草还能用作造纸原料与生物质能源代替煤炭石油发电,种植 1hm^2 的象草燃料产生的能量可代替36桶石油。

中国象草品种主要有'华南'、'德宏'、'桂闽引'('台畜育2号')、'苏牧2号'、'紫色'等。

(2) 美洲狼尾草 (*P. americanum*)

别名珍珠粟、御谷,英文名 Pennisetum glaucum。为一年生暖季型短日照草本 C_4 植物。须根系发达,基部茎节可生不定根,密集分布于0~40cm的土层中。株高1.0~4.0m,每株分蘖5~20个,成穗茎有3~10个;茎实心、粗壮,茎粗1.0~2.0cm;节间光滑,约10~20节;耐刈割,再生性强。叶片平展,披针形,叶缘有细小锯齿,较粗糙;丰茎叶10~20片,长55~100cm,宽2.0~5.0cm;叶脉清晰,叶片平展,叶面上有稀细毛或无毛,有时生刚毛,比象草叶片光滑,质地柔软;叶鞘与节间等长,呈绿色或紫色;叶舌膜质,具长细毛。穗状圆锥花序呈蜡烛状,穗轴直立,实心,包被细毛,长20~40cm,穗径2~3cm。小穗有短柄,密集于穗轴上,2小穗合成一簇,长约0.3~0.5cm,每小穗有两小花组成,一为仅具花药的单性雄花，不结实，另一为雌雄两性花，结实。羽毛状雌蕊柱头先熟，2~3d后，雄蕊花药抽出、散粉，花药呈黄色或紫色。同一花中，雌雄蕊不同期成熟，异花受精率80%以上。子房倒位卵形，每穗结实2000~5000粒，籽实灰色、光滑，粒圆似珍珠（由此得名珍珠粟）。千粒重4~10g，一般约7g。

美洲狼尾草质地优于象草，不同成熟期品种农艺性状有很大差别。对温度十分敏感，适宜生长温度为30℃，最低生长温度15℃。早春种子萌发或幼苗阶段，如遇5~15℃低温，播种的美洲狼尾草就会冻死。喜光照和温热，在温度高、光照充足的天气里生长快，日生长2~5cm；在阴雨连绵、光照不足的天气里，植株生长缓慢，个体细弱，生物产量低。由北向南引种，日照变短，植株生长进程变快，由营养生长转入生殖生长迅速，生育期缩短，生物量积累减少，产量会降低；相反，产量会提高。适应性强，中国海南到内蒙古都可种植。对土壤要求不严，贫瘠、干旱砂性和较黏重的土壤均能生长。具较强的耐湿性与耐涝性，耐瘠、耐旱、耐盐碱，在中等偏酸性土壤中生长，不会明显减产。

中国美洲狼尾草饲用品种（组合）主要有'宁牧26-2'、'宁杂3号'、'宁杂4号'等。

(3) 杂交狼尾草（*P. americanum*×*P. purpureum*）

是二倍体美洲狼尾草（*P. amerieanum*）为母本，四倍体象草（*P. purpureum*）为父本配置的种间F_1代杂交种。亲本美洲狼尾草与象草均原产于热带非洲，同属于植株高大、繁茂的禾本科狼尾草属植物。杂交狼尾草既具有父本象草植株高大繁茂、分蘖能力强的高产和耐热特点；也具有母本美洲狼尾草品质优、适口性好等特性。既能在象草自然开花的热带、亚热带配制生产种子；又能在长江流域以南诱导开花，与母本配置F_1代杂种。

杂交狼尾草为多年生草本植物，株高3.0m左右，丛生，单株分蘖15个左右，叶上有刚毛，边缘密生刚毛。适应性强、草产量高、寿命长，营养丰富等优点。抗旱耐湿，耐酸性强，在pH5.5的土壤仍能生长，在中度盐土上也能生长。喜温暖湿润气候，高温多雨也能生长，在中国北纬27°以南地区为多年生，一次播种，多年利用。在华南地区鲜草产量最大可达200~250t/hm²，比父本增产56%。据测定，株高在130~150cm的拔节期，粗蛋白含量占干物质重的9.95%，粗脂肪、粗纤维、无氮浸出物和灰分分别占3.47%、32.9%、43.3%和10.22%。它适用于牛、羊、兔、鹅、鸵鸟等草食畜禽，也适用于饲养草鱼。

杂交狼尾草品种主要有杂交狼尾草（引进品种）、'邦得1号'等。

(4) 王草（*P. purpureum*×*P. typhoideum*）

别称皇草、皇竹草，英文名King grass。它是以象草（*P. Parpureum*）为母本，美洲狼尾草（*P. Lypiundeum*）为父本杂交而成的狼尾草属植物。为多年生高杆丛生草本。宿根性强。形似象草，但株型较大，株高1.5~6.0m；茎具15~35个节，节间长4.5~15.5cm，茎粗1.5~3.2cm。叶长条形，长55~115cm，宽3.2~6.1cm。分蘖再生能力强，一般株丛有10~20多个健壮分蘖株，多的有60~100多株。根为须根系，大部分集中在耕作层。

王草品种有已通过全国审定登记的'热研4号'，还有不少暂未登记的地方品种。

23.2.3 狼尾草育种目标

23.2.3.1 提高营养品质

狼尾草作为禾本科牧草，虽然其营养丰富。但与苜蓿等豆科牧草比较，其营养品质还有待提高。尤其其粗蛋白含量（约15%）比紫花苜蓿（26%）要低很多。因此，如何采用各种育种方法选育提高狼尾草的粗蛋白质含量，降低粗纤维含量的新品种，从而提高狼尾草营养价值，改善营养品质，提高狼尾草更大面积推广，是狼尾草的重要育种目标。

23.2.3.2　抗寒

狼尾草耐热性较强，耐寒性稍差。它在中国北起黑龙江，南至海南岛的广大区域均有栽培，且种植面积还在不断扩大。目前影响狼尾草在中国北部地区推广应用的首要因素是越冬率，中国南方广泛种植的狼尾草也面临冬季产量低的问题。因此，如何通过各种育种手段克服和提高狼尾草的越冬率，并提高狼尾草在不同地域、不同环境的适应性是今后狼尾草的重要育种目标。并且，可采用引种筛选或者选择育种，选育狼尾草抗寒种质及品种，或者通过现代生物技术育种方法，有针对性的进行狼尾草的抗寒转基因育种，有可能达成提高狼尾草抗寒育种目标。

23.2.3.3　耐盐碱与耐阴

陆炳章等（1990）对杂交狼尾草在盐渍土区的生态适应性研究表明，杂交狼尾草较耐盐，0~40cm土层平均氯盐（NaCl）含量<0.28%时，杂交狼尾草可以正常生长；>0.32%时，杂交狼尾草生长受到抑制；>0.35%时，杂交狼尾草生长严重抑制；为0.40%~0.53%时，杂交狼尾草不能成活。因此，狼尾草作为牧草及水土保持草坪草等需在盐碱地区种植利用时，还必须将提高其耐盐碱性作为其重要育种目标。

刘宗华等测定了遮阴处理下狼尾草的叶片光合参数，结果表明狼尾草能适应一定的弱光环境，但75%遮阴会显著降低其光合效率，影响其正常生长。因此，为了提高狼尾草的适应性，有必要采用各种育种方法，进一步提高狼尾草的耐阴性。

23.2.3.4　高量产及多功能性

提高狼尾草的草产量及其繁殖种子产量一直是狼尾草的首要育种目标。因此，狼尾草育种应研究其影响草产量的各种农艺性状及其相互关系，从而通过各种育种方法改良狼尾草的综合农艺性状，达成提高狼尾草的育种目标。

狼尾草采用种子繁殖时，必须提高其种子产量，从而提高狼尾草的种子生产效益。因此，提高狼尾草种子产量也成为采用种子繁殖狼尾草种及其品种的重要育种目标。

狼尾草具有多种功能，因而根据其不同用途，具有不同的多功能性育种目标。例如，狼尾草牧草品质育种目标要求高蛋白质含量与低纤维含量；而狼尾草造纸原料品种品质育种目标则要求高纤维含量与低蛋白含量。如果采用王草等狼尾草种及其品种作为饮料利用，则要求提高其可溶性糖含量。

23.2.4　狼尾草育种方法

23.2.4.1　引种与选择育种

直接从国外引种优良狼尾草品种，在国内进行适应性筛选研究，是获得优良狼尾草品种的一种快速有效的育种方法。例如，1994年通过全国牧草品种审定登记的矮象草引进品种摩特，系广西壮族自治区畜牧研究所1987年从美国佛罗里达州引进的种质材料育成；1998年通过全国牧草品种审定登记的王草引进品种'热研4号'，系中国热带农业科学院1984年引自哥伦比亚国际热带农业中心的种质材料育成；2002年通过全国草品种审定登记的东非狼尾草引进品种'威提特'，系云南肉牛和牧草中心1983年从澳大利亚引入的种质材料育成；2009年通过全国草品种审定登记的象草引进品种'桂闽引'，系广西壮族自治区畜牧研究所、福建省畜牧总站1999年从我国台湾引入象草品种'台畜草二号'育成。

选择育种也是狼尾草育种的重要途径。例如，广西壮族自治区畜牧研究所1960年从印度尼西亚引入象草，经过30年栽培驯化与选择育种，育成了于1990年通过全国牧草品种审定的象草地方品种'华南'；广东省农业科学院畜牧研究所1980年从海南省崖县采集多穗狼尾草野生种质资源，经多年栽培驯化与选择育种，育成了于1998年通过全国牧草品种审定的多穗狼尾草野生栽培品种'海南'；云南省肉牛和牧草研究中心、云南省德宏州盈江县畜牧站于20世纪30年代从缅甸引种象草种质材料在云南德宏种植栽培，经过60~70年的栽培驯化与选择育种，育成了于2007年通过全国草品种审定登记的象草地方品种'德宏'。

23.2.4.2　杂交育种及其杂种优势利用

象草为短日照作物，对光照敏感，经光照处理2~3周后就能有效地诱导抽穗开花，开花散粉期约30 d，散粉高峰期约2周；美洲狼尾草在南京地区可以完成整个生育过程，开花期受播种期的影响较大。由于狼尾草象草和美洲狼尾草两个不同种的花期较长，两者的花期能很好地相遇，有利于两狼尾草种的远缘杂交及杂交狼尾草的结实。因此，采用该两个种进行种间远缘杂交可以得到具有种间杂种优势的杂交种F_1代种子，然后通过营养繁殖方式，可长期保持和利用该两个种的杂交种F_1代茎叶营养体优势。通常将以美洲狼尾草为母本与象草为父本配置的杂交种称为杂交狼尾草；将以象草为母本与美洲狼尾草为父本配置的杂交种称为杂交狼尾草。例如，江苏省农业科学院土壤肥料研究所从美国引入的美洲狼尾草雄性不育系品种Tift23A ×N51(象草)的三倍体杂交种(F_2)中，偶然获得的杂种后代种子，经种植进行杂交育种，选育了于1989年通过全国牧草品种审定登记的美洲狼尾草品种'宁牧26-2'。广西壮族自治区畜牧研究所采用杂交狼尾草(二倍体美洲狼尾草×四倍体象草)偶然出现的杂种(三倍体)可育株为母本，以摩特矮象草为父本进行有性杂交，通过杂交育种育成了于2000年通过全国牧草品种审定的杂交象草品种'桂牧1号'。'桂牧1号'在华南各省(自治区)以无性繁殖方式被广泛推广种植，充分保持了狼尾草属不同种的种间杂种优势，具有草产量高与牧草品质优的特点。

杂交狼尾草由于是以二倍体美洲狼尾草和四倍体象草交配产生的三倍体杂种，其后代不结实，因此生产上除采用无性繁殖外，通常采用雄性不育系与父本恢复系杂交一代种子繁殖杂交种种子。杂交狼尾草三系配套杂交种最初由美国佐治亚大学Tifton试验站育成，在自然条件下，杂交制种产量极低，不能实现商品化种子生产。中国1981年从美国引入，通过多年的技术攻关，利用人工短日照处理诱导象草开花取得成功。同时，利用父本象草在北纬26°以南在自然条件下能够开花的特性，通过对比试验得出母本美洲狼尾草最佳播种时间，实现了三系配套杂交制种，解决杂交狼尾草利用种子繁殖的难题。并且，江苏省农业科学院土壤肥料研究所以1986年从美国农业部USDA-ARS引进母本美洲狼尾草不育系Tift23A为母本，以从美国引进的狼尾草资源BiL 3B中选育的恢复性好、配合力高的稳定选系6(BiL 3B-6)为父本恢复系，配置了美洲狼尾草F_1代杂交种品种(组合)'宁杂3号'，于1998年通过全国牧草品种审定登记；江苏省农业科学院草牧业研究开发中心与南京富得草业开发研究所以美洲狼尾草矮秆不育系Tift23DA为母本，以Bi13B 6恢复系为父本配制了美洲狼尾草F_1代杂交种品种(组合)'宁杂4号'，于2001年通过全国牧草品种审定登记；广西北海绿邦生物景观发展有限公司、南京富得草业开发研究所以美洲狼尾草雄性不育系Tift23A为母本，以早熟象草种质N-Hawaii为父本配制了杂交狼尾草F_1代杂交种品种(组合)'邦得1号'，于 2005 年通过全国牧草品种审定登记。

23.2.4.3 诱变育种

福建省农业科学院生态所黄勤楼等(2008)采用^{60}Co-γ 射线 400Gy(辐射剂量率为 1.6Gy/min)对杂交狼尾草的杂种 F_1 代种子进行辐射，选育出狼尾草品种'闽牧 6 号'，于 2011 年 3 月通过福建省农作物品种审定委员会登记认定。'闽牧 6 号'在福建省建阳、福州、福清和龙岩等地多年多点试种，年均鲜草产量 197.19 t/hm^2；年均干草产量 24.27 t/hm^2，分别比对照的杂交狼尾草产量增加 9%和 11.8%。并且，经田间调查结果，未发现病虫害。

23.2.4.4 生物技术育种

国外 K. H. Oldach 构建了美洲狼尾草的 1 种简单、高效离体快繁体系；Maram Girgi 等采用微弹轰击法轰击美洲狼尾草角质磷片组织，成功获得抗除草剂转基因植物；M. M. O. Kennedy 在美洲狼尾草的遗传转化标记上引入了报告基因 *man A* 基因，使其成为优于抗生素或除草剂选择标记的报告基因。

国内狼尾草转基因育种研究不多，但也建立了基本的遗传转化体系。王凭青等研究了不同外植体材料组织培养实验，发现杂交狼尾草不同外植体状态在愈伤组织诱导和植株再生上有较大的差异，茎节和心叶的愈伤组织诱导率明显高于茎段，茎段和嫩叶的愈伤组织诱导率无明显差异，茎节的植株再生率最高，为最佳的杂交狼尾草组培外植体材料。并以拟南芥叶片为材料，通过 PCR 方法成功地克隆 CBF1 转录因子基因，并将其连接到植物表达载体 pBI121 上，通过农杆菌介导法转化杂交狼尾草叶片，成功获得转基因再生植株。江苏省农业科学院畜牧研究所、浙江绍兴白云建设有限公司以象草品种'N51'幼穗离体培养的颗粒状愈伤组织为外植体，在继代培养时用 NaCl 直接胁迫筛选和分化获得再生植株，经耐盐性筛选、鉴定，选育了象草品种'苏牧 2 号'，于 2010 年 6 月通过了全国草品种审定登记。

思考题

1. 分别简述柱花草与狼尾草的特性。
2. 简述柱花草类型及特性。
3. 论述狼尾草类型及特性。
4. 分别论述柱花草与狼尾草的育种目标。
5. 分别举例说明柱花草与狼尾草新品种选育可采用哪些育种方法？

参考文献

云锦凤，2016. 牧草及饲料作物育种学[M]. 2版. 北京：中国农业出版社.
巩振辉，2008. 植物育种学[M]. 北京：中国农业出版社.
张天真，2011. 作物育种学总论[M]. 3版. 北京：中国农业出版社.
徐庆国，张巨明，2014. 草坪学[M]. 北京：中国林业出版社.
全国牧草品种审定委员会，1999. 中国牧草登记品种修订集[M]. 北京：中国农业大学出版社
李聪，王赟文，2008. 牧草良种繁育与种子生产技术[M]. 北京：化学工业出版社.
席章营，陈景堂，李卫华，2017. 作物育种学[M]. 北京：科学出版社.
官春云，2004. 作物育种理论与方法[M]. 上海：上海科学技术出版社.
杨光盛，员海燕，2009. 作物育种原理[M]. 北京：科学出版社.
孙其信，2011. 作物育种学[M]. 北京：高等教育出版社.
韩群鑫，2012. 草坪保护学（第1版）[M]. 北京：中国农业出版社.
云锦凤，2003. 牧草育种技术[M]. 北京：化学工业出版社.
全国畜牧总站，2017. 中国审定草品种集（2007—2016）[M]. 北京：中国农业出版社.
张新全，2004. 草坪草育种学[M]. 北京：中国农业出版社.
李景富，2011. 中国番茄育种学[M]. 北京：中国农业出版社.
徐良，2010. 药用植物创新育种学[M]. 北京：中国医药科技出版社.
王忠，2010. 植物生理学[M]. 2版. 北京：中国农业出版社.
徐柱，2004. 中国牧草手册[M]. 北京：化学工业出版社.
胡跃高，2000. 饲料资源蛋白质能量平衡评价方法与应用[M]. 北京：中国农业大学出版社.
宋思扬，楼士林，2007. 生物技术概论[M]. 3版. 北京：科学出版社.
王利群，2010. 生物技术[M]. 南京：东南大学出版社.
刘忠松，罗赫荣，等，2010. 现代植物育种学[M]. 北京：科学出版社.
师尚礼，2005. 草坪草种子生产技术学[M]. 北京：化学工业出版社.
曹致中，2003. 牧草种子生产技术学[M]. 北京：金盾出版社.
董炳友，2011. 作物良种繁育[M]. 北京：中国农业出版社.
洪绂曾，2009. 苜蓿科学[M]. 北京：中国农业出版社.
何新天，2011. 中国草业统计[M]. 北京：全国畜牧总站.
全国草品种审定委员会，2008. 中国审定登记草品种集（1999—2006）[M]. 北京：中国农业出版社.
徐庆国，2015. 草坪学实验实习指导[M]. 北京：中国林业出版社.
中国科学院中国植物志编辑委员会，2002. 中国植物志[M]. 北京：科学出版社.
蒋昌顺，2005. 柱花草遗传多样性及转基因育种研究[M]. 成都：四川大学出版社.
苏加楷，张文淑，2007. 牧草良种引种指导[M]. 北京：金盾出版社，204-210.
陈默君，贾慎修，2000. 中国饲用植物[M]. 北京：中国农业出版社，236-246.
George Acquaah，2012. Principles of Plant Genetics and Breeding[M]. 2nd Edition. Wiley-Blackwell.